Identification and Control of Important Acaroid Mite Species

粉螨常见种类识别与防制

叶向光　主编

中国科学技术大学出版社

内 容 简 介

本书共7章，约60万字，含插图约400幅，主要介绍粉螨常见种类的形态特征及其防制，内容包括粉螨的形态特征、粉螨的生物学知识、粉螨的常见种类、粉螨的经济意义、粉螨的医学重要性、粉螨的防制、粉螨的标本采集与制作。

本书适用于从事生物学、农学、预防医学和流行病学等专业的高校师生，科技工作者，海关检验检疫、疾病预防控制和虫媒病防治等专业技术人员工作时参考；也适用于城乡居民在粉螨识别和防制时阅读参考。

图书在版编目(CIP)数据

粉螨常见种类识别与防制/叶向光主编. —合肥：中国科学技术大学出版社，2023.2
ISBN 978-7-312-05551-5

Ⅰ. 粉…　Ⅱ. 叶…　Ⅲ. ①粉螨—品种—识别　②粉螨—标本制作　Ⅳ. Q969.91

中国版本图书馆CIP数据核字(2022)第241408号

粉螨常见种类识别与防制

FENMAN CHANGJIAN ZHONGLEI SHIBIE YU FANGZHI

出版　中国科学技术大学出版社
安徽省合肥市金寨路96号，230026
http://press.ustc.edu.cn
https://zgkxjsdxcbs.tmall.com

印刷　安徽省瑞隆印务有限公司

发行　中国科学技术大学出版社

开本　787 mm×1092 mm　1/16

印张　24.5

插页　2

字数　597千

版次　2023年2月第1版

印次　2023年2月第1次印刷

定价　98.00元

编 委 会

主　　编　叶向光

副 主 编　王赛寒　赵玉敏　陈敬涛

参编人员（以姓氏笔画为序）

王少圣　皖南医学院
王赛寒　合肥海关
木　兰　内蒙古医科大学
石　泉　合肥海关
叶向光　合肥海关
刘继鑫　徐州医科大学、齐齐哈尔医学院
许述海　合肥海关
杜凤霞　齐齐哈尔医学院
李朝品　皖南医学院
杨凤坤　哈尔滨医科大学
杨邦和　皖南医学院
吴　伟　北京大学
陈敬涛　皖南医学院附属弋矶山医院
赵玉敏　甘肃医学院
赵亚男　皖南医学院、皖北卫生职业学院
赵金红　皖南医学院
胡　丽　西安交通大学
祝高峰　合肥海关
袁良慧　合肥海关
贾默稚　北京大学
郭俊杰　齐齐哈尔医学院
郭娇娇　皖南医学院、复旦大学附属中山医院
陶　宁　皖南医学院、肥西县第二人民医院
蒋　峰　皖南医学院
韩仁瑞　皖南医学院
湛孝东　皖南医学院
慈　超　皖南医学院附属弋矶山医院

前　言

粉螨种类多，分布广，迄今全球记述的粉螨有27科，430属，计1 400余种，我国已记述的约有150种。粉螨孳生在房舍和储藏物中，不仅污染环境，还会引起人体疾病。据不完全统计，目前全球粉螨过敏者约有3亿人，预计到2025年，与粉螨相关的过敏性疾病患者还将增加1亿人。因此，粉螨的危害不可低估。

人类对粉螨的认知由来已久，早在1735年，瑞典学者Linnaeus（林奈）在*Systema Nature*第1版中就使用了属名*Acarus*（粉螨属）。1758年他记述了*Carpoglyphus lactis*（甜果螨）和*Acarus siro*（粗脚粉螨），在第10版中又记述了30种蜱螨。尽管如此，大多数人至今尚不认识粉螨，更不了解粉螨对人类的危害。为提高人们对粉螨的认知，我们编写了《粉螨常见种类识别与防制》这本专业性和普及性兼顾的科普读物。全书共7章，约60万字，含插图约400幅，简明扼要地介绍了粉螨的基础知识。第一章为粉螨的形态特征，概述了粉螨的外部形态和内部结构；第二章为粉螨的生物学知识，阐述了粉螨的生殖、生活史、食性和生境等；第三章为粉螨的常见种类，图文并茂地介绍了粉螨科、脂螨科、食甜螨科、嗜渣螨科、果螨科、麦食螨科和薄口螨科等常见螨种的形态特征，以便于读者识别粉螨的常见种类；第四章为粉螨的经济意义，主要介绍了粉螨为害储藏物和对家居环境等的污染，以及由此对经济造成的影响；第五章为粉螨的医学重要性，简要介绍了粉螨过敏和粉螨非特异性侵染所造成的危害；第六章为粉螨的防制，归纳了粉螨的环境防制、药物防制、物理防制、生物防制、遗传防制和法规防制等内容；第七章为粉螨的标本采集与制作，介绍了粉螨标本的采集和制作，以利读者研究和防制粉螨。

本书主要基于各位编者自身的工作经验总结，并参考国内外有关论文和专著编撰而成，是全体编者共同的劳动成果，更是本领域专家学者长期辛勤劳动的结晶。

本书在编写之前，编委会征求了同行教授、专家和学者的意见，得到了他们的关心、支持和帮助，他们对本书的编写提出了许多宝贵意见和建议，在此一并表示衷心感谢。

本书在编写过程中，主要参考了《中国仓储螨类》（陆联高编著）、《蜱螨与人类疾病》（孟阳春、李朝品、梁国光主编）、《医学蜱螨学》（李朝品主编）、《中国粉螨概论》（李朝品、沈兆鹏主编）、《贮藏食物与房舍的螨类》（忻介六、沈兆鹏译著）和*The Mites of Stored Food and Houses*（A.M. Hughes编著）等专著和论文，在此对相关作者一并表示衷心的感谢。

本书插图主要参照《房舍和储藏物粉螨》(第1、2版)和《中国粉螨概论》等著作中的插图仿绘,由王赛寒审校,附录彩图由李朝品提供,谨此深表感谢。

书稿编写过程中,陶宁和王赛寒等分别对不同章节进行了统筹和审校,王赛寒同志在繁忙的工作中还兼任了本书编写秘书,做了许多具体的工作,在此对上述专家、教授付出的辛勤劳动深表感谢。限于编者的学术水平和工作经验,难免对以往学者的文献资料有取舍不当之处,特恳请原著者谅解。尽管编者、审稿者齐心协力,力图少出或不出错误,但由于编者较多,资料来源与取舍不同,插图和文字也难免出现错漏,在此,我们恳请广大读者批评指正,以利再版时修订。

叶向光

2022年3月于合肥

目　　录

引　言

粉螨是营自生生活的变温无气门螯肢类小型节肢动物，嗜湿怕干，具负趋光性，常孳生在潮湿隐蔽的环境中。粉螨维持正常生存发育的温度一般在8～40 ℃，反之会导致其死亡；孳生环境温度的变化可直接影响其体温，甚至影响其生长发育，因此粉螨在孳生物中的孳生密度会因温度的起伏而发生明显的季节变化（季节消长）。环境湿度是粉螨获取水分的重要来源，其生长发育和繁殖的环境湿度多在60%～80%。粉螨通常畏光，光照能够影响到大多数粉螨的活动。因粉螨无气门，借以体壁进行氧气和二氧化碳的交换。

粉螨全球有27科430属1 400余种，隶属于粉螨亚目（Acaridida）。我国目前已记录的种类有150余种，主要分布在7科，诸如粉螨科（Acaridae）、脂螨科（Lardoglyphidae）、食甜螨科（Glycyphagidae）、嗜渣螨科（Chortoglyphidae）、果螨科（Carpoglyphidae）、麦食螨科（Pyroglyphidae）和薄口螨科（Histiostomidae）。

我国对于粉螨的研究起始于1957年，当时已报道的只有几种为害储藏粮食的粉螨。张国樑（1958）报道了全国共记录的7种储粮螨类；李隆术和陆联高（1958）报道了四川的5种储粮螨类。沈兆鹏（1962）在上海发现可对食糖造成严重污染的甜果螨（*Carpoglyphus lactis*）和作为螨性过敏致敏原的粉尘螨（*Dermatophagoides farinae*）。忻介六、沈兆鹏于1963年和1964年在《昆虫学报》上发表了《椭圆板白螨形态的研究》和《椭圆食粉螨生活史的研究》。高景明、刘明华、魏炳星（1956）在《中华医学杂志》上发表了《在呼吸系统疾病患者痰内发现米蛘虫一例报告及对米蛘虫生活史、抵抗力的观察》。1986～1988年由原商业部组织开展了“全国重点省市区储粮螨类区系调查研究”，在此基础上又进行“储粮螨类防制方法的研究”。我国粉螨研究工作历经半个多世纪，已取得了令人瞩目的成就，1983年，忻介六、沈兆鹏翻译出版了Hughes的*The Mites of Stored Food and Houses*一书，对孳生房舍和储藏物中的主要螨种进行阐述；1984年，马恩沛和沈兆鹏等编著出版了《中国农业螨类》，系统阐述农业螨类的基础理论，介绍165种农业害螨和73种农业益螨。1994年，陆联高编著出版了《中国仓储螨类》，较系统地介绍了仓螨及其防治和研究技术。1995年，孟阳春、李朝品、梁国光主编了《蜱螨与人类疾病》，书中较系统地阐述了粉螨与疾病的关系。1996年，李朝品、武前文出版了《房舍和储藏物粉螨》，书中对粉螨的常见种类进行了较系统的阐述，成为研究中国粉螨的必备参考书。张智强和梁来荣（1997）在《农业螨类图解检索》中介绍粉螨分类时新增了脂螨科。1998年，李隆术和李云瑞编著并出版《蜱螨学》一书，该著作系统介绍了蜱螨学基础理论及其在农业螨类、储粮螨类生态和防制方面的应用，是一部对蜱螨学进行研究的重要参考书籍。2016年，李朝品、沈兆鹏主编《中国粉螨概论》，由科学出版社出版，较为系统地介绍了粉螨形态学、生物学、生态学、为害、防制和研究技术。

粉螨个体微小，生境广泛，大多孳生于房舍和储藏物中。例如室内尘埃、沙发、卧具、空调和粮食、干果、储藏中药材等。粉螨在温湿度适宜的条件下大量孳生，其排泄物、分泌物、蜕下的皮及死亡粉螨均是很强的过敏原，可引起人体过敏；少数生存能力强的粉螨，可非特异侵染人体而引起人体螨病。此外，粉螨代谢产物会对人畜产生毒性作用，造成人畜中毒；有的粉螨在迁移过程中可携带微生物，如黄曲霉菌等。因此，粉螨不仅是重要的储藏物害螨，还是重要的医学螨类。

（叶向光）

第一章　形态特征

粉螨亚目的螨类雌雄异体，大小多在120～500 μm，呈椭圆形；躯体柔软，壁薄，呈乳白色或黄棕色，一般无气门，足Ⅰ、Ⅱ胫节背面端部具1根胫节感棒，呈长鞭状，伸出跗节末端。雄螨具阳茎和肛吸盘，足Ⅳ跗节背面有1对吸盘；雌螨具产卵孔，无肛吸盘和跗节吸盘。一般以围颚沟(circumcapitular suture)为界将体躯分为颚体(gnathosoma)和躯体(idiosoma)两部分。颚体构成螨体的前端部分，其上生有螯肢(chelicera)、须肢(palpus)和口下板(hypostome)等，与躯体呈一定角度，方便螯肢前端接触食物。躯体位于颚体的后方，是感觉、运动、代谢、消化和生殖等功能的中心，可再划分为着生有4对足的足体(podosoma)和位于足后方的末体(opisthosoma)两部分。足体又以背沟(sejugal furrow)为界，分为前足体(propodosoma)(足Ⅰ、Ⅱ区)和后足体(metapodosoma)(足Ⅲ、Ⅳ区)。末体(opisthosoma)位于后足体的后部，以足后缝(postpedal furrow)为界与后足体分开。有的学者把螨类的体躯分为前半体(proterosoma)和后半体(hysterosoma)，前半体包括颚体和前足体，后半体包括后足体和末体；有的学者把螨类的体躯分为颚体、足体(前足体和后足体)和末体(足后区)；有的将其分为前体和末体两部分，前体包括颚体和足体(图1.1)。

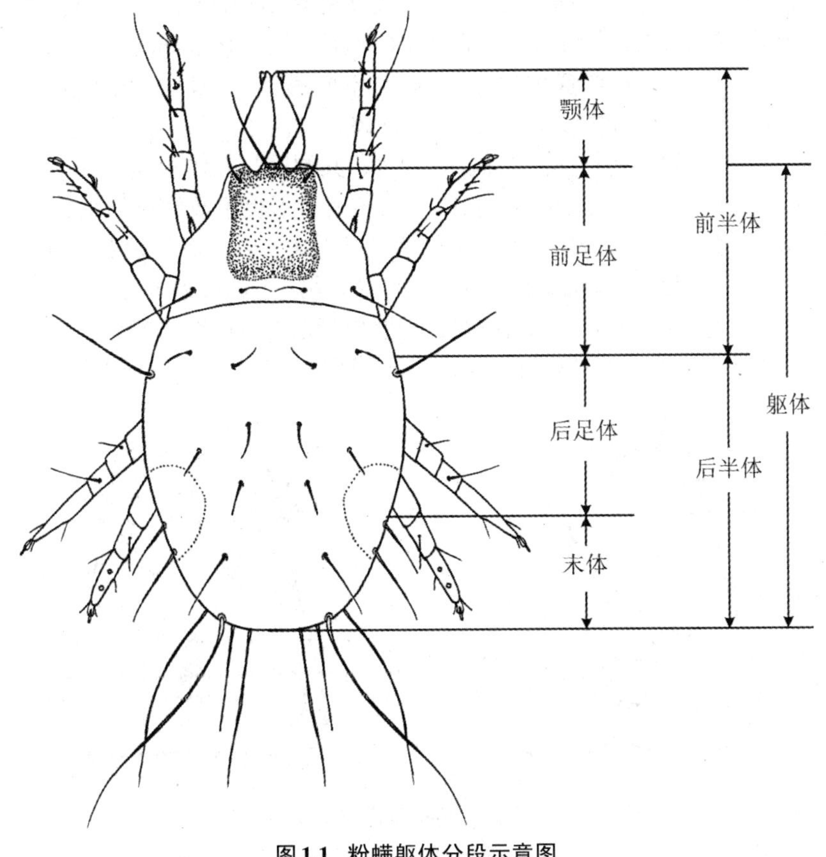

图1.1　粉螨躯体分段示意图

(仿 李朝品 沈兆鹏)

第一节 外部形态

根据粉螨发育程度不同可分为成螨、卵、幼螨、前若螨(第一若螨)、休眠体(第二若螨)和后若螨(第三若螨)等期。发育时期不同,其形态各有特征。

一、成螨

大小一般为120～500 μm,多呈椭圆形,乳白色或黄棕色。以围颚沟为界将体躯分为颚体和躯体两部分。颚体位于螨体前部;躯体位于颚体后方,其骨化程度不高,背面着生刚毛,腹面有足4对,雌雄生殖孔位于躯体腹面。

(一)颚体

颚体位于躯体前端,由1对螯肢、1对须肢及口下板组成。螯肢位于颚体背面,两侧为须肢,下面为口下板。颚体由关节膜与躯体相连,其活动自如并可部分缩进到躯体。颚体常和躯体保持一定的角度,以利于螯肢抓获食物。螯肢钳状,由3节基节(coxa)和2节端节(distal article)组成,与须肢同为取食器官,两侧扁平,后面的部分较大,构成一个大的基区,基区向前延伸的部分为定趾(fixed digit),与其关联的是动趾(movable digit),两者构成剪刀状结构,其内缘常具有刺或锯齿。在定趾的内面为一锥形距(conical spur),上面为上颚刺(mandibular spine)。由于取食食物的方式不同,不同螨类的螯肢形状或有差异,有的无定趾,有的钳状部分消失,有的螯肢特化为尖利的口针。螯肢的下方为上唇,为一中空结构,形成口器的盖。上唇向后延伸到体躯中,成为一块板,其侧壁与颚体腹面部分一起延长,开咽肌(dilator muscles of pharynx)由此发源。粉螨的须肢及口下板组成颚体的腹面,主要由须肢的愈合基节组成,向前形成一对内叶(磨叶),外面有1对由2节组成的须肢。须肢为一扁平结构,其基部有一条刚毛和一个偏心的圆柱体,此可能是第3节的痕迹或是一个感觉器官。须肢的主要功能是寻找、捕获和把握食物,在取食后清洁螯肢,或交配时雄螨用须肢抱持雌螨,因而雄螨的须肢常比雌螨的粗壮。螯肢和须肢的形态特征是分类的重要依据之一(图1.2～图1.4)。

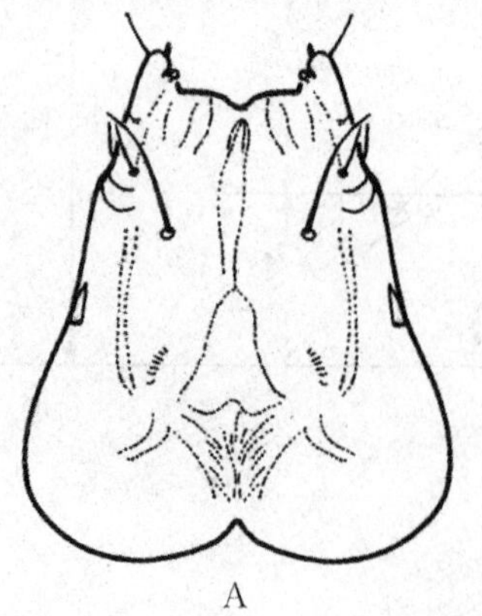

A

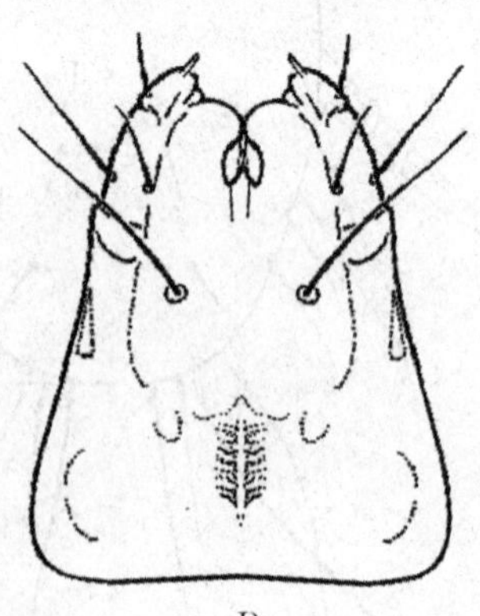

B

图1.2 粉螨科须肢特征

A. 粉螨属;B. 食酪螨属

(仿 李朝品 沈兆鹏)

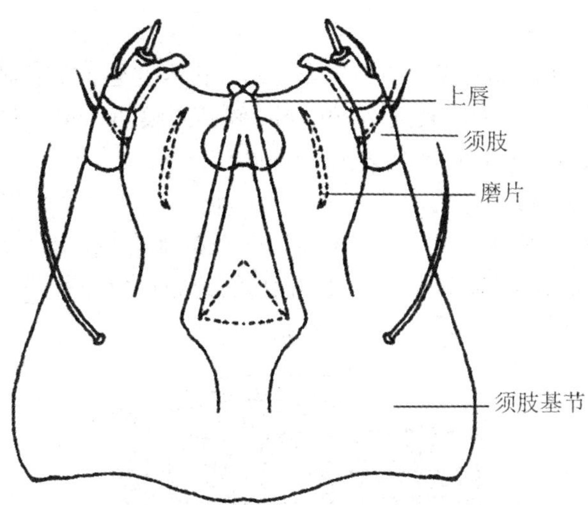

图 1.3 粗脚粉螨(*Acarus siro*)除去螯肢的颚体背面
(仿 李朝品 沈兆鹏)

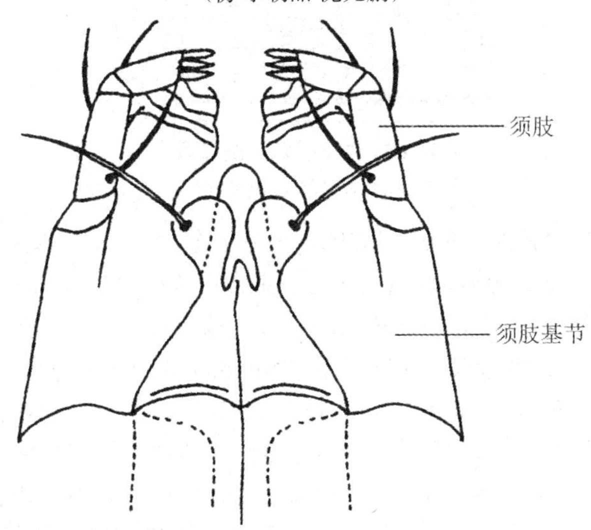

图 1.4 害嗜鳞螨(*Lepidoglyphus destructor*)颚体腹面
(仿 李朝品 沈兆鹏)

(二) 躯体

躯体常呈椭圆形,背面前端有一背板,表皮柔软,可光滑、粗糙或有细致的皱纹。多数粉螨背面具有背沟(sejugal furrow),将其分为前足体和后半体。有些螨类的雄螨还具有足后缝(postpedal furrow)将后足体与末体分开,使躯体的分段非常清晰。有些雄螨的躯体后缘有叶状突出,如狭螨属(*Thyreophagus*)和尾囊螨属(*Histiogaster*)。沟和缝只表现在躯体表面,与昆虫区分头、胸、腹的缝不同。躯体腹面有胸板(sternum)、表皮皱褶(epidermal folds)、表皮内突(apodeme)、基节内突(epimeron)、生殖板(genital shield)和圆形角质环(circular chitinous rings)等。足基节与腹面愈合,跗节端部呈吸盘状,常有单爪,前足体近后缘处无假气门器。雄螨具阳茎和肛吸盘,足Ⅳ跗节背面具1对跗节吸盘。雌螨具产卵孔,无肛吸盘和跗节吸盘。粉螨躯体背面、腹面、足上均着生各种刚毛,刚毛的形状和排列方式因属、种而不同,因此,刚毛的长短、形状、数量及排序均是粉螨分类的重要依据。

1. 体壁

即躯体最外层的组织,根据螨种的不同体壁的骨化程度也有差异,但较其他节肢动物的柔软。体壁主要由表皮(cuticle)、真皮(epidermis)和基底膜(lamina)组成。表皮可分为上表皮(epicuticle)、外表皮(exocuticle)和内表皮(endocuticle)三层。上表皮薄而无色。外表皮和内表皮合称前表皮(procuticle),均由几丁质(chitin)形成。外表皮无色,可用酸性染料染成黄色或褐色,内表皮可用碱性染料染色。表皮层下是具细胞结构的真皮层。真皮层的细胞有管(孔)向外延伸,直至上表皮的表皮质层,并在此分成许多小管。紧贴真皮细胞之下的为基底膜,是体壁的最内层(图1.5)。

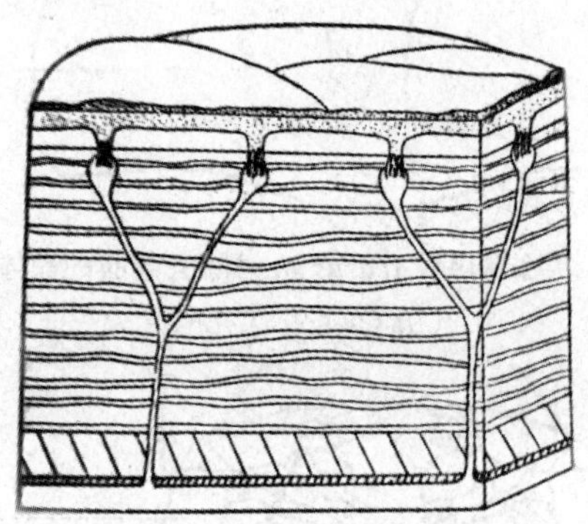

图1.5 体壁横切面模式图

(仿 李朝品 沈兆鹏)

体壁具有支撑和保护体躯、呼吸、调节体内水分平衡、防止病原体侵入、参与运动以及通过感觉毛或其他结构接受外界刺激的功能。Hughes(1959)认为,表皮的功能主要是呼吸和调节体内水分吸入与排出。Knülle和Wharton(1964)认为,在临界平衡点之上,表皮所吸收的水分可与非活性吸湿剂相比拟。体壁具皮腺(dermal gland),由表皮细胞特化而成,如侧腹腺(latero-abdorninal gland)和末体腺(opisthosomal gland)。皮腺分泌物的分泌,可能与报警、聚集和性信息素的分泌有关,毛和各种感觉器性状和功能都与此相关,如粉螨科(Acaridae)、果螨科(Carpoglyphidae)和麦食螨科(Pyoglyphidae)螨类具有的末体背腺(opisthonotal gland)均可分泌报警外激素(alarm pheromones)。粉螨表皮有的比较坚硬,有的相当柔软,有的有花纹、瘤突或网状格等,在分类学上均具有一定的意义。

2. 感觉器官

粉螨的感觉器官主要是须肢和足Ⅰ,由其上着生的各种不同类型的毛和感觉器发挥作用,如触觉毛(tactile setae)、感觉毛(sensory setae)、黏附毛(tenent setae)、格氏器(Grandjean's organ)、哈氏器(Haller's organ)、克氏器(Clapared's organ)和琴形器(lyrate organ)等。触觉毛较多,遍布全身,多为刚毛状,发挥触觉作用,可保护躯体;感觉毛多着生于附肢上,呈棒状,常有细轮状纹,端部钝圆,亦称感棒(solenidion);黏附毛多在跗节末端爪上着生,其顶端常柔软且膨大,可分泌黏液,协助螨体黏附在孳生物上。感棒一般用希腊字母表示,根据着生部位用不同字母表示,股节上用θ(theta)、膝节上用σ(sigma)、胫节上用φ(phi)、跗节上用ω(omega)表示。芥毛(famuli)着生在足Ⅰ跗节上,用希腊字母ε(epsilon)表示。

(1) 格氏器(Grandjean's organ):部分粉螨有。为前足体的前侧缘(足Ⅰ基节前方,紧贴体侧)向前形成的一个薄膜状骨质板,呈角状突起。环绕在颚体基部,有的很小,有的膨大呈火焰状,如薄粉螨(*Acarus gracilis*)(图1.6)。格氏器基部有一个向前伸展弯曲的侧骨片(lateral

sclerite),围绕在足Ⅰ基部。侧骨片后缘为基节上凹陷(supracoxal fossa),亦称假气门(pseudostigma),凹陷内着生有基节上毛(supracoxal seta),也称为伪气门刚毛(pseudostigmatic setae)(图1.7)。基节上毛可呈杆状,如伯氏嗜木螨(*Caloglyphus berlesei*)(图1.8A),或呈分枝状,如家食甜螨(*Glycyphagus domesticus*)(图1.8B)。

图1.6　薄粉螨(*Acarus gracilis*)右足Ⅰ区域侧面

G:格氏器;*scx*:基节上毛;*L*:侧骨片

(仿 李朝品 沈兆鹏)

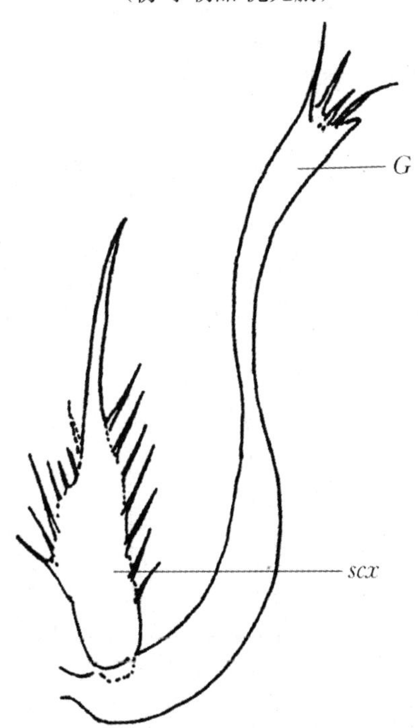

图1.7　粉螨基节上毛和格氏器

G:格氏器;*scx*:基节上毛

(仿 李朝品 沈兆鹏)

图1.8 基节上毛的形状

A. 伯氏嗜木螨(*Caloglyphus berlesei*)基节上毛;B. 家食甜螨(*Glycyphagus domesticus*)基节上毛

(仿 李朝品 沈兆鹏)

(2) 哈氏器(Haller's organ):为嗅觉器官,也是湿度感受器,位于足Ⅰ跗节背面,有小毛着生于表皮的凹窝处。

(3) 克氏器(Clapared's organ)又称尾气门(urstigmata):位于幼螨躯体的腹面,足Ⅰ、Ⅱ基节之间,是温度感受器。大部分螨类的幼螨有克氏器,但在若螨和成螨时消失,以生殖盘(genital sucker)代替。

(4)琴形器(lyrate organ)又称隙孔(lyriform pore):是螨类体表许多微小裂孔中的一种。

3. 背板与头脊

部分粉螨具有背板与头脊,一般位于前足体背面,头脊(crista metopica)一般由背板特化而成,狭长且生有背毛,如食甜螨属(*Glycyphagus*)的螨类(图1.9)。背板与头脊的大小、形状、完整与否及是否有背毛均具有分类学意义。

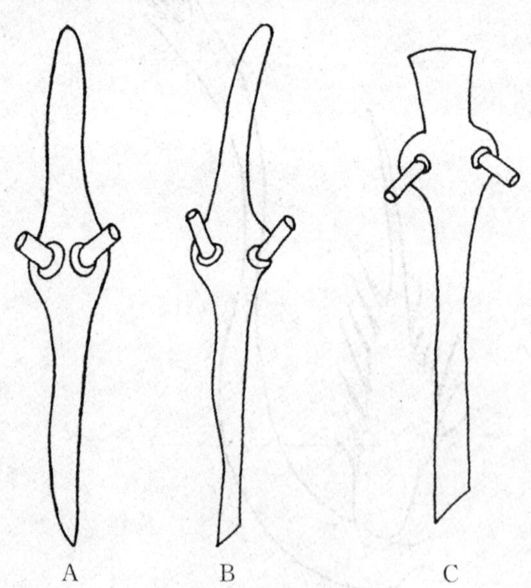

图1.9 粉螨头脊

A. 隆头食甜螨(*Glycyphagus ornatus*);B. 家食甜螨(*Glycyphagus domesticus*);

C. 隐秘食甜螨(*Glycyphagus privatus*)

(仿 李朝品 沈兆鹏)

4. 刚毛

粉螨躯体的背、腹面都着生各种刚毛,毛的形状和排列因种属而不同,是分类的重要依据。

(1) 背毛:粉螨的背毛长短不一、形状各异,在同一类群中,其排列顺序、位置和形状是固定的,因而是分类鉴定的重要依据之一(图1.10)。前足体具4对刚毛,即顶内毛(*vi*)、顶外毛(*ve*)、胛内毛(*sci*)和胛外毛(*sce*);顶内毛(*vi*)位于前足体的前背面中央,并在颚体上方向前延伸;顶外毛(*ve*)位于螯肢两侧或稍后的位置;胛内毛(*sci*)和胛外毛(*sce*)排成横列位于前足体背面后缘。这些刚毛的位置、形状、长短及是否缺如等,是粉螨亚目分类鉴定的重要依据。如粉尘螨和屋尘螨的雌雄螨均无顶毛;食甜螨属的前足体背面中线前端,有一狭长的头脊,顶内毛(*vi*)着生其上,是该属分种的依据。在后半体前侧缘的足Ⅱ、Ⅲ间,有1～3对肩毛,根据位置分为肩内毛(*hi*)、肩外毛(*he*)和肩腹毛(*hv*)。中线两侧有背毛4对,排成2纵列,从前至后分别为第一背毛(d_1)、第二背毛(d_2)、第三背毛(d_3)、第四背毛(d_4)。躯体两侧有2对侧毛,根据位置分为前侧毛(*la*)、后侧毛(*lp*),前侧毛位于侧腹腺开口之前。在后背缘,有1对或2对骶毛,即骶内毛(*sai*)和骶外毛(*sae*)(图1.11)。为帮助读者更直观认识,以椭圆食粉螨(*Aleuroglyphus ovatus*)为例,将躯体背面刚毛及其所在位置列于表1.1。

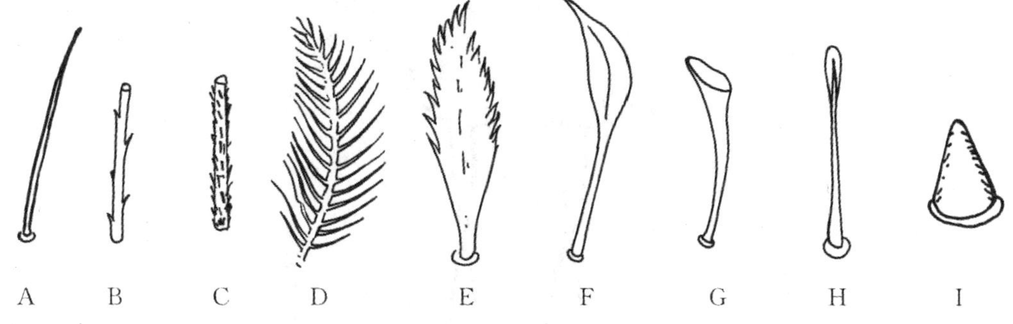

图1.10　粉螨刚毛类型

A. 光滑或简单;B. 稍有栉齿;C. 栉齿状;D. 双栉齿状;E. 缘缨状;F. 叶状或镰状;G. 吸盘状;H. 匙状;I. 刺状

(仿 李朝品 沈兆鹏)

表1.1　椭圆食粉螨躯体背面刚毛

刚毛名称	符号	着生位置
顶内毛	*vi*	前足体前缘中央
顶外毛	*ve*	*vi*后方侧缘
胛内毛	*sci*	在*sce*的内侧
胛外毛	*sce*	前足体后缘
肩内毛	*hi*	在*he*的内侧
肩外毛	*he*	在背沟之后,后半体两侧
第一至第四对背毛	d_1~d_4	后半体背面,两纵行排列
前侧毛	*la*	后半体侧缘中间
后侧毛	*lp*	在*la*之后
骶内毛	*sai*	后半体背面后缘,近中央线处
骶外毛	*sae*	在*sai*的外侧

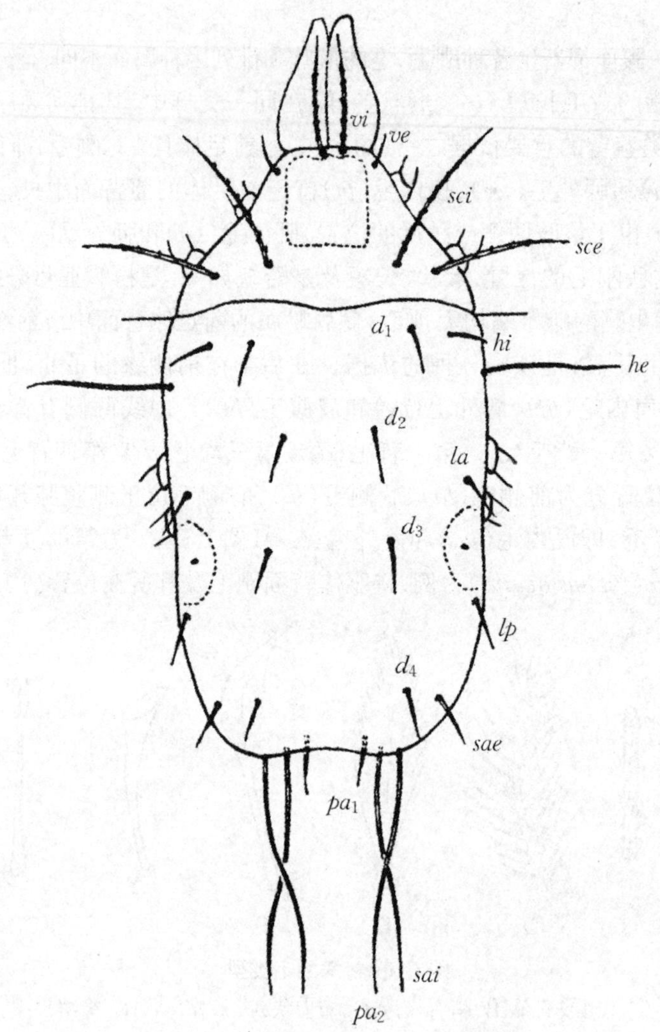

图1.11 粗脚粉螨(*Acarus siro*)背部刚毛

vi:顶内毛;*ve*:顶外毛;*sci*:胛内毛;*sce*:胛外毛;*hi*:肩内毛;*he*:肩外毛;*la*:前侧毛;
lp:后侧毛;d_1~d_4:背毛;*sai*:骶内毛;*sae*:骶外毛;pa_1,pa_2:肛后毛
(仿 李朝品 沈兆鹏)

(2) 腹毛:粉螨躯体腹面的刚毛较背毛少,且相对较短。主要包括基节毛(coxal setae)、基节间毛(intercoxal setae)、前生殖毛(pre-genital setae)、生殖毛(genital setae)、肛毛(anal setae)和肛后毛(post-anal setae)。基节毛(*cx*)1对,位于足Ⅰ、Ⅲ基节。生殖毛(*g*)有3对,位于生殖孔周围,根据位置分为前、中、后生殖毛(g_1,g_2,g_3或*f*,*h*,*i*)。基节毛和生殖毛的数目和位置是固定的。肛门周围有两个复合群,即肛前毛(*pra*)1~2对和肛后毛(*pa*)1~3对,有时这两群肛毛可连在一起称为肛毛。肛毛的数目和位置在种间及性别之间变异很大。如粗脚粉螨雌螨肛门纵裂,周围有5对肛毛(a_1~a_5),后侧有2对肛后毛(pa_1,pa_2)。雄螨肛吸盘前方有1对肛前毛(*pra*),其后有3对肛后毛(pa_1~pa_3)(图1.12)。雄螨生殖孔外表有1对生殖瓣及2对生殖盘,中央有阳茎(penis);雌螨相应处是一产卵孔,中央纵裂,两侧具2对生殖盘,外覆生殖瓣,生殖孔两侧有3对生殖毛(*f*,*h*,*i*)。生殖毛与雄螨相同,但在近躯体后缘有一小的隔腔,即交合囊(bursa copulatrix)。为帮助读者更直观认识,以椭圆食粉螨(*Aleuroglyphus*

ovatus)为例,将躯体腹面刚毛及其所在位置列于表1.2。

表1.2　椭圆食粉螨躯体腹面刚毛

刚毛名称	符号	着生位置
基节毛	*cx*	足Ⅰ和足Ⅲ的基节上
肩腹毛	*hv*	后半体腹侧面,足Ⅱ和足Ⅲ之间
生殖毛(前、中、后)	g_1,g_2,g_3或*f*,*h*,*i*	生殖孔周围
肛毛	*a*	肛门周围
肛前毛	*pra*	肛门前面
肛后毛(第一、二、三对)	*pa*(pa_1,pa_2,pa_3)	肛门后面

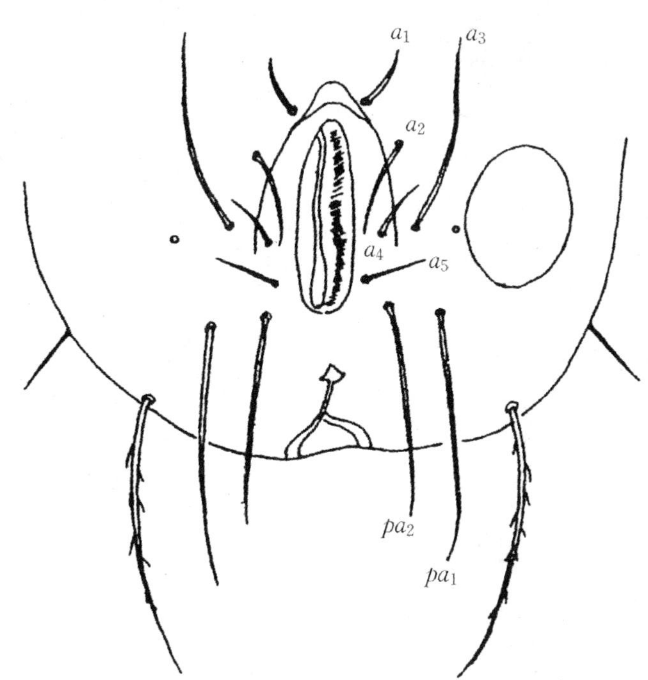

图1.12　粗脚粉螨(*Acarus siro*)(♀)肛门区刚毛

a_1～a_5:肛毛;pa_1,pa_2:肛后毛

(仿 李朝品 沈兆鹏)

5. 足

成螨和若螨均具足4对,幼螨仅3对。所有的足用于爬行,第一对足也可用以取食。成螨前2对足向前,后2对足向后。每足由基节(coxa)、转节(trochanter)、腿(股)节(femur)、膝节(genu)、胫节(tibia)和跗节(tarsus)组成,其中基节已与体躯腹面愈合而不能活动,其余5节均可活动。基节的前缘向内部突出变硬形成表皮内突,足Ⅰ表皮内突于中线处愈合成胸板,而足Ⅱ～Ⅳ的表皮内突则常是分开的。每一基节的后缘也可骨化而形成基节内突,可与相邻的表皮内突相愈合。足Ⅰ转节背面有基节上腺(supracoxal gland),其分泌液流入颚足沟(podocephalic canal)内。跗节末端为爪,但无爪螨属(*Blomia*)足跗节无爪。脂螨属的雌螨爪分叉,异型雄螨足Ⅲ末端有2个大刺;食甜螨科的爪常位于前跗节的顶端,由2个细"腱"连接在跗节末端;根螨属的爪可以在2块骨片中间转动,基部被柔软的前跗节包围。雄螨足Ⅳ

跗节常有明显吸盘，如粗脚粉螨(*Acarus siro*)足Ⅳ跗节靠基部及中部有吸盘2个；伯氏嗜木螨雄螨足Ⅳ跗节1/2处有交配吸盘2个。

足上有许多刚毛状突起(图1.13)，跗节上最多，并从足Ⅰ至足Ⅳ逐渐减少。这些刚毛状突起可分为：真刚毛(ture setae)、感棒(solendia)、芥毛(famulus)。真刚毛由辐几丁质组成芯，外面包有附加层，附加层上有梳状物；其基部膨大，多是封闭的，整个结构着生在表皮的小孔中。感棒(ω)是一薄的几丁质管，基部不膨大，末端有开口；感棒无栉齿，但有裂缝状凹陷，故镜下可见条纹。芥毛(ε)一般很微小，常为圆锥形，仅在第一对足的跗节上有；芥毛芯子中空，含有原生质，总与第一感棒(ω_1)接近。

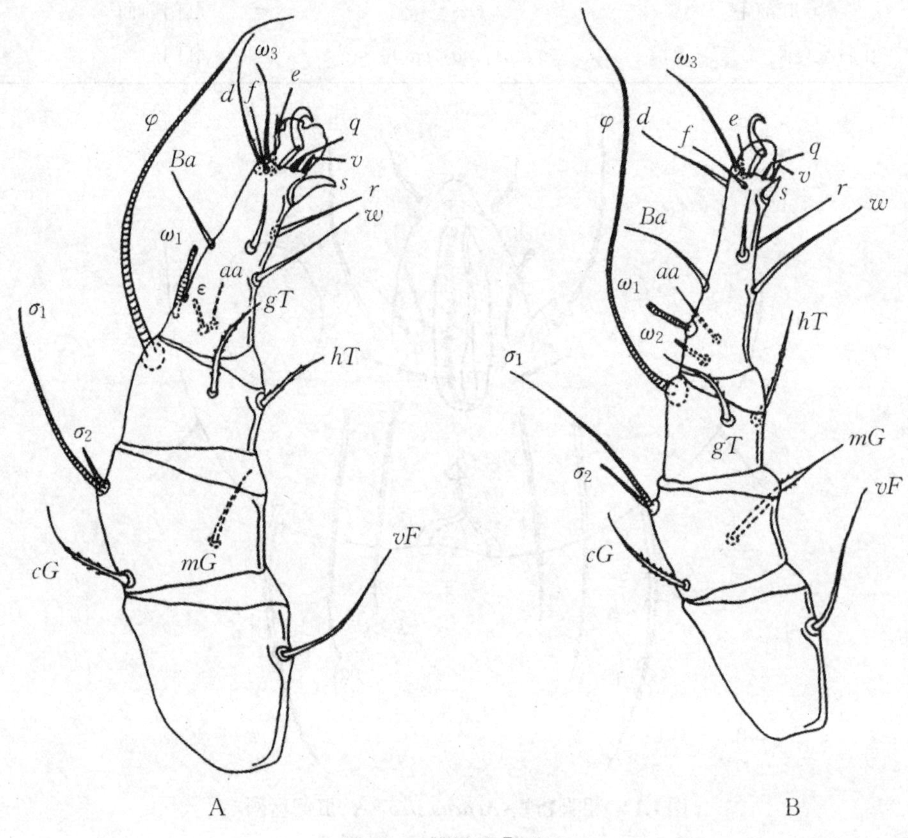

图1.13 雌螨足Ⅰ刚毛

A. 粗脚粉螨(*Acarus siro*)；B. 小粗脚粉螨(*Acarus farris*)

ω_1，ω_2，ω_3，φ：感棒；Ba，d，e，f，r，w，q，v，s，ε，aa，gT，hT，cG，mG，vF：刚毛

（仿 李朝品 沈兆鹏）

在粉螨亚目中，足上刚毛和感棒的排列及数目基本相同，但某些刚毛或感棒可以变形、缺如或移位，此可作为分类鉴别的重要依据。在同一种类的两性间也有差异，如拱殖嗜渣螨，足Ⅰ跗节上缺少ε；麦食螨科足Ⅰ跗节上的ω_1从跗节基部的正常位置移位到前跗节的基部等。食甜螨科螨类足的刚毛变异很大，如嗜鳞螨属，足的每一跗节均被有毛的亚跗鳞片(ρ)所包围；米氏嗜鳞螨的足Ⅲ膝节上的腹面刚毛(nG)膨大成栉状鳞片；棕背足螨的膝节和胫节上有明显的脊条；隆头食甜螨雌螨足Ⅰ、Ⅱ胫节上的hT为正常刚毛，而雄螨足Ⅰ、Ⅱ胫节上有1条胫节毛(hT)呈梳状。在同一类群中，足的刚毛、感棒的数目及排列非常固定，因此，足的毛序是粉螨亚目螨类分类鉴别的重要根据。

粉螨足上的刚毛和感棒多而复杂，尤以足Ⅰ跗节上的最为复杂，但刚毛和感棒的着生位置和排列顺序是有规则的。我国较普遍的椭圆食粉螨躯体和足上的刚毛齐全，故通常会以此螨足Ⅰ跗节为代表进行足上刚毛等结构叙述。该螨足Ⅰ跗节上的刚毛分为三群：基部群、中部群和端部群（表1.3，表1.4）。

表1.3　椭圆食粉螨右足Ⅰ上的刚毛

刚毛名称	符号	着生位置
转节毛	sR	转节腹面前方
股（腿）节毛	vF	股（腿）节腹面中间上方
膝节毛2条	mG，cG	mG在背面，cG在腹面
膝外毛和膝内毛（膝节感棒）	σ_1，σ_2	膝节背面前端的骨片上，长者为σ_1，短者为σ_2
胫节毛2条	gT，hT	侧面为gT，腹面为hT
胫节感棒（鞭状感棒、背胫刺）	φ	胫节末端背面

表1.4　椭圆食粉螨跗节Ⅰ上的刚毛

刚毛名称	符号	着生位置及形状
	基部群	
第一感棒	ω_1	跗节背面近基部，长杆状
芥毛	ε	靠近ω_1，小刺状
亚基侧毛	aa	ω_1右侧，刚毛状
第二感棒	ω_2	aa下方，短钉状
	中部群	
背中毛	Ba	跗节背面中部，毛状
腹中毛	w	跗节腹面中部，毛状
正中毛	m	Ba上方
侧中毛	r	Ba右侧
	端部群	
第一背端毛	d	端部背面，长发状
第二背端毛	e	d的右侧
正中端毛	f	d的左侧
第三感棒	ω_3	跗节背面端部，管状
中腹端刺	s	跗节腹面端部中间，刺状
外腹端刺	p，u或$p+u$	位于s的左侧，刺状
内腹端刺	q，v或$q+v$	位于s的右侧，刺状

足Ⅰ的端跗节端部有8条刚毛，呈圆周形排列，以左足为例：位于中间的为第一背端毛（d），其左、右两侧分别为正中端毛（f）和第二背端毛（e）；腹面有呈短刺状的腹端刺（p，q，u，v和s），中间为腹端刺（s），右面为内腹端刺（q，v），左面为外腹端刺（p，u）。所有足的跗节都有这些刚毛和刺。第三感棒（ω_3）仅足Ⅰ跗节有，呈管状，位于跗节背面端部，于最后一个若螨期开始出现。足Ⅰ跗节的中部有4条刚毛，呈轮状排列，背面为1条背中毛（Ba），腹面为1条腹中毛（w），左面和右面分别为正中毛（m）和侧中毛（r）。足Ⅱ跗节同样有这些刚毛，但在

足Ⅲ、Ⅳ跗节仅有2条刚毛，即r和w。跗节基部群有刚毛和感棒4条，第一感棒(ω_1)着生在背面，为棒状感觉毛，在各发育期的足Ⅰ、Ⅱ跗节上均有，足Ⅱ跗节的ω_1，比足Ⅰ跗节的长；在幼螨期，ω_1尤显长。在足Ⅰ跗节上，芥毛(ε)呈小刺状，常紧靠感棒ω_1。第二跗节感棒(ω_2)较小，位于较后的位置，在第一若螨期开始出现，其与亚基侧毛(aa)仅在足Ⅰ跗节上才有。

胫节感棒(φ)，也叫背胫刺或鞭状感棒，除足Ⅳ胫节外，其余胫节背面均有，可在生活史各发育阶段发现。足Ⅰ、Ⅱ胫节腹面有2条胫节毛(gT和hT)，gT位于侧面，hT位于腹面；而足Ⅲ、Ⅳ胫节上只有1条胫节毛(hT)。足Ⅰ膝节背面有2条感棒(σ_1和σ_2)，着生在同一个凹陷上；而足Ⅱ、Ⅲ膝节上仅有1条感棒。足Ⅰ、Ⅱ膝节上有2条膝节毛(cG和mG)，足Ⅲ膝节上仅有1条刚毛nG。在足Ⅳ膝节上，刚毛和感棒都缺如。足Ⅰ、Ⅱ和Ⅳ腿节的腹面均有1条腿节毛(vF)。足Ⅰ、Ⅱ和Ⅲ转节的腹面均有1条转节毛(sR)。

粉螨足上的刚毛和感棒的作用不甚明了，有些学者认为它们是感觉器官。胫节感棒(φ)在足Ⅰ和Ⅱ上非常显著，向前直伸，似有触觉器官的作用。

6. 生殖器和肛门

粉螨雌雄两性的生殖孔位于体躯腹面，在足的基节之间。肛门是螨类消化器官的末端开口，通常位于末体腹面近后端。

(1)生殖器：生殖孔仅成螨有，因此是区分成螨和若螨的主要标志。不同螨种的生殖孔位置和形状有差异，但生殖孔一般位于足Ⅱ～Ⅳ的基节之间，呈纵向或横向开口，由1对分叉的生殖褶遮盖，其内侧是1对粗直管状结构的生殖“吸盘”(genital sucker，*GS*)或生殖乳突。无爪螨属有一个附加的不成对的生殖褶，从后面覆盖生殖孔。

雄螨生殖孔具生殖瓣1对和生殖吸盘2对，中央为阳茎(penis)。阳茎为一几丁质的管子，其着生在结构复杂的支架上，支架上附有使阳茎活动的肌肉(图1.14)。雄螨阳茎形态特征各异，对螨种鉴定有重要意义。雄螨有特殊的交配器，为位于肛门两侧的1对交尾吸盘或肛门吸盘(anal sucker，*AS*)；或位于足Ⅳ跗节的1对小吸盘；或仅在足Ⅰ和Ⅱ跗节上有1个吸盘。食甜螨科的雄螨常缺少肛门吸盘和跗节吸盘，但隆头食甜螨足Ⅰ、Ⅱ的吸盘形状变异，有辅助交配的作用。

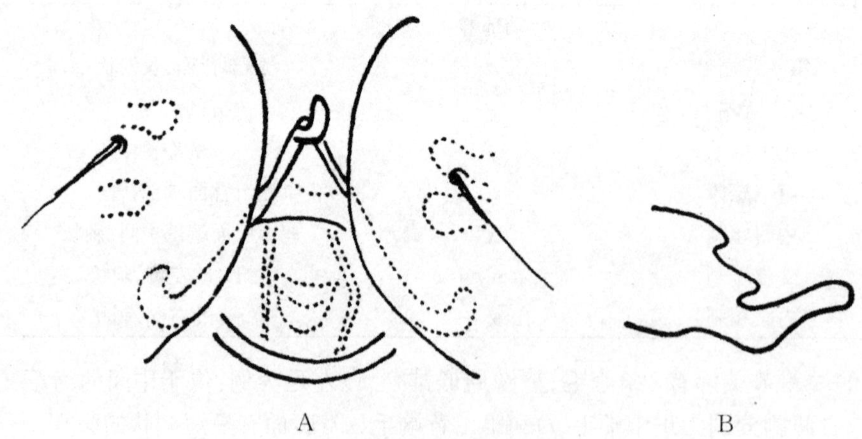

图1.14 腐食酪螨(*Tyrophagus putrescentiae*)(♂)生殖器

A. 外生殖器区；B. 阳茎侧面观

(仿 李朝品 沈兆鹏)

雌螨外生殖器主要包括交配囊(bursa copulatrix)、生殖孔(genital pore)或生殖瓣(genital valve)。生殖孔是条纵向(多数是营自生生活的螨类)或横向(多数为寄生螨类)的裂缝,较大,两侧具生殖乳突2对,外覆生殖瓣,能使多卵黄的卵排出。麦食螨科螨类雌性的生殖孔为内翻的"U"形,有一块骨化的生殖板。食甜螨属雌螨的生殖孔的前缘有一块新月状的细小的前骨片;雌性生殖孔的前缘也可与胸板相愈合,如甜果螨属;也可与围绕在输卵管孔周围的围生殖环相愈合,如脊足螨属。雌螨体躯末端有交配囊,通常是一个圆形的孔。在内部交配囊通到受精囊(receptaculua seminis),受精囊与卵巢相通(图1.15)。交配囊的形状因螨种而异,也具有一定的分类意义。

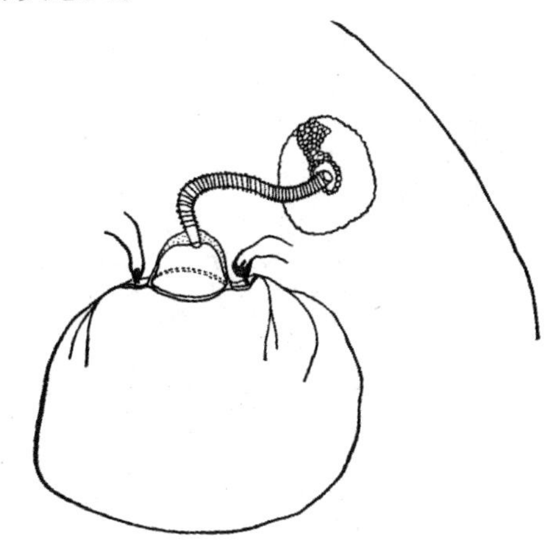

图1.15 粗脚粉螨(*Acarus siro*)(♀)交合囊和受精囊
(仿 李朝品 沈兆鹏)

(2) 肛门:通常位于末体后端,为消化道的末端,两侧围有肛板(anal shield)。不同螨种,其肛门位置也有差异,有的位于末端,有的则在末体腹面近后缘。有些粉螨的雄螨肛门区有肛吸盘1对,且周围有1对肛前毛(pre-anal setae)、3对肛后毛(post-anal setae)(pa_1,pa_2,pa_3)。雌螨的肛门通常纵裂,周围有5对肛毛(anal setae)(a_1~a_5)、2对肛后毛(pa_1,pa_2)。

二、卵

粉螨的卵大小一般为120 μm×100 μm,呈椭圆形或长椭圆形,其卵黄丰富,故较大。某些种类的螨卵可能更大,如脂螨卵大小约为150 μm×100 μm,而伯氏嗜木螨(*Caloglyphus berlesei*)的卵可达200 μm×110 μm。颜色多呈白色、乳白色、浅棕色、绿色、橙色或红色;其卵壳多数光滑,半透明,少数有花纹和刻点,如长食酪螨卵(图1.16)。可根据卵表面的特有花纹,进行种类鉴定。粉螨一般为卵生,由于卵细胞在雌成螨体内时已进行分裂,因此经常可见到含有多个卵细胞的螨卵。在发育成熟的卵内有时可见幼螨轮廓。

三、幼螨

粉螨幼螨体型较小,约为成螨的1/2或更小,长度一般为60~80 μm。仅有足3对,生殖器不明显或完全不可见,无生殖吸盘和生殖刚毛等构造。幼螨腹面足Ⅱ基节前有一对茎状突出物,称为胸柄或基节杆(coxal rods,*CR*),为幼螨期所特有。足分5节,与若螨和成螨相同。跗节上刚毛的排列方式和形状、爪垫及爪的形状等具备种类鉴定意义。由于发育不完全,躯体上d_4、lp、生殖毛和肛毛缺如,但骶毛特别长。足上,足Ⅰ～Ⅲ转节上无转节毛,足Ⅰ跗节的第二感棒(ω_2)和第三感棒(ω_3)缺如(图1.17),第一感棒(ω_1)与幼螨跗节相比也较大。

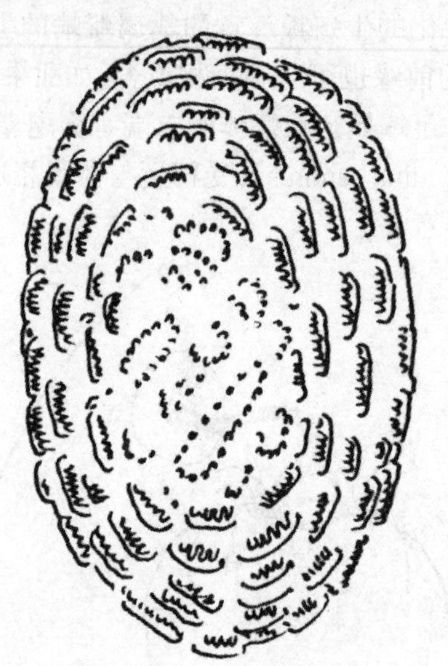

图1.16 长食酪螨(***Tyrophagus longior***)卵

(仿 李朝品 沈兆鹏)

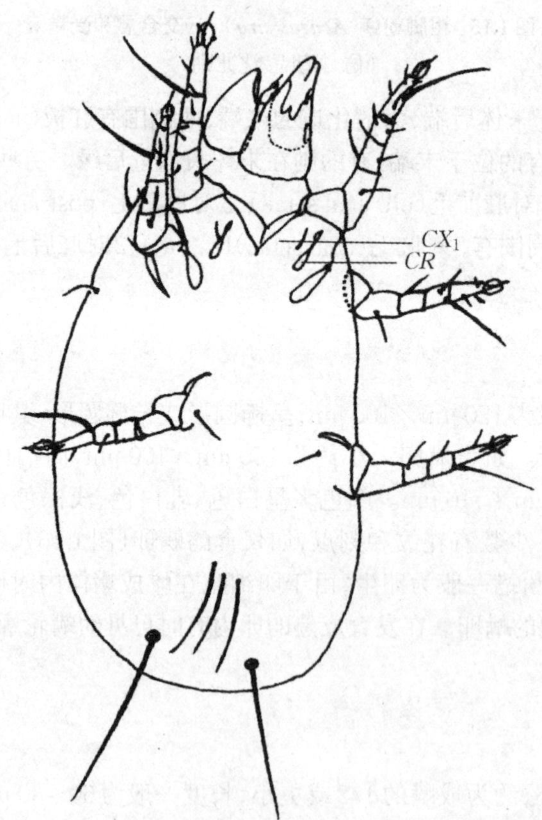

图1.17 棉兰皱皮螨(***Suidasia medanensis***)幼螨腹侧面

CX_1:基节区;CR:基节杆

(仿 李朝品 沈兆鹏)

四、若螨

1. 第一若螨

第一若螨(protonymph)又称前若螨，体形较幼螨稍大，但小于第三若螨。此期开始发育为4对足，基节杆(*CR*)消失。与幼螨一样，足Ⅰ～Ⅲ转节上无转节毛，此特征可与第三若螨相鉴别。足Ⅳ股节、膝节及胫节上也无刚毛，仅在跗节上有刚毛。生殖孔开始发育但不发达，有1对生殖吸盘、1对生殖感觉器、1对生殖毛和1对侧肛毛；后半体背面开始出现d_4和*lp*。生殖吸盘正中有1纵沟，生殖刚毛位于纵沟两侧，此特征可与第三若螨和成螨区分(图1.18)。此外，躯体的后缘刚毛及肛门刚毛的数目也常较第三若螨和成螨少。

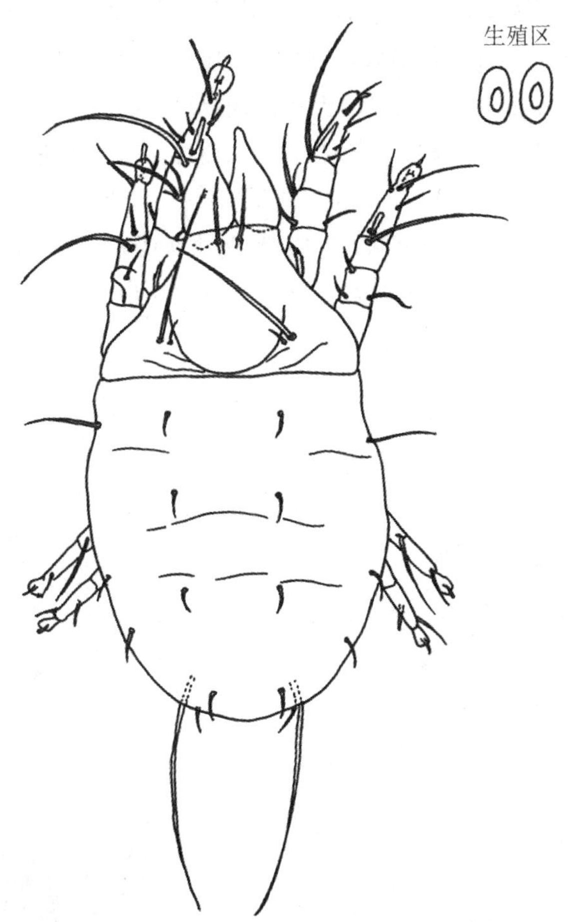

图1.18　纳氏皱皮螨(*Suidasia nesbitti*)第一若螨

(仿 李朝品 沈兆鹏)

2. 第二若螨(休眠体)

第二若螨(deutonymph)处于第一若螨和第三若螨之间，又称休眠体(hypopus)。这是粉螨生活史中一个特殊的发育期，这种类型的生活史在动物界可能是独一无二的。当外界环境恶劣时由第一若螨发育而来，形态与第一若螨和第三若螨明显不同。休眠体期不进食，是一种适于传播及抵抗不良环境的原始形式，可促进粉螨的发育和繁殖。休眠体的体壁变硬，足和颚体大部分缩入体内，不食不动，以抵抗不良环境，可维持数月之久，若环境条件改善或脱离不良环境，即能蜕去硬皮壳恢复活动。休眠体只在一些细微的地方与成螨相似，相近亲缘关系的螨类，常可有相同的休眠体。休眠体有两种状态：一是活动休眠体(active hypopus)，能自由活动，足上爪发达，肛门周围有吸盘，适于抱握其他节肢动物和哺乳动物，随之播散至各处；二是不活动休眠体(inert hypopus)，几乎完全不能活动，足退化，有时甚至完全消失，常在第一若螨的皮壳中，消极地等待较好生活条件的到来。这两种休眠体的区分不严格，结构上能互相转化。二者形态上，颚体均完全退化，不能取食，体形扁平，外表被一厚壳包裹，背面有特殊花纹，对低温、干燥、药物等有强大抵抗力。形态上与成螨仅某些细小的特征相似。亲缘关系近，其休眠体形态也相似。

活动休眠体表皮坚硬，呈黄色或棕色。躯体呈圆形或卵圆形，背腹扁平，呈腹凹背凸形，有利于休眠体紧紧地贴附在其他节肢动物身上。躯体背面完全由前足体和后半体背板所蔽盖。无口器，颚体退化为一个不成对的板状物，前缘呈双叶状，每叶各有1条鞭状毛。躯体腹面有很明显的基节板，其前缘与表皮内突相连，后缘与基节内突相连。后足体腹面具有一个很明显吸盘板，构成了吸附结构的重要部分(图1.19)。活动休眠体的吸盘板多孔，吸盘位置向前突出。这些吸盘中央有2个明显的吸盘，为中央吸盘，其在休眠体吸附寄主时起主要作用。中央吸盘前方有2个较小的吸盘(I、K)，常有辐射状的条纹，为前吸盘；中央吸盘之后

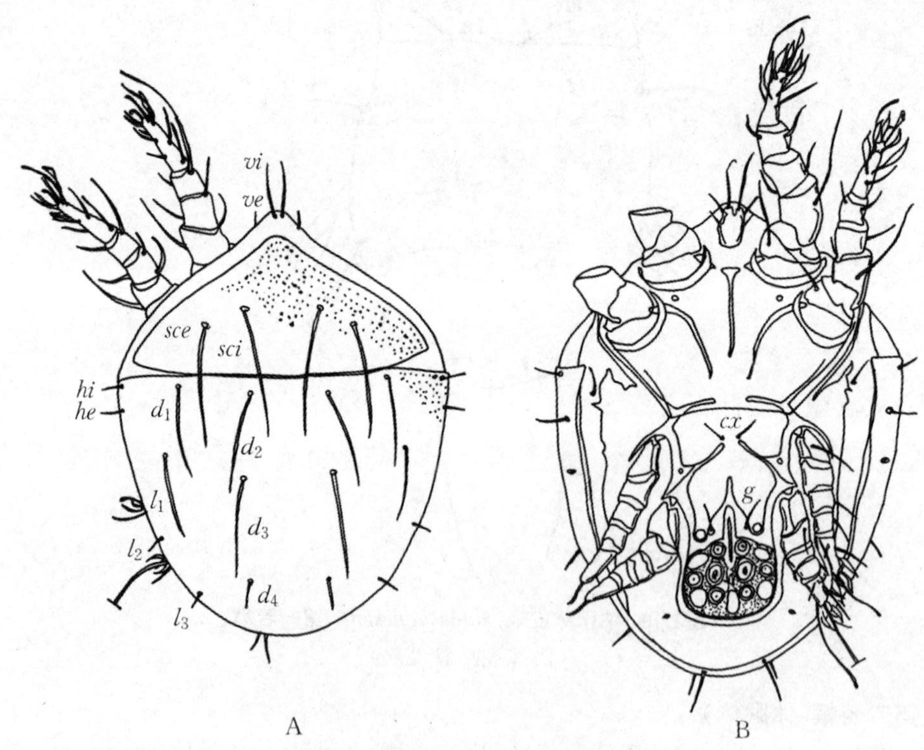

图1.19 粗脚粉螨(*Acarus siro*)休眠体

A. 背面；B. 腹面

vi, *ve*, *sci*, *sce*, d_1～d_4, *he*, *hi*, l_1～l_3：躯体的刚毛；*g*：生殖毛；*cx*：基节毛

(仿 李朝品 沈兆鹏)

有4个较小的吸盘(A、B、C、D),此4个吸盘旁边,各有一个透明区(E、F、G、H),可能为退化的吸盘,是辅助吸盘(图1.20)。吸盘板前方,有一发育不全的生殖孔,两侧有1对吸盘和1对生殖毛,在中央吸盘之间有肛门孔。钳爪螨的吸盘由1对内面坚硬的活动褶所替代,其覆盖在2对有横纹的抱握器上,可像钳子一样握住皮毛。表皮下有生殖感觉器2对。活动休眠体的前2对足比后2对足发达,后2对足几乎完全隐蔽在躯体下方,有的可弯向颚体,如薄口螨。有的粉螨足Ⅰ、Ⅱ可在空中做搜寻动作,躯体由后2对足和吸盘板所支撑。足上的刚毛和感棒与其他发育期不同,包括刚毛形状及一些刚毛和感棒的膨大和萎缩。如嗜木螨足Ⅰ～Ⅲ跗节常有膨大而呈叶状的刚毛,或其顶端扩大成小吸盘且具有部分吸附装置的作用;足Ⅳ跗节末端可有1～2条长刚毛以抱握昆虫。

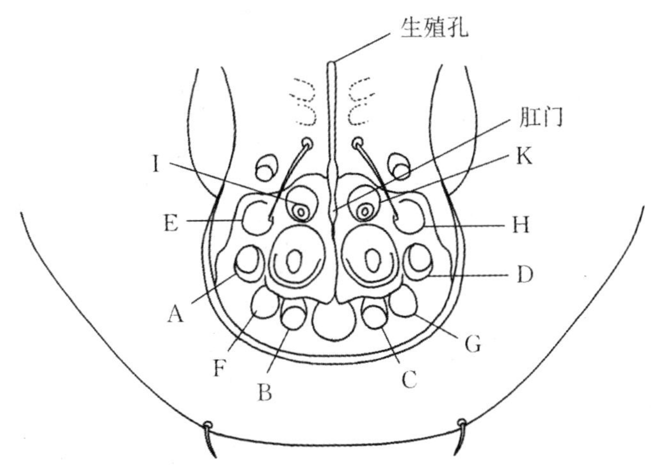

图1.20 小粗脚粉螨(*Acarus farris*)休眠体吸盘板

A～D:吸盘;E～H:辅助吸盘;I,K:前吸盘

(仿 李朝品 沈兆鹏)

仅少数粉螨形成不活动休眠体,如粉螨属、嗜鳞螨属、食甜螨科等,其躯体包裹在第一若螨的皮壳中,几乎不活动。如家食甜螨的不活动休眠体呈一个卵圆形的囊状物,跗肢退化包裹在第一若螨的干燥皮壳中,4对足均不发达,足Ⅲ、Ⅳ完全藏于后半体下面,背面不易见。在休眠体内部,肌肉和消化系统退化为无结构的团块,只有神经系统保持其原状,腹面末体处无吸盘。

3. 第三若螨

第三若螨(tritonymph)又称后若螨,体型较成螨稍小。第三若螨多由休眠体在外界适宜环境下发育而成,亦可从第一若螨直接发育而来。除生殖器尚未完全发育成熟外,其他结构与成螨相似。第三若螨生殖器构造与第一若螨相似,较为简单,生殖孔仅为痕迹状,但生殖吸盘为2对、生殖感觉器为2对、生殖刚毛为3对。第三若螨生殖器的位置,雄螨一般位于足Ⅳ基节之间,雌螨不定。后若螨足上的毛序与成螨相同,足Ⅰ～Ⅲ转节上各有刚毛1根,足Ⅳ则无(图1.21)。足Ⅰ、足Ⅱ和足Ⅳ股节上各有刚毛1根,足Ⅲ股节上则无刚毛。此外,第三若螨肛毛及后缘刚毛长度比例可能与成螨不同。

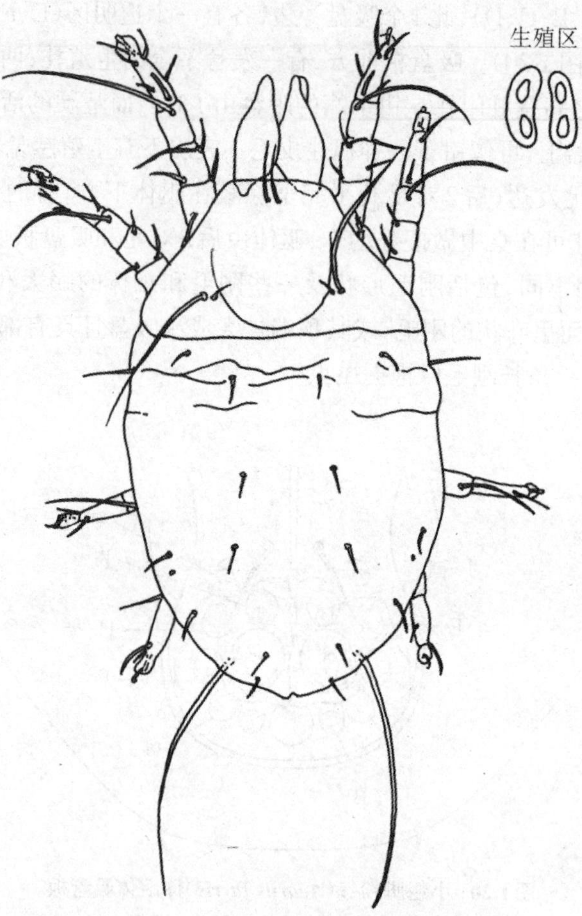

图1.21 纳氏皱皮螨(*Suidasia nesbitti*)第三若螨
(仿 李朝品 沈兆鹏)

第二节 内部结构

粉螨躯体内具有复杂的器官系统,主要有消化系统、生殖系统、排泄系统、肌肉系统、神经系统、循环系统、呼吸系统等。由于粉螨食性复杂,不同螨种的内部结构差异也较大。目前,对粉螨形态的研究多聚集在外部形态,有关粉螨的内部形态结构研究相对较少。而对内部形态结构研究又多集中在消化系统和生殖系统,如张莺莺等(2007)用连续切片及HE染色后观察研究了粉尘螨消化系统结构,吴桂华等(2008,2009)用连续切片及HE染色后观察研究了粉尘螨和热带无爪螨的生殖系统结构,王月明等(2013,2014)对粉尘螨用透射电镜观察研究了其消化系统和生殖系统的超微结构。对这两个系统研究较多的原因可能是粉螨变应原定位研究显示特异性抗原多聚集在这两个系统结构有关。如吴桂华等(2009)对热带无爪螨体内特异性变应原定位研究发现热带无爪螨中肠、盲囊、结肠的肠壁和内容物及生殖腺等均有阳性反应,尤其是肠壁组织和肠腔内容物的反应最强烈。李盟等(2007)对粉尘螨2型变应原定位研究也发现在中肠组织及其肠内容物处反应最强烈。刘志刚等(2005)对屋尘螨Ⅰ类变应原的体内定位研究发现该变应原主要存在于螨的肠内容物和中肠组织中。下面以粉尘螨为例，重点介绍消化系统和生殖系统的形态、结构。

（一）消化系统

粉螨的消化系统一般为管状结构，占据其体腔的大部分空间，可见口咽部、前中肠、中肠、两个较大的盲肠、结肠等，肠腔特别是中肠内可见明显的粪便颗粒。口位于颚体中央、口下板背面、螯肢起点的下方。咽多位于口的后方，主要用于取食食物。中肠由食管和胃组成，食管细长，前后贯通中枢神经块。胃有许多成对的胃盲囊。其后面是后肠，壁薄，部分种类有。前肠是外胚层发育形成的口道，中肠由内胚层发育而来，后肠来源于外胚层的肛道，它的前半部分演化为肠，后半部为直肠。盲肠具有发达的肌肉，经肛门开口于体外。粉螨亚目的螨类消化道多属于结肠型，通常胃较胃盲囊大，且与直肠之间还有结肠。

粉尘螨的消化系统主要结构包括口前腔、肠和肛门，肠分为前肠（foregut）、中肠（midgut）、后肠（hindgut）。前肠和后肠内壁具有表皮，中肠则无。中肠前、后段连接处及中肠与后肠连接处均有收缩。

1. 口前腔

口前腔（prebuccalcavity）由颚体围绕而成。颚体是消化系统最前端的一个功能性结构。其结构特征可见上述成螨中的颚体部分。

2. 肠

Brody（1972）将粉尘螨的肠依次分为前肠、中肠和后肠，每个肠区又分为前后两段。

（1）前肠：包括咽和食管两部分。咽的角化程度较高，背面附有几组肌肉，从矢状切面看，其向腹面弯曲，是连接口前咽与食管的管道，与食管连接处有很多褶皱。有厚度均匀一致的表皮覆盖于食管内壁。食管呈褶皱样，从横切面看呈八角星形，这些褶皱之间形成的槽为血腔的组成部分。食管向背端穿过中枢神经，在躯体前端与中肠相连。

（2）中肠：分为前中肠和后中肠两部分，中间由一个狭窄区连接。前中肠相当于胃，大小约是后中肠的两倍。前中肠向后伸出两个盲肠（caecum）。前中肠肠壁较薄，其形态因充血程度不同而异。中肠的上皮细胞有多种形态。在前中肠近食道段，背侧上皮细胞为鳞片状，体积较小；腹面有两排细胞，体积较大，这些细胞多数向肠腔（gut lumen）伸出或附着在肠壁上，仅有少部分与之相连。有些肠腔中的游离细胞与之形态相似，可能由此而来。前中肠的上皮细胞核仁明显，核较大，细胞间的连接较为复杂，顶部有细胞桥粒。胞质内可见大量粗面内质网，部分胞质内可见大量沉积球粒。肠腔表面有游离的微绒毛，其长度较后中肠表面的微绒毛短。中肠组织中可见少许附着细胞，其基部与肠壁连接处明显变窄。肠腔内的消化物疏松，偶尔可见到其他螨的附肢及表皮样内容物。前中肠后面部分的背、腹面及盲肠腔面为立方上皮。盲肠中的腔隙常因其上皮细胞密度增大而变得狭窄。后中肠经收缩区域与前中肠相区别，收缩区起瓣膜的作用。后中肠呈球形，肠壁除大量鳞状细胞外，也有少量的立方细胞，表面有长而密的微绒毛。腔内明显可见围食膜将食物包成球状，形成早期的粪粒。后中肠通过狭长的开口与后肠相连。

（3）后肠：后肠由结肠和直肠两部分构成，其内壁由厚约1 μm的表皮覆盖，并有纵向褶皱，腔内可见围食膜包裹的粪粒。结肠背壁形成两个明显的背褶，背褶两边有两团细胞，可能为结肠的腺体。有许多突起由腔面向肠腔内伸入，使内壁呈锯齿状。其表皮上覆盖一层黏液样物质。

3. 肛门

直肠为管状结构,与后部裂缝样肛门相连接。

4. 消化腺

唾液腺(salivarygland)位于螨体脑前方,开口于前口腔,呈不规则形,细胞呈嗜碱性深染。

(二)生殖系统

螨类的生殖系统可因种类的不同而呈现出较大的差异,多数无气门亚目螨的睾丸成对存在,但粉尘螨睾丸为单个,此为尘螨属的重要特征。生殖器官主要来源于胚胎发生期的中胚层。生殖孔一般位于躯体腹面正中,常开口于足Ⅳ水平附近。

1. 雄性生殖系统

雄性粉尘螨的生殖系统一般由睾丸(testis)、输精管(vasa defrentia)、附腺(accessory-gland)、射精管(ejaculatory duct)、阳茎(penis)和附属交配器官(accessory copulatoryorgan)组成,占据粉尘螨血腔后部的大部分空间。此外,与生殖系统功能相关的结构还包括肛侧板吸盘(adanal suckers)和第Ⅳ对足的跗吸盘(tarsisuckers)等附属交配器官。

(1) 睾丸:睾丸一般为单个,是精子产生及发育的场所,处于体腔末端直肠的后方,可经HE染色染成蓝紫色,其形态常因充盈度不同而有变化:完全充盈时呈椭圆形,后部可与腹部肌肉相接触,睾丸内不规则排列着不同发育阶段的精子细胞。背侧部是呈不规则形态的精原细胞(spermatogonium),成簇排列,具细胞核;向内排列的是呈圆形的精母细胞(spermatocyte),细胞核嗜碱性,大而圆,细胞浆嗜酸性,其形态似精原细胞,但稍大;睾丸前段靠近附腺的位置为精细胞(spermatozoa),较精母细胞小,细胞浆嗜酸性。

(2) 输精管:输精管一般为一对,沿睾丸的腹侧部分出二支向前端延伸而成,位于肠、附腺和睾丸之间。成熟雄螨的输精管管腔很大,充盈时可占据体腔后部的大部分空间,和睾丸分界不清,其内有大量成熟精子细胞和后期发育的精子细胞,精子由精母细胞分裂而来,其形态多样,大小及数量不一。精子一般无核膜,核染色质聚集成束,呈管状或颗粒状,周围有大量线粒体聚集,线粒体嵴较少或不典型,胞质透明;精子细胞周边或核染色质附近平行分布许多电子致密薄片。这些电子致密薄片可能是某些精子早期形成时其细胞周边平行排列的细胞表面膜层纵向分裂、分化而来。输精管通过末端与附腺相连来传递成熟精子。

(3) 附腺:附腺为一囊性结构,椭圆形,是雄螨生殖系统中最大的器官,位于体腔中后约1/3处,一端与射精管相连,另一端游离于体腔,附腺的壁由较厚的上皮细胞组成。有些螨类附腺是雌雄共有的结构(Hughes,1959;Witalinski et al.,1990),其功能重要且复杂。

(4) 射精管:射精管为一小的囊状结构,于输精管和附腺连接处发出,沿着腹侧走形,弯曲向前进入阳茎。其细胞壁高度角化。

(5) 阳茎:阳茎为一高度角化细长的器官,位于足Ⅲ、Ⅳ基节之间,着生在骨化的三角形基板上,平时常隐藏在生殖褶下方,只有在交配时才会凸显出来,生殖褶内面有生殖感觉器。阳茎顶部末端为生殖开口。

(6) 附属交配器官:雄螨具有的一对位于肛门两侧的肛吸盘和位于足Ⅳ上的两对跗吸盘为附属交配器官,雌雄粉螨交配时可借助这些吸盘使二者腹部贴附更加紧密,便于交配。

2. 雌性生殖系统

粉尘螨的雌螨生殖系统主要包括两个部分：第一部分由交配孔（bursa copulatrix）、交配管（ductus bursae）、储精囊（receptaculum seminis）和一对囊导管（ducti receptaculi）组成，开口于后半体肛门左侧，主要用于完成受精。雌雄螨经交配孔交配后精子暂时储存于储精囊，后经一对囊导管传递至输卵管内完成受精。第二部分由一对卵巢（ovary）、一对输卵管（oviduct）、子宫（uterus）、产卵管（ovipositor）和产卵孔（oviporus）组成，主要用于完成产卵。产卵孔开口于足Ⅱ、Ⅲ基节之间。

（1）交配孔和交配管：交配孔是一个开放的圆形小孔，位于肛门裂的左上方，结构和形状具有种特异性（Walzl，1992）。交配孔通过一对交配管向体内延伸并与储精囊相连。雄螨在交配时将阳茎插入雌螨交配孔，经交配管将精液传至后端与之相连的储精囊。

（2）储精囊和囊导管：储精囊为一椭圆形囊状结构，具有伸缩性，充盈时囊壁光滑，无精液充盈时囊壁呈褶皱状，是雌雄螨交配后精液暂时储存的场所。常位于血腔末体中部，直肠的上方，其位置可根据充盈度而发生变化，充盈时储精囊的囊壁可抵后部体壁。储精囊经囊导管与输卵管相连。

（3）卵巢：卵巢为一对，呈锥球形，位于肛门裂两侧直肠下方，与囊导管相连接，卵巢内有若干大小不等的无卵黄卵母细胞，细胞间界限不清，相互连成团块状；卵巢组织比较致密，HE染色切片显示为对称深蓝紫色的两叶。卵巢后部背侧有一较大的中央细胞，周围是不同发育阶段的卵母细胞，这些大小不等的卵母细胞通过细胞间索带与中央细胞相连接。中央细胞具多个细胞核，核内有许多聚集成簇的致密染色质，核仁明显。因中央细胞与营养作用有关，又称为营养合胞体细胞。卵母细胞呈圆形，强嗜碱性，通常成簇地聚集在一起，其不同发育阶段细胞体积也不同，发育越成熟的卵母细胞体积越大，卵巢内的卵母细胞在进入输卵管之前均为无卵黄颗粒细胞。

（4）输卵管：输卵管为一对，从卵巢腹侧壁发出，止于子宫末端腹侧，由上皮细胞组成。卵细胞的卵黄生成作用在输卵管内发生，成熟卵细胞体内充满了卵黄颗粒使得其体积达到最大，中央有一核，卵细胞的最外层包裹着非细胞结构的物质，成熟卵细胞通过输卵管进入子宫腔。输卵管很细，当无卵存在时，光镜下通常不易见到；当有卵存在时管腔膨大，光镜下才可见。

（5）子宫：子宫腹侧与输卵管相连接，子宫腔大，呈扁平囊状，外壁由较薄的基膜层和肌肉层组成，上皮细胞呈立方形，细胞间界线分明，子宫的形态与腔内存在的内孕卵相关，无孕卵时常皱缩在一起而呈扭曲状；有卵细胞时宫腔充盈膨胀，上方可达直肠壁。子宫的两侧有一对环形肌，具有协助子宫排卵的作用。

（6）产卵管和产卵孔：产卵管沿子宫腹侧向前延伸，经产螨的产卵管为管腔较大的薄壁硬化管，管壁上皮组织稀疏，末端略膨大，其开口为产卵孔，位于足Ⅱ、Ⅲ基节之间。产卵管表皮上皮细胞形态不规则，呈分叶状，胞质内有大量线粒体。在扫描电镜下可见产卵孔呈“人”字形，位于半月形生殖板的下方，生殖板侧缘骨化明显。

（三）排泄系统

1. 基节腺（coxal gland）

是螨类最原始的排泄器官，具有渗透调节的作用，可将体内过剩的离子和水排出体外。

2. 马氏管(malpighian tubule)

由内胚层发育而来，一般位于螨的后肠部位。粉螨亚目的螨类无马氏管，但在胃的后面有结肠和后结肠，由它们发挥马氏管的排泄作用。

3. 排泄物

螨类的排泄物主要是鸟嘌呤，是氮素代谢的最终产物。在排泄器官中一般呈块状，具体形状一般根据螨种的不同会有差异。同一种类的螨其排泄物鸟嘌呤块的形状多相似。多数情况下，可从螨的体外辨认排泄器官内的鸟嘌呤块，因此，有时可据此辨认螨的排泄器官。

(四)其他

1. 肌肉系统

粉螨肌肉系统的横纹肌发达，多附着在表皮内突及肥厚板等处，有的也附着于柔软的表皮，有些螨类可借助肌肉活动来改变躯体形态。肌肉系统的主要功能是躯体活动，如螯肢、须肢、生殖器、肛板和足的活动。

2. 呼吸系统

粉螨亚目的螨类多数无气门，一般以体壁进行呼吸。螨类一般有成对的气管，通过气门与体外相通，气管构成螨类的呼吸系统。气门附近的气管较粗，再经过细小分支到达全身各组织，与细胞进行气体交换，如食甜螨科的部分螨类。因此，气门和气管的形状，在螨的分类鉴定上具有重要意义。

3. 神经系统

粉螨亚目螨类的中枢神经系统为中枢神经块，由多数神经节高度愈合而成，主要包括食道神经环、食道下神经节、腹神经链和食道上神经节，食管贯通其中。神经节的愈合在若螨期开始明显。位于食道上部的中枢神经集团有成对的脑神经节、螯肢神经节和须肢神经节，脑神经节向咽、眼等处发出神经，螯肢神经向螯肢发出神经，须肢神经通常位于食道进入中枢神经集团的入口处，由横连合与螯肢神经节联结，并且分布神经到须肢和咽。位于食道下神经团的有4对足神经节和1对内脏神经节。足神经节向足和与足有关的肌肉发出神经，内脏神经节向消化系统、生殖系统和其他内脏器官发出神经。内脏神经节可能相当于其他蛛形纲动物腹部神经节的融合体。

4. 循环系统

粉螨的循环系统是开放血管系，血液无色，流经各内脏器官和肌肉等处。血液凭借身体的运动特别是背腹肌的收缩而实现体内循环。蜕皮前的静息期在血液内可见无数阿米巴样的血球。

(陶　宁　李朝品)

参考文献

王月明，刘晓宇，黄礼年，等，2016. 粉尘螨生殖系统超微结构的透射电镜观察[J]. 昆虫学报，56(8)：960-964.

王月明，刘晓宇，蒋聪利，等，2013. 粉尘螨消化系统超微结构观察[J]. 中国寄生虫学与寄生虫病杂志，31(6)：490-492.

王月明,吴琳,吴莹莹,等,2014. 粉尘螨体壁及血体腔超微结构观察[J]. 中国人兽共患病学报,30(1):23-26.
王孝祖,1964. 中国粉螨科五个种的新纪录[J]. 昆虫学报,13(6):900.
休斯A M,1983. 贮藏食物与房舍的螨类[M]. 忻介六,沈兆鹏,译. 北京:农业出版社.
刘志刚,李盟,包莹,等,2005. 屋尘螨Ⅰ类变应原Der p1的体内定位[J]. 昆虫学报,48(6):833-836.
刘晓宇,马忠校,赵莹颖,等,2013. 粉尘螨在空气净化器作用下扫描电镜形态观察[J]. 南昌大学学报(医学版),53(2):6-9.
李隆术,李云瑞,1988. 蜱螨学[M]. 重庆:重庆出版社.
李朝品,叶向光,2020. 粉螨与过敏性疾病[M]. 合肥:中国科学技术大学出版社.
李朝品,沈兆鹏,2016. 中国粉螨概论[M]. 北京:科学出版社.
李朝品,沈兆鹏,2018. 房舍和储藏物粉螨[M].2版. 北京:科学出版社.
李朝品,武前文,1996. 房舍和储藏物粉螨[M]. 合肥:中国科学技术大学出版社.
李朝品,姜玉新,刘婷,等,2013. 伯氏嗜木螨各发育阶段的外部形态扫描电镜观察[J]. 昆虫学报,56(2):212-218.
李朝品,2009. 医学节肢动物学[M]. 北京:人民卫生出版社.
李朝品,2007. 医学昆虫学[M]. 北京:人民军医出版社.
李朝品,2006. 医学蜱螨学[M]. 北京:人民军医出版社.
李盟,包莹,刘志刚,2007. 粉尘螨2型变应原抗原定位的研究[J]. 中国寄生虫学与寄生虫病杂志,25(1):49-52.
吴桂华,刘志刚,孙新,等,2009. 热带无爪螨体内特异性变应原定位[J]. 昆虫学报,52(1):106-109.
吴桂华,刘志刚,孙新,2008. 粉尘螨生殖系统形态学研究[J]. 昆虫学报,51(8):810-816.
吴桂华,刘志刚,2009. 热带无爪螨生殖系统的形态学研究[C]//. 中华医学会2009年全国变态反应学术会议论文汇编:144-145.
沈兆鹏,2005. 中国储藏物螨类名录[J]. 黑龙江粮食,5:25-31.
沈兆鹏,1991. 我国粉螨小志及重要种的检索[J]. 粮油仓储科技通讯,6:22-26.
沈兆鹏,1986. 粉螨亚目[J]. 粮油仓储科技通讯,1:22-28.
沈兆鹏,2009. 房舍螨类或储粮螨类是现代居室的隐患[J]. 黑龙江粮食,2:47-49.
张宇,辛天蓉,邹志文,等,2011. 我国储粮螨类研究概述[J]. 江西植保,34(4):139-144.
张莺莺,刘志刚,孙新,等,2007. 粉尘螨消化系统的形态学观察[J]. 昆虫学报,50(1):85-89.
陆联高,1994. 中国仓储螨类[M]. 成都:四川科学技术出版社.
赵学影,刘晓宇,李玲,等,2012. 屋尘螨成螨形态的扫描电镜观察[J]. 昆虫学报,55(4):493-498.
Hughes A M,1976. The mites of stored food and house[M]. London:Her Majesty's Stationery Office.
Jeong K Y,Lee I Y,Ree H I,et al.,2002. Localization of Der f 2 in the gut and fecal pellets of Dermatophagoides farina[J]. Allergy,57(8):729-731.
Lekimme M,Leclercq-Smekens M,Devignon C,et al.,2005. Ultrastructural morphology of the male and female genital tracts of Psoroptes spp. (Acari: Astigmata: Psoroptidae)[J]. Exp. Appl. Acarol.,36(4):305-324.
Li C P,Jiang Y X,Guo W,et al.,2015. Morphologic features of Sancassania berlesei (Acari:Astigmata:Acaridae),a common mite of stored products in China[J]. Nutrición Hospitalaria,31(4):1641-1646.
Mapstone S C,Beasley A,Wall R,2002. Structure and function of the gnathosoma of the mange mite, Psoroptes ovis[J]. Med. Vet. Entomol.,16(4):378-385.
Rees J A,Carter J,Sibley P,et al.,1992. Localization of the major house dust mite allergen Der p I in the body of Dermatophagoides pteronyssinus by ImmuStain[J]. Clin. Exp. Allergy.,22(6):640-641.
Thomas W R,Chua K Y,1995. The major mite allergen Der p 2-a secretion of the male mite reproductive tract[J]. Clin. Exp. Allergy.,25(7):667-669.

Walzl M G, 1992. Ultrastructure of the reproductive system of the house dust mites Dermatophagoides farinae and D. pteronyssinus (Acari, Pyroglyphidae) with remarks on spermatogenesis and oogenesis[J]. Exp. Appl. Acarol., 16(1/2):85-116.

Witaliński W, Szlendak E, Boczek J, 1990. Anatomy and ultrastructure of the reproductive systems of Acarus siro(Acari:Acaridae)[J]. Exp. Appl. Acarol., 10(1):1-31.

Zhang Y Y, Sun X, Liu Z G, 2008. Morphology and three-dimensional reconstruction of the digestive system of Dermatophagoides farina[J]. Int. Arch. Allergy. Immunol., 146(3):219-226.

第二章　生　物　学

粉螨常孳生在阴暗潮湿的地方，多为陆生生物，多数种类营自生生活，少数种类营寄生生活。营寄生生活的种类多寄生于动植物体内或体表；营自生生活的种类多为腐食性、菌食性或植食性。腐食性粉螨则以腐烂的植物碎片、苔藓等为食，参与自然界的物质循环；菌食性粉螨常取食各种菌类（如真菌、藻类、细菌等），是危害食用菌等菇类栽培的重要害螨；植食性粉螨多数以谷物、干果、中药材等为食，可严重污染和危害储藏物和中药材。关于寄生性螨类，若其寄生于农业害虫体内，则可抑制害虫而对农业生产有利；若寄生于益虫体内，则对农业生产有害。尤为重要的是，某些种类粉螨的排泄物、分泌物和皮蜕等可对人、畜造成严重危害，引起人体螨病及相关螨性过敏性疾病。因此，了解粉螨的生物学特征对粉螨的有效防制具有重要意义。

第一节　生　　殖

成螨期是粉螨繁殖后代的关键阶段，自后若螨蜕皮变为成螨至交配、产卵，常有一定的间隔期。由后若螨蜕皮到第一次交配的间隔时间称为交配前期，大多数粉螨的交配前期很短。孙庆田等（2002）研究发现，粗脚粉螨（*Acarus siro*）在温度25～28 ℃条件下其交配前期为1～3天。自后若螨蜕皮至第一次产卵的间隔时间称为产卵前期，粉螨的产卵前期受温度的影响较大。产卵前期短的为0.5天，长的可达2～3天，在温度较低时甚至可长于20天。

一、生殖方式

大多数粉螨营两性生殖（gamogenesis），有些种类可行卵胎生（ovoviviparity）和孤雌生殖（parthenogenesis）。① 两性生殖：粉螨雌雄异体，其主要生殖方式为两性生殖。两性生殖需经雌雄交配，卵受精后才能发育。受精卵发育而成的个体，具有雌雄两种性别，通常雌性的比例较大。有些种类的粉螨有两种类型的雄螨，二者均能与雌螨交配。② 卵胎生：有些螨类的卵在母体中便已完成了胚胎发育，其从母体产下的不是卵而是幼螨，有时甚至是若螨、休眠体或成螨，螨类的这种生殖方式称为卵胎生。卵胎生与哺乳动物真正的胎生完全不同，卵胎生的螨类其胚胎发育所需营养由卵黄供给，而哺乳动物所需的营养则是通过胎盘自母体直接获得。③孤雌生殖：不经交配的雌螨也能产卵繁殖后代，这种生殖方式称为孤雌生殖。孤雌生殖是粉螨适应周围环境的结果，可确保其大量繁殖，常有两种类型：一是在雄螨很少或尚未发现雄螨的螨类中，未受精卵发育成雌螨，称为产雌单性生殖（thelyotoky）；二是在雄螨常见的螨类中，未受精卵只能发育成雄螨，称为产雄单性生殖（arrhenotoky）。由产雄单性生殖所产生的雄螨，还可与母代交配，产下受精卵，使群体恢复正常性比。如粗脚粉螨的繁殖方式既可为两性生殖，也可为孤雌生殖。

二、交配与产卵

(一) 交配

大多数粉螨是以直接方式进行交配,雄螨阳茎直接将精子导入雌螨受精囊内与雌螨进行交配,完成受精过程。营两性生殖的粉螨,通常雄螨较雌螨蜕皮早。有些螨类的雄螨,甚至还能帮助雌螨蜕皮。当雌性第三若螨尚处于静息期时,雄螨已完成蜕皮,并在性外激素的诱使下,伺伏在即将蜕皮的雌螨周围,一旦雌螨完成蜕皮,立即进行交配。张琦(1978)对腐食酪螨(*Tyrophagus putrescentiae*)生活史进行研究发现,腐食酪螨新孵出的成螨经短时静伏后便开始爬动,一旦二者肢体偶然接触,彼此就急速躲开,经短时间适应之后,雄螨爬向雌螨,在接近雌螨螨体末端处,以其足Ⅰ、Ⅱ轻轻拨动雌螨螨体末端刚毛,进而雄螨爬至雌螨背上,螨体后端接触,雄螨以螨体末端腹面压在雌螨螨体末端背面上,雌、雄螨头端远离,处于相反的方向,雄螨以肛吸盘及足Ⅳ附节吸盘吸附于雌螨螨体上,雄螨阳茎恰好与雌螨交合囊相接,常见雌螨拖着雄螨走动。水芋根螨交配时,雌、雄螨排成直线,当雄螨追逐到雌螨时,用足Ⅰ将雌螨拖住并爬至其背上,再缓慢地倒转躯体成相反方向,用足Ⅳ将雌螨的末体紧紧夹住进行交配。在交配过程中,螨体可以活动、取食,但以雌螨活动为主,一旦遇惊扰或有外物阻拦,大多立即停止交配。

多数雌雄粉螨可多次交配,交配时间长短不一,一般为10～60分钟。沈兆鹏(1993)研究发现纳氏皱皮螨(*Suidasia nesbitti*)雄螨有发达的跗节吸盘,可顺利地用其足Ⅳ跗节吸盘吸住雌螨的末体进行交配,且一生可多次交配。张琦(1978)观察腐食酪螨一生中可进行多次交配,初次交配时间长达2小时,而再次交配时间较首次为短(表2.1)。

表2.1 腐食酪螨成螨交配时间(15~18 ℃)

组别		交配开始时间	交配结束时间	总计(分钟)
初次交配	1	12时45分	14时24分	99
	2	19时10分	21时10分	120
	3	16时10分	17时55分	105
	4	14时20分	16时30分	130
	5	13时0分	15时25分	145
非初次交配	1	13时10分	13时18分	8
	2	13时45分	14时06分	21
	3	13时10分	13时30分	20
	4	20时40分	21时05分	25
	5	11时0分	11时50分	50

来源:张琦.

（二）产卵

在室内饲养条件下，雌螨多于交配后1～3天开始产卵，且多将卵产于离食物近、湿度较大的地方。粉螨产下的卵可呈单粒、块状或小堆状排列，其产卵期持续时间及产卵量也因种而异，如：① 纳氏皱皮螨一生可多次交配，于交配后1～3天开始产卵。每只雌螨产卵数量不等，平均为25个，产卵期可持续4～6天（沈兆鹏，1988）。② 腐食酪螨一生交配多次，产卵多次。在温度25 ℃的条件下，平均产卵时间为19.61天，单雌日均产卵量为21.87个。多数卵聚集呈堆状，也有少数呈散产状态。张琦（1978）对腐食酪螨雌虫产卵进行观察，其产卵日数可持续9～20天，每日产卵数2～9个，一生中可产卵39～99个。③ 椭圆食粉螨（*Aleurolyphus ovatus*）以面粉作饲料，在温度25 ℃、相对湿度（relative humidity，RH）75％的条件下，一生可多次交配，并于交配后1～3天开始产卵，持续产卵4～6天。一只雌螨可产卵33～78个，平均为55.5个。④ 热带食酪螨（*Tyrophagus tropicus*）雌螨一生可多次交配，交配后1天即可产卵。在30 ℃、80％ RH的条件下，卵粒零散分布在饲育器小室内，每只雌螨一生可产卵51～75个，平均为64个（林文剑，1992）。⑤ 伯氏嗜木螨（*Caloglyplus berlesei*）产卵时间可持续4～8天，昼夜均可产卵，最高日单雌产卵量为27个，产卵持续期内偶有间隔1天不产卵现象，其单雌产卵量6～93个，平均48.1个。产卵为单产或聚产，聚产的每个卵块含2～12个卵不等，排列整齐或呈不整齐的堆状，产卵开始后3～6天达高峰，在产卵期间，仍可多次进行交配。福建嗜木螨（*Caloglyplus fujianensis*）在室温25 ℃时，雌螨一次产卵可持续1天至数天不等，每一卵块的卵数可达100余个。

各种粉螨产卵量的大小，除因螨种而异以外，还受到温湿度、食物、光照、雨量、灌溉等环境条件的影响。孙庆田等（2002）对粗脚粉螨的生活史进行研究，发现该螨生长发育的最适温度为25～28 ℃。在此条件下，雌螨脱皮成熟后1～3天交配，交配后2～3天开始产卵。在相对湿度85％的条件下，其产卵量取决于雌螨的生活状态、温度、食料的种类和质量。当温度在24～26 ℃时，每只雌螨1天产卵10～15个；当温度低于8 ℃或高于30 ℃时，其产卵受到抑制，甚至停止产卵。以面粉为食的粗脚粉螨，每头雌螨产卵量为45～50个；以碎米为食的粗脚粉螨，每头雌螨产卵量可增加到68～75个，最高可达96个。

三、个体发育

粉螨的个体发育期因种而异，营自生生活的粉螨多数为卵生，其生活史包括卵、幼螨、前若螨（第一若螨）、休眠体（第二若螨）、后若螨（第三若螨）和成螨等阶段。休眠体由第二若螨在一定条件下转化而成，有时可完全消失。在进入前若螨、后若螨和成螨之前各有一静息期，蜕皮后变为下一个发育时期。静息期粉螨不食不动，其典型特征是足向躯体收缩、口器退化、躯体膨大呈囊状。有些种类的雄螨可无第二若螨阶段，直接从第一若螨变为成螨。阎孝玉等（1992）研究发现椭圆食粉螨的生活史阶段包括卵、幼螨、第一若螨、第三若螨以及成螨等发育时期，它在由幼螨发育为第一若螨、第一若螨发育为第三若螨以及第三若螨发育为成螨之前，均有一不食不动的短暂静息期，未见该螨有休眠体。张继祖等（1997）在温度

12.7～32.7 ℃、相对湿度大于90％的条件下对福建嗜木螨雌雄螨生活史分别进行研究后发现在不良环境下该螨会产生休眠体。沈兆鹏(1979)研究发现甜果螨(*Carpoglyphidae lactis*)在不良环境下会产生休眠体。

粉螨产下的卵多聚集成堆,偶有孤立的小堆,少数种类的卵在雌螨内可发育至幼螨或第一若螨后产出。卵产出后的发育期所需时间,受外界环境条件影响较大,一般来说,温度25 ℃、相对湿度80％左右为粉螨卵孵化的适宜条件。卵孵化时,卵壳裂开,孵出幼螨。幼螨有3对足,这是与其他发育时期的主要区别。幼螨出壳后即可取食,但其活动迟缓。经过一段活动时期,幼螨寻找适宜的隐蔽场所,进入静息期。静息期幼螨的特征是3对足向躯体收缩,据此易与幼螨相区别。幼螨经过第一静息期,约经24小时蜕化成为第一若螨。蜕皮时,常由第二和第三对足之间的背面表皮作横向裂开,前2对足先伸出,然后整个螨体从裂缝处蜕出,成为具有4对足的第一若螨。蜕皮时间一般为1～5分钟。第一若螨与第三若螨之间的短暂静息期为第二静息期(第一若螨静息期),第一若螨经过约24小时的静息期,蜕皮后变为第三若螨。第三若螨经过一段时间的活动期,再经过约24小时的第三静息期(第三若螨静息期),蜕皮后变为成螨。若螨和成螨均有4对足,外部形态相似,但成螨有生殖器,易与若螨相区别。粉螨的第一若螨和第三若螨,可根据其生殖感觉器的数量加以区别。成螨有雌螨和雄螨两性之分。雄螨可分为常型雄螨和异型雄螨两型。粉螨从卵孵化至成螨,雄螨个体的发育过程一般要比雌螨个体快0.5～2天。

粉螨各期的发育时间因螨种、生境不同而异。罗冬梅(2007)在16～32 ℃的5个恒温条件下饲养观察60只椭圆食粉螨各螨态发育历期,结果见表2.2。该试验表明:在温度为16～32 ℃时,椭圆食粉螨的生命活动能正常进行。不同温度下完成一代的时间各不相同,32 ℃时的发育历期为14.70天,较16 ℃时的80.80天缩短了近5.5倍。在同一温度下各螨态发育历期间也略有差别。在24 ℃时,卵期、幼螨期、第一若螨期、第三若螨期分别为6.34天、6.48天、6.09天、4.60天。总体上看,椭圆食粉螨全世代和各螨态的发育历期表现为随温度升高而缩短,其发育速率随温度的升高而增加,但其变化的幅度随温度上升有变小的趋势。

表2.2 不同温度下椭圆食粉螨的发育历期(天,M±SE)

发育阶段(天)	温度(℃)				
	16	20	24	28	32
卵期	16.96±0.29	8.88±0.27	6.34±0.07	4.69±0.10	3.54±0.07
幼螨期	21.34±1.30	7.69±0.24	6.48±0.25	3.41±0.19	2.75±0.13
第一静息期	4.65±0.12	2.36±0.08	1.27±0.06	0.94±0.04	0.70±0.05
第一若螨期	16.45±1.08	7.52±0.25	6.09±0.41	3.00±0.16	2.88±0.12
第二静息期	4.24±0.08	2.27±0.10	1.34±0.08	0.89±0.05	0.67±0.06
第三若螨期	16.23±1.00	8.22±0.57	4.60±0.18	4.00±0.55	3.33±0.17
第三静息期	4.33±0.09	2.25±0.09	1.37±0.08	1.03±0.05	0.67±0.06
总未成熟期	80.80±1.76	39.13±1.15	27.73±0.63	17.91±0.54	14.70±0.34

来源:罗冬梅.

四、性二型和多型现象

同一种生物(有时是同一个个体)内出现两种相异性状的现象称为性二型现象。粉螨通常有明显的性二型现象,其雌螨一般较雄螨大。如粗脚粉螨的雄螨足Ⅰ股节腹面有一距状突起,膝节增大,使其足Ⅰ显著粗大,与雌螨足Ⅰ的大小差异明显。

粉螨亚目的部分螨种有多型现象,在根螨属、嗜木螨属和士维螨属中均存在此现象,有时甚至可发现四种类型的雄螨:① 同型雄螨,螨体的形状和背毛的长短很像未孕的雌螨;② 二型雄螨,其螨体和刚毛均较长;③ 异型雄螨,与同型雄螨相似,但足Ⅲ变形;④多型雄螨,螨体形状与二型雄螨相同,但足Ⅲ变形。

(木 兰)

第二节 生 活 史

粉螨的生活史是指其完成一代生长、发育及繁殖的全过程,包括胚胎发育和胚后发育两个阶段。胚胎发育阶段在卵内完成,自卵受精后开始至卵孵化出幼螨为止;胚后发育阶段从卵孵化出幼螨开始直至其发育为成熟的成体。整个过程一般包含卵、幼螨、若螨及成螨多个时期,也可出现"静息期"和"休眠期"等特殊状态。粉螨对外界环境具有很强的适应能力,当遇到饥饿、杀螨剂、干燥以及低温和高温等时,可通过形成休眠体、滞育、越冬和越夏等状态维持生存或传播,温度、湿度、营养条件等多种因素均能影响其寿命。因此,了解粉螨的生活史对于其防制具有重要意义。

一、生活史类型

粉螨为雌雄异体,生殖方式以两性生殖为主,有些种类也可行孤雌生殖(parthenogenesis)。两性生殖是指有性生殖中两性配子的结合,也就是通过受精过程进行有性生殖的现象。孤雌生殖也称单性生殖,是指未受精的卵发育为正常成螨的生殖方式,主要有三种形式:① 产雄孤雌生殖(arrhenotoky),即孤雌生殖中所产生的后代都是雄性的生殖方式;② 产雌孤雌生殖(thelytoky),即孤雌生殖中所产生的后代都是雌性的生殖方式;③ 产雌产雄孤雌生殖(amphiterotoky),即孤雌生殖中所产生的后代既有雄性又有雌性的生殖方式。粉螨大多为卵生,有些为卵胎生,多以雌成螨越冬。粉螨的一个新个体(卵或幼虫)离开母体至发育成性成熟能产生后代的发育周期,称为一个世代。粉螨完成一个世代所需的时间因螨种、孳生环境和所处气候条件不同而存在差异,其中温度、湿度等环境因子是重要的影响因素。由于粉螨的体温调节能力较弱,孳生环境温度的变化可直接影响其体温,甚至影响其生长发育,故粉螨完成一个世代所需的时间会发生明显的季节变化。同一螨种,在我国温度较高的南方完成一个世代所需的时间较短,每年发生的代数较多,发生期和产卵期长,世代重叠现象明显,较难分清每一世代的界线;而在温度较低的北方完成一个世代所需的时间较长,每年发生的代数也较少,发生期和产卵期短,发生代数少,容易划分其世代界线。

螨类的生活史主要是研究它由卵到成螨所经历的发育历期，一般含卵、幼螨、若螨及成螨多个时期，有产卵、产幼螨、产若螨、产成螨、化蛹、静息期和休眠期等现象(图2.1)，生活史类型因螨种不同而存在差异(李朝品和沈兆鹏，2016)。椭圆食粉螨、肉食螨等粉螨生活史均经历卵期、幼螨、第一若螨、第三若螨以及成螨期，在由幼螨变为第一若螨、第一若螨变为第三若螨以及第三若螨变为成螨之前，均有一短暂的不食不动时期，称为静息期，无休眠期(图2.2)(阎孝玉等，1992)。表2.3显示五种常见粉螨平均发育所需时间存在差异，椭圆食粉螨最长，其次为纳氏皱皮螨，甜果螨最短。椭圆食粉螨第一若螨和第三若螨时间明显较长，纳氏皱皮螨卵期和第三若螨期较长，甜果螨则幼螨期较长(沈兆鹏，1989)；生活史各静息期时长大致相同。两种肉食螨生活史与上述三种粉螨相似，但普通肉食螨(*Cheyletus eruditus*)雌螨和雄螨存在差异(顾勤华，1999)。雌螨生活史包括卵、幼螨、原若螨、后若螨和成螨五个阶段，而雄螨发育历程未见后若螨阶段。当幼螨发育为若螨之前，经历约1天的静息期，蜕皮后变为原若螨。原若螨也经历大约一天半的静息期，雌原若螨蜕皮后变为后若螨，继续经历约一天半的后若螨静息期蜕皮为成螨；雄原若螨则直接变为成螨。马六甲肉食螨(*Cheyletus malaccensis*)从卵到成螨的生活周期为18天，其中卵期时间较长，而幼螨期和第一若螨期明显短于普通肉食螨(表2.3)。

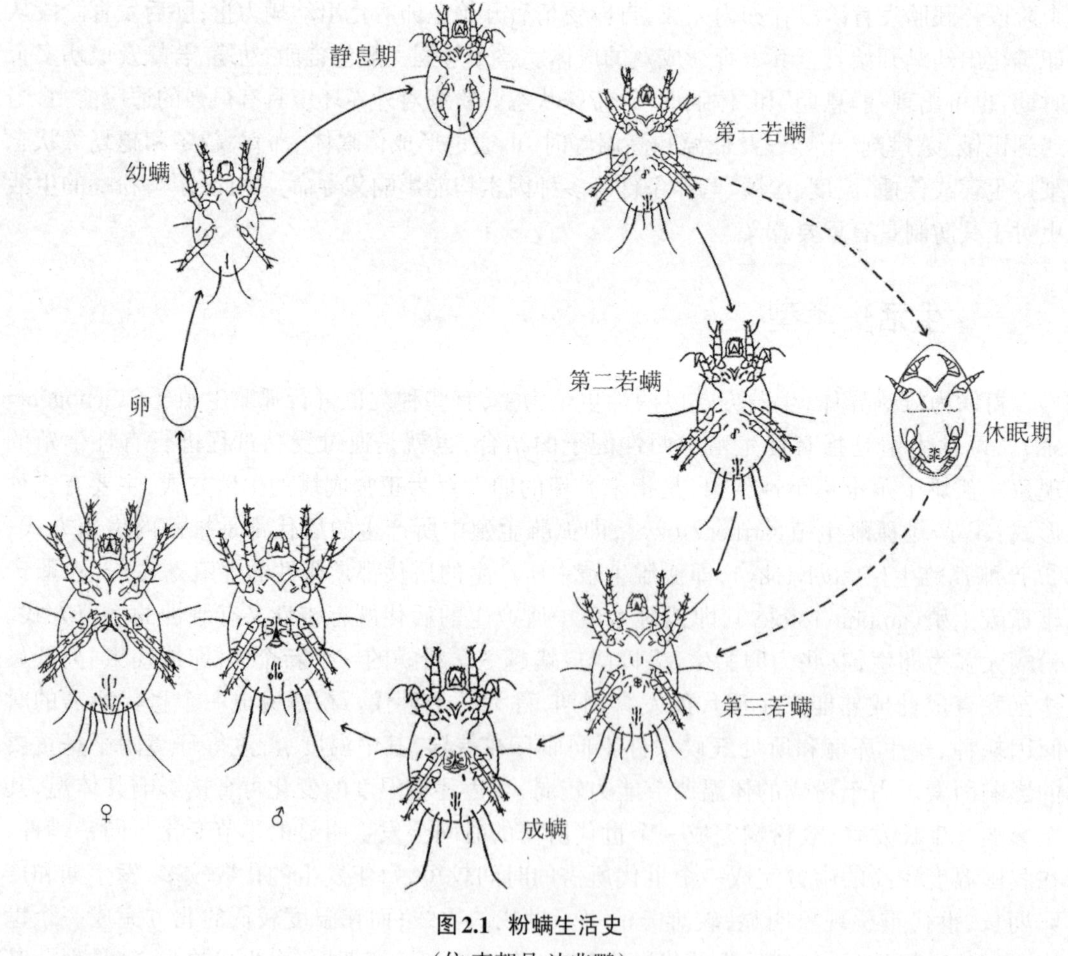

图2.1 粉螨生活史

(仿 李朝品 沈兆鹏)

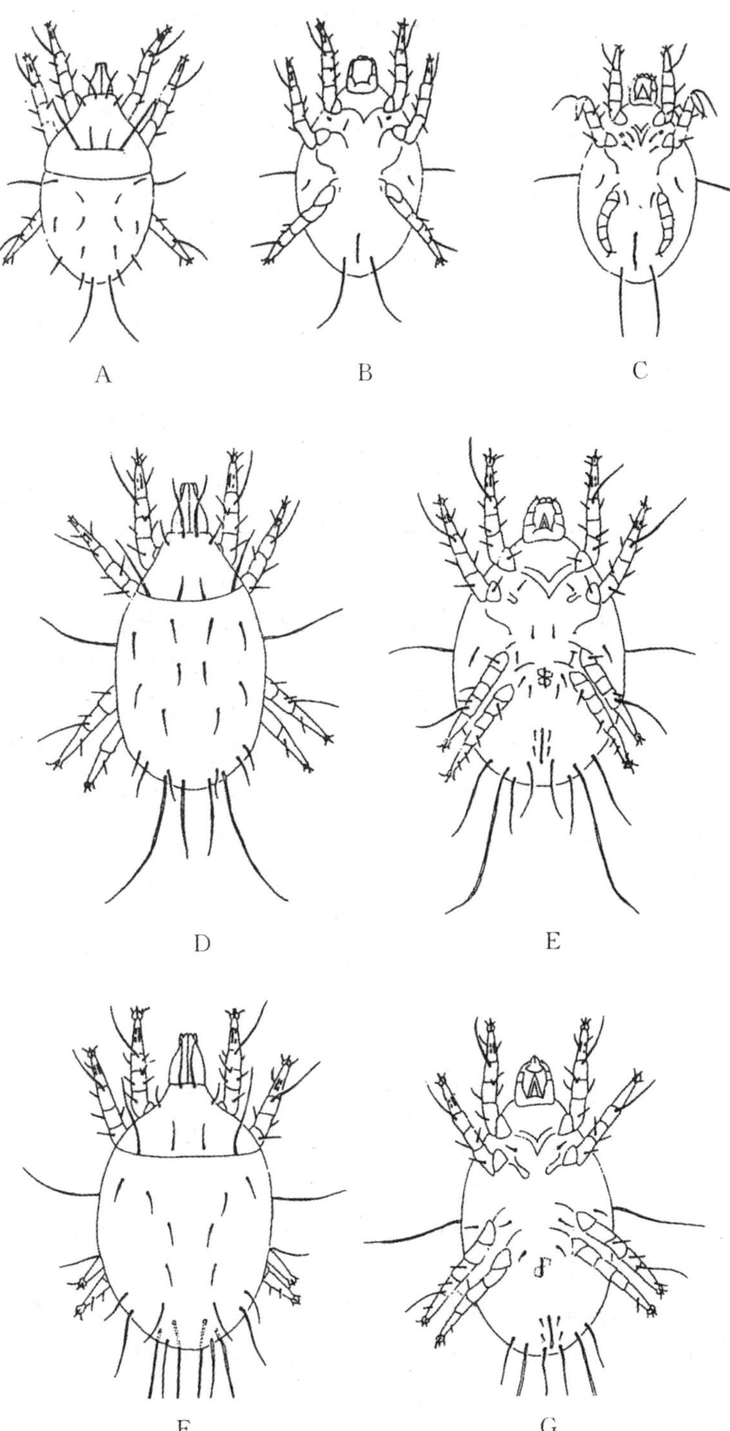

图2.2 椭圆食粉螨(*Aleuroglyphus ovatus*)生活史各期形态

A. 幼螨背面;B. 幼螨腹面;C. 幼螨静息期腹面;D. 第一若螨背面;E. 第一若螨腹面;F. 第三若螨背面;G. 第三若螨腹面

(仿 李朝品 沈兆鹏)

表2.3 常见粉螨生活史各发育期所需时间

发育期	平均所需时间(小时)				
	椭圆食粉螨	甜果螨	纳氏皱皮螨	普通肉食螨(♀/♂)	马六甲肉食螨
卵	80	84	102	79/77	103
幼螨	77	84	69	156/163	70
幼螨静息期	21	24	25	29/34	29
第一若螨	115	60	51	130/127	82
第一若螨静息期	24	24	33	34/36	31
第三若螨	122	60	99	108	86
第三若螨静息期	24	24	26	38	31
总计	463	360	405	574/583	435

与上述椭圆食粉螨、肉食螨等粉螨不同，粗脚粉螨等粉螨的生活史虽然也经历卵、幼螨、前若螨、后若螨、成螨期，但不存在静息期，容易形成休眠体。休眠体不取食，少活动，腹面有吸盘，可牢固地附着在其寄生的储藏物和包装物上，一旦遇上适宜的条件即蜕皮发育成后若螨，此后可正常进行生长发育至成螨(孙庆田等，2002)。除了粗脚粉螨，与其亲缘关系近的粉螨类群也容易形成休眠体。Webster等(2004)研究比较了储藏物粗脚粉螨类群，如薄粉螨、静粉螨、粗脚粉螨、小粗脚粉螨等的rDNA ITS2和mt DNA Cox1基因，结果显示静粉螨在亲缘关系上最接近小粗脚粉螨。国内两位学者的研究支持这一结论，薄粉螨可形成休眠体，但在20 ℃和相对湿度90%的条件下不产生休眠体，需20~21天完成其生活史(柴强等，2015)，静粉螨(*Acarus immobilis*)则更容易产生休眠体(陶宁等，2016)。

二、休眠体

休眠体是粉螨抵御不良环境并借助携播者进行传播的异型发育状态，具有重要的生物学意义。当第一若螨遇到低温、高温、干燥、饥饿及杀螨剂等时，出现体色随时间由浅变深，体躯逐渐萎缩而变成圆形或卵圆形，表皮骨化变硬，颚体退化，取食器官消失，在末体区形成一个发达的吸盘板等变化，从而帮助粉螨抵抗恶劣环境，加强螨种延续和传播。休眠体常见于粉螨科(Acaridae)上海嗜木螨(*Caloglyphus Shanghaiensis*)、粗脚粉螨(*Acarus siro*)和静粉螨等，食甜螨科(Glycyphagidae)甜果螨以及果螨科(Carpoglyphidae)、嗜渣螨科(Chortoglyphidae)、薄口螨科(Histiostomidae)等粉螨种类。休眠体在分类学上也具有重要意义，尤其对于一些只有休眠体而未发现成螨的粉螨种类，如粉螨科、薄口螨科等常以休眠体作为其种属分类的依据。

休眠体根据活动强度可分为活动休眠体(active hypopus)和不活动休眠体(inert hypopus)两类。活动休眠体在粉螨中较为常见，例如粗脚粉螨、小粗脚粉螨(*Acarus farris*)和嗜木螨等具有吸盘板，可吸附或抱握在其他动物身体上(Hughes，1976；李隆术和李云瑞，1988)；钳爪螨亚科(Labidophorinae)螨类休眠体(图2.3)还能形成由抱握器和盖在抱握器上一对坚硬的活动褶所组成的结构，以便牢牢握住携播者的皮毛。不活动休眠体则较少见，例如食甜螨科害嗜鳞螨(*Lepidoglyphus destructor*)(图 2.4,图 2.5)、家食甜螨(*Glycyhpagus domesticus*)(图 2.6)以及粉螨科静粉螨等少数螨类(罗冬梅,2007),其身体被包围在第一若螨的皮壳中,几乎完全不活动;家食甜螨的休眠体形式仅由一个卵圆形囊状物组成,除神经系统保持原形外,肌肉和消化道均退化为无结构的团块。

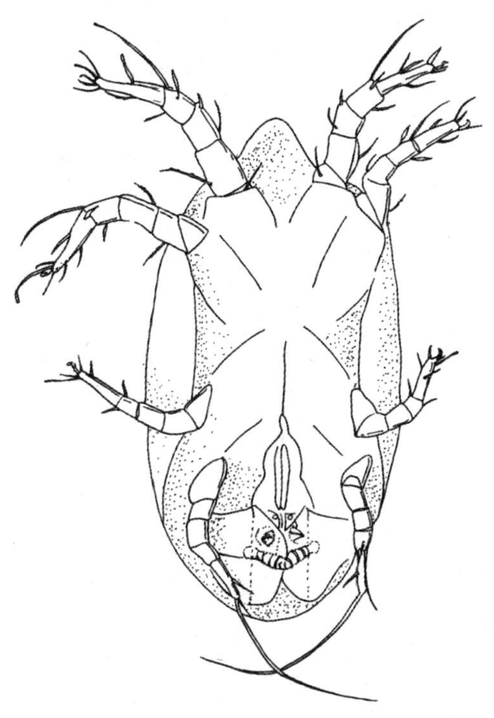

图 2.3 一种芝诺螨(***Xenoryctes* sp.**)休眠体腹面

(仿 李朝品 沈兆鹏)

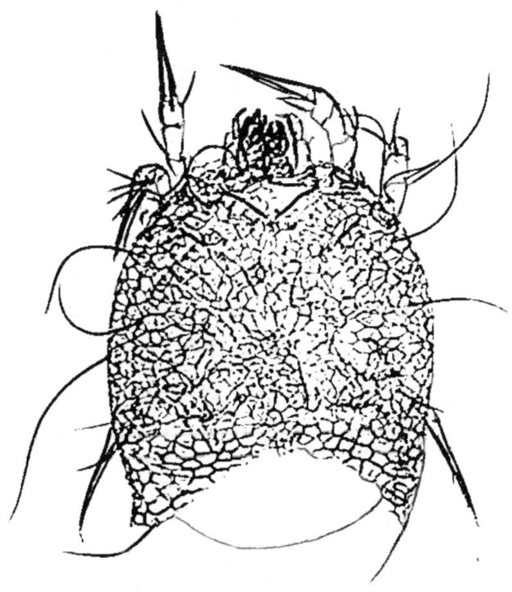

图 2.4 害嗜鳞螨(***Lepidoglyphus destructor***)休眠体腹面,包裹在第一若螨的表皮中

(仿 李朝品 沈兆鹏)

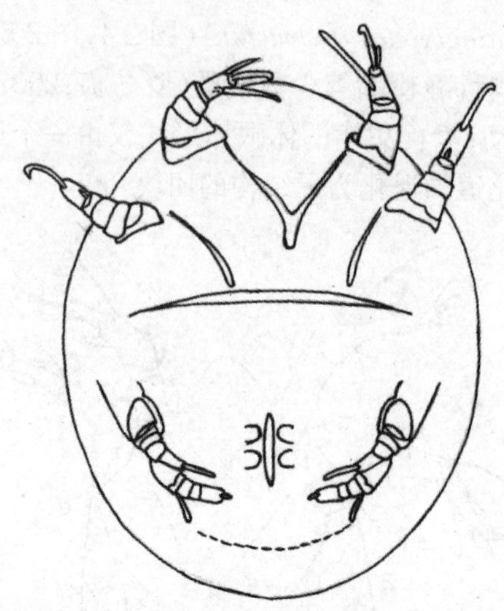

图2.5 害嗜磷螨(*Lepidoglyphus destructor*)不活动休眠体腹面

(仿 李朝品 沈兆鹏)

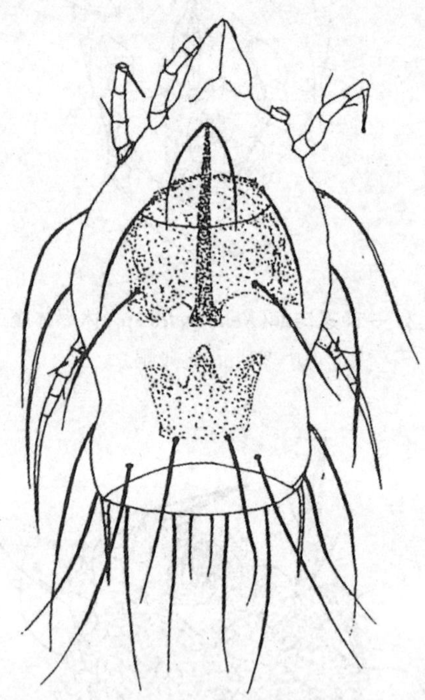

图2.6 家食甜螨(*Glycyphagus domesticus*)休眠体背面,包裹在第一若螨的表皮中

(仿 李朝品 沈兆鹏)

有关粉螨休眠体的生物学研究很多,但是对其形成机制仍观点不一。目前研究表明休眠体的形成主要由遗传因素决定,同时也受到一种或多种环境因素的影响,如温度、湿度、营养和密度等。

(一)内部因素

粉螨休眠体的形成受到遗传因素、内部器官分化、神经系统、分泌系统等自身因素的影响。一些螨类形成休眠体主要是由遗传因素决定的,例如在食物缺少时,Hughes等(1939)

认为，家食甜螨约有半数第一若螨要经过休眠体状态，这可能与其内部器官分化有关。粗脚粉螨在环境胁迫时易形成大量的休眠体(Solomom，1946)。Hughes(1964)研究结果表明，在形成第一若螨最初的20～30小时，神经细胞颗粒的多少直接与其休眠体的形成有关，遇到饥饿就会形成休眠体；能正常蜕皮直接发育为第三若螨的第一若螨，其背中部神经细胞中的颗粒会消失，同时其唾液腺细胞中的这些颗粒也会变得极少；而在易形成休眠体的种类中，第一若螨神经细胞中虽然也缺少这些颗粒，但其唾液腺细胞里仍有这些颗粒。分泌系统对休眠体的形成也有一定的调节作用。

(二) 外部因素

温度、湿度、种群密度、食物的性质、pH、质量、成分、种类、比例以及废物的积聚等外部因素均能诱导休眠体形成，其中以食物的性质最为重要。湿度是影响休眠体形成的重要因素，湿度越高，开始出现休眠体的时间越早。干燥条件延缓了螨虫的生长发育，对休眠体的形成有一定的诱导作用，但是超过一定限度会影响整个种群的生长发育，造成种群大量死亡，甚至灭亡。例如刺足根螨(*Rhizoglyphus echinopus*)在湿度不变的情况下，种群生长良好且形成大量休眠体，而在逐步干燥的环境中则会大量死亡，很少形成休眠体。温度过高或过低也会促使休眠体的形成，Matsumoto等(1993)试验研究证明，河野脂螨(*Lardoglyphus konoi*)在30 ℃、相对湿度96％的条件下很容易形成休眠体；Ehrnsberger等(2000)也发现，在不良的温湿条件下伯氏嗜木螨会产生大量休眠体。此外，温湿度对不同粉螨种类形成休眠体的影响不同，例如小粗脚粉螨休眠体对干燥环境的抵抗力明显弱于静粉螨，在相对湿度小于70％的条件下，小粗脚粉螨休眠体很快死亡，而静粉螨则正常生存；刺足根螨休眠体对低温有很强的抵抗力，在低温－8 ℃条件下24小时内的存活率超过50％，但是对于干燥条件的抵抗力稍差，在相对湿度64％的条件下，3天内全部死亡。

食物性质和种群密度也是影响休眠体形成的重要因素。当粗脚粉螨遇到含水量低的食物和低湿空气时，为适应不良环境，前若螨蜕皮，形成休眠体。早前研究发现，维生素B和麦角甾醇等合成激素所必需的物质能促使螨类休眠体的形成(Griffiths，1966)，但进一步研究发现，维生素B的数量并不是决定休眠体形成的关键营养因素，其基础营养的比例和有效形式才是休眠体形成的重要因素(Corente和Knülle，2003)。Matsumoto(1978)研究结果表明，在25 ℃、相对湿度85％条件下的酵母中分别加入奶酪、明胶、蛋清、豆粉等物质，均导致河野脂螨的种群密度降低，形成的休眠体数比单独用酵母饲养显著增多。Woording(1969)观察比较了培养管隔离饲养罗宾根螨的结果，发现当该螨卵、幼螨或第一若螨数量少于20只时，不会形成休眠体；而在大量培养时，有1％～2％的个体能形成休眠体。对于整个粉螨种群来说，过高的种群密度会造成不利的环境条件，引起种群迁移或形成休眠体；但这也是粉螨自我调节密度，减少种内竞争，延缓种群增长，防止种群崩溃的有效形式。

国内研究者张曼丽(2008)分析了不同环境因子对刺足根螨休眠体形成的影响，研究结果表明：温度、湿度、密度和营养对休眠体的生长发育均有不同程度的影响。在温度、湿度和种群密度三种因子中，湿度是决定休眠体形成的关键因子。相对湿度100％时形成休眠体所需时间最短，为20天左右，接下来的9天形成数量急剧上升，当形成率达到21％后，增长趋于稳定；相对湿度99％时经过23天形成休眠体，相对湿度96％时经过49天形成休眠体，两种湿度条件下，休眠体形成比率几乎没有突然增加的阶段，均增长缓慢。休眠体的形成率在不同温度下差异显著，15 ℃时休眠体形成率最多，为32.5%；12 ℃时休眠体形成率也较高，为22.25%；18 ℃与21 ℃下的休眠体形成率没有显著差异；24 ℃时无休眠体形成。不同温湿度组合下休眠体形成率存在显著差异，相对湿度100%、全黑暗条件下，15 ℃时休眠体形成率最高；相对湿度76%能诱导第一若螨形成休眠体。

种群密度对刺足根螨形成休眠体的影响最小。随着螨虫密度的增加，休眠体形成率有先增高再逐渐下降趋势，当密度增高到100头/小室时，形成率最高，可达26%左右；密度在160头/小室时，形成比例下降；在320头/小室时和80头/小室时情况类似，形成率都在15%左右。在温度(15±0.5) ℃、相对湿度100%、黑暗条件下，饲料的种类、重量和饥饿时间对休眠体的形成数量和形成速度都有影响。饲养不同的饲料，形成休眠体的情况有所不同。用酵母粉饲喂的第一若螨出现休眠体的时间最早，约15天，并且其数量突增期开始也最早。饲喂甘薯淀粉形成休眠体的时间最晚，在43天左右。然而，不同饲喂量对形成休眠体的百分比无显著差异，以土豆粉为饲料，形成休眠体的比率为0.0001克＜0.0002克＜0.0004克＜0.0008克＜0.0006克＜0.0010克，在饲喂0.0008克时比率突然下降，数量与0.0004克时相似，而到0.0010克时又有所增加；在幼螨静息期后的发育过程中，一直饥饿处理，死亡速度很快，在20天内死亡率达到50%，最后几乎全部死亡。

(三) 内外因素互相作用

一些学者提出休眠体的形成是内部因素与环境因素相互作用的结果。Chmielewski (1977)认为休眠体的形成是以遗传基因为基础，并与生态因子密切相关。Knülle(1987)研究发现，食物因子能影响休眠体的形成，基因型不同的个体对食物的质量反应大不相同。从自然选择和进化的角度来看，基因和环境的变化使粉螨生活周期发生了改变，从而逐渐演化出了休眠体这种特殊形式(Knülle，1991)。Knülle及其合作者对害嗜鳞螨休眠体进行多年系统性研究后提出基因和环境相互作用、共同影响的观点。Knülle(2003)指出，螨类会通过遗传多态现象来适应突变或致命的环境条件，当栖息地过分的拥挤或营养破坏会使螨类逃离恶化的生活环境，为能形成休眠体的基因表达做好准备。基因与生态因子的相互作用导致"直接发育螨、活动休眠体、不活动休眠体"三种状态螨类的比例发生变化。

同样，休眠体的解除也与遗传和环境因素有关。当环境条件适宜时，休眠体会蜕去硬壳，发育成第三若螨，进而发育为成螨。休眠体蜕皮需要适宜的水分和温湿度条件，不同螨类所需条件也有所差异。速生薄口螨(*Histiostoma feroniarum*)休眠体与含有水分的菌丝接触，2～3天后就能蜕皮；伯氏嗜木螨休眠体在温度15 ℃以上、相对湿度高于97%的条件下会蜕皮；罗宾根螨(*Rhizoglyphus robini*)蜕皮需要较高的温度和湿度，在24 ℃条件下，相对湿度低于93%时其休眠体不会蜕皮，如果条件合适，其休眠体可以作全部解除(Capua和Gerson，1983)。张曼丽(2008)研究发现温度和湿度对刺足根螨休眠体的解除都有影响，不同温湿组合条件下，在温度25 ℃、相对湿度100%的条件下最早开始解除，温度35 ℃、相对湿度96%的条件下解除率最高，并且解除后发育为成螨后的雌雄比率接近1∶1。刺足根螨休眠体经过一定时间的低温处理后，休眠体开始解除的时间有显著性差异，说明低温对休眠体的解除也有诱导作用，不仅使休眠体较早蜕皮，而且使蜕皮较早结束。此外，某些螨的休眠体蜕皮时还需要特殊的饲料和营养，同时也受携播者和孳生小生境的影响。

三、滞育、越冬和越夏

滞育(diapause)是粉螨为度过不良环境而停止活动以保种的一种静止状态,同时受到其他因素的影响后继续发育的特性,以延续螨类的生存,是适应环境的一种方式。它常发生于一定的发育阶段,比较稳定,不仅表现为形态发生的停顿和生理活动的降低,而且一经开始必须渡过一定阶段或经某种生理变化后才能结束。滞育一般分为专性滞育与兼性滞育两种,专性滞育往往是在诱发因子较为长期作用下在特定的敏感期内才能形成,其体内脂肪和糖等的生理累积,含水量及呼吸强度的下降,行为与体色的改变以及抗性的增强等已充分准备。一旦粉螨进入专性滞育之后,即使恢复对其生长发育良好的条件也不会解除,必须经过一定的高温、低温或施加某种化学作用后才能解除。兼性滞育也称休眠(dormancy),是在不良因子作用下,立即停止生长,而不受龄期的限制,其在生理上一般缺乏准备,一旦不良因子消除,滞育便会随之解除,迅速恢复生长发育。粉螨的滞育可发生于多个发育阶段,包括卵期滞育、雌螨滞育等。雌螨在有利活动时,产不滞育卵,但受恶劣气候等不利条件影响时可全部转换产滞育卵。粉螨科的有些螨类多个发育期均能发生滞育,如害嗜鳞螨和粗脚粉螨在低温干燥的不良环境中,其若螨可变为休眠体。

越冬是指为应对低温胁迫出现的生长发育停滞的时期。低温胁迫通常出现在初春、晚秋及冬季,一般有两种类型,分别为0 ℃以上的寒冷胁迫和低于0 ℃的冷冻胁迫。温度过低虽然不利于粉螨的生长和发育,但是粉螨的种群也可在时间序列下逐渐进化,最终形成一系列对于低温环境的适应对策。目前的适应对策主要有通过某些行为活动来寻找躲避场所的行为对策和通过改变生理状态达到提高耐寒力目标的生理对策。多数粉螨以雌成螨越冬,也有的以雄成螨、若螨或卵越冬。越冬雌螨的抗寒性和抗水性很强,其抗寒性与湿度密切相关,当其孳生环境湿度低时,即使温度不低,也能造成大量死亡,这与低湿时越冬雌螨体内水分不断蒸发致其脱水而死有关。越冬雌螨在水中存活时间约为100小时。枯枝落叶、杂草、各种植物和水体等均是粉螨常见的越冬场所。如粗脚粉螨以雌螨在仓储物内、仓库尘埃中、缝隙等处越冬;刺足根螨以成螨在土壤中越冬,在腐烂的鳞茎残瓣中最多见,也有的在储藏鳞茎鳞瓣内越冬。罗宾根螨在地温10 ℃以下时,以休眠体在土壤中越冬,越冬深度一般为3~7 cm,但不超过9 cm。

越夏是指在面临高温挑战时,出现的一段或短或长的生长发育停滞的时期。在全球气候系统内部因子与外部因子共同作用下,极端天气频繁出现,生物体在其生长发育过程中因此受到了各种各样的刺激。螨类是自然界中种类和数量较多的动物,绝大多数的螨种世代周期短、繁殖速度快,相较其他动物更容易受到环境变化的影响。高温胁迫下,粉螨取食部位发生转移,超过其最适温度范围后,大多粉螨取食量下降,生长发育受到明显的抑制,其种群数量急剧下降。粉螨常通过在泥块或树干上产下抗热卵或越夏卵来越夏。有些粉螨孳生在低矮植物上或接近地面的位置,这种地方在冬季比较温暖,但在夏季则特别炎热而干燥,就需要通过抗热卵或越夏卵等方式来适应不利环境。生活在离地面较高树木中的粉螨可在叶片中找寻适宜的避热场所,也产抗热卵,在夏季不孵化。在落叶树上栖息的粉螨,夏季可在树皮或树枝上产卵,经过夏季、冬季的炎热和寒冷后,到第二年春季才开始孵化。

四、寿命

粉螨的雄螨寿命一般比雌螨短，多数雄螨于交配之后即死亡。在室温条件下，雌螨寿命为100～150天，雄螨为60～80天。粉螨的寿命除由其自身遗传生物特性决定外，其孳生环境温湿度以及饲料的营养成分也是重要影响因素。Sanchez-Ramos等(2005)对7个恒定温度下腐食酪螨的寿命做了研究，观察到中间的温度，雄螨寿命长于雌螨，而在两端的温度未发现其寿命有大的差别。在16～32 ℃区间内，腐食酪螨成螨寿命都随温度的升高而缩短，32 ℃时成螨寿命最短，平均为22.04天，最长不到50天雌成螨已全部死亡；16 ℃时成螨寿命最长，平均为62.92天，最长接近150天雌成螨才全部死亡。高温对腐食酪螨的影响在85%恒湿条件下用37 ℃、39 ℃、41 ℃、43 ℃、45 ℃、47 ℃、49 ℃七种高温处理腐食酪螨成螨、若螨、幼螨，发现成螨耐高温的能力最强，若螨次之，幼螨最弱，随着试验温度的升高，腐食酪螨死亡的处理时间急剧缩短。49 ℃时，腐食酪螨各螨态21分钟内全部死亡，而在37 ℃下三种螨态的螨均可存活。刘婷等(2007)对腐食酪螨的生殖进行研究后发现，随着温度的升高腐食酪螨平均寿命变短，其雌成螨50%死亡时间逐渐缩短，12.5 ℃时最长为126.35天，30 ℃时最短为22.0天。吕文涛(2008)发现家食甜螨雌性成螨寿命随温度的升高而逐渐缩短，15 ℃最长为(69.07±2.31)天，35 ℃下最短为(24.32±0.35)天。环境温度为20～25 ℃、相对湿度约为80%时，家食甜螨个体发育及种群发育较好，为最适温湿度范围。

据研究，捕食螨生长发育的温度一般为8～32 ℃，在该温度范围内，捕食螨的寿命为10天(31.5 ℃)～84天(9.4 ℃)。孙为伟(2019)构建了22 ℃、24 ℃、28 ℃、30 ℃、32 ℃，相对湿度75%条件下，马六甲肉食螨取食粗脚粉螨的年龄-龄期两性生命表，结果表明，在一定温度范围内，随着温度的升高，马六甲肉食螨的世代周期及寿命期望逐渐减小，均在32 ℃时达到最低，分别为12.49天和22.15天。初产卵分别为65.79天、59.50天、56.93天、27.54天、22.15天，这也是其个体的平均寿命，马六甲肉食螨在22～28 ℃内的生命期望为30～32 ℃的两倍。在30 ℃时，马六甲肉食螨雄成螨的生命期望值除在日龄18～26天要低于雌成螨，其余时期均高于雌成螨的生命期望值，且雌雄成螨的生命期望值是同步下降的。其余温度条件下，马六甲肉食螨雌成螨的生命期望值在整个发育阶段都是高于雄成螨的生命期望值，且28 ℃时的生命期望值要略高于其他温度。以粗脚粉螨为食的马六甲肉食螨在22 ℃、24 ℃、28 ℃、30 ℃、32 ℃下发育时其低温条件对捕食螨的生长发育不利，在一定湿度范围(65%～75%)内，湿度对马六甲肉食螨的生长发育没有显著影响，捕食螨的平均寿命在较适温度17～23 ℃和较适相对湿度85%～100%条件下，通常为1～2个月，有的可达7个月之久。而相对湿度极低将直接影响卵孵化和幼螨成活，可能是由于相对湿度显著影响着捕食螨的捕食量、平均捕食量及单日最大捕食量造成的。

陈艳等(2006)分别以马铃薯、马铃薯淀粉、鱼粉和滤纸饲养至成螨，研究了食物对刺足根螨生长发育的影响，结果显示，在各种供试食物上刺足根螨卵期存活率均较高，均在89%以上，而幼螨期存活率较低，且差异较大。在仅提供滤纸情况下，幼螨死亡率高达60.6%，第一若螨的死亡率为100%，不能完成世代发育。取食各种供试食物时，刺足根螨世代存活率大小顺序为：马铃薯、鱼粉、马铃薯淀粉，寿命由长到短依次为马铃薯、鱼粉、马铃薯淀粉，分别为(38.6±9.6)天、(32.8±6.2)天和(20.8±5.9)天，表明供试的4种食物对刺足根螨各虫态发育历期和发育速率影响较大，对幼螨的存活影响也较大。

五、传播

粉螨是房舍螨类的主要类型，广泛分布于潮湿、阴暗及温度适宜的环境中。粉螨孳生环境多样，例如甜果螨孳生在干果、白糖、甜酒、面粉、红枣、橘饼、糕点、山楂、饼干、桂圆、杏仁干、蜜饯、巧克力及腐败的食物中等；脂螨除发生于皮革、羊皮等制品外，还可孳生在花生、鱼片、牛肉干、猪肉脯、麻油渣、鸭肫干、熏肉、鱿鱼、山药中。粗脚粉螨除可孳生在谷物外，还可存在于人参、花生饼、饲料、火腿、蛋糕等储藏物中；嗜木螨除发生在腐烂或长霉的麦类、稻谷、花生、玉米、亚麻子外，还可孳生在面粉、枸杞子、黑木耳、银耳、稻谷、山楂中，因此，容易造成不同螨种在屋舍和储藏物中的传播。此外，当储藏物中粉螨孳生密度增加到一定程度时，就会向周围迁移播散。

休眠体是粉螨传播的重要方式之一，主要通过两种途径进行传播。一方面，粉螨休眠体可以借助风、水、尘土等自然力量传播。例如害嗜鳞螨和家食甜螨常于饲料稻草、房屋地板碎屑、仓库储藏物中产生不活动休眠体，其中一部分可以借助人为清扫、运输等方式实现被动扩散。另一方面，粉螨休眠体腹面末端常有吸盘，可以附着在哺乳动物、鸟类、小型节肢动物上伴随它们的活动而传播。如吸腐薄口螨（*Histiostoma spromyzarum*）的休眠体常附着于甲虫、蝇类等鞘翅目昆虫身上；罗宾根螨等粉螨休眠体常附着于粪蝇、麦蝇、种蝇、食蚜蝇等双翅目昆虫身上；食根生卡螨（*Sancassania rhizoglyphoides*）和菌食嗜菌螨（*Mycetoglyphus fungivorus*）的休眠体可借助蚂蚁的活动而传播，前者还可借助鼩鼱（*Sorex araneus*）和普通田鼠（*Microtus arvalis*）的活动而传播。此外，有些粉螨的休眠体在形成后会立刻转移到携播者身上，例如扎氏脂螨（*Lardoglyphus zacheri*）饥饿后形成的大量休眠体可迅速附着在白腹皮蠹（*Dermestes maculatus*）幼虫身上。

（胡　丽）

第三节　食性和生境

粉螨种类繁多，分布及孳生物广泛，可为害储藏物并污染环境，还可引起螨性过敏性疾病，与人们的生活、经济及健康息息相关，了解粉螨的生境及食性对其防控有着重要的研究意义。

一、食性

粉螨食性复杂，可以储粮、动物的排泄物、人体皮屑及其场所孳生的霉菌等为食。根据食性，大体可分为植食性、腐食性和菌食性三类。

植食性粉螨多以谷物、饲料、中药材、干果及糖类等为食，多隶属粉螨科、食甜螨科、果螨科和麦食螨科（Pyroglyphidae）等。如粉尘螨（*Dermatophagoides farinae*）、腐食酪螨、长食酪螨（*Tyrophagus longior*）、害嗜鳞螨（*Lepidoglyphus destructor*）、拱殖嗜渣螨（*Chortoglyphus arcuatus*)、椭圆食粉螨、弗氏无爪螨(*Blomia freemani*)、家食甜螨、伯氏嗜木螨、食虫狭螨(*Thyreophagus entomophagus*)、纳氏皱皮螨和干向酪螨(*Tyrolichus casei*)等。这些螨类大多常为害稻谷、大米、小米、小麦、面粉、黄豆、玉米、玉米粉、向日葵、中药材、香肠、食糖、干果、粮种胚芽和各种干杂食物等。

腐食性粉螨多以腐烂的谷物、干果、蔬菜、饲料、中药材和朽木霉菌等有机物质为食。常为害大米、燕麦、食糖、洋葱、百合、冬竹笋、小麦、朽桃木、果脯、桂圆、荔枝、萝卜干、蜜桃干、蜜藕、辣椒粉和花椒粉等。如粉螨科和薄口螨科(Histiostomidae)的腐食酪螨、长食酪螨、小粗脚粉螨、粗脚粉螨、家食甜螨、罗宾根螨和速生薄口螨等。

菌食性粉螨多以储藏物上的霉菌及栽培食用菌和野生菇类为食。如椭圆食粉螨除喜食麦胚和其他粮食外,还嗜食粮食上生长的粉红单端孢霉(*Trichothecium roseum*)。粗脚粉螨除喜食谷物的胚芽外,还嗜食阿姆斯特丹散囊菌(*Eurotium amstelodami*)、匍匐散囊菌(*E. repens*)和赤散囊菌(*E. ruber*),并能消化这些真菌的大部分孢子。家食甜螨是食菌螨类,常以生长在纤维上的霉菌为食,也是仓储粮食中的重要种群。速生薄口螨不但以菌丝为食料,还常孳生在腐败的植物、潮湿的谷物、腐烂的蘑菇和蔬菜、树木流出的液汁,以及牛粪等呈液体或半液体状态的有机物中。

有些粉螨的食性非常复杂,害嗜鳞螨可在储藏谷物、饲料、中药材、食用菌中被发现,如稻谷、小麦、小米、大米、大豆、豌豆、菜籽饼、豆饼、豆粕、醋糟、酒糟、麦麸、大豆秸粉、谷糠、花生藤、白头翁、金牛草、红枣、百合、白蒺藜、紫珠草、生姜皮、红参、翻白草、白茅根、双孢蘑菇、平菇、香菇、金针菇、白灵菇和木耳等。于晓和范青海(2002)对腐食酪螨的食性研究发现,腐食酪螨可在稻谷、大米、大麦、小麦、面粉、麸皮、米糠、棉籽、花生仁、瓜子仁、白糖、红糖、奶粉、红枣、黑枣、黑木耳、薯干、糕点、酒糟、火腿、肉干、杏干、肠衣、甘草、鱼粉、红参、三七、茶叶、果胚和中成药蜜丸等中孳生,还兼食霉菌和腐败物。

二、生境

粉螨生活史复杂,孳生场所多样,在温湿度适宜、食物充足的环境均可孳生,可在家居环境、工作环境、仓储环境、畜禽圈舍、动物巢穴以及交通工具等场所孳生。

(一)家居环境

家居环境里粉螨以人体皮屑、棉花纤维和霉菌孢子等为食,容易聚集在富含灰尘颗粒的沙发、软家具、地毯、床垫及空调隔尘网等处。家居环境里螨类以屋尘螨、粉尘螨、纳氏皱皮螨、梅氏嗜霉螨(*Euroglyphus maynei*)、家食甜螨、腐食酪螨、长食酪螨和害嗜鳞螨等较为常见。吕文涛等(2007)对滁州市400份家庭起居的床面、地面、家具角落及衣物的灰尘中粉螨的调查发现,163份灰尘中存在粉螨的孳生,阳性孳生率为40.8%,共检获粉螨14种,隶属于5科11属。其中地面灰尘(13种)孳生粉螨种类最多,其次是家具灰尘和衣物灰尘(6种)孳生粉螨种类,床面灰尘(5种)孳生粉螨种类最少(表2.4)。赵金红等(2009)对安徽省17个城市的居民房舍、集体宿舍、办公室和旅馆等场所床面灰尘、地面灰尘、沙发灰尘和衣物灰尘种粉螨孳生情况进行了调查。刘群红等(2010)报道了安徽阜阳地区居室的粉螨污染情况。

表 2.4 床面、地面、家具角落及衣物的灰尘中粉螨孳生情况

科	属	种	孳生地
粉螨科(Acaridae)	粉螨属(*Acarus*)	粗脚粉螨(*A.siro*)	地面灰尘、床面灰尘、衣物灰尘
	食酪螨属(*Tyrophagus*)	腐食酪螨(*T. putrescentiae*)	地面灰尘、床面灰尘、家具灰尘、衣物灰尘
	食粉螨属(*Aleuroglyphus*)	椭圆食粉螨(*A. ovatus*)	地面灰尘
	嗜木螨属(*Caloglyphus*)	伯氏嗜木螨(*C.berlesei*)	地面灰尘
	皱皮螨属(*Suidasia*)	纳氏皱皮螨(*S. nesbitti*)	地面灰尘、家具灰尘
食甜螨科(Glycyphagidae)	食甜螨属(*Glycyphagus*)	家食甜螨(*G. domesticus*)	地面灰尘、家具灰尘、衣物灰尘
		隆头食甜螨(*G. ornatus*)	地面灰尘
	嗜鳞螨属(*Lepidoglyphus*)	米氏嗜鳞螨(*L. michaeli*)	床面灰尘、地面灰尘
		害嗜鳞螨(*L. destructor*)	床面灰尘、地面灰尘、衣物灰尘
嗜渣螨科(Chortoglyphidae)	嗜渣螨属(*Chortoglyphus*)	拱殖嗜渣螨(*C. arcuatus*)	家具灰尘
果螨科(Carpoglyphidae)	果螨属(*Carpoglyphus*)	甜果螨(*C. lactis*)	地面灰尘
薄口螨科(Histiostomidae)	薄口螨属(*Histiostoma*)	速生薄口螨(*H. feroniarum*)	地面灰尘
麦食螨科(Pyroglyphidae)	尘螨属(*Dermatophagoides*)	粉尘螨(*D. farinae*)	地面灰尘、家具灰尘、衣物灰尘
		屋尘螨(*D. pteronyssinus*)	床面灰尘、家具灰尘、衣物灰尘、地面灰尘

来源：吕文涛，李朝品，武前文.

湛孝东等(2013)对芜湖地区居民家用柜式空调和壁挂式空调隔尘网的灰尘进行调查，202份空调隔尘网积尘样本，总重量为314.3克，其中阳性标本143份，共检出螨类3 265只，其中粉螨亚目螨类2 796只，其他螨类469只。平均孳生密度为10.39只/克(3 265/314.3)，孳生率为70.79%(143/202)。其中柜式空调隔尘网积尘样本63份，检出螨类694只，孳生密度为6.15只/克(694/112.8)，孳生率为58.73%(37/63)；壁挂式空调隔尘网积尘样本139份，检出螨类2 571只，孳生密度为12.76只/克(2 571/201.5)，孳生率为76.26%(106/139)。检出粉螨隶属6科14属18种(见表2.5)。许礼发等(2012)对安徽淮南地区居室空调粉螨污染情况的研究，在171份空调隔尘网积尘样本中，153份样本检出螨类，共检出螨类3 988个，总孳生率为89.50%，总孳生密度为20.07只/克。检出的粉螨隶属7科17属23种。

表2.5 芜湖地区空调隔尘网孳生粉螨的螨种及其分类

科	属	种
粉螨科(Acaridae)	粉螨属(*Acarus*)	粗脚粉螨(*A. siro*)
		小粗脚粉螨(*A.farris*)
	食酪螨属(*Tyrophagus*)	腐食酪螨(*T.putrescentiae*)
	嗜菌螨属(*Mycetoglyphus*)	菌食嗜菌螨(*M.fungivorus*)
	食粉螨属(*Aleuroglyphus*)	椭圆食粉螨(*A.ovatus*)
	皱皮螨属(*Suidasia*)	纳氏皱皮螨(*S.nesbitti*)
	嗜木螨属(*Caloglyplus*)	伯氏嗜木螨(*C.berlesei*)
脂螨科(Lardoglyphidae)	脂螨属(*Lardoglyphus*)	河野脂螨(*L.konoi*)
食甜螨科(Glycyphagidae)	食甜螨属(*Glycyphagus*)	隐秘食甜螨(*G.privatus*)
		家食甜螨(*G.domesticus*)
	无爪螨属(*Blomia*)	热带无爪螨(*B.tropicalis*)
	嗜鳞螨属(*Lepidoglyphus*)	害嗜鳞螨(*L.destructor*)
嗜渣螨科(Chortoglyphidae)	嗜渣螨属(*Chortoglyphus*)	拱殖嗜渣螨(*C.arcuatus*)
果螨科(Carpoglyphidae)	果螨属(*Carpoglyphus*)	甜果螨(*C.lactis*)
麦食螨科(Pyroglyphidae)	尘螨属(*Dermatophagoides*)	粉尘螨(*D.farinae*)
		屋尘螨(*D.pteronyssinus*)
		小角尘螨(*D. microceras*)
	嗜霉螨属(*Euroglyphus*)	梅氏嗜霉螨(*E.maynei*)

来源:湛孝东,陈琪,郭伟,等.

(二) 工作环境

工作环境孳生的粉螨主要分布在面粉厂、碾米厂、食品厂、制药厂、制糖厂、纺织厂、食用菌养殖场和果品厂等。粉螨可直接以谷物碎屑、地脚粉、碎米屑、药材、丝物纤维、干果和菇类等为食,也可孳生在厂区的储物间和食堂中,以及厂区的灰尘颗粒和尘埃中。宋红玉等(2016)对医院食堂椭圆食粉螨的孳生情况进行了调查;祁国庆等(2015)对芜湖市8所高校食堂的就餐大厅、物品储存间及面粉制作间的灰尘和地脚粉的粉螨污染进行调查,在收集的161份样本中,54份样本检出粉螨,平均检出率为33.54%(54/161)。其中就餐大厅阳性率为31.46%(28/89),物品储存间阳性率为33.33%(13/39),面粉制作间阳性率为39.39%(13/33)。54份阳性样本中获得螨类384只,隶属于5科7属8种,即粉螨科食酪螨属的腐食酪螨和长食酪螨,皱皮螨属(*Suidasia*)的纳氏皱皮螨,食粉螨属的椭圆食粉螨;果螨科果螨属的甜果螨;跗线螨科(Tarsonemidae)跗线螨属(*Tarsonemus*)的谷跗线螨(*T. granarius*);肉食螨科(Cheyletidae)肉食螨属(*Cheyletus*)的普通肉食螨;厉螨科(Laelapidae)下盾螨属(*Hypoaspis*)的鼠下盾螨(*H. murinus*)。宋红玉等(2015)对高校食堂调味品种粉螨的孳生情况也做了调查；熊翠欢等（2008）对桂西北高校食堂调味品粉螨污染情况进行了检测。

李朝品等（2002）在中药厂、面粉厂、纺织厂、粮库的工作场所内和本校教学楼的工作环境的空气中发现粉螨8种，隶属于3科6属，即粉螨科粉螨属的粗脚粉螨和小粗脚粉螨，食酪螨属的腐食酪螨，食粉螨属的椭圆食粉螨，皱皮螨属的纳氏皱皮螨；食甜螨科嗜鳞螨属的害嗜鳞螨；麦食螨科尘螨属的粉尘螨和屋尘螨。陶宁等（2017）在某民航机场食品厂面粉库发现了热带无爪螨；柴强等（2017）在淮北某面粉厂发现了纳氏皱皮螨和棉兰皱皮螨（*S. medanensis*）。

刘婷等（2015）对芜湖市3个不同级别各5所幼儿园的教室及寝室粉尘，包括被褥、枕头、床单及地面的粉尘中粉螨的孳生情况进行了调查发现，每个级别的幼儿园各采集120份样本，共采集样本360份，其中阳性样本169份，阳性孳生率为46.94%。共检获粉螨18 504只，隶属5科13属17种（表2.6），其中粉尘螨和屋尘螨为优势种群，分别为30.21%（5 590只）和17.83%（3 300只）；食甜螨科的害嗜鳞螨以及嗜渣螨科的拱殖嗜渣螨的数量次之，分别为12.00%（2 220只）和8.86%（1 640只）。

表2.6 幼儿园室内检获粉螨种类

科	属	种	幼儿园级别	构成比（%）	孳生率（%）
粉螨科（Acaridae）	粉螨属（*Acarus*）	粗脚粉螨（*A.siro*）	3	2.76	7.78
	食粉螨属（*Aleuroglyphus*）	椭圆食粉螨（*A.ovatus*）	1.3	4.16	2.50
	生卡螨属（*Sancassania*）	伯氏生卡螨（*S.berlesei*）	1.3	2.05	1.67
	嗜木螨属（*Caloglyphus*）	食菌嗜木螨（*C. mycophagus*）	3	0.70	2.22
	嗜菌螨属（*Mycetoglyphus*）	菌食嗜菌螨（*M. fungivorus*）	3	0.76	0.56
	食酪螨属（*Tyrophagus*）	腐食酪螨（*T. putrescentiae*）	1,2,3	6.65	9.72
		长食酪螨（*T. longior*）	1,2	0.59	0.56
果螨科（Carpoglyphidae）	果螨属（*Carpoglyphus*）	甜果螨（*C. lactis*）	3	5.40	8.06
嗜渣螨科（Chortoglyphidae）	嗜渣螨属（*Chortoglyphus*）	拱殖嗜渣螨（*C. arcuatus*）	1,2,3	8.86	18.30
食甜螨科（Glycyphagidae）	食甜螨属（*Glycyphagus*）	家食甜螨（*G. domesticus*）	3	3.89	9.17
		隆头食甜螨（*G. ornatus*）	3	0.49	0.56
	嗜鳞螨属（*Lepidoglyphus*）	害嗜鳞螨（*L. destructor*）	1,2,3	12.00	20.60
		米氏嗜鳞螨（*L. michaeli*）	3	0.27	1.11

续表

科	属	种	幼儿园级别	构成比(%)	孳生率(%)
麦食螨科(Pyroglyphidae)	无爪螨属(*Blomia*)	弗氏无爪螨(*B. freemani*)	3	0.83	0.56
	尘螨属(*Dermatophagoides*)	粉尘螨(*D.farinae*)	1,2,3	30.21	44.20
		屋尘螨(*D.pteronyssinus*)	1,2,3	17.83	27.20
	嗜霉螨属(*Euroglyphus*)	梅氏嗜霉螨(*E.maynei*)	1,2,3	2.54	2.22

来源:刘婷,王少圣,湛孝东,等.

(三)仓储环境

粉螨栖息于粮食仓库、中药材仓库和其他储藏物品的仓库里,以储粮、食糖、干果和中药材储藏物为食。

1. 仓储谷物

仓储谷物在收获、包装、运输、储藏及加工过程中,粉螨均可能侵入其中,但粉螨也可以随空气流动、自然迁移及人或动物携带而散播。如借以鼠、雀、昆虫、包装器材、运输工具、工作人员的衣服等携带而传播,侵入储藏谷物和其他储藏物,当环境条件适宜时,便在其中大量繁殖。粉螨嗜食禾谷类粮食,如稻谷、小麦、玉米和大米等(表2.7)。许佳等(2020)对安徽某口岸货场储粮区粉螨孳生情况调查发现,在面积约1 000 m^2的储粮区采集谷物残屑与灰尘混合物样本26份,其中18份有粉螨孳生,阳性检出率为69.2%。共分离出粉螨8种,隶属4科8属,即粉螨科食酪螨属的腐食酪螨,食粉螨属的椭圆食粉螨,皱皮螨属的纳氏皱皮螨,嗜木螨属的伯氏嗜木螨;食甜螨科嗜鳞螨属的害嗜鳞螨,脊足螨属的棕脊足螨;嗜渣螨科嗜渣螨属的拱殖嗜渣螨;麦食螨科尘螨属的粉尘螨。杨文喆等(2019)对安徽省砀山县农户居家常备储粮的小麦仁、大麦仁、小米、大米、玉米和黄豆中孳生粉螨种类调查发现,采集的600份样品中有413份样品存在粉螨孳生,阳性率为68.8%。共分离出9种粉螨,隶属4科7属,即粉螨科粉螨属的粗脚粉螨,食酪螨属的腐食酪螨,皱皮螨属的纳氏皱皮螨;食甜螨科嗜鳞螨属的害嗜鳞螨和米氏嗜鳞螨(*L.michaeli*),脊足螨属(*Gohieria*)的棕脊足螨(*G. fuscus*);嗜渣螨科嗜渣螨属的拱殖嗜渣螨;麦食螨科尘螨属的粉尘螨和屋尘螨。裴莉(2018)对辽宁大连地区玉米、花生、大米、稻谷和糯米5种储粮中孳生的粉螨调查发现,500份储粮中有264份存在粉螨孳生,阳性孳生率为52.8%(264/500),其中以稻谷样本的阳检率最高为75%(75/100),其他依次是玉米64%(64/100)、花生56%(56/100)、大米37%(37/100)和糯米32%(32/100),分离出粉螨12种,隶属4科10属,即粉螨科粉螨属的粗脚粉螨和小粗脚粉螨,食酪螨属的腐食酪螨,向酪螨属(*Tyrolichus*)的干向酪螨,嗜木螨属(*Caloglyphus*)的伯氏嗜木螨,根螨属(*Rhizoglyphus*)的水芋根螨(*R. callae*),皱皮螨属的纳氏皱皮螨;脂螨科脂螨属的河野脂螨;嗜鳞螨科嗜鳞螨属的害嗜鳞螨和米氏嗜鳞螨、澳食甜螨属(*Austroglycyphagus*)的膝澳食甜螨(*A. geniculatus*)、麦食螨科尘螨属的粉尘螨。

表2.7 储藏谷物孳生粉螨的种类和密度

样本	孳生密度(只/克)	孳生螨种
大米	10.37	粗脚粉螨、腐食酪螨、干向酪螨、小粗脚粉螨、长食酪螨、纳氏皱皮螨、家食甜螨
面粉	400.14	拱殖嗜渣螨、弗氏无爪螨、家食甜螨、伯氏嗜木螨、食虫狭螨、腐食酪螨
糯米	20.31	腐食酪螨、粗脚粉螨、粉尘螨
米糠	45.13	粗脚粉螨、腐食酪螨、静粉螨、菌食嗜菌螨、屋尘螨、梅氏嗜霉螨、椭圆食粉螨
碎米	169.31	腐食酪螨、弗氏无爪螨、米氏嗜鳞螨、纳氏皱皮螨、梅氏嗜霉螨
稻谷	12.18	腐食酪螨、伯氏嗜木螨、食菌嗜木螨、害嗜鳞螨
小麦	18.14	粗脚粉螨、长食酪螨、害嗜鳞螨、拱殖嗜渣螨、椭圆食粉螨
玉米	217.69	膝澳食甜螨、腐食酪螨、米氏嗜鳞螨
豆饼	48.38	腐食酪螨
菜籽饼	72.56	隆头食甜螨、腐食酪螨
地脚米	124.19	粉尘螨、腐食酪螨、弗氏无爪螨

来源:李朝品.

2. 中药材和中成药

储藏中药材特别是营养丰富的植物性和动物性中药材,在适宜的环境下,粉螨亦可大量孳生,不但影响药品质量,而且可能直接危及人体健康。对于中西成药及中药材的螨污染问题,逐渐引起有关部门的注意和重视,我国的药品卫生标准规定口服和外用药品中不得检出活螨。李朝品等(2005)对安徽省400多种中药材进行螨类调查发现,约有70%被粉螨孳生(表2.8)。

表2.8 中药材粉螨的孳生情况

样品名称	孳生密度(只/克)	螨 种
干姜	115.13	甜果螨、粗脚粉螨
陈皮	80.96	食虫狭螨、腐食酪螨
五加皮	145.13	腐食酪螨、粗脚粉螨
羌活	169.31	腐食酪螨
秦艽	118.30	长食酪螨、害嗜鳞螨
益母草	487.75	腐食酪螨、粗脚粉螨、干向酪螨
独活	120.94	腐食酪螨
川断	48.16	粗脚粉螨、伯氏嗜木螨
党参	148.30	腐食酪螨、菌食嗜菌螨
合香	317.69	椭圆食粉螨、粗脚粉螨、河野脂螨、干向酪螨、腐食酪螨、食菌嗜木螨
柴胡	266.09	粗脚粉螨
旱莲草	99.37	食菌嗜木螨、粗脚粉螨、河野脂螨
山柰	387.00	椭圆食粉螨、干向酪螨

续表

样品名称	孳生密度(只/克)	螨种
远志	110.58	食菌嗜木螨、腐食酪螨
紫菀	362.81	粗脚粉螨
桂枝	24.10	粗脚粉螨
白头翁	120.94	害嗜鳞螨
龙虎草	28.44	静粉螨
桔梗	96.75	粗脚粉螨、奥氏嗜木螨
川芎	217.69	粗脚粉螨
徐长卿	66.94	腐食酪螨、粗脚粉螨
炒白芍	18.14	腐食酪螨、伯氏嗜木螨
防风	266.06	粗脚粉螨
杷叶	266.06	腐食酪螨
金钱草	169.31	腐食酪螨
地丁	48.38	粗脚粉螨
薄荷	120.94	水芋根螨
红花	120.94	粗脚粉螨、腐食酪螨
泽兰	48.56	粗脚粉螨
海风藤	48.38	粗脚粉螨
扁蓄	72.56	干向酪螨
麻黄	48.37	粗脚粉螨、菌食嗜菌螨、长食酪螨
黄芪	24.19	纳氏皱皮螨、腐食酪螨
大黄	24.19	腐食酪螨
刘寄奴	114.09	伯氏嗜木螨、河野脂螨、粗脚粉螨
半支莲	96.75	腐食酪螨、干向酪螨、粗脚粉螨、伯氏嗜木螨
金牛草	118.94	害嗜鳞螨、腐食酪螨、屋尘螨
老鹳草	248.66	粗脚粉螨、腐食酪螨、小粗脚粉螨
红枣	146.02	膝澳食甜螨、腐食酪螨、害嗜鳞螨
凤仙草	38.26	椭圆食粉螨
祁术	196.14	腐食酪螨
祁艾	104.36	卡氏栉毛螨、椭圆食粉螨
白茅根	102.46	害嗜鳞螨、隆头食甜螨
白芷	75.38	腐食酪螨、水芋根螨
浮萍草	28.47	家食甜螨
白参须	68.86	静粉螨
白干参	147.13	阔食酪螨、梅氏嗜霉螨
巴戟天	83.20	食菌嗜木螨、速生薄口螨

续表

样品名称	孳生密度(只/克)	螨　　种
丹皮	115.30	水芋根螨、短毛食酪螨
香茹草	59.25	椭圆食粉螨
垂盆草	37.23	非洲麦食螨
败酱草	69.34	似食酪螨
二花	163.21	热带食酪螨、奥氏嗜木螨
小青草	34.13	腐食酪螨
板蓝根	153.69	小粗脚粉螨、水芋根螨、似食酪螨
仙桃草	18.26	隆头食甜螨
大青叶	101.18	纳氏皱皮螨、弗氏无爪螨
伸筋草	22.84	棕脊足螨
骨筋草	75.69	奥氏嗜木螨
马齿苋	68.86	粗脚粉螨、羽栉毛螨
鸡尾草	17.69	小粗脚粉螨
土枸杞	102.48	棕脊足螨、食虫狭螨
知母	96.22	弗氏无爪螨
茵陈	58.12	粗脚粉螨
木莲果	83.00	河野脂螨、甜果螨
红小豆	251.06	腐食酪螨、纳氏皱皮螨、干向酪螨、棉兰皱皮螨
马鞭草	44.13	干向酪螨
西红花	112.64	拱殖嗜渣螨、腐食酪螨
翻白草	96.35	害嗜鳞螨
红参	146.02	膝澳食甜螨、腐食酪螨、害嗜鳞螨
丝瓜子	15.30	羽栉毛螨
半夏曲	69.53	菌食嗜菌螨、屋尘螨
生姜皮	20.64	害嗜鳞螨
生晒术	125.21	米氏嗜鳞螨、腐食酪螨
冬瓜子	50.77	速生薄口螨、腐食酪螨
蛇含草	24.50	短毛食酪螨
紫珠草	88.15	粉尘螨、害嗜鳞螨
玉珠	57.38	热带食酪螨
旋伏草	25.17	瓜食酪螨
鹿含草	19.26	扎氏脂螨
白蒺藜	67.45	害嗜鳞螨、隆头食甜螨、隐秘食甜螨
鸭舌草	44.16	食虫狭螨
夏枯草	24.19	羽栉毛螨

续表

样品名称	孳生密度(只/克)	螨　种
苍术	91.25	干向酪螨、静粉螨
良姜	58.34	河野脂螨
五味子	78.06	腐食酪螨、河野脂螨
对坐草	47.34	弗氏无爪螨
伏尔草	96.92	屋尘螨
灯芯草	113.86	腐食酪螨
银耳	689.84	腐食酪螨、羽栉毛螨、纳氏皱皮螨、线嗜酪螨、害嗜酪螨、热带食酪螨
白蛇草	76.94	纳氏皱皮螨
仙合草	68.16	静粉螨
童参	406.92	家食甜螨、隐秘食甜螨
凤眼草	31.54	棕栉毛螨
榆树皮	82.17	羽栉毛螨、热带食酪螨
车前草	68.09	赫氏嗜木螨
蝉蜕	98.76	腐食酪螨、线嗜酪螨
龙须草	24.98	阔食酪螨
瞿麦	125.48	棕脊足螨、扎氏脂螨、家食甜螨
不食草	37.90	腐食酪螨
桑葚子	218.44	家食甜螨、甜果螨
莲子	206.94	纳氏皱皮螨、腐食酪螨
黄柏	84.38	棉兰皱皮螨
野菊花	63.13	食虫狭螨、粗脚粉螨
绿梅花	126.83	梅氏嗜霉螨、食菌嗜木螨
百合	181.56	害嗜鳞螨、家食甜螨、腐食酪螨

来源:李朝品,沈兆鹏.

柴强等(2015)在中药材刺猬皮上分离出粉螨5种,隶属于2科4属,即粉螨科粉螨属的薄粉螨,食酪螨属的腐食酪螨,嗜木螨属的伯氏嗜木螨和食菌嗜木螨(*C.mycophagus*);食甜螨科嗜鳞螨属的害嗜鳞螨。赵丹等(2007)在黄山市的20种中药材中分离出21种粉螨,隶属6科18属,其中优势种3种:腐食酪螨、粉尘螨、粗脚粉螨;常见螨种13种:小粗脚粉螨、静粉螨、长食酪螨、干向酪螨、菌食嗜菌螨、椭圆食粉螨、伯氏嗜木螨、食虫狭螨、纳氏皱皮螨、河野脂螨、害嗜鳞螨、甜果螨、速生薄口螨;少见螨种5种:梅氏嗜霉螨、罗宾根螨、水芋根螨、隆头食甜螨、弗氏无爪螨。由此可见在储藏中药材中粉螨的污染比较严重。

3. 储藏干果

储藏干果因种类及储藏地(温湿度)不同,粉螨孳生的种类及数量差异较大。因此一般在密封条件好且人为控温控湿的仓库中,粉螨孳生密度明显高于普通仓库。储藏干果本身的生物积温效应也会升高仓库的温度;在干果储藏过程中,干果内的水分会挥发到空气中,产生“出汗”现象,也增加了仓库环境中的湿度,而有利于粉螨孳生的环境。陈琪等

(2015)对安徽某些城市干果商店(仓库)和中药店(仓库)的食用干果和药用干果中的粉螨调查发现,采集的60种干果样本中,共分离出粉螨18种,隶属于6科16属(表2.9)。陶宁等(2015)在49种储藏干果中分离出12种粉螨,隶属于6科10属,其中以甜果螨、腐食酪螨、粗脚粉螨和伯氏嗜木螨为优势螨种。李朝品等(2005)在板栗、核桃、柿饼、大枣、花生仁、开心果、杏仁、香蕉片、话梅、情人梅、杨梅、松子、桂圆、葡萄干、黑枣、蜜枣、提子、荔枝干、腰果、橄榄、莲子、无花果、蜜桃干、蜜藕干、橘饼、山楂、杏干、南瓜子和葵花子等30份,共计300份样本中对腐食酪螨调查发现,除蜜桃干、蜜藕干、香蕉片、话梅、情人梅、杨梅、橄榄和提子8种干果外,其他均发现存在腐食酪螨的孳生,阳性样本169份,阳性孳生率为56.3%。

表2.9 干果样本中粉螨孳生的种类和密度

样本	螨数(g)	孳生螨种
龙眼肉	41.33	甜果螨(*C. lactis*)、家食甜螨(*G. domesticus*)、隆头食甜螨(*G. ornatus*)、害嗜鳞螨(*L. destructor*)、纳氏皱皮螨(*S. nesbitti*)、椭圆食粉螨(*A. ovatus*)
红枣	23.18	甜果螨(*C. lactis*)、家食甜螨(*G. domesticus*)、害嗜鳞螨(*L. destructor*)、腐食酪螨(*T. putrescentiae*)、长食酪螨(*T. longior*)
桑葚	19.25	甜果螨(*C. lactis*)、家食甜螨(*G. domesticus*)、隆头食甜螨(*G. ornatus*)
荔枝肉	16.04	家食甜螨(*G. domesticus*)、隆头食甜螨(*G. ornatus*)、害嗜鳞螨(*L. destructor*)、腐食酪螨(*T. putrescentiae*)、长食酪螨(*T. longior*)
核桃仁	15.41	甜果螨(*C. lactis*)、隆头食甜螨(*G. ornatus*)、害嗜鳞螨(*L. destructor*)、长食酪螨(*T. longior*)、伯氏嗜木螨(*C. berlesei*)
山萸肉	15.27	甜果螨(*C. lactis*)、粗脚粉螨(*A. siro*)、害嗜鳞螨(*L. destructor*)、长食酪螨(*T. longior*)、腐食酪螨(*T. putrescentiae*)
杨梅干	14.22	甜果螨(*C. lactis*)、家食甜螨(*G. domesticus*)、纳氏皱皮螨(*S. nesbitti*)、害嗜鳞螨(*L. destructor*)
黑枸杞	13.42	甜果螨(*C. lactis*)、家食甜螨(*G. domesticus*)、隆头食甜螨(*G. ornatus*)、害嗜鳞螨(*L. destructor*)
枸杞子	13.25	家食甜螨(*G. domesticus*)、隆头食甜螨(*G. ornatus*)、伯氏嗜木螨(*C. berlesei*)、椭圆食粉螨(*A. ovatus*)
黑枣	12.87	家食甜螨(*G. domesticus*)、隆头食甜螨(*G. ornatus*)、害嗜鳞螨(*L. destructor*)
金丝枣	11.37	隆头食甜螨(*G. ornatus*)、害嗜鳞螨(*L. destructor*)、纳氏皱皮螨(*S. nesbitti*)
蜜枣	11.32	家食甜螨(*G. domesticus*)、害嗜鳞螨(*L. destructor*)、粗脚粉螨(*A. siro*)、粉尘螨(*D. farinae*)
枣干	10.39	甜果螨(*C. lactis*)、隆头食甜螨(*G. ornatus*)、害嗜鳞螨(*L. destructor*)
酸枣	10.36	家食甜螨(*G. domesticus*)、隆头食甜螨(*G. ornatus*)、害嗜鳞螨(*L. destructor*)
柿饼	10.25	隆头食甜螨(*G. ornatus*)、害嗜鳞螨(*L. destructor*)、腐食酪螨(*T. putrescentiae*)
葡萄干	10.08	甜果螨(*C. lactis*)、害嗜鳞螨(*L. destructor*)、腐食酪螨(*T. putrescentiae*)
沙棘	9.87	家食甜螨(*G. domesticus*)、害嗜鳞螨(*L. destructor*)、伯氏嗜木螨(*C. berlesei*)
鼠李	9.75	隆头食甜螨(*G. ornatus*)、害嗜鳞螨(*L. destructor*)、腐食酪螨(*T. putrescentiae*)
沙枣	9.65	甜果螨(*C. lactis*)、害嗜鳞螨(*L. destructor*)、纳氏皱皮螨(*S. nesbitti*)

续表

样本	螨数(g)	孳生螨种
女贞子	9.51	腐食酪螨(*T. putrescentiae*)、纳氏皱皮螨(*S. nesbitti*)、河野脂螨(*L. konoi*)
桃干	9.43	甜果螨(*C. lactis*)、害嗜鳞螨(*L. destructor*)、腐食酪螨(*T. putrescentiae*)
酸梅	9.28	家食甜螨(*G. domesticus*)、腐食酪螨(*T. putrescentiae*)、河野脂螨(*L. konoi*)
荔枝干	8.79	甜果螨(*C. lactis*)、纳氏皱皮螨(*S. nesbitti*)、河野脂螨(*L. konoi*)
山楂	8.59	害嗜鳞螨(*L. destructor*)、伯氏嗜木螨(*C. berieses*)、纳氏皱皮螨(*S. nesbitti*)
桃仁	8.56	腐食酪螨 (*T. putrescentiae*)、伯氏嗜木螨(*C. berieses*)、河野脂螨(*L. konoi*)
杏仁	8.44	甜果螨(*C. lactis*)、腐食酪螨(*T. putrescentiae*)、椭圆食粉螨(*A. ovatus*)
扁桃	8.43	甜果螨(*C. lactis*)、腐食酪螨(*T. putrescentiae*)、河野脂螨(*L. konoi*)
圣女果	8.36	甜果螨(*C. lactis*)、家食甜螨(*G. domesticus*)、腐食酪螨(*T. putrescentiae*)
杏梅	8.21	害嗜鳞螨(*L. destructor*)、腐食酪螨(*T. putrescentiae*)、热带无爪螨(*B. tropicalis*)
乌梅	8.14	隆头食甜螨(*G. ornatus*)、罗宾根螨(*R. robini*)、热带无爪螨(*B. tropicalis*)、粉尘螨(*D. farinae*)
无花果	8.05	椭圆食粉螨(*A. ovatus*)、河野脂螨(*L. konoi*)、粗脚粉螨(*A. siro*)
巴旦杏	7.53	罗宾根螨(*R. robini*)、热带无爪螨(*B. tropicalis*)、粉尘螨(*D. farinae*)
罗汉果	7.26	害嗜鳞螨(*L. destructor*)、伯氏嗜木螨(*C. berlesei*)、椭圆食粉螨(*A. ovatus*)
吴茱萸	7.16	罗宾根螨(*R. robini*)、拱殖嗜渣螨(*C. arcuatus*)
青果	6.96	害嗜鳞螨(*L. destructor*)、腐食酪螨(*T. putrescentiae*)、纳氏皱皮螨(*S. nesbitti*)
胖大海	6.59	甜果螨(*C. lactis*)、害嗜鳞螨(*L. destructor*)
佛手	6.33	家食甜螨(*G. domesticus*)、隆头食甜螨(*G. ornatus*)
芒果干	6.26	隆头食甜螨(*G. ornatus*)、害嗜鳞螨(*L. destructor*)、腐食酪螨(*T. putrescentiae*)
椰肉干	5.87	家食甜螨(*G. domesticus*)、长食酪螨(*T. longior*)
木莲果	5.73	甜果螨(*C. lactis*)、隆头食甜螨 (*G. ornatus*)、腐食酪螨(*T. putrescentiae*)
甜橙皮	5.50	害嗜鳞螨(*L. destructor*)、伯氏嗜木螨(*C. berieses*)
柠檬干	5.43	家食甜螨(*G. domesticus*)、害嗜鳞螨(*L. destructor*)、长食酪螨(*T. longior*)
西青果	4.89	家食甜螨(*G. domesticus*)、害嗜鳞螨(*L. destructor*)、伯氏嗜木螨(*C. berieses*)
枸橘	4.87	隆头食甜螨(*G. ornatus*)、伯氏嗜木螨(*C. berieses*)
乌榄	4.83	隆头食甜螨(*G. ornatus*)、害嗜鳞螨(*L. destructor*)、长食酪螨(*T. longior*)
黑杏干	4.75	隆头食甜螨(*G. ornatus*)、害嗜鳞螨(*L. destructor*)、纳氏皱皮螨(*S. nesbitti*)
开心果	4.71	甜果螨(*C. lactis*)、隆头食甜螨(*G. ornatus*)、河野脂螨(*L. konoi*)
腰果	4.65	河野脂螨(*L. konoi*)、甜果螨(*C. lactis*)、隆头食甜螨(*G. ornatus*)
榛子	4.58	干向酪螨(*T. casei*)、害嗜鳞螨(*L. destructor*)
松子	4.39	干向酪螨(*T. casei*)、河野脂螨(*L. konoi*)、甜果螨(*C. lactis*)
胡桃	4.36	河野脂螨(*L. konoi*)、家食甜螨(*G. domesticus*)
碧根果	4.30	河野脂螨(*L. konoi*)、菌食嗜菌螨(*M. fungivorus*)
银杏	4.29	干向酪螨(*T. casei*)、河野脂螨(*L. konoi*)、梅氏嗜霉螨(*E. maynei*)

续表

样本	螨数(g)	孳生螨种
香榧	4.22	河野脂螨(*L. konoi*)、甜果螨(*C. lactis*)、拱殖嗜渣螨(*C. arcuatus*)
木瓜	3.58	干向酪螨(*T. casei*)、河野脂螨(*L. konoi*)
橄榄	3.39	河野脂螨(*L. konoi*)、隆头食甜螨(*G. ornatus*)、害嗜鳞螨(*L. destructor*)
广枣	3.29	河野脂螨(*L. konoi*)、害嗜鳞螨(*L. destructor*)
平榛子	3.21	干向酪螨(*T. casei*)、隆头食甜螨(*G. ornatus*)
华核桃	2.89	干向酪螨(*T. casei*)、害嗜鳞螨(*L. destructor*)
锥栗	2.09	隆头食甜螨(*G. ornatus*)、害嗜鳞螨(*L. destructor*)

来源:陈琪,赵金红,湛孝东,等.

(四)畜禽圈舍

畜禽圈舍里的粉螨主要孳生在禽畜饲料残渣和禽畜脱落的皮屑中,畜禽饲料多由大麦、麦麸、米糠、玉米、豆饼、菜籽饼、棉籽仁、棉籽饼、米糠饼、麻油渣、花生饼、红薯粉、红薯藤粉、稻草粉、骨粉、鱼粉、肉骨粉、蚕蛹粉和酵母粉等原料组成,在圈舍环境适宜的情况下,粉螨可大量孳生。畜禽饲料中常见粉螨有粗脚粉螨、腐食酪螨和椭圆食粉螨等。陆联高等(1979)在重庆调查时发现仓储米糠、麸皮饲料中每千克饲料有腐食酪螨2 000余只。粉螨严重污染的饲料重量损失可达4%~10%,营养损失达70%~80%。李朝品等(2008)调查安徽省养殖业较发达地区各养殖户所用饲料和饲料生产厂的原料及成品中粉螨孳生情况,结果发现孳生粉螨20种,隶属于4科13属,总孳生率为45.2%(表2.10)。

表2.10 饲料中粉螨的孳生情况

样品名称		螨种
油饼类	菜籽饼	粗脚粉螨、小粗脚粉螨、腐食酪螨、罗宾根螨、家食甜螨、隐秘食甜螨、隆头食甜螨、害嗜鳞螨、弗氏无爪螨、棕脊足螨、粉尘螨
	豆饼	腐食酪螨、水芋根螨、家食甜螨、隆头食甜螨、害嗜鳞螨、弗氏无爪螨、粉尘螨
	花生饼	粗脚粉螨、小粗脚粉螨、长食酪螨、阔食酪螨、水芋根螨、罗宾根螨、家食甜螨
	芝麻饼	长食酪螨、椭圆食粉螨、家食甜螨、隆头食甜螨
糟渣类	豆粕	腐食酪螨、家食甜螨、害嗜鳞螨、弗氏无爪螨、粉尘螨
	醋糟	粗脚粉螨、干向酪螨、家食甜螨、害嗜鳞螨、弗氏无爪螨
	豆腐渣	隆头食甜螨
	酒糟	腐食酪螨、隆头食甜螨、害嗜鳞螨
豆类	蚕豆	纳氏皱皮螨、家食甜螨、米氏嗜鳞螨、粉尘螨
	大豆	粗脚粉螨、罗宾根螨、害嗜鳞螨、弗氏无爪螨、粉尘螨
	豌豆	长食酪螨、纳氏皱皮螨、害嗜鳞螨、米氏嗜鳞螨
糠麸类	米糠	粗脚粉螨、腐食酪螨、椭圆食粉螨、水芋根螨、家食甜螨、隐秘食甜螨、隆头食甜螨、米氏嗜鳞螨、弗氏无爪螨、拱殖嗜渣螨、粉尘螨

续表

样品名称		螨种
	小麦麸	粗脚粉螨、椭圆食粉螨、家食甜螨、害嗜鳞螨、拱殖嗜渣螨、粉尘螨
	玉米糠	粗脚粉螨、小粗脚粉螨、腐食酪螨、椭圆食粉螨、水芋根螨、隆头食甜螨
农副产品类	大豆秸粉	粗脚粉螨、小粗脚粉螨、长食酪螨、纳氏皱皮螨、家食甜螨、害嗜鳞螨、米氏嗜鳞螨、弗氏无爪螨、粉尘螨
	谷糠	粗脚粉螨、腐食酪螨、椭圆食粉螨、家食甜螨、害嗜鳞螨、弗氏无爪螨、拱殖嗜渣螨、粉尘螨
	花生藤	粗脚粉螨、干向酪螨、隆头食甜螨、害嗜鳞螨
	玉米秸粉	粗脚粉螨、腐食酪螨、长食酪螨、纳氏皱皮螨、米氏嗜鳞螨、粉尘螨
谷物类	稻谷	腐食酪螨、长食酪螨、阔食酪螨、干向酪螨、椭圆食粉螨、纳氏皱皮螨、家食甜螨、隐秘食甜螨、害嗜鳞螨、弗氏无爪螨、羽栉毛螨、粉尘螨
	碎米	腐食酪螨、干向酪螨、椭圆食粉螨、纳氏皱皮螨、家食甜螨、隆头食甜螨、害嗜鳞螨、米氏嗜鳞螨、弗氏无爪螨、棕脊足螨、拱殖嗜渣螨、粉尘螨
	小麦	粗脚粉螨、长食酪螨、阔食酪螨、干向酪螨、椭圆食粉螨、纳氏皱皮螨、家食甜螨、隆头食甜螨、害嗜鳞螨、弗氏无爪螨、羽栉毛螨、拱殖嗜渣螨、粉尘螨
	玉米	粗脚粉螨、小粗脚粉螨、腐食酪螨、干向酪螨、家食甜螨、粉尘螨

来源:李朝品,吕文涛,裴莉,等.

姚润等(2020)在黑水虻的饲养料中检出大量螨类,在19.02克饲养料中检出螨类15 276只,平均孳生密度高达803.15只/克,隶属4科5属5种,即粉螨科食酪螨属的腐食酪螨,嗜木螨属的伯氏嗜木螨;嗜渣螨科嗜渣螨属的拱殖嗜渣螨;麦食螨科尘螨属的粉尘螨;肉食螨科(Cheyletidae)肉食螨属(*Cheyletus*)的马六甲肉食螨。叶向光等(2019)在芜湖市郊区某蛇场蛇房垫料中也检出大量粉螨。陶宁等(2017)在黄粉虫养殖饲料中发现粗脚粉螨。刘玉芝等(2002)在河北省沧州、保定和承德3个地区的鸡配合饲料、猪配合饲料、豆粕、鱼粉中分别分离出椭圆食粉螨。

(五)动物巢穴

在野外自然环境中,粉螨可孳生在鸟巢或蝙蝠窝内,也可孳生在小型哺乳动物(啮齿类)的皮毛及其巢穴中,多以动物的食物碎片或有机物碎屑为食。Wasylik(1959)在鸟窝中发现粉螨11种,其中10种为储藏物中的常见种类。粉螨可借助啮齿类、鸟类和蝙蝠等动物的活动及人类生产、生活方式(如收获谷物等农作物、货物运输等),在房舍、仓库、动物巢穴等不同场所之间相互传播。随着对粉螨生物学研究的深入,在植物上、树皮下、土壤中均能发现粉螨。Chiba(1975)在一年中按月定期采集1 m^2土壤样品,用电热集螨法(Tullgren)收集其中的螨,共得到20多万只螨,其中粉螨约占73%,表明粉螨不仅孳生于储藏物中,而且还能孳生于室外栖息场所及农田的农作物中。

(六)交通工具

现代交通工具,如火车、汽车、飞机和轮船等表面的积灰、食物残渣、人体皮屑和霉菌等为粉螨的孳生提供了充足的养分，便于粉螨的孳生。全球经济一体化带来了国际贸易与旅游业的快速发展，客货运业务不断攀升，人口交流、货物运输的过程则极其有利于粉螨在不同地区播散。交通运输将媒介生物带到世界各地引起各种疾病的情况屡见不鲜。目前，口岸及出入境交通工具螨类的检查是出入境检验检疫的常规项目。此外，日常生活中所使用的交通工具，如火车和汽车等粉螨污染状况也越来越受到学者的重视。湛孝东等(2012)对芜湖市的出租车和私家车各60辆，采集坐垫、脚垫和后备箱等处的灰尘，共计120份样本，其中阳性样本79份，粉螨阳性孳生率为65.83%，共检出螨类786只，隶属5科15属23种(表2.11)。

表2.11 被调查乘用车内孳生粉螨的螨种及其分类

科	属		种	
	名称	构成比(%)	名称	构成比(%)
粉螨科(Acaridae)	粉螨属(*Acarus*)	11.58	粗脚粉螨(*A. siro*)	10.56
			小粗脚粉螨(*A. farris*)	1.02
	食酪螨属(*Tyrophagus*)	27.86	腐食酪螨(*T. putrescentiae*)	26.21
			长食酪螨(*T. longior*)	1.27
			阔食酪螨(*T. palmarum*)	0.38
	嗜菌螨属(*Mycetoglyphus*)	1.40	菌食嗜菌螨(*M. fungivorus*)	1.40
	食粉螨属(*Aleuroglyphus*)	4.96	椭圆食粉螨(*A. ovatus*)	4.96
	皱皮螨属(*Suidasia*)	5.34	纳氏皱皮螨(*S. nesbitti*)	5.34
	狭螨属(*Thyreophagus*)	0.38	食虫狭螨(*T. entomophagus*)	0.38
	嗜木螨属(*Caloglyplus*)	2.68	伯氏嗜木螨(*C. berlesei*)	1.53
			食菌嗜木螨(*C. mycophagus*)	1.15
食甜螨科(Glycyphagidae)	食甜螨属(*Glcyphagus*)	17.30	隆头食甜螨(*G. ornatus*)	4.20
			隐秘食甜螨(*G. privatus*)	3.05
			家食甜螨(*G. domesticus*)	10.05
	澳食甜螨属(*Austroglycyphagus*)	1.40	膝澳食甜螨(*A. geniculatus*)	1.40
	无爪螨属(*Blomia*)	2.80	热带无爪螨(*B. tropicalis*)	2.80
	嗜鳞螨属(*Lepidoglyphus*)	5.85	害嗜鳞螨(*L. destructor*)	5.34
			米氏嗜鳞螨(*L. michaeli*)	0.51
嗜渣螨科(Chortoglyphidae)	嗜渣螨属(*Chortoglyphus*)	2.54	拱殖嗜渣螨(*C. arcuatus*)	2.54
果螨科(Carpoglyphidae)	果螨属(*Carpoglyphus*)	7.25	甜果螨(*C. lactis*)	7.25
麦食螨科(Pyroglyphdiae)	尘螨属(*Dermatophagoides*)	6.87	粉尘螨(*D. farinae*)	4.45
			屋尘螨(*D. pteronyssinus*)	2.42
	嗜霉螨属(*Euroglyphus*)	1.78	梅氏嗜霉螨(*E. maynei*)	1.78

来源：湛孝东，郭伟，陈琪，等.

王晓春等(2012)对安徽省合肥等10个城市私家车、出租车和公交车3种生境中车垫、椅套、衣物及空调过滤网灰尘进行采集,发现600份样本中313份检出仓储螨和尘螨,孳生率为52.2%。其中出租车中螨类孳生率最高(73.5%,147/200),私家车中次之(51.5%,103/200),公交车中最低(31.5%,63/200),螨种经鉴定,隶属于6科16属21种。

(蒋 峰 陶 宁)

参考文献

王克霞,郭伟,王少圣,等,2013.地鳖养殖环境中孳生粉螨群落生态调查[J].中国媒介生物学及控制杂志,24(1):62-63,66.

王晓春,郭冬梅,李朝品,2012.安徽省不同种类汽车生境仓储螨和尘螨孳生情况及多样性调查[J].中国媒介生物学及控制杂志,23(5):461-463.

叶向光,陶宁,王赛寒,等,2019.蛇房垫料中孳生螨类的群落生态研究[J].热带病与寄生虫学,17(4):203-205.

邢攸荷,2003.螨对饲料的危害及预防方法[J].新农业(11):40.

吕文涛,李朝品,武前文,2007.滁州市家庭起居室孳生粉螨的初步调查[J].皖南医学院学报(2):89-90,96.

吕文涛,2008.家食甜螨生活史影响因素的研究[D].淮南:安徽理工大学.

刘玉芝,汪恩强,甄二英,等,2002.河北省饲料原料中椭圆食粉螨的分离与鉴定[J].河北农业大学学报,25(3):78-80.

刘婷,王少圣,湛孝东,等,2015.芜湖市幼儿园室内粉螨群落组成及多样性研究[J].中国血吸虫病防治杂志,27(3):295-298.

刘群红,李朝品,刘小燕,等,2010.阜阳地区居室环境中粉螨的群落组成和多样性[J].中国微生态学杂志,22(1):40-42.

祁国庆,刘志勇,赵金红,等,2015.芜湖市高校食堂孳生螨类的调查[J].热带病与寄生虫学,13(4):229-230,239.

许礼发,湛孝东,李朝品,2012.安徽淮南地区居室空调粉螨污染情况的研究[J].第二军医大学学报,33(10):1154-1155.

许佳,王赛寒,袁良慧,等,2020.安徽某口岸货场储粮区粉螨孳生种类调查[J].中国国境卫生检疫杂志,43(1):24-25,31.

孙为伟,2019.不同温度下马六甲肉食螨的生长发育与捕食研究[D].南京:南京财经大学.

孙庆田,陈日曌,孟昭军,2002.粗足粉螨的生物学特性及综合防治的研究[J].吉林农业大学学报,24(3):30-32.

李隆术,李云瑞,1988.蜱螨学[M].重庆:重庆出版社.

李朝品,沈兆鹏,2016.中国粉螨概论[M].北京:科学出版社.

李朝品,武前文,1996.房舍和储藏物粉螨[M].合肥:中国科学技术大学出版社.

李朝品,马长玲,秦志辉,等,1998.储藏中药材孳生粉螨的研究[J].新乡医学院学报(1):22-26.

李朝品,王慧勇,贺骥,等,2005.储藏干果中腐食酪螨孳生情况调查[J].中国寄生虫病防治杂志,18(5):68-69.

李朝品,吕文涛,裴莉,等,2008.安徽省动物饲料孳生粉螨种类调查[J].四川动物,27(3):403-407.

李朝品,武前文,桂和荣,2002.粉螨污染空气的研究[J].淮南工业学院学报,22(1):69-74.

杨文喆,蒋峰,李朝品,2019.砀山家常储粮孳生粉螨的种类调查[J].中国病原生物学杂志,14(7):819-821.

沈兆鹏,1989.三种粉螨生活史的研究及对储藏粮食和食品的为害[J].粮食储藏,18(1):3-7.

沈兆鹏,1996.动物饲料中的螨类及其危害[J].饲料博览,8(2):20-21.

宋红玉,赵金红,湛孝东,等,2016.医院食堂椭圆食粉螨孳生情况调查及其形态观察[J].中国病原生物学杂志,11(6):488-490.

宋红玉,段彬彬,李朝品,2015.某地高校食堂调味品粉螨孳生情况调查[J].中国血吸虫病防治杂志,27(6):638-640.

张曼丽,2008.刺足根螨休眠体的形成与解除[D].福州:福建农林大学.

陈艳,林阳武,范青海,2006.食物对刺足根螨生长发育、繁殖及休眠体产生的影响[J].华东昆虫学报(4):250-252.

陈琪,赵金红,湛孝东,等,2015.粉螨污染储藏干果的调查研究[J].中国微生态学杂志,27(12):1386-1391.

罗冬梅,2007.椭圆食粉螨种群生态学研究[D].南昌:南昌大学.

赵丹,裴莉,李朝品,2007.黄山市中药材中粉螨孳生情况调查[J].医学研究杂志(5):106-107.

赵亚男,郭娇娇,李朝品,2018.储藏小米孳生害嗜鳞螨调查[J].中国病原生物学杂志,13(8):874-876,881.

赵金红,陶莉,刘小燕,等,2009.安徽省房舍孳生粉螨种类调查[J].中国病原生物学杂志,4(9):679-681.

姚润,蒋峰,国果,等,2021.黑水虻饲养料中孳生粉螨群落生态调查[J].中国病原生物学杂志,16(5):564-566,569.

顾勤华,1999.普通肉食螨的生活史研究[J].江西植保,22(3):14-15.

柴强,陶宁,段彬彬,等,2015.中药材刺猬皮孳生粉螨种类调查及薄粉螨休眠体形态观察[J].中国热带医学,15(11):1319-1321.

柴强,洪勇,王少圣,等,2018.淮北某面粉厂皱皮螨孳生情况调查及其形态观察[J].中国血吸虫病防治杂志,30(1):76-77,80.

郭娇娇,孟祥松,李朝品,2017.芜湖市面粉厂粉螨种类调查[J].中国病原生物学杂志,12(10):986-989.

陶宁,湛孝东,李朝品,2016.金针菇粉螨孳生调查及静粉螨休眠体形态观察[J].中国热带医学,16(1):31-33.

陶宁,王少圣,杨艳峰,等,2017.某民航机场食品厂面粉库发现热带无爪螨[J].中国血吸虫病防治杂志,29(4):496-497,501.

陶宁,湛孝东,孙恩涛,等,2015.储藏干果粉螨污染调查[J].中国血吸虫病防治杂志,27(6):634-637.

陶宁,湛孝东,赵金红,等,2016.某高校食堂害嗜鳞螨孳生调查及形态观察[J].中国血吸虫病防治杂志,28(2):199-201,219.

阎孝玉,杨年震,袁德柱,等,1992.椭圆食粉螨生活史的研究[J].粮油仓储科技通讯(6):53-55.

湛孝东,陈琪,郭伟,等,2013.芜湖地区居室空调粉螨污染研究[J].中国媒介生物学及控制杂志,24(4):301-303.

湛孝东,郭伟,陈琪,等,2013.芜湖市乘用车内孳生粉螨群落结构及其多样性研究[J].环境与健康杂志,30(4):332-334.

湛孝东,陶宁,赵金红,等,2016.中药材木耳中粉螨及害嗜鳞螨孳生情况调查[J].中国媒介生物学及控制杂志,27(3):276-279.

裴莉,2018.大连地区农户储粮孳生粉螨群落组成及多样性研究[J].热带病与寄生虫学,16(3):153-155.

熊翠欢,韦兴强,兰东,2008.桂西北高校食堂调味品粉螨检测结果分析[J].中国学校卫生(10):929-930.

Capua S, Gerson U, 1983. The effects of humidity and temperature on hypopodial molting of Rhizoglyphus robini[J]. Entomol. Exp. Appl., 34:96-98.

Chmielewski W, 1977. Formation and importance of the hypopus stage in the life of mites belonging to the superfamily Acaroidea[J]. Prace. Nauk. Inst. Ochr. Rosl., 19(1):5-94.

Corente C H, Knülle W, 2003. Trophic determinants of hypopus induction in the stored-product mite Lepidoglyphus destructor (Acari: Astigmata)[J]. Exp. Appl. Acarol., 29(1/2):89-107.

Griffiths D A, 1966. Nutrition as a factor influencing hypopus formation in the Acarus siro species complex (Acarina, Acaridae)[J]. J. Stored. Prod. Res., 1(4):325-340.

Hughes A M, Hughes T E, 1939. The internal anatomy and postembryonic development of Glycyphagus domesticus De Geer[J]. Pro. Zool. Soc. Lond., 108:715-733.

Hughes A M, 1976. The mites of stored food and houses[M]. 2nd Ed. London: Her Majesty's Stationery Office.

Knülle W, 1991. Genetic and environment determinants of hypopus duration in the stored-product mite Lepidoglyphus destructor[J]. Exp. Appl. Acarol., 10:231-258.

Knülle W, 1987. Genetic variability and ecological adaptability of hypopus formation in a stored product mite [J]. Exp. Appl. Acarol., 3(1):21-32.

Knülle, 2003. Interaction between genetic and inductive factors controlling the expression of dispersal and dormancy morphs in dimorphic Astigmatic mites[J]. Elution, 57(4):828-838.

Matsumoto K O, Kamoto M, Wada Y, et al., 1993. Studies on the environmental factors for the breeding of grain mites[J]. Jap. J. Sanit. Zool., 44(1):23-28.

Matsumoto L, 1978. Study on the environmental factors for the breeding of Tyroglyphidae[J]. Proc. Zool. Soc. London, 123:267-272.

Sánchez-Ramos I, Álvarez-Alfageme F, Castañera P, 2007. Reproduction, longevity and life table parameters of Tyrophagus neiswanderi (Acari: Acaridae) at constant temperatures[J]. Exp. Appl. Acarol., 43:213.

Solomon M E, 1946. Tyroglyphid mites in stored products: Ecological studies[J]. Ann. Appl. Biol., 33(1): 82-97.

Webster L M, Thomas R H, McCormack G P, 2004. Molecular systematics of Acarus siro s. lat., a complex of stored food pests[J]. Molecular Phylogenetics and Evolution, 32(3):817-822.

Woording J P, 1969. Observations on the biology of six species of acarid mites[J]. Ann. Entomol. Soc. Am., 62:102-108.

第三章 常见种类

粉螨是螨类的一大类群，种类很多，世界性分布。有些种类孳生在房舍和储藏物上，有些则不然。粉螨分类目前尚无确定的统一意见，通常把粉螨的常见种类归属于粉螨亚目，下设粉螨科(Acaridea)、脂螨科(Lardoglyphidae)、食甜螨科(Glycyphagidae)、果螨科(Carpoglyphidae)、嗜渣螨科(Chortoglyphidae)、麦食螨科(Pyroglyphidae)和薄口螨科(Histiostomidae)。本书主要介绍孳生于房舍和储藏物上的部分常见粉螨。粉螨成螨分科检索表(粉螨亚目)见表3.1，粉螨生活史各期检索表(粉螨亚目)见表3.2。

表3.1 粉螨成螨分科检索表(粉螨亚目)

1. 无顶毛，皮纹粗、肋状，第一感棒(ω_1)位于足Ⅰ跗节顶端……………………麦食螨科(Pyoglyphidae)

有顶毛，皮纹光滑或不形成肋状，ω_1在足Ⅰ跗节基部……………………………………………2

2. 须肢末节扁平，螯肢定趾退化，生殖孔横裂，腹面有2对几丁质环……………………………………
……………………………………………………………………………………薄口螨科(Histiostomidae)

须肢末节不扁平，螯肢钳状，生殖孔纵裂，腹面无角质环……………………………………………3

3. 雌螨足Ⅰ～Ⅳ跗节爪分两叉，雄螨足Ⅲ跗节末端有两突起………………脂螨科(Lardoglyphidae)

雌螨足Ⅰ～Ⅳ跗节单爪或缺如……………………………………………………………………………4

4. 躯体背面有背沟，具爪，并由1对骨片与跗节末端连接，爪垫肉质，雄螨末体腹面有肛吸盘，足Ⅳ跗节有吸盘……………………………………………………………………………………粉螨科(Acaridae)

躯体背面无背沟，足跗节无1对骨片，有时具2个细腱，雄螨末体腹面无肛吸盘，足Ⅳ跗节无吸盘
………5

5. 足Ⅰ和Ⅱ表皮内突愈合，呈"X"形………………………………………………果螨科(Carpoglyphidae)

足Ⅰ和Ⅱ表皮内突分离……………………………………………………………………………………6

6. 雌螨生殖板大，新月形，生殖孔位于足Ⅲ～Ⅳ间，雄螨末体腹面有肛吸盘……………………………
……………………………………………………………………………………嗜渣螨科(Chortoglyphidae)

雌螨无明显生殖板，若明显，生殖孔位于足Ⅰ～Ⅱ间，雄螨末体腹面无肛吸盘…………………………
……………………………………………………………………………………食甜螨科(Glycyphagidae)

表3.2 粉螨生活史各期检索表(粉螨亚目)

1. 退化的跗肢或有或无，并常包裹在第一若螨的表皮中……………………不活动休眠体或第二若螨

具很发达的跗肢……………………………………………………………………………………………2

2. 有3对足，有时有基节杆……………………………………………………………………………幼螨

有4对足，无基节杆…………………………………………………………………………………………3

3. 螯肢和须肢退化为叉状附肢。无口器。在体腹后端有吸盘……………………活动休眠体或第二若螨

螯肢和须肢发育正常。有口器。体腹后端无吸盘……………………………………………………4

4. 有1对生殖感觉器及1条痕迹状的生殖孔…………………………………………………………第一若螨

有2对生殖感觉器…………………………………………………………………………………………5

5. 生殖孔痕迹状。无生殖褶……………………………………………………………………………第三若螨

有生殖褶……………………………………………………………………………………………………6

6. 生殖褶短。阳茎有一系列几丁质支架支持…………………………………………………………雄螨

生殖褶常长，或生殖孔由1或2块板遮蔽。通往交配囊的孔位于体躯后端……………………………雌螨

第一节 粉 螨 科

粉螨科(Acaride)的螨类背面具背沟,可将躯体明显分为两部分,分别是前足体和后半体,常具前足体背板。体表皮光滑、粗糙或加厚成板,其中皱皮螨属表皮还具细致的皱纹。体刚毛光滑或略有栉齿。具发达的爪,由1对骨片相连于足跗节末端,前跗节柔软并包围了爪和骨片;若前跗节延长,则雌螨爪分叉;足Ⅰ、Ⅱ跗节基部着生有第一感棒ω_1。雌螨的生殖孔呈较长的裂缝状,被1对生殖褶遮蔽,每一个生殖褶的内面具1对感受器。雄螨常具1对肛门吸盘和2对跗节吸盘。粉螨科(Acaridae)成螨分属或常见种检索表见表3.3。

表3.3 粉螨科(Acaridae)成螨分属或常见种检索表

(改编自 Hughes,1976)

1. 顶外毛(*ve*)位于靠近前足体背面的前缘,与顶内毛(*vi*)在同一水平上或稍后……2

*ve*痕迹状或缺如,若有,则位于靠近前足体背板侧缘的中间……7

2. 足Ⅰ膝节感棒σ_1长度是σ_2的3倍以上,雄螨的足Ⅰ股节膨大,并在腹面有锥状突起……粉螨属(*Acarus*)

足Ⅰ膝节感棒σ_1长度不及σ_2的3倍,雄螨的足Ⅰ股节不膨大,腹面无锥状突起……3

3. 胛内毛(*sci*)长于胛外毛(*sce*),螯肢和足稍有颜色……4

*sci*短于*sce*,螯肢和足淡棕色……椭圆食粉螨(*Aleuroglyphus ovatus*)

4. *ve*短于膝节,位于*vi*后方……菌食嗜菌螨(*Mycetoglyphus fungivorus*)

*ve*等长或长于膝节,与*vi*的位于同一水平上……5

5. d_1约等长于*la*,并短于d_3、d_4……6

*la*的长为d_1的4~6倍……干向酪螨(*Tyrolichus casei*)

6. 足Ⅰ、Ⅱ跗节背面端部的*e*毛较短,针状,末端具5个腹端刺,其中位于中间的3个刺增厚……食酪螨属(*Tyrophagus*)

*e*常为刺状,跗节末端具3个腹端刺……线嗜酪螨(*Tyroborus lini*)

7. 具 *sci*……8

无*sci*,足Ⅰ跗节ω_1、ω_2无刺,成螨缺*sci*、*hi*、d_1、d_2;雄螨后半体背缘有一块突出的板……食虫狭螨(*Thyreophagus entomophagus*)

8. 表皮具有细致的皱纹,或有鳞状花纹……皱皮螨属(*Suidasia*)

表皮光滑或几乎光滑……9

9. 在足Ⅰ跗节,*Ba*膨大形成粗壮的锥状刺,并与ω_1接近……根螨属(*Rhizoglyphus*)

在足Ⅰ跗节,*Ba*为细长刚毛,体背面与侧面的刚毛完整,雄螨后半体无突出的板……嗜木螨属(*Caloglyphus*)

一、粉螨属

粉螨属(*Acarus*)特征:顶内毛(*vi*)长于顶外毛(*ve*),约为其1倍以上;第一背毛(d_1)和前侧毛(*la*)较短;足Ⅰ膝节感棒(σ_1)长于σ_2,约为其3倍以上;性二态现象显著,雄螨足Ⅰ加粗,足Ⅰ股节腹面具一粗大的表皮突起,足Ⅰ膝节腹面具2个表皮突起,呈刺状。

粉螨属常见种类包括:粗脚粉螨(*Acarus siro*)、小粗脚粉螨(*Acarus farris*)、静粉螨(*Aca-*

rus immobilis)、薄粉螨(*Acarus gracilis*)、庐山粉螨(*Acarus lushanensis*)、奉贤粉螨(*Acarus fengxianensis*)和波密粉螨(*Acarus bomiensis*)等。粉螨属(*Acarus*)成螨分种检索表见表3.4。

表3.4 粉螨属(*Acarus*)成螨分种检索表

1. 足Ⅰ膝节感棒σ_1长于σ_2的3倍左右,躯体背面无皱纹……………………………………2
足Ⅰ膝节感棒σ_1长于σ_2的5倍以上,躯体背面具5~7条皱纹……………庐山粉螨(*Acarus lushanensis*)
2. 背毛d_2长不超过d_1的2倍……………………………………………………………3
背毛d_2长为d_1的4~5倍……………………………………………………薄粉螨(*Acarus gracilis*)
3. 后半体刚毛*hi*、*la*、*lp*和d_1~d_4均短,特别是背毛d_2或d_3的长度不超过该毛基部至紧邻该毛后方的刚毛基部之间的距离……………………………粗脚粉螨复合体(*Acarus siro* complex)……………4
后半体刚毛*hi*、*la*、*lp*和背毛较长,一般而言,在一定种群的大多数个体中,d_2和d_3长于该毛基部至紧邻该毛后方的刚毛基部之间的距离……………………………………………………长刚毛种群
4. 足Ⅰ和Ⅱ跗节上的腹端刺*s*大(雄螨足Ⅰ跗节不具此特征),约等长于跗节的爪,腹后缘凹入,顶端向后。从侧面看,足Ⅱ跗节的感棒ω_1是横斜的,在顶端膨大之前有一明显的"鹅颈"……粗脚粉螨(*Acarus siro*)
腹端刺*s*细小,约为跗节爪长之半,腹后缘凸出,顶端向前。感棒ω_1呈45°,在顶端膨大之前无明显的"鹅颈"……………………………………………………………………………5
5. 感棒ω_1的两侧由基部向前端渐粗,然后在膨大为圆头之前变狭而形成明显的颈。圆头最阔部分与杆的最阔部分相等……………………………………………………小粗脚粉螨(*Acarus farris*)
感棒ω_1的两侧约平行,末端扩大为一个明显的卵状头,头的最阔部分比杆的最阔部分宽……………………………………………………………………………静粉螨(*Acarus immobilis*)

1. 粗脚粉螨(*Acarus siro Linnaeus*,1758)

形态特征:雌雄螨体外形相似,雄螨体长为320~460 μm,雌螨体长为350~650 μm,休眠体的体长约230 μm。体呈椭圆形,为无色、淡黄色或红棕色,根据食物和发育期的不同,颚体和足呈淡黄色到红棕色不等。基节上毛(*scx*)基部呈膨大,具较粗壮的栉齿。格氏器(*G*)为一无色的表皮皱褶,端部延伸为多数不等长丝状物。

雄螨(图3.1,图3.2):螯肢具齿,定趾的基部着生有1个上颚刺,在其后方位置具锥形距。躯体刚毛较细,部分略具栉齿,其中顶内毛(*vi*)和胛毛(*sc*)的栉齿较明显。前足体背板宽。*vi*长达螯肢顶端,顶外毛(*ve*)短,不及*vi*长的1/4;胛内毛(*sci*)略短于胛外毛(*sce*),排成横列;骶内毛(*sai*)和肛后毛pa_2长而弯曲,拖在地上。足Ⅰ表皮内突(*Ap*)愈合成胸板(*St*)。足均具爪,足Ⅰ的膝节和股节增大,第一对足得以变粗,故而称之为粗脚粉螨。足Ⅰ股节腹面具1个刺状突起,其上着生有股节毛(*vF*)(图3.3);足Ⅰ膝节腹面具2对小刺突,膝外毛(σ_1)的长度是膝内毛(σ_2)的3倍以上;足Ⅰ、Ⅱ跗节的第一感棒(ω_1)呈一定角度斜生,芥毛(ε)位于其之前位置;跗节顶端的*u*和*v*愈合形成一个大刺。足Ⅲ、Ⅳ跗节上的腹端刺(*s*)增大,从侧面观*s*的最长边可与爪等长。足Ⅳ跗节基部着生有1对交配吸盘(图3.4A)。肛门前缘具1对肛前毛,后缘具1对肛门吸盘。生殖孔着生于足Ⅳ基节间,阳茎呈弓形,支持阳茎的侧支在后面分叉。

雌螨:形态特征与雄螨相似。不同之处有:躯体后缘略凹,体背面刚毛的栉齿较雄螨的少(图3.5)。具肛毛5对,其中a_3最长,a_2次之,分别约为a_1、a_4、a_5的4倍及2倍;肛后毛pa_1和pa_2较长,超出躯体后缘很多。生殖孔位于足Ⅲ和Ⅳ基节之间。足Ⅰ未变粗,股节无刺状突起;足Ⅰ跗节的端刺*u*和*v*是分开的,且比腹端刺(*s*)小;所有足的*s*都较大,且向后弯曲(图3.6A)。

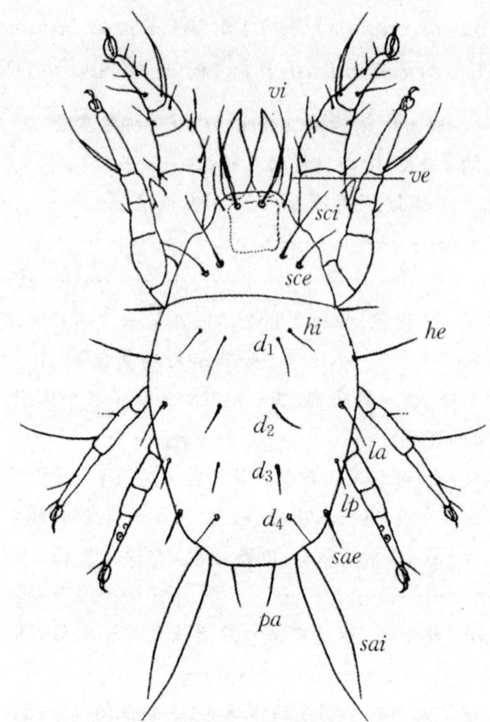

图 3.1 粗脚粉螨(*Acarus siro*)(♂)背面

vi:顶内毛;*ve*:顶外毛;*sci*:胛内毛;*sce*:胛外毛;*hi*:肩内毛;*he*:肩外毛;d_1～d_4:背毛;*la*:前侧毛;*lp*:后侧毛;*sai*:骶内毛;*sae*:骶外毛;*pa*:肛后毛

(仿 李朝品 沈兆鹏)

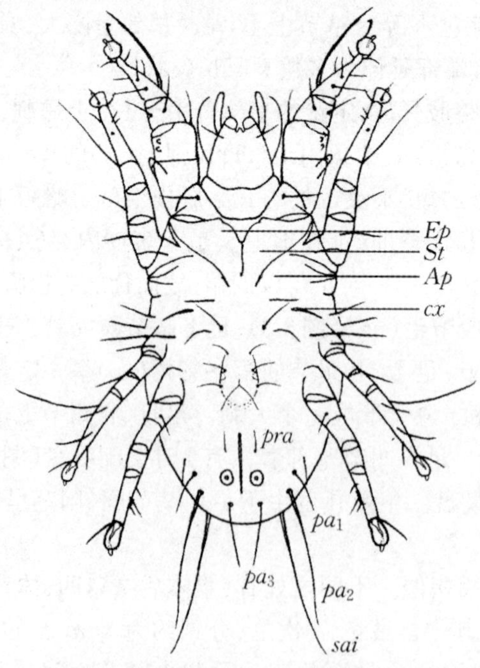

图 3.2 粗脚粉螨(*Acarus siro*)(♂)腹面

Ep:基节内突;*St*:胸板;*Ap*:表皮内突;*cx*:基节毛;*pra*:肛前毛;pa_1～pa_3:肛后毛;*sai*:骶内毛

(仿 李朝品 沈兆鹏)

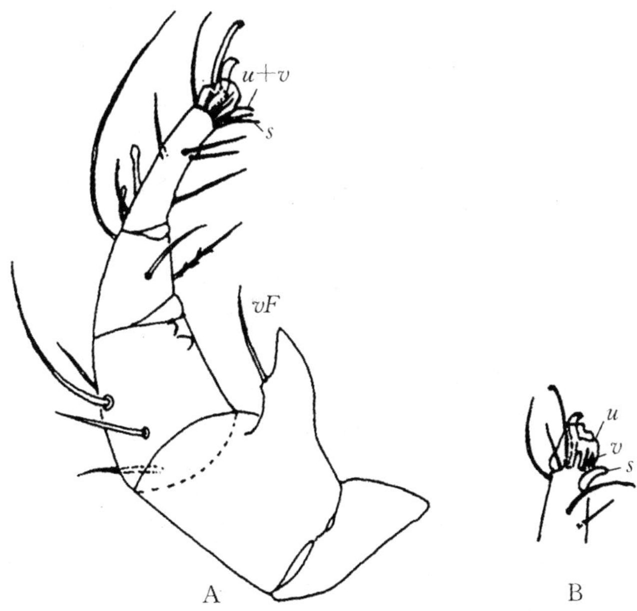

图3.3 粗脚粉螨(*Acarus siro*)的足Ⅰ

A. 右足Ⅰ内面(♂);B. 足Ⅰ跗节顶端内面(♀)

s,v,$u+v$:跗节的刺;vF:股节毛

(仿 李朝品 沈兆鹏)

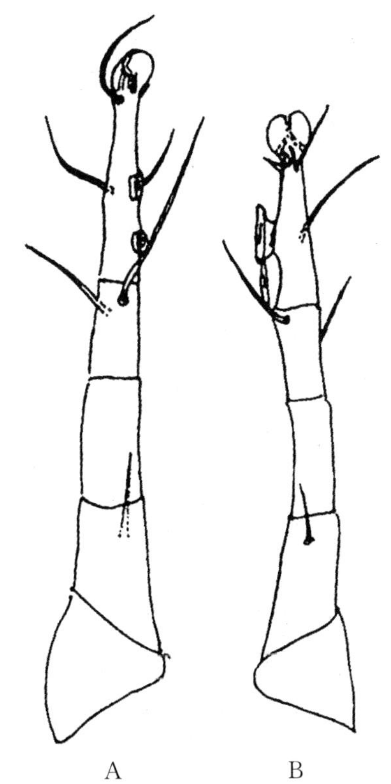

图3.4 足Ⅳ侧面

A. 粗脚粉螨(*Acarus siro*)(♂);B. 薄粉螨(*Acarus gracilis*)(♂)

(仿 李朝品 沈兆鹏)

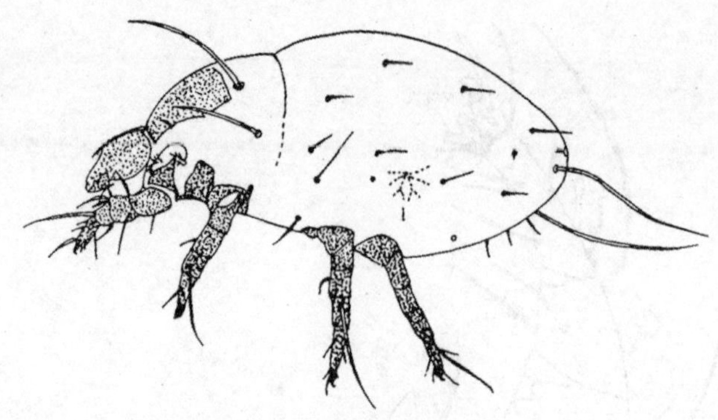

图 3.5 粗脚粉螨（*Acarus siro*）（♀）侧面

（仿 李朝品 沈兆鹏）

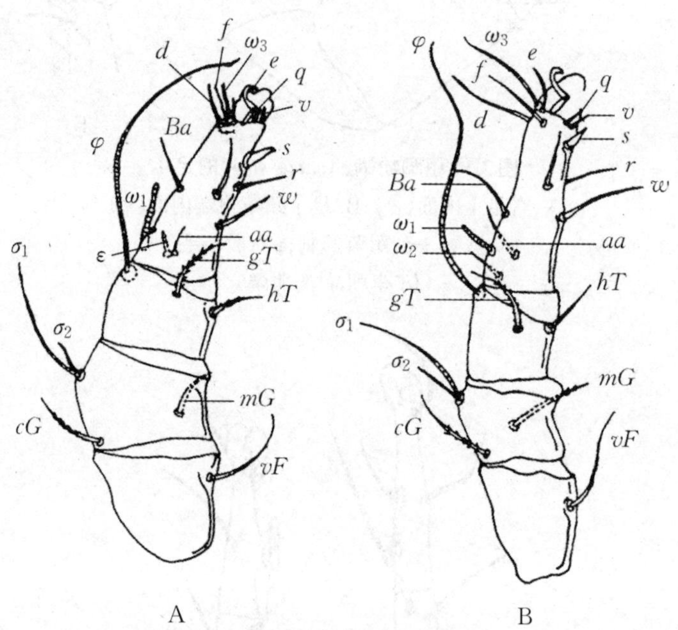

图 3.6 雌螨足Ⅰ外面

A. 粗脚粉螨（*Acarus siro*）；B. 小粗脚粉螨（*Acarus farris*）

$\sigma_1, \sigma_2, \omega_1, \omega_2, \omega_3, \varphi$：感棒；$Ba, d, e, f, r, w, q, v, s, \varepsilon, aa, gT, hT, cG, mG, vF$：刚毛

（仿 李朝品 沈兆鹏）

活动休眠体：体呈淡红色，腹面向内凹陷，背面呈拱形且布有微小刻点。前足体背板前突，可覆盖颚体，与后半体分离。顶内毛（*vi*）具栉齿，长于顶外毛（*ve*）。*sci*长于*sce*，位于同一水平线上。背毛d_2位于d_1之间，而d_2、d_3和d_4在一纵列上；2对肩毛；3对侧毛（l_1、l_2、l_3），l_1和d_1的长度是d_4的3倍。足Ⅱ与足Ⅲ基节表皮内突相连，足Ⅳ基节表皮内突稍弯曲，不相连。吸盘板小，相距体末端较远；其上中央吸盘较大，且环绕着生有3对由透明区互相隔开的周缘吸盘（图3.7）。生殖孔位于吸盘板前方，其两侧的1对生殖毛（*g*）与1对吸盘几乎在同一直线上。足均具爪且前跗节已退化，足Ⅰ的第二感棒（ω_2）、膝节毛（σ）以及足Ⅲ的σ均不发达，腹刺复合体被2个膨大的叶状刚毛（*vsc*）代替（图3.8A）。足Ⅰ、Ⅱ跗节的ω_1细长且顶端膨大，ω_3着生在背面中央，第二背端毛（*e*）呈吸盘状，足Ⅲ跗节的*e*呈叶状，足Ⅳ跗节的*e*为躯体长

的1/2;各足的正中端毛(f)均呈透明而薄的叶状;足Ⅰ～Ⅲ的侧中毛(r)均为叶状;足Ⅰ～Ⅲ跗节的正中毛(m)或呈长叶状,腹中毛(w)呈宽扁状,具粗密的栉齿;足Ⅰ胫节的背胫刺(φ)长于足Ⅰ跗节的长度,足Ⅱ胫节的φ等长于足Ⅱ跗节的长度。

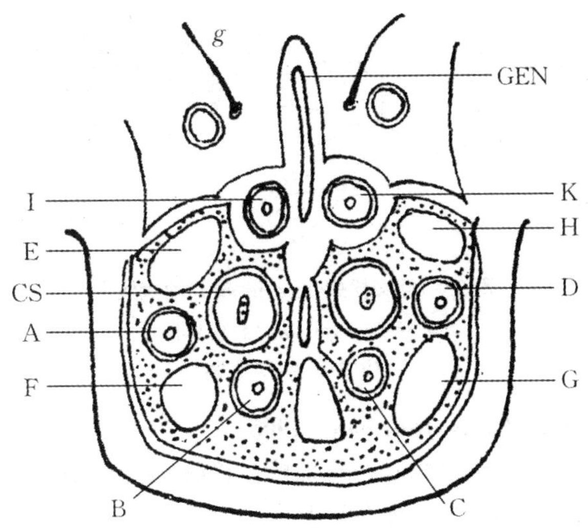

图3.7 休眠体吸盘板

CS:中央吸盘;I,K:前吸盘;A～D:后吸盘;E～H:空白区域;GEN:生殖孔;g:生殖毛

(仿 李朝品 沈兆鹏)

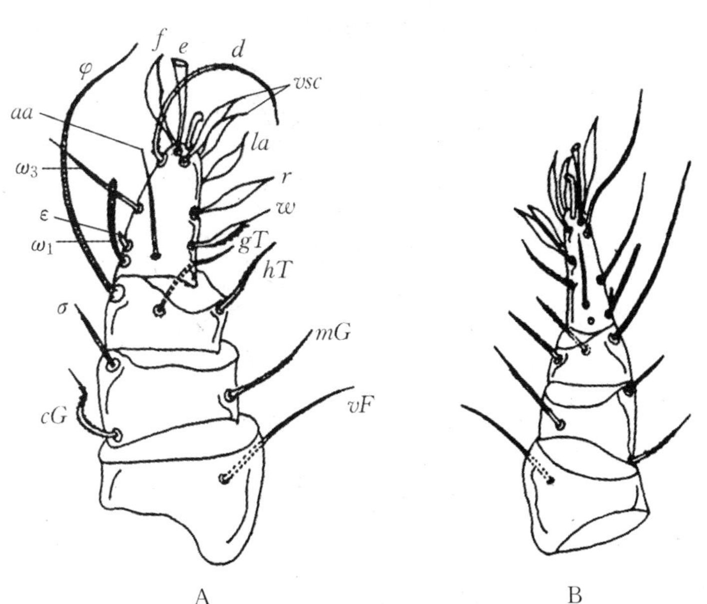

图3.8 休眠体足Ⅰ背面

A. 粗脚粉螨(*Acarus siro*);B. 小粗脚粉螨(*Acarus farris*)

$\omega_1,\omega_3,\varphi,\sigma$:感棒;$\varepsilon,aa,d,e,f,r,w,gT,hT,cG,mG,vF$:刚毛;$vsc$:腹刺复合体

(仿 李朝品 沈兆鹏)

幼螨:形态类似于成螨,具3对足(图3.9)。胛毛(sc)几乎等长,基节杆(CR)钝,向端部略为膨大,后肛毛不到躯体长的1/2。

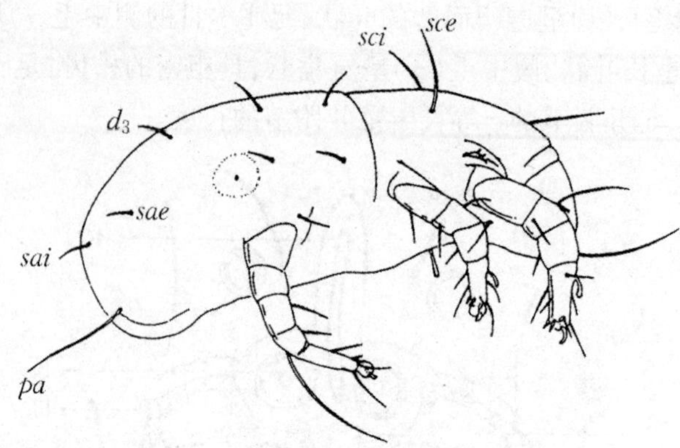

图3.9 粗脚粉螨(*Acarus siro*)幼螨侧面

$sce, sci, d_3, sae, sai, pa$:躯体刚毛

(仿 李朝品 沈兆鹏)

2. 小粗脚粉螨(*Acarus farris Oudemans*, 1905)

形态特征:雄螨(图3.10)体长约365 μm,雌螨体长约400 μm,休眠体的体长约240 μm。形态特征类似于粗脚粉螨,不同之处主要在足上。

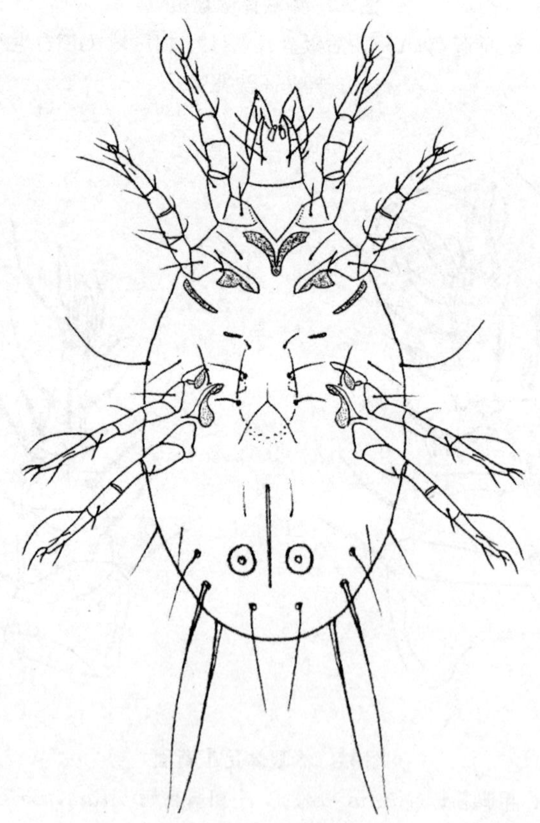

图3.10 小粗脚粉螨(**Acarus farris**)(♂)腹面

(仿 李云瑞)

雄螨:侧面观,足Ⅰ、Ⅱ的第一感棒(ω_1)端部膨大形成圆头,之前略细,与跗节背面成近90°角(粗脚粉螨约45°角)(图3.6 B)。足Ⅱ～Ⅳ跗节的腹端刺(s)顶端尖细,为其爪长的1/2到2/3。

雌螨：足Ⅰ～Ⅳ跗节的腹端刺(s)顶端尖细，为其爪长的1/2到2/3(图3.11)；肛毛a_1、a_4和a_5约等长，a_3最长，约为a_1的2倍，a_2次之，约为a_1长的1/3(图3.12)。

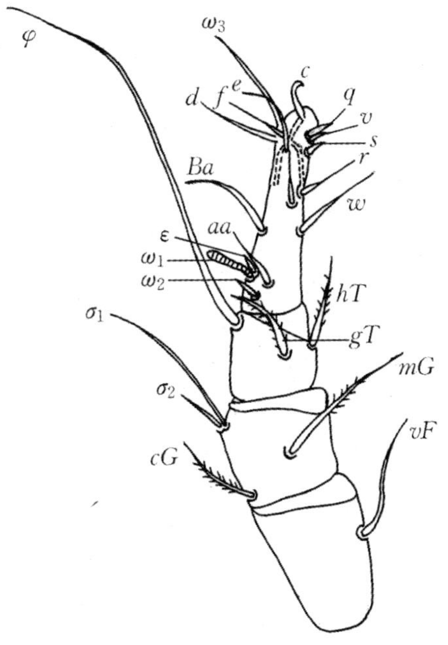

图3.11　小粗脚粉螨(*Acarus farris*)(♀)足Ⅰ背面

c:爪；ω_1～ω_3:第一至第三感棒；d:第一背端毛；e:第二背端毛；f:正中端毛；s:腹端刺；q、v:内腹端刺；Ba:背中毛；w:腹中毛；r:侧中毛；ε:芥毛；aa:亚基侧毛；gT、hT:胫节毛；σ_1:外膝毛；σ_2:内膝毛；mG、cG:膝节毛；vF:股节毛；φ:胫感毛

(仿 李朝品 沈兆鹏)

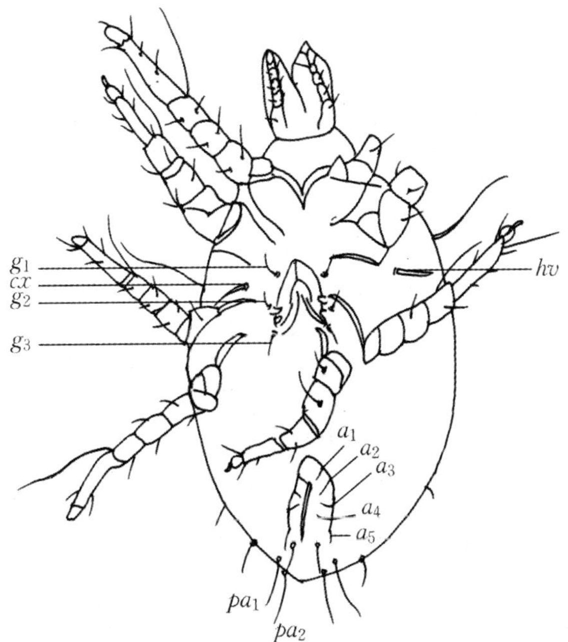

图3.12　小粗脚粉螨(*Acarus farris*)(♀)腹面

hv,g_1～g_3,cx,a_1～a_5,pa_1,pa_2:刚毛

(仿 李朝品 沈兆鹏)

活动休眠体：后半体背面的刚毛短，很少有呈膨大状或扁平形的；背毛d_1、侧毛l_1和d_4约相等（图3.13）。足Ⅳ表皮内突朝着中线向前弯曲（图3.14），生殖毛的后外方着生有吸盘（图1.20）。第一感棒（ω_1）均匀地渐细（图3.8B）。

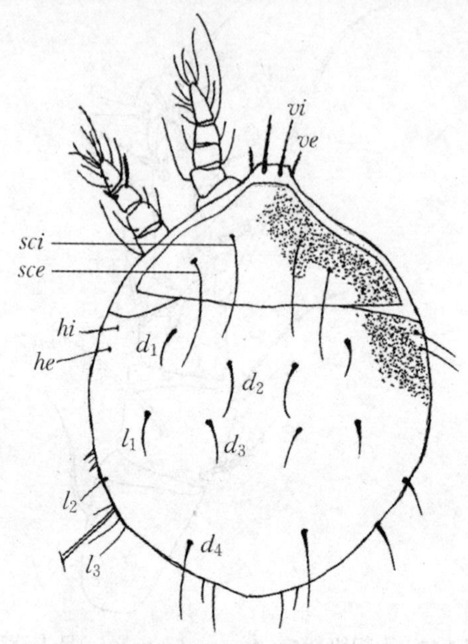

图3.13 小粗脚粉螨（***Acarus farris***）休眠体背面

ve，vi，sce，sci，hi，he，l_1～l_3，d_1～d_4：躯体的刚毛

（仿 李朝品 沈兆鹏）

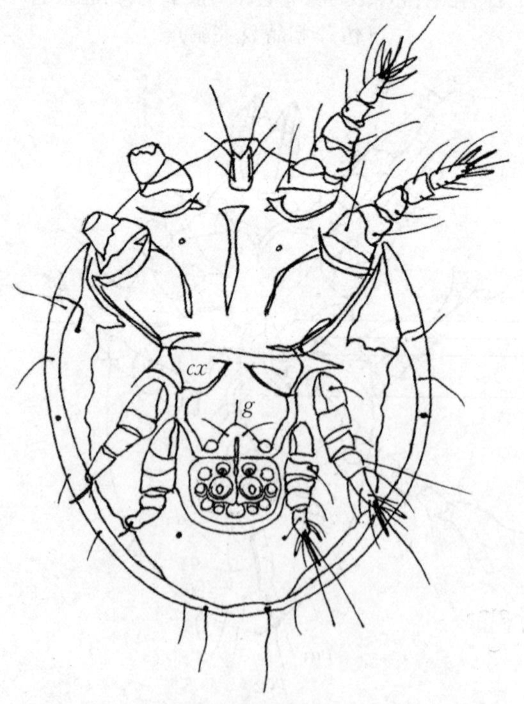

图3.14 小粗脚粉螨（***Acarus farris***）休眠体腹面

cx：基节毛；g：生殖毛

（仿 李朝品 沈兆鹏）

3. 静粉螨（*Acarus immobilis* Griffiths，1964）

形态特征：成螨、第三若螨、第一若螨及幼螨的形态与小粗脚粉螨相应各期类似，很难进行区分，不同之处为：正面观，成螨足Ⅰ、Ⅱ跗节的第一感棒（ω_1）两边互相平行，端部呈膨大状。

不活动休眠体：体长约210 μm，呈卵圆形，白色，半透明（图3.15）。腹面向内凹陷，背面呈拱形且布有刻点，具背沟；颚体退化为一突起。背部毛序类似于小粗脚粉螨的活动休眠体，不同的特征为：顶外毛（*ve*）缺如，后半体后缘的1对刚毛缺如，刚毛均短，不易看到。后半体具1对孔隙，呈圆形；具1对腺体位于足Ⅳ基节水平在肩内毛（*hi*）之后。基节骨片、生殖毛（*g*）及与邻近吸盘的相互关系类似于粗脚粉螨活动休眠体，足Ⅳ表皮内突直形（图3.16）。足上刚毛与感棒数目较少，形状较小，其中第一感棒（ω_1）的末端呈膨大状，长于足Ⅰ、Ⅱ跗节的

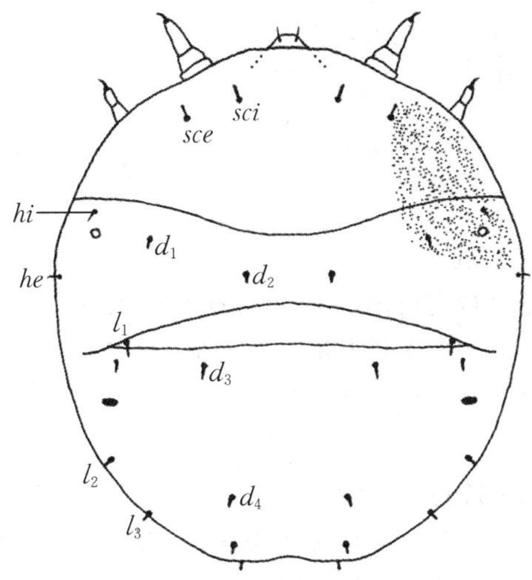

图3.15 静粉螨（*Acarus immobilis*）休眠体背面

sce，*sci*，d_1～d_4，*he*，*hi*，l_1～l_3：躯体的刚毛

（仿 李朝品 沈兆鹏）

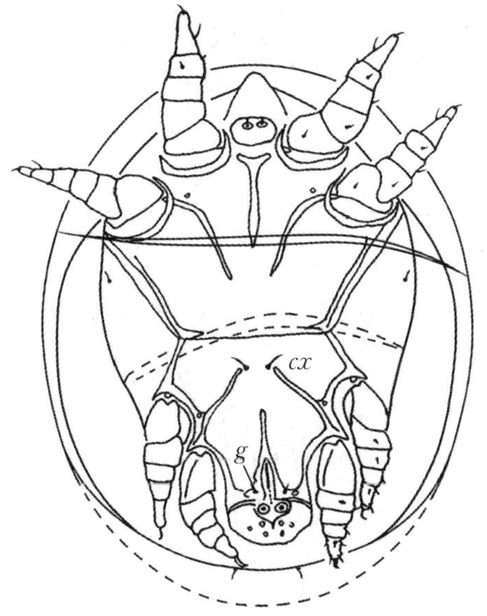

图3.16 静粉螨（*Acarus immobilis*）休眠体腹面

cx：躯体的刚毛；*g*：生殖毛

（仿 李朝品 沈兆鹏）

1/2。足Ⅰ的膝节毛(σ)和胫节感棒(φ)均短钝,足Ⅰ～Ⅱ跗节的腹刺复合体(s)、第二背端毛(e)、足Ⅱ跗节的正中端毛(f)、足Ⅲ～Ⅳ跗节的e均缺如(图3.17)。

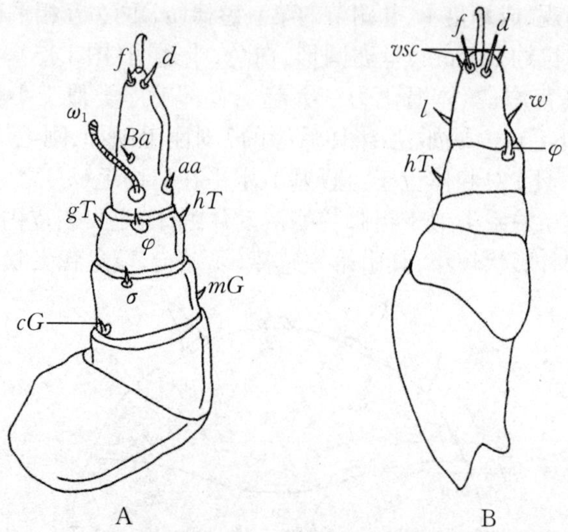

图3.17 静粉螨(*Acarus immobilis*)休眠体足

A. 右足Ⅰ背面;B. 右足Ⅳ背面

ω_1,φ,σ:感棒;$aa,Ba,d,f,gT,hT,cG,mG,l,w,vsc$:刚毛

(仿 李朝品 沈兆鹏)

4. 薄粉螨(*Acarus gracilis* Hughes,1957)

形态特征:雄螨体长280～360 μm,雌螨体长200～250 μm,休眠体的体长200～250 μm。表皮有皱纹,体后部具微小突起,刚毛略有栉齿(图3.18)。

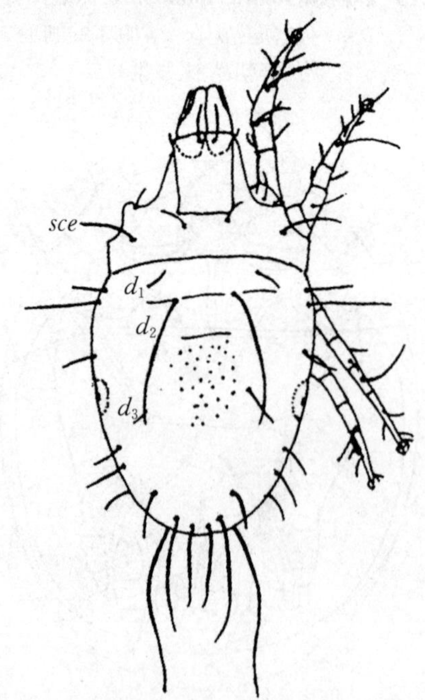

图3.18 薄粉螨(*Acarus gracilis*)(♂)背面

sce,d_1～d_3:背毛

(仿 李朝品 沈兆鹏)

雄螨：胛毛(sc)、背毛(d_1、d_3、d_4)、肩毛(hi、he)、前侧毛(la)、后侧毛(lp)及骶外毛(sae)均为短刚毛；d_2、骶内毛(sai)和肛后毛(pa_1、pa_2)均为长刚毛，其中d_2长于d_1的4倍以上，sai长约为躯体长的70%(图3.19)。足Ⅰ股节具1腹刺(图3.20)，股节和膝节略延长；足Ⅰ、Ⅱ跗节的感棒ω_1较长，向顶端渐细，ω_1与背中毛(Ba)基部间的距离短于ω_1；芥毛(ε)为一小突起，位于ω_1基部的末端；足Ⅳ跗节的交配吸盘肥大厚实，位于该节基部且彼此距离较近(图3.4B)。

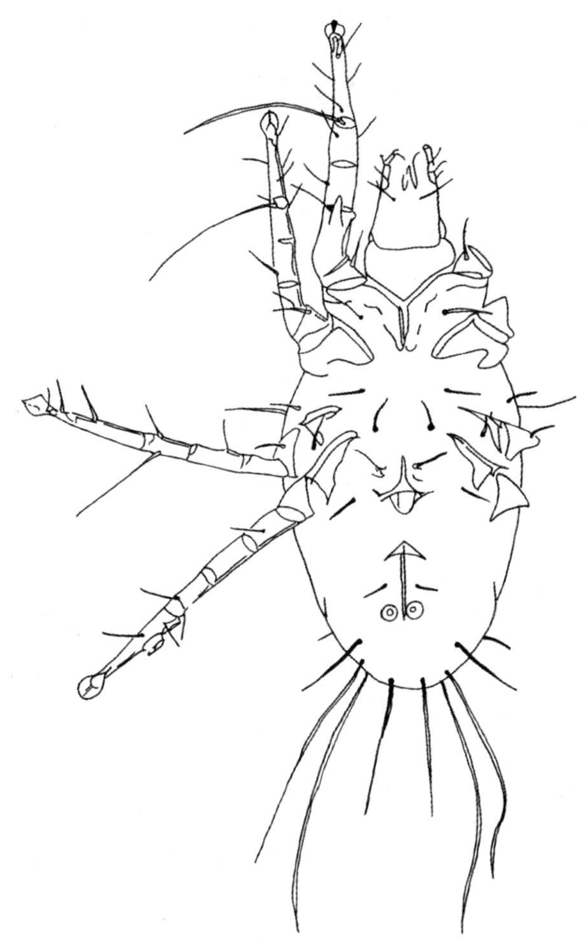

图3.19　薄粉螨(*Acarus gracilis*)(♂)腹面
(仿 李朝品 沈兆鹏)

雌螨：前足体板比雄螨宽短，后缘略为圆弧形。毛序类似于雄螨，不同点为：背毛d_3较长，约为d_1长的2倍以上(图3.21)；肛门区刚毛类似于粗脚粉螨，但肛后毛pa_2较长，肛毛a_3较长，不及a_1或a_2长的2倍。

不活动休眠体：类似于静粉螨的不活动休眠体，不同点为：吸盘板位置更为靠后，中央吸盘发达，吸盘均发育完全(图3.22)；基节骨片不发达；体后缘1对刚毛较长，约等长于足Ⅳ跗节、胫节长度之和；跗节的第一感棒(ω_1)比胫节感棒(φ)短，跗节刚毛常为叶状(图3.23)。

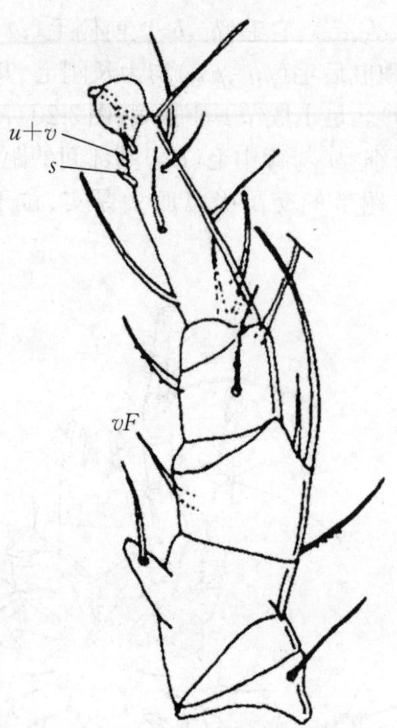

图3.20　薄粉螨(*Acarus gracilis*)(♂)足Ⅰ内面

vF, s, $u+v$:刚毛和刺

(仿 李朝品 沈兆鹏)

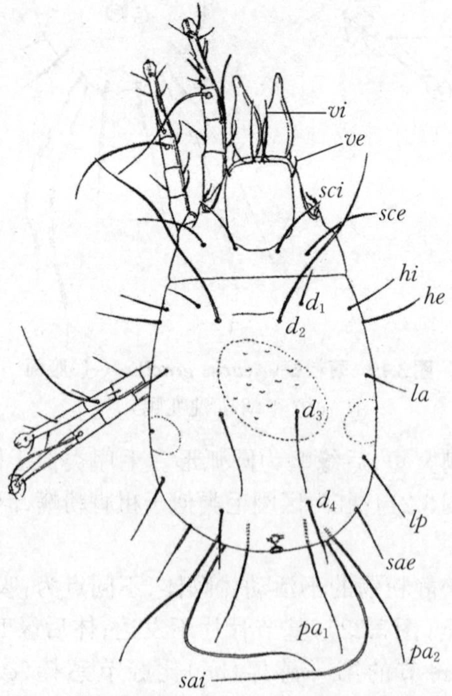

图3.21　薄粉螨(*Acarus gracilis*)(♀)背面

ve, vi, sce, he, hi, d_1~d_4, la, lp, sae, sai, pa_1, pa_2:躯体刚毛

(仿 李朝品 沈兆鹏)

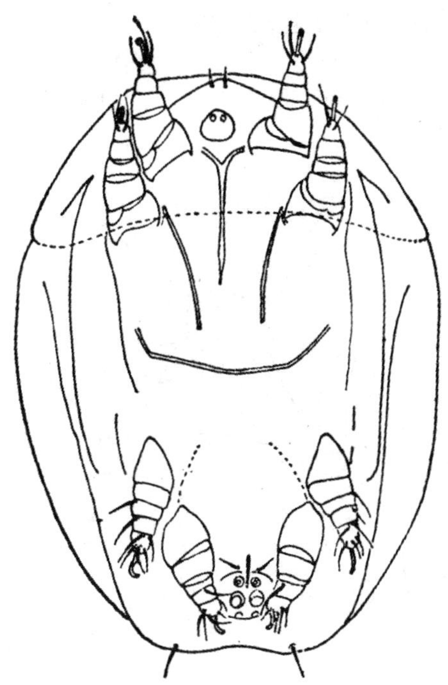

图 3.22 薄粉螨(*Acarus gracilis*)休眠体腹面

(仿 李朝品 沈兆鹏)

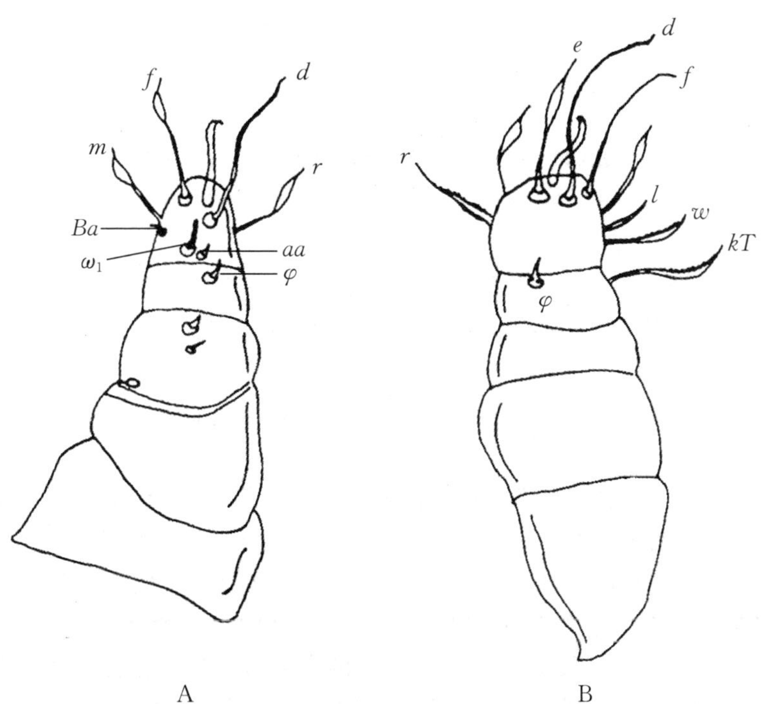

图 3.23 薄粉螨(*Acarus gracilis*)休眠体足

A. 足Ⅰ背面;B. 足Ⅳ背面

ω_1,φ:感棒;aa,Ba,d,e,f,m,l,r,kT:刚毛

(仿 李朝品 沈兆鹏)

5. 庐山粉螨(*Acarus lushanensis* Jiang,1992)

形态特征:雄螨体长391.4 μm,体宽226.6 μm;雌螨体长391.4~468.7 μm,体宽236.9~298.7 μm,体背面具皱纹为5~7条(图3.24)。

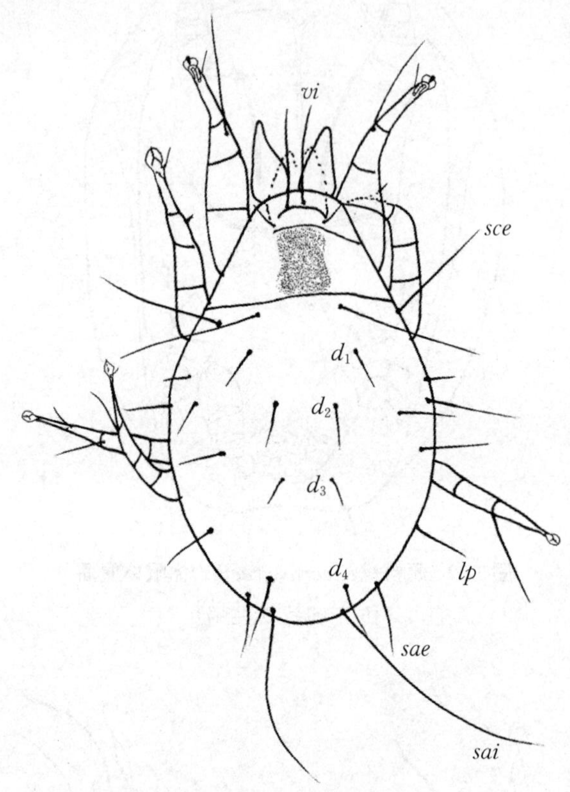

图3.24 庐山粉螨(*Acarus lushanensis*)(♂)背面

vi,*sce*,d_1~d_4,*lp*,*sae*,*sai*:躯体的刚毛

(仿 江镇涛)

雄螨:类似于雌螨的特征。腹面末端的两侧缘各有皱纹4~5条,不与背面的皱纹相连接(图3.25)。足Ⅰ股节腹面具一距状突起,其上着生有一刚毛*vF*,跗节端部的*s*刺小于雌螨(图3.26A)。足Ⅳ跗节的中、基部着生有1对吸盘,跗节毛*w*、*r*各着生在两吸盘的同一水平位置(图3.26B)。生殖孔周围具3对生殖毛*g*(图3.27A)。具1对肛门吸盘,分别着生在肛门两侧(图3.27B)。

雌螨:螯肢内面具上颚刺和锥形距。体背具前背板,基节上毛(*scx*)两侧缘具栉齿,具1对侧腹腺(*L*)。体背的顶内毛(*vi*)、胛内毛(*sci*)、胛外毛(*sce*)端部略具栉齿,其余均光滑(图3.28)。足Ⅰ表皮内突愈合成胸板(图3.29)。足Ⅰ、Ⅲ基节区各着生1根基节毛(*cx*)。

足Ⅰ膝节感棒σ_1长于σ_2,约为5倍以上,ε极小,*s*刺粗大且相等于爪长。足Ⅱ膝节感棒σ_1较短,ω_1较长。足Ⅲ膝节感棒σ_1较短。足Ⅳ跗节的中部着生有跗节毛*w*,近端部着生有跗节毛*r*(图3.30)。足Ⅲ、Ⅳ基节间着生有生殖孔(图3.31A),其周围着生3对生殖毛*g*,肛门周围具5对肛毛(图3.31B),受精囊开口于肛门后。

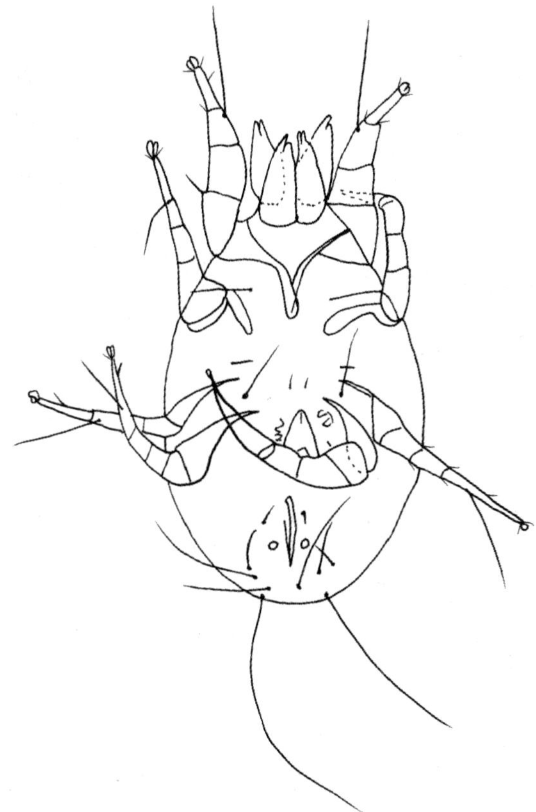

图 3.25 庐山粉螨(*Acarus lushanensis*)(♂)腹面
(仿 江镇涛)

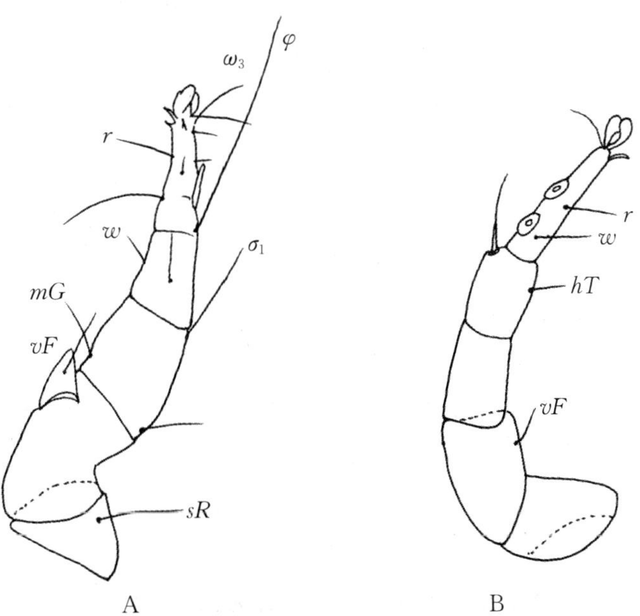

图 3.26 庐山粉螨(*Acarus lushanensis*)(♂)足
A. 右足Ⅰ;B. 右足Ⅳ
ω_3,φ,σ_1:感棒;r,w,mG,vF,sR,hT:刚毛
(仿 江镇涛)

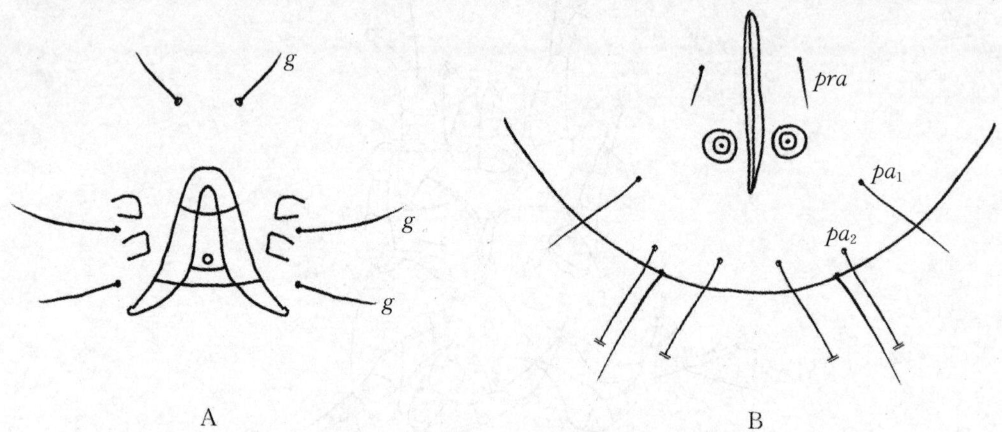

图3.27 庐山粉螨(*Acarus lushanensis*)(♂)生殖区和肛门区

A. 生殖区;B. 肛门区

g:生殖毛;*pra*:肛前毛;pa_1,pa_2:肛后毛

(仿 江镇涛)

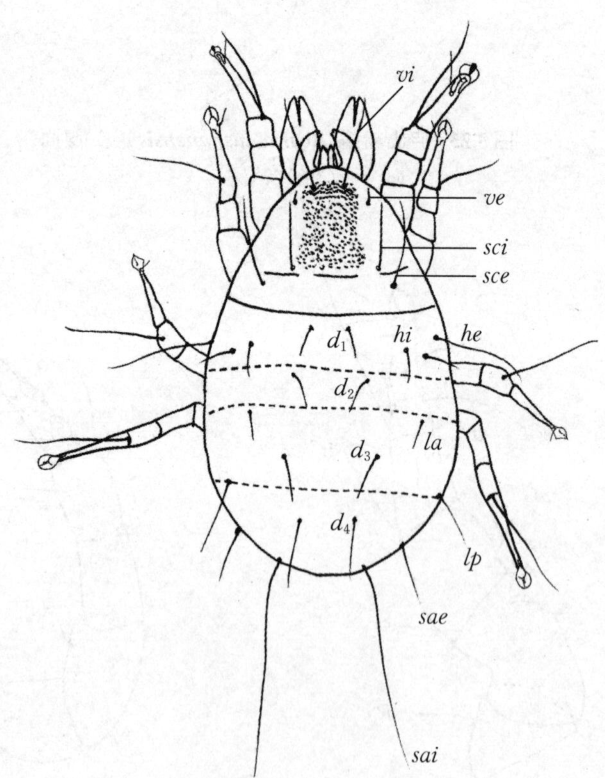

图3.28 庐山粉螨(*Acarus lushanensis*)(♀)背面

vi,*ve*,*sci*,*sce*,d_1~d_4,*hi*,*he*,*la*,*lp*,*sae*,*sai*:躯体的刚毛

(仿 江镇涛)

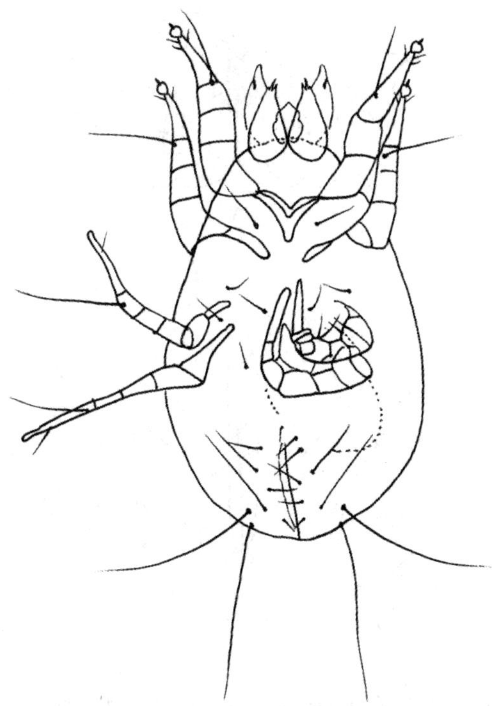

图 3.29 庐山粉螨(*Acarus lushanensis*)(♀)腹面
(仿 江镇涛)

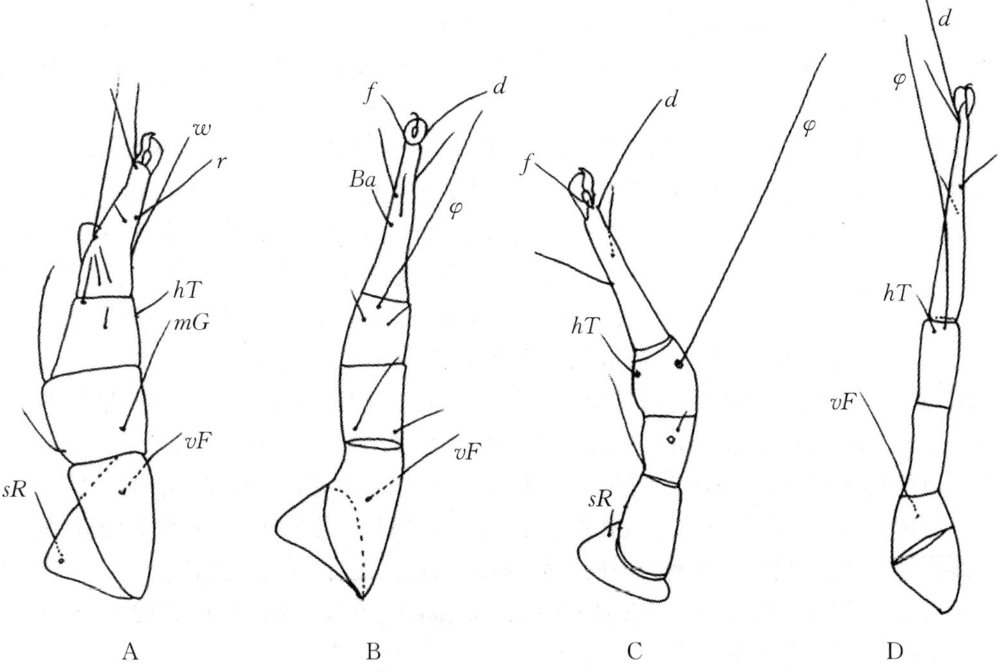

图 3.30 庐山粉螨(*Acarus lushanensis*)(♀)足
A. 右足Ⅰ;B. 左足Ⅱ;C. 左足Ⅲ;D. 左足Ⅳ
φ:感棒;*w*,*r*,*hT*,*mG*,*vF*,*sR*,*f*,*d*,*Ba*:刚毛
(仿 江镇涛)

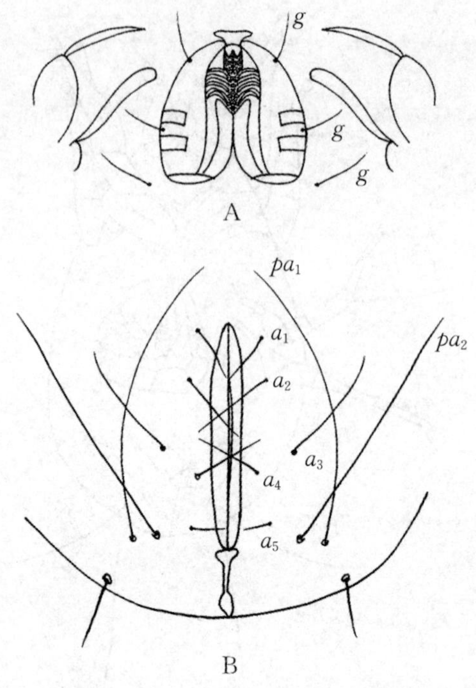

图3.31 庐山粉螨(*Acarus lushanensis*)(♀)生殖区和肛门区

A. 生殖区;B. 肛门区

g:生殖毛;a_1～a_5:肛毛;pa_1,pa_2:肛后毛

(仿 江镇涛)

6. 奉贤粉螨(*Acarus fengxianensis* Wang,1985)

形态特征:雄螨体长390～480 μm,宽225～310 μm;雌螨体长446～516 μm,宽270～290 μm。体无色。

雄螨:前足体板两侧缘向内略弯曲,后缘略宽外凸,基节上毛(*scx*)两侧缘具栉齿,长约为顶外毛(*ve*)的2倍(图3.32)。顶外毛(*ve*)短小,顶内毛(*vi*)长约为*ve*的4倍;胛内毛(*sci*)较细短,胛外毛(*sce*)较长,约为*sci*长的3倍;后半体着生的刚毛均较其他螨种短,其中第一背毛(d_1)和第二背毛(d_2)最短,二者约等长。体背刚毛均光滑,除顶内毛(*vi*)呈羽状和胛外毛(*sce*)端部1/2处呈稀羽状外。肛门吸盘周围具1对肛前毛(*pra*)较短,3对肛后毛(pa_1、pa_2、pa_3),其中pa_2最长,pa_3次之;肛孔与生殖孔非常接近,二者之间的距离约等于前肛毛长度(图3.33)。足4对,其中足Ⅰ明显粗大(图3.34A),足Ⅰ膝节的σ_1长于σ_2的3倍以上;足Ⅰ跗节具1个腹刺,略小于爪。所有足的跗节长度不等,与同足膝节相比,足Ⅰ跗节短于膝节;足Ⅱ跗节略长于膝节;足Ⅲ跗节明显长于膝节;足Ⅳ跗节约等长于膝节,并具1对较大的吸盘(图3.34B),二者相距较近。生殖孔位于足Ⅳ基节之间,肛孔两侧有1对较大的肛吸盘。

雌螨:体背毛序相似于雄螨。不同之处为:肛门孔两侧有5对肛毛(a_1、a_2、a_3、a_4、a_5),其中以a_3为最长,a_2次之(图3.35)。具2对肛后毛(pa_1、pa_2),pa_2长于pa_1为pa_1长的2～2.9倍。生殖孔位于足Ⅲ、Ⅳ基节之间。

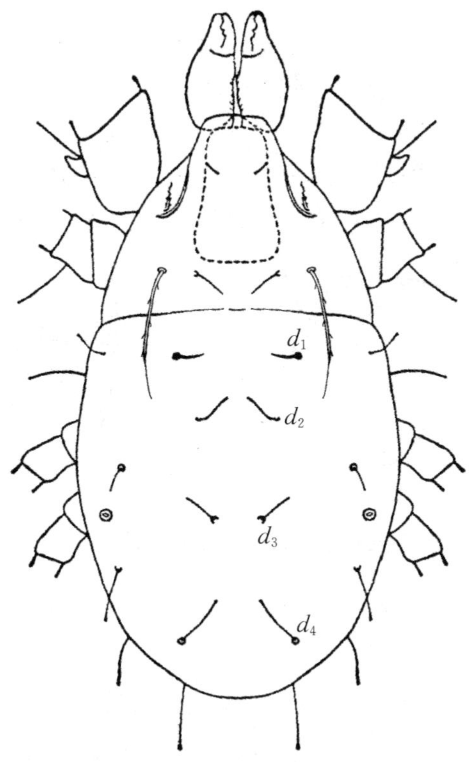

图3.32　奉贤粉螨(***Acarus fengxianensis***)(♂)背面

d_1～d_4:背毛

(仿 李朝品 沈兆鹏)

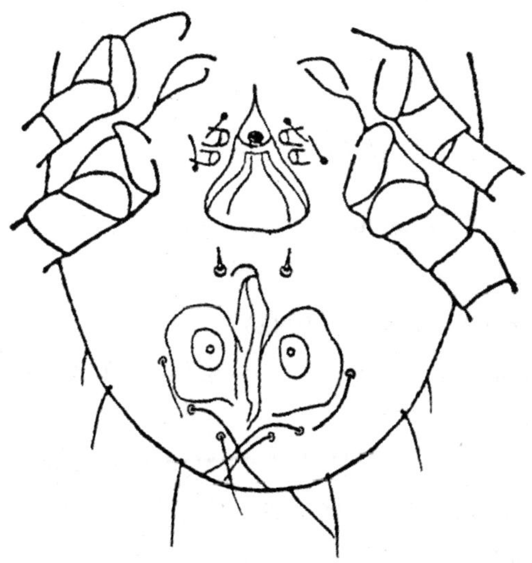

图3.33　奉贤粉螨(***Acarus fengxianensis***)(♂)后半体腹面

(仿 李朝品 沈兆鹏)

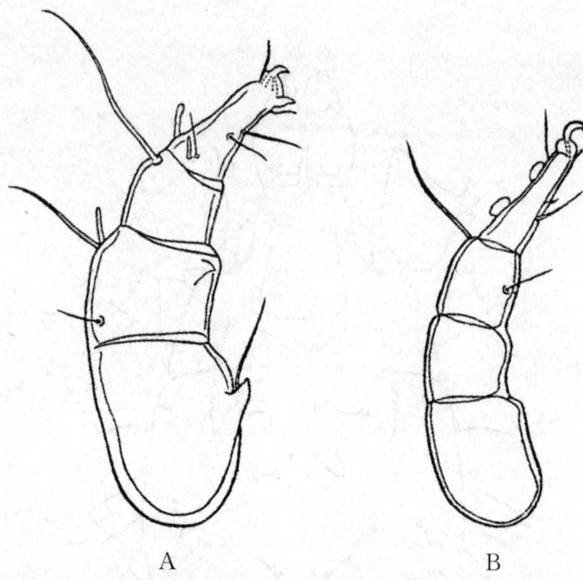

图3.34 奉贤粉螨(*Acarus fengxianensis*)(♂)足Ⅰ和足Ⅳ

A. 足Ⅰ;B. 足Ⅳ

(仿 李朝品 沈兆鹏)

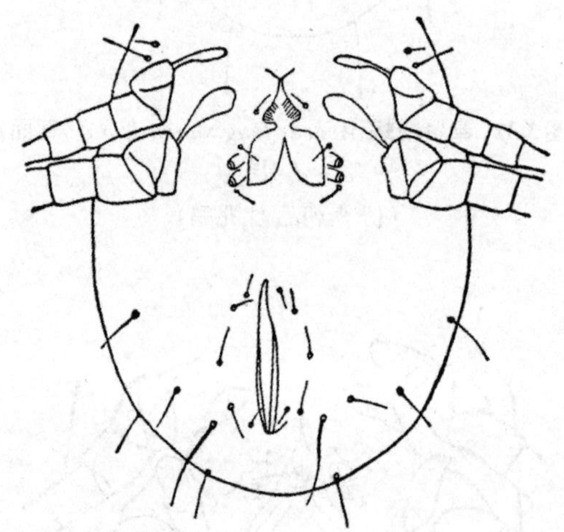

图3.35 奉贤粉螨(*Acarus fengxianensis*)(♀)后半体腹面

(仿 李朝品 沈兆鹏)

7. 波密粉螨(*Acarus bomiensis* Wang,1982)

形态特征:雄螨体长329~369 μm,宽190~227 μm;雌螨体长369~426 μm,宽187~252 μm。卵圆形,体呈半透明或乳白色。

雄螨:螯肢长度约为躯体长的1/5(图3.36)。基节上毛呈刚毛状。顶内毛(*vi*)较长,胛外毛(*sce*)长于胛内毛(*sci*),为其14~16倍。具4对背毛(d_1、d_2、d_3、d_4),长度依次递增,d_1最短,d_4最长,约为躯体长的42%。后侧毛(*lp*)长于前侧毛(*la*),约为其7倍长。足Ⅰ膝节的σ_1长于σ_2,为其的4~6倍;足Ⅰ跗节第一感棒(ω_1)呈矛头状(图3.37A)。足Ⅳ跗节长于其胫节,约为其的2倍多(图3.37B)。足Ⅳ跗节具1对交配吸盘,着生在近基部1/2处;阳茎着生于足Ⅳ的基节间(图3.38)。

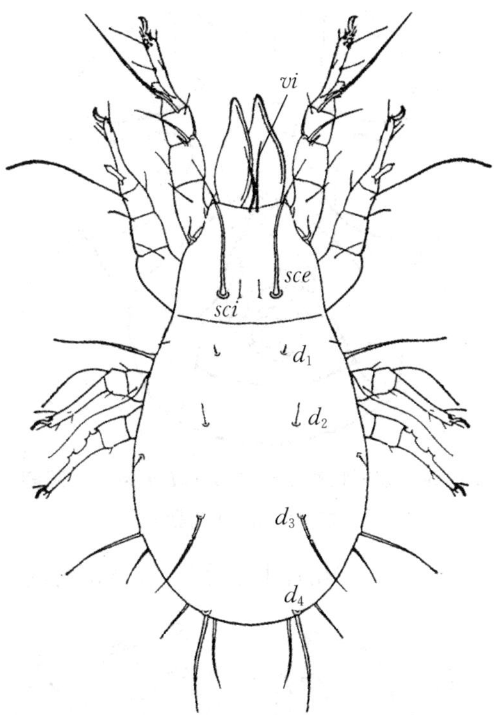

图3.36 波密粉螨(*Acarus bomiensis*)(♂)背面

vi,*sci*,*sce*,d_1～d_4:刚毛

(仿 李朝品 沈兆鹏)

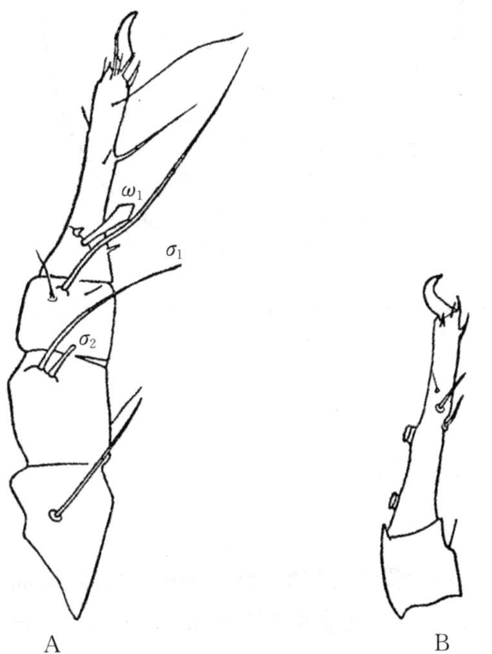

图3.37 波密粉螨(*Acarus bomiensis*)(♂)足Ⅰ和足Ⅳ

ω_1,σ_1,σ_2:感棒

A. 足Ⅰ;B. 足Ⅳ

(仿 李朝品 沈兆鹏)

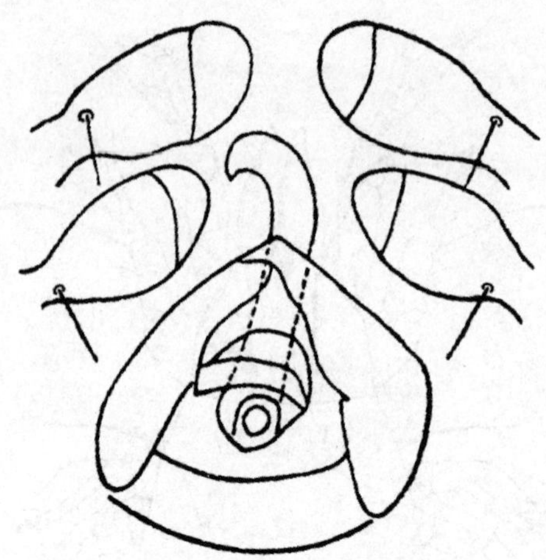

图3.38 波密粉螨(*Acarus bomiensis*)(♂)阳茎
(仿 李朝品 沈兆鹏)

雌螨:形态特征类似于雄螨。生殖孔着生于足Ⅲ、Ⅳ基部之间(图3.39)。

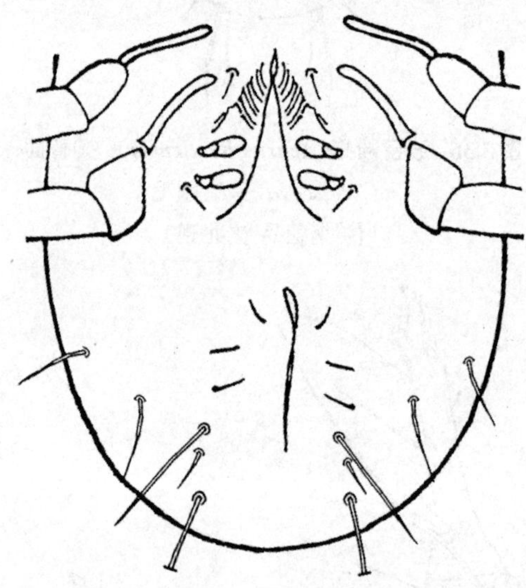

图3.39 波密粉螨(*Acarus bomiensis*)(♀)生殖孔
(仿 李朝品 沈兆鹏)

(叶向光)

二、食酪螨属

目前我国房舍与储藏物中记载的食酪螨属螨类包括:腐食酪螨(*Tyrophagus putrescentiae*)、长食酪螨(*Tyrophagus longior*)、阔食酪螨(*Tyrophagus palmarum*)、瓜食酪螨(*Tyrophagus neiswanderi*)、似食酪螨(*Tyrophagus similis*)、热带食酪螨(*Tyrophagus tropicus*)、尘食酪螨(*Tyrophagus perniciosus*)、短毛食酪螨(*Tyrophagus brevicrinatus*)、笋食酪螨(*Tyrophagus bambusae*)、垦丁食酪螨(*Tyrophagus kentinus*)、拟长食酪螨(*Tyrophagus mimlongior*)、景德镇食酪螨(*Tyrophagus jingdezhenensis*)、赣江食酪螨(*Tyrophagus ganjiangensi*)、粉磨食酪螨

(*Tyrophagus molitor*)、范张食酪螨(*Tyrophagus fanetzhangorum*)和普通食酪螨(*Tyrophagus communis*)等。

食酪螨属特征:本属螨类躯体呈长椭圆形,淡色,体后刚毛较长,表皮光滑。顶内毛(*vi*)着生于前足体板前缘中央凹处,顶外毛(*ve*)着生于前足体板侧缘前角处,*vi*与*ve*均呈栉状,位于同一水平上(图3.40),*ve*较膝节长。胛外毛(*sce*)较胛内毛(*sci*)短,前侧毛(*la*)约与第一背毛(d_1)等长,但较d_3和d_4短。螯肢较小,有桃形前背片,在足Ⅰ基节处有1对假气门。足较细长,足Ⅰ跗节背端毛(*e*)为针状,腹端刺5根,其中央3根加粗。足Ⅰ膝节的膝外毛(σ_1)短于膝内毛(σ_2)。足Ⅰ、Ⅱ胫节刚毛较粉螨属短。雄螨足Ⅰ不膨大,股节无矩状突起,足Ⅳ跗节有2个吸盘。体后缘有5对较长刚毛,即外后毛、内后毛各1对及肛后毛3对。食酪螨属足Ⅱ跗节上的感棒和基节上毛(*scx*)的形状是鉴定种类的重要依据(图3.41,图3.42)。

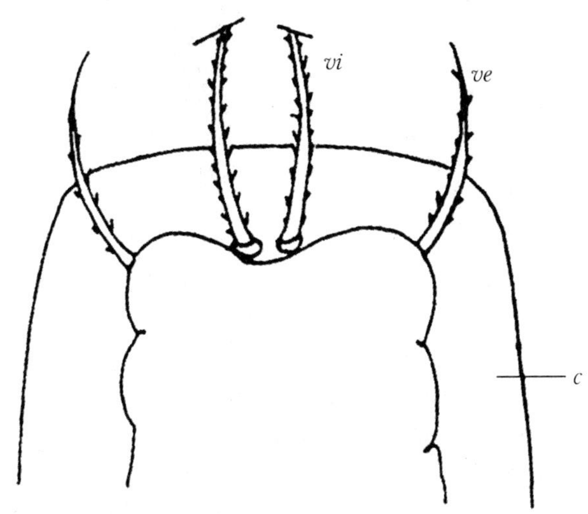

图3.40 腐食酪螨(*Tyrophagus putrescentiae*)顶毛的位置

vi:顶内毛;*ve*:顶外毛;*c*:角膜

(仿 李朝品 沈兆鹏)

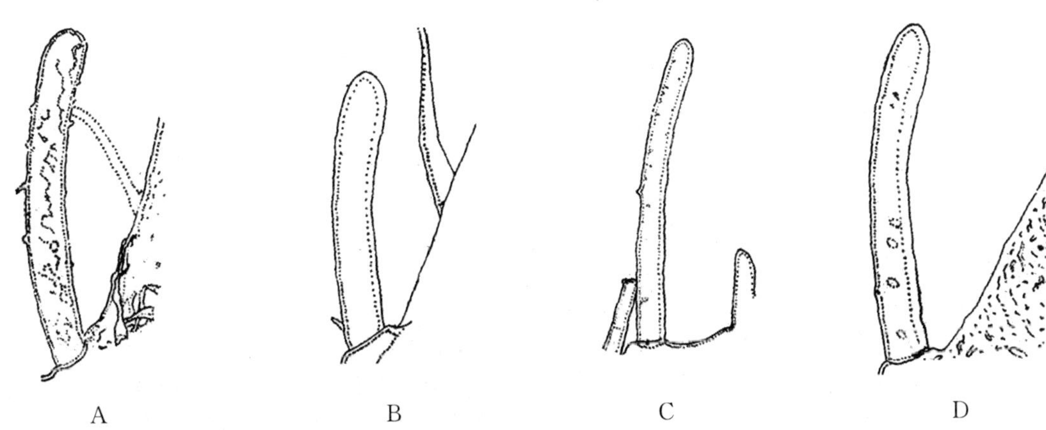

图3.41 食酪螨属螨类足Ⅱ跗节上的感棒

A. 阔食酪螨(*Tyrophagus palmarum*);B. 尘食酪螨(*Tyrophagus perniciosus*);

C. 长食酪螨(*Tyrophagus longior*);D. 腐食酪螨(*Tyrophagus putrescentiae*)

(仿 李朝品 沈兆鹏)

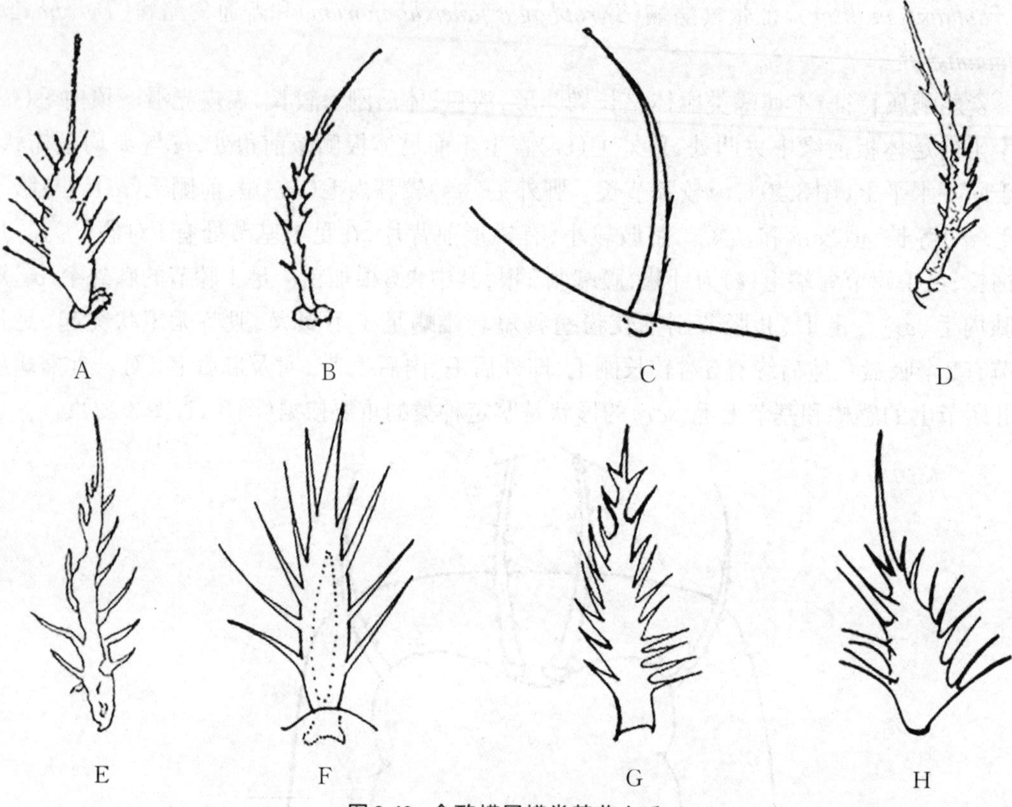

图3.42 食酪螨属螨类基节上毛

A. 腐食酪螨(*Tyrophagus putrescentiae*);B. 长食酪螨(*Tyrophagus longior*);
C. 短毛食酪螨(*Tyrophagus brevicrinatus*);D. 阔食酪螨(*Tyrophagus palmarum*);
E. 似食酪螨(*Tyrophagus similis*);F. 瓜食酪螨(*Tyrophagus neiswanderi*);
G. 尘食酪螨(*Tyrophagus perniciosus*);H. 热带食酪螨(*Tyrophagus tropicus*)
(仿 李朝品 沈兆鹏)

食酪螨属(*Tyrophagus*)成螨分种检索表见表3.5。

表3.5 食酪螨属(*Tyrophagus*)成螨分种检索表

1. 前侧毛(*la*)几乎为第一背毛(d_1)长的2倍……………………………………热带食酪螨(*T. tropicus*)
前侧毛(*la*)约与第一背毛(d_1)等长……………………………………………………………………2
2. 基节上毛(*scx*)镰状,稍有栉齿,后侧毛(*lp*)远短于骶内毛(*sai*)………短毛食酪螨(*T. brevicrinatus*)
基节上毛(*scx*)栉齿状,后侧毛(*lp*)很长,与骶内毛(*sai*)等长……………………………………3
3. 第二背毛(d_2)短,最多为前侧毛(*la*)的2倍……………………………………………………………4
第二背毛(d_2)常为前侧毛(*la*)长的2倍以上……………………………………………………………8
4. 在前足体板的前侧缘具有带色素的角膜,感棒ω_1与腐食酪螨的一样,可能更细………………………5
在前足体板的前侧缘没有带色素的角膜,基节上毛(*scx*)有短的栉齿……………………………………6
5. 基节上毛(*scx*)基部膨大,雌螨肛毛a_5短于a_1、a_2、a_3,雄螨足Ⅳ跗节上腹中毛(*w*)、侧中毛(*r*)在端部吸盘同一水平上……………………………………………………………………瓜食酪螨(*T. neiswanderi*)
基节上毛(*scx*)树枝状,雌螨肛毛a_5长于a_1、a_2、a_3,雄螨足Ⅳ附节上*w*、*r*在端部吸盘的后方……………………………………………………………………景德镇食酪螨(*T. jingdezhenensus*)
6. 感棒(ω_1)细长,向顶端逐渐变细,末端尖圆或具有一个稍微膨大的头,阳茎细长,顶端尖细,稍弯曲……………………………………………………………………………………………………7

感棒(ω_1)很粗，有一个明显膨大的头，阳茎短而粗，顶端截断状……………………似食酪螨(*T. similis*)

7. 雄螨足Ⅳ跗节上1对吸盘靠近该节基部，跗节刚毛w、r远离吸盘，基节上毛(scx)弯曲，具有大致等长的短侧刺，第二背毛(d_2)的长度约为第一背毛(d_1)和前侧毛(la)长的1～1.3倍………长食酪螨(*T. longior*)

雄螨足Ⅳ跗节上1对吸盘较均匀分布于跗节，刚毛w、r在两吸盘间，基节上毛(scx)直，两侧具有2～3个较长的侧刺，第二背毛(d_2)的长度为第一背毛(d_1)和前侧毛(la)长的2倍………拟长食酪螨(T. mimlongior)

8. 基节上毛(scx)基部膨大，并有细长栉齿，阳茎的支架向外弯曲，阳茎2次弯曲，似茶壶嘴……………9

阳茎的支架向内弯曲……………………………………………………………………………………10

9. 第二背毛(d_2)的长度为第一背毛(d_1)长的2～2.5倍……………………………腐食酪螨(*T. putrescentiae*)

第二背毛(d_2)的长度为第一背毛(d_1)长的6～8倍……………………………赣江食酪螨(*T. ganjiangensis*)

10. 感棒(ω_1)细长，中部稍微膨大，然后缩成一个小头，阳茎小…………………阔食酪螨(*T. palmarum*)

感棒(ω_1)短而粗，两侧平行，而在顶端膨大成明显的头，阳茎长，截断状………尘食酪螨(*T. perniciosus*)

8. 腐食酪螨(*Tyrophagus putrescentiae* Schrank，1781)

形态特征：螨体无色，肢和足略带红色，表皮光滑，躯体上的刚毛细长而不硬直，常拖在躯体后面。螨体长约300 μm，位于足Ⅰ膝节的膝外毛(σ_1)比膝内毛(σ_2)稍长。第二背毛(d_2)为第一背毛(d_1)长的2～3.5倍，基节上毛(scx)膨大，并有细长栉齿。阳茎支架向外弯曲，形如壶状。

雄螨：躯体长280～350 μm，表皮光滑，附肢的颜色随食物而异，如在面粉和大米中无色，而在干酪中有明显的颜色。躯体较其他种类细长，刚毛长而不硬直(图3.43，图3.44)。前足体板后缘几乎挺直，向后伸展约达胛毛(sc)处。顶内毛(vi)与该螨的刚毛一样均有稀疏的栉齿，vi延伸且超出螯肢顶端；顶外毛(ve)长于足的膝节，位于vi稍后位置。胛毛(sc)比前足体长，胛内毛(sci)长于胛外毛(sce)，两对胛毛几乎成一横列。基节上毛(scx)扁平且基部膨大，有侧突，膨大的基部向前延伸为细长的尖端(图3.45A)。后半体背面，前侧毛(la)、肩腹毛(hv)和第一背毛(d_1)均为短刚毛，且几乎等长，约为躯体长度的1/10；d_2较长，为d_1长度的2～3.5倍；肩内毛(hi)长于肩外毛(he)，且与螨体侧缘成直角；其余刚毛均较长。腹面，肛门吸盘呈圆盖状，且稍超出肛门后端，位于躯体末端的肛后毛pa_1较pa_2、pa_3短而细(图3.46A)。螯肢具齿，有一距状突起和上颚刺。该螨有较发达的前跗节，各足末端有柄状的爪。足Ⅰ跗节长度超过该足膝、胫节之和，其上的感棒(ω_1)顶端稍膨大并与芥毛(ε)接近，亚基侧毛(aa)着生于ω_1的前端位置；背毛(d)和ω_3比第二背端毛(e)长，且明显超出爪的末端；u、v及s等跗节腹端刺均为刺状，跗节两侧为细长刚毛p、q。足Ⅰ膝节的膝内毛(σ_2)稍短于膝外毛(σ_1)(图3.47A)。足Ⅳ跗节中间有1对吸盘(图3.48A)。刚毛r接近基部，w远离基部。支撑阳茎的侧骨片向外弯曲，阳茎较短且弯曲呈"S"状(图3.49A)。

雌螨：躯体长320～420 μm，躯体形状和刚毛与雄螨相似(图3.50)。不同点：肛门达躯体后端，周围有5对肛毛，其中a_2较a_1长，a_4较a_2长(图3.46B)；肛后毛pa_1和pa_2也较长。卵稍有刻点。此外，此螨的幼螨的内毛(sci)较胛外毛(sce)长，背毛d_3比d_1和d_2长，躯体后缘有1对长刚毛，有基节杆和基节毛(cx)。

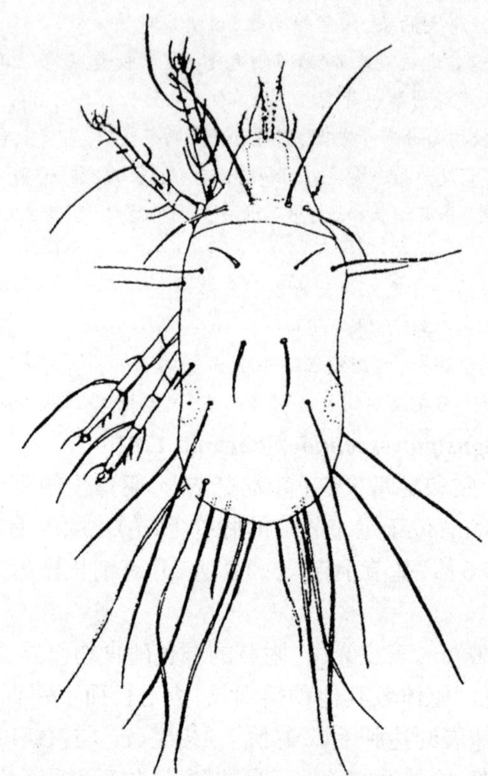

图3.43 腐食酪螨(*Tyrophagus putrescentiae*)(♂)背面
(仿 李朝品 沈兆鹏)

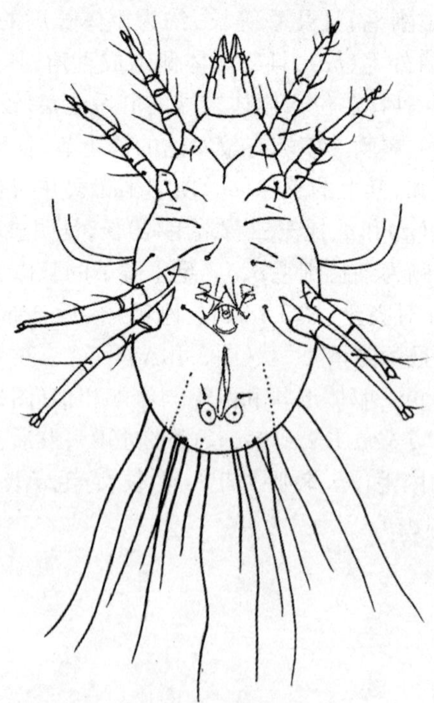

图3.44 腐食酪螨(*Tyrophagus putrescentiae*)(♂)腹面
(仿 李朝品 沈兆鹏)

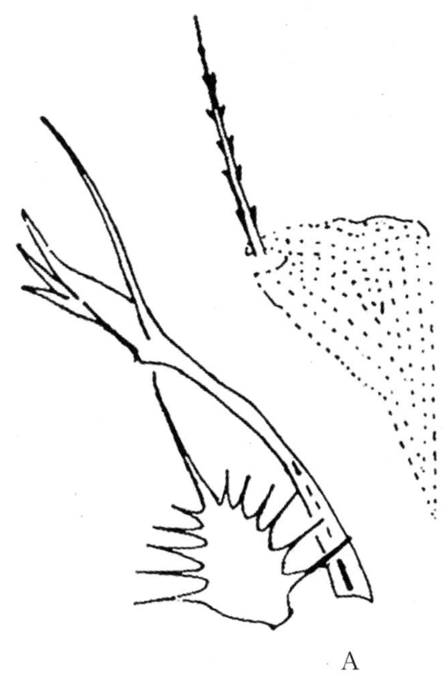

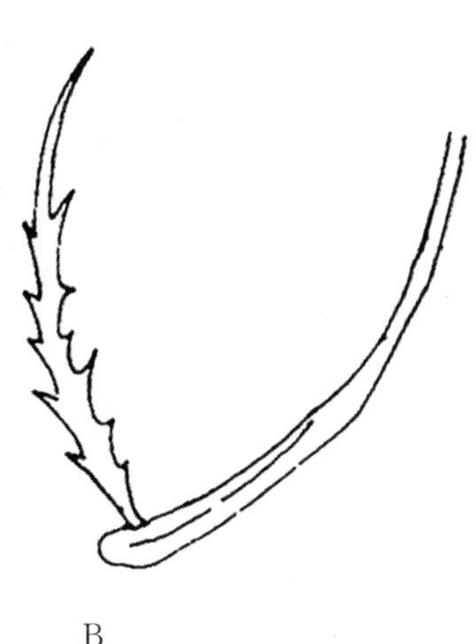

A B

图3.45 基节上毛

A. 腐食酪螨(*Tyrophagus putrescentiae*);B. 长食酪螨(*Tyrophagus longior*)

(仿 李朝品 沈兆鹏)

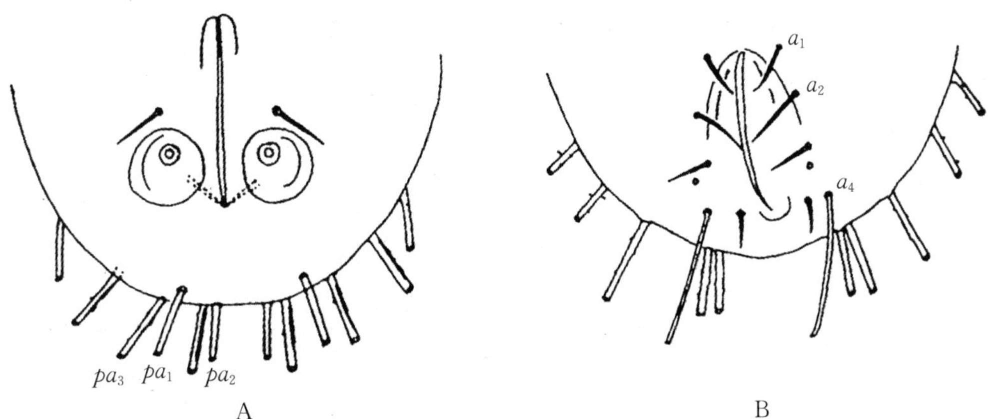

图3.46 腐食酪螨(*Tyrophagus putrescentiae*)肛门区

A. ♂;B. ♀

a_1, a_2, a_4:刚毛;pa_1, pa_2, pa_3:肛后毛

(仿 李朝品 沈兆鹏)

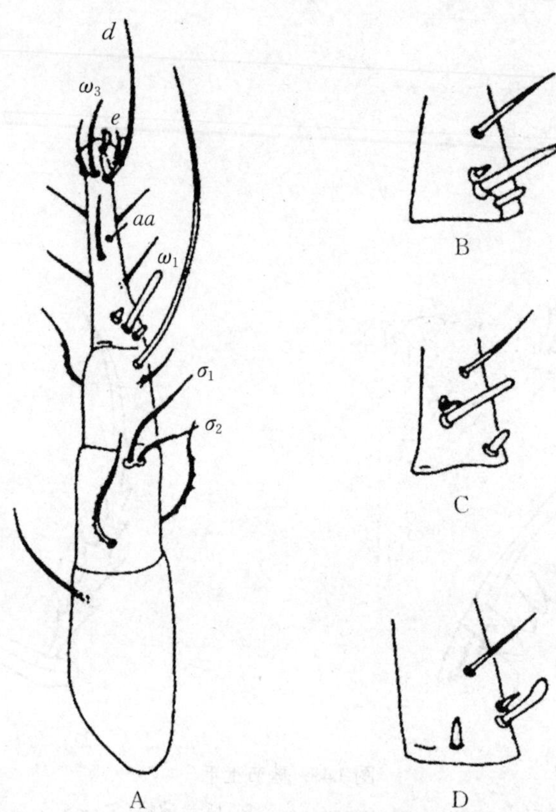

图3.47 右足Ⅰ端部背面

A. 腐食酪螨(*Tyrophagus putrescentiae*);B. 长食酪螨(*Tyrophagus longior*);
C. 阔食酪螨(*Tyrophagus palmarum*); D. 似食酪螨(*Tyrophagus similis*)
$\omega_1,\omega_3,\sigma_1,\sigma_2$:感棒;*aa*,*d*,*e*:刚毛
(仿 李朝品 沈兆鹏)

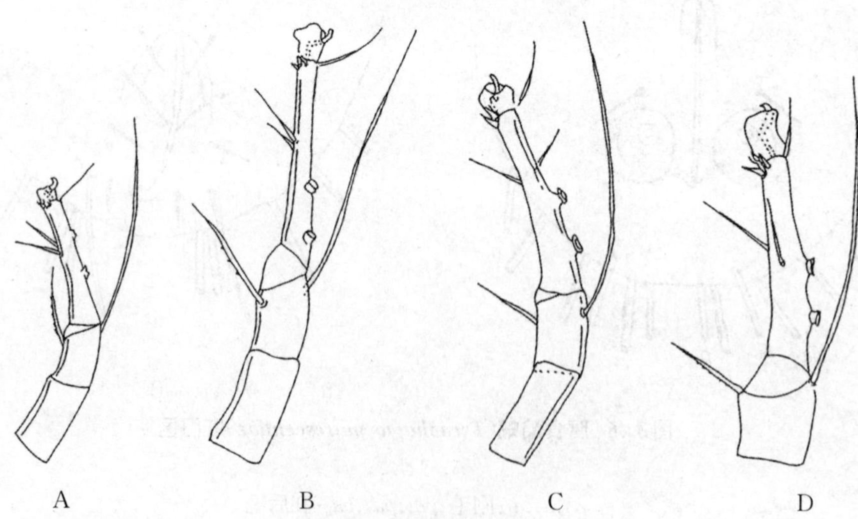

图3.48 雄螨足Ⅳ侧面

A. 腐食酪螨(*Tyrophagus putrescentiae*);B. 长食酪螨(*Tyrophagus longior*);
C. 阔食酪螨(*Tyrophagus palmarum*);D. 似食酪螨(*Tyrophagus similis*)
(仿 李朝品 沈兆鹏)

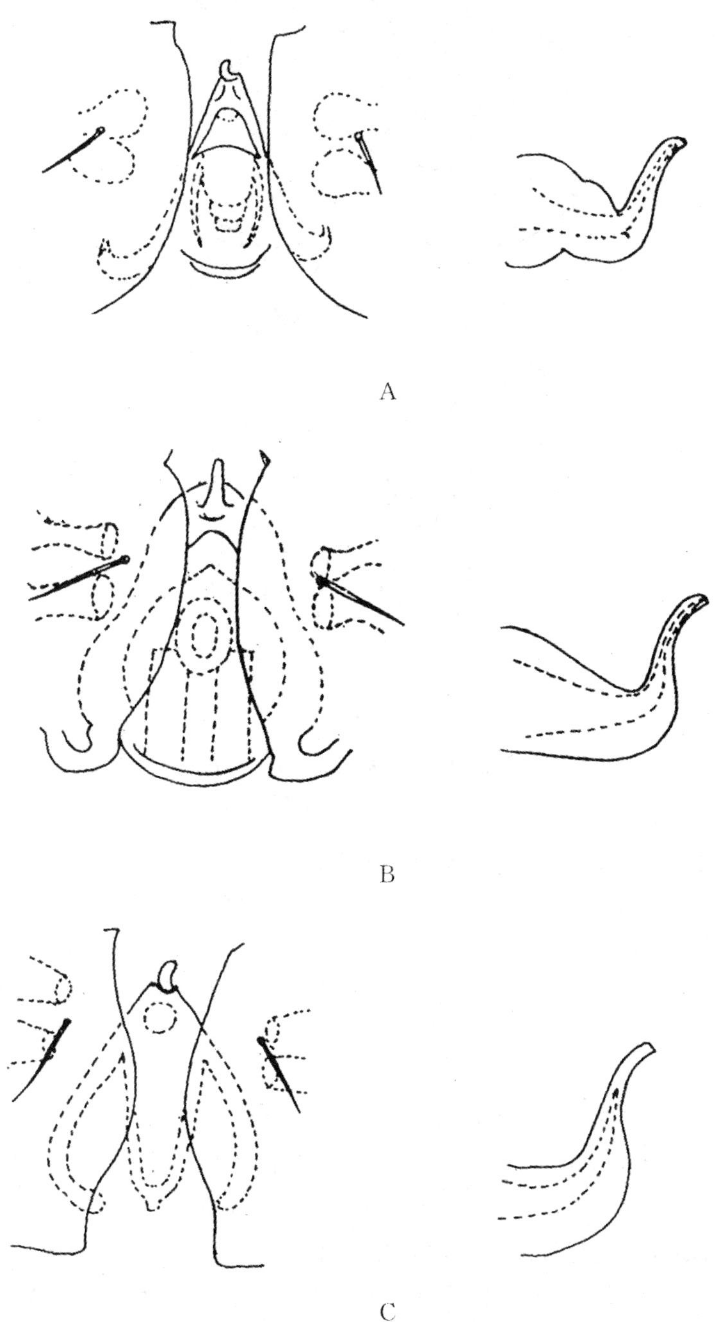

图3.49 生殖区和阳茎

A. 腐食酪螨(*Tyrophagus putrescentiae*);B. 长食酪螨(*Tyrophagus longior*);
C. 阔食酪螨(*Tyrophagus palmarum*)
(仿 李朝品 沈兆鹏)

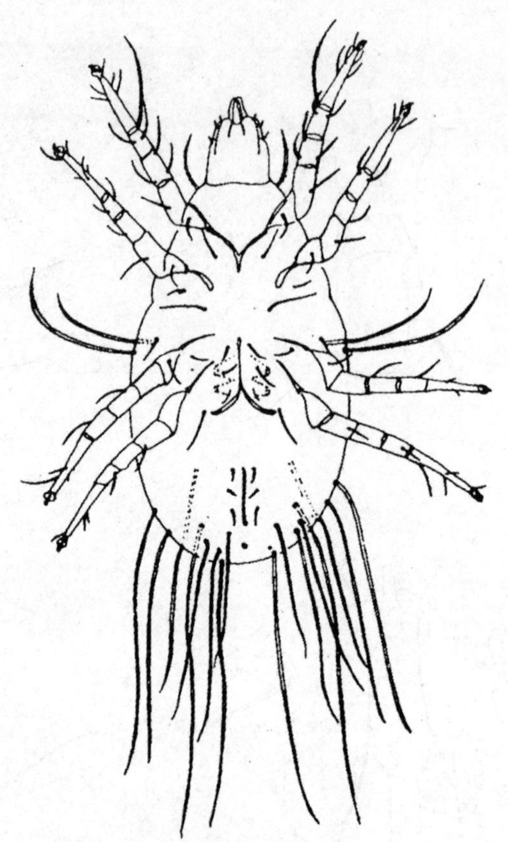

图3.50 腐食酪螨(*Tyrophagus putrescentiae*)(♀)腹面

(仿 李朝品 沈兆鹏)

9. 长食酪螨(*Tyrophagus longior* Gervais,1844)

形态特征:长食酪螨体躯较腐食酪螨宽,是一种大型的螨类。足和螯肢为深色。由于具有较长而细的足,故名长食酪螨。体后毛较长,行动时常拖在地上如一列稀毛。基节上毛(*scx*)弯曲,基部不膨大,两侧有等长的短刺(图3.45B)。腹面生殖器官位于足Ⅳ之间。足Ⅰ、Ⅱ跗节的第一感棒(ω_1)长,从基部至顶端逐渐变细。足Ⅳ跗节有1对跗节吸盘,并靠近该跗节基部,侧中毛(*r*)、腹中毛(*w*)远离吸盘。

雄螨:躯体长330~535 μm,螯肢和足颜色较腐食酪螨深,有的螯肢具模糊的网状花纹(图3.51)。足和躯体的刚毛与腐食酪螨相似,有弯曲的基节上毛(*scx*),其基部不膨大并有等长的侧短刺,第二背毛(d_2)为第一背毛(d_1)和前侧毛(*la*)长度的1~1.3倍。第三背毛(d_3)、第四背毛(d_4)很长,超过体躯长度,伸出末体外,比前侧毛(*la*)长6倍。胛内毛(*sci*)较胛外毛(*sce*)长1/3,并着生在前足体板后面同一水平上。肛后毛(pa_3)与后侧毛(*lp*)几乎等长。足Ⅰ、Ⅱ跗节上的第一感棒(ω_1)长且向顶端渐细(图3.47B,图3.52A);足Ⅳ跗节长于膝、胫两节之和(图3.52B),靠近该节基部有1对跗节吸盘,其上刚毛*r*、*w*远离吸盘(图3.48B)。阳茎向前渐细呈茶壶嘴状,支撑阳茎的侧骨片向内弯曲(图3.49 B)。肛门吸盘位于肛门后两侧。

雌螨:躯体长530~670 μm,除生殖区外,与雄螨基本无区别。此螨的幼螨与腐食酪螨幼螨相似。

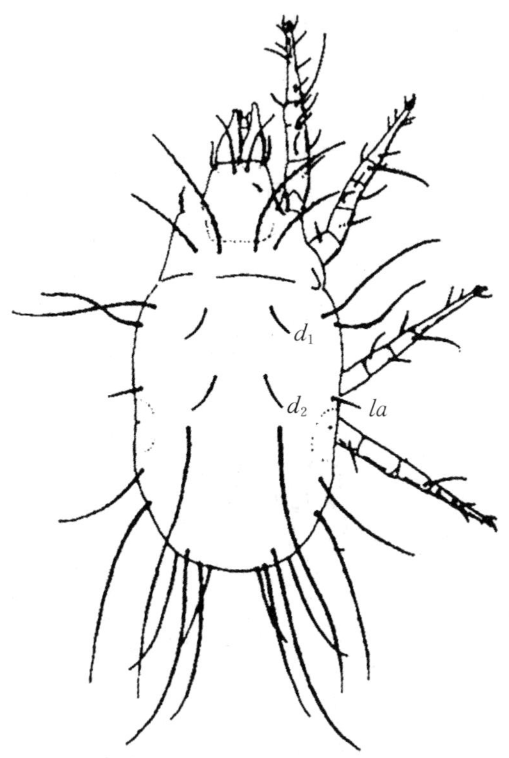

图3.51 长食酪螨(***Tyrophagus longior***)(♂)背面

d_1,d_2,la:躯体刚毛

(仿 李朝品 沈兆鹏)

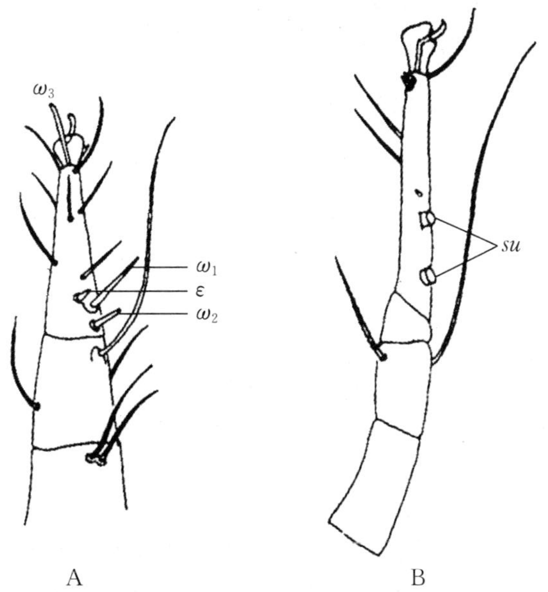

图3.52 长食酪螨(***Tyrophagus longior***)足Ⅰ和足Ⅳ的背面

A. 足Ⅰ背面;B. 足Ⅳ背面

ω_1,ω_2,ω_3:感棒;ε:芥毛;su:吸盘

(仿 李朝品 沈兆鹏)

(石 泉)

10. 阔食酪螨(*Tyrophagus palmarum* Oudemans,1924)

形态特征:类似于长食酪螨(*Tyrophagus longior*),雄螨体长330～450 μm,雌螨体长350～550 μm,前者短于后者。

雄螨:与长食酪螨的区别:第二背毛(d_2)较长,长度为前侧毛(la)和第一背毛(d_1)的3～4倍(图3.53)。足Ⅰ和Ⅱ跗节的感棒ω_1呈圆杆状(图3.47C,图3.54)。足Ⅳ跗节约等长于与膝、胫节的和,该节着生有一对吸盘,其中一个吸盘位于中间位置(图3.48C,图3.54)。外生殖器和阳茎的形态相似于长食酪螨,阔食酪螨阳茎较短,略弯曲(图3.49C)。

雌螨:除第二性征外,螨体形态特征与雄螨几乎相同。

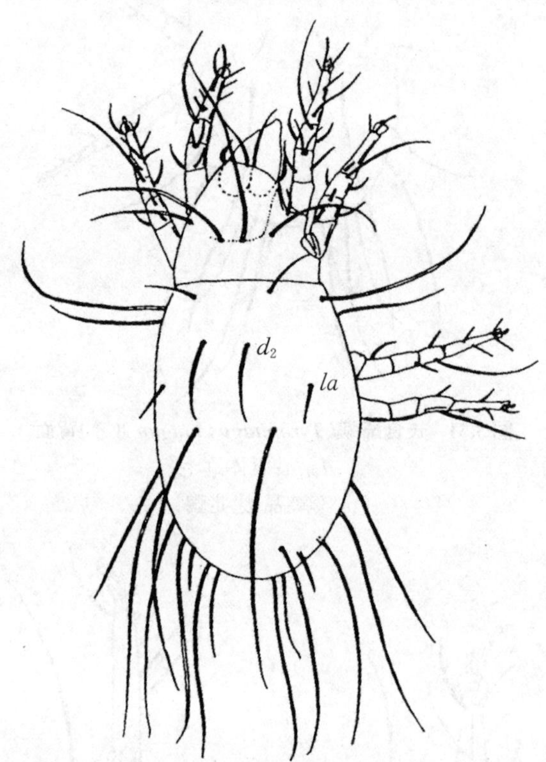

图3.53 阔食酪螨(*Tyrophagus palmarum*)(♂)背面

d_2,la:躯体的刚毛

(仿 李朝品 沈兆鹏)

11. 似食酪螨(*Tyrophagus similis* Volgin, 1949)

形态特征:外形、毛序与长食酪螨相似。雄螨体长约500 μm,雌螨体长约600 μm。具有深色的螯肢和足。第一感棒(ω_1)呈端部膨大的粗杆状。阳茎较短粗,末端截断状(图3.55)。

雄螨:与长食酪螨的区别:第一背毛(d_1)、第二背毛(d_2)和前侧毛(la)均等长,较短。足Ⅰ、Ⅱ跗节的第一感棒(ω_1)呈粗杆状且端部膨大(图3.47D);足Ⅳ跗节的具1对吸盘,其中一个吸盘着生于跗节毛r和w同一水平(图3.48D)。支持阳茎的侧骨片内弯,阳茎粗短,末端呈截断状。

雌螨:除第二性征外,螨体形态特征与雄螨几乎相同(图3.56)。

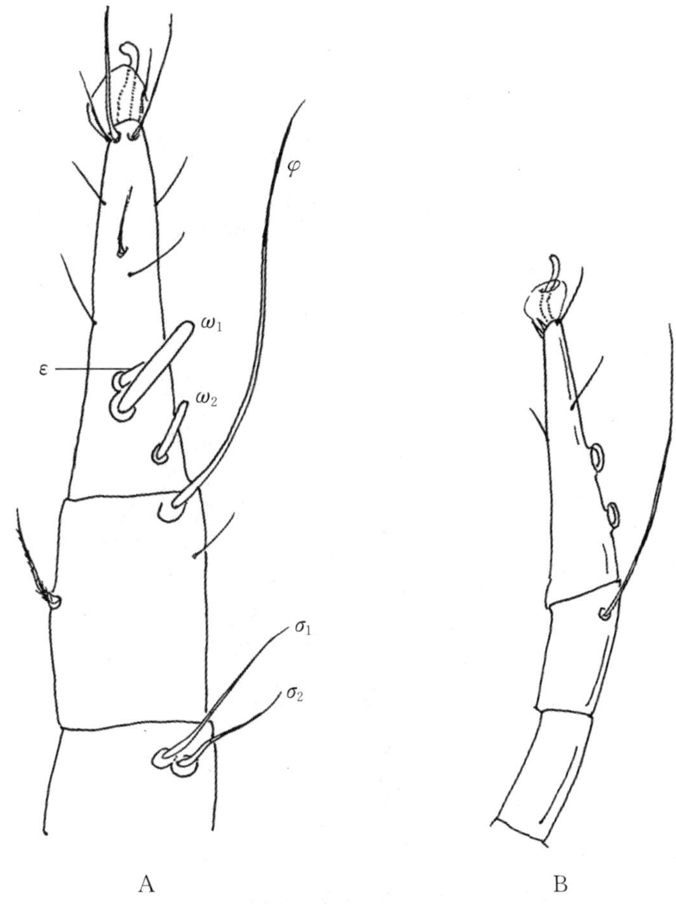

图 3.54　阔食酪螨（*Tyrophagus palmarum*）足

A.（♂）右足Ⅰ端部背面；B. 雄螨足Ⅳ侧面

$\varphi, \omega_1, \omega_2, \sigma_1, \sigma_2$：感棒；ε：芥毛

（仿 李朝品 沈兆鹏）

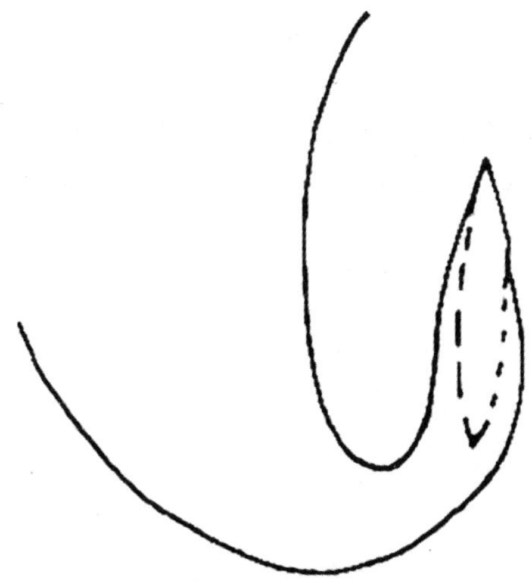

图 3.55　似食酪螨（*Tyrophagus similis*）阳茎背面

（仿 李朝品 沈兆鹏）

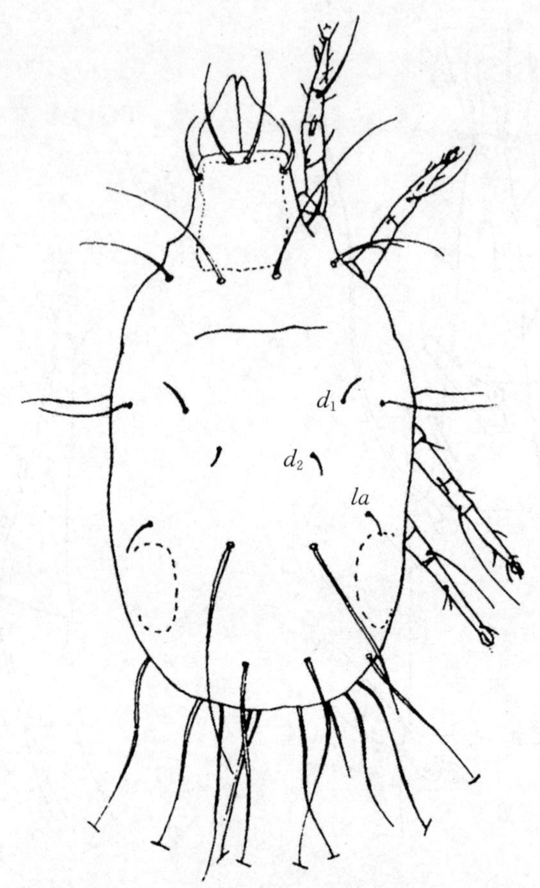

图3.56 似食酪螨（*Tyrophagus similis*）（♀）背面

d_1,d_2,la:躯体的刚毛

（仿 李朝品 沈兆鹏）

12. 热带食酪螨（*Tyrophagus tropicus* Roberston, 1959）

形态特征：形态与腐食酪螨相似，体呈棕红色。雄螨体长约430 μm，近似梨形（图3.57），雌螨体长与雄螨相似，近似五角形。无肩状突起。表皮光滑，有些表皮具有微小乳突。体背毛插入体躯很深，均为双栉状。

雄螨：与腐食酪螨的区别：前侧毛（la）长于背毛d_1的2倍左右。基节上毛（scx）基部较宽，顶端渐细（图3.58C）。足Ⅰ、Ⅱ跗节的感棒ω_1顶端略膨大。阳茎较短，略弯曲（图3.59D）。

雌螨：形态与雄螨相似。

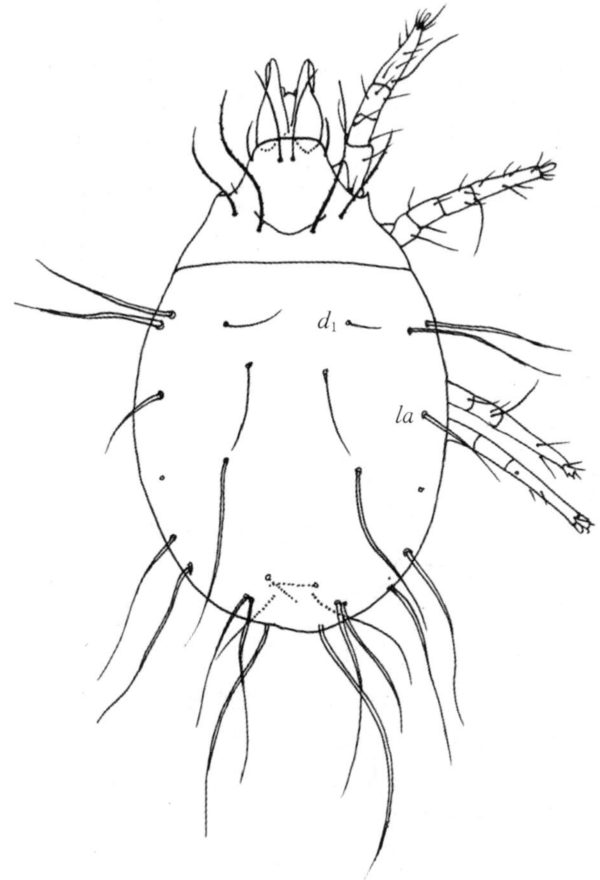

图 3.57 热带食酪螨（*Tyrophagus tropicus*）（♂）背面

d_1，la：躯体的刚毛

（仿 李朝品 沈兆鹏）

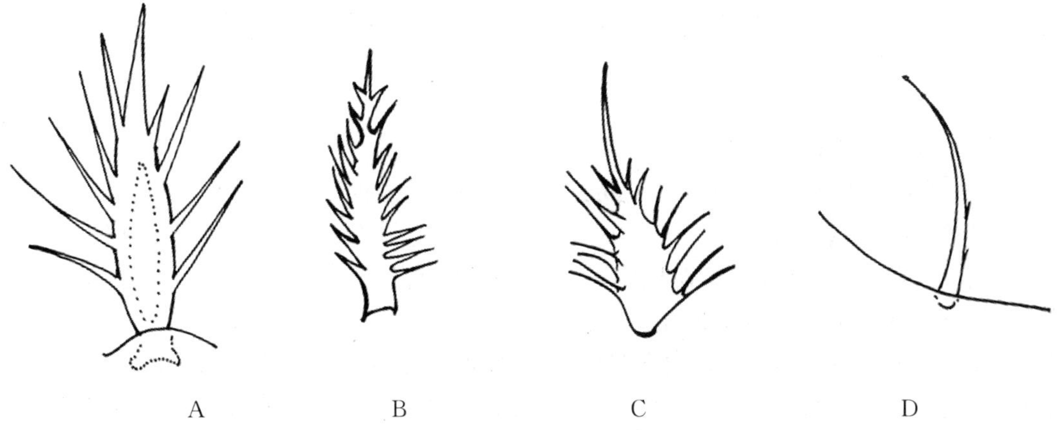

图 3.58 食酪螨（*Tyrophagus*）基节上毛

A. 瓜食酪螨（*Tyrophagus neiswanderi*）；B. 尘食酪螨（*Tyrophagus perniciosus*）；C. 热带食酪螨（*Tyrophagus tropicus*）；D. 短毛食酪螨（*Tyrophagus brevicrinatus*）

（仿 李朝品 沈兆鹏）

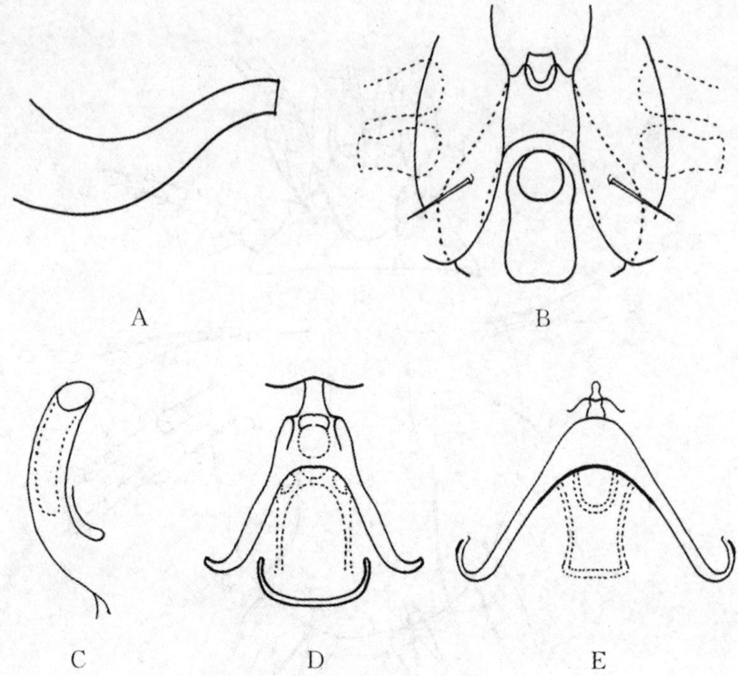

图3.59 阳茎及外生殖器

A. 瓜食酪螨(*Tyrophagus neiswanderi*)阳茎;B. 尘食酪螨(*Tyrophagus perniciosus*)外生殖器;
C. 尘食酪螨(*Tyrophagus perniciosus*)阳茎;D. 热带食酪螨(*Tyrophagus tropicus*)外生殖器;
E. 短毛食酪螨(*Tyrophagus brevicrinatus*)外生殖器
(仿 李朝品 沈兆鹏)

13. 短毛食酪螨(*Tyrophagus brevicrinatus* Roberston, 1959)

形态特征:形态与腐食酪螨相似,雄螨体长约450 μm。第一背毛(d_1)的长度与前侧毛(la)约相等,基节上毛(scx)呈镰刀状,具栉齿(图3.58D)。骶内毛(sai)明显比后侧毛(lp)长很多。

雄螨:与腐食酪螨的区别(图3.60):肩毛、胛毛、d_3、d_4和lp均较短;d_3、d_4和lp均长于d_2,长度约为其的2倍。基节上毛短,具少量栉齿,几乎光滑。足Ⅰ、Ⅱ跗节的感棒ω_1的端部略膨大。支持阳茎的臂外弯,阳茎呈S形。

雌螨:与雄螨相似。

14. 瓜食酪螨(*Tyrophagus neiswanderi* Johnston & Bruce, 1965)

形态特征:雄螨体长约413 μm。前侧毛(la)的长度与第一背毛(d_1)约相等,第二背毛(d_2)长于la,不到其的2倍。基节上毛(scx)呈栉齿状,基部膨大,顶端渐窄。前足体板的前侧缘着生有角膜,带有色素(图3.61)。

雄螨:基节上毛与腐食酪螨的形态相似,基部膨大,两侧均具5个左右的栉状物。背毛d_1略长于前侧毛(la),d_2明显长于la,为其长度的1.4~1.7倍。足Ⅰ跗节着生有呈圆杆状且略弯曲的第一感棒(ω_1);旁边的芥毛(ε)较短。足Ⅳ胫节与膝节长度之和大于跗节,

跗节上具1对吸盘,吸盘与跗节毛r和w处于同一水平位置,大约在该节的中间。阳茎2次弯曲(图3.59A)。

雌螨:形态与雄螨相似。

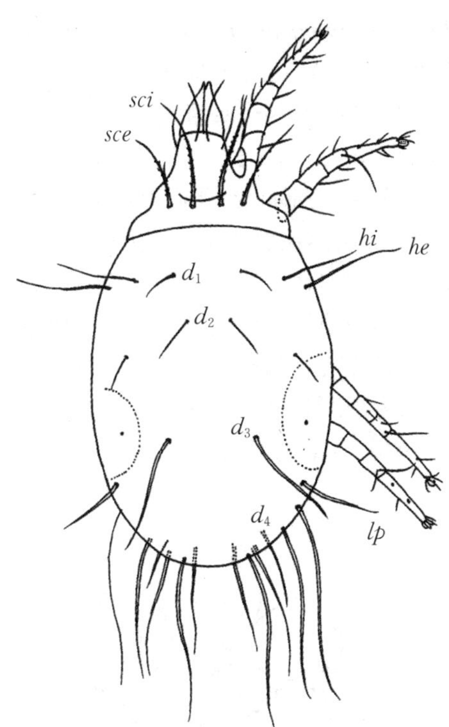

图3.60 短毛食酪螨(*Tyrophagus brevicrinatus*)(♂)背面

sce,*sci*,*hi*,*he*,d_1,d_2,d_3,d_4,*lp*:躯体的刚毛

(仿 李朝品 沈兆鹏)

图3.61 瓜食酪螨(*Tyrophagus neiswanderi*)(♂)背面

c:角膜;d_1,d_2,*la*:躯体的刚毛

(仿 李朝品 沈兆鹏)

15. 尘食酪螨(*Tyrophagus perniciosus* Zachvatkin,1941)

形态特征:雄螨体长为450~500 μm,雌螨体长为550~700 μm。胛内毛(*sci*)、肩内毛(*hi*)、后侧毛(*lp*)均较短,为体长的1/5~1/3;背毛(d_3、d_4)及骶内毛(*sai*)、骶外毛(*sae*)、肛后毛(pa_2、pa_3)均较长,为体长的3/5~2/3;d_2长于d_1,为其2.5~4.5倍。

基节上毛(*scx*)约为直立状,从基部向顶端渐窄,两侧均有9个左右的梳状刺。

雄螨:足和颚体明显骨化。螨体比腐食酪螨宽阔。基节上毛(*scx*)由基部向顶端渐窄,侧面分布的梳状刺向顶端逐渐缩短(图3.58B)。足Ⅰ跗节上着生的感棒(ω_1)较短,末端略膨大,呈球杆状。亚基侧毛(*aa*)位于侧方,靠近芥毛(ε),背中毛(*Ba*)位于*aa*前面。足Ⅳ跗节上具1对吸盘,其中一吸盘与跗节毛*r*和*w*处于同一水平位置。支撑阳茎的侧骨片呈内弯状,阳茎较长,呈弯曲状,末端为截断状(图3.59C)。

雌螨:体型略大于雄螨,形态与雄螨相似(图3.62)。

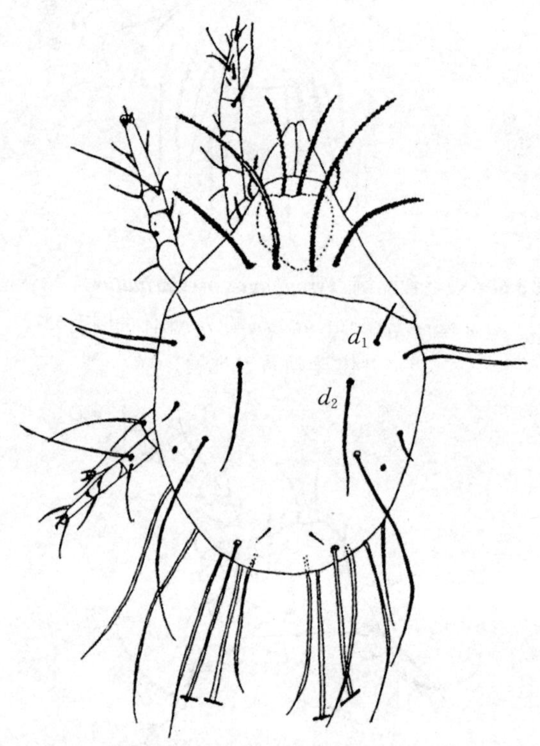

图3.62 尘食酪螨(*Tyrophagus perniciosus*)(♀)背面

d_1,d_2:躯体刚毛

(仿 李朝品 沈兆鹏)

(王赛寒)

三、嗜酪螨属

嗜酪螨属(*Tyroborus*)的特征:与食酪螨属相似,有区别的是:跗节末端具外腹端刺($p+u$)、中腹端刺(s)、内腹端刺($q+v$)3个腹刺;足Ⅰ、Ⅱ跗节的第二背端毛(e)近似粗刺状。

16. 线嗜酪螨(*Tyroborus lini* Oudemans, 1924)

形态特征:雄螨体长350～470 μm(图3.63),雌螨体长400～650 μm,近似椭圆形,与其他螨种相比更为细长。表皮光滑,跗肢颜色可随孳生物的变化而不同。体刚毛长,具栉齿。

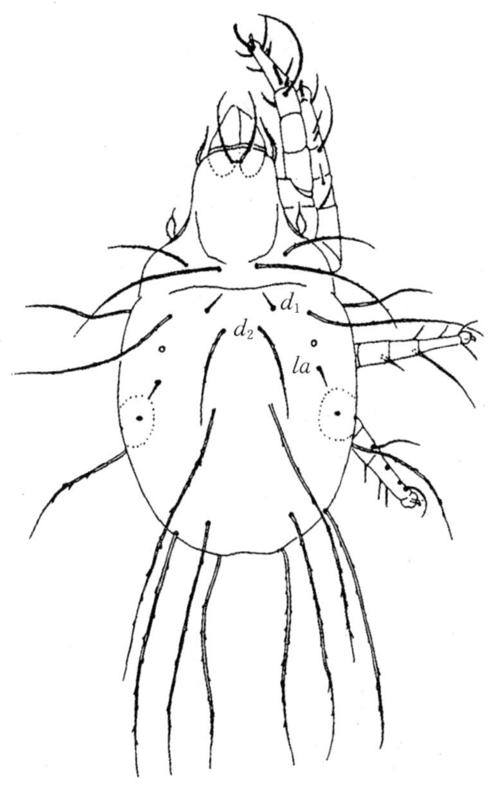

图3.63 线嗜酪螨(*Tyroborus lini*)(♂)背面

d_1,d_2,la:躯体刚毛

(仿 李朝品 沈兆鹏)

雄螨:螯肢粗壮,动趾及定趾具齿(图3.64)。前足体板近似五角形,后缘可达到胛内毛的位置,表面布有刻点。1对无色角膜着生在前足体板的前侧缘位置。螨体刚毛均具栉齿。顶内毛(*vi*)前伸可超过螯肢,顶外毛(*ve*)着生在*vi*略靠后的位置。基节上毛(*scx*)中间膨大,呈纺锤形,向端部渐细,两侧缘具明显的栉齿(图3.65A)。第一背毛(d_1)、前侧毛(*la*)及肩腹毛(*hv*)约等长,均为短刚毛。d_2长于d_1的4倍以上。其余的背面刚毛均为长刚毛,可明显超出体末端。体腹面具厚骨片组成的基节胸板及显著的表皮内突(图3.66)。具1对肛门吸盘,肛门与体后缘的距离较远(图3.67A)。各足短粗,足Ⅰ、Ⅱ跗节的感棒ω_1呈棒球杆状,第二背端毛(*e*)呈刚毛状或刺状;跗节腹面末端着生有内腹端刺($q+v$)、外腹端刺($p+u$)、腹端刺(*s*)3个粗刺,其中*s*最为短小(图3.68);足Ⅳ跗节的长度要比径、膝两节之和为短,该节上着生的1对吸盘到两端的距离约为等长(图3.69A)。支持阳茎的骨片向外弯曲,阳茎近似"S"形,较为短小(图3.70A、C)。

雌螨:与雄螨类似,但肛门离体后缘的距离较近。

幼螨:与成螨相似,区别为:胛外毛(*sce*)明显长于胛内毛(*sci*),基节杆呈圆杆状,骶毛(*sa*)长,可超过体长的1/2(图3.71)。

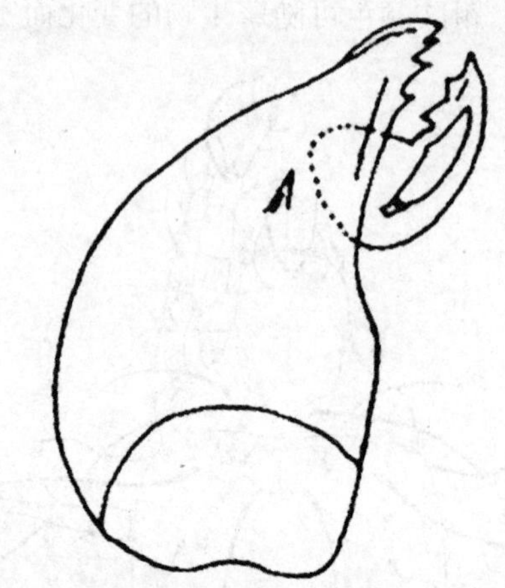

图3.64 线嗜酪螨(*Tyroborus lini*)螯肢内面

(仿 李朝品 沈兆鹏)

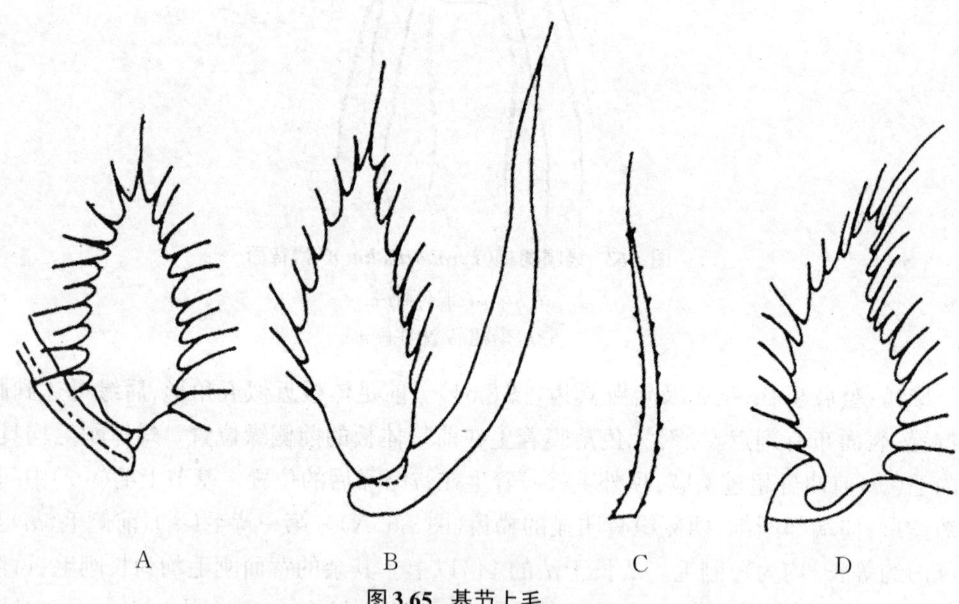

图3.65 基节上毛

A. 线嗜酪螨(*Tyroborus lini*);B. 干向酪螨(*Tyrolichus casei*);

C. 菌食嗜菌螨(*Mycetoglyphus fungivorus*);D. 椭圆食粉螨(*Aleuroglyphus ovatus*)

(仿 李朝品 沈兆鹏)

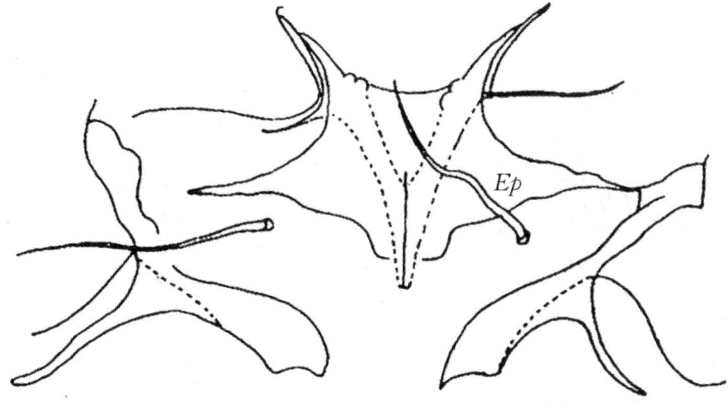

图3.66 线嗜酪螨（*Tyroborus lini*）基节-胸板骨骼

Ep:基节内突

（仿 李朝品 沈兆鹏）

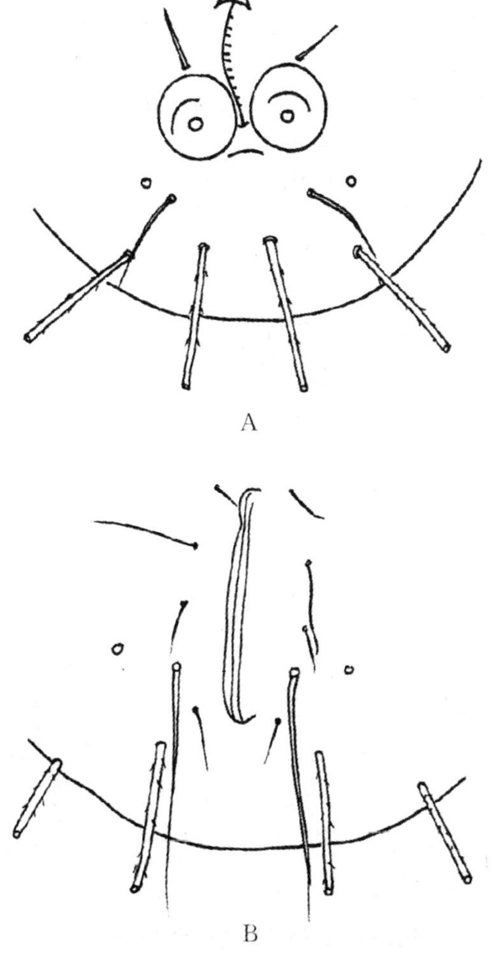

图3.67 线嗜酪螨（*Tyroborus lini*）肛门区

A ♂;B ♀

（仿 李朝品 沈兆鹏）

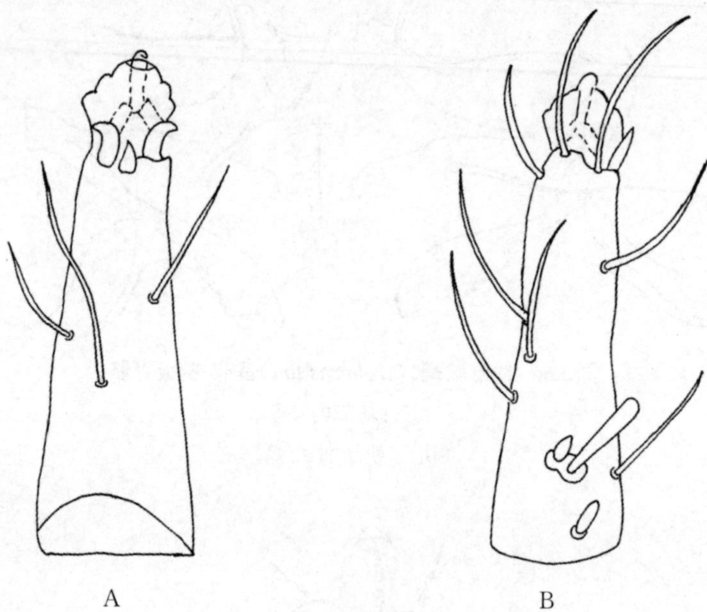

图3.68 线嗜酪螨(*Tyroborus lini*)足Ⅰ跗节

A.腹面;B.背面

(仿 李朝品 沈兆鹏)

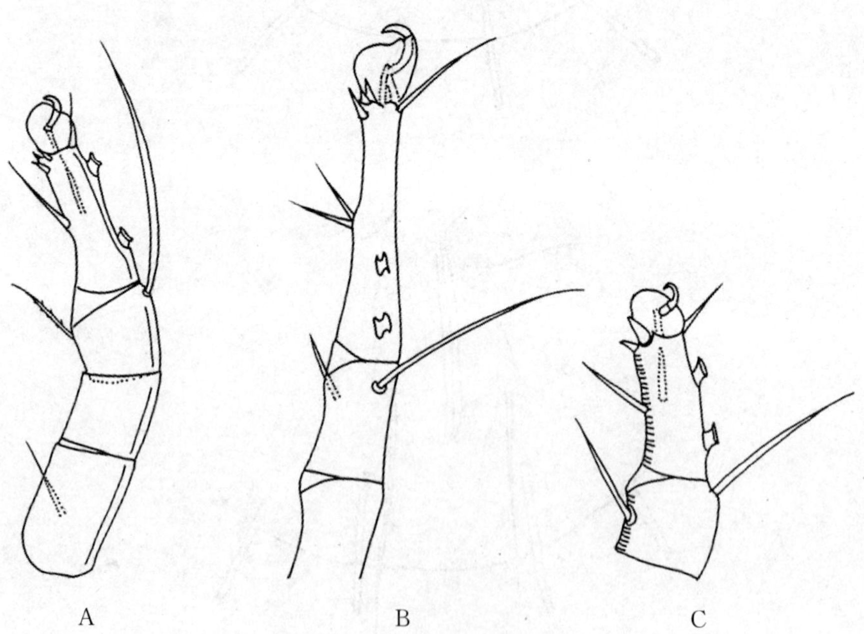

图3.69 雄螨足Ⅳ端部跗节侧面

A.线嗜酪螨(*Tyroborus lini*);B.菌食嗜菌螨(*Mycetoglyphus fungivorus*);

C.椭圆食粉螨(*Aleuroglyphus ovatus*)

(仿 李朝品 沈兆鹏)

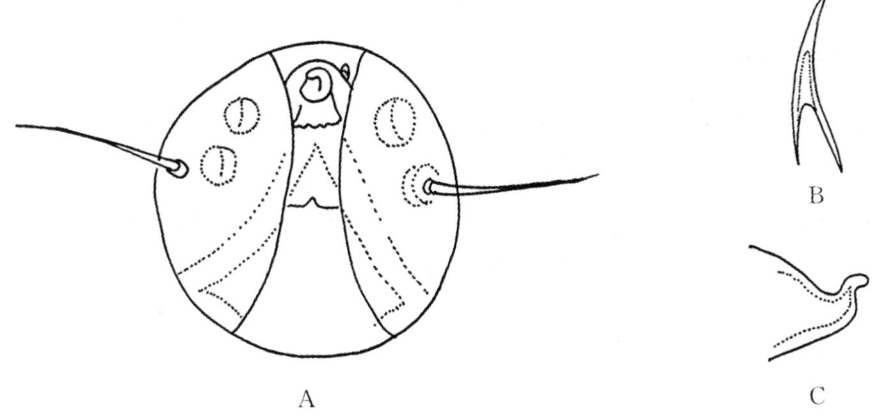

图3.70 阳茎及支持其的骨片

A.线嗜酪螨(*Tyroborus lini*)阳茎；B. 干向酪螨(*Tyrolichus casei*)阳茎；
C. 线嗜酪螨(*Tyroborus lini*)支持阳茎的骨片
(仿 李朝品 沈兆鹏)

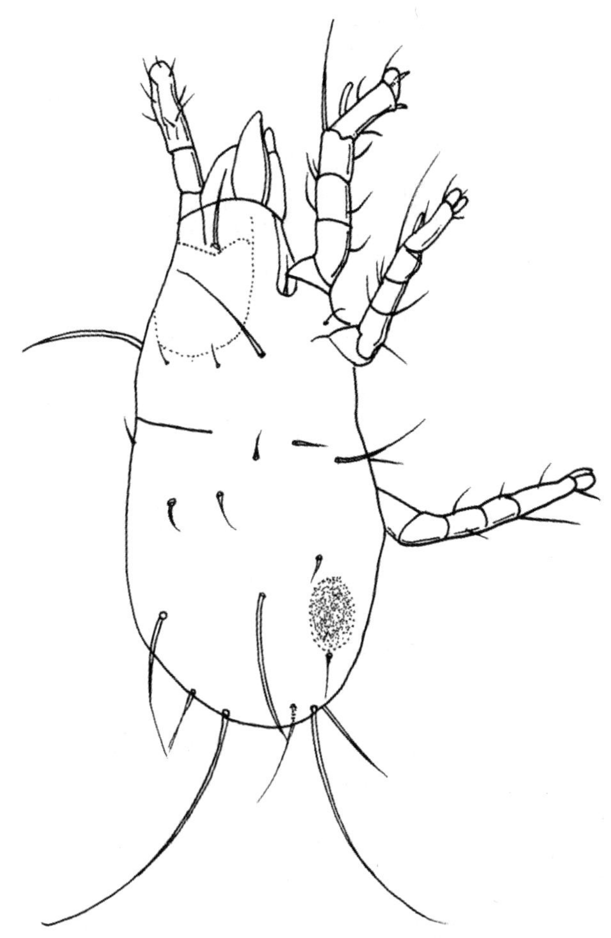

图3.71 线嗜酪螨(*Tyroborus lini*)幼螨背侧面
(仿 李朝品 沈兆鹏)

(袁良慧)

四、向酪螨属

向酪螨属(*Tyrolichus*)特征:生物学和形态特征类似于食酪螨属,区别为:在螨后半体的背毛中只有第一背毛(d_1)为短刚毛,前侧毛(*la*)长于d_1,约为其2倍以上。着生于跗节的第二背端毛(*e*)粗短,5个跗节腹端毛(*p*、*q*、*s*、*u*、*v*)呈现为大小约相等的刺状突起。

17. 干向酪螨(*Tyrolichus casei* Oudemans,1910)

形态特征:雄螨体长450~550 μm,雌螨体长500~700 μm,呈宽卵圆形,体白色略透明,表皮较光滑,有光泽,螯肢与足具较深的颜色(图3.72)。

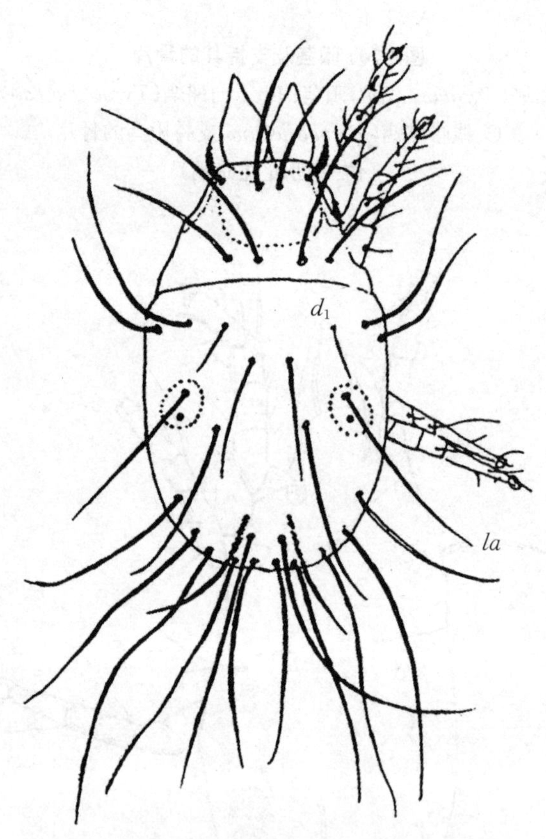

图3.72 干向酪螨(*Tyrolichus casei*)(♂)背面

d_1:第一背毛;*la*:前侧毛

(仿 李朝品 沈兆鹏)

雄螨:螯肢粗壮,定趾及动趾均具齿。前足体背板似正方形,后缘略外凸,布有刻点。前足体板的前缘着生有2对顶毛,其上具栉齿;顶内毛(*vi*)的长度是顶外毛(*ve*)的2倍左右。基节上毛(*scx*)的基部较宽,向端部渐窄,顶端尖细,两侧具以锐角着生的栉齿(图3.65B)。背毛(d_2)、前侧毛(*la*)均比d_1长,分别为其长度的2~3倍、4~6倍,其他刚毛较长,呈扇形排列。各足粗短,有网状纹,有发达的爪和爪垫;刚毛与感棒居于跗节基部,排列较为集中;跗节感棒(ω_1)似圆杆状,中部略粗,与芥毛(ε)处于同一几丁质凹陷内;第二背端毛(*e*)形似粗刺,位于跗节的顶端(图3.73A),爪的基部有5个腹端刺(*p*、*q*、*s*、*u*、*v*)围绕排列(图3.74A);足

Ⅳ跗节中间位置具1对吸盘。支撑阳茎的骨片内弯，阳茎近似直立，略弯，渐细（图3.70B）。

雌螨：形态类似于雄螨，区别为：体型略大，肛门孔离体末端较远，交配囊的孔由1根细管与受精囊相连。

幼螨：d_2长，是d_1长度的5倍左右，具基节杆。

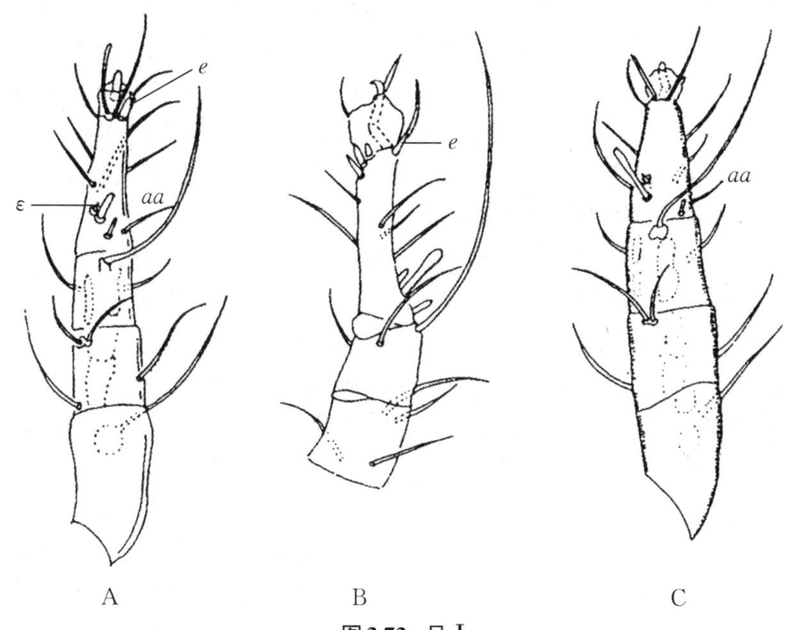

图3.73 足Ⅰ

A. 干向酪螨（*Tyrolichus casei*）足Ⅰ右背面；B. 菌食嗜菌螨（*Mycetoglyphus fungivorus*）左足Ⅰ外面；C. 椭圆食粉螨（*Aleuroglyphus ovatus*）足Ⅰ右背面

ε：芥毛；*aa*，*e*：刚毛和刺

（仿 李朝品 沈兆鹏）

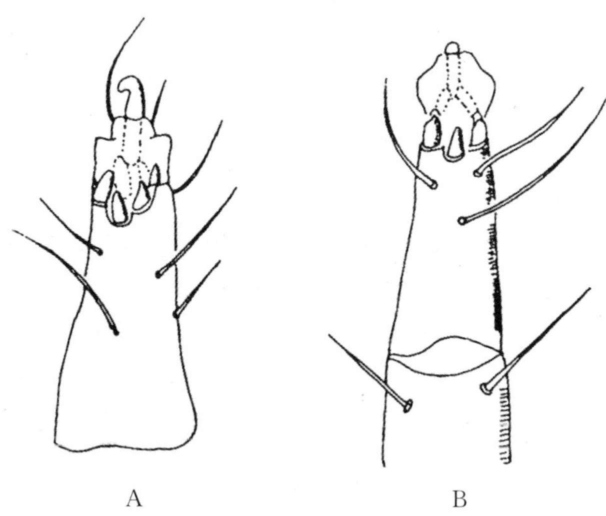

图3.74 右足Ⅰ跗节腹面

A. 干向酪螨（*Tyrolichus casei*）（♀）；B. 椭圆食粉螨（*Aleuroglyphus ovatus*）（♂）

（仿 李朝品 沈兆鹏）

（祝高峰）

五、嗜菌螨属

嗜菌螨属(*Mycetoglyphus*)由澳大利亚学者Oudemans首次记录。Zackvatkin(1941)将其归类于福赛螨属(*Forcellinia*),但其与该属华氏福赛螨(*Forcellinia wasmanni* Moniez,1892)的胛毛长度、背毛长度和形状、雄螨外生殖器等方面均有差异。Türk & Türk(1957)和Hughes(1961)将其归类于食酪螨属(*Tyrophagus*)并取名菌食酪螨(*Tyrophagus fungivorus*),但其顶外毛(*ve*)、第二背端毛(*e*)与食酪螨属(*Tyrophagus*)也有不同。Karg(1971)依据*e*的特征将其归类于向酪螨属(*Tyrolichus*)。Hughes依据短刚毛*ve*及其位置、雄螨长的阳茎和刺状跗节毛等有力证据认为应恢复嗜菌螨属。

嗜菌螨属特征:顶外毛(*ve*)位于顶内毛(*vi*)后方,形态短且光滑,长度仅为顶内毛(*vi*)的1/4。胛内毛(*sci*)长度大于胛外毛(*sce*)。跗节第二背端毛(*e*)和腹毛*p*、*q*、*u*、*v*、*s*均为刺状。足Ⅰ膝节的膝外毛(σ_1)长度大于膝内毛(σ_2),但不超过2倍。雄螨阳茎长。

18. 菌食嗜菌螨(*Mycetoglyphus fungivorus* Oudemans,1932)

形态特征:菌食嗜菌螨体呈椭圆形结构,雄螨体长400~600 μm,雌螨体长500~600 μm,其中休眠体体长达250 μm,表皮无色或略呈浅灰色,螯肢及足呈浅棕色,一般形态近似于似食酪螨(*Tyrophagus similis*)。基节上毛呈弯曲状,基节基部有微小梳状突起,不膨大。菌食嗜菌螨形态与食酪螨属(*Tyrophagus*)近似,过去曾被学者划为食酪螨属。

雄螨:表皮无色或淡灰色,螯肢及足为浅棕色。前足体板为四角略圆的长方形,前缘略内凹,内凹处生长着顶内毛(*vi*)并伸长至螯肢末端。此螨与长食酪螨形态相似,同时雌雄两性在形态上也无区别。与食酪螨属不同的是:顶外毛(*ve*)很短且光滑,着生于顶内毛(*vi*)基部的后方;顶内毛(*vi*)较长并略带栉齿,是顶外毛(*ve*)长度的4倍以上。前侧毛(*la*)极短,其长度约为体长的6%,第一背毛(d_1)为其长度的1~1.5倍,第二背毛(d_2)为其长度的1.5~2倍;d_3、d_4约等长且明显大于d_1、d_2长度并伸出体后。基节上毛(*scx*)具稀疏的栉齿(图3.65C)并呈弯曲状。足Ⅰ、Ⅱ跗节上ω_1为棒球杆状感棒;足Ⅰ~Ⅲ跗节的第二背端毛(*e*)和腹端刺*p*、*q*、*u*、*v*、*s*呈刺状且大小略有差异(图3.73B);足Ⅳ跗节上有1对吸盘,位于该节基部的1/2处,与跗节毛*r*和*w*距离较远(图3.69B)。阳茎着生于腹面的一块基板上,形似1根弯曲的长管(图3.75)。

雌螨:形态特征与雄螨类似(图3.76)。

休眠体:约为成螨体型一半,体为黄棕色。前足体板近似平直,后半体呈宽阔弧形。无顶内毛(*vi*)。前足体板可遮盖颚基。腹面可见胸板和吸盘板,足Ⅰ基节板与足Ⅱ基节板分离;吸盘板呈圆形,与躯体后缘距离较远。足Ⅰ跗节有1根宽阔形长刚毛和3根针形刚毛;足Ⅳ跗节有2根针形刚毛。

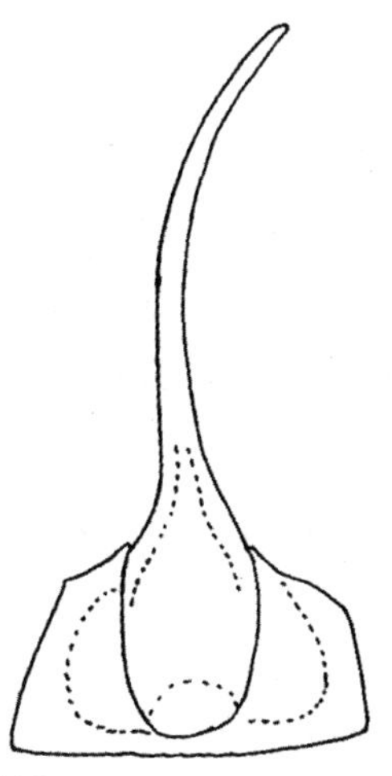

图3.75 菌食嗜菌螨(*Mycetoglyphus fungivorus*)(♂)阳茎
(仿 李朝品 沈兆鹏)

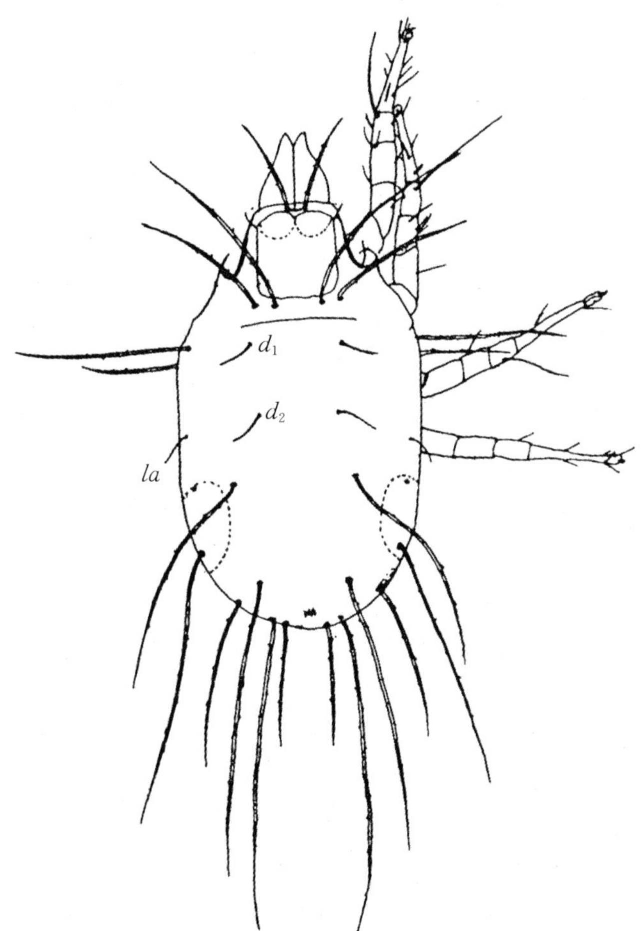

图3.76 菌食嗜菌螨(*Mycetoglyphus fungivorus*)(♀)背面
d_1,d_2,la:躯体的刚毛
(仿 李朝品 沈兆鹏)

(许述海)

六、食粉螨属

食粉螨属(*Aleuroglyphus*)特征:顶外毛(*ve*)较长,具栉齿,长于顶内毛(*vi*)的1/2。胛外毛(*sce*)长于胛内毛(*sci*)。基节上毛(*scx*)两侧具显著的栉齿。跗节的第二背端毛(*e*)类似于毛发形状,跗节端部具3个着生位置较近的腹端刺,分别为$q+v$、$p+u$和s。食粉螨属(*Aleuroglyphus*)分种检索表见表3.6。

表3.6 食粉螨属(*Aleuroglyphus*)分种检索表

雌螨肛毛4对;雄螨阳茎的支架挺直,呈直管状,足跗节背端毛(*e*)为毛发状………………………………………………………………………………………………椭圆食粉螨(*Aleuroglyphus ovatus*)

雌螨肛毛5对;雄螨阳茎末端弯曲,足跗节背端毛(*e*)为粗刺状………………………………………………………………………………………………中国食粉螨(*Aleuroglyphus chinensis*)

19. 椭圆食粉螨(*Aleuroglyphus ovatus* Troupeau,1878)

形态特征:与线嗜酪螨类似,雄螨体长480~550 μm(图3.77),雌螨体长580~670 μm,足和螯肢颜色较深,呈深棕色,与躯体颜色相比较为明显。此螨具有较为完整且全面的躯体刚毛及足刚毛,常被作为粉螨科、粉螨亚目,甚至整个储藏物粉螨的代表种。

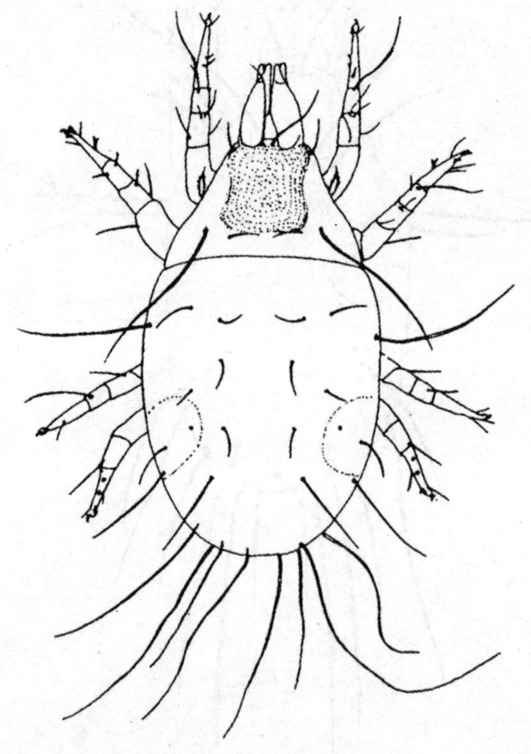

图3.77 椭圆食粉螨(*Aleuroglyphus ovatus*)(♂)背面

(仿 李朝品 沈兆鹏)

雄螨:前足体板似长方形,两侧边略向内凹陷,布有刻点;基节上毛(*scx*)呈狭长叶片形状,两侧缘具直立细长的栉齿(图3.65D);胛内毛(*sci*)比胛外毛(*sce*)短,约为其长度的1/3。后半体背毛d_1、d_2、d_3及前侧毛(*la*)、肩内毛(*hi*)约与*sci*等长,均较短;但d_4、后侧毛(*lp*)相对略长；骶内毛(*sai*)、骶外毛(*sae*)及2对肛后毛(*pa*)为长刚毛。

着生在螨体的刚毛均有栉齿，短刚毛时有分叉的末端，尖端有时会出现部分扭曲。各足均粗短，足Ⅰ、Ⅱ跗节的感棒ω_1较长，向尖端渐变细，末端较圆，与芥毛(ε)着生在同一个凹陷处(图3.73C)；跗节的端部着生有3个腹端刺，分别为$p+u$、$q+v$和s，均粗壮(图3.74B)，其中靠近端部的2个腹刺顶端呈钩状；第二背端毛(*e*)为毛发状；足Ⅳ跗节的中间位置着生有1对吸盘(图3.69C)。阳茎呈直管状，支撑阳茎的支架近似挺直，其后端分叉。3对肛后毛(*pa*)几乎着生在同一水平线上(图3.78A)。

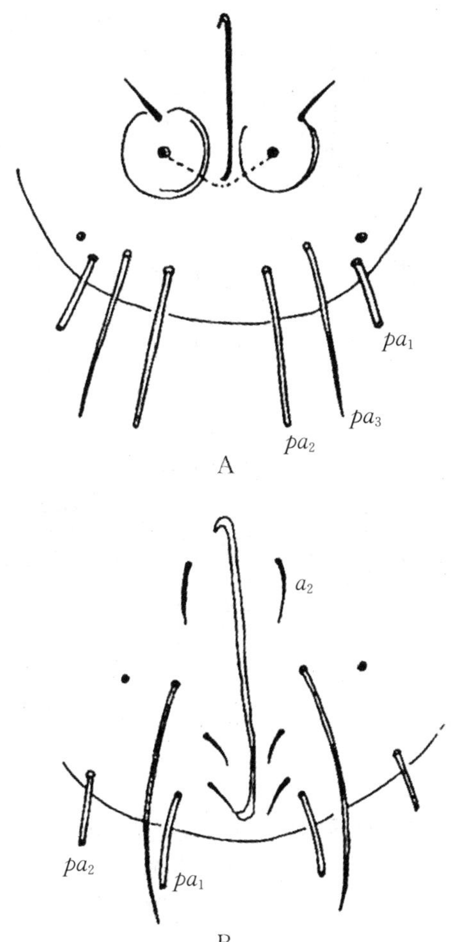

图3.78 椭圆食粉螨(*Aleuroglyphus ovatus*)肛门区

A. ♂；B. ♀

a_2,pa_1~pa_3：躯体刚毛

(仿 李朝品 沈兆鹏)

雌螨：与雄螨不同的是：具4对肛毛(*a*)，其中a_2较长，可超过体后缘；2对肛后毛(*pa*)也较长，几乎着生在同一水平线上(图3.78B)。

幼螨：与成螨相似，基节杆(*CR*)为一钝端管状物，足Ⅰ跗节的感棒ω_1从基部向顶端膨大，几乎达该节的末端。具有1对肛后毛(*pa*)(图3.79)。生殖系统尚未形成。

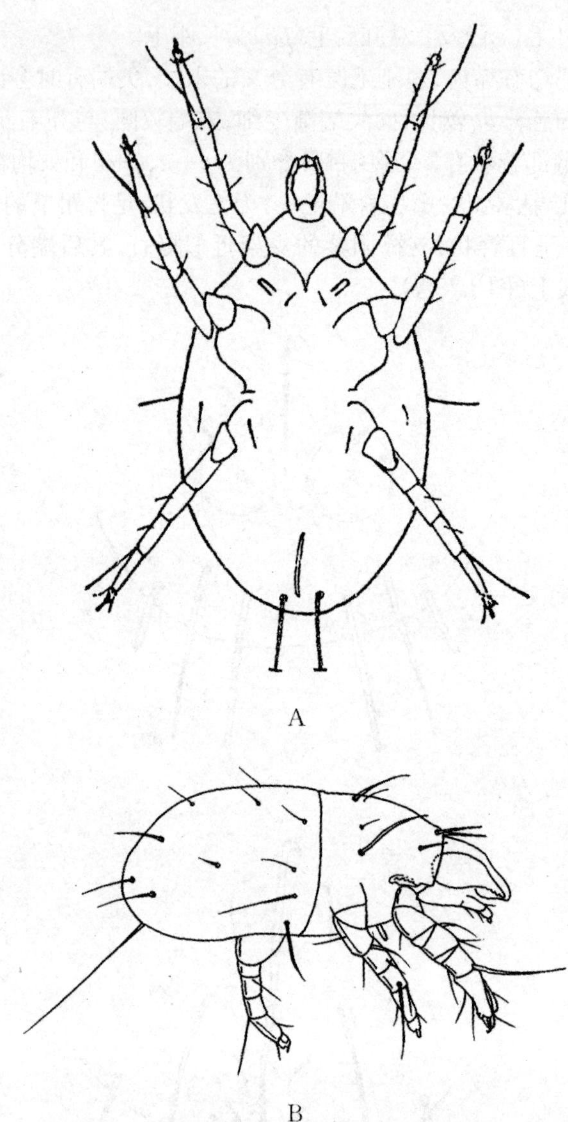

图 3.79 椭圆食粉螨(*Aleuroglyphus ovatus*)幼螨

A. 腹面;B. 背侧面

(仿 李朝品 沈兆鹏)

20. 中国食粉螨(*Aleuroglyphus chinensis* Jiang, 1994)

形态特征:雄螨体长397~433 μm,宽约278 μm。雌螨体长505~536 μm,宽311~351 μm。与椭圆食粉螨的主要区别为:中国食粉螨的雌螨具5对肛毛,雄螨阳茎的末端略弯曲,足跗节的背端毛*e*为粗刺状。

雄螨:顶内毛(*vi*)长于顶外毛(*ve*),约为其的3倍;胛外毛(*sce*)长于胛内毛(*sci*),约为其的3倍;背毛d_1、d_2、肩内毛(*hi*)和前侧毛(*la*)约等长,d_3、d_4、后侧毛(*lp*)相对略长;肩外毛(*he*)是肩内毛(*hi*)长的4~5倍;骶内毛(*sai*)是骶外毛(*sae*)的1.5~3倍。足Ⅰ表皮内突愈合成胸板,足Ⅰ、Ⅲ的基节区均着生有1对基节毛(*cx*);具3对生殖毛(*g*),阳茎细长,末端略弯曲;具1对肛毛(*a*),3对肛后毛,没有着生在同一水平位置,其中pa_1最短,pa_3最长(图3.80)。

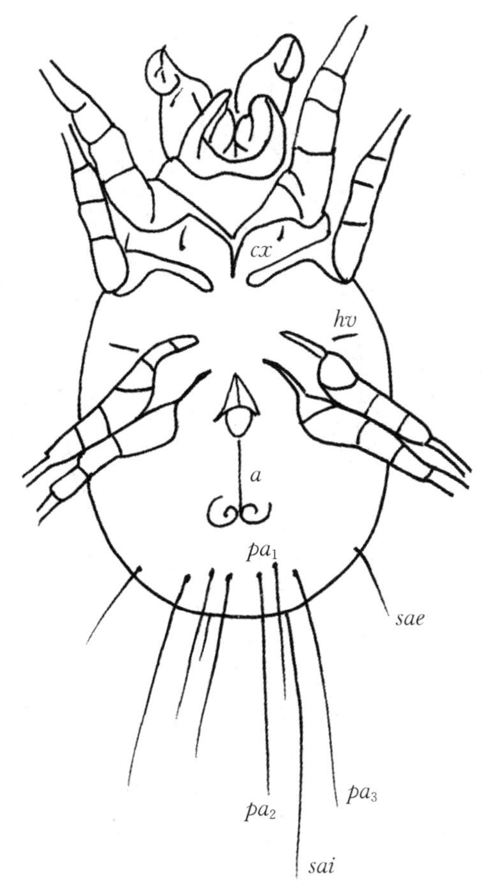

图3.80 中国食粉螨(*Aleuroglyphus chinensis*)(♂)腹面

cx,*hv*,*a*,pa_1,pa_2,pa_3,*sai*,*sae*:刚毛

(仿 李朝品 沈兆鹏)

雌螨:与雄螨相似。螯肢内侧具1个锥形距和1个分叉的上颚刺,定趾及动趾均具齿,分别为6个、3个。1对侧腹腺着生在前侧毛(*la*)、后侧毛(*lp*)之间位置。顶内毛(*vi*)长于顶外毛(*ve*),为其的2~3倍;胛外毛(*sce*)长于胛内毛(*sci*),为其的3~4倍(图3.81)。基节上毛(*scx*)近似狭长叶片状,两侧均具12根左右的缘毛。足Ⅰ表皮内突愈合成胸板,足Ⅰ、Ⅲ的基节区均着生有1对基节毛(*cx*)。外生殖器着生于足Ⅲ与足Ⅳ基节间,具5对肛毛,2对肛后毛(图3.82)。各足特征如下:足Ⅰ基节、转节、股节分别有*cx*、*sR*、*vF* 1根,足Ⅰ膝节有*mG*、*cG*、σ_1、σ_2各1根,足Ⅰ胫节有*gT*、*hT*、φ各1根,足Ⅰ跗节有ω_1、ω_2、ω_3、ε、*aa*、*Ba*、*r*、*w*、*m*、*d*、*e*、*f*、*s*、$q+v$、$p+u$各1根;足Ⅱ转节、股节分别有*sR*、*vF* 1根,足Ⅱ膝节有*mG*、*cG*、σ_1各1根,足Ⅱ胫节有*gT*、*hT*、φ各1根,足Ⅱ跗节有*Ba*、*r*、*w*、*m*、*d*、*e*、*f*、*s*、$q+v$、$p+u$各1根;足Ⅲ基节、转节分别有*cx*、*sR* 1根,足Ⅲ膝节有*nG*、σ_1各1根,足Ⅲ胫节有*kT*、φ各1根,足Ⅲ跗节有*r*、*w*、*m*、*d*、*e*、*f*、*s*、$q+v$各1根;足Ⅳ股节有*vF* 1根,足Ⅳ胫节有*kT*、φ各1根,足Ⅳ跗节有*r*、*w*、*m*、*d*、*e*、*f*、*s*、$q+v$各1根(图3.83)。

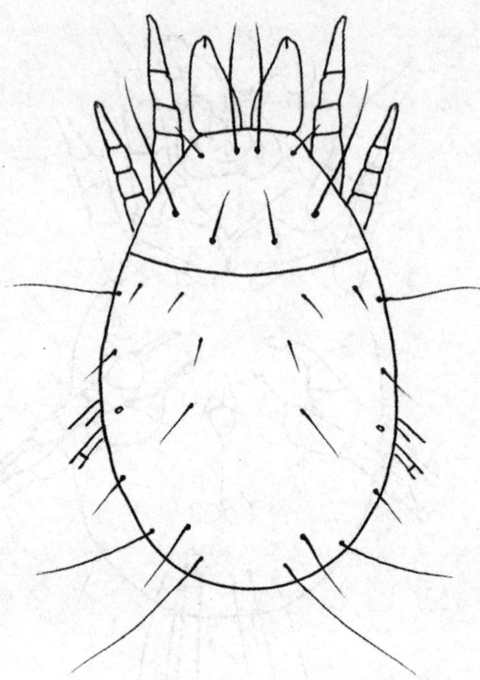

图3.81 中国食粉螨(*Aleuroglyphus chinensis*)(♀)背面
(仿 李朝品 沈兆鹏)

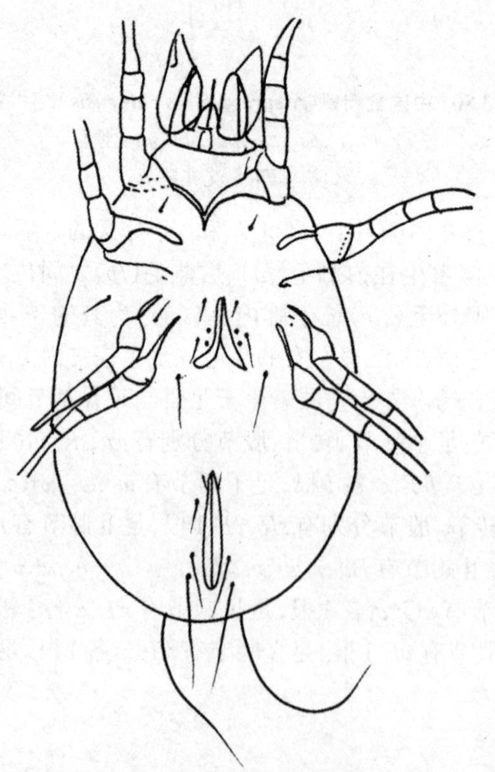

图3.82 中国食粉螨(*Aleuroglyphus chinensis*)(♀)腹面
(仿 李朝品 沈兆鹏)

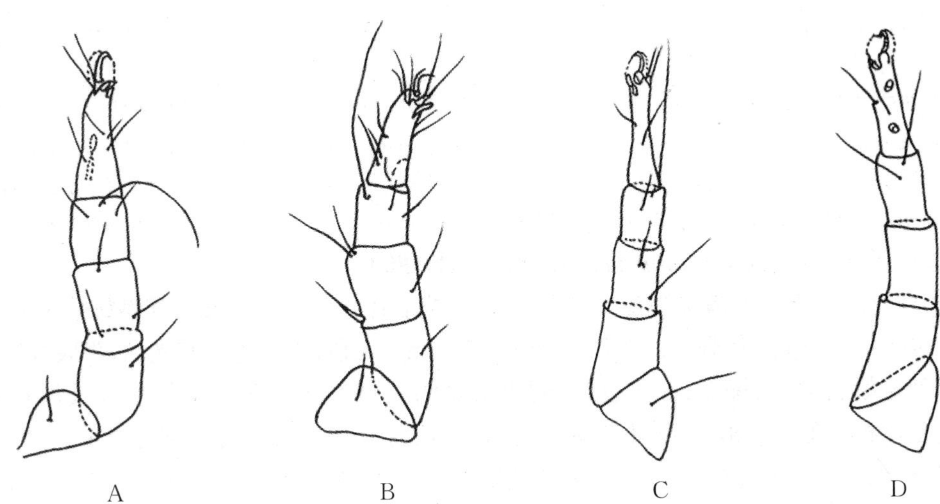

图3.83 中国食粉螨(*Aleuroglyphus chinensis*)(♂)足Ⅰ~Ⅳ

A. 足Ⅰ;B. 足Ⅱ;C. 足Ⅲ;D. 足Ⅳ

(仿 李朝品 沈兆鹏)

(陈敬涛 王赛寒)

七、嗜木螨属

嗜木螨属(*Caloglyphus*)特征:顶外毛(*ve*)短小,着生于靠近前足体板侧缘边的中央位置,或缺如;常有胛内毛(*sci*),胛外毛(*sce*)长于*sci*的2倍以上;后半体的背毛及侧毛完全,较长的毛基部略膨大;足Ⅰ、Ⅱ跗节的背中毛(*Ba*)不加粗成锥形刺,与ω_1相距较远,足Ⅰ跗节具亚基侧毛(*aa*);背端毛(*e*)着生于足Ⅰ、Ⅱ跗节末端,常为刺状,侧中毛(*r*)、正中端毛(*f*)略弯曲,其端部膨大近似叶片状;各足跗节具5个腹端刺,即*p*、*q*、*u*、*v*和*s*;有异型雄螨和休眠体发生。嗜木螨属(*Caloglyphus*)分种检索表见表3.7。

表3.7 嗜木螨属(*Caloglyphus*)分种检索表

1. 基节上毛(*scx*)明显,边缘有明显栉齿……2
*scx*有时不明显,几乎光滑……5
2. 雌螨肛毛a_4、a_6为短刚毛……3
雌螨肛毛a_4、a_6为长刚毛……昆山嗜木螨(*C. kunshanensis*)
3. 雄螨足Ⅰ跗节的正中端(*f*)毛显著膨大……奥氏嗜木螨(*C. oudemansi*)
雄螨足Ⅰ跗节的*f*稍膨大……4
4. 骶外毛(*sae*)的长不及第一对背毛(d_1)的2倍……赫氏嗜木螨(*C. hughesi*)
*sae*的长为d_1的2倍以上……卡氏嗜木螨(*C. caroli*)
5. 足Ⅰ、Ⅱ跗节末端没有叶状刚毛,雄螨足Ⅳ跗节上的一对吸盘离该节两端的距离相等……6
足Ⅰ、Ⅱ跗节末端有叶状刚毛,雄螨足Ⅳ跗节上吸盘位于该节端部的1/2处……7
6. 后侧毛(*lp*)和第四对背毛(d_4)约为d_1的2倍,第三对背毛(d_3)和d_4约等长……
……食根嗜木螨(*C. rhizoglyphoide*)
*lp*和d_4为d_1的3~5倍,d_3比d_4短……奇异嗜木螨(*C. paradoxa*)
7. *scx*清楚,超过d_1长之半……伯氏嗜木螨(*C. belesei*)
*scx*不明显,不超过d_1长之半……8

8. 雌螨 d_4 比 d_3 明显……………………………………………………………………………9
雌螨 d_4 比 d_3 短或等长……………………………………………………………………………10
9. 生殖孔与肛孔接触……………………………………………………嗜粪嗜木螨(*C. coprophila*)
生殖孔与肛孔不连接……………………………………………………上海嗜木螨(*C. shanghaiensis*)
10. 雌螨 d_4 与 d_3 等长,后侧毛与 d_1 和第二背毛(d_2)约等长…………………食菌嗜木螨(*C.mycophagus*)
雌螨 d_4 较 d_3 明显长,后侧毛长于 d_1 和 d_2 的3倍……………………………福建嗜木螨(*C. fujianensis*)

21. 伯氏嗜木螨(*Caloglyphus berlesei* Michael,1903)

形态特征:伯氏嗜木螨雌雄差异很大,同型雄螨躯体长600～900 μm,异型雄螨及雌螨的躯体长800～1 000 μm,休眠体的躯体长250～350 μm。无色,表皮光滑有光泽,跗肢淡棕色。

同型雄螨:体呈纺锤形,在足Ⅲ、Ⅳ间为最宽阔(图3.84)。颚体狭长,螯肢具齿和上颚刺。前足体板近似长方形,后缘不规则。背面:除顶内毛(*vi*)外,所有的刚毛几乎光滑,基部略粗;顶外毛(*ve*)短小,位于前足体板侧缘边的中间位置;胛外毛(*sce*)长于胛内毛(*sci*)的3～4倍,彼此间的距离相等;基节上毛(*scx*)明显,长于背毛 d_1 的1/2。格氏器近似一截断状的刺,布有微小突起(图3.85)。背毛 d_1 较短,d_2 长于 d_1 的2～3倍,前侧毛(*la*)和肩内毛(*hi*)长于 d_1 的1.5～2倍;第三背毛(d_3)、第四背毛(d_4)和后侧毛均长,d_4 可超出体末端(图3.84)。腹面:基节内突板发达;肛后毛 pa_1 短,pa_3 最长;具圆形的肛门吸盘(图3.86A)。各足均细长,具爪,呈柄状;前跗节较为发达。着生于足Ⅰ跗节的第一感棒(ω_1)顶端略膨大,与芥毛(ε)处于

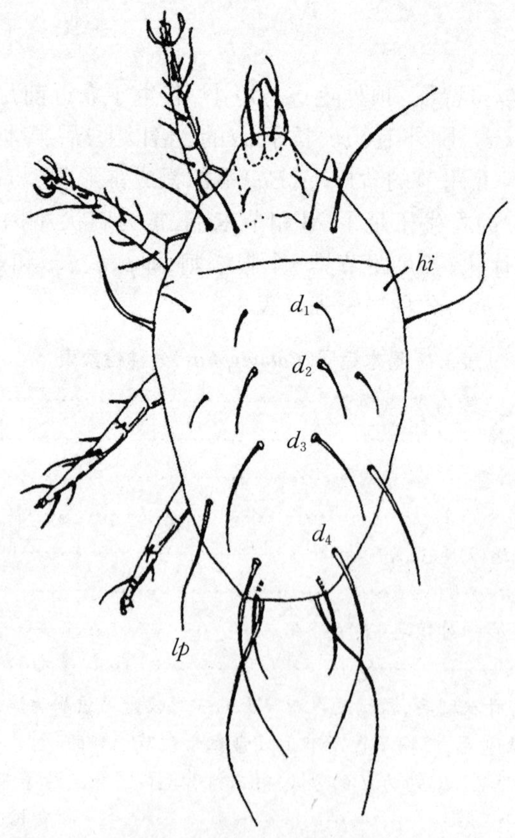

图3.84 伯氏嗜木螨(*Caloglyphus berlesei*)(♂)背面

lp,d_1～d_4,*hi*:躯体的刚毛

(仿 李朝品 沈兆鹏)

同一凹陷上；亚基侧毛(aa)的着生位置与感棒ω_1和ω_2相距较远，ω_3呈圆柱状；第一背端毛(d_1)较长，可超出跗节末端，第二背端毛(e)呈粗刺状，正中端毛(f)和侧中毛(r)呈镰刀状，其在顶端膨大为叶片状(图3.87A)。正中毛(m)、腹中毛(w)均呈粗刺状，趾节基部具5个腹端刺(图3.87B)。胫节毛hT比gT粗。足Ⅳ跗节端部的中间位置，着生有交配吸盘。正中端毛(f)细长，r和w为刺状(图3.88A)。阳茎呈直管状，骨化明显。

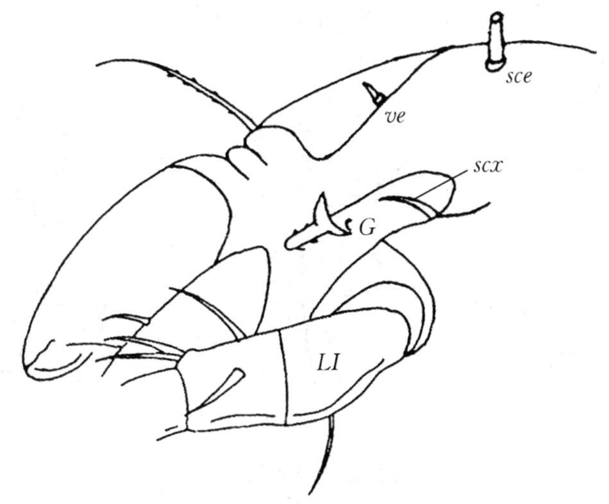

图3.85 伯氏嗜木螨(Caloglyphus berlesei)第一若螨前足体侧面

sce,*ve*:刚毛；*G*:格氏器；*scx*:基节上毛；*LI*:足Ⅰ

(仿 李朝品 沈兆鹏)

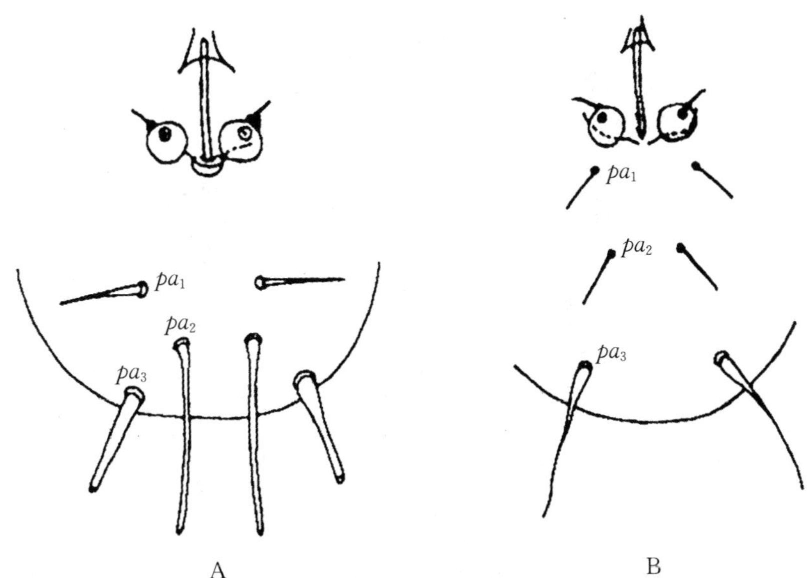

图3.86 肛门区

A. 伯氏嗜木螨(*Caloglyphus berlesei*)(♂)；B. 食菌嗜木螨(*Caloglyphus mycophagus*)(♂)

pa_1~pa_3:肛后毛

(仿 李朝品 沈兆鹏)

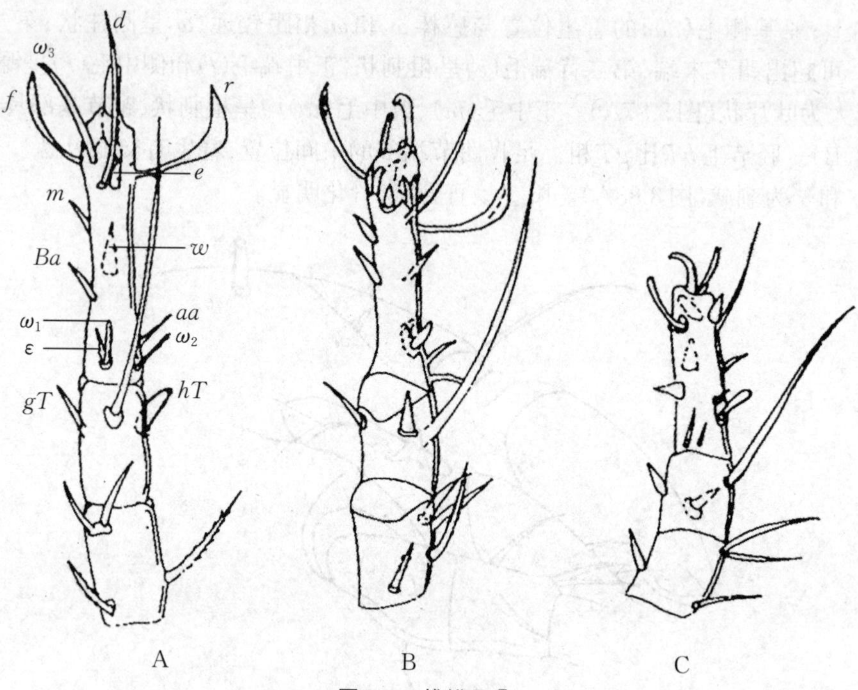

图 3.87 雄螨足Ⅰ

A. 伯氏嗜木螨(*Caloglyphus berlesei*)右足Ⅰ背面;B. 伯氏嗜木螨左足Ⅰ腹面;
C. 食菌嗜木螨(*Caloglyphus mycophagus*)左足Ⅰ外面
$\omega_1 \sim \omega_3$:感棒;ε:芥毛;d,f,e,r,m,Ba,aa,w,gT,hT:刚毛
(仿 李朝品 沈兆鹏)

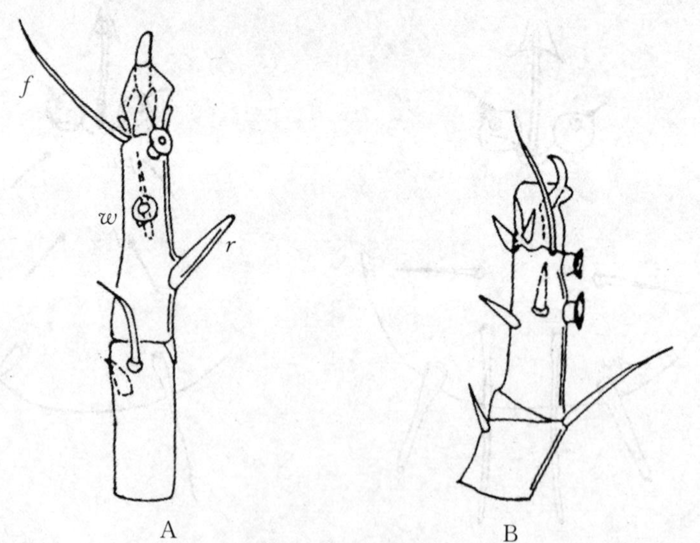

图 3.88 右足Ⅳ端部

A. 伯氏嗜木螨(*Caloglyphus berlesei*)(♂);B. 食菌嗜木螨(*Caloglyphus mycophagus*)(♂)
f,r,w:跗节毛
(仿 李朝品 沈兆鹏)

异型雄螨:与同型雄螨相比,刚毛较长且基部显著加粗(图 3.89)。足Ⅲ较为粗壮,各足的末端表皮内突粗壮(图 3.90)。

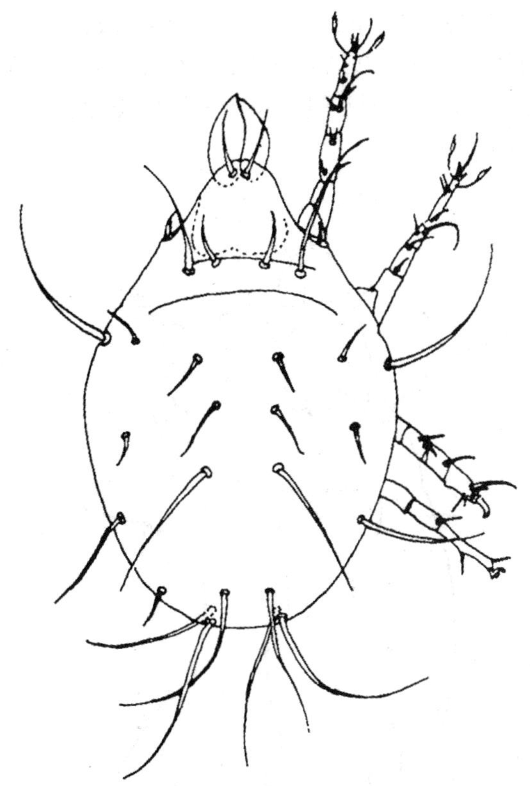

图3.89 伯氏嗜木螨(*Caloglyphus berlesei*)异型雄螨背面
(仿 李朝品 沈兆鹏)

图3.90 伯氏嗜木螨(*Caloglyphus berlesei*)异型雄螨足Ⅲ末端
A. 背面;B. 腹面
(仿 李朝品 沈兆鹏)

雌螨：与雄螨相比，体型更为圆润（图3.91）。背面刚毛较短，d_4比d_3短，稍具栉齿，末端截断状。具6对微小的肛毛（a）（图3.92A），其中2对在肛门前端两侧，4对环绕在肛门后端。生殖感觉器大。足的毛序类似于同型雄螨。位于末端的交配囊由一小的骨化板所包围，并由一细管与受精囊相通（图3.93）。

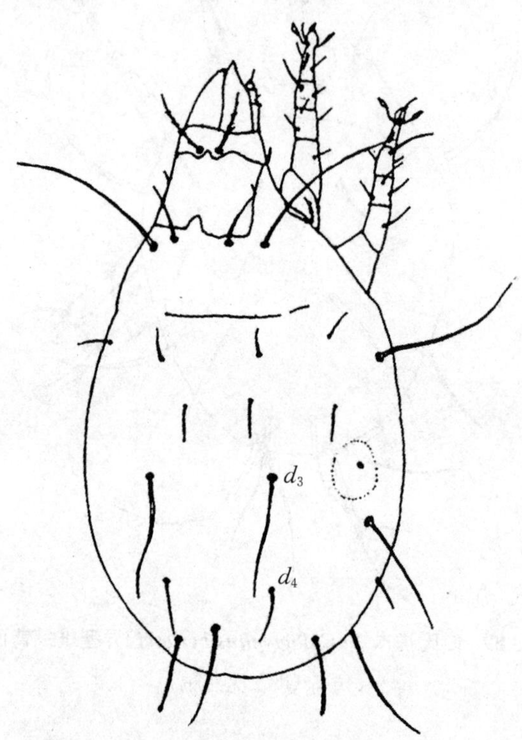

图3.91　伯氏嗜木螨（*Caloglyphus berlesei*）（♀）背面

d_3，d_4：背毛

（仿 李朝品 沈兆鹏）

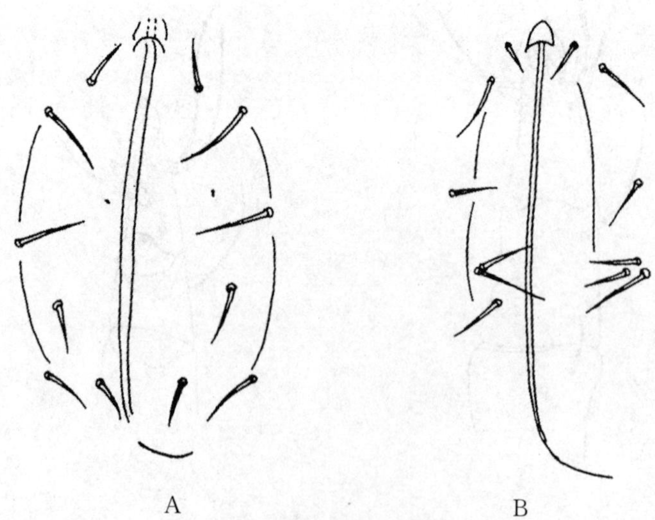

图3.92　肛门区（♀）

A. 伯氏嗜木螨（*Caloglyphus berlesei*）；B. 食菌嗜木螨（*Caloglyphus mycophagus*）

（仿 李朝品 沈兆鹏）

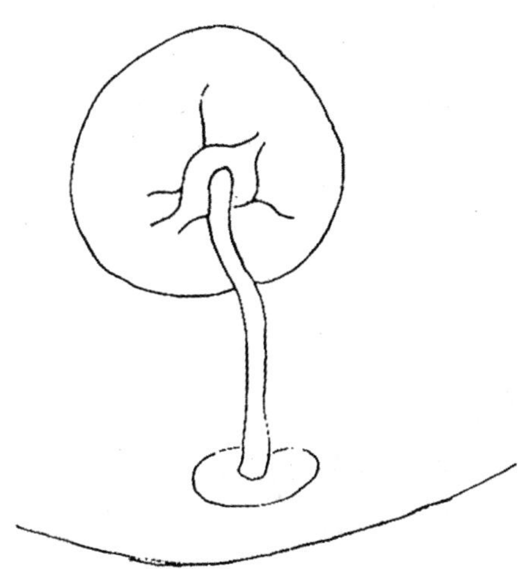

图3.93 伯氏嗜木螨(***Caloglyphus berlesei***)(♀)生殖系统
(仿 李朝品 沈兆鹏)

休眠体:体为深棕色,呈拱形。前足体近似三角形,向前收缩形成一个圆形的尖顶,布有刻点,其余体表皮光滑;顶尖上着生有顶内毛(*vi*);2对胛毛(*sc*)呈弧形排列。后半体长于前足体的4~5倍,具微小刚毛(图3.94)。腹面(图3.95):足Ⅱ基节内突略弯曲,胸板的侧面明显。足Ⅱ基节板的内缘显著,不封闭的;足Ⅲ和Ⅳ基节板完全封闭,沿中线分离;各基节板的缘均加厚。生殖板及吸盘板均骨化。足Ⅰ、Ⅲ基节板具基节吸盘;1对吸盘和1对刚毛着生

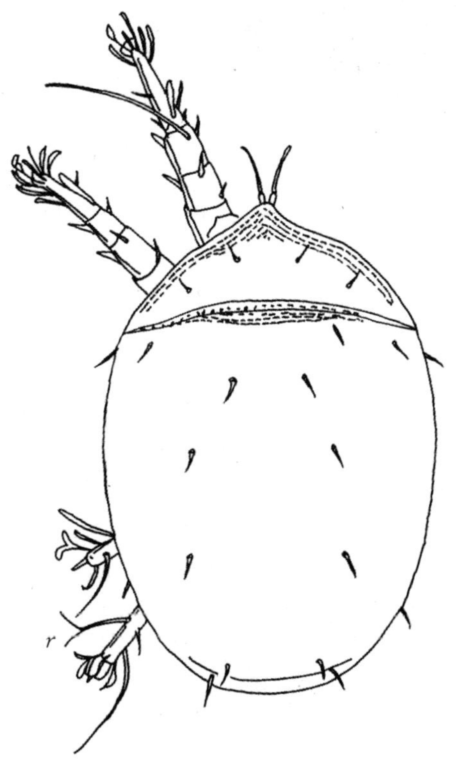

图3.94 伯氏嗜木螨(***Caloglyphus berlesei***)休眠体背面
r:锯齿状刚毛
(仿 李朝品 沈兆鹏)

于生殖孔的两侧；吸盘板共具8个吸盘，中央吸盘的直径与前吸盘的约相等(图3.96)。足Ⅰ、Ⅱ跗节的爪由5条弯曲的叶状毛环绕(图3.97A)。背端毛(e)的顶端膨大为杯状吸盘，背中毛(Ba)光滑。足Ⅰ、Ⅱ胫节的胫节毛hT、gT及膝节毛mG均为刺状，较ω_1短。足Ⅳ跗节的r长，弯曲且具栉齿，可伸至跗节末端。

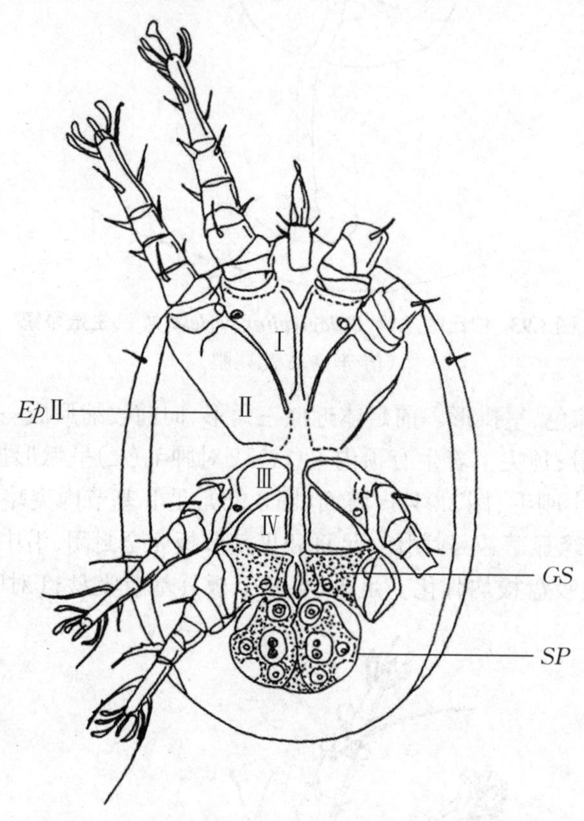

图3.95　伯氏嗜木螨(*Caloglyphus berlesei*)休眠体腹面

Ⅰ～Ⅳ：足Ⅰ～Ⅳ基节板；EpⅡ：足Ⅱ表皮内突；GS：生殖板；SP：吸盘板

(仿 李朝品 沈兆鹏)

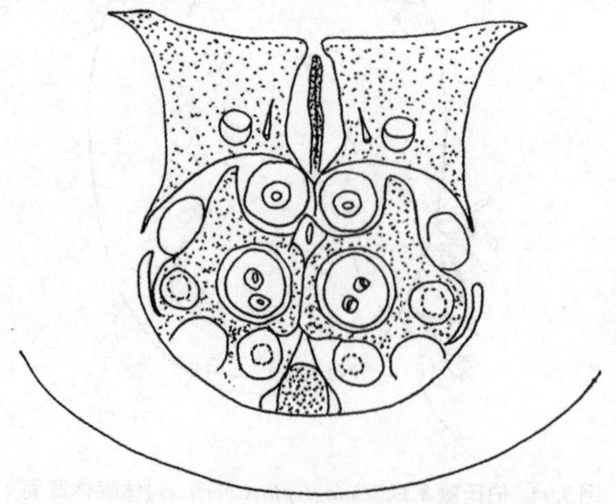

图3.96　伯氏嗜木螨(*Caloglyphus berlesei*)休眠体吸盘板

(仿 李朝品 沈兆鹏)

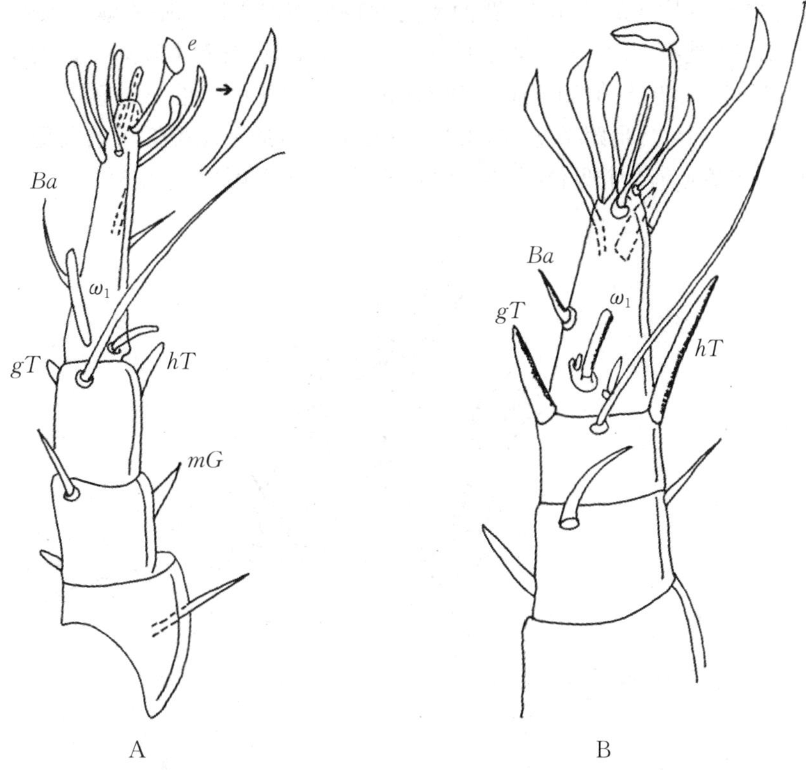

图3.97　休眠体足Ⅰ背面

A. 伯氏嗜木螨(*Caloglyphus berlesei*);B. 罗宾根螨(*Rhizoglyphus robini*)

ω_1:感棒;*e*,*Ba*,*gT*,*hT*,*mG*:刚毛和刺

(仿 李朝品 沈兆鹏)

幼螨:足上无叶状刚毛,基节杆发达(图3.98)。

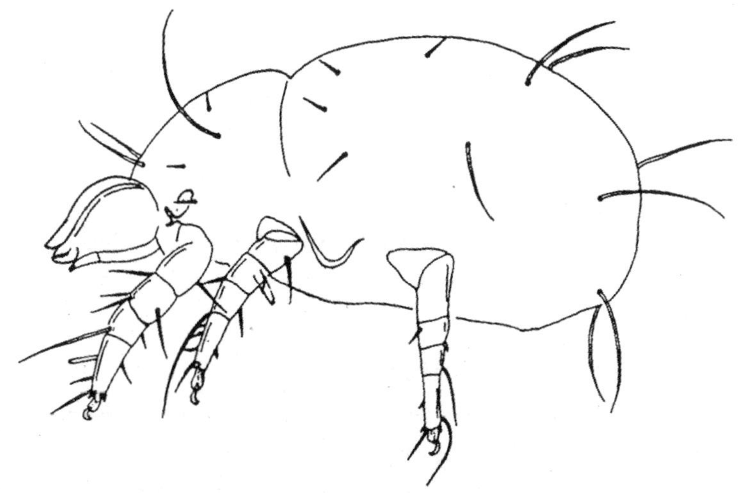

图3.98　伯氏嗜木螨(*Caloglyphus berlesei*)幼螨侧面

(仿 李朝品 沈兆鹏)

22. 食菌嗜木螨(*Caloglyphus mycophagus* Megnin,1874)

形态特征:雄螨体长约640 μm,雌螨体长约780 μm,较伯氏嗜木螨更近似圆形。

雄螨：前足体板的后缘近于平直，背面刚毛的特征类似于伯氏嗜木螨。顶内毛（vi）和胛内毛（sci）均具栉齿，基节上毛（scx）较为短小，不及d_1长的1/2；着生在后半体的d_1、d_2和lp约等长，背毛d_3和lp出现变异，但短于伯氏嗜木螨（图3.99）。肛后毛（pa）着生位置较为分散，pa_2略长于pa_1（图3.86B）。足跗节短（图3.87C）；足Ⅰ跗节的毛序类似于伯氏嗜木螨；足Ⅳ跗节端部的中间位置着生有2个吸盘（图3.88B），正中端毛（f）稍膨大。

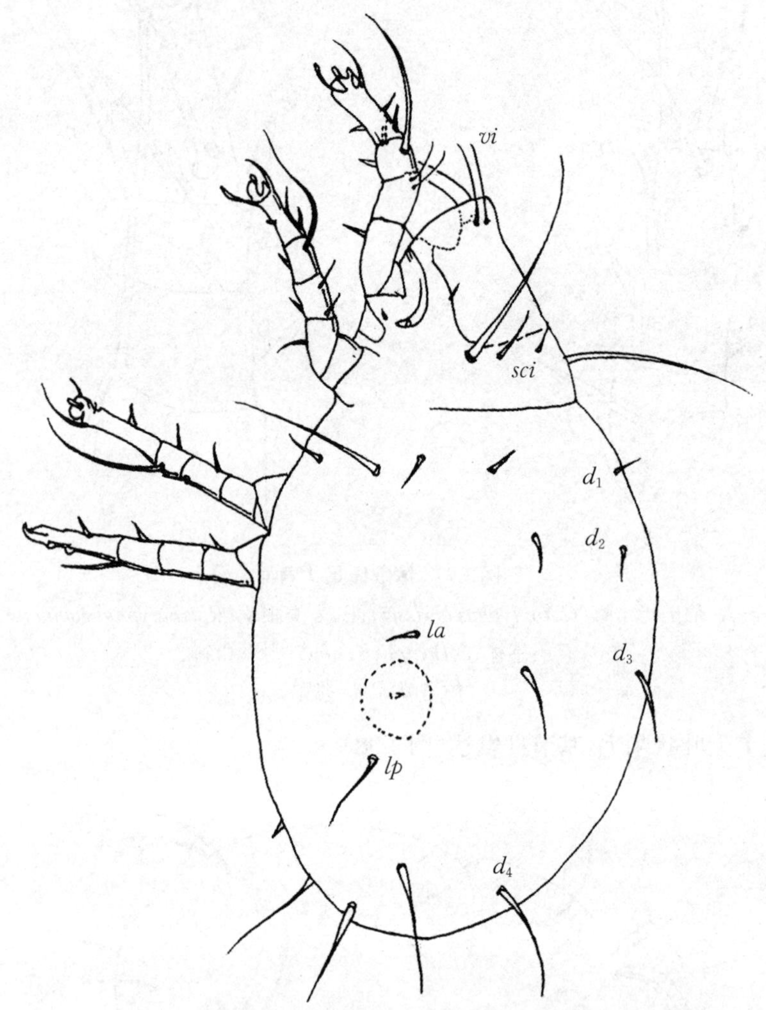

图3.99　食菌嗜木螨（*Caloglyphus mycophagus*）（♂）背侧面

lp，vi，sci，d_1～d_4，la：躯体的刚毛

（仿 李朝品 沈兆鹏）

雌螨：背毛d_4可超出体后缘，并等长或略长于d_3（图3.100）；体刚毛的毛序类似于伯氏嗜木螨。具6对肛毛，着生于肛门后端之前（图3.92B）。着生于末端的交配囊，开口于受精囊。

23. 食根嗜木螨（*Caloglyphus rhizoglyphoides* Zachvatkin，1937）

形态特征：雄螨体长360～650 μm，雌螨体长530～700 μm，呈长梨形。休眠体小，苍白色，体后缘略扁平，边缘向腹面卷曲。

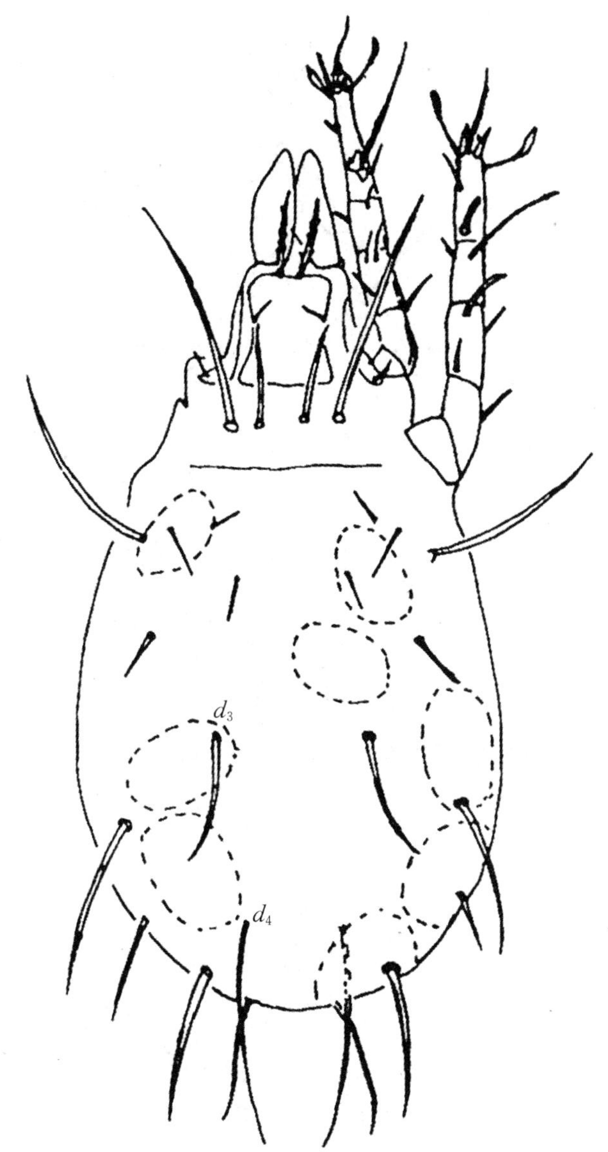

图3.100 食菌嗜木螨(*Caloglyphus mycophagus*)(♀)背面

d_3,d_4:背毛

(仿 李朝品 沈兆鹏)

雄螨:前足体背板的后缘具缺刻。顶外毛(*ve*)短小;胛外毛(*sce*)长于胛内毛(*sci*)的4倍以上,*sci*-*sci* 大于 *sci*-*sce* 间距的2倍以上。基节上毛(*scx*)呈杆状,略弯曲。肩外毛(*he*)较长,后半体其余刚毛均短小,肩内毛(*hi*)、第一背毛(d_1)、第二背毛(d_2)、骶外毛(*sae*)及前侧毛(*la*)约等长,但第三背毛(d_3)、第四背毛(d_4)和后侧毛(*lp*)较长,约为 d_1 长度的2倍(图3.101)。腹面基节内突与表皮内突相互愈合。肛后毛 pa_1 约等长于 pa_2,pa_2 和 pa_3 着生在同一水平线上(图3.102)。足Ⅰ跗节(图3.103D)的正中端毛(*f*)弯曲,正中毛(*m*)及腹中毛(*w*)为细毛,侧中毛(*r*)和背中毛(*Ba*)约着生在同一水平线上。胫节毛 *hT* 细长;膝节毛 *mG* 光滑。交配吸盘位于足Ⅳ跗节的中间位置(图3.104B)。

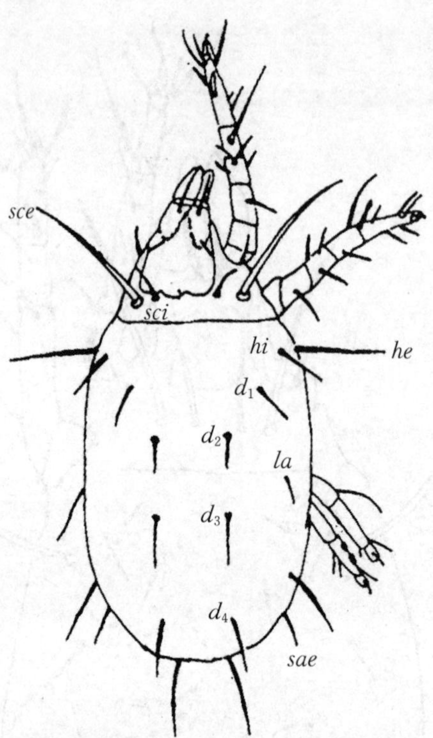

图3.101 食根嗜木螨(*Caloglyphus rhizoglyphoides*)(♂)背面

sce,*sci*,*he*,*hi*,d_1～d_4,*la*,*sae*:躯体的刚毛

(仿 李朝品 沈兆鹏)

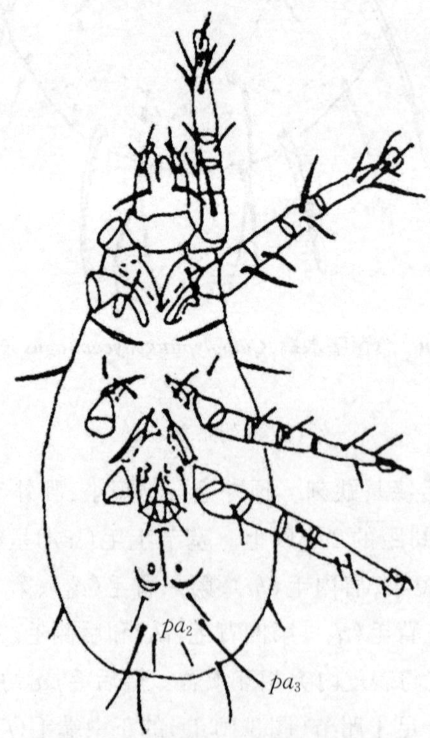

图3.102 食根嗜木螨(*Caloglyphus rhizoglyphoides*)(♂)腹面

pa_2,pa_3:肛后毛

(仿 李朝品 沈兆鹏)

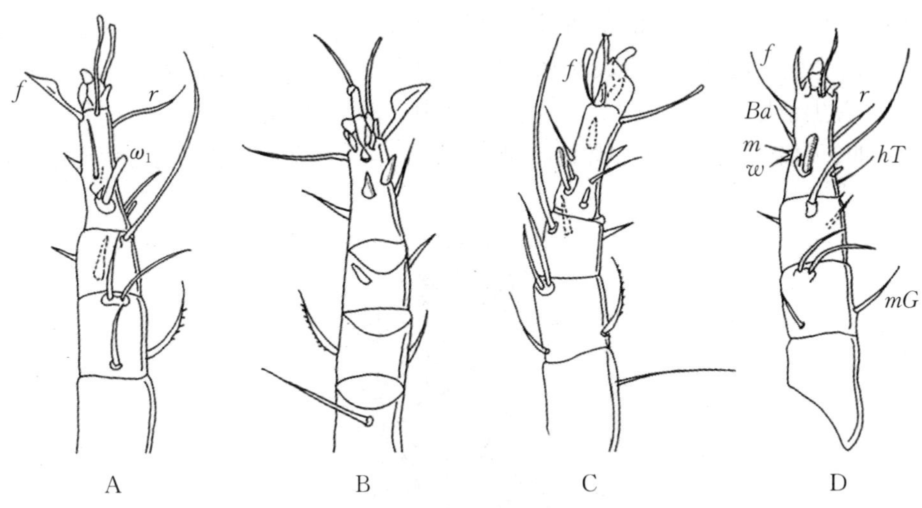

图3.103 雄螨右足Ⅰ

A. 奥氏嗜木螨(*Caloglyphus oudemansi*)足Ⅰ背面;B. 奥氏嗜木螨(*Caloglyphus oudemansi*)足Ⅰ腹面;C. 赫氏嗜木螨(*Caloglyphus hughesi*)右足Ⅰ背侧面;D. 食根嗜木螨(*Caloglyphus rhizoglyphoides*)足Ⅰ背面

ω_1:感棒;f,Ba,m,r,w,hT,mG:刚毛

(仿 李朝品 沈兆鹏)

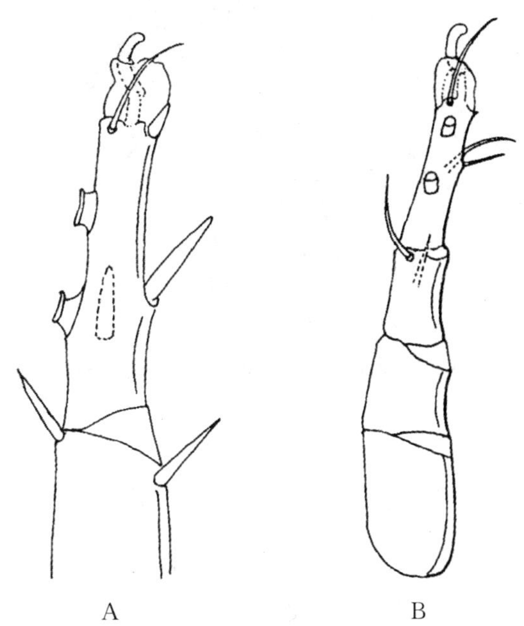

图3.104 左足Ⅳ

A. 奥氏嗜木螨(*Caloglyphus oudemansi*)(♂);B. 食根嗜木螨(*Caloglyphus rhizoglyphoides*)(♂)

(仿 李朝品 沈兆鹏)

雌螨:与雄螨有区别的是:肛门孔四周着生有6对肛毛(图3.105,图3.106B)。

休眠体:前足体板近似三角形,前方形成略圆钝的尖顶,可遮盖颚体的基部。由呈膜状的表皮前后连接着前足体与后半体。背毛的毛序类似于伯氏嗜木螨(图3.107)。腹面(图3.108),胸板较短,约为前足体长的1/2;足Ⅱ基节板封闭,其表皮内突和基节内突有一显著的弯曲轮廓。胸腹板间无分界线。足Ⅲ、Ⅳ基节的前缘轮廓较为显著,基节被空白区分为2

个对称物。腹板的后缘无清晰轮廓，足Ⅰ、Ⅲ基节上的吸盘已退化。呈卵圆形的吸盘板中吸盘的发育弱，2个前吸盘发育不全，2个较大的中央吸盘表面略突出，后吸盘呈现出双折射状（图3.109）。着生于足Ⅰ跗节的刚毛不发达，但其中一根长度可超出爪末端；着生在爪周围的刚毛均稍弯曲，顶端略膨大；第一感棒（ω_1）细长。hT与mG不显著。肛门孔与生殖孔明显。

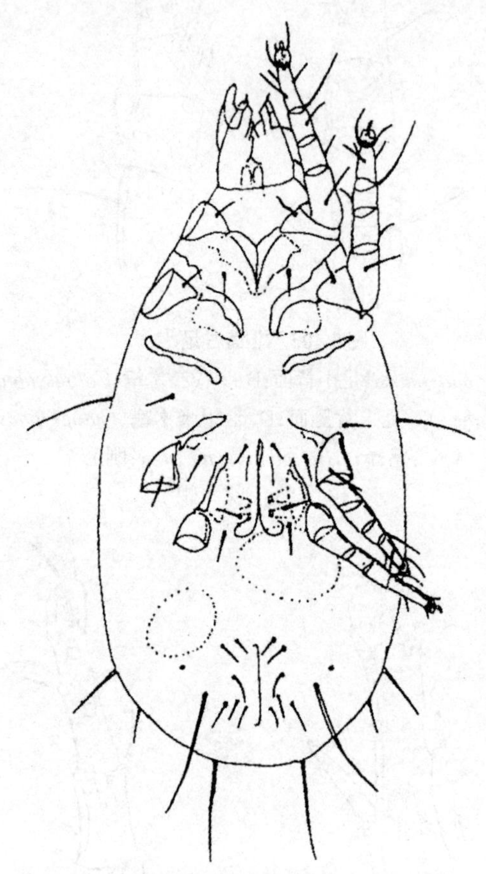

图3.105　食根嗜木螨（*Caloglyphus rhizoglyphoides*）（♀）腹面

（仿 李朝品 沈兆鹏）

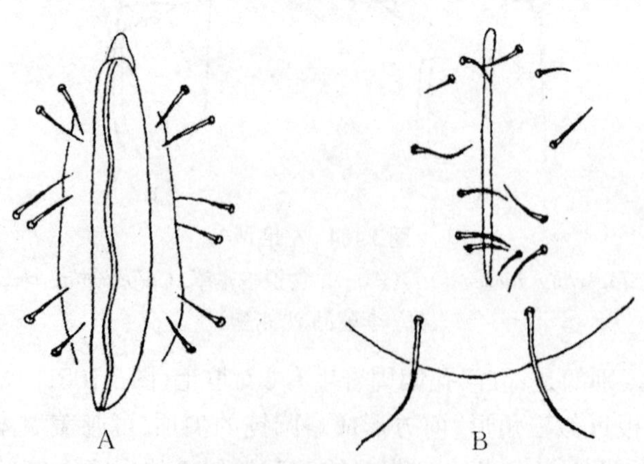

图3.106　肛门区（♀）

A. 奥氏嗜木螨（*Caloglyphus oudemansi*）；B. 食根嗜木螨（*Caloglyphus rhizoglyphoides*）

（仿 李朝品 沈兆鹏）

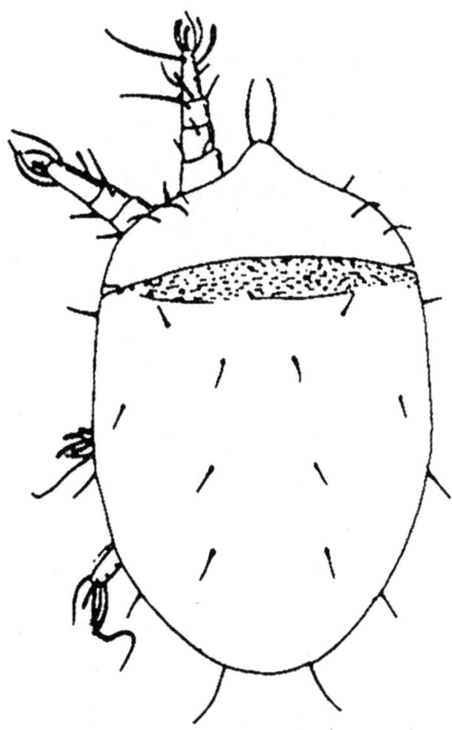

图3.107　食根嗜木螨(*Caloglyphus rhizoglyphoides*)休眠体背面

(仿 李朝品 沈兆鹏)

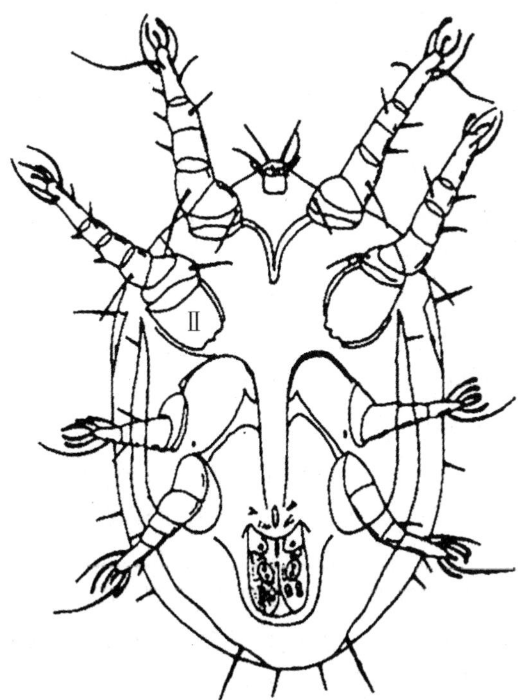

图3.108　食根嗜木螨(*Caloglyphus rhizoglyphoides*)休眠体腹面

Ⅱ:足Ⅱ基节板

(仿 李朝品 沈兆鹏)

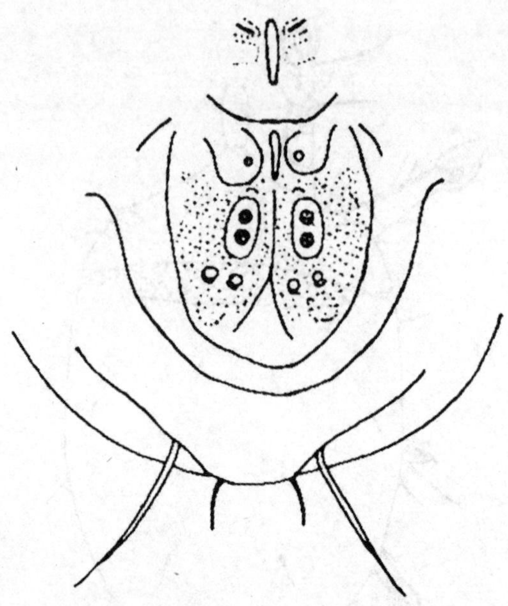

图3.109　食根嗜木螨（*Caloglyphus rhizoglyphoides*）休眠体吸盘板

（仿 李朝品 沈兆鹏）

24. 奥氏嗜木螨（*Caloglyphus oudemansi* Zachvatkin，1937）

形态特征：同型雄螨体长为430～500 μm，体色及纹理均类似于伯氏嗜木螨，但螨体更为狭长（图3.110）。异型雄螨体长约为450 μm。雌螨体长为530～775 μm。休眠体体长为250～300 μm，近似圆形，体淡红棕色。背面拱形，边缘薄，几乎透明。

同型雄螨：前足体板的后缘近似平直，前足体板侧缘的中间有顶外毛（*ve*）着生。胛外毛（*sce*）长于胛内毛（*sci*）的2～3倍，*sci-sci*与*sci-sce*的间距相等。基节上毛（*scx*）（图3.111）扁平略弯曲，具少数倒刺，侧缘具4～8根细长的栉齿。d_1、d_2、*la*、*hi*及*hv*光滑，相较其他刚毛短。d_3、d_4、*lp*、*sae*及*sai*较长，末端尖细，*sae*长于d_1的3倍以上。肛后毛pa_1的间距约等于pa_3的间距，pa_2位于pa_1与pa_3中间靠内侧的位置（图3.112A）。第一感棒（ω_1）顶端略为膨大，着生于足Ⅰ跗节；侧中毛（*r*）的顶端不膨大，较为细长；正中端毛（*f*）呈顶端膨大的叶片状，且透明（图3.103A、B）。1对吸盘着生于足Ⅳ跗节的中间位置（图3.104A）。阳茎呈管状，略弯曲。

异型雄螨（图3.113）：与同型雄螨相似，相比骨化程度更强，刚毛较长。足Ⅲ显著膨大，跗节的末端为表皮突，明细弯曲，其基部具1个大刺。

雌螨：与雄螨的区别为：螨体与背毛的长度较短；d_3和d_4末端更为尖细。具6对短小的肛毛（图3.106A），肛门孔与体后缘的距离较远。足Ⅰ、Ⅱ的*f*顶端不膨大为叶片状。

休眠体：颚体近似梨形，端部具鞭状的鬃刺，可超出前足体前缘。体刚毛短小弯曲，顶*ve*位于顶突上（图3.114）。由一条拱形的横线将胸板与腹板分离，足Ⅱ表皮内突和基节内突向后可延伸到拱形线，将其基节板包围完全。足Ⅲ基节板开放，在足Ⅳ表皮内突的前端具1对刚毛。足Ⅳ基节板后缘为一条弧线。吸盘板处于靠前的位置，整体较小。足Ⅰ的ω_1较长，可前伸到爪基部；*Ba*与跗节的长度约相等。3根顶毛呈现为镰刀状，顶端膨大为叶片状；*e*较长略弯曲，顶端膨大为杯状。*hT*与*mG*均为平板状刺，紧靠足的边缘。其余各足跗节也具相同的刚毛，环绕着生在爪基部。足Ⅰ、Ⅲ基节板和生殖孔两侧具吸盘（图3.115）。

幼螨：类似于伯氏嗜木螨（*Caloglyphus berlesei*）的幼螨。

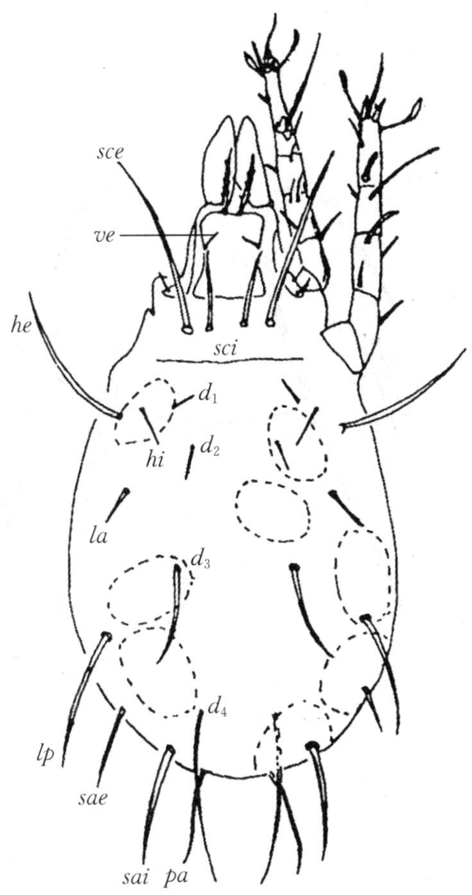

图3.110 奥氏嗜木螨(*Caloglyphus oudemansi*)(♂)背面

ve,*sce*,*sci*,*he*,*hi*,d_1~d_4,*la*,*sae*,*sai*,*pa*:躯体的刚毛

(仿 李朝品 沈兆鹏)

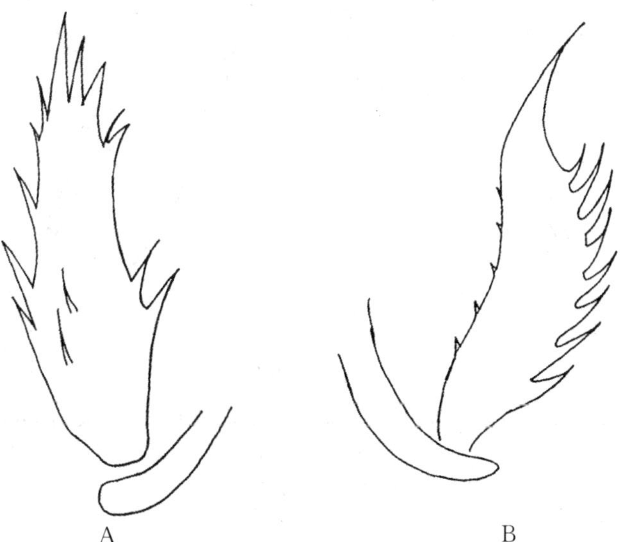

图3.111 奥氏嗜木螨(*Caloglyphus oudemansi*)基节上毛

A. 正面观;B. 侧面观

(仿 李朝品 沈兆鹏)

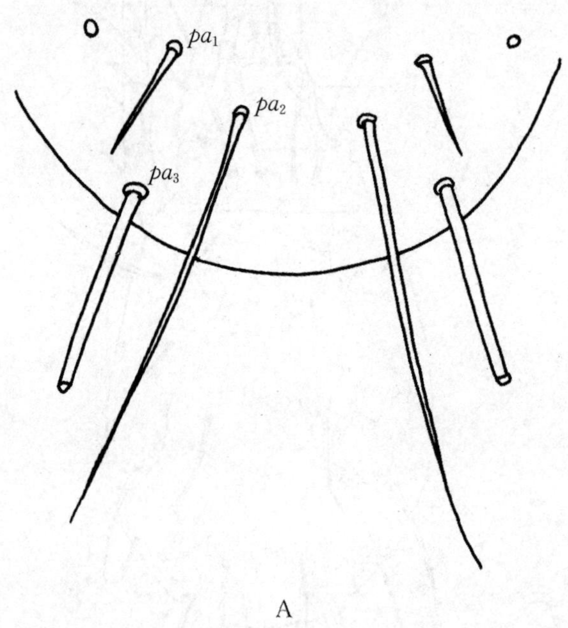

A

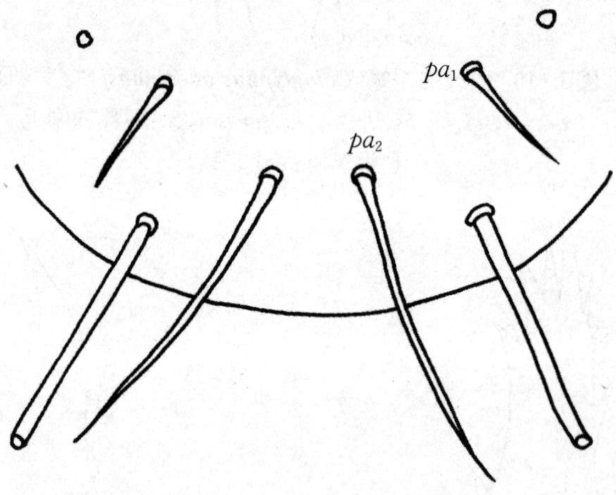

B

图3.112　后肛门区

A. 奥氏嗜木螨（*Caloglyphus oudemansi*）；B. 赫氏嗜木螨（*Caloglyphus hughesi*）

pa_1～pa_3：肛后毛

（仿 李朝品 沈兆鹏）

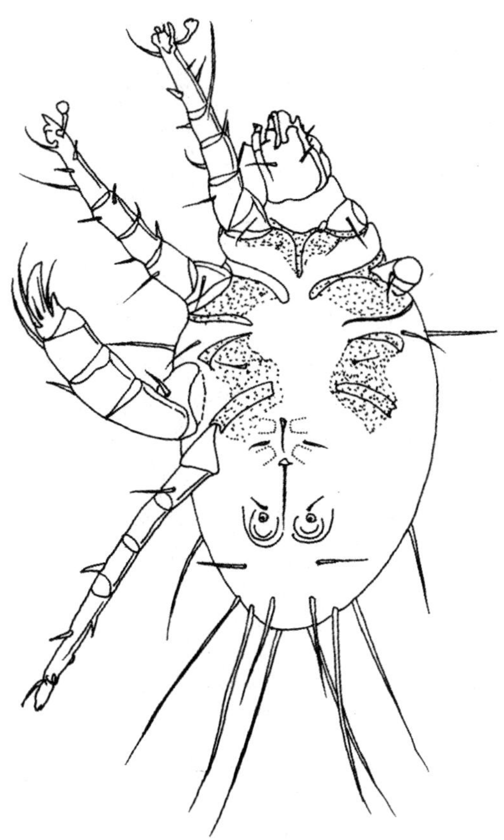

图3.113 奥氏嗜木螨(*Caloglyphus oudemansi*)异型雄螨腹面
(仿 李朝品 沈兆鹏)

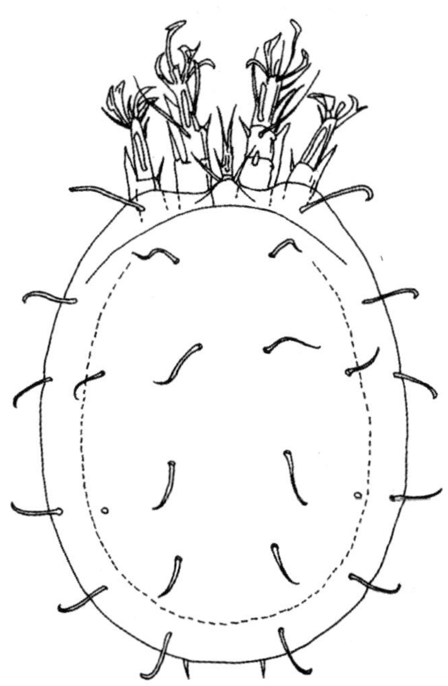

图3.114 奥氏嗜木螨(*Caloglyphus oudemansi*)休眠体背面
(仿 李朝品 沈兆鹏)

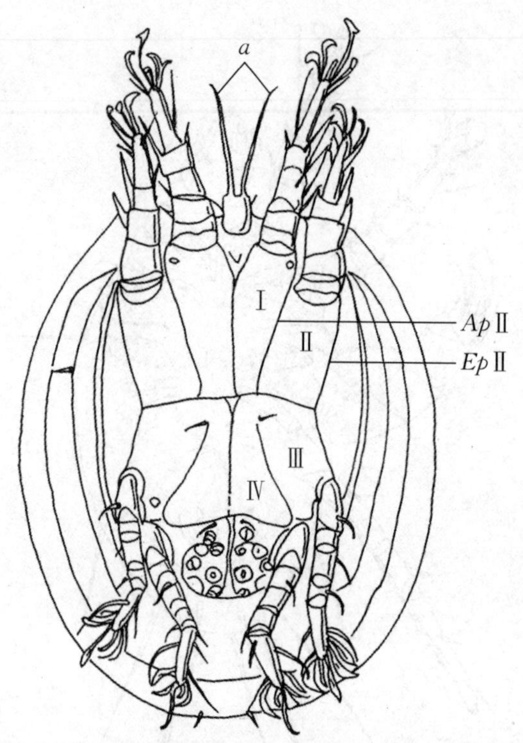

图3.115 奥氏嗜木螨(*Caloglyphus oudemansi*)休眠体腹面

*Ap*Ⅱ:足Ⅱ表皮内突;*Ep*Ⅱ:足Ⅱ基节内突;*a*:颚体的鬃刺;Ⅰ~Ⅳ:足Ⅰ~Ⅳ基节板

(仿 李朝品 沈兆鹏)

25. 赫氏嗜木螨(*Caloglyphus hughesi* Samsinak, 1966)

形态特征:雄螨体长400~500 μm,雌螨体长500~700 μm。形态特征类似于奥氏嗜木螨,但背刚毛的末端均为圆匙形。

雄螨:与奥氏嗜木螨的区别为:肩外毛(*he*)与胛外毛(*sce*)较长,其余背刚毛较短,并且末端呈圆匙形(图3.116)。d_3、d_4、*lp*及*sae*较短,*sae*不及d_1长的2倍。足Ⅰ的正中端毛(*f*)弯曲,顶端略为膨大(图3.103C)。肛后毛pa_2较细短,不及pa_1长的3倍(图3.112B)。

雌螨:与奥氏嗜木螨相似,但体刚毛较短且末端呈匙形(图3.117)。

26. 卡氏嗜木螨(*Caloglyphus caroli* Channabasavanna & Krishna Rao, 1982)

形态特征:雄螨体长443 μm,宽271 μm。雌螨体型较雄螨略大。表皮光滑。

雄螨:前足体板近似长方形,布有刻点(图3.118)。基节上毛(*scx*)发达,侧缘具直立的倒刺;顶内毛(*vi*)具栉齿,其余背面刚毛均光滑。顶外毛(*ve*)短小;胛外毛(*sce*)约长于胛内毛(*sci*)的6倍,*sci*-*sci*是*sci*-*sce*的间距的3倍左右;背毛d_1~d_4渐长,每对背毛的末端与下一相邻背毛基部间距较大;*he*长于*hi*,*lp*是*la*长的2倍,*sai*是*sae*长的3倍。腹面(图3.119),具3对肛后毛,其中pa_3最长,pa_1-pa_1间距和pa_3-pa_3间距均为pa_2-pa_2间距的2倍左右。足Ⅰ跗节毛*f*顶端膨大。1对吸盘着生于足Ⅳ跗节,两吸盘的间距较大,侧中毛(*r*)和腹中毛(*w*)位于近爪端的跗节吸盘稍低处(图3.120)。

雌螨:与雄螨相似。具6对肛毛,肛门前端2对,中间1对,末端3对(图3.121)。

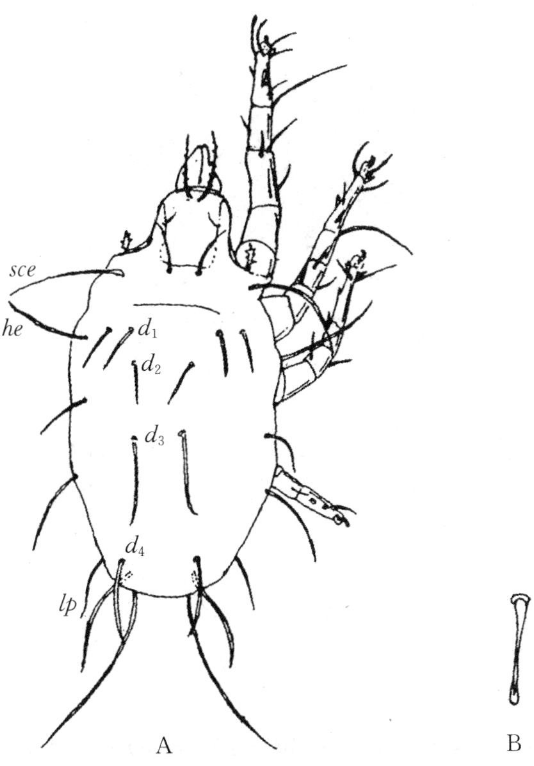

图3.116 赫氏嗜木螨(*Caloglyphus hughesi*)(♂)背面

A. 背面;B. 背毛 d_2

sce,*he*,d_1~d_4,*lp*:躯体的刚毛

(仿 李朝品 沈兆鹏)

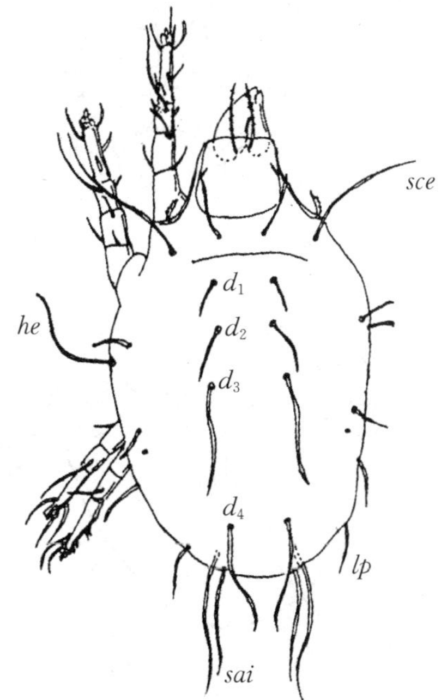

图3.117 赫氏嗜木螨(*Caloglyphus hughesi*)(♀)背面

sce,*sai*,*he*,d_1~d_4,*lp*:躯体的刚毛

(仿 李朝品 沈兆鹏)

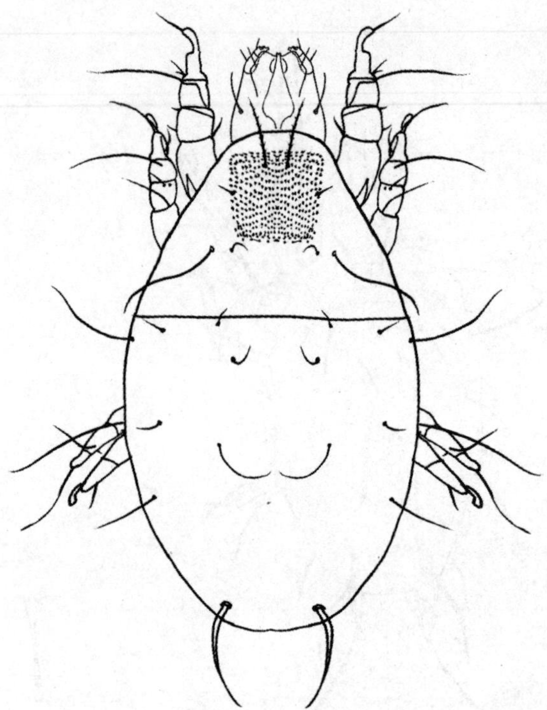

图3.118 卡氏嗜木螨（*Caloglyphus caroli*）（♂）背面
（仿 李朝品 沈兆鹏）

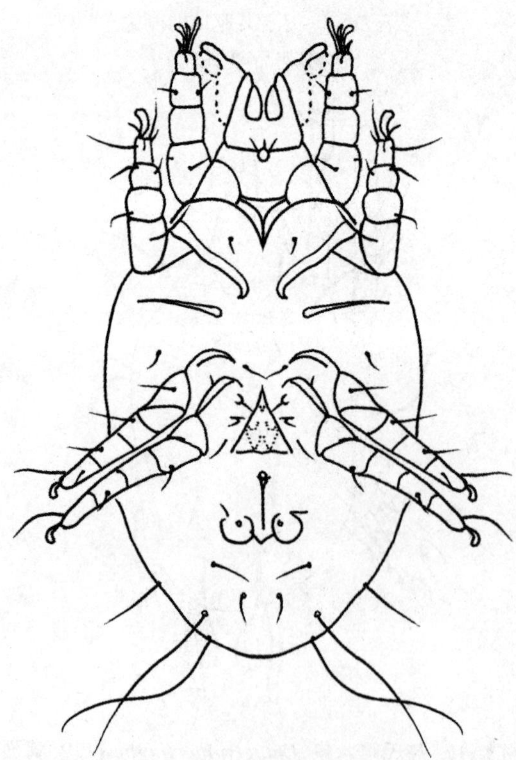

图3.119 卡氏嗜木螨（*Caloglyphus caroli*）（♂）腹面
（仿 李朝品 沈兆鹏）

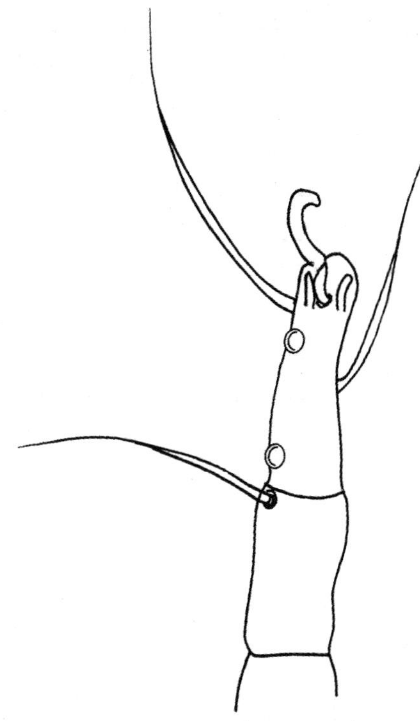

图3.120 卡氏嗜木螨(*Caloglyphus caroli*)(♂)足Ⅳ跗节

(仿 李朝品 沈兆鹏)

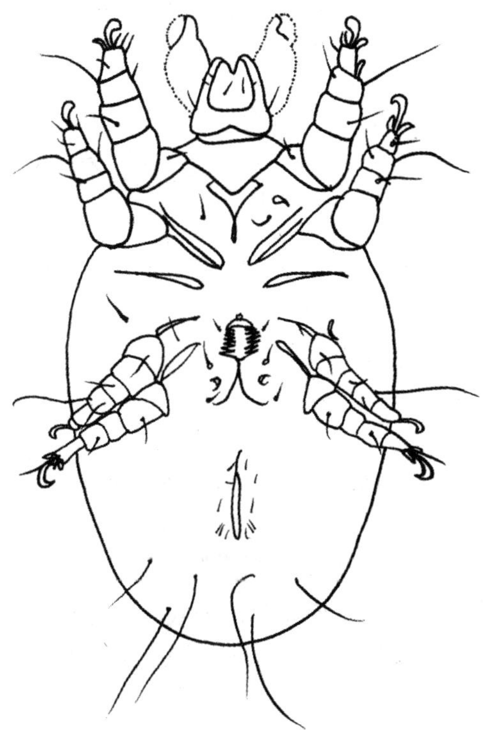

图3.121 卡氏嗜木螨(*Caloglyphus caroli*)(♀)腹面

(仿 李朝品 沈兆鹏)

27. 昆山嗜木螨（*Caloglyphus kunshanensis* Zou & Wang, 1991）

形态特征：雄螨体长450～617 μm，宽246～379 μm。雌螨体长644 μm（555～821 μm），宽391 μm（287~-552 μm）。体黄白色，表皮光滑，多数螨末体两侧各有一个明显的红褐色色素斑。休眠体体长250～300 μm，宽200～250 μm，红褐色，骨化明显。

雄螨：顶外毛（*ve*）、胛外毛（*sce*）及肩外毛（*he*）均光滑，其余背毛的近端部均有细刺（图3.122A）。顶外毛（*ve*）短小，着生在前足体侧缘的中间；顶内毛（*vi*）长于顶外毛（*ve*）的7倍左右。*sci-sci*是*sci-sce*的间距的1.5倍左右。基节上毛（*scx*）呈直立的杆状（图3.122B），由基部向端部渐细，两侧具细刺。肩外毛（*he*）较长，其余后半体背毛较短，其中d_1最短；*hi*略长于d_2；*la*约等长于d_4；d_3、*lp*、*sai*与*sae*约等长；d_3长于d_4。腹面（图3.123），肛后毛pa_3最长，pa_2次之，可超出体后缘，pa_1最短。pa_3-pa_3的间距是pa_2-pa_2间距的3倍左右。各足的末端均无叶状毛着生。足Ⅰ跗节的ω_1呈圆杆状，端部圆钝（图3.124A），*mG*和*cG*均具细刺。足Ⅳ跗节中间着生有吸盘（图3.124B）。

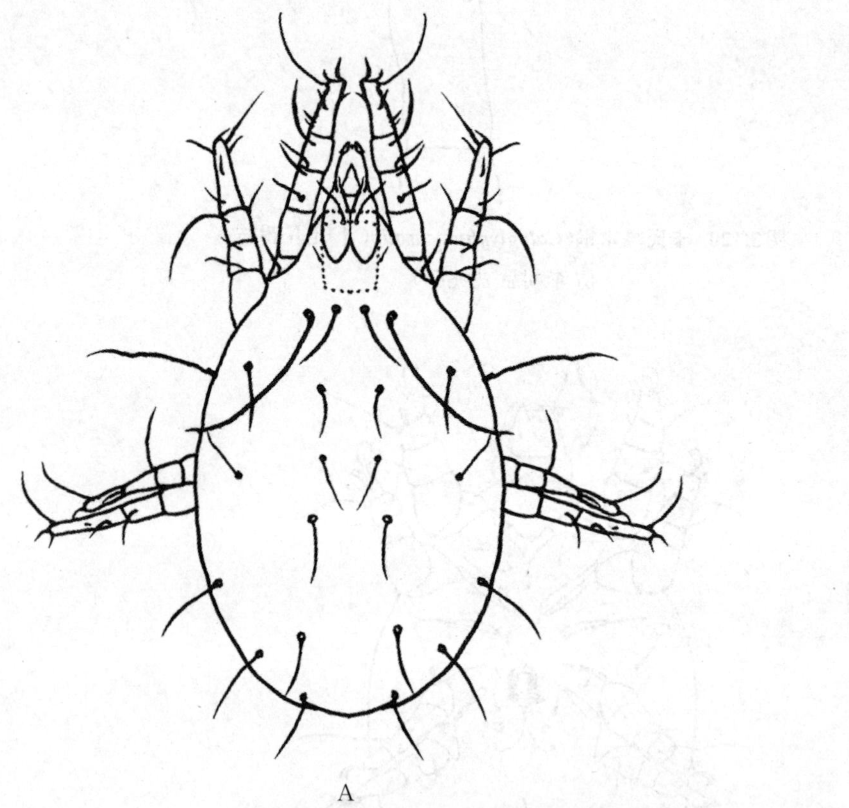

图3.122 昆山嗜木螨（*Caloglyphus kunshanensis*）（♂）
A. 背面；B. 基节上毛
（仿 李朝品 沈兆鹏）

雌螨：特征类似于雄螨（图3.125），不同的是：*vi*长于*ve*的4～5倍，*sce*长于*sci*的2～3倍。具6对肛毛，其中a_4和a_6较长，其余较短（图3.126）。肛门末端与体后缘的距离较近。

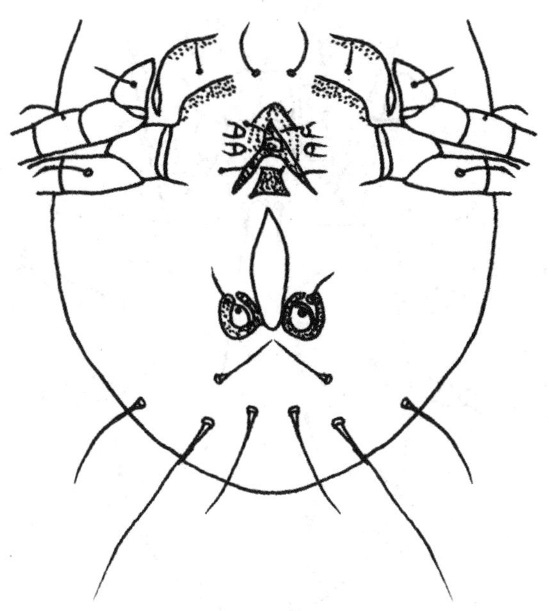

图3.123 昆山嗜木螨（*Caloglyphus kunshanensis*）（♂）腹面后半部
（仿 李朝品 沈兆鹏）

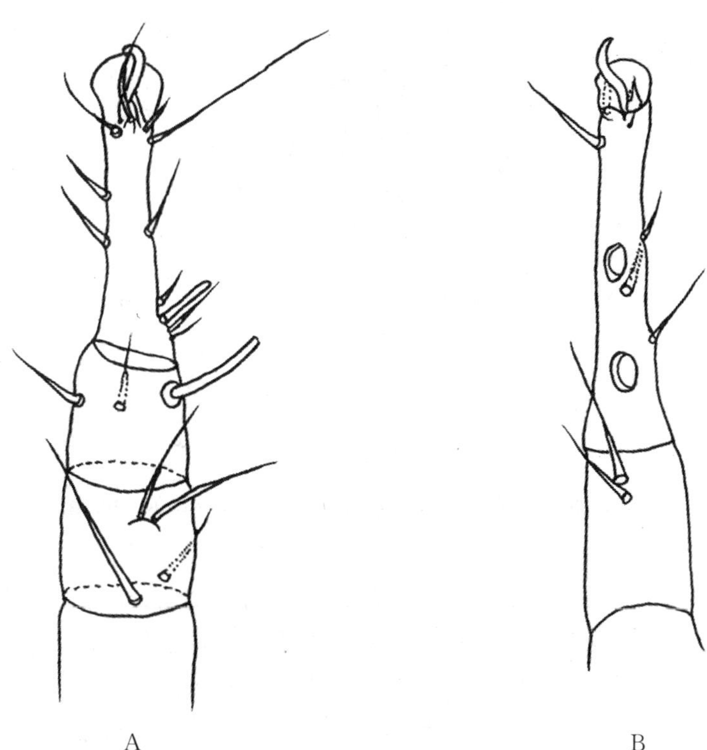

图3.124 昆山嗜木螨（*Caloglyphus kunshanensis*）（♂）足
A. 足Ⅰ；B. 足Ⅳ
（仿 李朝品 沈兆鹏）

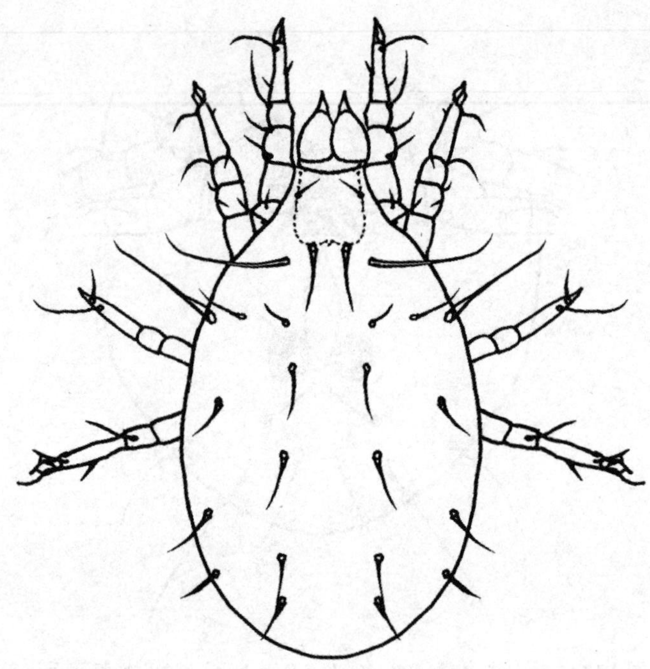

图3.125 昆山嗜木螨(*Caloglyphus kunshanensis*)(♀)背面
(仿 李朝品 沈兆鹏)

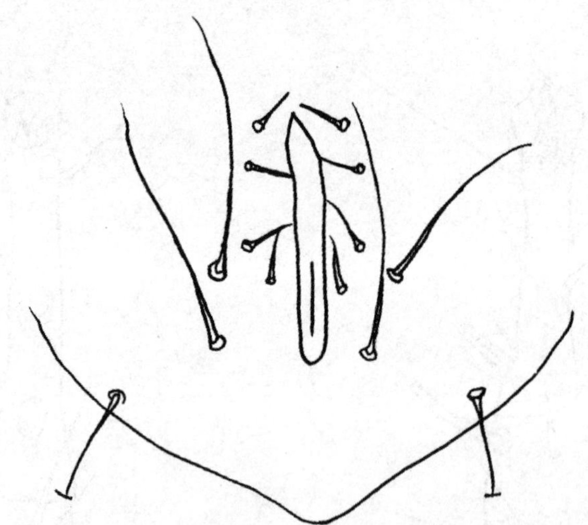

图3.126 昆山嗜木螨(*Caloglyphus kunshanensis*)(♀)肛毛
(仿 李朝品 沈兆鹏)

休眠体:颚体基部不分节,前足体的前侧缘稍微突出(图3.127)。*vi*着生于前足体的顶部或略靠后位置,*sci*与*sce*几乎处于同一水平线或稍靠前的位置。后半体的刚毛明显。由一条拱线将腹板与胸板分开,足Ⅱ基节板开放(图3.128)。足Ⅳ的基节板相互连成一整块,并由一条呈波纹状的沟将其与生殖板分隔。各基节板、生殖板及吸盘板骨化程度显著。圆形的吸盘板上具8个吸盘,前吸盘的中心发生移位现象,可见两个透明区。足Ⅰ、Ⅲ基节上各具1对吸盘。各足均细长,足Ⅰ跗节末端着生有1根呈吸盘状的毛及1根呈叶片状的毛(图3.129)。足Ⅳ跗节着生有3根长刚毛及5根呈叶片状的毛,其中一根长度为该节的两倍。

1对吸盘及1对生殖毛围绕在生殖孔两边。

图3.127 昆山嗜木螨(*Caloglyphus kunshanensis*)休眠体背面
(仿 李朝品 沈兆鹏)

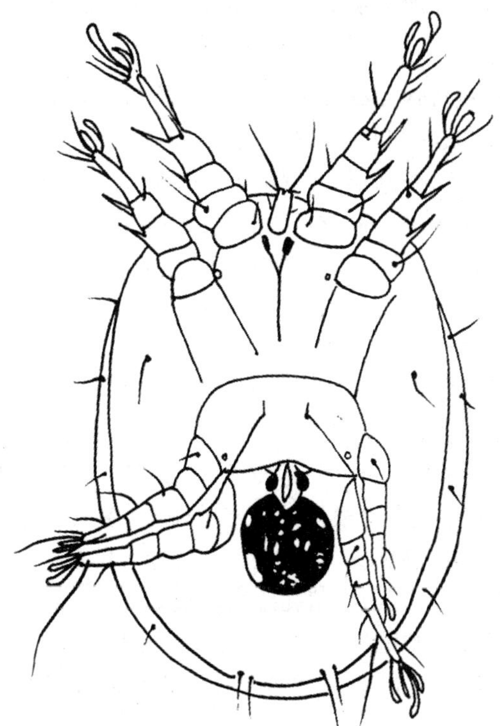

图3.128 昆山嗜木螨(*Caloglyphus kunshanensis*)休眠体腹面
(仿 李朝品 沈兆鹏)

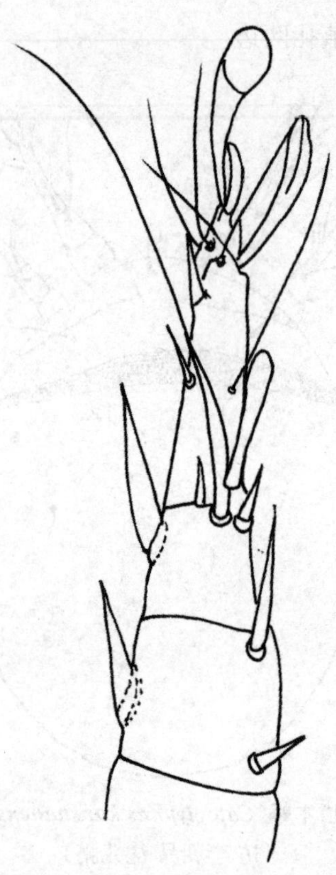

图3.129 昆山嗜木螨(*Caloglyphus kunshanensis*)休眠体足Ⅰ
(仿 李朝品 沈兆鹏)

28. 上海嗜木螨(*Caloglyphus shanghaiensis* Zou & Wang, 1989)

形态特征:雄螨体长523～644 μm,宽292～385 μm,白色,椭圆形。雌螨体长363～600 μm,宽311～363 μm,白色,卵圆形。孕螨较大,体长为633～877 μm,宽为432～641 μm。休眠体体长215～246 μm,宽157～186 μm,黄白色,类似圆形。

雄螨:背面刚毛均光滑。顶外毛(*ve*)短小,着生在前足体板侧缘的近中间位置;顶内毛(*vi*)略长于胛内毛(*sci*);胛外毛(*sce*)长于*sci*的5倍左右,*sci*-*sci*的间距是*sci*-*sce*间距的2倍左右(图3.130)。基节上毛(*scx*)呈短小的锥形。后半体的背毛大部分较长,且基部膨大呈鳞茎状,d_1最短小,d_3、d_4较长,为d_1的9～10倍;肩内毛(*hi*)较短,肩外毛(*he*)较长,是h_1的5倍左右;后侧毛(*lp*)长于前侧毛(*la*)的6倍左右;骶内毛(*sai*)长于骶外毛(*sae*)的6倍左右。肛后毛(pa_1)最短,pa_2次之,并与体末端的距离较远,pa_3最长,基部加粗,并与pa_1处于同一水平位置(图3.131)。足Ⅰ、Ⅱ跗节各具2根呈叶片状的刚毛(图3.136A)。第一感棒(ω_1)着生在足Ⅰ跗节,基部细窄,向端部逐渐膨大,呈纺锤形。足Ⅲ、Ⅳ跗节各具1根呈叶片状的刚毛。足Ⅳ跗节的端部具1对吸盘。肛孔与生殖孔距离较近。

雌螨:与雄螨相似,但背面刚毛比雄螨的更细短(图3.132)。具6对肛毛,a_2、a_3、a_5较长,为a_1、a_4、a_6的3～4倍(图3.133)。足Ⅰ、Ⅱ跗节各具2根呈叶片状的刚毛,足Ⅲ、Ⅳ跗节各具1根呈叶片状的刚毛。

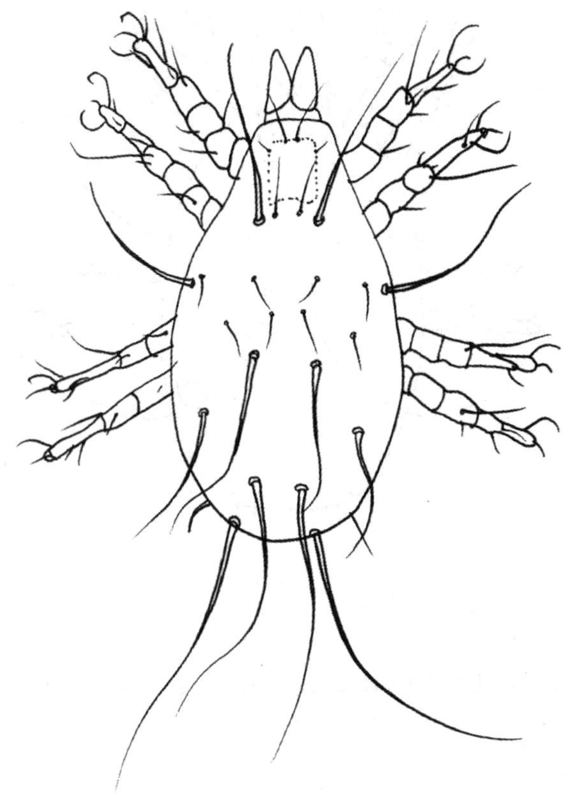

图3.130 上海嗜木螨(*Caloglyphus shanghaiensis*)(♂)背面
(仿 李朝品 沈兆鹏)

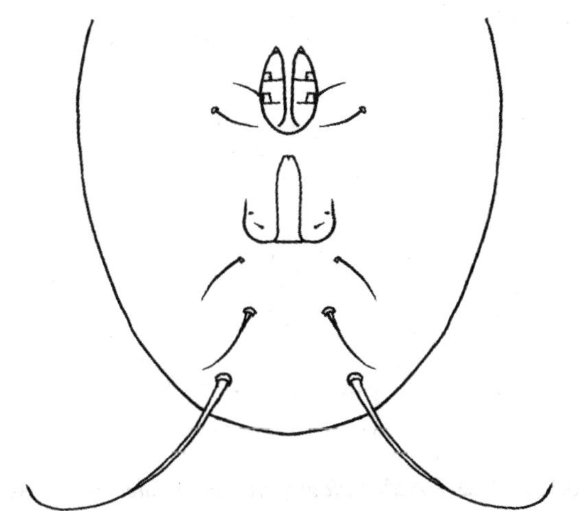

图3.131 上海嗜木螨(*Caloglyphus shanghaiensis*)(♂)腹面
(仿 李朝品 沈兆鹏)

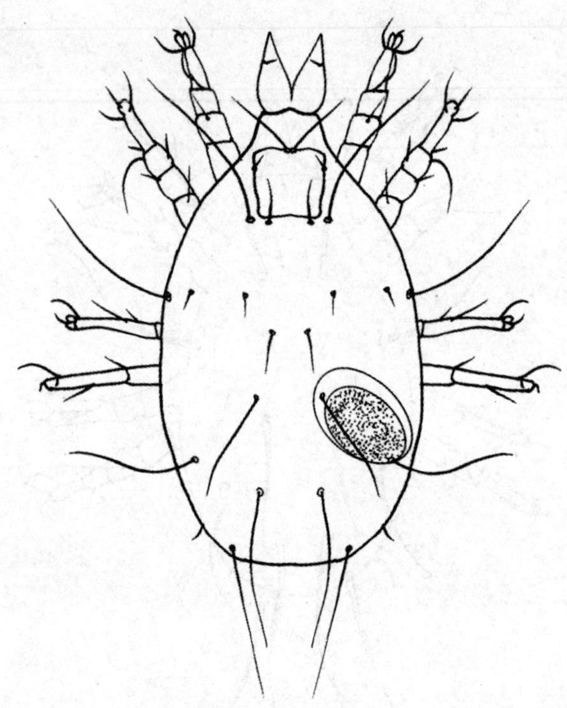

图3.132 上海嗜木螨(*Caloglyphus shanghaiensis*)(♀)背面
(仿 李朝品 沈兆鹏)

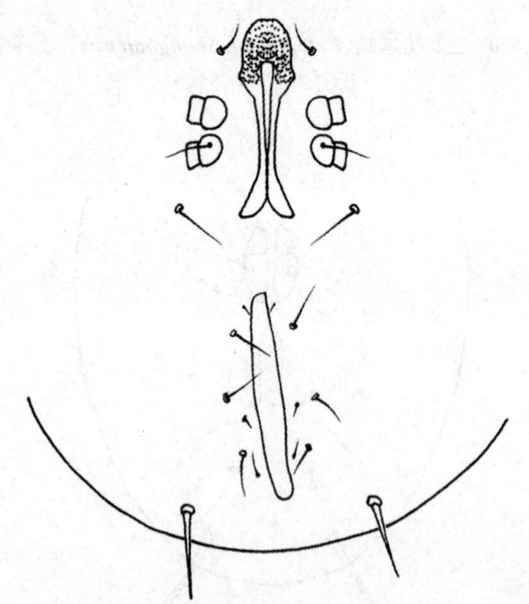

图3.133 上海嗜木螨(*Caloglyphus shanghaiensis*)(♀)腹面
(仿 李朝品 沈兆鹏)

休眠体:表皮光滑,刚毛短小。前足体近似三角形,顶端略尖,可遮盖颚体(图3.134)。*vi* 位于尖顶上,2对胛毛呈弧形排列。具近似长方形的颚体基区。胸板和腹板的轮廓不清晰。足Ⅱ表皮内突前半段不明显,基节内突中部断开,足Ⅲ、Ⅳ表皮内突不连接。腹板缺如

(图3.135)。足Ⅰ、Ⅲ的基节板具基节吸盘,吸盘板具8对吸盘。各足均短粗,足Ⅰ、Ⅱ跗节的感棒(ω)较长,可延伸到跗节的2/3处(图3.136B)。足Ⅳ跗节仅着生1根刚毛(图3.136C)。

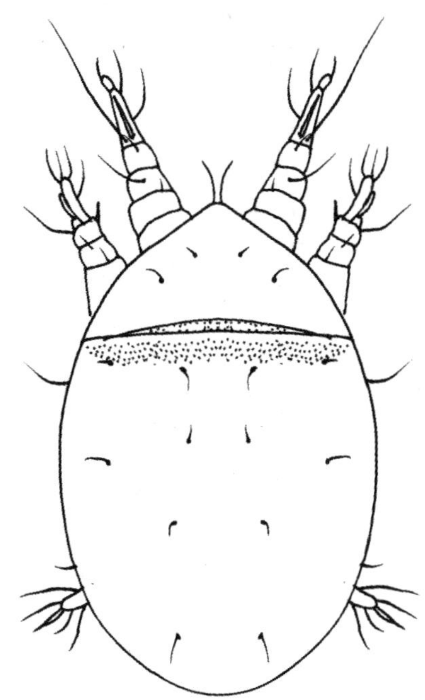

图3.134 上海嗜木螨(***Caloglyphus shanghaiensis***)休眠体背面

(仿 李朝品 沈兆鹏)

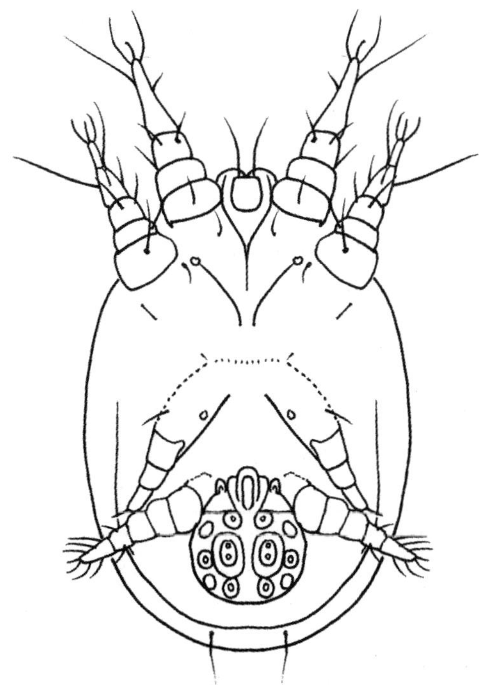

图3.135 上海嗜木螨(***Caloglyphus shanghaiensis***)休眠体腹面

(仿 李朝品 沈兆鹏)

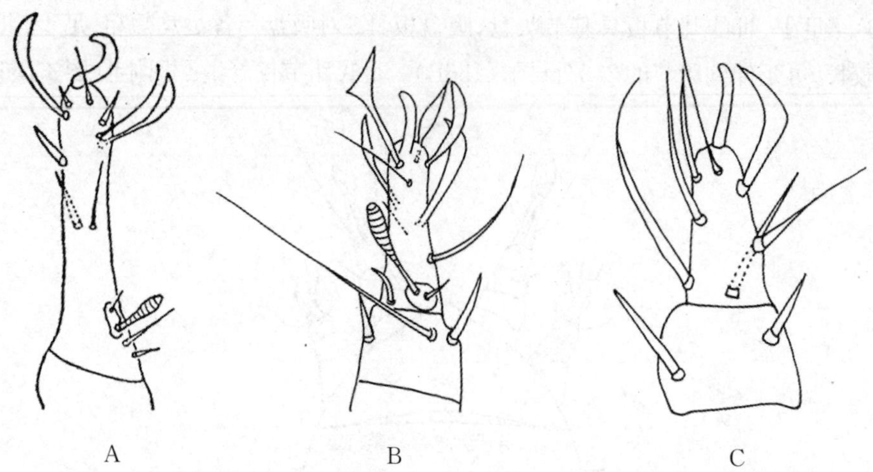

图3.136 上海嗜木螨(*Caloglyphus shanghaiensis*)(♂)足Ⅰ跗节和休眠体足

A. 雄螨足Ⅰ跗节;B. 休眠体足Ⅰ胫节和跗节;C. 休眠体足Ⅳ胫节和跗节

(仿 李朝品 沈兆鹏)

(王赛寒)

八、根螨属

根螨属(*Rhizoglyphus*)特征:色淡,表面光滑,躯体椭圆形,体后区球形,足及螯肢具厚几丁质。顶外毛(*ve*)退化为微小刚毛,位于前足体板侧缘靠近中央的位置,或缺如。胛外毛(*sce*)比胛内毛(*sci*)长,*sci*可缺如。有基节上毛(*scx*)。前背板长方形,后缘不整齐。足粗短,足Ⅰ基部有假气门器1对;足Ⅰ和足Ⅱ跗节的背中毛(*Ba*)圆锥形,与第一感棒(ω_1)相近;足Ⅰ跗节的亚基侧毛(*aa*)缺如,有些跗节端部刚毛末端可有膨大。雄螨的躯体后缘不形成突出的末体板,足Ⅳ跗节粗短,端部有吸盘2个,末端有单爪。雌螨足较细。常发生异型雄螨和休眠体。根螨属(*Rhizoglyphus*)雄螨分种检索表见表3.8,根螨属(*Rhizoglyphus*)雌螨分种检索表见表3.9。

表3.8 根螨属(*Rhizoglyphus*)雄螨分种检索表

1. 肛后毛pa_3比pa_2长3倍以上……………………………………………………2
肛后毛pa_3短于pa_2……………………………………………………………………4
2. 肛吸盘板较小,无放射状纹……………………………………罗宾根螨(*R. robini*)
肛吸盘板较大,有放射状纹……………………………………………………………3
3. 胛内毛*sci*长;背毛*la*与末体腺*gla*距离较近…………………单列根螨(*R. singularis*)
胛内毛*sci*退化;背毛*la*与末体腺*gla*距离较远………………短毛根螨(*R. brevisetosus*)
4. 背毛d_1、*hi*、*la*、d_2微小且等长;背毛*la*距*gla*近……………………大蒜根螨(*R. allii*)
背毛d_1、*hi*、*la*、d_2长且不等长;背毛*la*距*gla*远……………………………………5
5. 阳茎末端渐细;基节上毛*scx*长而尖……………………………………………………6
阳茎末端整齐;基节上毛*scx*较粗壮……………………………………………………7
6. *sci*长;d_3较长,约为d_3-d_3的2倍…………………………………花叶芋根螨(*R. caladii*)
*sci*微小;d_3较短,与d_3-d_3几乎等长……………………………………长毛根螨(*R. setosus*)
7. *scx*末端分叉;d_3与d_3-d_3几乎等长……………………………………水芋根螨(*R. callae*)

scx 末端无分叉；d_3 约为 d_3-d_3 的 1/2……8

8. 格氏器分叉明显；躯体较纤细……水仙根螨(*R. narcissi*)

格氏器无明显分叉；躯体较肥圆……澳登根螨(*R. ogdeni*)

表 3.9 根螨属(*Rhizoglyphus*)雌螨分种检索表

1. 输卵管小骨片间距小于 20 μm……2

输卵管小骨片间距大于 45 μm……3

2. 具 3 对长肛毛；d_3 约为 d_3-d_3 的 2 倍；*sci* 较长……花叶芋根螨(*R. caladii*)

具 6 对肛毛；d_3 与 d_3-d_3 几乎等长；*sci* 微小……罗宾根螨(*R. robini*)

3. 具 6 对肛毛，a_1 长且粗壮……长毛根螨(*R. setosus*)

具 3～6 对肛毛，a_1 微小或退化……4

4. 背毛 d_1、*hi*、*la*、d_2 短小，各毛长度相近；*sci* 微小或退化……5

背毛 d_1、*hi*、*la*、d_2 较长，各毛长度不等；*sci* 长……6

5. *la*-*gla* 间距小于 15 μm，*elcp* 短于 10 μm……大蒜根螨(*R. allii*)

la-*gla* 间距约为 24 μm，*elcp* 约为 20 μm……短毛根螨(*R. brevisetosus*)

6. *la* 与 *gla* 很接近；输卵管小骨片呈狭长"V"形……单列根螨(*R. singularis*)

la 远离 *gla*；输卵管小骨片呈倒"Y"形……7

7. 格氏器分叉明显；*scx* 末端分叉；d_3 长，与 d_3-d_3 几乎等长……水芋根螨(*R. callae*)

格氏器分叉或不分叉；*scx* 末端无分叉；d_3 短，长度为 d_3-d_3 间距的 1/2……8

8. 格氏器分叉明显；d_3 约为 d_3-d_3 间距的 1/2；躯体纤细……水仙根螨(*R. narcissi*)

格氏器无明显分叉；d_3 小于 d_3-d_3 间距的 1/2；躯体肥圆……澳登根螨(*R.ogdeni*)

29. 罗宾根螨(*Rhizoglyphus robini* Claparède，1869)

形态特征：躯体椭圆形。同型雄螨体长 450～720 μm，螨体表面光滑无色，跗肢为淡红棕色；异型雄螨体长 600～780 μm，足、颚体和表皮内突的颜色明显加深；雌螨躯体长 500～1 100 μm。颚体构造正常，螯肢上有明显的齿。背面前足体板长方形，后缘稍不规则；腹面表皮内突颜色深。足短粗，末端为粗壮的爪和爪柄，退化的前跗节包裹着爪柄。

同型雄螨：颚体结构正常，螯肢上的齿明显。前足体板长方形，顶外毛(*ve*)为微毛或缺如。背刚毛光滑，胛外毛(*sce*)、肩外毛(*he*)、第四背毛(d_4)和骶内毛(*sai*)较长，超过躯体长度的 1/4；其余刚毛为 d_4 长度的 1/3 左右；d_4、后侧毛(*lp*)和骶外毛(*sae*)比第一背毛(d_1)长(图 3.137)。基节上毛鬃毛状，比 d_1 长。腹面，表皮内突色深，附着在板上。足粗短，各足末端的爪和爪柄粗壮；前跗节退化并包裹柄的基部(图 3.138)，腹面的 *p*、*q*、*s*、*u*、*v* 为刺状，包围柄的基部。足Ⅰ跗节的第一背端毛(*d*)、正中端毛(*f*)和侧中毛(*r*)弯曲，顶端稍膨大；第二背端毛(*e*)和腹中毛(*w*)为刺状，背中毛(*Ba*)为粗刺，位于芥毛(ε)之前；跗节基部的感棒 ω_1、ω_2 和 ε 相近，第三感棒(ω_3)位于正常位置，胫节感棒(φ)超出爪的末端，胫节毛(*gT*)加粗。膝节的膝外毛(σ_1)和膝内毛(σ_2)等长，腹面刚毛呈刺状(图 3.139)。足Ⅳ跗节粗短，有 1 对吸盘，位于该节端部的 1/2 处，末端有单爪。生殖孔位于足Ⅳ基节间，有成对的生殖褶蔽遮短的阳茎，阳茎的支架接近圆锥形(图 3.140A)。肛门孔较短，后端两侧有肛门吸盘(图 3.141)，无明显骨化的环。肛后毛(*pa*)3 对，pa_1 较位置稍后的 pa_2 和 pa_3 短，后者超过躯体后缘很多。

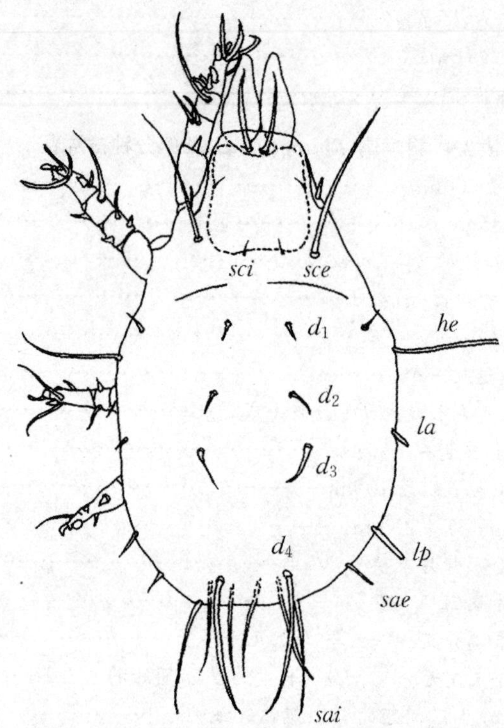

图 3.137 罗宾根螨(*Rhizoglyphus robini*)(♂)背面

sce, *sci*, *he*, d_1~d_4, *la*, *lp*, *sae*, *sai*:躯体的刚毛

(仿 李朝品 沈兆鹏)

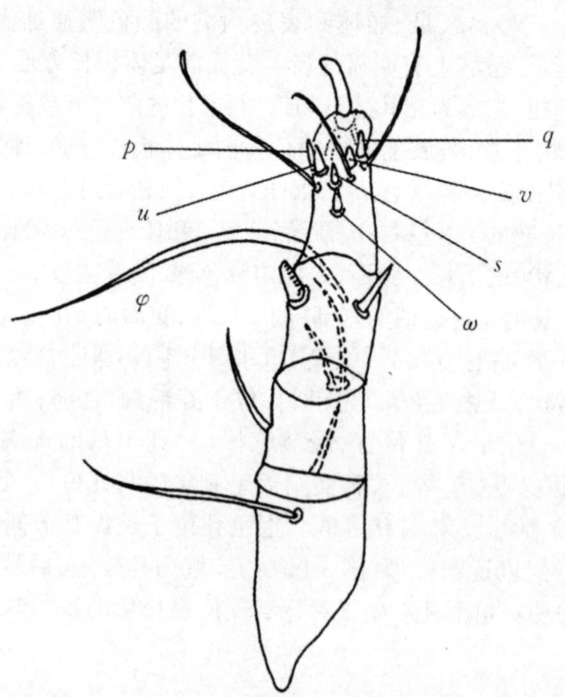

图 3.138 罗宾根螨(*Rhizoglyphus robini*)(♂)右足Ⅰ腹面

p, q, s, u, v:跗节刺;ω:腹中毛;φ:感棒

(仿 李朝品 沈兆鹏)

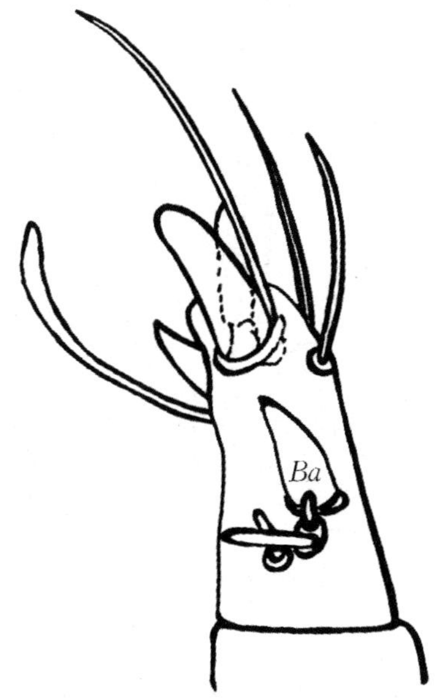

图3.139 罗宾根螨(*Rhizoglyphus robini*)(♂)右足Ⅰ背面

Ba:背中毛

(仿 李朝品 沈兆鹏)

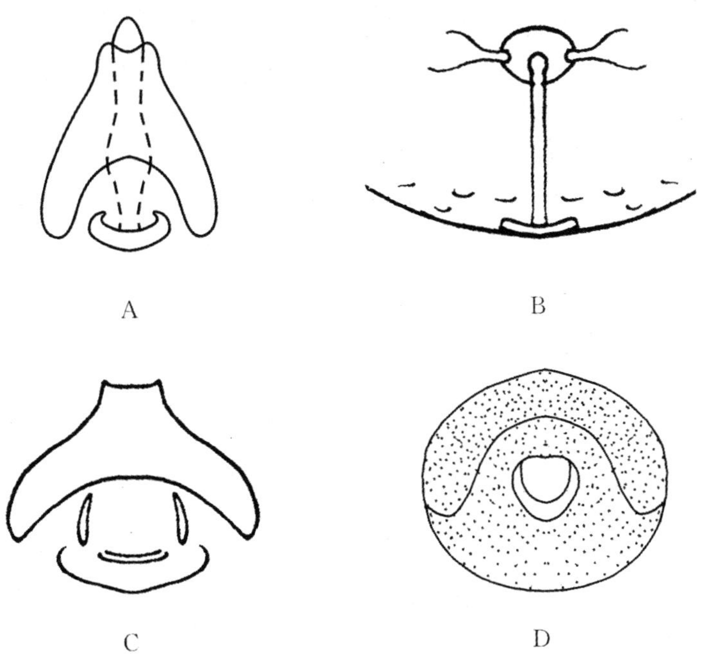

图3.140 生殖器

A. 罗宾根螨(*Rhizoglyphus robini*)(♂)阳茎基部;B. 罗宾根螨(*Rhizoglyphus robini*)(♀)生殖系统;

C. 水芋根螨(*Rhizoglyphus callae*)(♂)阳茎基部;

D. 水芋根螨(*Rhizoglyphus callae*)(♀)环绕交配囊的厚几丁质环

(仿 李朝品 沈兆鹏)

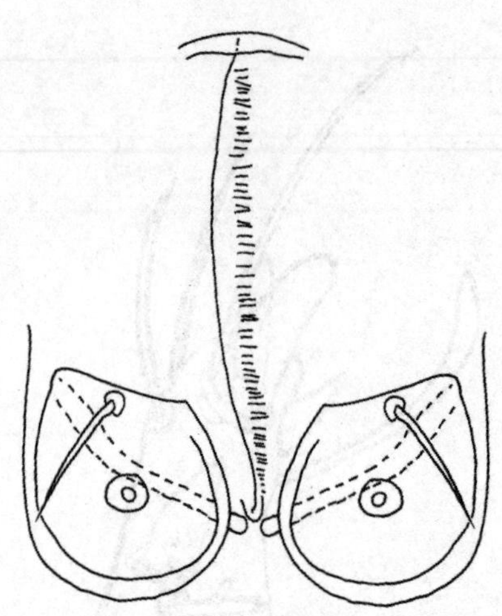

图3.141 罗宾根螨(*Rhizoglyphus robini*)(♂)肛门区
(仿 李朝品 沈兆鹏)

异型雄螨:与同型雄螨的不同点为体形较大,足、颚体和表皮内突的颜色明显加深。背刚毛均较长。足Ⅰ、足Ⅱ和足Ⅲ的侧中毛(r)、正中端毛(f)、第一背端毛(d)顶端膨大为叶状;足Ⅲ的末端有一弯曲的突起,这种变异仅发生于躯体的一侧。

雌螨:形态与雄螨相似,不同点为生殖孔位于足Ⅲ、足Ⅳ基节间。肛门孔周围有肛毛6对,位于外后方的1对肛毛较其余5对明显长。交配囊孔位于末端,被一块稍骨化的板包围,交配囊与受精囊由一条管道相连,受精囊由1对管道与卵巢相通(图3.140B)。

休眠体:躯体长250~350 μm。外形与伯氏嗜木螨(*Caloglyphus berlesei*)的休眠体相似。不同点为颜色从苍白至深棕色,表皮有微小刻点,在顶毛周围刻点更明显。喙状突起明显,并完全遮盖颚体。背部刚毛均光滑(图3.142)。腹面(图3.143),胸板清楚,足Ⅲ和足Ⅳ基节

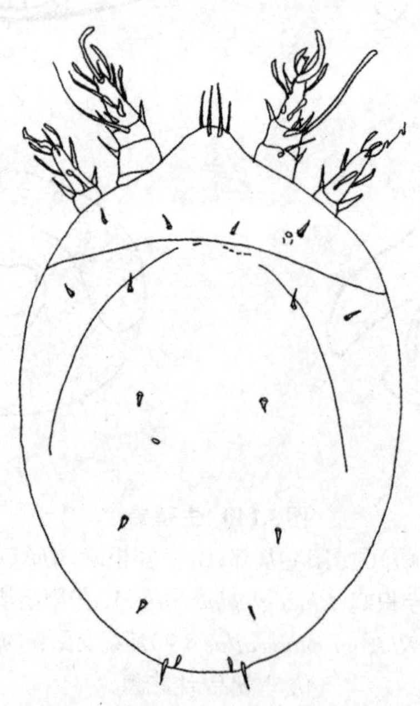

图3.142 罗宾根螨(*Rhizoglyphus robini*)休眠体背面
(仿 李朝品 沈兆鹏)

板轮廓明显，与生殖板分离。足Ⅰ和足Ⅲ基节有基节吸盘，生殖孔两侧有生殖吸盘和刚毛；吸盘板的2个中央吸盘较大，其余6个周缘吸盘大小相似。足粗短，足Ⅰ跗节的端部具1根膨大的刚毛和5根叶状刚毛，并将爪包围(图3.97B)。第一感棒(ω_1)较该足的跗节短，背中毛(*Ba*)刺状。足Ⅰ膝节的腹刺*gT*和*hT*比ω_1长。足Ⅳ跗节的第一背端毛(*d*)稍超出爪的末端。

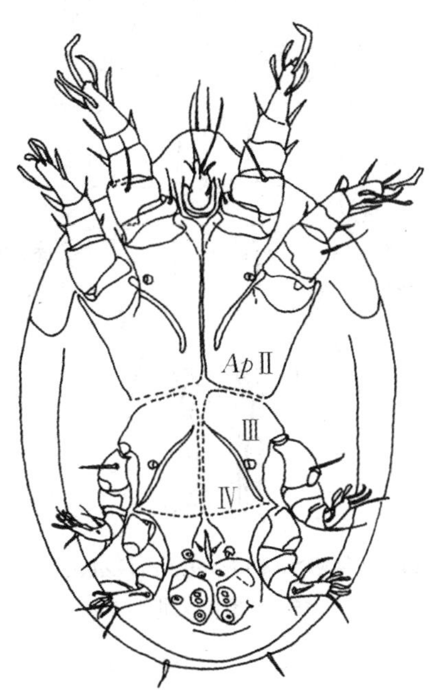

图3.143 罗宾根螨(*Rhizoglyphus robini*)休眠体腹面

*Ap*Ⅱ：足Ⅱ表皮内突；Ⅲ，Ⅳ：足Ⅲ、足Ⅳ基节板

(仿 李朝品 沈兆鹏)

幼螨：相对于躯体的大小，第三背毛(d_3)和前侧毛(*la*)较其他发育期长；有基节杆，末端圆且光滑。

30. 水芋根螨(*Rhizoglyphus callae* Oudemans，1924)

形态特征：形态与罗宾根螨(*Rhizoglyphus robini*)相似。躯体椭圆形，雄螨体长650～700 μm，雌螨体长680～720 μm。表皮白色，表面光滑，螯肢及足呈淡红色至棕色。背面前足体板长方形，后缘稍不规则。

雄螨：与罗宾根螨(*Rhizoglyphus robini*)的不同点为顶外毛(*ve*)为微小刚毛，着生在前足体板的侧缘中央。背刚毛光滑，无栉齿，长度超过体长的1/10。支持阳茎的支架叉的分开角度较大(图3.144，图3.145)。

雌螨：与雄螨相似，不同点为交配囊被一个骨化明显的环包围，且直接与较大的形状不规则的受精囊相通。

休眠体：圆形或椭圆形，长250～370 μm，黄褐色，背腹扁平，口器退化，生殖孔下方有数对肛吸盘，足Ⅰ、足Ⅱ显著缩短(图3.146，图3.147)。

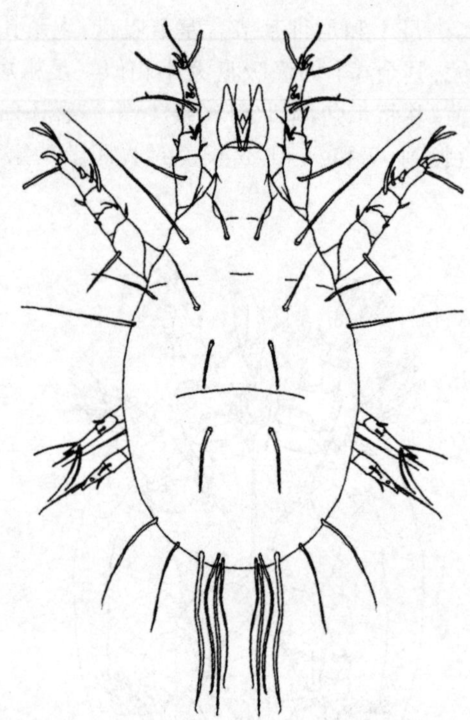

图3.144 水芋根螨(***Rhizoglyphus callae***)(♂)背面
(仿 李朝品 沈兆鹏)

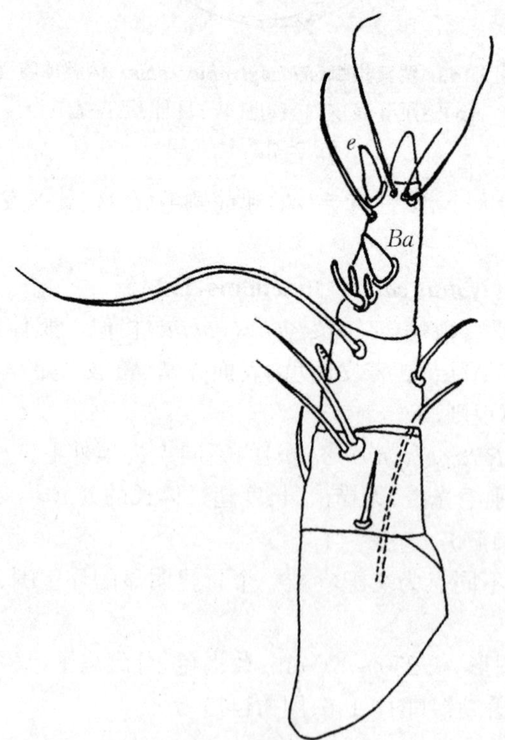

图3.145 水芋根螨(***Rhizoglyphus callae***)右足Ⅰ背面
e,*Ba*:跗节刺
(仿 李朝品 沈兆鹏)

图3.146 水芋根螨(***Rhizoglyphus callae***)休眠体背面
(仿 李朝品 沈兆鹏)

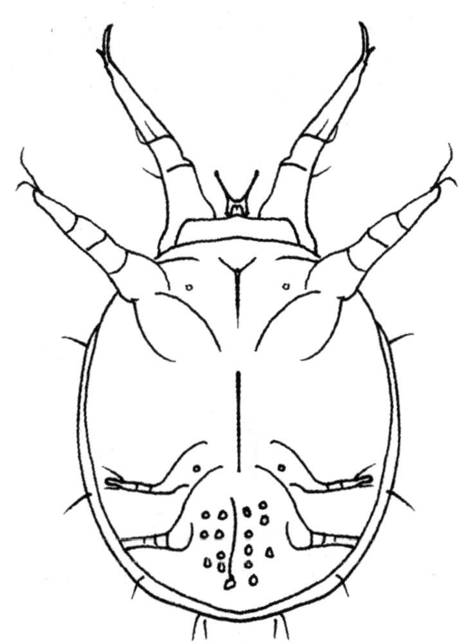

图3.147 水芋根螨(***Rhizoglyphus callae***)休眠体腹面
(仿 李朝品 沈兆鹏)

31. 刺足根螨(*Rhizoglyphus echinopus* Fumouze et Robin, 1868)

形态特征：雄螨躯体椭圆形，体壁较厚，乳白色或淡黄色，长595～713 μm，宽368～503 μm。雌螨囊状，乳白色，长780～851 μm，宽503～603 μm。雄螨前半体和后半体之间具一横沟。

雄螨：颚体螯肢长119～132 μm，着生螯肢腹毛和须肢基节上毛。前半体和后半体之间具一横沟。前足体背板长132～149 μm，有凹痕，后缘有缺刻。顶内毛(*vi*)长100～130 μm，毛间距为14～15 μm；顶外毛(*ve*)长11～16 μm，毛间距为98～112 μm；胛内毛(*sci*)长50～89 μm，毛间距55～70 μm；胛外毛(*sce*)长215～268 μm。*sci*-*sce*间距45～66 μm。格氏器分叉显著，基节上毛(*scx*)宽厚、顶端常常分叉。第一背毛(d_1)长65～122 μm，d_1-d_1间距145～157 μm；肩内毛(*hi*)长87～125 μm，肩外毛(*he*)长183～257 μm；后半体第一排第三列毛(*sh*) 57～117 μm；第二背毛(d_2)48～121 μm，d_2-d_2间距97～104 μm；前侧毛(*la*)97～140 μm，*la*远离末体腺(*gla*)；第三背毛(d_3)88～148 μm，d_3-d_3间距97～103 μm；后侧毛(*lp*)110～198 μm；骶外毛(*sae*)103～183 μm；第四背毛(d_4)133～268 μm；骶内毛(*sai*)145～220 μm。跗节爪大而粗，基部有一根圆锥形刺。足Ⅰ上各毛长度及特征：背中毛(*Ba*)圆锥状，14～16 μm；跗节感棒ω_1 19～21 μm、ω_2 8 μm、第二背端毛(*e*)19～20 μm、腹中毛(*w*)12～14 μm；胫节感棒(φ)108～125 μm，胫节毛*gT*刺状，*hT*锥状；膝节感棒σ_1 38～40 μm，σ_2 36～39 μm，膝节毛*cG* 17～18 μm，*mG* 16～18 μm；股节毛*vF* 60～70 μm。生殖孔位于足Ⅲ、足Ⅳ基节之间，阳茎呈宽圆筒形。雄螨肛门周围具有1对肛吸盘(图3.148A)。

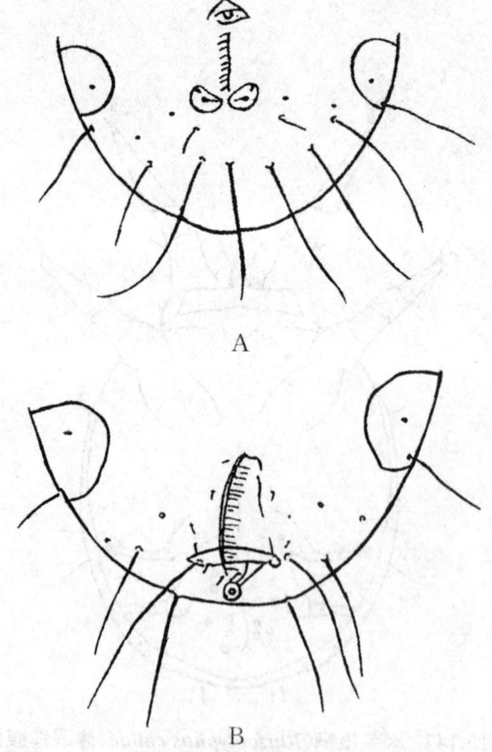

图3.148 刺足根螨(*Rhizoglyphus echinopus*)腹面

A. 雄螨后半体腹面；B. 雌螨末体腹面

(仿 李朝品 沈兆鹏)

雌螨：囊状，乳白色，螯肢钳状，动趾腹面基部具有一小刚毛。颚体底部有1对鞭状腹毛。须肢基节上具有一刺状毛。须肢末端分成2小节。前足体背板呈长方形，后缘稍不规则，有缺刻（图3.149）。顶内毛（*vi*）长109～145 μm，位于前足体中线位置，基部在颚体上方，间距16～18 μm；顶外毛（*ve*）长14～19 μm，位于螯肢两侧或稍后位置；胛外毛（*sce*）较长，约为257 μm；胛内毛（*sci*）较短，约为75 μm；胛毛着生于前足体背面后缘，排成横列。格氏器末端分叉明显：足Ⅰ基节上毛（*scx*）粗大，马刀形，末端分叉；后半体第三背毛（d_3）较长，几乎与d_3-*lp*间距等长（图3.148B）。足呈红棕色，粗短。足Ⅰ和足Ⅱ跗节背中毛（*Ba*）圆锥状，胫节毛*gT*刺状，*hT*锥状，其余各毛正常。生殖区位于足Ⅲ、足Ⅳ基节之间，具生殖褶。生殖孔具1对生殖毛。肛孔周围具6对肛毛，交配囊呈横向囊状，紧接于肛孔的后端，有一较大的外口。输卵管骨片呈"Y"形（图3.150）。

若螨：体长200～300 μm，体白色、半透明，体形与成螨相似，近椭圆形，足4对，色浅。

卵：呈乳白色，椭圆形，半透明，长150～190 μm。

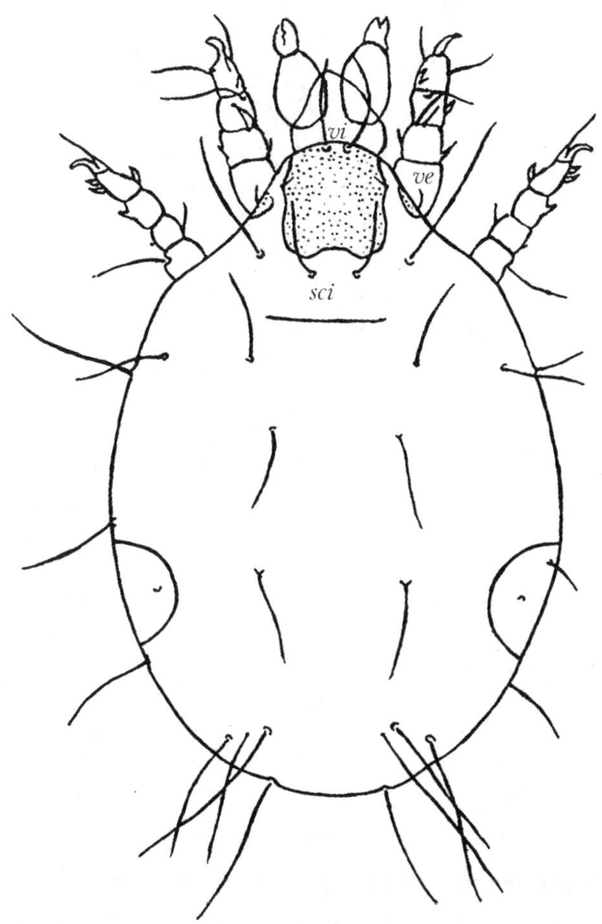

图3.149　刺足根螨（*Rhizoglyphus echinopus*）（♀）背面

ve，*vi*，*sci*：躯体刚毛

（仿 李朝品 沈兆鹏）

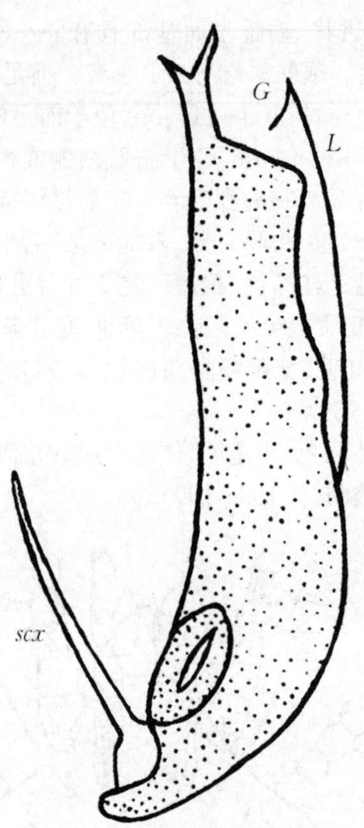

图3.150 刺足根螨(*Rhizoglyphus echinopus*)(♀)侧骨片、格氏器和基节上毛

L:侧骨片;*G*:格氏器;*scx*:基节上毛

(仿 李朝品 沈兆鹏)

32. 大蒜根螨(*Rhizoglyphus allii* Bu et Wang, 1995)

形态特征:躯体较为狭长,囊状,乳白色。雄螨体长450~462 μm,宽222~252 μm;雌螨体长414~612 μm,宽210~288 μm。胛内毛(*sci*)退化,体毛纤细,格氏器分叉。

雄螨(图3.151,图3.152):顶内毛(*vi*)长69~79 μm,基部相接但不相连,间距为7~10 μm,顶外毛(*ve*)长4~5 μm,着生于背板的两侧前1/3处;胛外毛(*sce*)长134~142 μm,胛内毛(*sci*)为微毛状;基节上毛(*scx*)长32~37 μm,刚毛状,着生于侧骨片外端下方;格氏器顶端分叉(图3.153)。前足体两侧有1对隙孔,末体两侧有1对体腺和1对隙孔。背毛长度:d_1 8~9 μm,d_2 9~10 μm,d_3 37~47 μm,d_4 112~128 μm,肩内毛(*hi*)长8~10 μm,肩外毛(*he*)长93~99 μm;前侧毛(*la*)长16~18 μm,后侧毛(*lp*)长81~90 μm,骶外毛(*sae*)长78~83 μm,骶内毛(*sai*)长95~121 μm,*la-L*(末体腺)的距离约为27 μm,*lp-L*的距离约为84 μm。足Ⅰ各毛的长度:背中毛(*Ba*)12~14 μm;跗节感棒ω_1 14~17 μm,ω_2 7~9 μm;跗节芥毛(ε)6~8 μm;胫节感棒(φ)95~99 μm;胫节毛*gT* 16~18 μm,*hT* 11~14 μm,膝外毛(σ_1)26~36 μm,膝内毛(σ_2)22~30 μm;膝节毛*cG* 13~16 μm,*mG* 8~10 μm;股节毛(*vF*)50~57 μm。足Ⅳ跗节腹面有2个大的跗节吸盘,其直径与跗节宽度相当(图3.154)。生殖区位于左右足Ⅳ基节之间,肛区具1对半圆形的肛吸盘,其上的1对肛毛*a*长8~10 μm,为短刺状。肛后毛(*pa*)3对,pa_1与pa_3几乎等长,pa_2长117~120 μm,其长度为pa_1或pa_3的5倍多。

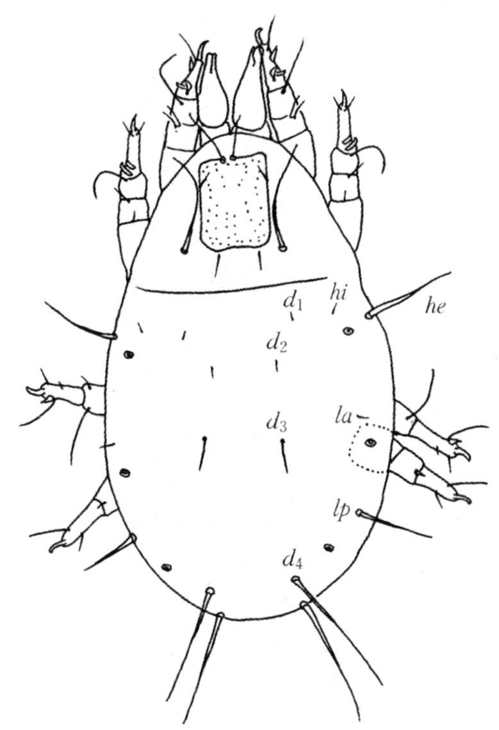

图 3.151　大蒜根螨（*Rhizoglyphus allii*）同型（♂）背面

he，*hi*，$d_1 \sim d_4$，*la*，*lp*：躯体的刚毛

（仿 李朝品 沈兆鹏）

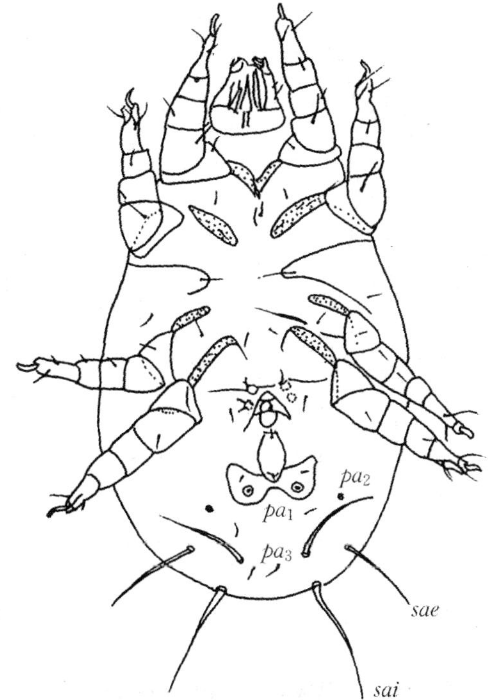

图 3.152　大蒜根螨（*Rhizoglyphus allii*）同型（♂）腹面

$pa_1 \sim pa_3$，*sae*，*sai*：躯体的刚毛

（仿 李朝品 沈兆鹏）

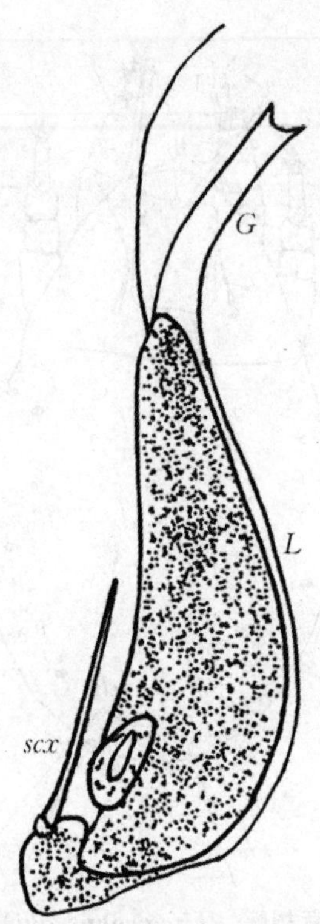

图3.153　大蒜根螨（*Rhizoglyphus allii*）同型（♂）侧骨片、格氏器和基节上毛

L：侧骨片；*G*：格氏器；*scx*：基节上毛

（仿 李朝品 沈兆鹏）

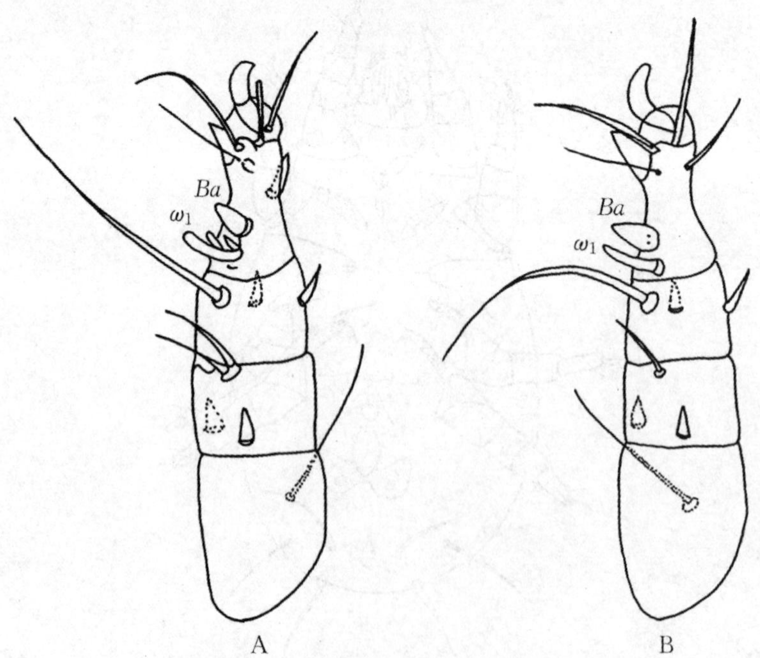

图3.154　大蒜根螨（*Rhizoglyphus allii*）足

A. 雄螨足Ⅰ背面；B. 雄螨足Ⅱ背面

Ba：背中毛；ω_1：第一感棒

（仿 李朝品 沈兆鹏）

雌螨:前足体背板长方形,后缘较平直。顶内毛(vi)长89~95 μm,基部间距7~9 μm;顶外毛(ve)长5~6 μm,着生于背板两侧前方1/3处;胛外毛(sce)长148~177 μm,胛内毛(sci)长2~3 μm;基节上毛(scx)长30~47 μm,刚毛状,着生于侧骨片下端外侧;格氏器顶端分叉。背毛d_1 10~11 μm,d_2 11~12 μm,d_3 41~61 μm,d_4 99~126 μm;肩内毛(hi)9~10 μm,肩外毛(he)100~128 μm;前侧毛(la)14~22 μm,后侧毛(lp)89~99 μm;骶外毛(sae)79~86 μm,骶内毛(sai)99~125 μm;la-L的距离约为35 μm,lp-L的距离约为70 μm(图3.155)。足Ⅰ各毛长度:背中毛(Ba)12~14 μm,跗节感棒ω_1 18~20 μm,ω_2 7~9 μm;跗节芥毛(ε)6~8 μm;胫节感棒(φ)96~106 μm;膝外毛(σ_1)30~39 μm;膝内毛(σ_2)26~35 μm;胫节毛gT 18~22 μm,hT 10~12 μm;膝节毛cG 16~20 μm,mG 8~10 μm;股节毛(vF)55~63 μm。生殖区位于腹面足Ⅲ、足Ⅳ基节中间。肛毛(a)6对,位于肛孔周围,其中a_2最长,为16~19 μm,a_6次之,为10~12 μm,其余肛毛均较a_6短。肛后毛(pa)1对,长100~144 μm,其长度为a_2的5~9倍(图3.156)。

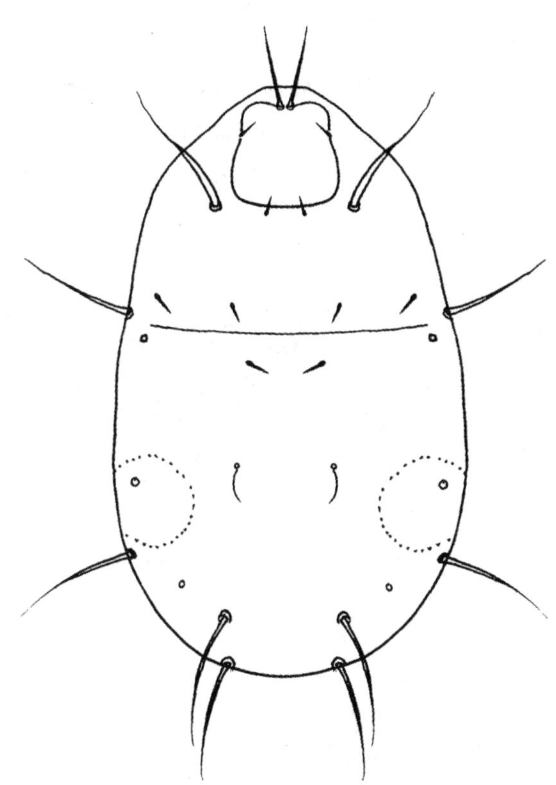

图3.155 大蒜根螨(*Rhizoglyphus allii*)(♀)背面

(仿 李朝品 沈兆鹏)

33. 淮南根螨(*Rhizoglyphus huainanensis* Zhang,2000)

形态特征:雌螨呈囊状,长1 006 μm,宽520 μm。体表及跗肢为深棕色,骨化程度较高。背面表皮不光滑,躯体部有9~14个椭圆形蚀刻痕迹。

雌螨(图3.157):颚体较小,构造正常,背面不易见。螯肢分2节,每节有一微小刚毛,端节有一棒状感觉毛,须肢基部有1对较长刚毛,长10 μm。前足体板近梯形,其长度、上边、下边宽度分别为180 μm、115 μm、150 μm,板上密布微小刻点。顶外毛(ve)为微小毛,位于前

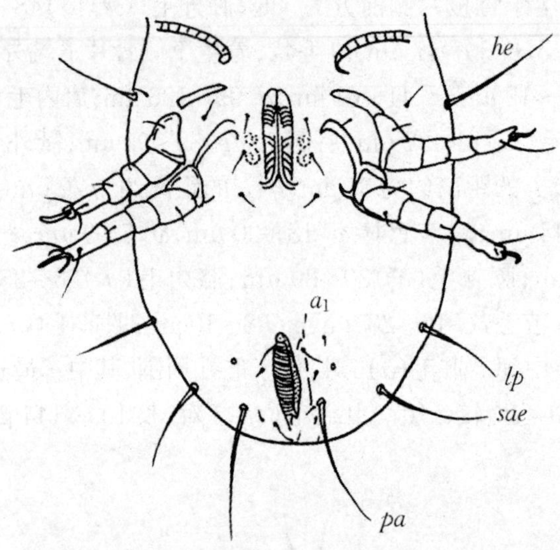

图3.156 大蒜根螨(*Rhizoglyphus allii*)(♀)腹面

he,*lp*,*pa*,*sae*,a_1:躯体的刚毛

(仿 李朝品 沈兆鹏)

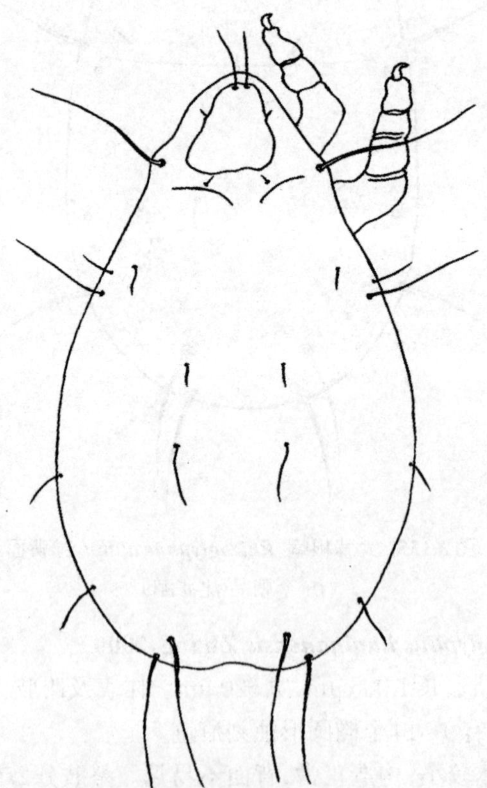

图3.157 淮南根螨(*Rhizoglyphus huainanensis*)(♀)背面

(仿 李朝品 沈兆鹏)

足体板侧缘中部一凹陷处；顶内毛（*vi*）位于前足体板前端。胛外毛（*sce*）粗长，为前足体背部最明显的刚毛，胛内毛（*sci*）位于*sce*内后侧，为微小刚毛，长度近于第一背毛（d_1）。肩内毛（*hi*）粗长，距肩外毛（*he*）距离较近。*he*短小，分颈沟后有4对背毛，其中第一背毛（d_1）和第二背毛（d_2）微小，长度相近，第四背毛（d_4）较长，约为d_1和d_2的3倍，约为第三背毛（d_3）的2倍，延伸于体后。前侧毛（*la*）微小、不明显，后侧毛（*lp*）较长，约为*la*的2倍。骶内毛（*sai*）为长刚毛。未见基节上毛（*scx*）及骶外毛（*sae*）。足粗短，其末端均为一粗壮的爪和爪柄，退化的前跗节包裹柄基部。腹面有5个明显刺，位于柄的基部。足Ⅰ跗节上第一背端毛（*d*）、正中端毛（*f*）、侧中毛（*r*）均弯曲，顶端稍膨大，第二背端毛（*e*）、腹中毛（*w*）为刺状，背中毛（*Ba*）为粗刺，位于芥毛（ε）之前，感棒ω_1、ω_2与ε较近，ω_3位置正常，胫节上超出爪末端，胫节毛（*gT*）加粗，膝节上膝外毛（σ_1）与膝内毛（σ_2）几乎等长（图3.158）。生殖孔"人"字形，位于足Ⅲ、足Ⅳ间，两侧有2对大而明显的生殖感觉器，生殖孔周围有微小刚毛3对。肛门纵列状，周围有肛毛6对，肛后毛pa_1、pa_2长度分别为40 μm、110 μm。交配囊孔位于躯体末端，被一骨化程度弱的板包围，交配囊由1根细管与受精囊相连（图3.159）。

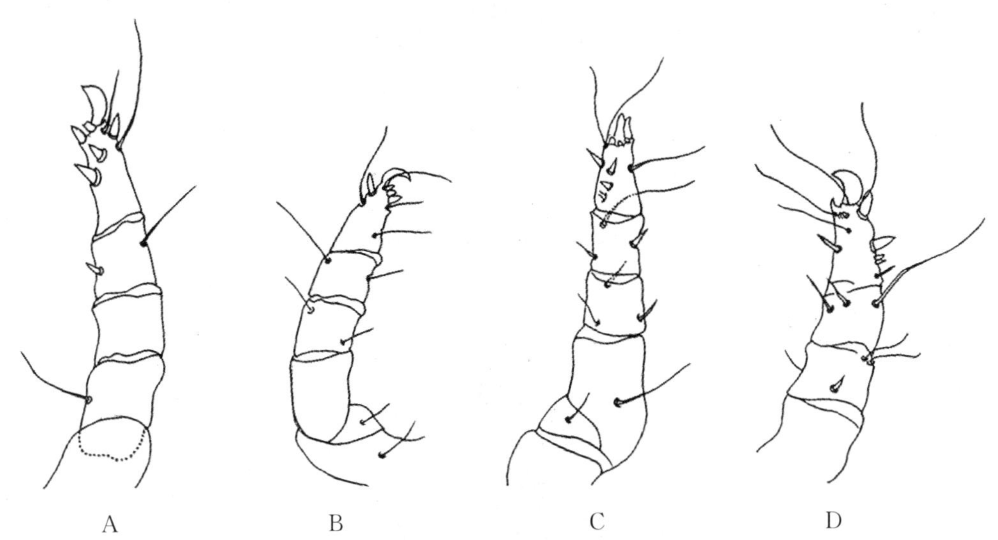

图3.158 淮南根螨（*Rhizoglyphus huainanensis*）足

A. 足Ⅰ；B. 足Ⅱ；C. 足Ⅲ；D. 足Ⅳ

（仿 李朝品 沈兆鹏）

34. 康定根螨（*Rhizoglyphus kangdingensis* Wang，1983）

形态特征：异型雄螨体长708～853 μm，宽442～556 μm，雌螨体长998～1 165 μm，宽565～714 μm。躯体半透明，体表光滑。前足体背板长方形，后缘略凸。足4对，呈红棕色或棕褐色，粗细各不相同。

异型雄螨：形态与雌螨相似（图3.160）。第二背毛（d_3）、第四背毛（d_4）、骶内毛（*sai*）和骶外毛（*sae*）均比雌螨长，分别占躯体的19%～36%、19%～27%、22%～32%、15%～22%。生殖孔位于足Ⅳ基节之间，阳茎顶端直，肛吸盘大，无放射线。肛后毛（*pa*）3对，pa_1和pa_2短，长度分别为19～25 μm、22～28 μm；pa_3长度为161～185 μm，较pa_1长7倍左右。第三对足明显变粗，其长度短于其他3对足。足Ⅲ跗节特化，末端具很大的爪。

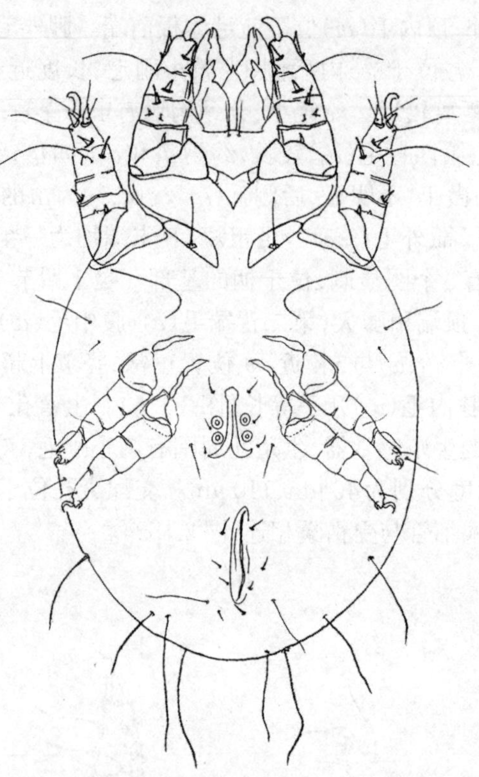

图3.159 淮南根螨(***Rhizoglyphus huainanensis***)(♀)腹面

(仿 李朝品 沈兆鹏)

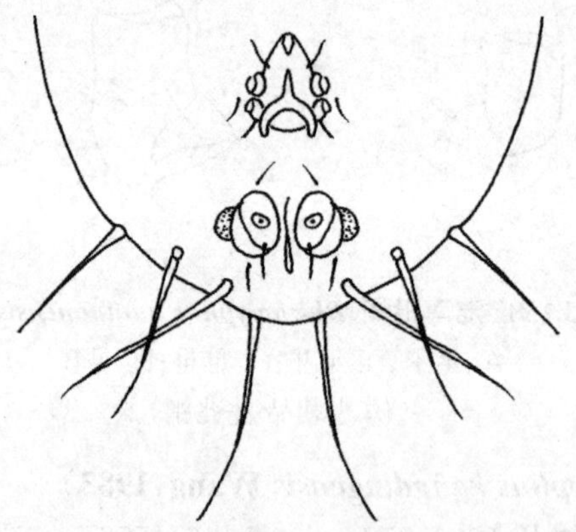

图3.160 康定根螨(***Rhizoglyphus kangdingensis***)异型(♂)腹面

(仿 李朝品 沈兆鹏)

雌螨:顶内毛(*vi*)长68~96 μm,与胛内毛(*sci*)几乎等长,顶外毛(*ve*)微小,位于前足体板侧缘中央,胛内毛(*sci*)长59~93 μm,胛外毛(*sce*)长170~210 μm,约为*sci*的3倍左右(图3.161)。基节上毛(*scx*)34~40 μm,比*sci*短,刚毛状(图3.162)。格氏器端部不分叉。背毛4对,第一背毛(d_1)和第二背毛(d_2)约等长,第三背毛(d_3)与第四背毛(d_4)几乎等长。4对背毛长度分别为31~40 μm、37~49 μm、142~158 μm和136~161 μm,d_3与d_4长度为躯体长度的12%~15%。肩内毛(*hi*)短,长22~40 μm,肩外毛(*he*)、骶内毛(*sai*)和骶外毛(*sae*)较长,长度分别为130~145 μm、161~173 μm和102~121 μm。躯体腹面刚毛,除一对肛后毛(*pa*)较长，可达181～216 μm外，其余刚毛均短。4对足粗细不同，第一对最粗，宽度达68～124 μm；第四对最细，宽约59～68 μm。足Ⅰ跗节的感棒ω_1指状，末端不膨大，背中毛(*Ba*)呈小圆锥刺状，短于感棒(ω_1)，胫节顶毛(φ)较长，长度为96～127 μm，伸出于跗节爪的前端。足Ⅰ膝节顶部背面有一对感棒(σ)，σ_1稍长于σ_2(图3.163)。肛毛(a)6对，其中肛毛a_2、a_3、a_6较长，其余3对肛毛长度不超过10 μm。生殖孔位于足Ⅲ、足Ⅳ基节间，生殖褶大，体内可容纳1～5粒卵(图3.162)。

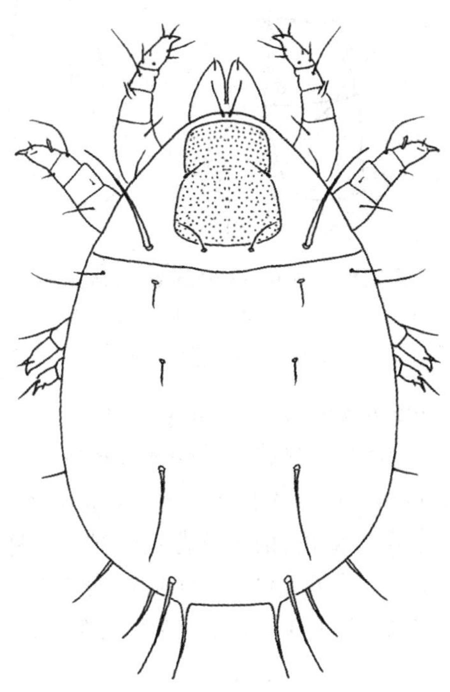

图3.161　康定根螨(*Rhizoglyphus kangdingensis*)(♀)背面

(仿 李朝品 沈兆鹏)

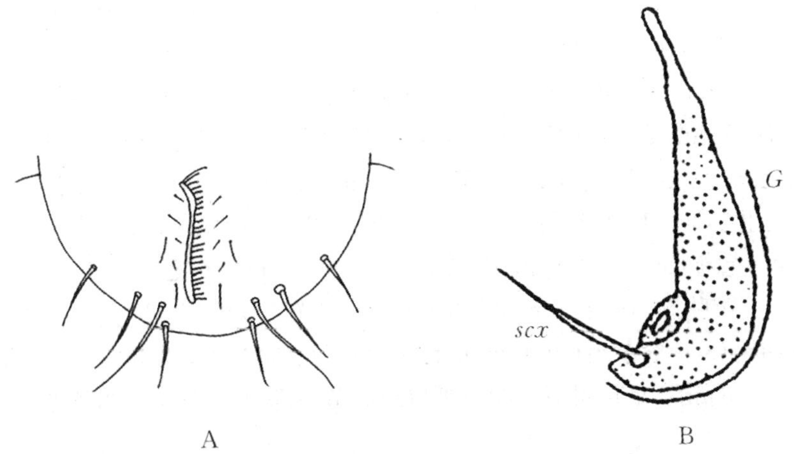

图3.162　康定根螨(*Rhizoglyphus kangdingensis*)(♀)生殖区、基节上毛和格氏器

A. 生殖区；B. 基节上毛和格氏器

(仿 李朝品 沈兆鹏)

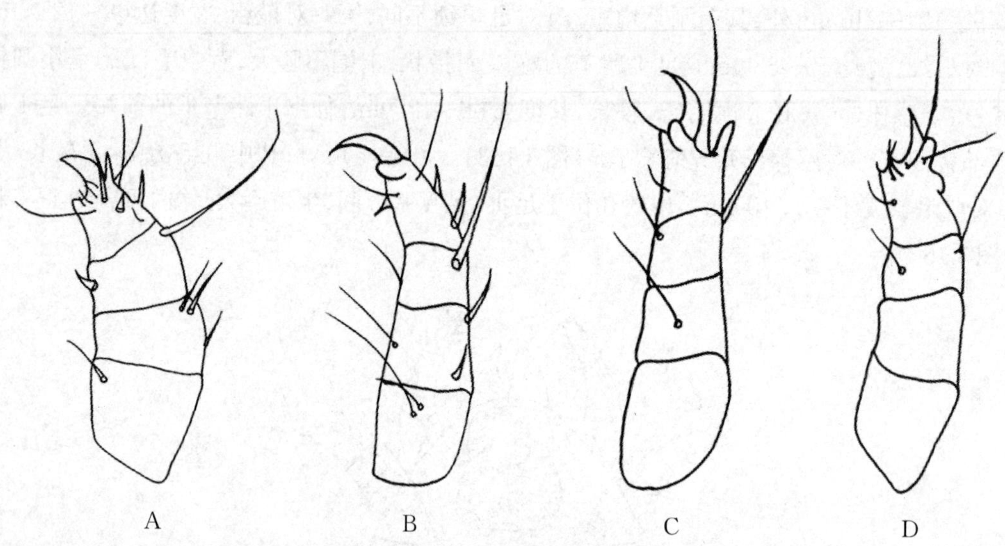

图3.163 康定根螨(*Rhizoglyphus kangdingensis*)(♀)足

A. 足Ⅰ;B. 足Ⅱ;C. 足Ⅲ;D. 足Ⅳ

(仿 李朝品 沈兆鹏)

35. 水仙根螨(*Rhizoglyphos narcissi* Lin et Ding,1990)

形态特征:躯体乳白色,较为细长、囊状。雄螨体长679~786 μm,宽333~400 μm;异型雄螨体长666.50 μm,宽346.58 μm;雌螨体长959~1 146 μm,体宽486~680 μm。格氏器顶端适当分叉。颚体及足赤褐色至黑褐色,前足体背板明显。本种与水芋根螨(*Rhizoglyphos callae*)和罗宾根螨(*Rhizoglyphos robini*)相似。与水芋根螨(*Rhizoglyphos callae*)的区别是胛内毛(*sci*)较短,为基节上毛(*scx*)的1/3~1/2;各背毛也都较短。与罗宾根螨(*R. robini*)的区别在于生殖骨片较宽。

同型雄螨:顶内毛(*vi*)两基部距离较大,16~20 μm(图3.164,图3.165)。生殖骨片较宽,为(50~63) μm ×(38~43) μm。胛内毛(*sci*)短,长度为9~17 μm,为基节上毛(*scx*)的1/3至1/2。除第四背毛(d_4)122~162 μm比雌螨长外,其余各背毛都比雌螨短。顶内毛(*vi*)85~96 μm,第一背毛(d_1)16~23 μm,第二背毛(d_2)19~20 μm,第三背毛(d_3)39~63 μm。肩外毛(*he*)125~149 μm,肩内毛(*hi*)23~26 μm;前侧毛(*la*)16~33 μm,后侧毛(*lp*)75~92 μm,*la*距侧腹腺47~50 μm,*lp*距侧腹腺59~69 μm;骶内毛(*sai*)158~195 μm,骶外毛(*sae*)83~92 μm;肛后毛pa_1 165~175 μm,pa_2 145~165 μm,pa_3 26~30 μm,各足各节毛序:足Ⅰ(3-3-4-1-1)、足Ⅱ(3-2-1-1-1)、足Ⅲ(3-2-2-1-1)、足Ⅳ(2-1-1-1-0)。足Ⅰ跗节背中毛(*Ba*)16~20 μm,跗节第一感棒(ω_1)18~20 μm,第二感棒(ω_2)9~10 μm,芥毛(ε)约3 μm,胫节感棒(φ)115~125 μm,胫节毛*gT* 16~23 μm,*hT* 16~20 μm,膝节毛*mG* 13~17 μm,*cG* 13~17 μm,膝外毛(σ_1)、膝内毛(σ_2)、股节毛(*vF*)、转节毛(*sR*)较短,长度分别为39~50 μm、29~40 μm、56~83 μm、19~26 μm。足Ⅳ跗节交配吸盘位于该节中部(图3.166)。肛吸盘没有辐射状条纹(图3.167)。

异型雄螨:胛内毛(*sci*)和基节上毛(*scx*)短,长度分别为10.66 μm和15.99 μm。胛外毛(*sce*)长826.46 μm,约为*sci*的80倍,顶内毛(*vi*)长493.21 μm。足Ⅲ明显变粗,足Ⅲ跗节特化,末端具很大的爪。

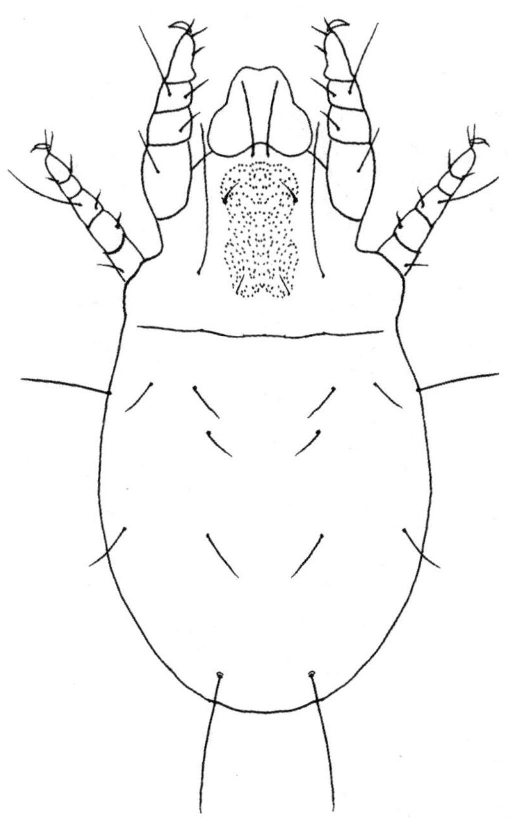

图3.164 水仙根螨(*Rhizoglyphos narcissi*)同型(♂)背面

(仿 李朝品 沈兆鹏)

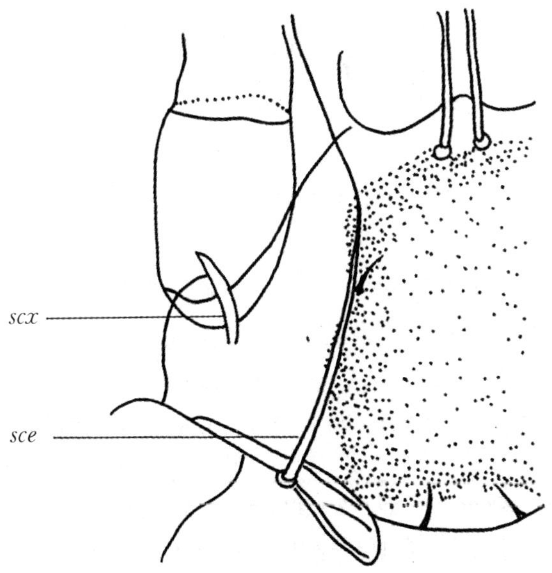

图3.165 水仙根螨(*Rhizoglyphos narcissi*)(♂)刚毛

scx:基节上毛;*sce*:胛外毛

(仿 李朝品 沈兆鹏)

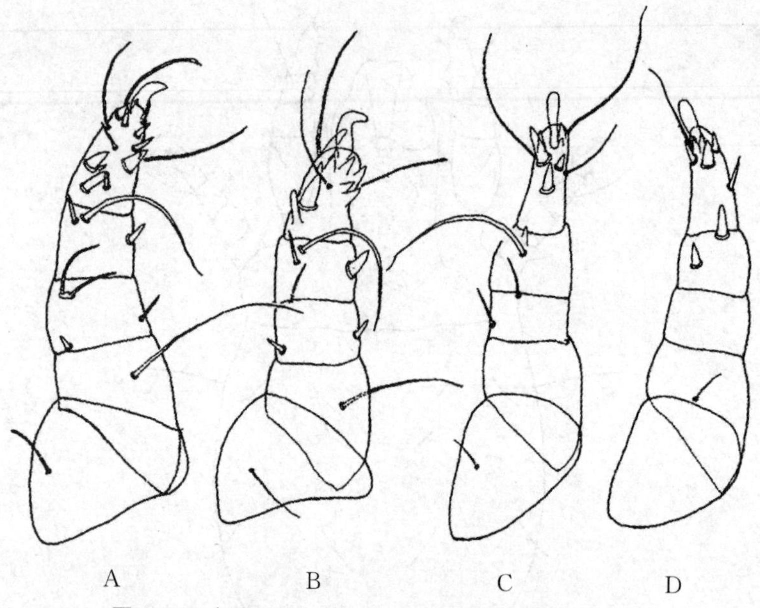

图3.166 水仙根螨(***Rhizoglyphos narcissi***)同型(♂)足

A. 足Ⅰ;B. 足Ⅱ;C. 足Ⅲ;D. 足Ⅳ

(仿 李朝品 沈兆鹏)

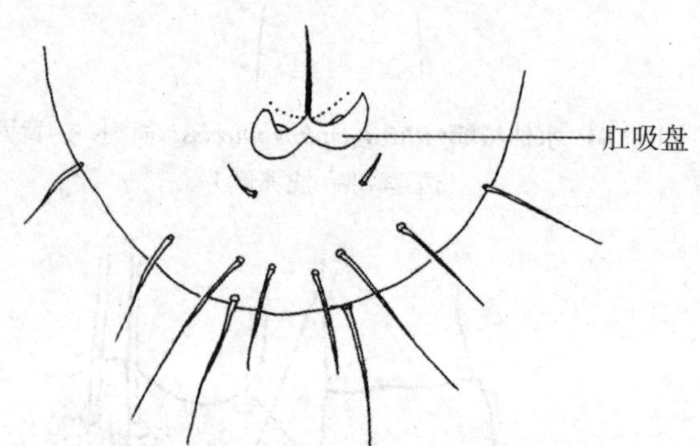

图3.167 水仙根螨(***Rhizoglyphos narcissi***)(♂)肛吸盘

(仿 李朝品 沈兆鹏)

雌螨:前足体背板下部边缘不整齐。一对顶内毛(*vi*)毛基部不相连,距离较大,20 μm。基节上毛(*scx*)弧形,长43~45 μm,胛内毛(*sci*)短,长16~30 μm,仅为*scx*的1/3至1/2。顶外毛(*ve*)微小,其他背毛:胛外毛(*sce*)244~248 μm;第一背毛(d_1)46~50 μm,第二背毛(d_2)26~40 μm,第三背毛(d_3)46~83 μm,第四背毛(d_4)118~145 μm;肩外毛(*he*)145~178 μm,肩内毛(*hi*)23~59 μm;前侧毛(*la*)19~53 μm,后侧毛(*lp*)46~116 μm,*la*、*lp*与侧腹腺等距,骶内毛(*sai*)112~139 μm,骶外毛(*sae*)72~92 μm;肛后毛*pa* 99~165 μm。各足各节毛序:足Ⅰ(3-3-4-1-1)、足Ⅱ(3-3-3-1-1)、足Ⅲ(3-2-2-1-1)、足Ⅳ(2-2-2-1-1)。足Ⅰ跗节背中毛(*Ba*)21~23 μm,跗节第一感棒(ω_1)16~26 μm,第二感棒(ω_2)6~10 μm,芥毛(ε)3 μm,胫节感棒(*φ*)128~149 μm,胫节毛*gT* 23~30 μm,*hT* 20 μm,膝节毛*mG* 16~23 μm,*cG* 16~23 μm,膝外毛(σ_1)46~56 μm,膝内毛(σ_2)40 μm,股节毛(*vF*)82~109 μm,转节毛(*sR*)23~26 μm。交合囊囊状、横向,为(39~43) μm×(75~112) μm。肛裂缝周围有6对短毛(图3.168)。

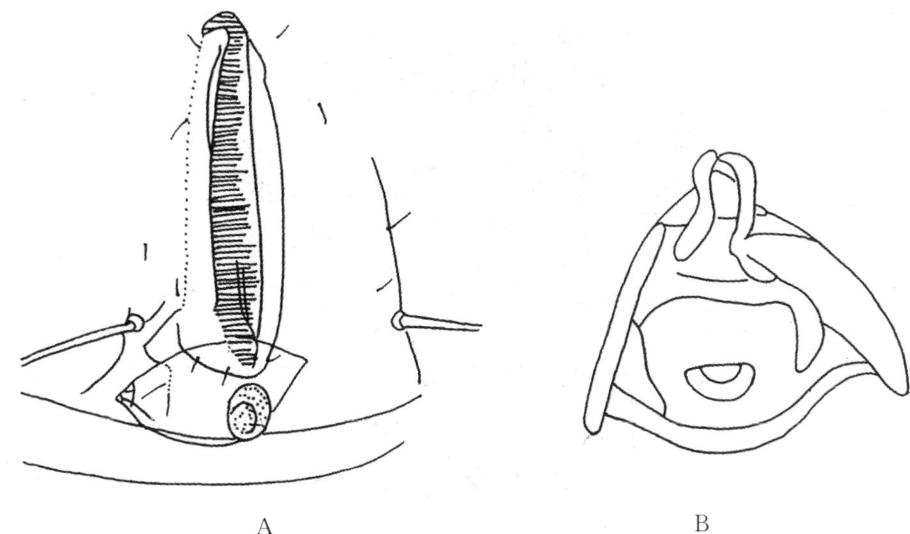

图3.168 水仙根螨(***Rhizoglyphos narcissi***)(♀)肛裂缝和受精囊

A.肛裂缝;B.受精囊

(仿 李朝品 沈兆鹏)

第一若螨:躯体为乳白色、囊状,大小为321 μm×232 μm。

第二若螨:体色深、扁平,大小为321 μm×189 μm,颚体微小,螯肢退化。

第三若螨:躯体为乳白色、囊状,大小为446 μm×312 μm。

36. 猕猴桃根螨(*Rhizoglyphus actinidia* Zhang,1994)

形态特征:躯体无色,光滑,柔软。异型雄螨体长520~650 μm,宽210~260 μm;雌螨体长590~780 μm,宽260~440 μm。躯体背面由一横沟明显分为前足体和后半体,前足体板呈长方形,后缘略不规则。跗肢淡红棕色,螯肢钳状具齿,体背刚毛简单、光滑、较短。该种不具胛内毛,与水芋根螨(*R. callae*)易于区别。该种与罗宾根螨(*R. robini*)相近,其主要区别:① 跗节端毛末端不弯曲膨大;② 胫节感棒(φ)不超过爪端;③ 肛后毛pa_3位于pa_2后;④ 异型雄螨第三对足粗壮肥大。

异型雄螨:末体较短(图3.169);生殖孔位于足Ⅳ两基节间;阳茎支架近圆锥形;2对生殖盘较小;足Ⅲ肥大粗壮,其粗度超过其他3对足的2倍以上,端部具一圆锥状稍弯曲的爪突;腹面后端有1对近圆形的肛吸盘。

未见正常雄螨。

雌螨:末体较长,体躯后端不形成突出的末体板(图3.170,图3.171)。具顶内毛(*vi*),顶外毛(*ve*)缺如;具胛外毛(*sce*),胛内毛(*sci*)缺如。足粗短,在足Ⅰ、足Ⅱ跗节背面后端,背中毛(*Ba*)膨大为锥状刺并与位于该节的感棒(ω_1)接近,跗节端毛(*d*、*f*、*r*)末端尖锐不弯曲膨大,胫节感棒φ刚直,不超过爪的末端。肛后毛3对,pa_3位于pa_2后,这两对肛毛均超出后半体末端,生殖孔位于足Ⅲ、足Ⅳ基节间,生殖缝呈倒"Y"形,具发达的生殖吸盘2对。

37. 长毛根螨(*Rhizoglyphus setosus* Manson,1972)

形态特征:躯体乳白色,囊状。雄螨长595~713 μm,宽368~503 μm;雌螨长499~683 μm,宽307~453 μm。颚体具螯肢腹毛、须肢基节上毛等。

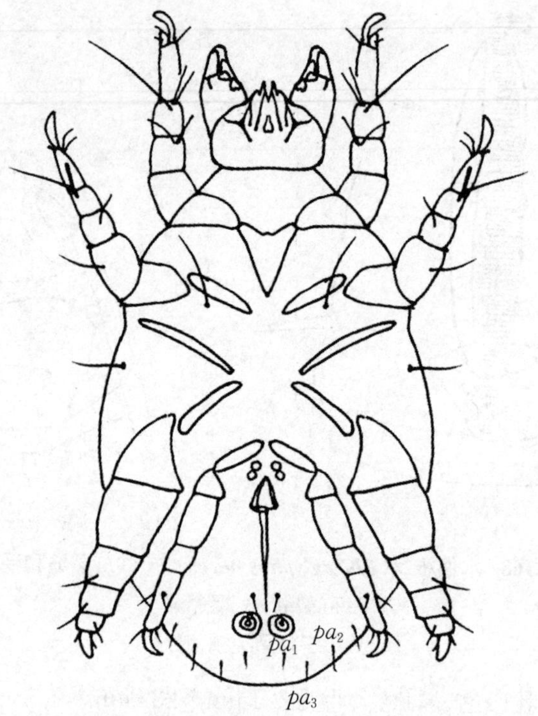

图3.169 猕猴桃根螨（***Rhizoglyphus actinidia***）异型（♂）腹面

pa_1～pa_3：躯体的刚毛

（仿 李朝品 沈兆鹏）

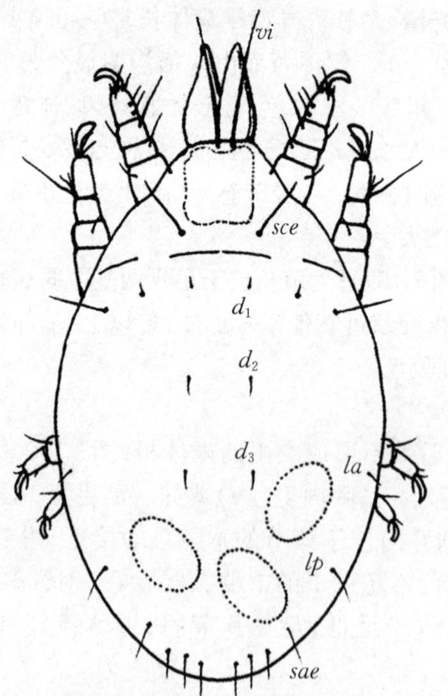

图3.170 猕猴桃根螨（***Rhizoglyphus actinidia***）（♀）背面

vi，sce，d_1～d_3，la，lp，sae：躯体的刚毛

（仿 李朝品 沈兆鹏）

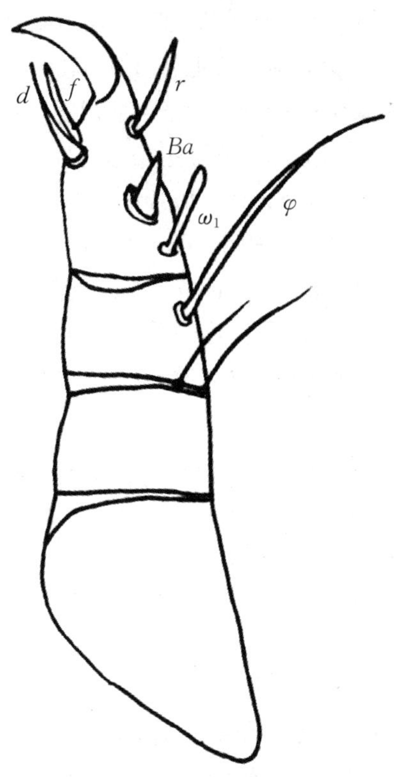

图3.171 猕猴桃根螨(*Rhizoglyphus actinidia*)(♀)左足Ⅰ背面

$d,f,r,\omega_1,\varphi,Ba$:跗节刺

(仿 李朝品 沈兆鹏)

同型雄螨:前足体背板长113～129 μm,有凹痕,后缘有缺刻。顶内毛(*vi*)粗而尖,长90～103 μm,接近于前足体背板;基部间距11～13 μm,约为毛长的1/9;顶外毛(*ve*)长6～9 μm,*ve-ve*间距78～82 μm,约为*ve*长度的10倍;胛内毛(*sci*)微小,长8～13 μm,*sci-sci*间距35～40 μm,约为*ve-ve*间距的一半;胛外毛(*sce*)长201～268 μm,约为前足体背板长的2倍;*sci-sce*间距45～56 μm,较*sci-sci*间距稍宽。格氏器顶端分为两个小分叉,基节上毛(*scx*)纤细、顶端尖,长35～38 μm。第一背毛(d_1)25～35 μm,d_1-d_1间距115～137 μm,为d_1长度的3～5倍;肩内毛(*hi*)37～45 μm,肩外毛(*he*)153～177 μm,后半体第一排第三列毛(*sh*)23～27 μm,第二背毛(d_2)33～41 μm,d_2-d_2间距77～94 μm,为d_2长度的2～3倍;前侧毛(*la*)32～48 μm,*la*远离末体腺(*gla*),*la-gla*间距65～87 μm,与d_2-d_2间距约相等;第三背毛(d_3)88～148 μm,d_3-d_3间距87～103 μm,后侧毛(*lp*)、骶外毛(*sae*)、第四背毛(d_4)和骶内毛(*sai*)均较长,长度分别为110～183 μm、103～183 μm、167～198 μm和155～178 μm。腹面,肛吸盘具放射状条纹。足Ⅰ上各毛长度同雌螨。

雌螨:前足体背板长118～130 μm,有凹痕,后缘有缺刻。顶内毛(*vi*)长67～103 μm,基部间距8～13 μm,顶外毛(*ve*)长5～9 μm,基部间距72～98 μm,胛内毛(*sci*)微小,长8～10 μm,*sci-sci*间距40～45 μm,胛外毛(*sce*)长168～201 μm,*sci-sce*间距60～66 μm。格氏器顶端分为两个小分叉,基节上毛(*scx*)纤细,为45～57 μm。第一背毛(d_1)30～45 μm,d_1-d_1间距103～121 μm,肩内毛(*hi*)45～63 μm,肩外毛(*he*)151～163 μm,后半体第一排第三列毛(*sh*)

28～40 μm,第二背毛(d_2)48～71 μm,d_2-d_2间距87～142 μm。前侧毛(la)30～38 μm,la远离末体腺(gla)。la-gla间距24～54 μm,第三背毛(d_3)91～109 μm,d_3-d_3间距85～127 μm,后侧毛(lp)92～128 μm,骶外毛(sae)87～125 μm,第四背毛(d_4)131～168 μm,骶内毛(sai)155～201 μm。具6对肛毛,a_1粗长,a_2比a_1稍短些,a_1 53～63 μm,a_2 30～40 μm,a_3 12～16 μm;肛后毛pa_1 13～20 μm,pa_2 13～20 μm,pa_3 17～19 μm。输卵管小骨片1对,呈"U"形,横向相对,间距22 μm。足Ⅰ毛长:圆锥状的背中毛(Ba)、跗节感棒ω_1、ω_2、第二背端毛(e)、腹中毛(w)均短,长度分别为17～20 μm、18～21 μm、7～9 μm、25～27 μm和19～21 μm,胫节感棒(φ)105～121 μm,为ω_1长度的5～7倍;胫节毛gT刺状,20～26 μm,hT锥状,16～20 μm,膝外毛(σ_1)32～36 μm,膝内毛(σ_2)36～40 μm,膝节毛cG 18～20 μm,mG 15～20 μm,股节毛(vF)较长,60～75 μm。

第一若螨:体乳白色,囊状,大小为301 μm×202 μm。

第三若螨:体乳白色,囊状,大小为526 μm×264 μm。主要特征为:前足体背板长97 μm,边缘有小凹痕,后缘有缺刻。顶内毛(vi)较粗壮,肩内毛(sci)微小;肩外毛(sce)长。格氏器分叉,基节上毛(scx)细而尖,毛长27 μm。后半体第一排第一列刚毛(c_1)较长,约为第一排第二列刚毛(c_2)的2倍。

幼螨:乳白色,足颜色随着发育逐渐加深。后半体第四排背毛(f_2)和后半体第五排第三列背毛(h_3)缺如,腹毛a_3和a_4缺如。足Ⅰ和足Ⅱ基节间有格氏器,无生殖孔、生殖毛、生殖吸盘、肛毛。c_1与d_1几乎等长,sci退化,c_2、d_2较短,其他各体毛亦较短。

九、狭螨属

狭螨属(*Thyreophagus*)特征:该属螨类呈椭圆形,体透明,体色随所食食物颜色的不同而变化。颚体宽大,无前背板,体表光滑少毛,成螨缺顶外毛(ve)、胛内毛(sci)、肩内毛(hi)、前侧毛(la)、第一背毛(d_1)和第二背毛(d_2)。雄螨体躯后缘延长为末体瓣(opisthosomal lobe, *OL*),末端加厚呈半圆形叶状突,并位于躯体腹面同一水平。雌螨足粗短,每足末端有1爪。足Ⅰ跗节的背中毛(Ba)和la缺如;跗节末端有5个小腹刺,即:p、q、u、v与s。爪中等大小,前跗节大,且很发达,覆盖爪的一半。尚未发现异型雄螨和休眠体。狭螨属(*Thyreophagus*)成螨分种检索表见表3.10。

表3.10 狭螨属(*Thyreophagus*)成螨分种检索表

雄螨末体瓣较大,扁平,后缘加厚;雌螨受精囊颈铃形;雌雄躯体背面刚毛相对较长……………………………………………………………………………………………………食虫狭螨(*T. entomophagus*)

雄螨末体瓣内缩,很短,叶突不明显;雌螨受精囊颈浅漏斗形;雌雄躯体背面刚毛相对较短……………………………………………………………………………………………………伽氏狭螨(*T. gallegoi*)

38. 食虫狭螨(*Thyreophagus entomophagus* Laboulbene,1852)

形态特征:躯体椭圆形或近似椭圆形,体长290～610 μm,体表光滑,雌螨大于雄螨。

雄螨(图3.172):椭圆形,体狭长,体长290～450 μm,表皮无色,光滑,螯肢、足粗短,淡红色,体色随消化道中食物颜色的不同而异。前足体板向后伸至胛毛处。螯肢定趾与动趾间有齿。体缺顶外毛(ve)、胛内毛(sci)、肩内毛(hi)、前侧毛(la)、第一背毛(d_1)、第二背毛(d_2)

和第三背毛(d_3)。腹面有明显尾板——末体瓣,其被一块背板所加强,位于躯体腹面同一水平。顶内毛(vi)着生于前足板前缘缺刻处。胛外毛(sce)最长,几乎为体长的50%。肩外毛(he)较后侧毛(lp)长。基节上毛(scx)曲杆状。背毛(d_4)位于末体瓣的基部。末体瓣腹面的肛后毛pa_1、pa_2为微毛,肛后毛pa_3为长毛,超出躯体后缘。骶外毛(sae)位于肛后毛(pa_2)外侧。发达的侧板与表皮内突愈合。生殖孔位于基节Ⅳ间(图3.173)。前侧有2对生殖毛。末体瓣扁平(图3.174),腹凹,肛门后侧有1对圆形肛门吸盘(图3.175)。末体背板前缘不规则,后缘加厚。足短而粗,各足跗节末端有柄状爪,爪基部被发达的前跗节所包围。足Ⅰ跗节(图3.176)第一感棒(ω_1)顶端变细,第二感棒(ω_2)粗杆状,位于ω_1之前。第一背端毛(d)超出爪末端,正中端毛(f)、侧中毛(r)、腹中毛(w)为细长刚毛,第二背端毛(e)为小刺状跗节。腹端刺5根(p、u、s、v、q),位于爪基部,其中内腹端刺(p)、外腹端刺(q)较小。足Ⅳ跗节很短,与吸盘靠近,足Ⅳ胫节上的胫节感棒(φ)着生位置处有一小刺。

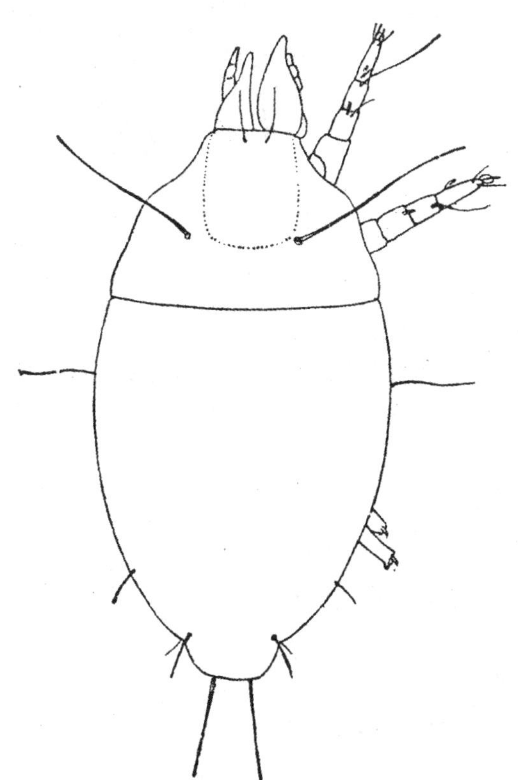

图3.172 食虫狭螨(*Thyreophagus entomophagus*)(♂)背面

(仿 李朝品 沈兆鹏)

雌螨:体比雄螨细长,为455~610 μm。末体后缘尖,不形成末体瓣(图3.177),前足体背毛中顶外毛(ve)与胛内毛(sci)缺如,顶内毛(vi)位于前足体板前缘中央,伸出螯肢末端,胛外毛(sce)长约为体长的40%。后半体背毛中肩内毛(hi)、前侧毛(la)、第一背毛(d_1)和第二背毛(d_2)均缺如。肩外毛(he)与后侧毛(lp)几乎等长。第四背毛(d_4)长度为第三背毛(d_3)的2倍。肛后毛(pa_3)为全身最长毛,几乎为体长的1/2。腹面生殖孔位于足Ⅲ与足Ⅳ基节之间,肛门伸展到体躯后缘。肛门两侧有2对长肛毛。交配囊孔位于体末端,1根环形细管与乳突状受精囊相连(图3.178)。

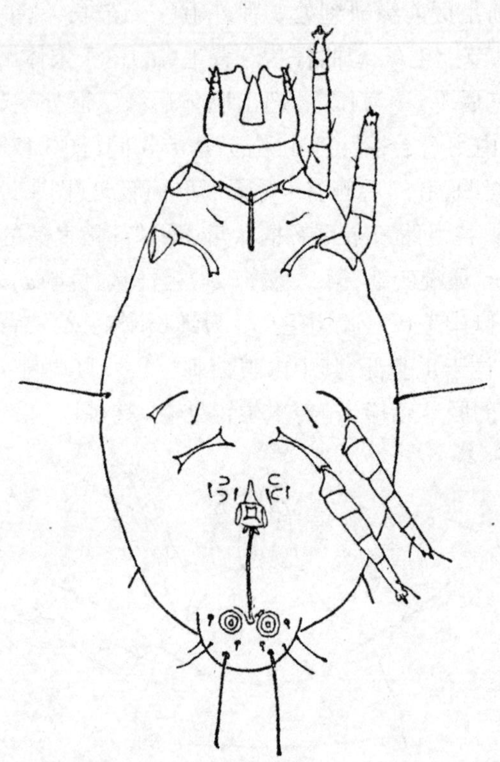

图3.173 食虫狭螨(*Thyreophagus entomophagus*)(♂)腹面
(仿 李朝品 沈兆鹏)

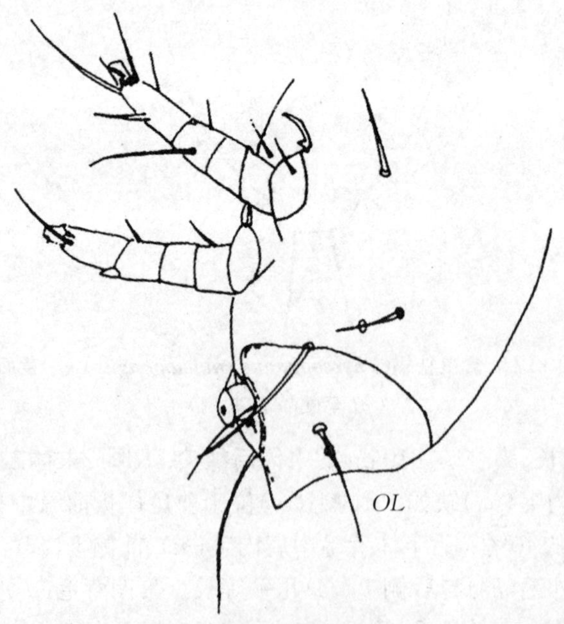

图3.174 食虫狭螨(*Thyreophagus entomophagus*)(♂)躯体后半部侧面
OL:末体瓣
(仿 李朝品 沈兆鹏)

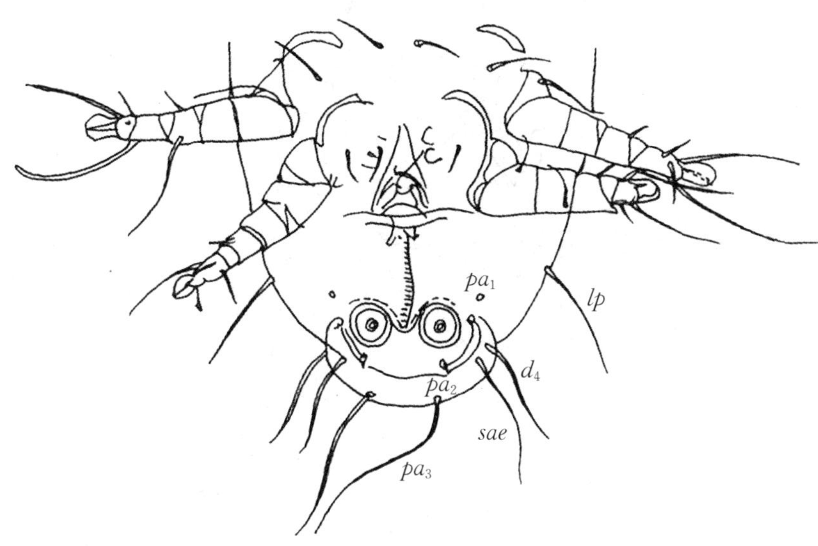

图3.175 食虫狭螨(*Thyreophagus entomophagus*)(♂)躯体后半部腹面

$pa_1 \sim pa_3$,d_4,lp,sae:躯体刚毛

(仿 李朝品 沈兆鹏)

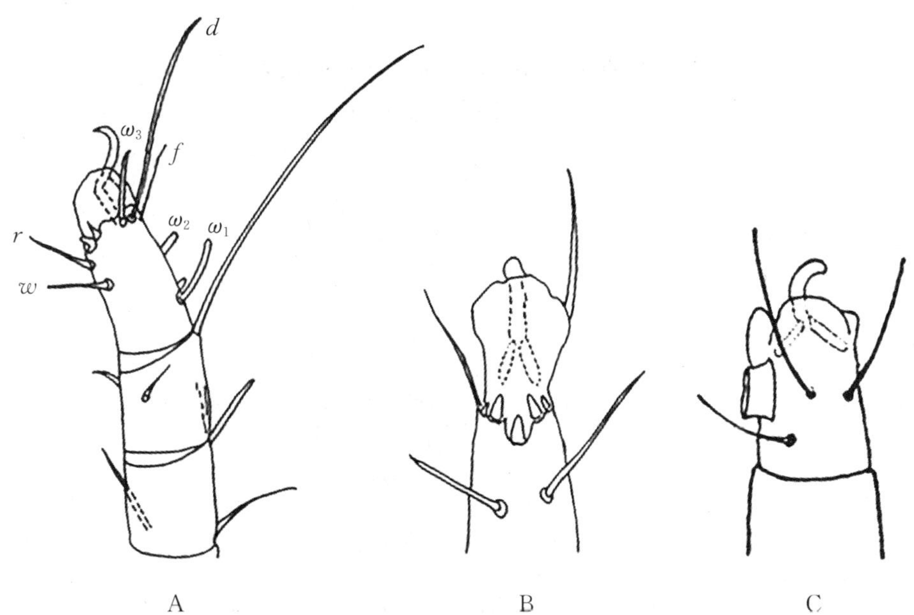

图3.176 食虫狭螨(*Thyreophagus entomophagus*)(♂)足

A. 足Ⅰ跗节侧面;B. 足Ⅰ跗节腹面(5个腹刺);C. 足Ⅳ跗节侧面

$\omega_1 \sim \omega_3$:感棒;d,f,r,w:刚毛

(仿 李朝品 沈兆鹏)

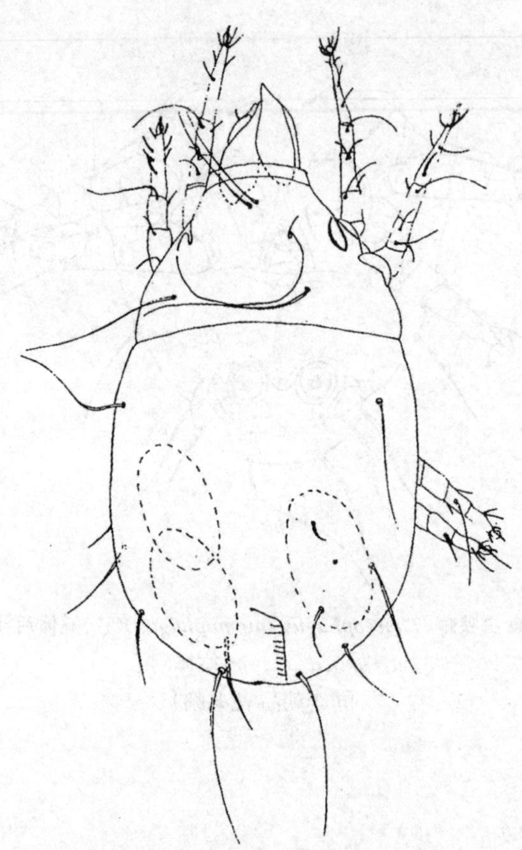

图3.177 食虫狭螨(*Thyreophagus entomophagus*)(♀)背面
(仿 李朝品 沈兆鹏)

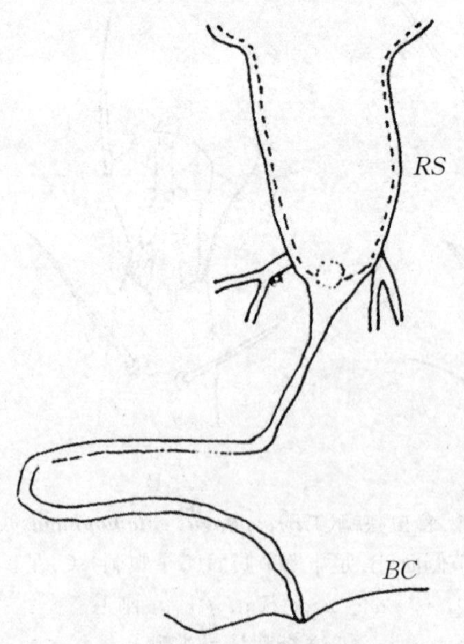

图3.178 食虫狭螨(*Thyreophagus entomophagus*)(♀)生殖系统
BC:交配囊;*RS*:受精囊基部
(仿 李朝品 沈兆鹏)

幼螨:无基节杆。刚毛似成螨,前侧毛(*la*)为细短刚毛。各足前跗节发达。体后缘有1对长刚毛(图3.179)。

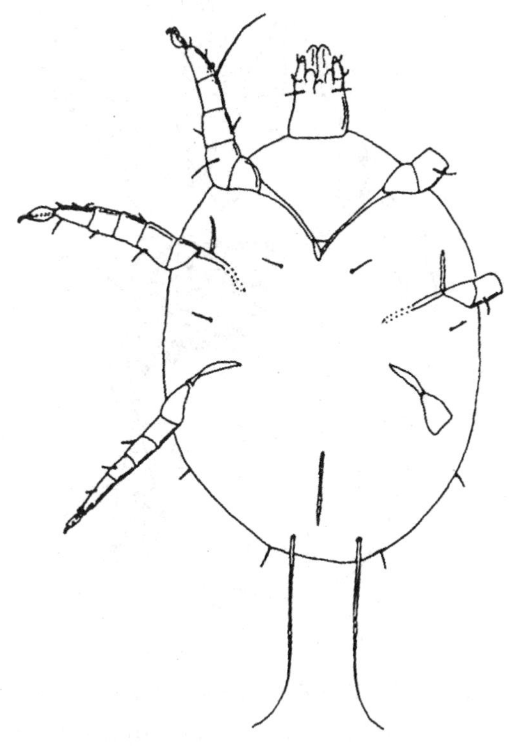

图3.179 食虫狭螨(*Thyreophagus entomophagus*)幼螨腹面
(仿 李朝品 沈兆鹏)

(杜凤霞)

十、皱皮螨属

皱皮螨属(*Suidasia*)特征:躯体表皮有细致的皱纹或饰有鳞状花纹。顶外毛(*ve*)微小,位于前足体板侧缘中央。胛内毛(*sci*)短小,胛外毛(*sce*)是胛内毛(*sci*)长度的4倍以上,位置靠近*sci*。后半体侧面刚毛完全,刚毛光滑且较短。足Ⅰ跗节顶端背刺缺如,有3个明显的腹刺,包括*p*、*s*、*q*;第一感棒(ω_1)呈弯曲长杆状。足Ⅱ跗节第一感棒(ω_1)短杆状,顶端膨大。雄螨躯体后缘不形成末体瓣,可能缺交配吸盘。皱皮螨属分种检索表见表3.11。

表3.11 皱皮螨属分种检索表

*he*显较*hi*长,雄螨无肛门吸盘……………………………………………………………纳氏皱皮螨(*S. nesbitti*)

*he*约与*hi*等长,雄螨有大而扁平的肛门吸盘………………………………………棉兰皱皮螨(*S. medanensis*)

39. 纳氏皱皮螨(*Suidasia nesbitti* Hughes,1948)

形态特征:雄螨长269～300 μm,雌螨长300～340 μm。表皮有纵纹,有时有鳞状花纹,并延伸至末体腹面(图3.180,图3.181),活体时具珍珠样光泽。腹面,表皮内突短(图3.181)。螯肢具齿,腹面具一上颚刺。胛外毛(*sce*)长度为胛内毛(*sci*)长度的4倍以上。肩外毛(*he*)和骶外毛(*sae*)均较长,与胛内毛(*sci*)长度相当;背毛d_1、d_2、d_3、d_4排成直线

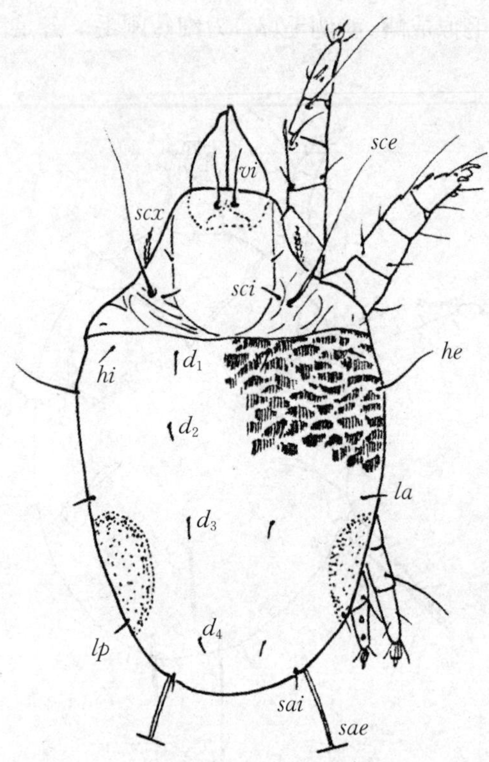

图3.180 纳氏皱皮螨(*Suidasia nesbitti*)(♂)背面

vi,*sce*,*sci*,*he*,*hi*,d_1～d_4,*la*,*lp*,*sae*,*sai*:躯体的刚毛;*scx*:为基节上毛

(仿 李朝品 沈兆鹏)

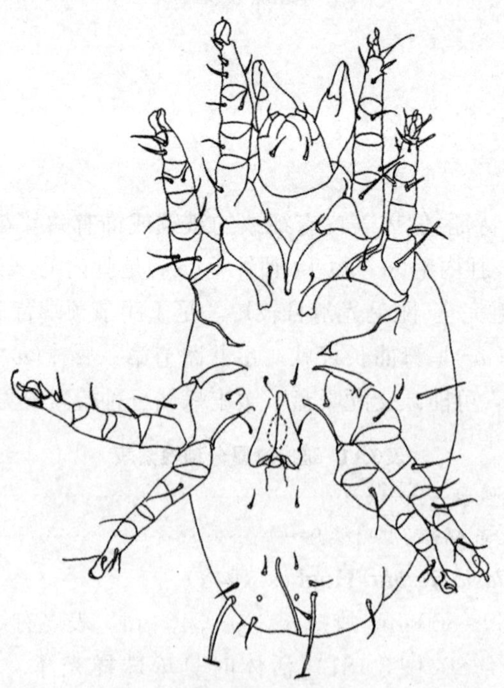

图3.181 纳氏皱皮螨(*Suidasia nesbitti*)(♂)腹面

(仿 李朝品 沈兆鹏)

(图3.182A)。基节上毛(scx)有针状突起且扁平,格氏器为有齿状缘的表皮皱褶(图3.182B)。足粗短,足Ⅰ跗节的第一背端毛(d)较长,超出爪的末端(图3.182C,图3.183);具5个腹端刺(u、v、p、q和s),其中u、v细长,p、q和s为弯曲的刺,s着生在跗节中间。跗节基部的刚毛和感棒较集中,足Ⅰ跗节的第一感棒(ω_1)向前延伸到背中毛(Ba)的基部,足Ⅱ跗节的第一感棒(ω_1)较粗短(图3.184)。足Ⅰ膝节的膝外毛(σ_1)不足膝内毛(σ_2)长度的1/3。足Ⅳ跗节的交配吸盘彼此分离,靠近该节的基部和端部(图3.185,图3.182D)。

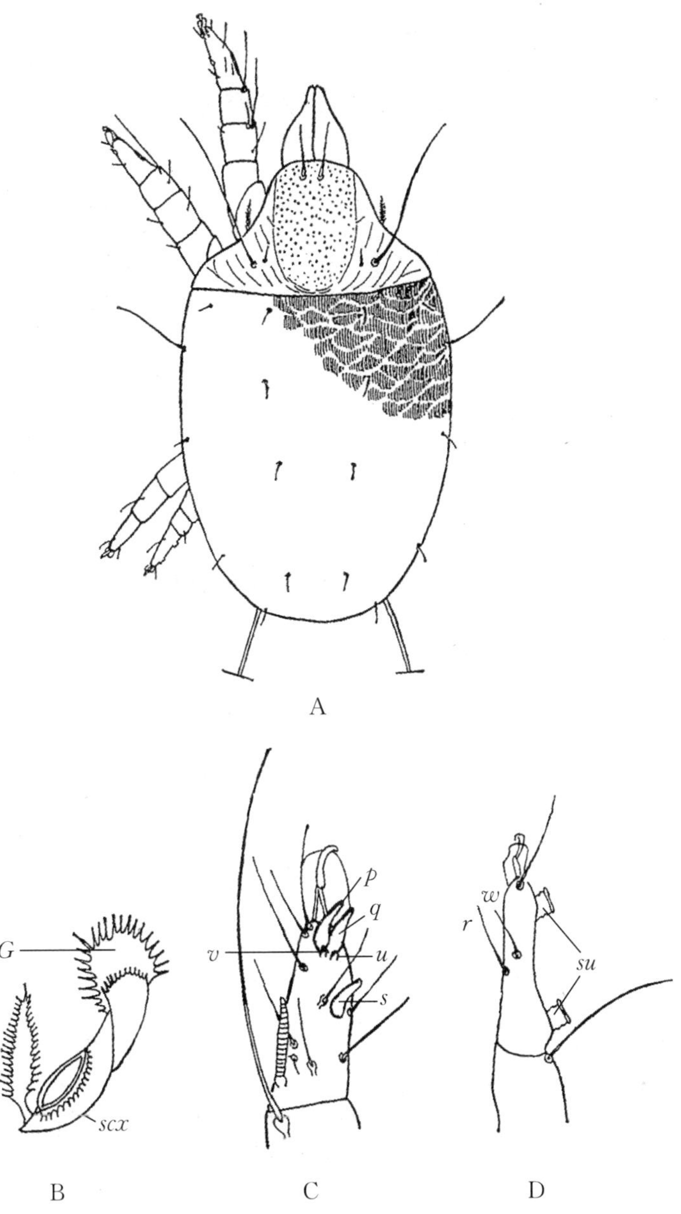

图3.182　纳氏皱皮螨(*Suidasia nesbitti*)及其足、格氏器和基节上毛

A. (♂)背面;B. 格氏器;C. 足Ⅰ跗节腹面;D. 足Ⅳ跗节侧面

w,r:躯体刚毛;su:吸盘;G:格氏器;scx:基节上毛;q,v,s,p,u:腹端刺

(仿 李朝品 沈兆鹏)

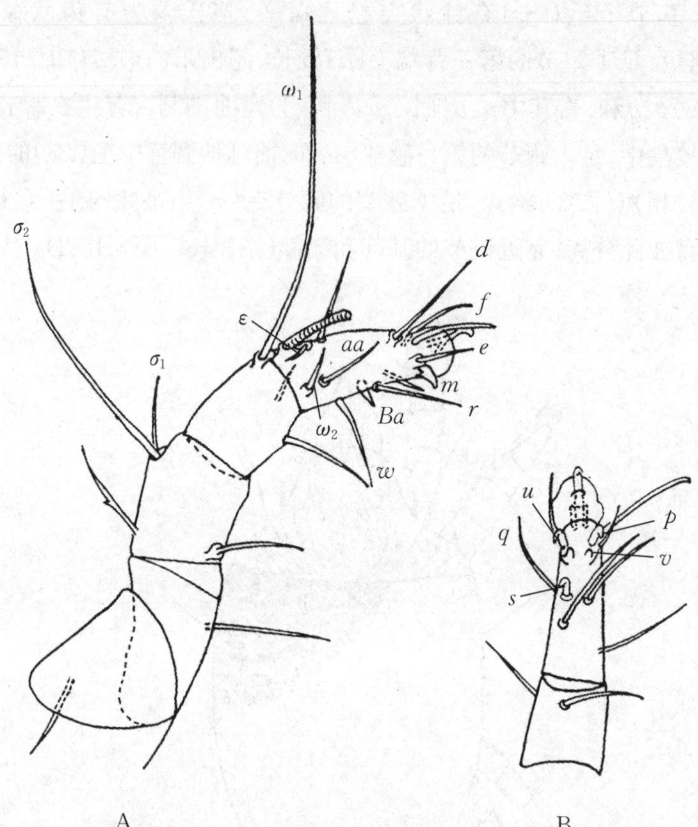

图3.183 纳氏皱皮螨(*Suidasia nesbitti*)足Ⅰ

A. 右足Ⅰ外面;B. 左足Ⅰ胫节和跗节腹面

ω_1,ω_2:感棒;ε:芥毛;

d,*e*,*f*,*aa*,*Ba*,*m*,*r*,*w*,*q*,*u*,*v*,*s*,*p*,σ_1,σ_2:刚毛和刺

(仿 李朝品 沈兆鹏)

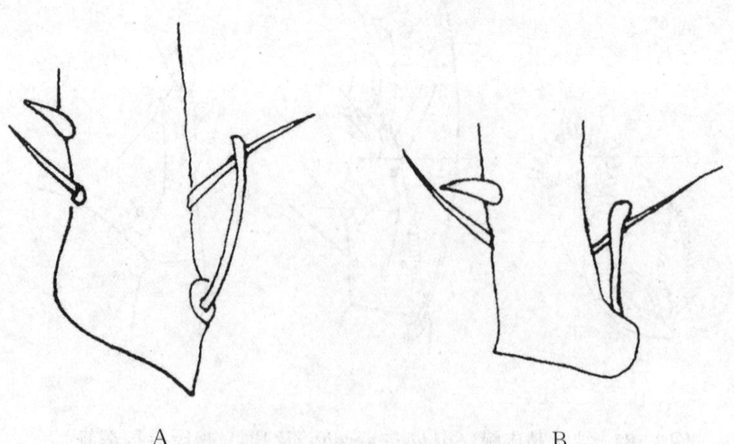

图3.184 纳氏皱皮螨(*Suidasia nesbitti*)(♂)跗节基部

A. 足Ⅰ跗节;B. 足Ⅱ跗节

(仿 李朝品 沈兆鹏)

图3.185 纳氏皱皮螨(***Suidasia nesbitti***)(♂)右足Ⅳ外侧

(仿 李朝品 沈兆鹏)

雄螨:肛门孔周围有肛毛3对。阳茎位于足Ⅳ基节间,为一根长而弯曲的管状物(图3.186)。肛门孔达躯体后缘,肛门吸盘缺如(图3.187A)。

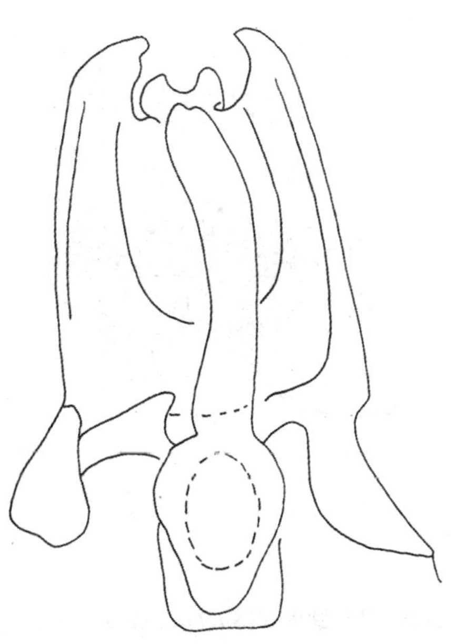

图3.186 纳氏皱皮螨(***Suidasia nesbitti***)(♂)阳茎和骨片

(仿 李朝品 沈兆鹏)

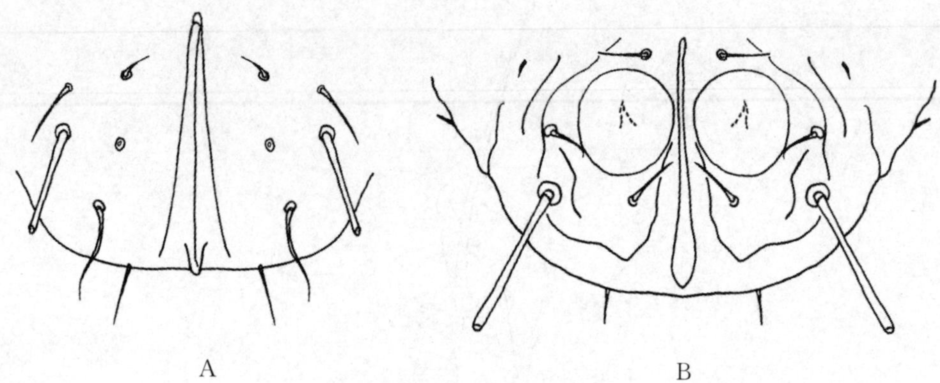

图 3.187 皱皮螨(♂)肛门区

A. 纳氏皱皮螨(*Suidasia nesbitti*);B. 棉兰皱皮螨(*Suidasia medanensis*)

(仿 李朝品 沈兆鹏)

雌螨:肛门孔周围有5对肛毛,第三对肛毛远离肛门。生殖孔位于足Ⅲ、Ⅳ基节间。肛门孔伸达躯体末端(图3.188,图3.189A)。

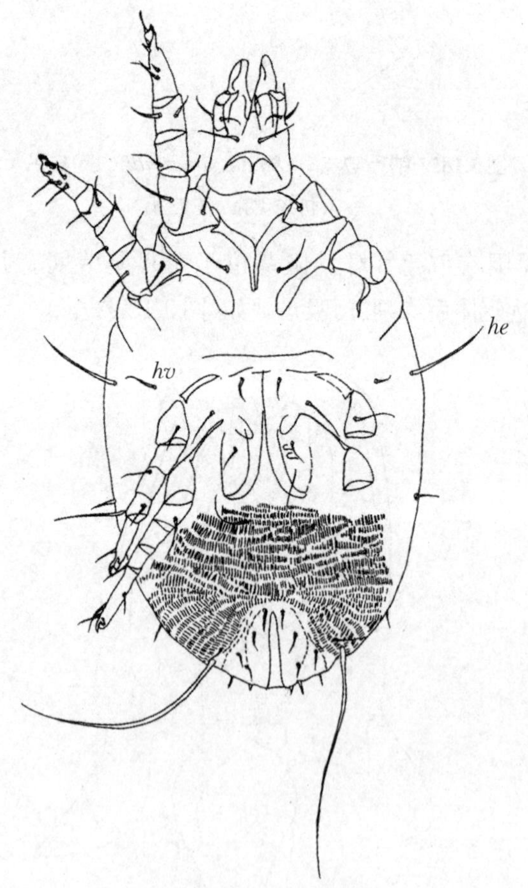

图 3.188 纳氏皱皮螨(***Suidasia nesbitti***)(♀)腹面

hv, *he*:躯体刚毛

(仿 李朝品 沈兆鹏)

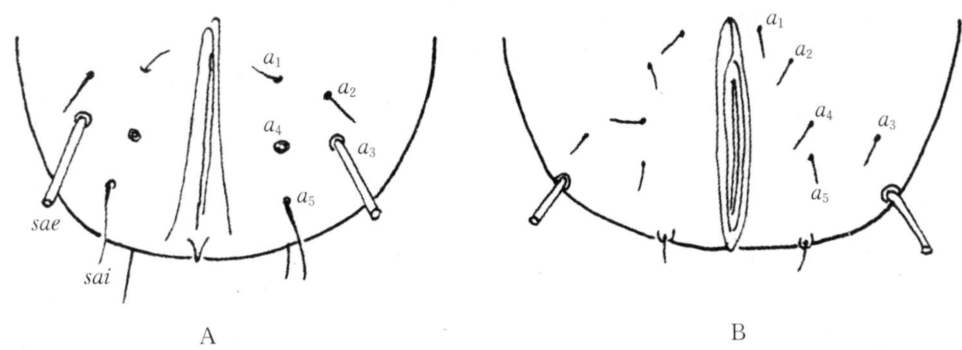

图3.189 皱皮螨(♀)肛门区

A. 纳氏皱皮螨(*Suidasia nesbitti*);B. 棉兰皱皮螨(*suidasia medanensis*)

sae,*sai*:躯体刚毛;a_1~a_5:肛毛

(仿 李朝品 沈兆鹏)

幼螨:躯体长约160 μm,表皮皱纹没有成螨明显(图3.190)。有基节毛(*cx*)而无基节杆(*cR*)。

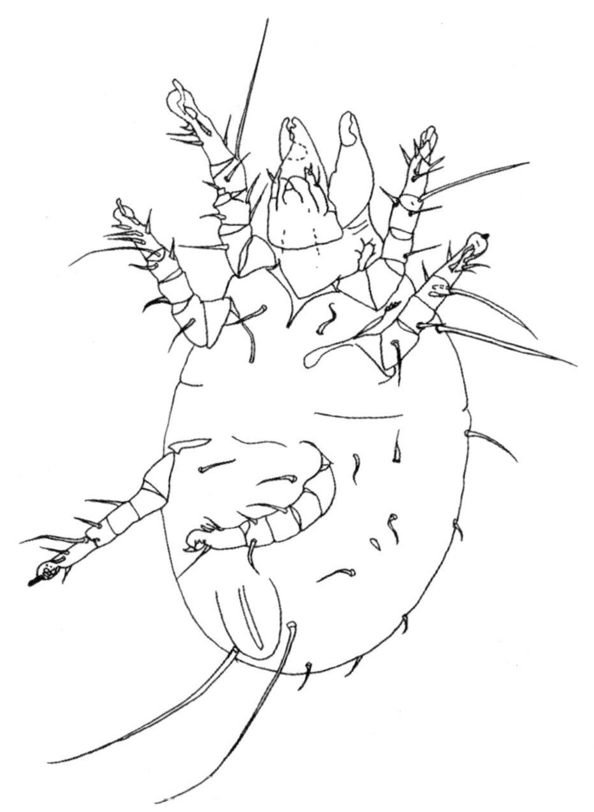

图3.190 纳氏皱皮螨幼螨腹侧面

(仿 李朝品 沈兆鹏)

幼螨静息期:在幼螨变为第一若螨之前,有一个短暂的静息阶段,称为幼螨静息期。幼螨静息期的躯体长约189 μm,3对足向躯体收缩,躯体膨大呈囊状,有珍珠样光泽。各足附节的爪和前附节收缩,末端呈截断状。幼螨静息期不吃不动,用解剖针轻轻拨动也没有反

应,约经25小时后,蜕皮变为第一若螨。

第一若螨:躯体长约195 μm。与幼螨比较,躯体背面的刚毛较长,骶内毛(*sai*)也发育了。腹面有生殖感觉器(*Gs*)1对,有中生殖毛(g_2)1对以及肛后毛1、2各1对。与幼螨一样,第一若螨足的转节Ⅰ～Ⅲ上没有刚毛。

第一若螨静息期:在第一若螨变为第三若螨之前,也有一个短暂的静息阶段,称为第一若螨静息期。第一若螨静息期的躯体长约225 μm。其特征与幼螨静息期一样,躯体膨大呈囊状,4对足向躯体收缩(图3.191)。第一若螨静息期约33小时,经蜕皮后变为第三若螨。

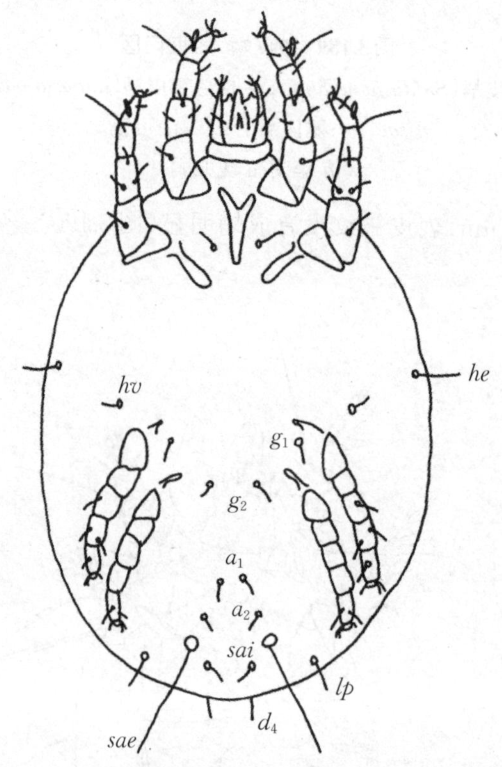

图3.191 纳氏皱皮螨(*Suidasia nesbitti*)第一若螨静息期

he,*hv*,*g*,*sai*,d_4,*sae*,*lp*,a_1,a_2:躯体刚毛

(仿 李朝品 沈兆鹏)

第三若螨:躯体长约320 μm。躯体背面的刚毛已发育完全,毛序与成螨相似。腹面有生殖感觉器(*Gs*)2对;有前、中、后生殖毛(g_1,g_2,g_3)各1对;肛门周围有肛毛1、2、3共3对。第Ⅰ～Ⅲ对足的转节有刚毛1条,但足Ⅳ的转节则无刚毛。

第三若螨静息期:在第三若螨变为成螨之前,也有一个短暂的静息阶段,称为第三若螨静息期。其特征与第一若螨静息期相似,但躯体更膨大呈囊状,4对足向躯体极度收缩。各足跗节的爪和前跗节也收缩,末端呈截断状(图3.192),跗节刺*p*、*q*、*u*、*v*位于跗节的顶端。在第三若螨静息期后期,2对生殖感觉器(*Gs*)已不明显,而出现了雌螨或雄螨生殖器官的雏形,此时可通过透明的皮壳来确定未来成螨的性别。与幼螨静息期和第一若螨静息期一样,第三若螨静息期也是不吃不动的,常钻入缝隙或隐蔽场所进行静息。第三若螨静息期约26小时,经蜕皮后变为成螨。

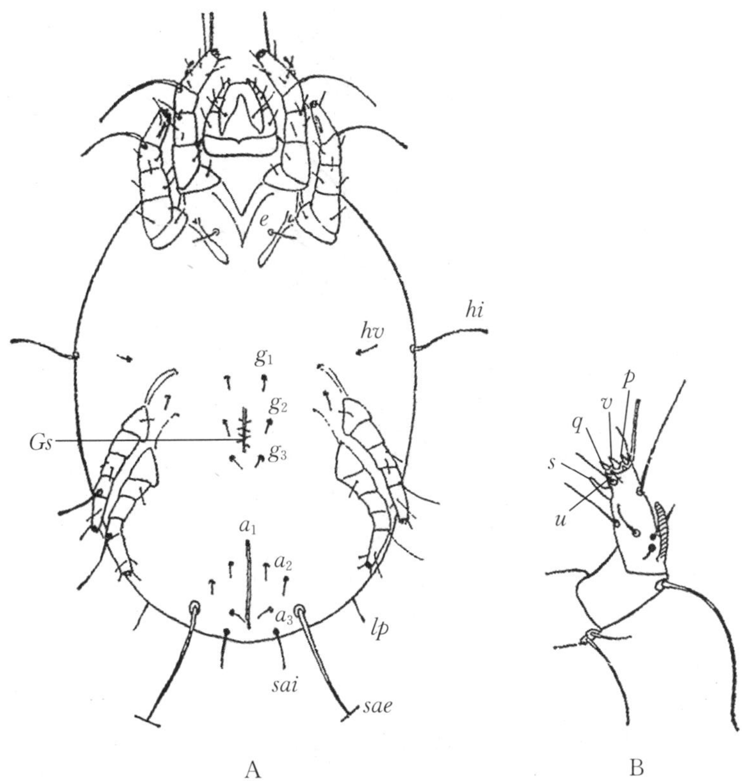

图3.192　纳氏皱皮螨(*Suidasia nesbitti*)第三若螨静息期

e,hv,hi,g_1,g_2,g_3,Gs,sai,sae,lp,a_1,a_2,a_3:躯体刚毛

q,v,s,p,u:腹端刺

(仿 李朝品 沈兆鹏)

40. 棉兰皱皮螨(*Suidasia medanensis* oudemans,1924)

形态特征:雄螨长300～320 μm,雌螨长290～360 μm。与纳氏皱皮螨相似。

雄螨:表皮皱纹鳞片状(图3.193),无纵沟。顶外毛(ve)较靠前,位于顶内毛(vi)和基节上毛(scx)间;肩内毛(hi)和肩外毛(he)等长。肛门孔位于躯体后端,其周围有肛毛3对,吸盘着生在肛门孔的两侧(图3.187B,图3.194)。足Ⅰ外腹端刺(u)、内腹端刺(v)和芥毛(ε)缺如(图3.195)。

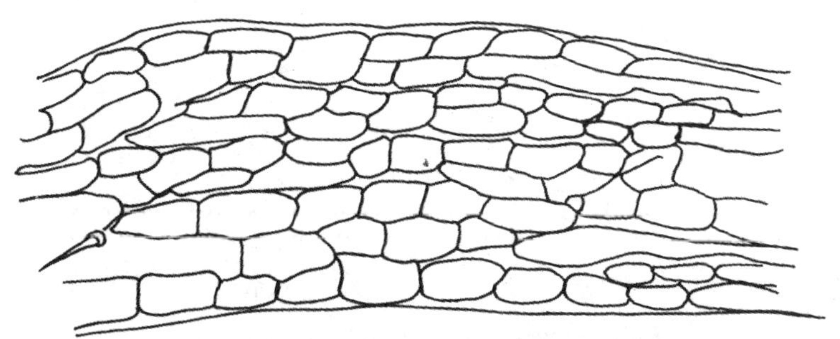

图3.193　棉兰皱皮螨(*Suidasia medanensis*)(♂)周围表皮表面

(仿 李朝品 沈兆鹏)

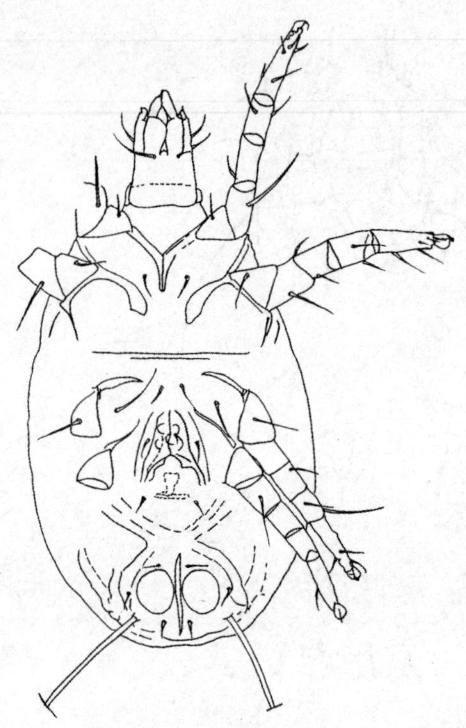

图3.194 棉兰皱皮螨（***Suidasia medanensis***）（♂）腹面

（仿 李朝品 沈兆鹏）

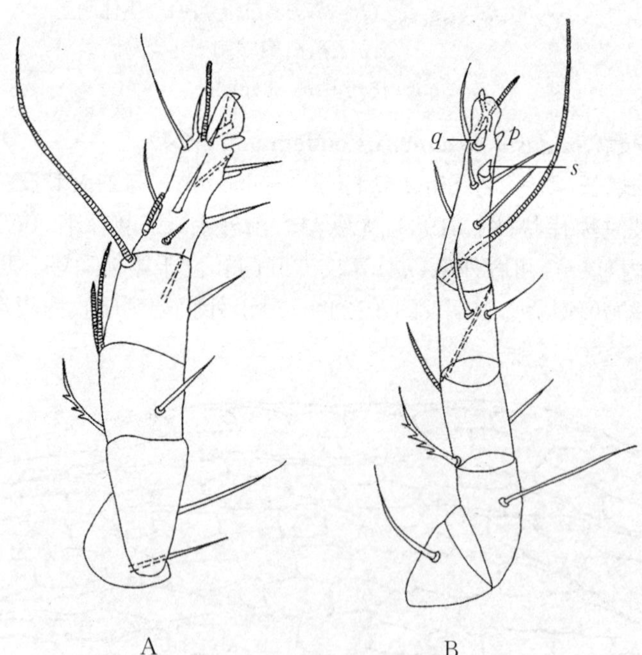

图3.195 棉兰皱皮螨（***suidasia medanensis***）（♀）足

A. 右足Ⅰ外面；B. 左足Ⅰ腹面

p，*q*，*s*：腹端刺

（仿 李朝品 沈兆鹏）

雌螨：肛门周围有5对肛毛，且排列成直线，第三对肛毛远离肛门(图3.189B，图3.196)。

幼螨：躯体长约160 μm(图3.197)。有基节杆和基节毛(*cx*)。

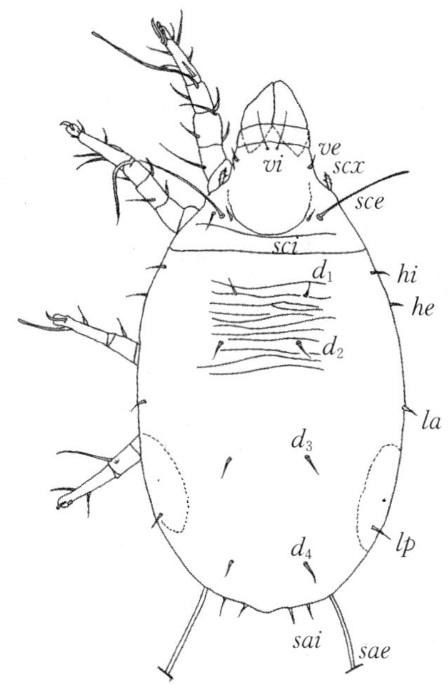

图3.196 棉兰皱皮螨(***Suidasia medanensis***)(♀)背面

ve，*vi*，*sci*，*sce*，*he*，*hi*，d_1～d_4，*la*，*lp*，*sae*，*sai*：躯体的刚毛；*scx*：基节上毛

(仿 李朝品 沈兆鹏)

图3.197 棉兰皱皮螨幼螨

(仿 李朝品 沈兆鹏)

(赵亚男 李朝品)

十一、士维螨属

士维螨属(*Schwiebea*)特征：胛内毛(*sci*)，肩内毛(*hi*)，第一背毛(d_1)和第二背毛(d_2)缺如，有时第三背毛(d_3)和前侧毛(*la*)也缺如或微小。足粗短，足Ⅰ、Ⅱ跗节内顶毛刺状，足Ⅰ膝节顶端有1根背毛。肩腹毛(*hv*)、肩内毛(*hi*)、骶外毛(*sae*)缺如。士维螨属(成螨)分种检索表见表3.12。

表3.12　士维螨属(成螨)分种检索表

1. 受精囊基部呈圆形……2
受精囊基部呈柄状……伊索士维螨(*S.isotarsis*)
2. 背毛缺d_1和d_2……3
背毛缺d_1、d_2和d_3……6
3. 雌螨缺*a*毛……梅岭士维螨(*S. meilingensis*)
雌螨具*a*毛……4
4. σ_2长度几乎与σ_1等长……类士维螨(*S.similis*)
σ_2长度短于σ_1……5
5. 足Ⅰ跗节的ω_1端部明显膨大呈球形……漳州士维螨(*S. zhangzhouensis*)
足Ⅰ跗节的ω_1端部略为膨大，但不呈球形……水芋士维螨(*S. callae*)
6. 基节上毛只有一痕迹，螯肢动趾有3个齿……香港士维螨(*S. xianggangensis*)
基节上毛为一小突起，螯肢动趾有2个齿……江西士维螨(*S. jiangxiensis*)

41. 漳州士维螨(*Schwiebea zhangzhouensis* Lin，2000)

异型雄螨：体长440～527 μm，体宽200～260 μm，略小于雌螨。肛吸盘17 μm×26 μm，同心轮状，无辐射状条纹，在其外侧有一条狭细的半圆形骨质片，上着4对短刚毛。生殖骨片铃形，大小为33 μm×36 μm×43 μm。表皮内突Ⅱ与Ⅳ分离。*sci*、d_1、d_2、*hi*、*hv*和*sae*缺如。其他背毛都比雌螨短。*vi*为66 μm、*sce*为102～119 μm、d_3为13～17 μm、d_4为76～102 μm、*he*为63～86 μm、*lp*为40～59 μm、*la*为10 μm。*lp*距侧腹腺23～26 μm；*la*距腹腺17～20 μm。跗节Ⅰ的*Ba*毛为13 μm，ω_1为13～19 μm，ω_2为4 μm，ε为3 μm，φ为89～99 μm，*gT*为17 μm，*hT*为10 μm，膝节Ⅰ的膝外毛(σ_1)为36 μm，长于膝内毛(σ_2)为27 μm，*mG*为13 μm，*cG*为10～13 μm，*vF*为17～36 μm。

雌螨：体长形，光滑，颚体及足无色(图3.198，图3.199)。体长483～587 μm，体宽219～387 μm。前足体背板骨化不明显，后缘不整齐但无切裂。*vi*毛间基部很接近，相距5～7 μm。*sci*、d_1、d_2、*scx*、*hv*、*hi*和*sae*缺如。肛后毛(*pa*)一对。背毛d_4比d_3长3～4倍。前侧毛(*la*)与后侧毛(*lp*)距侧腹腺几乎相等。受精囊(receptacula seminis)形状特殊，由基部和端部两种形状不同的细胞组成截圆锥体，基部细胞7个；端部细胞较大、较长。受精囊有一条细的受精管与体末的交配囊(bursa copulatrix)相接。交配孔处呈微锥形突出。生殖孔位于足Ⅳ之间。体内卵大小约为96 μm×160 μm。足Ⅲ与Ⅳ表皮内突分离。所有背毛与腹毛光滑。*vi*为59～69 μm，*sce*为99 μm～125 μm，d_3为16～23 μm，d_4为66～83 μm，*he*为69～89 μm，*sai*为49～83 μm，*la*为9～17 μm，*lp*为52～63 μm，*pa*为59～69 μm。足Ⅰ跗节的*Ba*毛呈距状，10～12 μm，略小于感棒ω_1(13～17 μm)，其顶部明显膨大成球状(图3.200)。感棒ω_2(6～7 μm)明显小于感棒ω_3(19 μm)，芥毛(ε)为2～3 μm，φ为79～86 μm，足Ⅰ膝节的膝外毛(σ_1)为25～33 μm，长于膝内毛(σ_2)为17～26 μm。cG为13～14 μm,sR为13 μm,mG毛成短刺状,为7～9 μm。

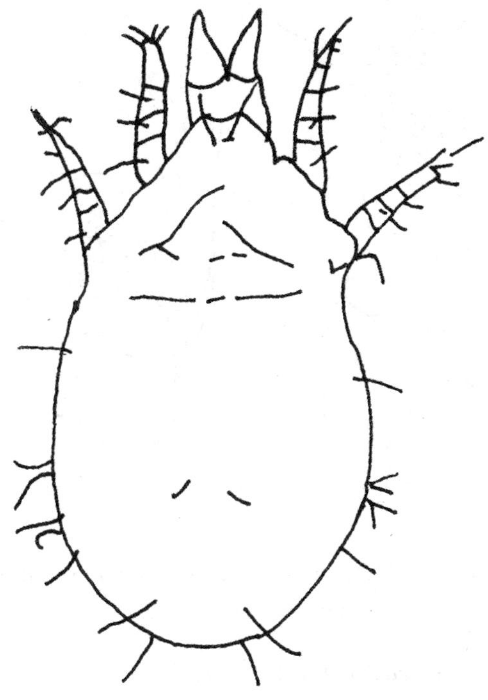

图3.198 漳州士维螨(***Schwiebea zhangzhouensis***)(♀)背面
(仿 林仲华 林宝顺)

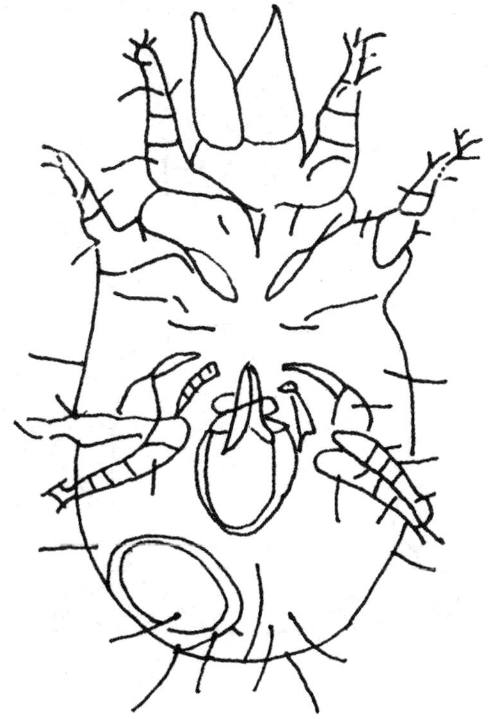

图3.199 漳州士维螨(***Schwiebea zhangzhouensis***)(♀)腹面
(仿 林仲华 林宝顺)

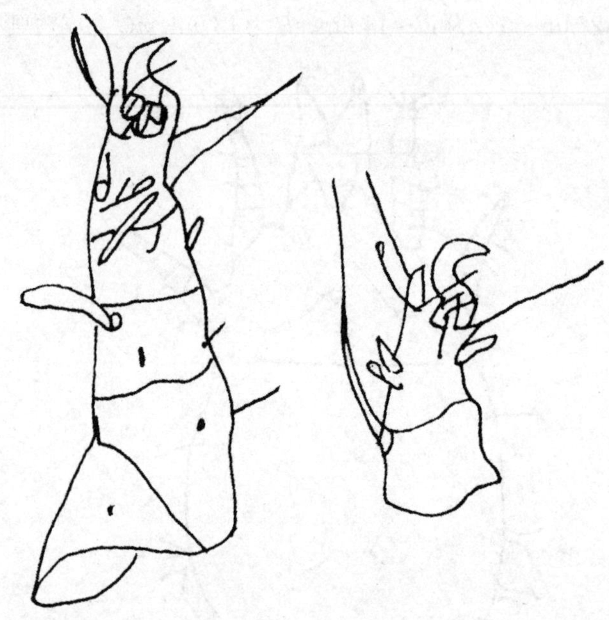

图3.200 漳州士维螨(*Schwiebea zhangzhouensis*)(♀)足Ⅰ及跗节

(仿 林仲华 林宝顺)

42. 水芋士维螨(*Schwiebea callae* Jiang,1991)

异型雄螨:躯体乳白色,足褐色,体长566.5~679.8 μm,体宽339.9~412.0 μm。背面(图3.201)前端有前背板,且基节上毛只是一小突起,有侧腹腺(*L*)1对,螯肢内侧有上颚刺和锥形钜各1个,定趾臼面的内侧有齿2个,外侧有齿3个,动趾有齿3个。缺顶外毛(*ve*)、胛

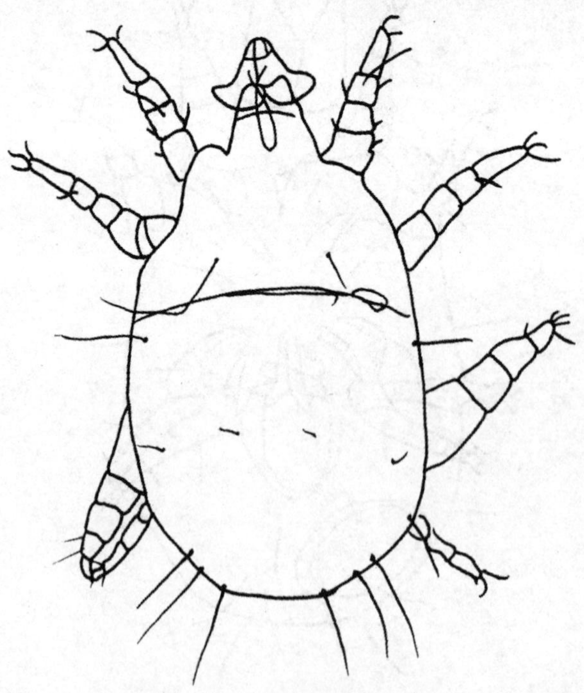

图3.201 水芋士维螨(*Schwiebea callae*)异型(♂)背面观

(仿 江镇涛)

内毛(sci)、肩内毛(hi)、肩腹毛(hv)、第一背毛(d_1)和第二背毛(d_2)。顶内毛(vi)为98.8～117.0 μm,胛外毛(sce)为161.2～169.0 μm,肩外毛(he)为104～130 μm,前侧毛(la)为15.6～26.0 μm,后侧毛(lp)为57.2～85.8 μm,第三背毛(d_3)为31.2～39.0 μm,第四背毛(d_4)为122.2～143.0 μm,两第四背毛(d_4)毛间的距离较远,各在背后端的两边,骶内毛(sai)为135.2～156.0 μm、骶外毛(sae)为137.8～143.0 μm。腹面(图3.202):足Ⅰ表皮内突愈合成胸板,足Ⅰ、Ⅱ基节区有刚毛各1对,外生殖区位于足Ⅳ基节之间,有一个阳茎呈鸭嘴状,在生殖褶下,圆锥形支架和弯月形骨片中间。肛毛a微小,后肛毛:pa_1为15.6～18.2 μm,pa_2为18.2～20.8 μm。

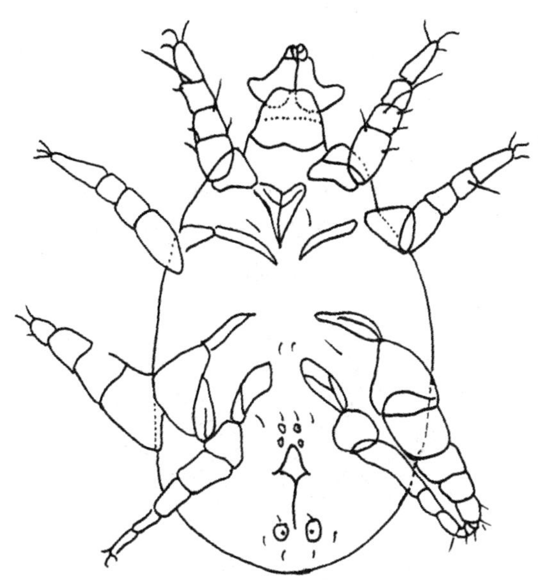

图3.202　水芋士维螨(*Schwiebea callae*)异型♂腹面观

(仿 江镇涛)

足Ⅰ(图3.203A)转节有转节毛sR 1根,股节有股节毛vF 1根,膝节有cG,mG各1根,σ_1和σ_2各1根,胫节有gT,hT毛各1根,感棒(φ)1根,跗节有感棒ω_1、ω_2、ω_3各1根,芥毛(ε)1根,Ba毛圆锥形,w、m、r毛各1根,跗端背面有d、f毛1根,e加粗成刺状,腹端刺5根(s、p、u、q、v)爪粗大。膝节Ⅰ上的σ_2为σ_1的6/7。足Ⅱ(图3.203B)转节有sR 1根,股节有vF 1根,膝节有cG、mG各1根,σ_1和σ_2各1根,σ_2很微小,胫节有hT、gT、φ各1根,跗节有Ba、w、m、r、d、e、f、s、p、v、u、q毛各1根,而Ba、w、e加粗为刺状。足Ⅲ(图3.203C)整个足加粗,爪粗壮,转节有sR 1根,股节无毛,膝节有σ_1、nG各1根,胫节有φ、hT各1根,跗节有w、r、d、e、f、s、p、u、q、v各1根,e为粗刺。足Ⅳ(图3.203D)转节无毛,股节有vF 1根,膝节无毛,胫节φ,hT各1根,跗节有w、r、f、s、p、u、q、v各1根,吸盘两个。未见同型雄螨。

雌螨:一般形态结构与雄螨相似(图3.204),其不同点为体长669.5～741.6 μm,体宽422.3～484.1 μm,外生殖区位于足Ⅲ、Ⅳ基节间,缺骶外毛(sae),有2对肛毛:a为13.0～18.2 μm,pa为96.2～104.0 μm;受精囊在肛门的后方,呈球形,其表面上下部各有7条纵纹分割,中间有一横纹,有一交配囊(BC)为一小突起,受精囊管(d)细小,受精囊基部(RS)两边各有一小孔(e)通向输卵管。

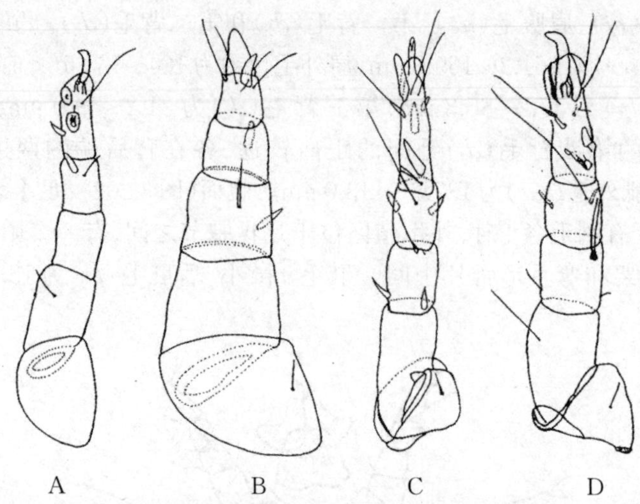

图3.203 水芋士维螨(*Schwiebea callae*)异型(♂)左足Ⅰ~Ⅳ

A. 左足Ⅰ;B. 左足Ⅱ;C. 左足Ⅲ;D. 左足Ⅳ

(仿 江镇涛)

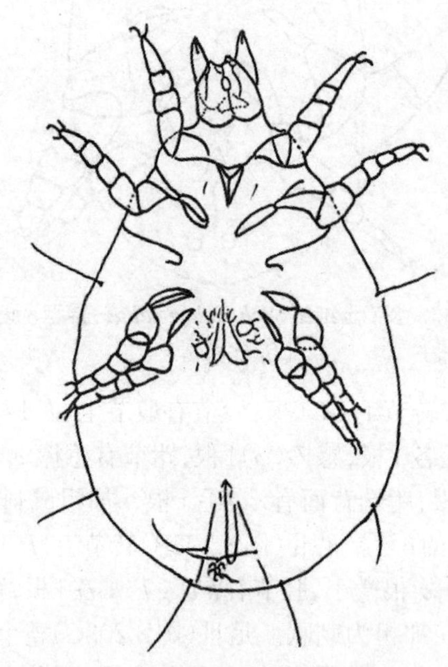

图3.204 水芋士维螨(*Schwiebea callae*)(♀)腹面

(仿 江镇涛)

(韩仁瑞)

十二、食粪螨属

食粪螨属(*Scatoglyphus*)特征:该属螨类背毛均呈棍棒状且具许多小刺。顶外毛(external vertical, *ve*)常缺如。肛板显著,其上着生有肛毛。雄螨肛门吸盘常缺如。足Ⅰ、Ⅱ的背面有褶痕。雄螨足Ⅳ跗节常缺吸盘。食粪螨属国内目前记述的种类仅有多孔食粪螨(*Scato-*

glyphus polytremetus Berlese，1913）1种。

43. 多孔食粪螨（*Scatoglyphus polytremetus* Berlese，1913）

雄螨：躯体长327～388 μm，卵圆形。背毛短，呈棍棒状且长有许多小刺，不超过躯体长的1/4，顶内毛（*vi*）显著，向前延伸到颚体上方，顶外毛（*ve*）缺如。胛毛2对，胛外毛（*sce*）比胛内毛（*sci*）长3倍以上。肩外毛（*he*）与肩内毛（*hi*）等长。第一背毛（d_1）、第二背毛（d_2）以及第三背毛（d_3）等长，第四背毛（d_4）着生于后半体近后缘。骶内毛（*sai*）和骶外毛（*sae*）在腹面；生殖孔在足Ⅲ和足Ⅳ基节之间。具有生殖毛2对，第一对着生于生殖褶前端两侧，第二对着生于生殖褶两侧中央。肛板靠近生殖褶，其上有3对肛毛，长而光滑。肛后毛1对。跗节吸盘和肛吸盘缺如（图3.205，图3.206）。

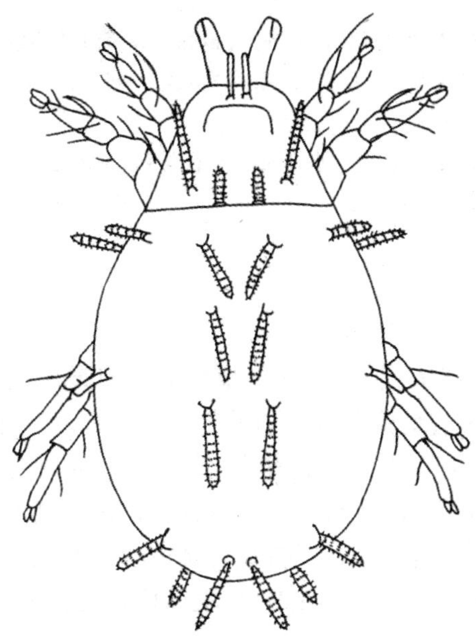

图3.205 多孔食粪螨（*Scatoglyphus polytremetus*）（♂）背面

（仿 李朝品 沈兆鹏）

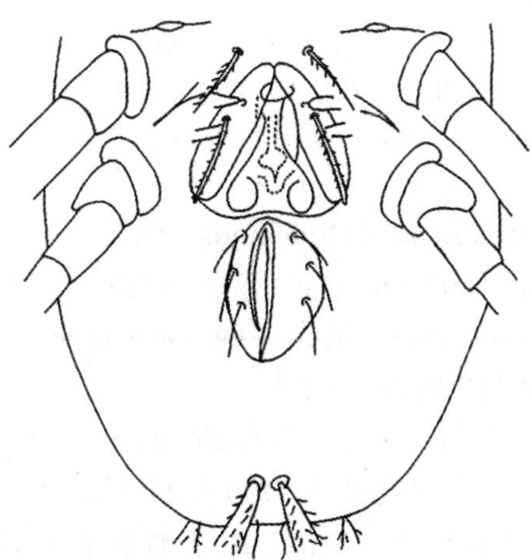

图3.206 多孔食粪螨（*Scatoglyphus polytremetus*）（♀）后半体腹面

（仿 李朝品 沈兆鹏）

雌螨：躯体长362～370 μm，形态与雄螨相似。肛毛5对，等长而光滑。交配囊周围有肛后板，肛后毛着生在肛后板两侧。

（赵金红）

第二节 脂 螨 科

脂螨科（Lardoglyphidae）特征：顶外毛（*ve*）与顶内毛（*vi*）位于同一水平。*ve*弯曲，具栉齿，长度约为*vi*的一半。雄螨足Ⅲ末端有2个突起；雌螨足Ⅰ～Ⅳ跗节具爪且分叉，生殖孔纵裂，位于足Ⅲ～Ⅳ基节间。脂螨科（Lardoglyphidae）成螨分属检索表见表3.13。

表3.13 脂螨科（Lardoglyphidae）成螨分属检索表

胛外毛（*sce*）比胛内毛（*sci*）明显长，背毛d_1～d_4基部呈纵行排列，交配囊孔至受精囊基部呈三角形，爪分叉自基部分离……脂螨属（*Lardoglyphus*）

*sce*和*sci*近乎等长或*sci*稍长，背毛d_1～d_4基部呈非纵行排列，交配囊孔至受精囊基部呈漏斗形，爪分叉仅端部分离……华脂螨属（*Sinolardoglyphus*）

一、脂螨属

脂螨属（*Lardoglyphus*）特征：脂螨属的异型雄螨呈卵圆形，表皮光滑、乳白色。螯肢呈剪刀状，色深、细长、齿软，无前足体背板。顶外毛（*ve*）弯曲，有栉齿，约为顶内毛（*vi*）长度的一半，且与*vi*在同一水平。基节上毛（*scx*）弯曲，有锯齿。胛外毛（*sce*）比胛内毛（*sci*）长。肛门两侧略靠中央各有1对圆形肛门吸盘，每个吸盘前有1根刚毛，3对肛后毛（pa_1、pa_2、pa_3）均较长，其中pa_3最长。4对足均细长，均具前跗节，雌螨各足的爪分叉；足背面的刚毛不粗壮，呈刺状。脂螨属成螨检索表见表3.14，脂螨属休眠体检索表见表3.15。

表3.14 脂螨属（*Lardoglyphus*）成螨检索表

背毛d_4较d_3长3倍以上，雄螨足Ⅰ和足Ⅱ具分叉的爪……扎氏脂螨（*Lardoglyphus zacheri*）

背毛d_4与d_3几乎等长，雄螨足Ⅰ和足Ⅱ的爪不分叉……河野脂螨（*Lardoglyphus konoi*）

表3.15 脂螨属休眠体检索表

着生于后半体板的刚毛简单，足Ⅳ跗节上刚毛顶端不膨大呈叶状……扎氏脂螨（*Lardoglyphus zacheri*）

着生于后半体板的刚毛较粗呈刺状，足Ⅳ跗节上具2根刚毛顶端膨大为阔叶状……河野脂螨（*Lardoglyphus konoi*）

44. 扎氏脂螨（*Lardoglyphus zacheri* Oudemans，1927）

形态特征：异型雄螨长430～550 μm，躯体后端圆钝（图3.207）；雌螨长450～600 μm，躯体后端渐细，后缘内凹（图3.208）。表皮光滑，乳白色，表皮内突、足和螯肢颜色较深。前足体无背板。背部多数刚毛基部明显加粗且无栉齿。

异型雄螨：基节上毛（*scx*）短小弯曲，有锯齿；胛内毛（*sci*）短，不超过胛外毛（*sce*）长度的1/4。格氏器为不明显的三角形表皮皱褶，螯肢细长（图3.209A）。肩内毛（*hi*）和肩腹毛（*hv*）短，不超过肩外毛（*he*）长度的1/4；背毛d_1、d_2、d_3、前侧毛（*la*）、后侧毛（*lp*）与胛内毛（*sci*）等长；背毛d_4、骶内毛（*sai*）和骶外毛（*sae*）较长，比d_3长3倍以上。腹面，表皮内突和基节内突角质化程度高，基节内突界限明显。肛门孔两侧具1对圆形吸盘，一弯曲骨片包围吸盘后缘

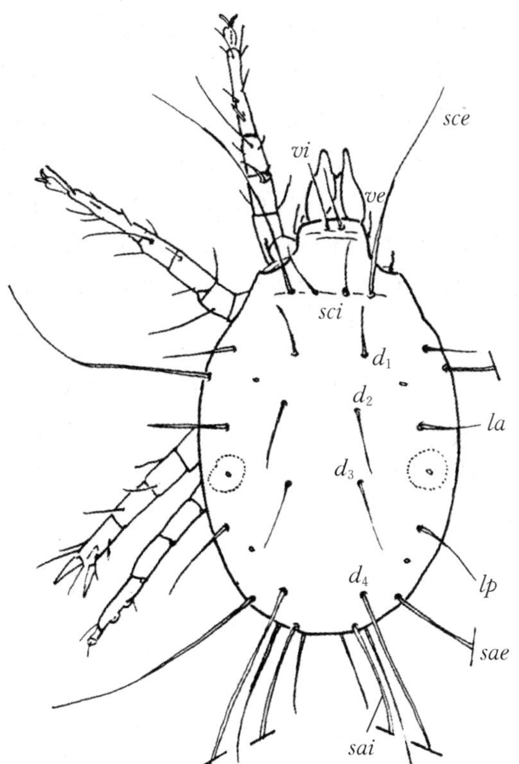

图3.207 扎氏脂螨(***Lardoglyphus zacheri***)(♂)背面

$ve, vi, sci, d_1 \sim d_4, la, lp, sae, sce, sai$:躯体刚毛

(仿 李朝品 沈兆鹏)

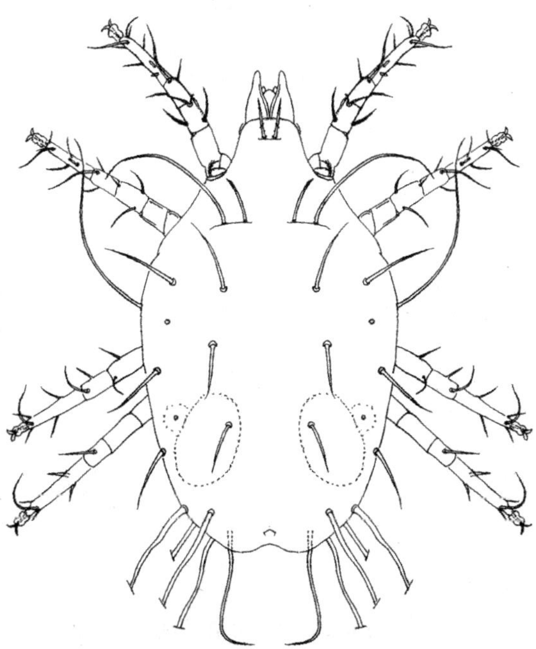

图3.208 扎氏脂螨(***Lardoglyphus zacheri***)(♀)背面

(仿 李朝品 沈兆鹏)

(图3.210A)。足细长,具发达前跗节,与分叉的爪相关连。足Ⅰ端部刚毛群(图3.211A)中第一背端毛(d)最长,超出爪末端,第二背端毛(e)和正中端毛(f)为光滑刚毛;腹面有内腹端刺($q+v$)、外腹端刺($p+u$)和腹端刺(s);第三感棒(ω_3)长,几乎达前跗节的顶端;亚基侧毛(aa)、背中毛(Ba)、正中毛(m)、侧中毛(r)和腹中毛(w)包围在前跗节中部;跗节基部具第一感棒(ω_1)、第二感棒(ω_2)和芥毛(ε),ω_1稍弯、管状,与ε相近。胫节和膝节的刚毛有小栉齿,胫节感棒(φ)呈长鞭状;膝内毛(σ_2)比膝外毛(σ_1)长。足Ⅲ跗节末端为2个粗刺,d着生于长齿的基部,e、f、r和w位于跗节的中央(图3.212A)。足Ⅳ跗节末端为一不分叉的爪,交配吸盘位于中央(图3.213A)。

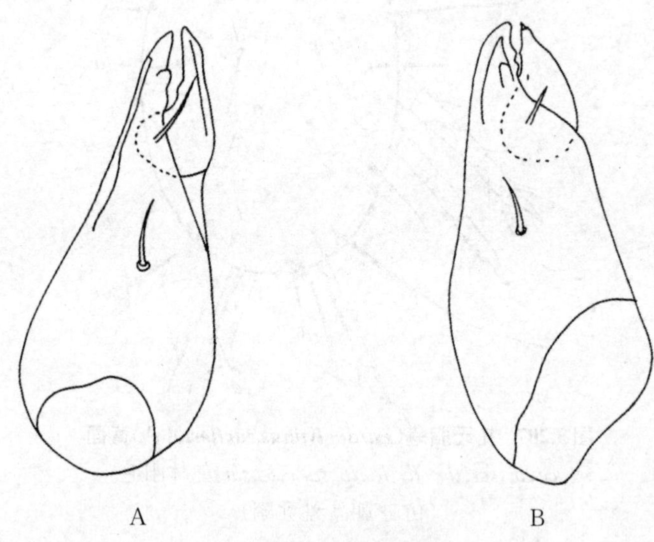

图3.209 脂螨螯肢

A. 扎氏脂螨(*Lardoglyphus zacheri*);B. 河野脂螨(*Lardoglyphus konoi*)

(仿 李朝品 沈兆鹏)

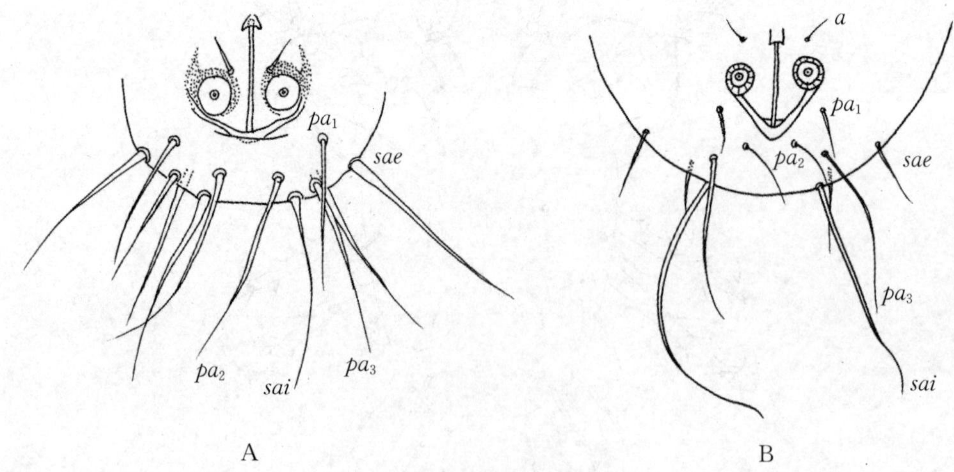

图3.210 脂螨♂肛门区

A. 扎氏脂螨(*Lardoglyphus zacheri*);B. 河野脂螨(*Lardoglyphus konoi*)

sae,*sai*,*a*,pa_1~pa_3:躯体的刚毛

(仿 李朝品 沈兆鹏)

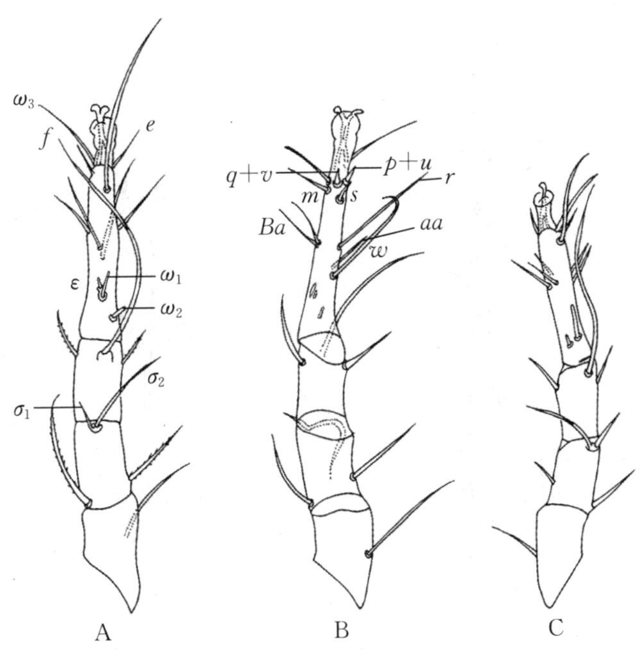

图3.211 脂螨足Ⅰ

A. 扎氏脂螨(*Lardoglyphus zacheri*)(♂)右足Ⅰ背面;B. 扎氏脂螨(*Lardoglyphus zacheri*)(♀)左足Ⅰ腹面;C. 河野脂螨(*Lardoglyphus konoi*)(♂)左足Ⅰ背面

$\omega_1 \sim \omega_3$,$\sigma_1 \sim \sigma_2$:感棒;ε:芥毛;e,f,aa,Ba,m,r,w,s,$p+u$,$q+v$:刚毛

(仿 李朝品 沈兆鹏)

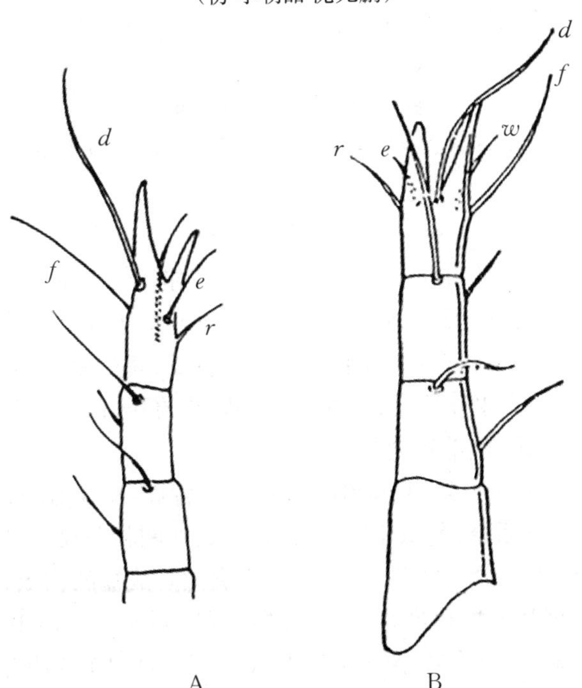

图3.212 脂螨足Ⅲ背面

A. 扎氏脂螨(*Lardoglyphus zacheri*)(♂)右足Ⅲ背面;B. 河野脂螨(*Lardoglyphus konoi*)(♂)左足Ⅲ背面

d,f,e,r,w:刚毛

(仿 李朝品 沈兆鹏)

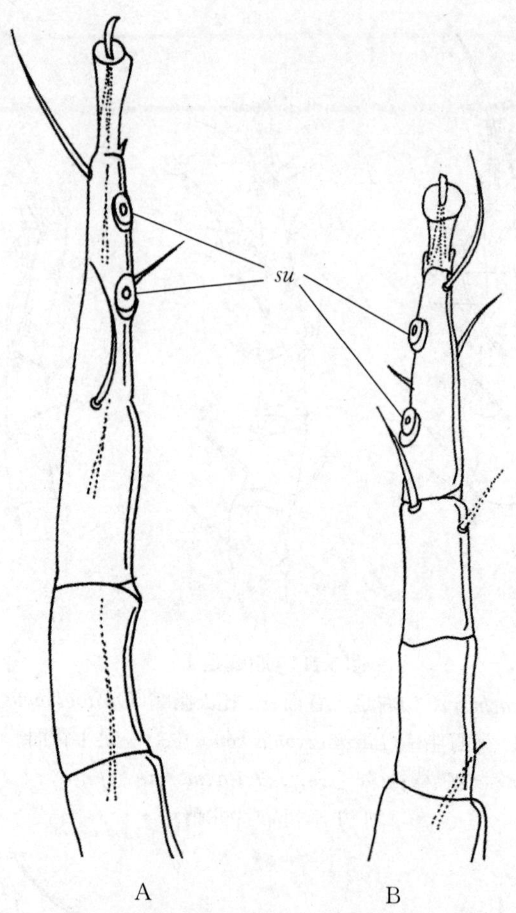

图3.213 脂螨右足Ⅳ背面

A. 扎氏脂螨(*Lardoglyphus zacheri*)(♂)右足Ⅳ背面;B. 河野脂螨(*Lardoglyphus konoi*)(♂)左足Ⅳ背面

su:跗节吸盘

(仿 李朝品 沈兆鹏)

雌螨:躯体毛序与雄螨基本相同。不同点:躯体后端渐细,后缘内凹,表皮内突和基节内突的颜色较雄螨浅;生殖孔为一纵向裂缝,位于足Ⅲ和足Ⅳ基节间。肛门未达躯体后缘,肛门周具5对短肛毛(a),其中a_3较长;肛后毛(pa)2对,较长,超过躯体末端,其中pa_2长度超过躯体的一半(图3.214A)。在躯体后端,交配囊在体后端的开口为一小缝隙。交配囊与受精囊相连通。各足具分叉的爪,刚毛排列与雄螨相同。

休眠体:躯长230~300 μm,梨形,淡红色到棕色。背面(图3.215),拱形,前足体板具细致鳞状花纹;后半体板前宽后窄,前缘略凹,表面具细致的网状花纹,中后部表皮颜色加深并增厚。腹面(图3.216),凹形,骨化明显,足Ⅰ表皮内突愈合成短的胸板,足Ⅱ、Ⅲ和Ⅳ表皮内突在中线分离。足Ⅰ、Ⅲ基节板和足Ⅱ、Ⅲ基节板间有3对圆孔。腹毛3对。吸盘板有2个较大的中央吸盘(图3.217A),4个较小的后吸盘(A、B、C、D),2个前吸盘(I、K)和4个较模糊的辅助吸盘(E、F、G、H)。足Ⅰ~Ⅲ末端具一单爪。足Ⅰ的毛序同成螨,但跗节的背中毛(Ba)缺如,膝节仅1条感棒(σ)(图3.218A)。足Ⅳ较短(图3.219A),端跗节和爪由第一背端毛(d)、第三背端毛(e)和正中端毛(f)取代,有内腹端刺($q+v$)、外腹端刺($p+u$)和腹端刺(s)3个短腹刺。

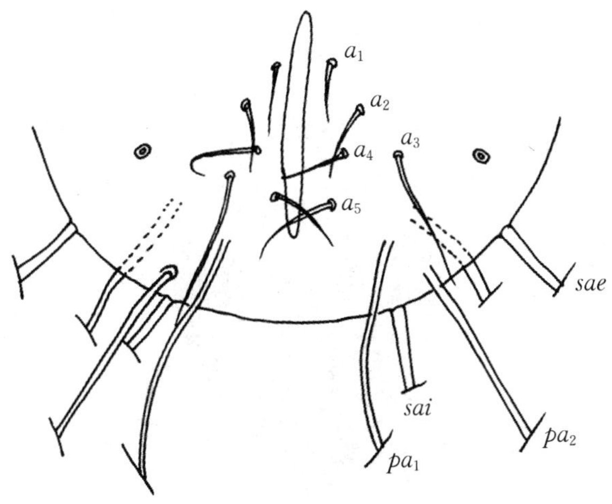

A

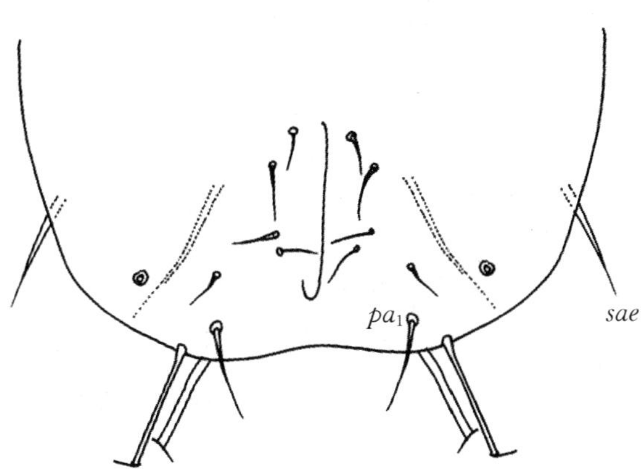

B

图3.214　脂螨(♀)肛门区

A. 扎氏脂螨(*Lardoglyphus zacheri*)；B. 河野脂螨(*Lardoglyphus konoi*)

a_1～a_5，*sae*，*sai*，pa_1，pa_2：躯体的刚毛

(仿 李朝品 沈兆鹏)

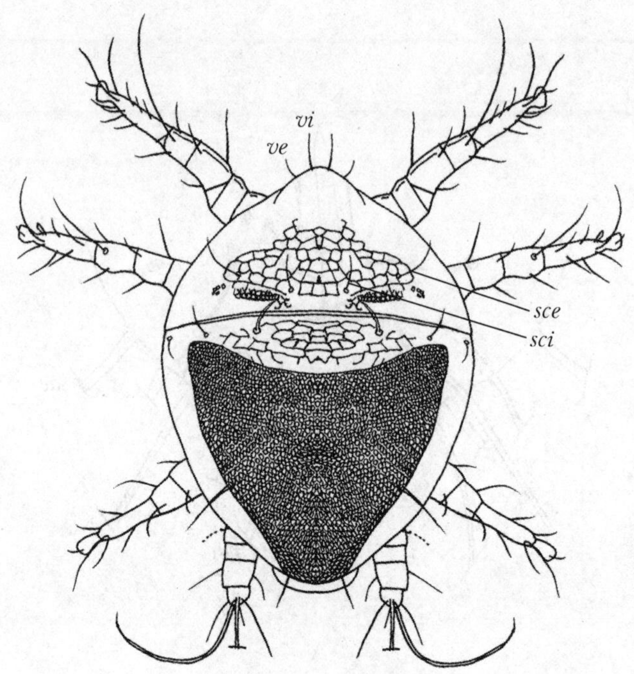

图3.215 扎氏脂螨(***Lardoglyphus zacheri***)休眠体背面

ve,*vi*,*sce*,*sci*:躯体刚毛

(仿 李朝品 沈兆鹏)

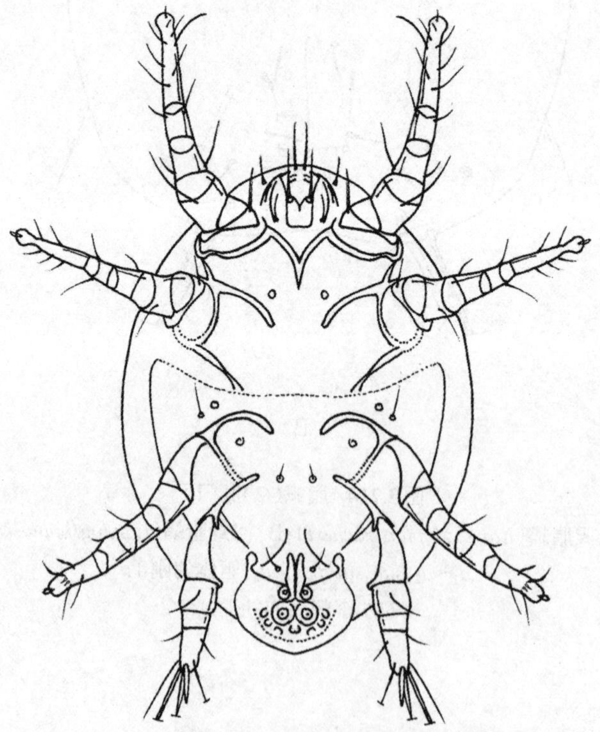

图3.216 扎氏脂螨(***Lardoglyphus zacheri***)休眠体腹面

(仿 李朝品 沈兆鹏)

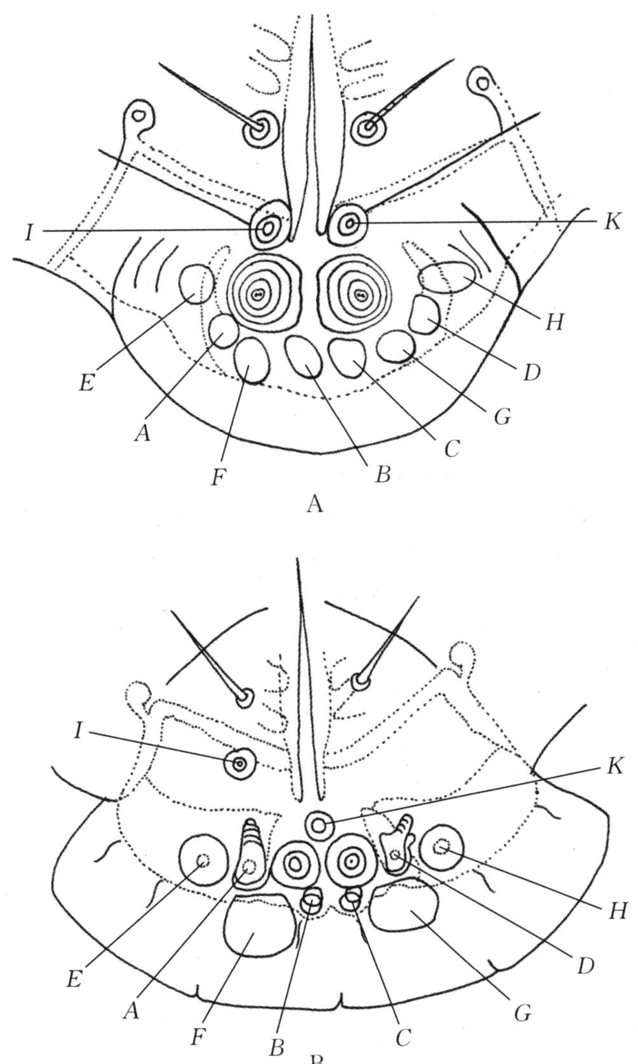

图3.217　脂螨休眠体吸盘板

A. 扎氏脂螨(*Lardoglyphus zacheri*);B. 河野脂螨(*Lardoglyphus konoi*)

A~*K*:吸盘

(仿 李朝品 沈兆鹏)

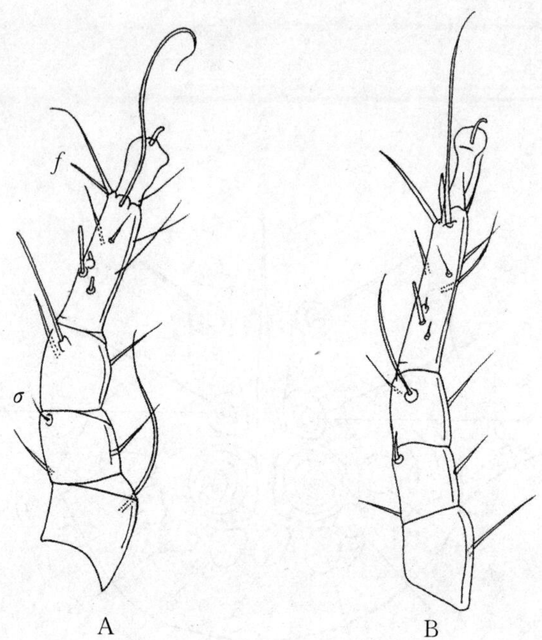

图3.218 脂螨休眠体右足Ⅰ背面

A. 扎氏脂螨（*Lardoglyphus zacheri*）；B. 河野脂螨（*Lardoglyphus konoi*）

σ：感棒；*f*：跗节毛

（仿 李朝品 沈兆鹏）

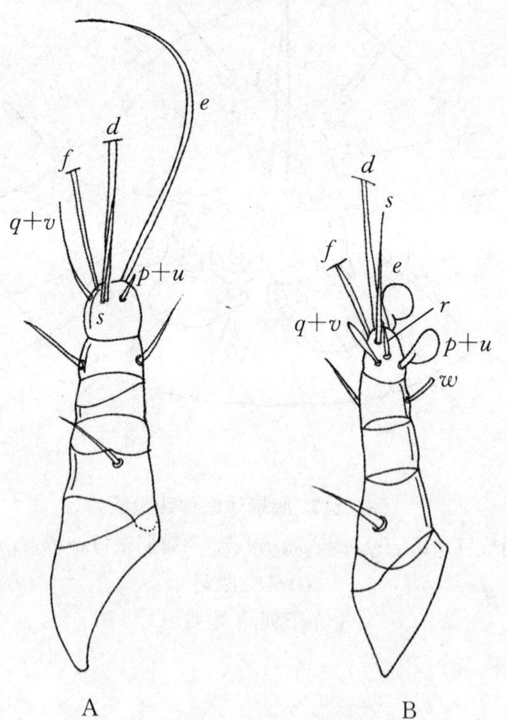

图3.219 脂螨休眠体右足Ⅳ腹面

A. 扎氏脂螨（*Lardoglyphus zacheri*）；B. 河野脂螨（*Lardoglyphus konoi*）

d，*e*，*f*，*s*，*r*，*w*，*p*+*u*，*q*+*v*：跗节毛

（仿 李朝品 沈兆鹏）

45. 河野脂螨(*Lardoglyphus konoi* Sasa et Asanuma,1951)

形态特征:雄螨长 300～450 μm,雌螨长 400～550 μm。体呈椭圆形,白色,足及螯肢颜色较深。躯体毛序与扎氏脂螨相同,但背毛 d_4 与 d_3 几乎等长,雄螨足Ⅰ和Ⅱ的爪不分叉。

雄螨:无前足体背板(图 3.220),与扎氏脂螨(*Lardoglyphus zacheri*)毛序相同,但第四背毛(d_4)、骶外毛(*sae*)、肛后毛 pa_1、pa_2 与第三背毛(d_3)等长。螯肢的定趾和动趾具小齿(图 3.209B)。围绕肛门吸盘的骨片向躯体后缘急剧弯曲,肛门前端两侧具肛毛(a)(图 3.210B)。足Ⅰ、Ⅲ和Ⅳ的爪不分叉,足Ⅲ跗节较短,端部有刚毛(图 3.211C,图 3.212B);足Ⅳ中央有交配吸盘(图 3.214B)。

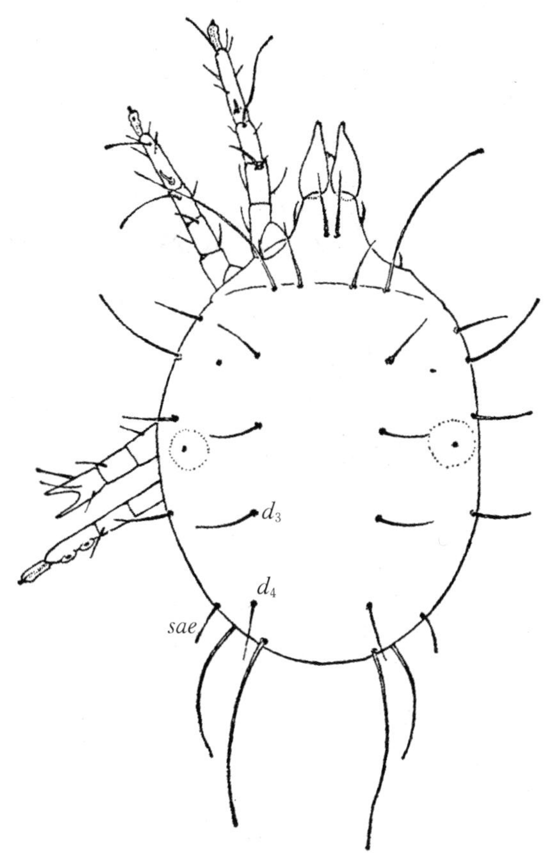

图 3.220　河野脂螨(*Lardoglyphus konoi*)(♂)背面

d_3,d_4,*sae*:躯体刚毛

(仿 李朝品 沈兆鹏)

雌螨:躯体刚毛的毛序与雄螨相似(图 3.221),骶外毛(*sae*)和肛后毛(pa_1)较粗,受精囊呈三角形(图 3.214B)。

休眠体:长 215～260 μm。与扎氏脂螨休眠体相似,但后半体板上的刚毛呈刺状,较粗(图 3.222)。腹面(图 3.223),足Ⅲ表皮内突向后延伸至足Ⅳ表皮内突间的刚毛。吸盘板的 2 个中央吸盘较小(图 3.217B),周缘吸盘 A 和 D 被角状突起替代,辅助吸盘半透明。足Ⅰ、Ⅱ和Ⅲ的跗节细长。足Ⅰ和Ⅱ跗节的正中端毛(f)呈叶状(图 3.218B);足Ⅲ跗节除第一背端毛(d)外,其余刚毛均在顶端膨大成透明的薄片(图 3.224);足Ⅳ跗节有第二背端毛(e)、外腹端毛($p+u$)和 1 条 r,均呈叶状(图 3.219B)。

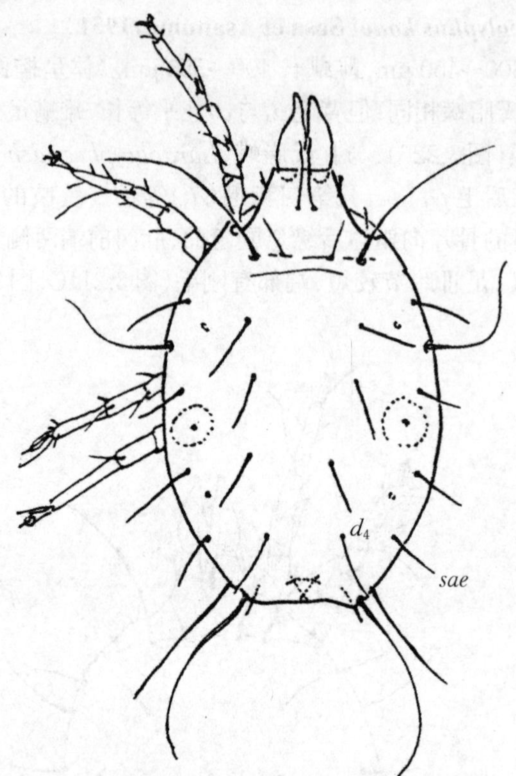

图 3.221 河野脂螨(*Lardoglyphus konoi*)(♀)背面

d_4,*sae*:躯体刚毛

(仿 李朝品 沈兆鹏)

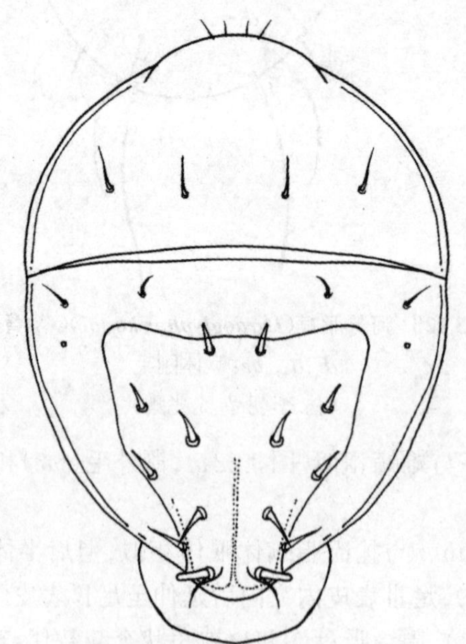

图 3.222 河野脂螨(*Lardoglyphus konoi*)休眠体背面

(仿 李朝品 沈兆鹏)

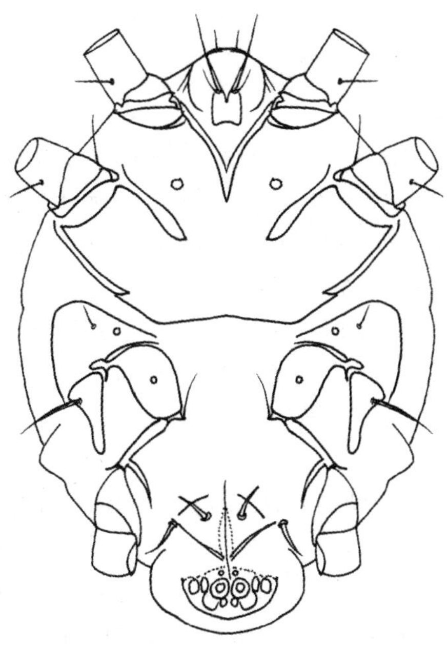

图 3.223 河野脂螨(*Lardoglyphus konoi*)休眠体腹面

(仿 李朝品 沈兆鹏)

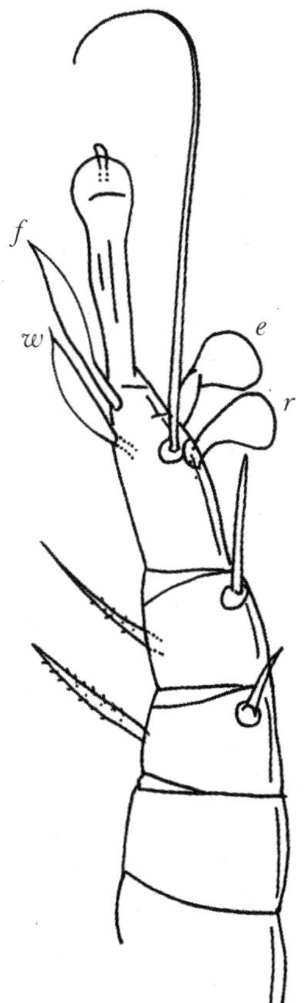

图 3.224 河野脂螨(*Lardoglyphus konoi*)休眠体右足Ⅲ背面

e,*f*,*r*,*w*:跗节毛

(仿 李朝品 沈兆鹏)

二、华脂螨属

华脂螨属(*Sinolardoglyphus*)特征:本属螨类的形态与脂螨属的相似。顶外毛(*ve*)、顶内毛(*vi*)、胛外毛(*sce*)和胛内毛(*sci*)近端呈稀羽状,*sce*与*sci*几乎等长。背毛d_1~d_4较长,均呈细刚毛状且基部不呈纵行排列。第四对肛毛(a_4)特别长。交配囊孔至受精囊基部呈漏斗状。雌螨足Ⅰ~Ⅳ的爪分叉,仅从端部分离。

华脂螨属与脂螨属形态特征近似,主要区别如下:前者*sce*和*sci*几乎等长,而*sci*稍长;背毛d_1~d_4的基部不呈纵行排列;交配囊孔至受精囊基部呈漏斗形;爪分叉仅端部分离。后者*sce*比*sci*明显长;背毛d_1~d_4的基部呈纵行排列;交配囊孔至受精囊基部呈三角形;爪分叉从基部分离。

46. 南昌华脂螨(*Sinolardoglyphus nanchangensis* Jiang,1991)

雌螨:躯体乳白色,长463~465 μm,宽298~309 μm,躯体上的顶外毛(*ve*)、顶内毛(*vi*)、胛外毛(*sce*)、胛内毛(*sci*)近端呈稀羽状,其他刚毛较光滑。螯肢定趾有6个齿,动趾有3个齿,内侧面有颚刺和锥形距各1个。背面(图3.225),*vi*比*ve*长,*sci*比*sce*长,背毛d_1~d_4长度不一,d_3最长,d_4次之,两d_4间的距离比两d_3间的距离小,两d_1间的距离又比两d_2间的距离大,骶外毛(*sae*)比骶内毛(*sai*)长,肩内毛(*hi*)比肩外毛(*he*)长,前侧毛(*la*)与后侧毛(*lp*)相比短小。腹面:足Ⅰ和足Ⅲ基节各有基节毛(*cx*)1根(图3.226),肩腹毛(*hv*)1根,足Ⅰ~Ⅳ的

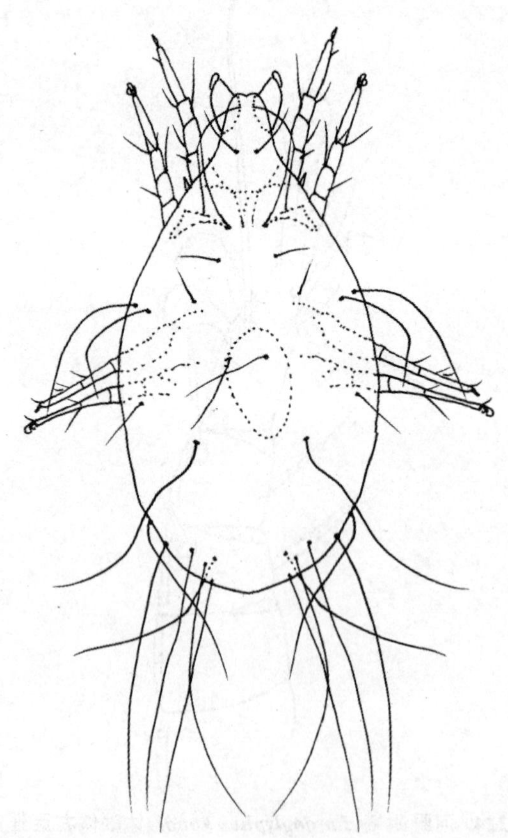

图3.225 南昌华脂螨(*Sinolardoglyphus nanchangensis*)(♀)背面

(仿 江镇涛)

爪分叉，仅端部分离。基节上毛(scx)两侧具刺毛，每侧8～9支(图3.227)。足Ⅰ转节具转节毛(sR)1根，股节具股节毛(vF)1根，膝节具膝节毛mG和cG各1根，膝节感棒σ_1、σ_2各1根；胫节具胫节毛gT和hT各1根，胫节感棒φ1根，跗节具感棒ω_1、ω_2、ω_3各1根，具刚毛或腹刺ε、aa、Ba、r、w、m、f、e、$p+u$、$q+v$、s各1根。生殖孔位于足Ⅲ与足Ⅳ基节之间(图3.228)，两侧有生殖感觉器2对，生殖毛(g)3对，肛毛(a)5对，肛后毛(pa)2对。肛孔后方有一交配囊孔，受精囊管直通受精囊(图3.229)。

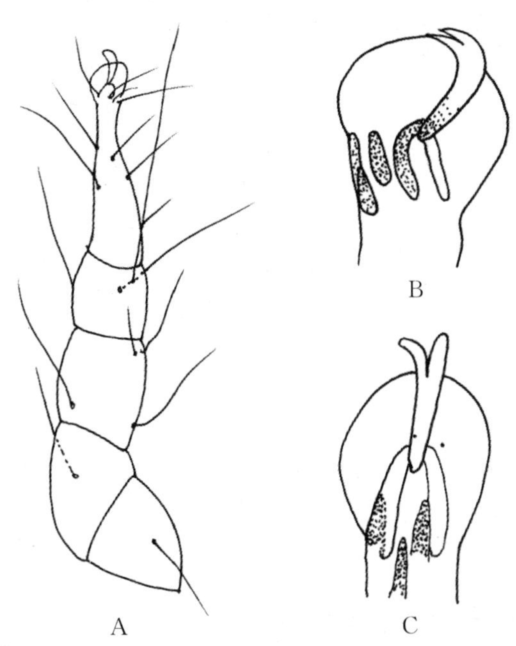

图3.226　南昌华脂螨(***Sinolardoglyphus nanchangensis***)(♀)右足Ⅰ侧面、爪侧面和爪腹面

A. 右足Ⅰ侧面；B. 爪侧面；C. 爪腹面

(仿 江镇涛)

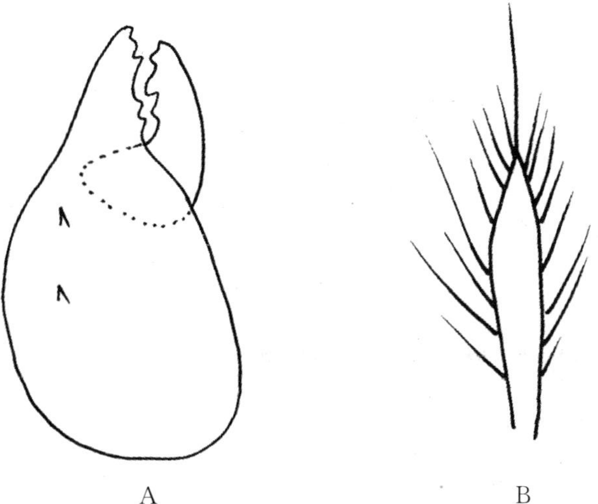

图3.227　南昌华脂螨(***Sinolardoglyphus nanchangensis***)(♀)螯肢和基节上毛

A. 螯肢；B. 基节上毛

(仿 江镇涛)

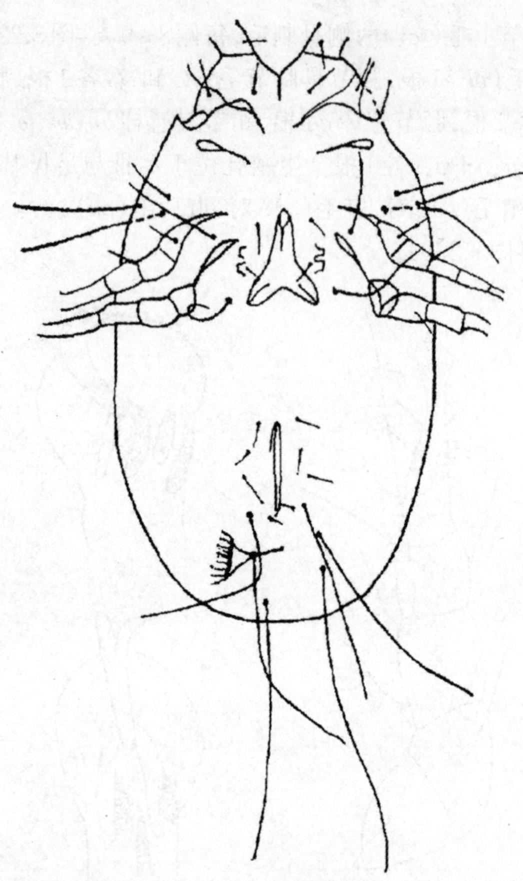

图3.228 南昌华脂螨(***Sinolardoglyphus nanchangensis***)(♀)腹面

(仿 江镇涛)

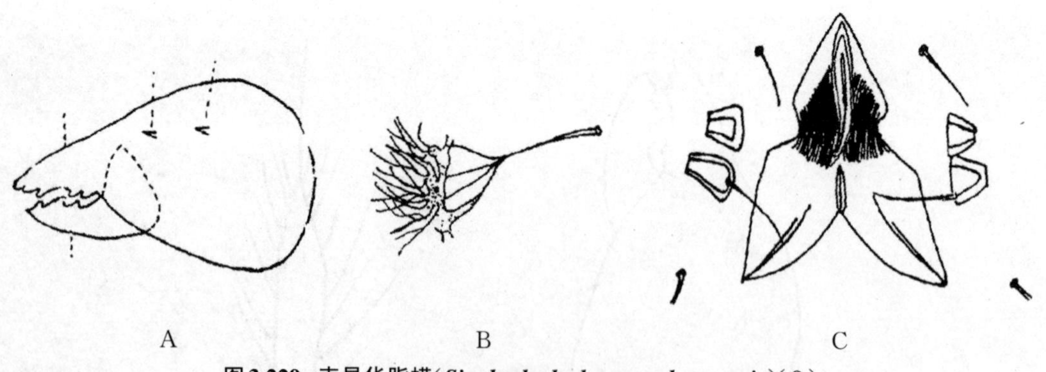

图3.229 南昌华脂螨(***Sinolardoglyphus nanchangensis***)(♀)

A. 螯肢;B. 交配囊;C. 生殖区

(仿 江镇涛)

(韩仁瑞)

第三节 食甜螨科

食甜螨科(Glycyphagidae Berlese,1887)特征:螨体呈长椭圆形,前足体和后半体之间无背沟,前足体背板可退化或缺如。表皮多粗糙,饰有小的突起。爪常插入端跗节的顶端,由2根细的"腱"状物与跗节末端相连接,爪可缺如。雄螨的跗节吸盘和肛门吸盘常缺如。目前报道的食甜螨科有食甜螨亚科、栉毛螨亚科、嗜蝠螨亚科、钳爪螨亚科、洛美螨亚科、嗜湿螨亚科6个亚科,共12属,30种。

食甜螨亚科(Glycyphaginae Zachvatkin,1941),螨体刚毛较长,上着生较密栉齿;表皮常有微小乳突。跗节细长,无脊条;足Ⅰ、Ⅱ胫节均着生有1~2根腹毛,膝节、胫节刚毛多为栉齿状。雄螨无肛门吸盘和跗节吸盘,阳茎常不明显。

栉毛螨亚科(Ctenoglyphinae Zachvatkin,1941),螨体的周缘刚毛较扁平,常为阔栉齿状、双栉齿状或叶状,并形成缘饰。表皮粗糙,饰有较小的突起。跗节粗短,常有一背脊;足Ⅰ、Ⅱ胫节均仅有1条腹毛(gT)。雄螨阳茎长,肛门吸盘与跗节吸盘缺如。无休眠体。

嗜蝠螨亚科(Nycteriglyphinae Fain,1963),躯体小而扁平,无背沟。表皮近无色,有细纹或鳞状。背毛较短,上着生有较细的栉齿。足短,前跗节呈球状,爪发达;足Ⅰ跗节常着生有2~3条感棒(ω_1、ω_2、ω_3)和1条芥毛(ε)。雌螨的生殖板和表皮内突Ⅰ愈合,交配囊孔在1条背面管子的末端。雄螨的肛门吸盘与跗节吸盘缺如。未发现休眠体。该亚科仅有嗜粪螨属(*Coproglyphus*)1属。

钳爪螨亚科(Labidophorinae Zachvatkin,1941),前足体前缘常遮盖颚体,表皮呈棕色或淡红色,可光滑,可呈颗粒状,可布有网状花纹。背毛短小、光滑、较少栉齿。基节-胸板骨骼常愈合成环状并包绕雌性生殖孔。足饰有脊条或梳状构造,足上的刚毛常有栉齿,爪较小。该亚科仅有脊足螨属(*Gohieria*)1属。

洛美螨亚科(Lomelacarinae Subfam,1993),本亚科与钳爪螨亚科(Labidophorinae)外形相似,不同点在于:本亚科各足跗节无爪间突爪、爪间突膜质;足Ⅰ基节前方具明显圆片状格氏器,具辐射状长分支;生殖孔与肛孔相接,生殖孔位于足Ⅲ、Ⅳ基节之间,被1对骨化的肾形生殖板所蔽盖;具2对微小的生殖吸盘。该亚科仅有洛美螨属(*Lomelacarus*)1属。

嗜湿螨亚科(Aeroglyphinae Zachvatkin,1941),躯体扁平,无背沟。表皮布有细致的条纹(前足体背板除外),背部表皮嵌有多个三角形的刺。背部刚毛略扁平,长度不等,多为躯体长度的1/5~1/2,其上着生密集的栉齿。该亚科仅有嗜湿螨属(*Aeroglyphus*)1属。食甜螨科(Glycyphagidae)分亚科、属检索表见表3.16。

表3.16 食甜螨科(Glycyphagidae)分亚科、属检索表

1. 体表刚毛长,栉齿密,双栉状或叶状……2
体表刚毛短……9
2. 躯体周缘刚毛扁平有栉齿,常在躯体四周形成缘饰;跗节粗短,多有1条背脊;足Ⅰ和Ⅱ胫节上有腹毛1根……栉毛螨亚科(Ctenoglyphinae)……3
躯体刚毛栉齿密;跗节细长,无背脊;足Ⅰ和足Ⅱ胫节上有腹毛2根……4
3. 雄螨和雌螨相似,躯体刚毛有栉齿,呈带状……
……重嗜螨属(*Diamesoglyphus*)

雄螨比雌螨小，躯体边缘刚毛为双栉齿状，有时为叶状……………………………………………………………栉毛螨属（*Ctenoglyphus*）

4. 表皮具微小颗粒……………………………食甜螨亚科（Glycyphaginae）……………………………5

表皮有细致的条纹…………嗜湿螨亚科（Aeroglyphinae）……………………嗜湿螨属（*Aeroglyphus*）

5. 无爪、无头脊，*vi*和*ve*很接近………………………………………………………无爪螨属（*Blomia*）

有爪、头脊有或无，*ve*远离*vi*………………………………………………………………………6

6. 有亚跗鳞片，无头脊…………………………………………………………………………………7

无亚跗鳞片，有头脊……………………………………………………………………………………8

7. 足Ⅰ膝节σ_2比σ_1长3倍以上………………………………………………嗜鳞螨属（*Lepidoglyphus*）

足Ⅰ膝节σ_1和σ_2几乎等长……………………………………………澳食甜螨属（*Austroglycyphagus*）

8. 生殖孔位于足Ⅱ、Ⅲ基节之间，有顶外毛……………………………………………食甜螨属（*Glycyphagus*）

生殖孔前端位于足Ⅰ、Ⅱ基节间，无顶外毛……………………………………拟食甜螨属（*Pseudoglycyphagus*）

9. 表皮近无色；从背面可看清颚体………………………………………………………………………………嗜蝠螨亚科（Nycteriglyphinae）……………………嗜粪螨属（*Coproglyphus*）

表皮淡棕色；颚体被前足体前缘蔽盖，从背面难以看清……………………………………………10

10. 基节—胸板骨骼常愈合成环，包围生殖孔…………………………………………………………………………钳爪螨亚科（Labidophorinae）………………………脊足螨属（*Gohieria*）

11. 生殖孔与肛孔相接，跗节无爪间突爪，具明显片状格氏器…………………………………………………洛美螨亚科（Lomelacarinae）………………………………洛美螨属（*Lomelacarus*）

一、食甜螨属

食甜螨属（*Glycyphagus*）特征：前足体背板或头脊狭长，无背沟；足Ⅰ跗节未被亚跗鳞片（ρ）包盖，足Ⅰ膝节膝内毛（σ_2）长度约为膝外毛（σ_1）的2倍以上，足Ⅰ、Ⅱ胫节有2根腹毛；雌、雄成螨生殖孔均位于足Ⅱ、Ⅲ基节之间。食甜螨属（*Glycyphagus*）成螨分种检索表见表3.17。

表3.17 食甜螨属（*Glycyphagus*）成螨分种检索表

1. 常有头脊，无亚跗鳞片，雄螨胫节Ⅰ、胫节Ⅱ上的刚毛正常……………………………………………2

常有头脊，无亚跗鳞片，雄螨胫节Ⅰ、胫节Ⅱ上有大的梳状毛…………………………………………3

2. 顶内毛（*vi*）几乎位于头脊的中央，d_2与d_3几乎位于同一水平上………………………………………………………………………………………………家食甜螨（*G. domesticus*）

顶内毛（*vi*）几乎位于头脊的前端，d_2位于d_3之前………………………………………隐秘食甜螨（*G. privatus*）

3. 骶内毛（*sai*）呈纺锤形，与其他背毛明显不同……………………………………扎氏食甜螨（*G. zachvatkini*）

骶内毛（*sai*）形状正常，与其他背毛一样……………………………………………………………4

4. 顶内毛（*vi*）之前的头脊有一明显的骨化区，雌螨的骶内毛（*sai*）比d_2长………………………………………………………………………………………………隆头食甜螨（*G. ornatus*）

顶内毛（*vi*）之前的头脊无骨化区，雌螨的骶内毛（*sai*）比d_2短，或与d_2等长………………………………………………………………………………………………双尾食甜螨（*G. bicaudatus*）

47. 家食甜螨（*Glycyphagus domesticus* De Geer，1778）

形态特征：雄螨体长320～400 μm（图3.230），雌螨体长400～750 μm，躯体呈圆形，乳白色，足和螯肢颜色较深。表皮布有微小乳突。休眠体躯体及皮壳长约330 μm，白色，呈卵圆形囊状。

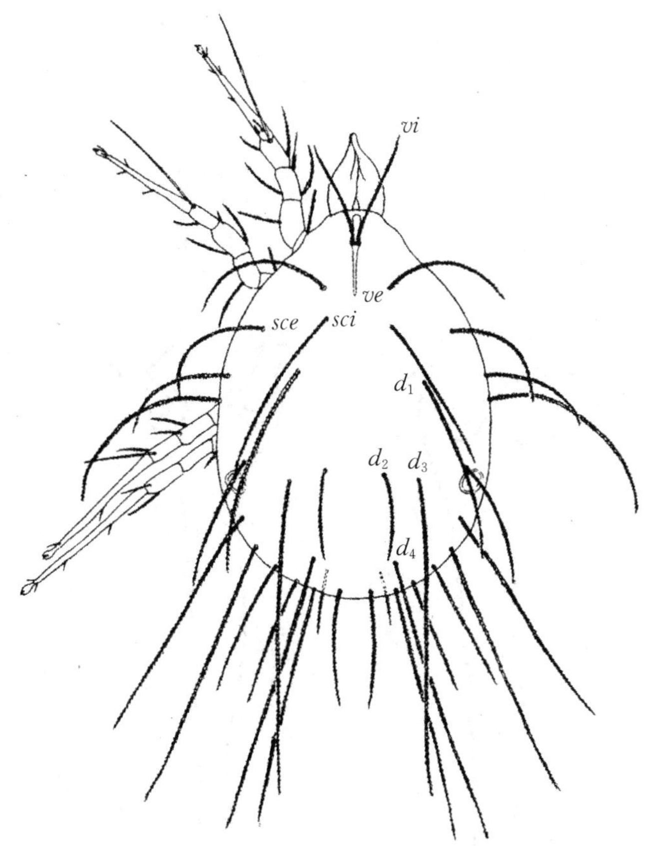

图3.230 家食甜螨(*Glycyphagus domesticus*)(♂)背面

d_1～d_4:背毛;*vi*:顶内毛;*ve*:顶外毛;*sci*:胛内毛;*sce*:胛外毛

(仿 李朝品 沈兆鹏)

雄螨:前足体背板缺如,头脊狭长(图3.231A),从螯肢基部伸展到顶外毛(*ve*)的水平上。顶内毛(*vi*)着生于头脊中部最宽处。螨体刚毛硬直,呈辐射状排列,上着生较细的栉齿。基节上毛(*scx*)分叉大(图3.232),分支细长;胛内毛(*sci*)长于胛外毛(*sce*),并与其位于同一水平线。d_2较短,位于d_3内侧,与d_3几乎位于同一水平,d_3基部的内突起可作为肌肉附着点进行活动。躯体具有3对侧毛(l_1、l_2、l_3),3对肛后毛(pa_1、pa_2、pa_3),2对骶毛(*sai*、*sae*)。足Ⅰ、足Ⅱ表皮内突均较发达,足Ⅰ表皮内突相连成短胸板,足Ⅲ、足Ⅳ表皮内突细长,生殖孔位置在足Ⅱ、Ⅲ基节间。足细长,末端为前跗节和爪,无亚跗鳞片(ρ),取而代之的是位于跗节中央的栉状刚毛腹中毛(w)(图3.233),m、Ba和r在w基部和跗节顶端间。足Ⅰ跗节的ω_1呈细杆状,长度为足Ⅱ跗节ω_1的2倍;ε较短小。足Ⅰ膝节的膝外毛σ_1与ω_1等长,膝内毛σ_2为膝外毛σ_1长度的2倍。足Ⅲ、Ⅳ胫节的胫节毛kT远离该节端部。

雌螨:体型大于雄螨(图3.234),形态与雄螨相似,与雄螨不同点:生殖孔伸展至足Ⅲ基节后缘,其长度小于肛门孔前端至生殖孔后端的距离,在生殖褶的前端覆盖一小新月形生殖板。具3对生殖毛,后1对生殖毛位于生殖孔的后缘水平外侧。交配囊呈管状,边缘光滑,突出于躯体后缘。肛门孔前端具2对肛毛。

休眠体:跗肢芽状,由网状花纹的第一若螨表皮包围休眠体(图3.235)。

幼螨:头脊构造与成螨相似,但骨化不完全。基节杆明显。

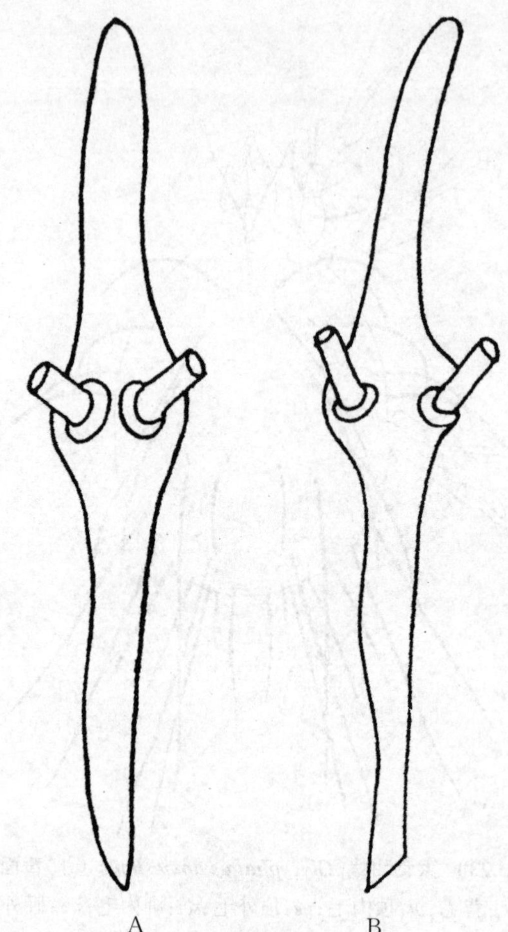

图3.231 头脊

A. 家食甜螨；B. 隆头食甜螨

（仿 李朝品 沈兆鹏）

图3.232 家食甜螨（*Glycyphagus domesticus*）基节上毛

（仿 李朝品 沈兆鹏）

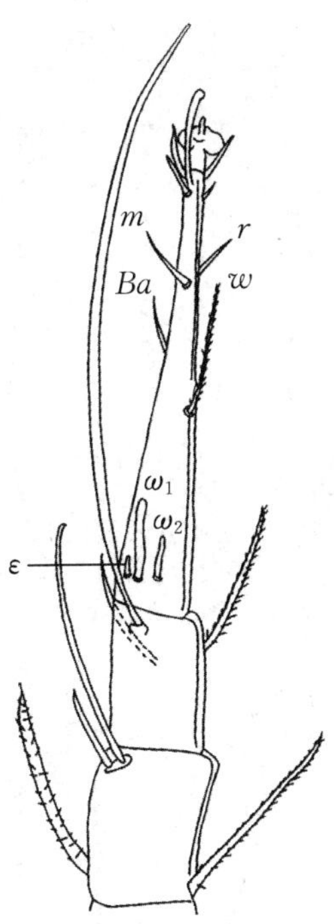

图3.233　家食甜螨（***Glycyphagus domesticus***）（♂）右足Ⅰ背面

ω_1，ω_2：感棒；ε：芥毛；Ba，m，r，w：刚毛

（仿 李朝品 沈兆鹏）

图3.234　家食甜螨（***Glycyphagus domesticus***）（♀）腹面

（仿 李朝品 沈兆鹏）

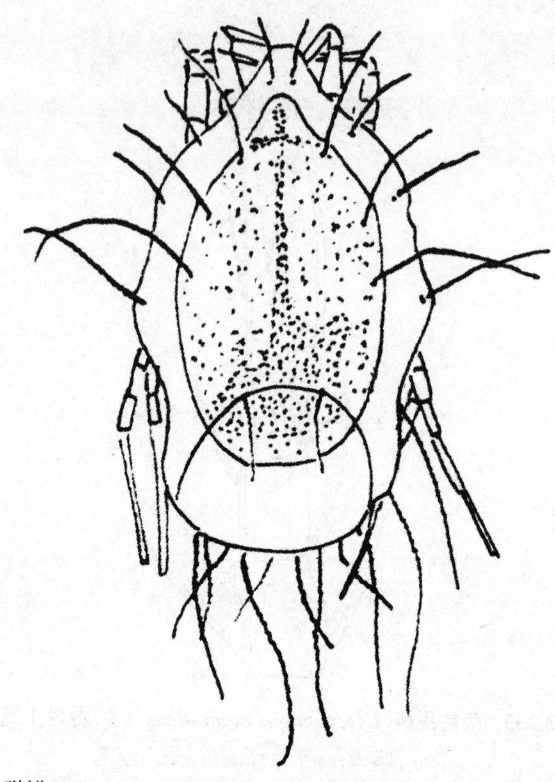

图3.235 家食甜螨(*Glycyphagus domesticus*)休眠体背面,包裹在第一若螨的表皮中

(仿 李朝品 沈兆鹏)

48. 隆头食甜螨(*Glycyphagus ornatus* Kramer,1881)

形态特征:雄螨体长430～500 μm,雌螨体长540～600 μm,虫体卵圆形,呈灰白色或浅黄色,表皮覆有不清晰小颗粒。躯体由前至后逐渐变宽,至足Ⅱ、Ⅲ间达最宽,第四对足以后逐渐收缩变窄(图3.236)。

雄螨:雄螨体型略小于雌螨。头脊形状类似于家食甜螨,顶内毛(vi)着生于头脊中央最宽阔处(图3.231B)。躯体刚毛长且栉齿密,刚毛着生处基部角质化明显。背毛d_2较短,其端部很少到达d_4的基部。在不同的个体中,d_2的位置有变异,可以着生在d_3之前或d_3之后。d_3较长,超过躯体且基部有一小的内突起连接肌肉,可活动。其余体后刚毛也极长。基节上毛(scx)呈叉状,具有分支(图3.237),与家食甜螨不同的是该螨的基节上毛分叉小且分支短而密。足Ⅰ、Ⅱ跗节均弯曲(图3.238),尤以足Ⅱ跗节弯曲更明显,胫节和膝节端部膨大,其边缘膨大成脊状。各足刚毛均较长并有栉齿。在足Ⅰ、Ⅱ胫节上,胫节毛(hT)变形为三角形梳状,足Ⅰ胫节的hT内缘有9～10齿,足Ⅱ胫节的则为4～5齿,足Ⅲ、Ⅳ胫节的关节膜伸展到hT的基部。各足刚毛均较长并有栉齿。足Ⅰ膝节(图3.239A)的膝外毛(σ_1)较膝内毛(σ_2)短。腹面阳茎直管形。

雌螨:与雄螨相似(图3.240),不同点:生殖孔的后缘与足Ⅲ表皮内突位于同一水平,较肛门孔前缘至生殖孔后缘之间的距离短。交配囊在突出于体后端的丘突状顶端开口。各足跗节挺直,足Ⅰ跗节正中毛(m)、侧中毛(r)、背中毛(Ba)和腹中毛(w)的分布较集中(图3.239A),而家食甜螨的分布较分散。与雄螨不同,其足Ⅰ、Ⅱ跗节不弯曲,且足Ⅰ、Ⅱ胫节的胫节毛(hT)正常。

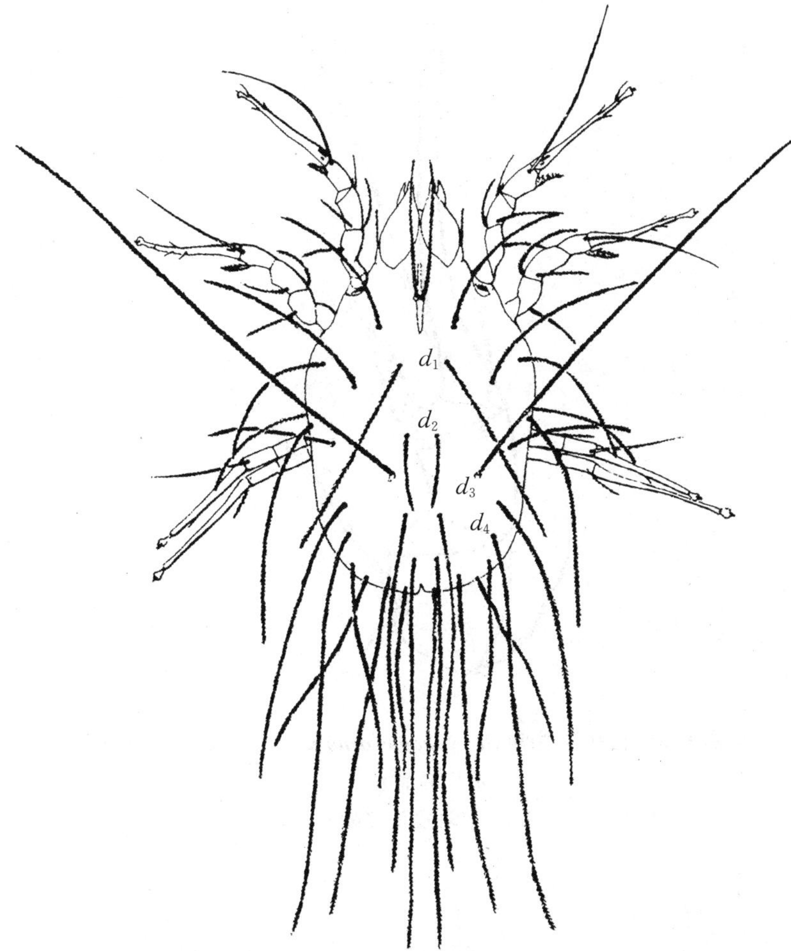

图 3.236　隆头食甜螨（*Glycyphagus ornatus*）（♂）背面

d_1～d_4：背毛

（仿 李朝品 沈兆鹏）

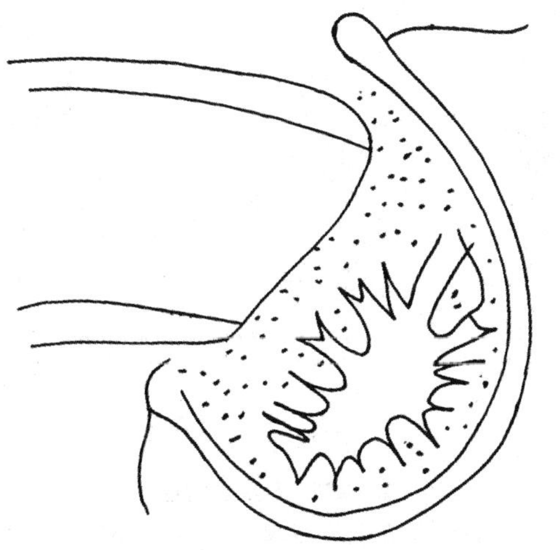

图 3.237 隆头食甜螨（*Glycyphagus ornatus*）基节上毛

（仿 李朝品 沈兆鹏）

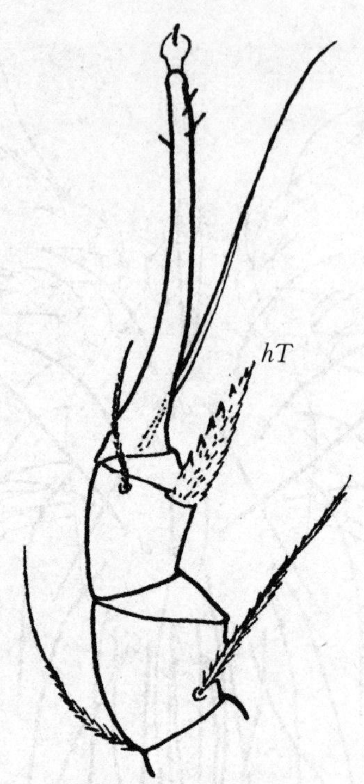

图3.238 隆头食甜螨(*Glycyphagus ornatus*)(♂)右足Ⅱ腹面

hT:胫节毛

(仿 李朝品 沈兆鹏)

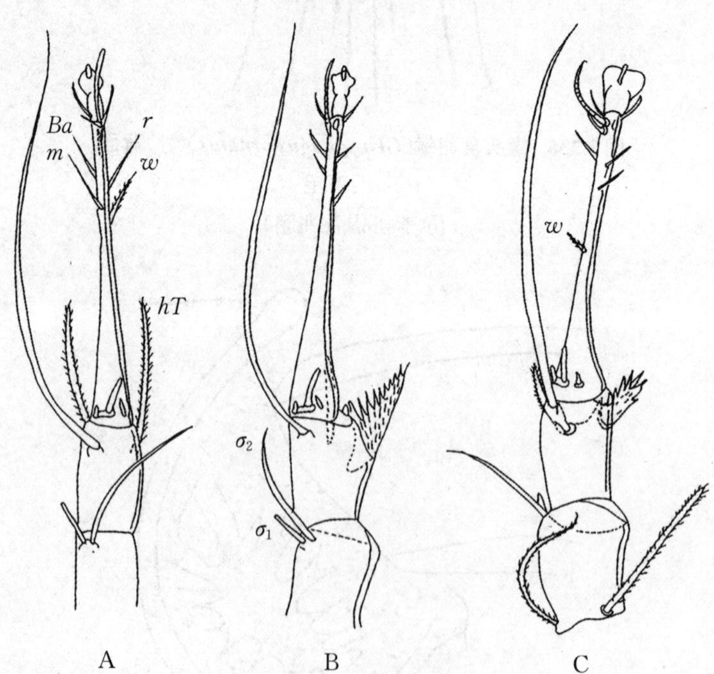

图3.239 右足Ⅰ背面

A. 隆头食甜螨(♀)右足Ⅰ背面;B. 隐秘食甜螨(♂)右足Ⅰ背面;C. 双尾食甜螨右足Ⅰ背面

σ_1,σ_2:膝外毛,膝内毛;*Ba*:背中毛;*r*:侧中毛;*m*:正中毛;*w*:腹中毛;*hT*:胫节毛

(仿 李朝品 沈兆鹏)

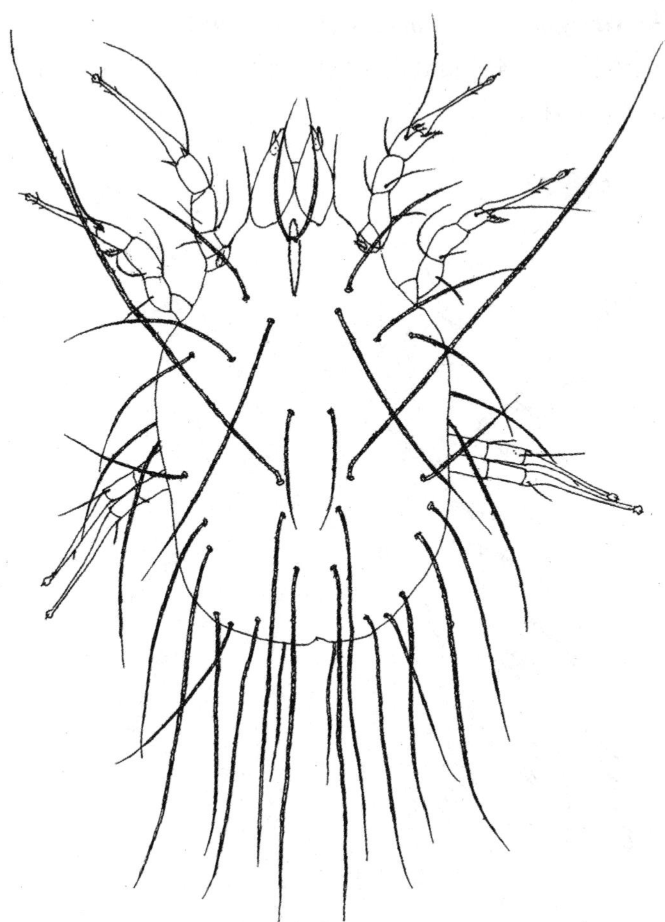

图3.240 隆头食甜螨(*Glycyphagus ornatus*)(♀)背面
(仿 李朝品 沈兆鹏)

幼螨:似成螨,不同点:头脊为板状,表皮光滑。基节杆小。

此螨行有性生殖。雌雄交配后即产卵,在温度22~25 ℃,相对湿度80%~90%条件下,经3~6天孵化为幼螨。幼螨取食3天,静息1天后蜕皮为第一若螨,再经第三若螨发育为成螨。在第一、第三若螨中,亦各有1天的静息期,完成生活周期约需18天。

49. 隐秘食甜螨(*Glycyphagus privatus* Oudemans,1903)

形态特征:雄螨体长280~360 μm,雌螨体长370~450 μm,其形态与家食甜螨(*Glycyphagus domesticus*)相似。

雄螨:与家食甜螨不同点:头脊向后方延伸至胛毛(*sc*),头脊前端骨化程度较轻,前缘位置着生有顶内毛(*vi*)。背毛d_2位于d_3之前,与侧毛l_1位于同一水平。足Ⅰ和Ⅱ胫节的顶端边缘形成薄框。足Ⅰ跗节的第二感棒(ω_2)短,与芥毛(ε)等长。足Ⅰ膝节的膝外毛(σ_1)短,不到跗节感棒(ω_1)长度的1/2(图3.239B)。

雌螨:与家食甜螨不同点:生殖孔的长度大于肛门孔至生殖孔之间的距离,并向后方延伸至足Ⅳ基节臼的后缘。

幼螨:头脊与成螨的相似,具有瓶状的基节杆。足Ⅰ膝节上,膝外毛(σ_1)和膝内毛(σ_2)的比例与成螨相似。

50. 双尾食甜螨(*Glycyphagus bicaudatus* Hughes,1961)

形态特征:雄螨体长390~430 μm(图3.241),雌螨体长433~635 μm。其形态与隆头食甜螨(*Glycyphagus ornatus*)相似。

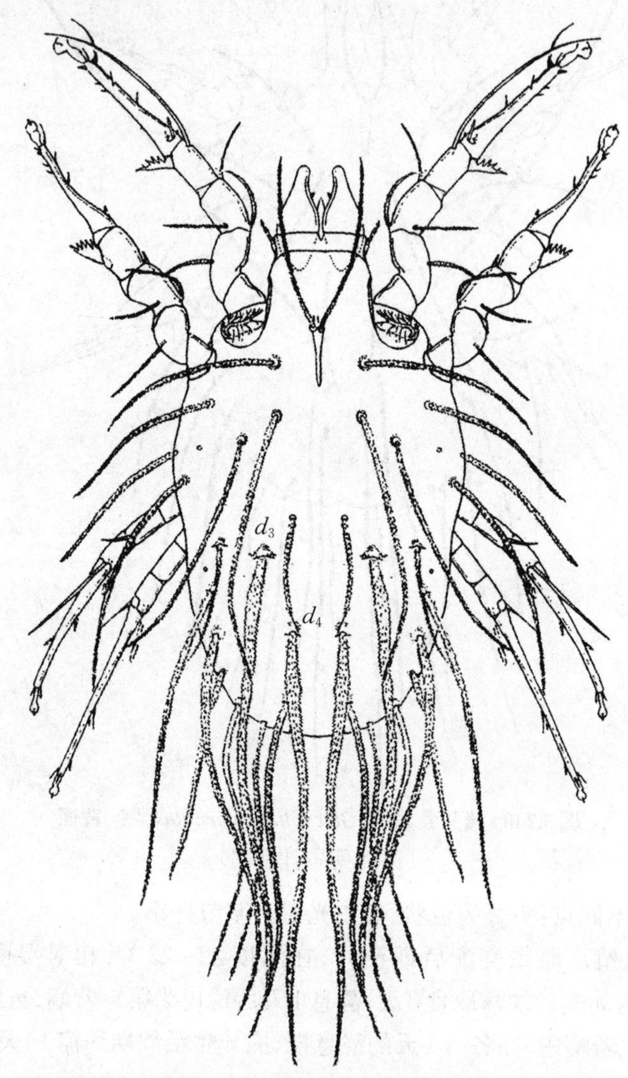

图3.241 双尾食甜螨(*Glycyphagus bicaudatus*)(♂)背面

d_3,d_4:背毛

(仿 李朝品 沈兆鹏)

雄螨:与隆头食甜螨不同点:头脊较狭(图3.242A),不发达;顶内毛(*vi*)前面的区域发达。基节上毛(*scx*)有一主干且分支很多(图3.243)。背毛d_3和d_4扁平,基部膨大。足Ⅰ、Ⅱ跗节弯曲,腹中毛(*w*)靠近跗节中央(图3.239C)。足Ⅰ、Ⅱ胫节的胫节毛(*hT*)变为三角形鳞片,足Ⅰ胫节的鳞片前缘有7~8齿,足Ⅱ胫节上有5~6齿。

雌螨:顶内毛(*vi*)前的头脊区是一条模糊的线条(图3.242B)。体躯刚毛似雄螨,但骶内毛(*sai*)短,与d_2长度相近,其中央稍膨大(图3.244)。躯体后端无管状交配囊,交配囊孔与受精囊相通,为一圆形小孔,并有一对弯曲的骨片支持受精囊基部。

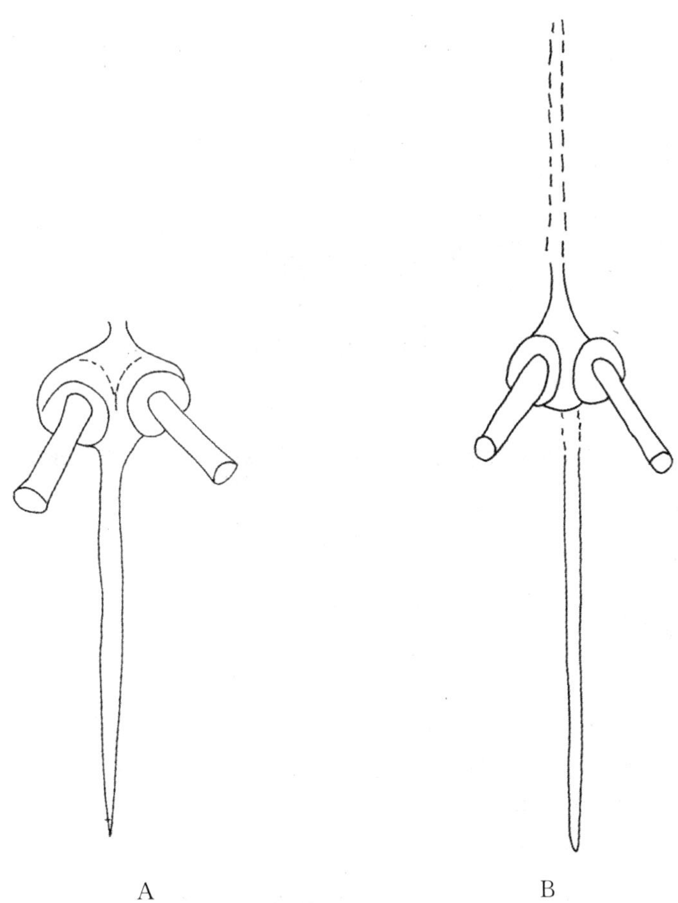

图 3.242 双尾食甜螨（*Glycyphagus bicaudatus*）头脊

A. ♂；B. ♀

（仿 李朝品 沈兆鹏）

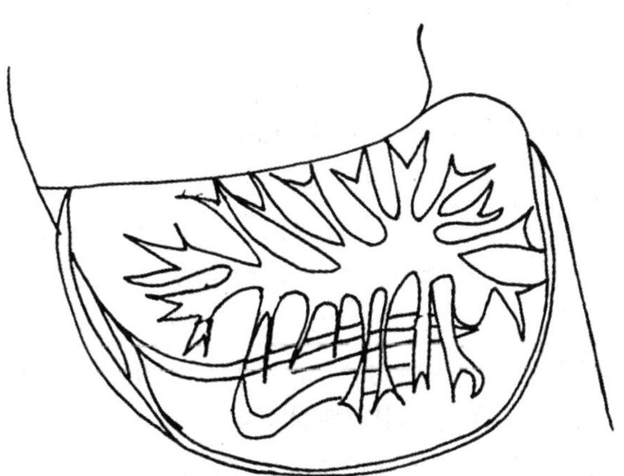

图 3.243 双尾食甜螨（*Glycyphagus bicaudatus*）基节上毛

（仿 李朝品 沈兆鹏）

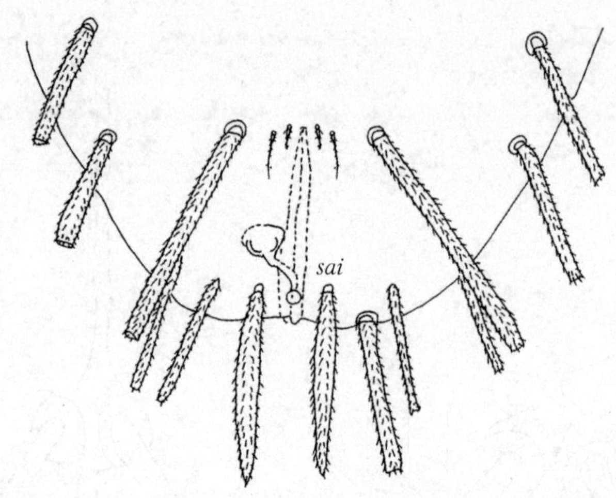

图3.244 双尾食甜螨(*Glycyphagus bicaudatus*)(♀)体躯后端腹面

sai:骶内毛

(仿 李朝品 沈兆鹏)

二、嗜鳞螨属

嗜鳞螨属(*Lepidoglyphus*)特征:前足体背面无头脊。各足跗节均有1个栉齿状亚跗鳞片(ρ);足Ⅰ膝节的膝内毛(σ_2)较膝外毛(σ_1)长4倍以上;足Ⅰ、Ⅱ胫节上均有2根腹毛。生殖孔位于足Ⅱ、Ⅲ基节间。足Ⅰ跗节上的正中毛(m),背中毛(Ba),侧中毛(r)位于该节顶端的1/3处。嗜鳞螨属分种检索表见表3.18。

表3.18 嗜鳞螨属(*Lepidoglyphus*)分种检索表

1. 足Ⅲ膝节上腹面刚毛nG膨大成栉状鳞片……………………………米氏嗜鳞螨(*L. michaeli*)
足Ⅲ膝节上腹面刚毛nG不膨大为栉状鳞片……………………………………………………2
2. 雄螨足Ⅰ膝节上的σ加粗成刺状,雌螨后面一对生殖毛位于生殖孔后缘的同一水平上………………
……………………………………………………………………………………棍嗜鳞螨(*L. fustifer*)
雌雄两性足Ⅰ膝节上的σ不加粗,雌螨后面一对生殖毛位于生殖孔后缘之后……………………………
……………………………………………………………………………………害嗜鳞螨(*L. destructor*)

51. 害嗜鳞螨(*Lepidoglyphus destructor* Schrank,1781)

形态特征:雄螨体长350~500 μm,雌螨体长400~560 μm,躯体呈长梨形,表皮灰白色,不清晰,覆有微小乳突。休眠体躯体和皮壳长约350 μm,卵圆形,无色,足退化。

雄螨:背部刚毛硬直,直立于体躯表面,栉齿密(图3.245)。顶内毛(vi)长度超出螯肢顶端,顶外毛(ve)位于顶内毛(vi)较靠后的位置,两者间距约等于胛内毛的距离。2对胛毛(sc)在足Ⅱ后方并列分布,胛内毛(sci)与顶内毛(vi)等长。基节上毛(scx)(图3.246)分支数目多且呈二叉杆状。肩毛(h)2对。背毛d_2刚及躯体后缘,d_1长于d_2,d_3位于d_1和d_2后外侧,d_1、d_2和d_4在同一直线上。3对侧毛l_1、l_2、l_3逐渐加长。骶内毛(sai)、骶外毛(sae)和3对肛后毛(pa)突出于躯体后缘,其中1对肛后毛短而光滑。背毛d_3、d_4、侧毛l_3和骶内毛(sai)为躯体最长的刚毛。腹面,足Ⅰ表皮内突相连接形成短胸板,足Ⅱ表皮内突较发达;足Ⅲ、Ⅳ表皮内突退化,它们附着肌肉的作用由足Ⅱ基节内突来担任;足Ⅱ基节内突有一粗壮的前突起。生殖孔位于足Ⅲ基节间，前面有三角形骨板，两侧有2对生殖毛（g_1、g_2），后缘有1对生殖毛（g_3）。肛门位于躯体后缘，其前端有1对肛毛，并向后至躯体后缘。螯肢细长，定趾有5个齿，动趾有4个大齿；须肢末端有3个小突起。各足均细长，尤以足Ⅲ、足Ⅳ更为细长，末端为前跗节和小爪。胫节、膝节、股节无膨大，在端部形成薄框。各跗节均被跗节基部一有栉齿的亚跗鳞片（ρ）包裹（图3.247）。在自然状况下，这个亚跗鳞片使跗节呈纤毛状，但在玻片标本中，亚跗鳞片倾向于转移到跗节的一侧。跗节顶端的第一背端毛（d）、第二背端毛（e）、正中端毛（f）、3个端刺和第三感棒（ω_3）将前跗节包绕；其后是正中毛（m）、背中毛（Ba）、侧中毛（r）；跗节基部的感棒ω_1、ω_2和芥毛（ε）相近，感棒ω_1弯杆状，长度为感棒ω_2的2倍，f短小。足Ⅰ膝节的膝内毛（σ_2）较膝外毛（σ_1）长4倍以上，膝外毛σ_1的顶端膨大（图3.247A）。膝节和胫节腹面刚毛有栉齿。足Ⅲ、Ⅳ胫节的腹毛hT不着生在关节膜的边缘（图3.248）。

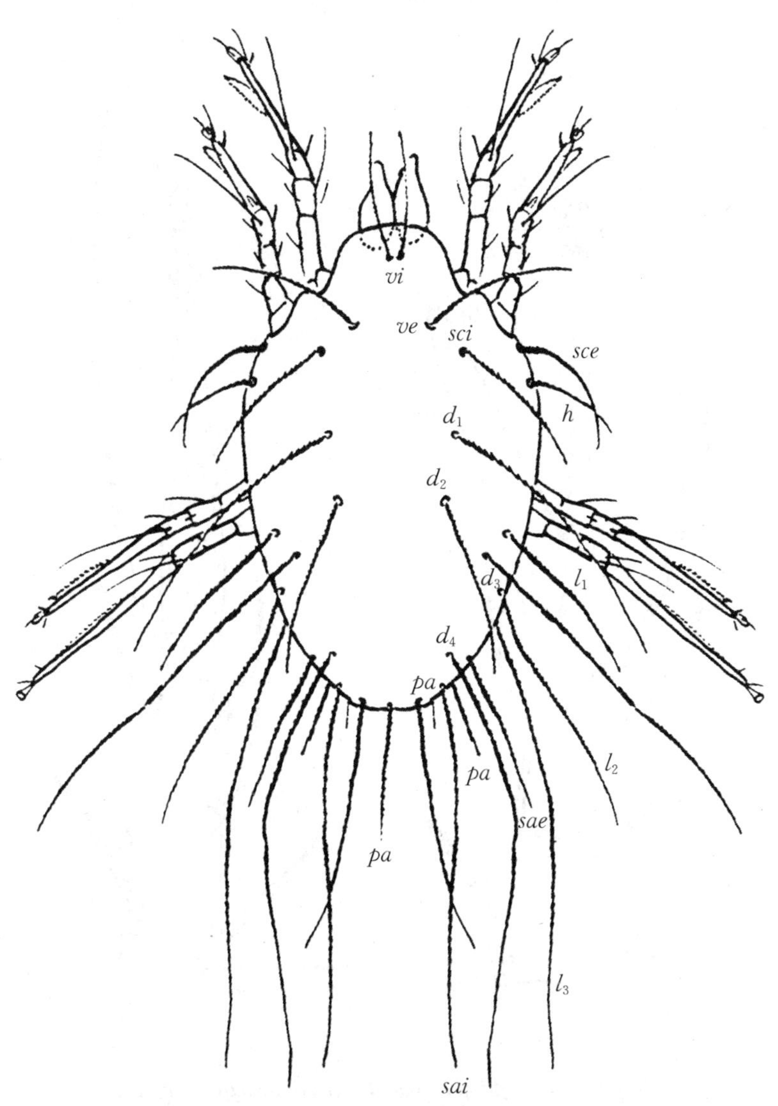

图3.245　害嗜鳞螨（*Lepidoglyphus destructor*）（♂）背面

$ve, vi, sce, h, d_1 \sim d_4, l_1 \sim l_3, sae, sci, pa$：躯体的刚毛

（仿 李朝品 沈兆鹏）

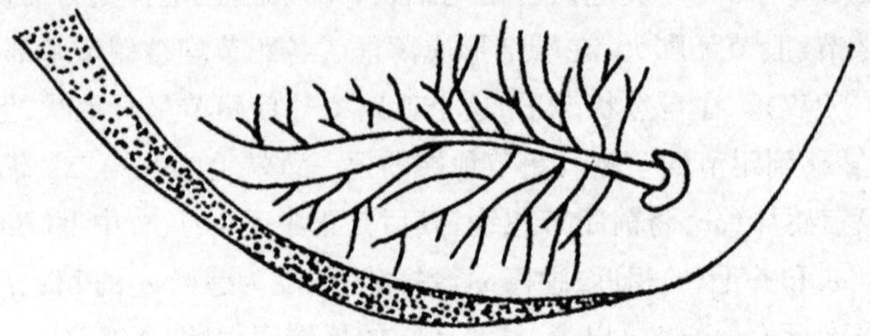

图 3.246 害嗜鳞螨(*Lepidoglyphus destructor*)基节上毛

(仿 李朝品 沈兆鹏)

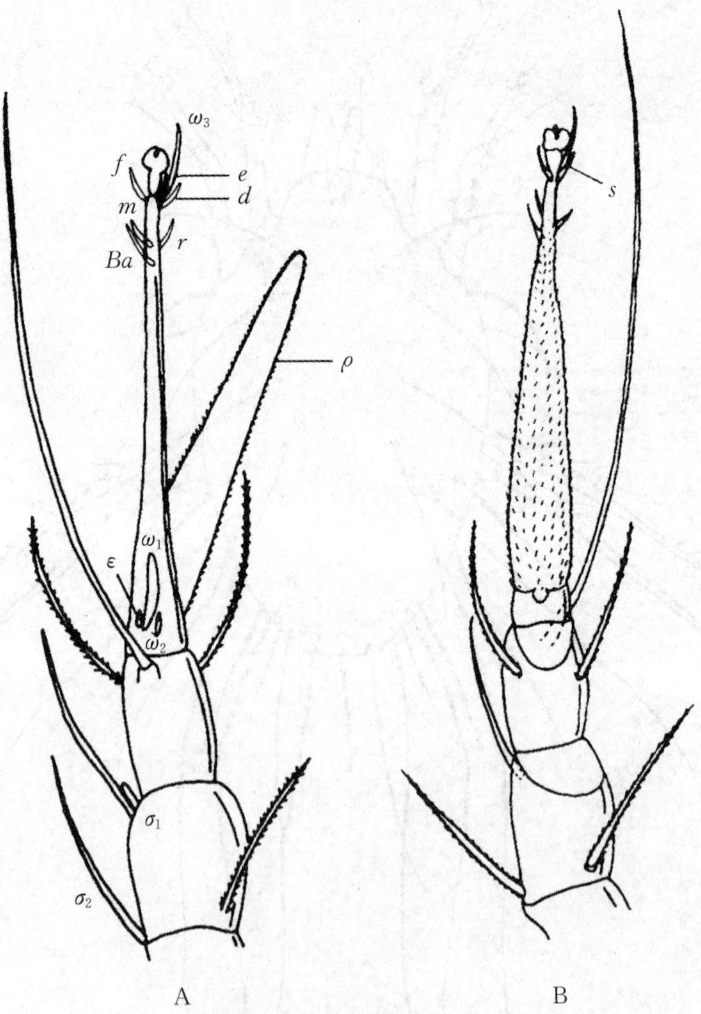

图 3.247 害嗜鳞螨(*Lepidoglyphus destructor*)♂足Ⅰ

A. 右足Ⅰ背面;B. 左足Ⅰ腹面

$\omega_1 \sim \omega_3$,σ_1,σ_2:感棒;ε:芥毛;d,e,s,Ba,m,r:刚毛;ρ:亚跗鳞片

(仿 李朝品 沈兆鹏)

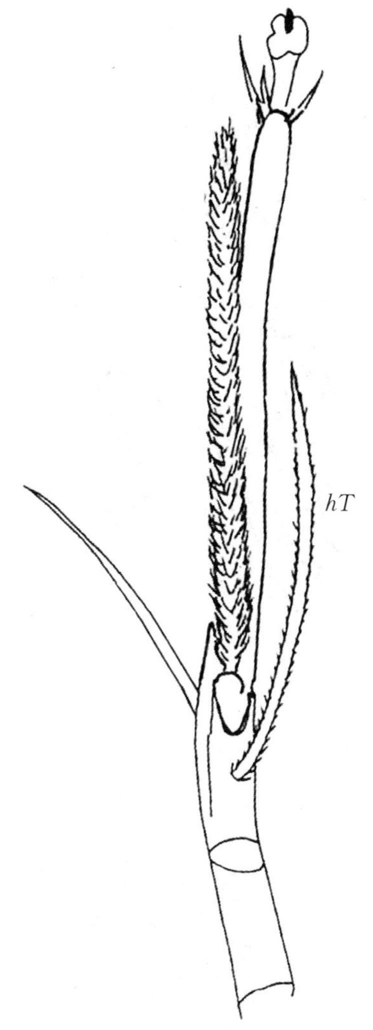

图3.248 害嗜鳞螨(*Lepidoglyphus destructor*)右足Ⅳ腹面

hT:胫节毛

(仿 李朝品 沈兆鹏)

雌螨:刚毛与雄螨相似,不同点:雌螨肛毛较雄螨多1对;生殖褶大部分相连,一块新月形的生殖板覆盖在生殖褶的前端;第三对生殖毛(g_3)位于足Ⅲ、Ⅳ表皮内突间,生殖孔后缘水平。交配囊短管状,其部分边缘呈叶状。肛门伸展到躯体后缘,前端两侧有2对肛毛(图3.249)。

不活动休眠体:休眠体包裹在第一若螨的表皮中(图3.250),为不活动休眠体,外形呈无色卵圆形,喙状突起显著,完全蔽盖颚体。其休眠体有一条明显的横缝,贯穿背面,将躯体分为前足体和后半体两部分。有2对生殖感觉器,无口器,为不吃不动的休眠体阶段。足不发达,呈粗短状,从背面观察,仅能看到足Ⅰ的端部三节。足Ⅰ、Ⅱ表皮内突轻度骨化,足Ⅳ间有生殖孔痕迹。足Ⅰ、Ⅱ、Ⅲ的爪和跗节等长,足Ⅳ的爪较短。足Ⅰ跗节基部有一相当于感棒ω_1的长感棒,足Ⅱ跗节的感棒较短。

幼螨:似成螨,基节杆小(图3.251)。

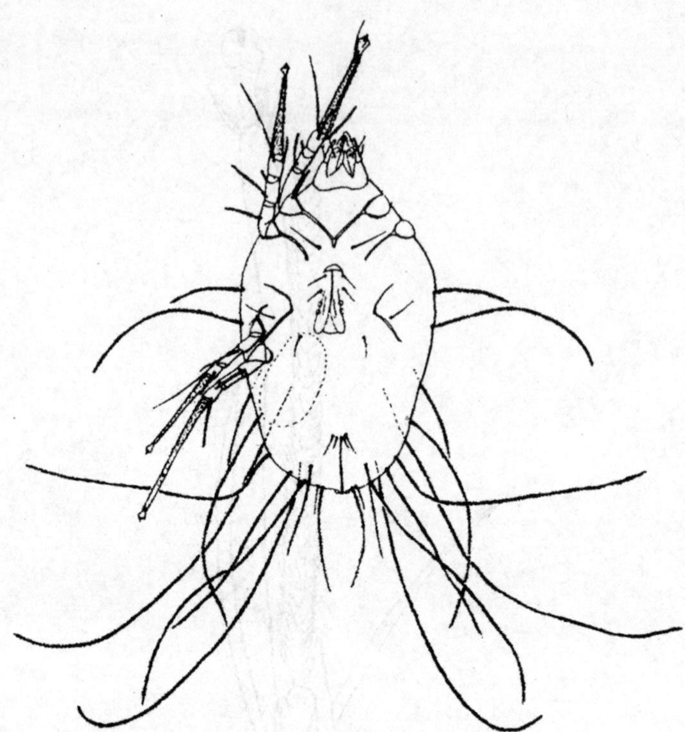

图3.249 害嗜鳞螨(***Lepidoglyphus destructor***)(♀)腹面
(仿 李朝品 沈兆鹏)

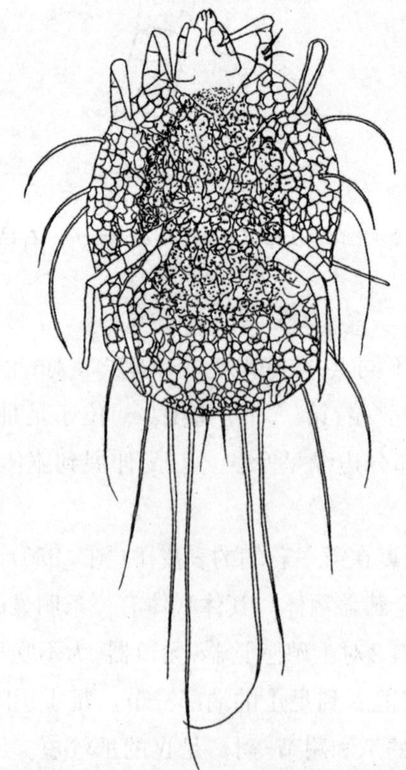

图3.250 害嗜鳞螨(***Lepidoglyphus destructor***)休眠体腹面,包裹在第一若螨的表皮中
(仿 李朝品 沈兆鹏)

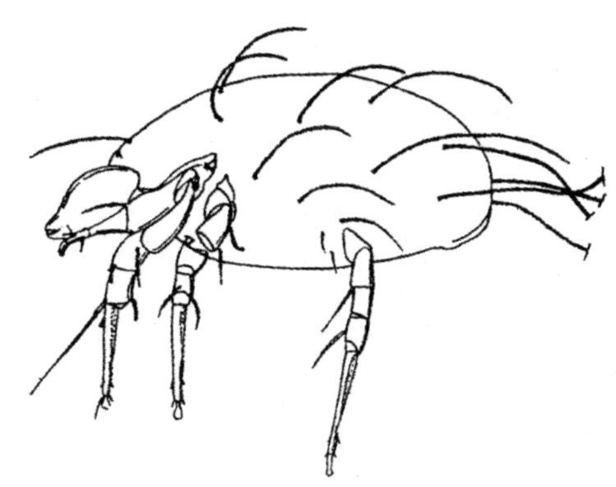

图3.251 害嗜鳞螨（*Lepidoglyphus destructor*）幼螨侧面

（仿 李朝品 沈兆鹏）

52. 米氏嗜鳞螨（*Lepidoglyphus michaeli* Oudemans，1903）

形态特征：雄螨体长450～550 μm，雌螨体长700～900 μm，其形态、躯体毛序均与害嗜鳞螨（*Lepidoglyphus destructor*）相似。休眠体体长约260 μm，呈梨形，包裹在第一若螨的表皮中，表皮可干缩并饰有网状花纹。

雄螨：米氏嗜鳞螨较害嗜鳞螨体型大、刚毛的栉齿较密且行动更加活跃迅速，易于辨别。其刚毛长度在前足体背毛毛序区别最明显，米氏嗜鳞螨胛内毛（*sci*）比顶内毛（*vi*）长。足的各节，尤其是足Ⅳ的胫节、膝节，顶端膨大，形成薄而透明的缘，包围后一节的基部（图3.252）。胫节的腹面刚毛较害嗜鳞螨更"多毛"（图3.253），足Ⅳ胫节毛*hT*加粗、多毛，成螨足Ⅲ腹面刚毛*nG*膨大成"毛皮状"鳞片（图3.254）。足Ⅲ、Ⅳ胫节端部的关节膜向后伸展到胫节毛*hT*基部，其两边的表皮形成薄板，因此胫节毛*hT*着生于深缝基部。

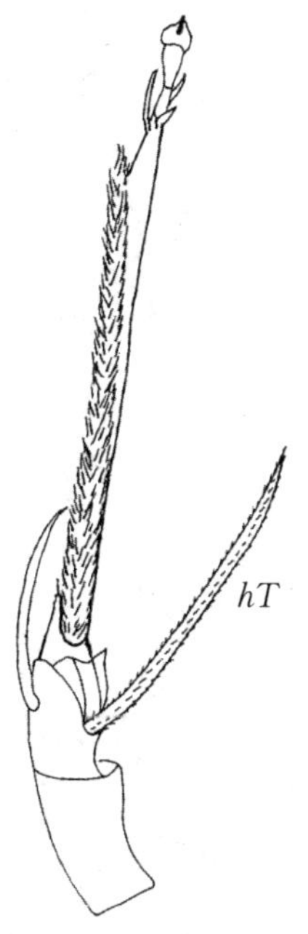

图3.252 米氏嗜鳞螨（*Lepidoglyphus michaeli*）（♀）右足Ⅳ腹面

hT：胫节毛

（仿 李朝品 沈兆鹏）

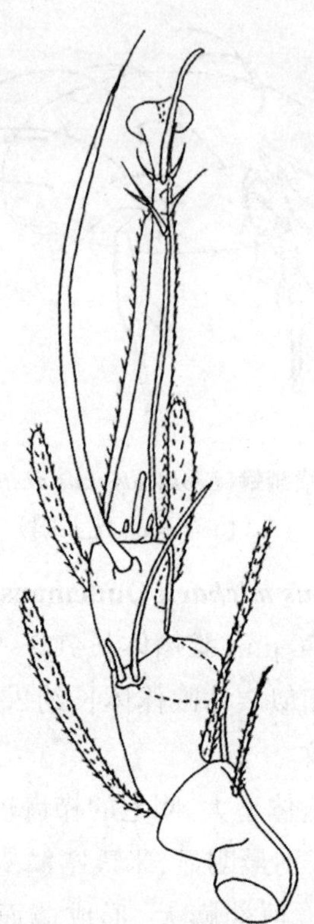

图3.253 米氏嗜鳞螨(*Lepidoglyphus michaeli*)(♂)右足Ⅰ背面
(仿 李朝品 沈兆鹏)

图3.254 米氏嗜鳞螨(*Lepidoglyphus michaeli*)(♀)右足Ⅲ基部区侧面
(仿 李朝品 沈兆鹏)

雌螨：与雄螨形态相似。与害嗜鳞螨不同点：生殖孔位于较靠前的位置，前端被一新月形生殖板覆盖，后缘与足Ⅲ表皮内突前端在同一水平，后1对生殖毛远离生殖孔。交配囊呈管状，短且不明显（图3.255）。

休眠体：跗肢退化，无吸盘板，稍能活动。

此螨进行有性生殖，亦是经卵期、幼螨期、若螨期，再发育为成螨。在温度23 ℃和谷物含水量为15.5%时，完成其生活周期约需20天。第一若螨期后往往形成稍活动的休眠体。

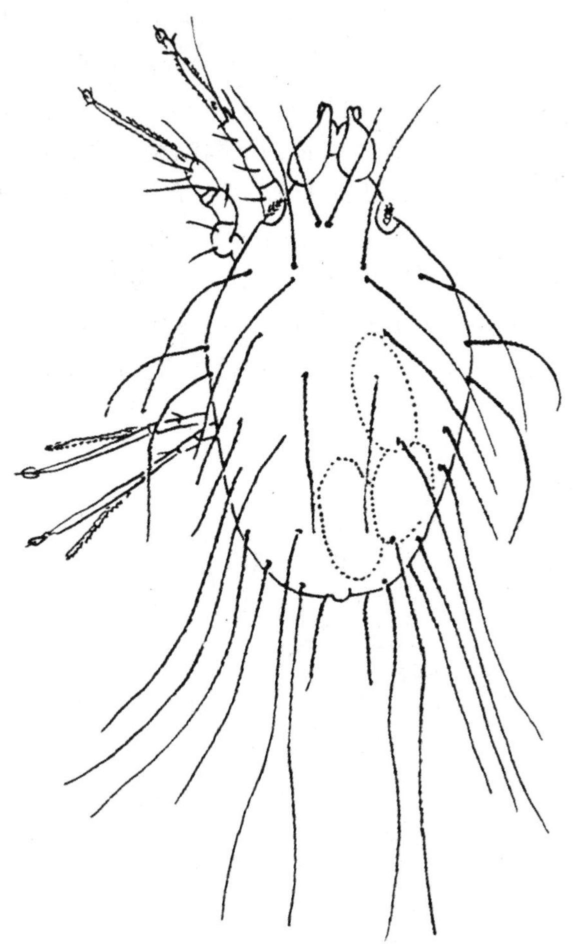

图3.255 米氏嗜鳞螨（***Lepidoglyphus michaeli***）（♀）背面

（仿 李朝品 沈兆鹏）

三、澳食甜螨属

澳食甜螨属（*Austroglycyphagus*）特征：无头脊，背面无背沟，表皮布有细小颗粒。各跗节被一有栉齿的亚跗鳞片包裹，正中毛（*m*）、背中毛（*Ba*）和侧中毛（*r*）着生于跗节基部1/2处。足Ⅰ膝节的膝外毛（σ_1）与膝内毛（σ_2）等长。胫节短，为相邻膝节长度的1/2；足Ⅰ、Ⅱ胫节上均有1根腹毛。每个发育阶段，在前侧毛（*la*）和后侧毛（*lp*）之间的躯体边缘均有侧腹腺，内含折射率高的红色液体。澳食甜螨属（*Austroglycyphagus*）国内目前记述的仅有膝澳食甜螨（*Austroglycyphagus geniculatus Vitzthum*，1919）1种，该属由Hughes于1961年从食甜螨属中分出，Woodroffe(1954)在英国靠近伯克郡斯劳的鸟窝中发现此螨，Cooreman(1942)在咖啡实蝇[(*Ceratitis Trirhithrun*)*coffeae*]身上也发现此螨。赵小玉(2008)报道膝澳食甜螨可孳生于马勃、儿茶、五味子、山柰、红参、杜仲、柴胡、甘草和虫草等中药材中。裴莉(2014)在储藏粮食中发现此螨。朱玉霞(2004)发现储藏菜种中亦可孳生此螨。

53. 膝澳食甜螨(*Austroglycyphagus geniculatus* Vitzthum，1919)

形态特征：雄螨体长约433 μm，雌螨体长430～500 μm(图3.256)，其形态与家食甜螨相似。

雄螨：与家食甜螨不同点：表皮饰有细小颗粒，围绕顶内毛(*vi*)基部的表皮光滑，并形成前足体板。顶外毛(*ve*)位于*vi*之前并位于颚体两侧。除背毛d_1光滑外，螨体背面刚毛上均着生有细密的栉齿(图3.256)；背毛d_2和d_3长度相等，位于同一直线上。侧腹腺大，其内的红色液体具有较高折射率。各足细长，圆柱状；胫节常较短，不足相邻膝节长度的1/2。各跗节与嗜鳞螨属(*Lepidoglyphus*)相似，被一有栉齿的亚跗鳞片包裹。足Ⅰ、Ⅱ跗节的毛序不同，足Ⅰ跗节的感棒ω_1紧贴在跗节表面并呈长弯状(图3.257)；背中毛(*Ba*)、正中毛(*m*)和侧中毛(*r*)着生于跗节基部的1/2处，*m*有栉齿，长达前跗节的基部。足Ⅰ胫节感棒φ特长，并弯曲为松散的螺旋状；足Ⅱ胫节的φ短直；足Ⅲ、Ⅳ胫节的φ不到跗节长度的1/2，足Ⅰ、Ⅱ胫节无胫节毛*kT*。足Ⅰ膝节的膝外毛(σ_1)和膝内毛(σ_2)等长。

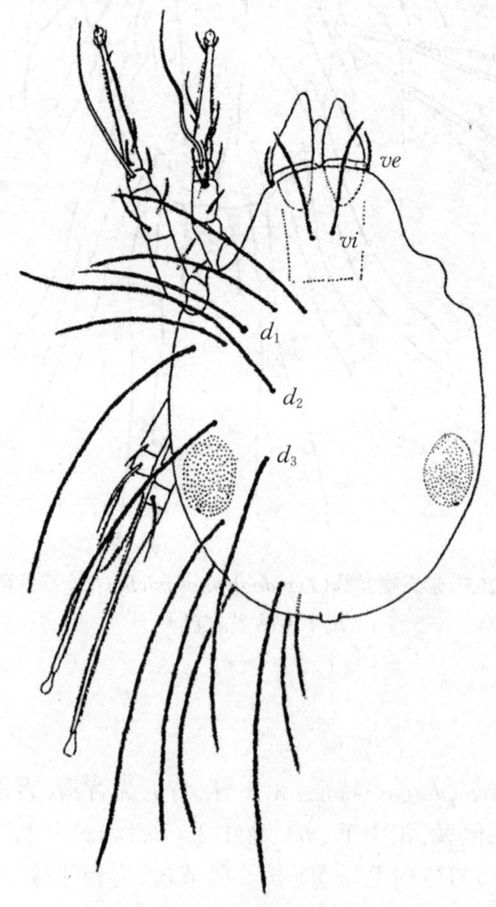

图3.256 膝澳食甜螨(*Austroglycyphagus geniculatus*)(♀)背面

ve，*vi*，d_1～d_3：躯体刚毛

(仿 李朝品 沈兆鹏)

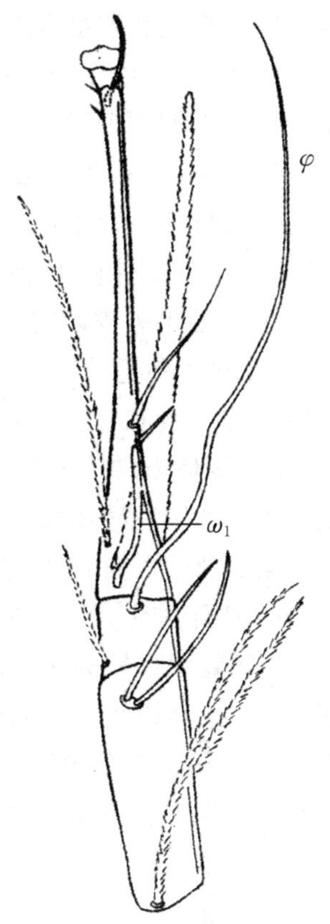

图3.257 膝澳食甜螨(*Austroglycyphagus geniculatus*)(♀)右足Ⅰ背面

ω_1,φ:感棒

(仿 李朝品 沈兆鹏)

雌螨:形态与雄螨相似,不同点:生殖毛位于生殖孔之后,交配囊为短粗的管状。

(郭娇娇 李朝品)

四、无爪螨属

目前已记载的无爪螨属螨类仅2种,即热带无爪螨(*Blomia tropicalis*)和弗氏无爪螨(*Blomia freemani*)。无爪螨属螨类孳生环境多样,可在房舍、谷物仓库、面粉厂、中药材仓库、饲料加工厂、空调隔尘网及床垫等场所被发现。

无爪螨属(*Blomia*)特征:无背板或头脊。顶外毛(*ve*)和顶内毛(*vi*)相近。无栉齿状亚跗鳞片。无爪。足Ⅰ膝节仅有1根感棒(σ),雄螨和雌螨的生殖孔位于足Ⅳ基节间。无爪螨属(*Blomia*)成螨分种检索表见表3.19。

表3.19 无爪螨属(*Blomia*)成螨分种检索表

雄螨足Ⅲ、Ⅳ有感棒,雌螨交配囊末端开裂……………………………………弗氏无爪螨(*Blomia freemani*)

雄螨足Ⅲ、Ⅳ无感棒,雌螨交配囊末端逐渐变细…………………………热带无爪螨(*Blomia tropicalis*)

54. 弗氏无爪螨(*Blomia freemani* Hughes, 1948)

形态特征:螨体表皮无色且粗糙,上有很多微小突起,躯体刚毛栉齿密。无前足体背板或头脊。雄螨足Ⅲ、Ⅳ具感棒,雌螨交配囊末端开裂。

雄螨：体长320～350 μm，各足间距在足Ⅱ和足Ⅲ之间最宽，躯体近似球形（图3.258），外形与家食甜螨的第一若螨相似。螯肢大，骨化完全，具2个动趾；定趾具2个大齿和2个小齿。顶内毛（*vi*）与顶外毛（*ve*）较近，并向前伸展近螯肢顶端。胛内毛（*sci*）、胛外毛（*sce*）和肩内毛（*hi*）着生在同一水平线；肩外毛（*he*）和第一背毛（d_1）着生在同一横线上且几乎等长。第二背毛（d_2）栉齿少且短，相距较近，其与第一背毛（d_1）和第三背毛（d_3）的间距相等。背毛（d_3、d_4）、侧毛（l_1、l_2、l_3）、骶毛（*sai*、*sae*）均为长刚毛，后面的刚毛比躯体长。基节上毛（*scx*）分支密集。表皮内突为斜生的细长骨片，足Ⅰ表皮内突在中线处相连。生殖孔位于足Ⅳ基节间，隐藏在生殖褶下，生殖孔周围具3对生殖毛（g_1、g_2、g_3），第三对生殖毛（g_3）着生于生殖孔后缘，间距近。阳茎具2块骨片支持，呈弯管状。肛门伸达躯体后缘，前、后端各有肛毛1对。后肛毛*Pa*一对，较长，有栉齿，突出在躯体末端。各足跗节细长，超过胫、膝两节长度之和，前跗节顶端呈叶状，爪缺如。足Ⅰ跗节的第三感棒（ω_3）呈弯曲钝头杆状且较长，超过前跗节的长度，跗节端部的第一背毛（*d*）、第二背毛（*e*）和正中端毛（*f*）较短，腹面具3个小刺；距跗节端部较近的背中毛（*Ba*）、正中毛（*m*）和侧中毛（*r*）具栉齿，且在同一水平上；第一感棒（ω_1）与第二感棒（ω_2）在同一水平上，ω_1前端稍膨大且较ω_2长；芥毛（ε）不明显。足Ⅱ跗节的ω_1较短，背中毛（*Ba*）基部与ω_1靠近。足Ⅰ、Ⅱ膝节和胫节腹面的刚毛均有栉齿。各足的胫节感棒（φ）特长，超出前跗节的末端；足Ⅳ胫节的φ着生在胫节中间（图3.259）。足Ⅰ膝节仅有1根感棒（σ），足Ⅱ、Ⅲ膝节无感棒。足Ⅳ跗节狭窄，由较大的关节膜与胫节相连成角。

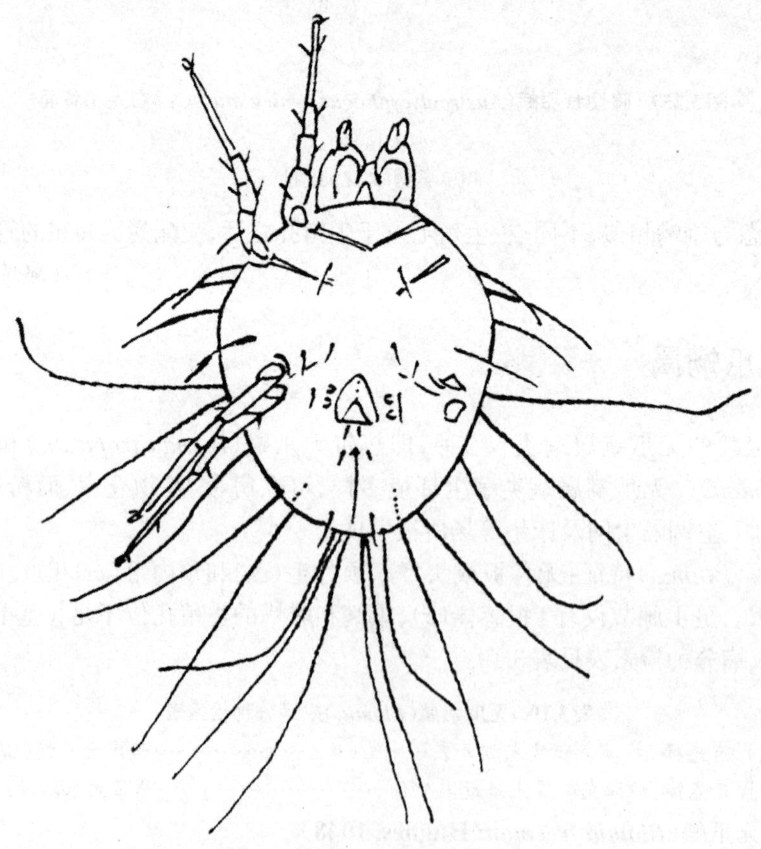

图3.258 弗氏无爪螨（***Blomia freemani***）（♂）腹面

（仿 李朝品 沈兆鹏）

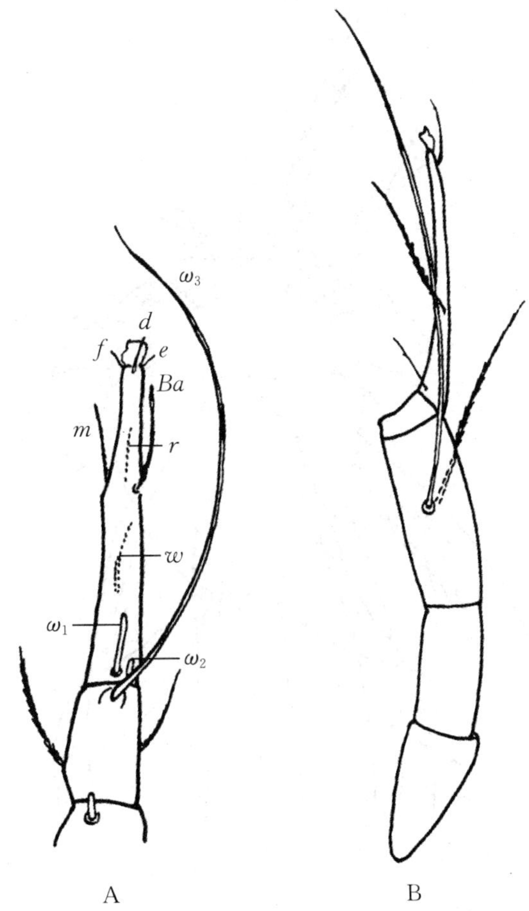

图3.259 弗氏无爪螨（*Blomia freemani*）（♂）足

A. 右足Ⅰ背面；B. 足Ⅳ背面

$\omega_1 \sim \omega_3$：感棒；*d*，*e*，*f*，*Ba*，*la*，*r*，*w*：刚毛

（仿 李朝品 沈兆鹏）

雌螨：体长440～520 μm（图3.260）。躯体刚毛与雄螨相似，区别：生殖孔被斜生的生殖褶蔽盖（图3.261），生殖褶下侧有2对生殖感觉器。肛门靠近躯体后缘，有肛毛6对，2对在肛门前缘，4对在肛门后缘，其中肛门后缘外侧的2对肛后毛（*pa*）较长且栉齿明显。交配囊为一末端开裂的长而薄的管子（图3.262）。

55. 热带无爪螨（*Blomia tropicalis* van Bronswijk, de Cock & Oshima, 1973）

形态特征：表皮无色、粗糙、有很多微小突起，无背板或头脊，无栉齿状亚跗鳞片和爪，足Ⅱ、Ⅲ之间最宽。肛门开口于腹部末端。雄螨无生殖吸盘和跗节吸盘，足Ⅲ、Ⅳ无感棒，雌螨交配囊末端逐渐变细。

雄螨：躯体呈球形，长320～350 μm（图3.263）。无前足体背板或头脊，螯肢较大，骨化完全，具动齿、定齿和小齿各2个。躯体刚毛栉齿密，2对顶毛（*vi*、*ve*）向前伸展几乎达螯肢顶端且相近，顶内毛（*vi*）位于顶外毛（*ve*）之后。基节上毛（*scx*）分支密集。胛内毛（*sci*）和胛外毛（*sce*）、肩外毛（*he*）和背毛（d_1）着生在同一水平线上，*he*和d_1几乎等长。背毛5对（$d_1 \sim d_5$），其中d_2栉齿少且相距较近且短。其与d_1-d_3的间距相等。背毛d_1、d_4、d_5，侧毛$l_2 \sim l_5$均为长刚毛，刚毛较躯体长。腹面，表皮内突为斜生的细长骨片，在中线处相连。生殖孔位于足Ⅲ、

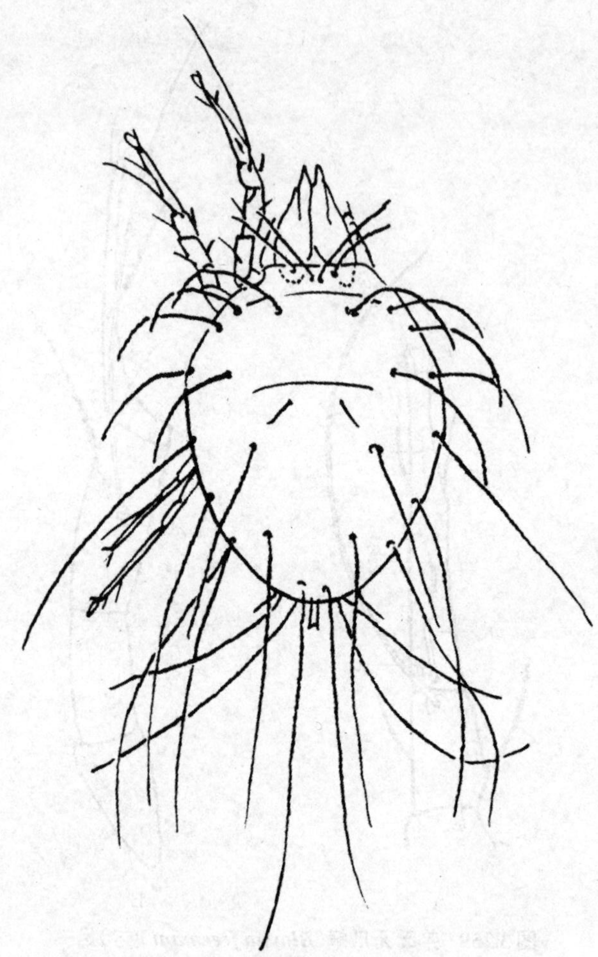

图3.260 弗氏无爪螨(*Blomia freemani*)(♀)背面
(仿 李朝品 沈兆鹏)

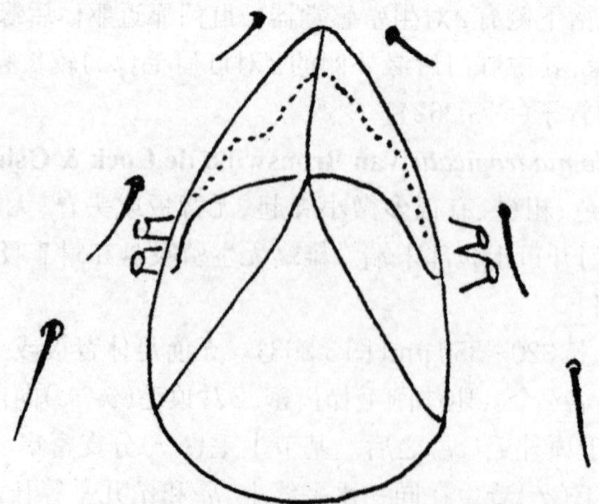

图3.261 弗氏无爪螨(*Blomia freemani*)(♀)生殖孔
(仿 李朝品 沈兆鹏)

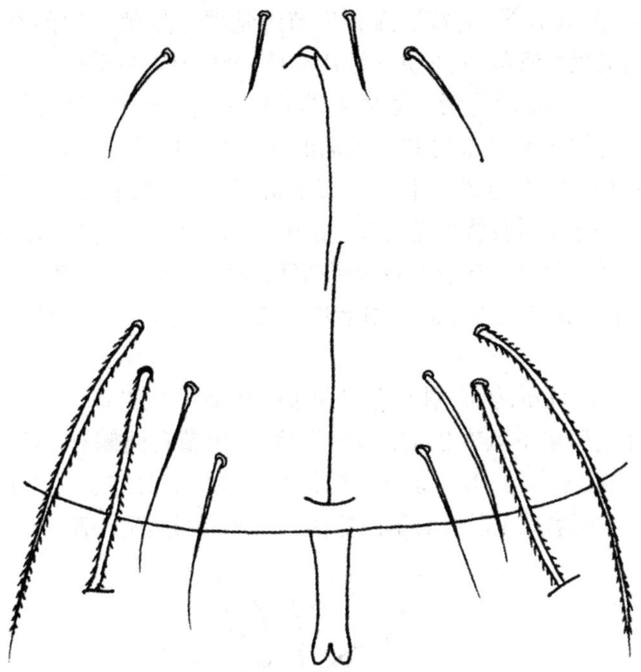

图3.262 弗氏无爪螨(*Blomia freemani*)(♀)肛门和交配囊

(仿 李朝品 沈兆鹏)

图3.263 热带无爪螨(*Blomia tropicalis*)(♂)腹面

(仿 李朝品 沈兆鹏)

Ⅳ基节之间,隐藏在生殖褶下,生殖褶内有生殖感觉器。生殖孔周围有生殖毛(g_1、g_2、g_3)3对,g_2相距近。阳茎呈短弯管状,具2块基骨片支持。肛门伸达躯体后缘,在肛门前端和后端各有1对肛毛(a_1、a_2),a_1和a_2较光滑。躯体末端的肛后毛(pa_3)向外突出,较长具栉齿。各足跗节细且长,长度超过胫节和膝节之和。顶端的前跗节呈叶状,无爪。足Ⅰ跗节的第三感棒(ω_3)是一弯曲钝头杆状物,比前跗节长,跗节端部的第一背端毛(d)、第二背端毛(e)和正中端毛(f)较短,腹面有3根小刺;背中毛(Ba)、正中毛(m)和侧中毛(r)有跗节,且在同一水平线上,距离跗节端部较近;第一感棒(ω_1)是头部稍膨大的杆状物,第二感棒(ω_2)较短;芥毛(ε)不明显。足Ⅰ、Ⅱ膝节和胫节腹面的刚毛均有栉齿。足Ⅲ、Ⅳ无感棒,足Ⅳ的跗节通常弯曲,刚毛退化。

雌螨:体长440~520 μm,躯体刚毛排列和雄螨相似(图3.264)。不同点:生殖孔被斜生的生殖褶所蔽盖,在生殖褶下侧有2对生殖感觉器,在生殖孔两侧有3对生殖毛,其中第一对生殖毛互相靠拢。肛毛有6对,其中前缘2对,后缘4对。2对肛后毛比其余刚毛均长,且栉齿明显(图3.265)。交配囊是1根长而稍微弯曲的管子,且逐渐变细。

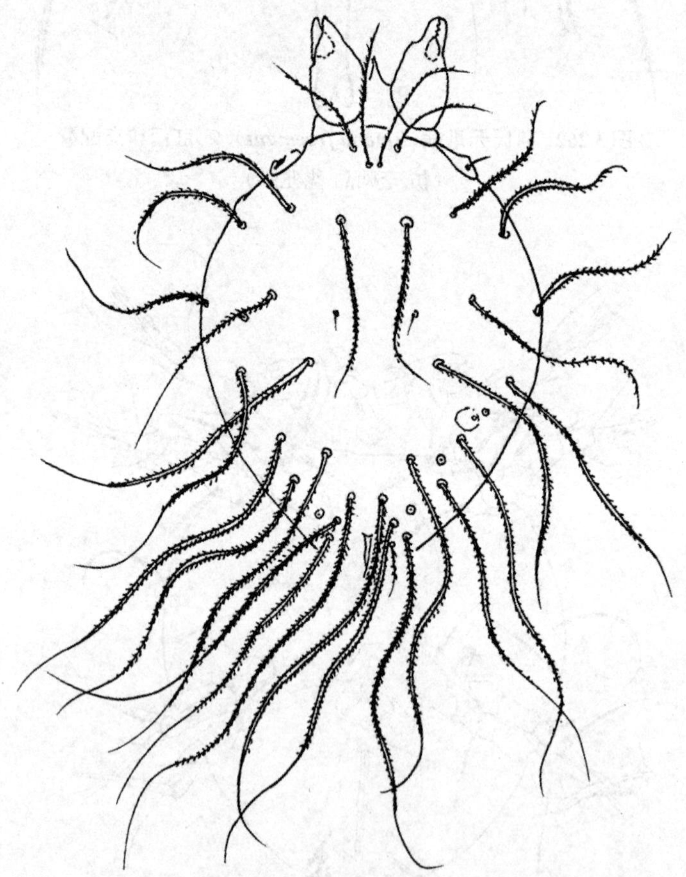

图3.264 热带无爪螨(*Blomia tropicalis*)(♀)背面
(仿 李朝品 沈兆鹏)

图3.265 热带无爪螨(*Blomia tropicalis*)(♀)腹面
(仿 李朝品 沈兆鹏)

五、重嗜螨属

目前国内报道的重嗜螨属(*Diamesoglyphus*)有媒介重嗜螨(*Diamesoglyphus intermedius*)和中华重嗜螨(*Diamesoglyphus chinensis*)。

重嗜螨属特征:雌雄相似,螨体圆形,表皮布有细颗粒,较粗糙。躯体背面刚毛具栉齿、狭长、扁平、呈带状,两性刚毛的宽度有变异。不发生性二态现象。足Ⅰ膝节只有1根感棒(σ)。雄螨阳茎很短。无休眠体。

56. 媒介重嗜螨(*Diamesoglyphus intermedius* Canestrini,1888)

形态特征:雌雄螨外形相似,呈圆形,表皮粗糙,躯体背部的刚毛均相似:狭长、扁平,宽度有变异。

雄螨:体长约400 μm,呈淡棕色,躯体后缘圆钝,体型与食酪螨属的螨类相似(图3.266)。从躯体背面可见螯肢,在足Ⅱ之后,背面可见一横沟。躯体背面表皮粗糙且有微小突起,刚毛均扁平,呈双栉状,部分主干的基部可着生刺(图3.267A)。中间的刚毛成直线排列,周缘刚毛环绕躯体排列,体前刚毛较体后的刚毛略宽。腹面表皮光滑,足Ⅰ的表皮内突相互连接,并形成短胸板,足Ⅱ～Ⅳ的表皮内突则互相分离。阳茎较短呈管状,位于足Ⅳ基节之间,生殖褶和生殖感觉器不清晰。各足细长且端跗节均具呈痕迹状爪。足Ⅰ、Ⅱ跗节与胫节的背面具一纵脊(图3.268A)。足Ⅰ跗节呈杆状的第一感棒(ω_1)与第二感棒(ω_2)相邻,第三感棒(ω_3)向前延伸,可超出跗节末端。位于足Ⅰ胫节的感棒φ较长,而足Ⅱ～Ⅳ胫节上的感棒渐短。足Ⅰ、Ⅱ胫节仅着生一根腹毛gT。足Ⅰ膝节的中间位置仅着生1根感棒(σ)，足Ⅱ膝节上着生的σ呈棍棒状，前端圆钝。

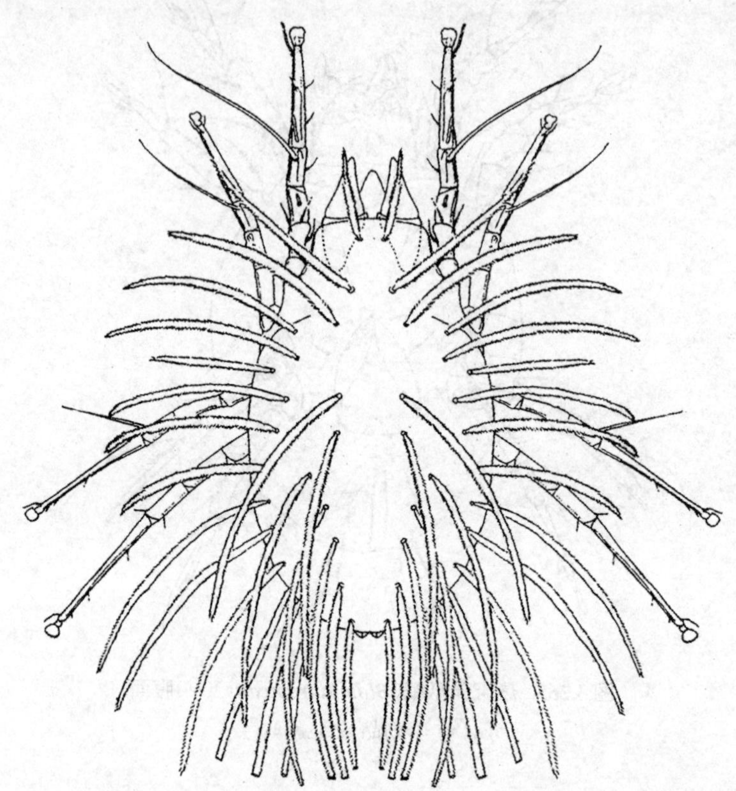

图3.266 媒介重嗜螨(*Diamesoglyphus intermedius*)(♂)背面

(仿 李朝品 沈兆鹏)

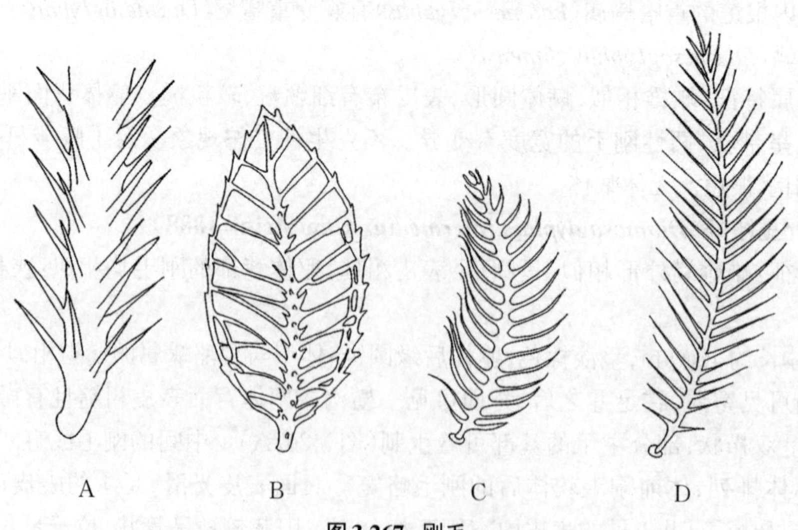

图3.267 刚毛

A. 媒介重嗜螨(*Diamesoglyphus intermedius*)；B. 羽栉毛螨(*Ctenoglyphus plumiger*)；C. 棕栉毛螨(*Ctenoglyphus palmifer*)；D. 卡氏栉毛螨(*Ctenoglyphus canestrinii*)

(仿 李朝品 沈兆鹏)

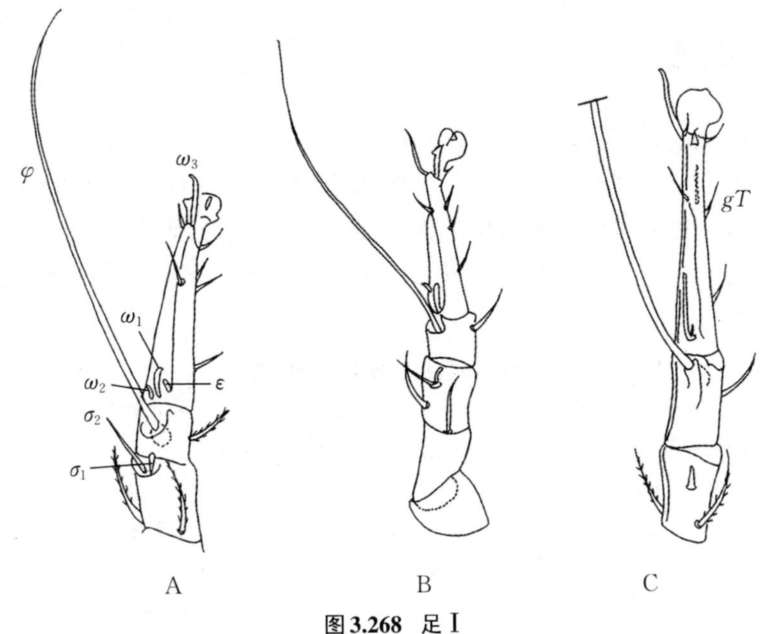

图3.268　足Ⅰ

A. 媒介重嗜螨(*Diamesoglyphus intermedius*)右足Ⅰ背面;B. 羽栉毛螨(*Ctenoglyphus plumiger*)右足Ⅰ背面;C. 卡氏栉毛螨(*Ctenoglyphus canestrinii*)左足Ⅰ外面

ω_1～ω_3,σ_1,σ_2,φ:感棒;ε:芥毛;gT:胫节毛

(仿 李朝品 沈兆鹏)

雌螨:体长约600 μm。躯体形态及刚毛顺序与雄螨相似。不同点为躯体后缘较尖细。交配囊呈细管状。生殖孔被骨化的围生殖环所包围,足Ⅲ、Ⅳ的表皮内突与之几乎相连(图3.269)。生殖板覆盖于生殖孔上,呈三角形,可见生殖褶与生殖器。足上着生的刚毛较雄螨长。

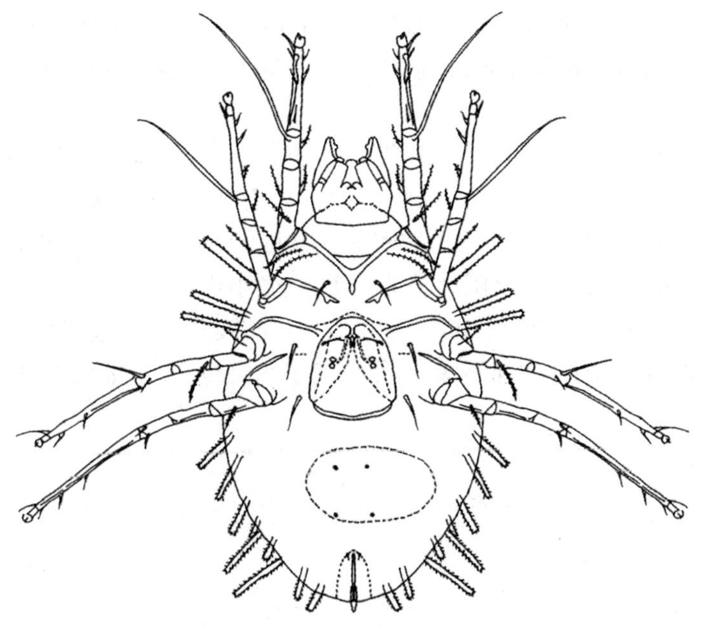

图3.269　媒介重嗜螨(*Diamesoglyphus intermedius*)(♀)腹面

(仿 李朝品 沈兆鹏)

六、栉毛螨属

栉毛螨属(*Ctenoglyphus*)螨类可孳生在木料碎屑、潮湿的墙角灰尘、谷壳、大麦残屑、小麦残屑、燕麦残屑、牲畜棚的尘屑、草屑、干牛粪、鱼粉、中药材、动物饲料和米糠中。

栉毛螨属特征:体躯边缘常为双栉齿状毛,体背常无背沟,雌螨体背上有不规则突起,足Ⅰ膝节有2根感棒(σ_1、σ_2),两性二态明显,雄螨阳茎较长。栉毛螨属成螨分种检索表见表3.20。

表3.20 栉毛螨属成螨分种检索表

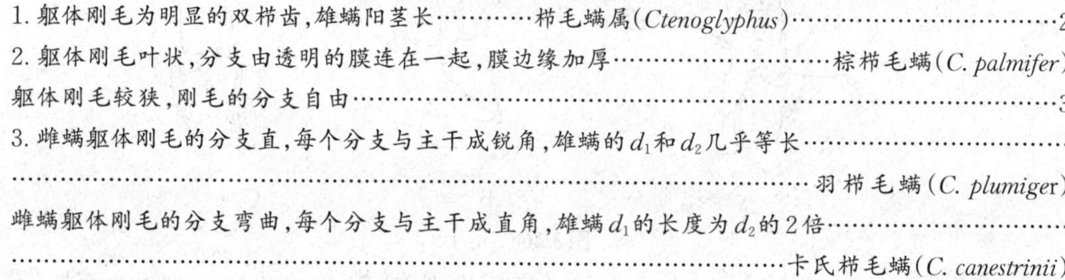

1. 躯体刚毛为明显的双栉齿,雄螨阳茎长…………栉毛螨属(*Ctenoglyphus*)……………………………2
2. 躯体刚毛叶状,分支由透明的膜连在一起,膜边缘加厚……………………………棕栉毛螨(*C. palmifer*)
躯体刚毛较狭,刚毛的分支自由…………………………………………………………………………3
3. 雌螨躯体刚毛的分支直,每个分支与主干成锐角,雄螨的d_1和d_2几乎等长…………………………
……………………………………………………………………………羽栉毛螨(*C. plumiger*)
雌螨躯体刚毛的分支弯曲,每个分支与主干成直角,雄螨d_1的长度为d_2的2倍…………………………
……………………………………………………………………………卡氏栉毛螨(*C. canestrinii*)

57. 羽栉毛螨(*Ctenoglyphus plumiger* Koch,1835)

形态特征:螨体呈淡红色至棕色,无肩状突起。表皮光滑或具微小乳突。背刚毛均为双栉状;背毛d_1和d_2长度相等,d_3和d_4特别长(图3.267B)。

雄螨:躯体近梨形,长190~200 μm。背面的刚毛很长,均为双栉状,在躯体背面插入很深,每1根刚毛的主干上有微小的突起覆盖。腹面骨化完全,阳茎较长且弯曲,在足Ⅰ~Ⅳ间的表皮内突围成三角形区域(图3.270)。足粗长具有前跗节和爪,前跗节位于跗节末端的腹部凹陷上。跗节的第一感棒(ω_1)着生在脊基部的细沟上,第二感棒(ω_2)和小的芥毛(ε)在其两侧,第三感棒(ω_3)位于前跗节基部,其他跗节刚毛均细短(图3.268B)。足Ⅰ胫节上的感棒(φ)长而粗。足Ⅰ膝节的σ_1短于σ_2,且顶端膨大。足Ⅰ、Ⅱ胫节和膝节分别有1根和2根腹毛。

雌螨:体长280~300 μm,螨体近似五角形,中间凸出,边缘扁平。背面有不规则的粗糙疣状突覆盖,躯体刚毛较雄螨长,周缘刚毛的主干有明显的直刺,且与主干不垂直(图3.271)。背毛(d_1~d_4)、胛内毛(sci)的栉齿密集。腹面有细微颗粒,生殖板较发达,生殖孔长且大,后伸至足Ⅲ基节的后缘。交配囊基部较宽,具微小疣状突覆盖。肛门孔前端两侧有2对肛毛并延伸至躯体后缘。足较雄螨细,足Ⅰ表皮内突发达,并相连成短胸板,足Ⅱ到足Ⅳ表皮内突末端彼此分离、相互横向不融合;足Ⅱ基节内突短,与足Ⅲ表皮内突相愈合。胫节感棒(φ)不发达。

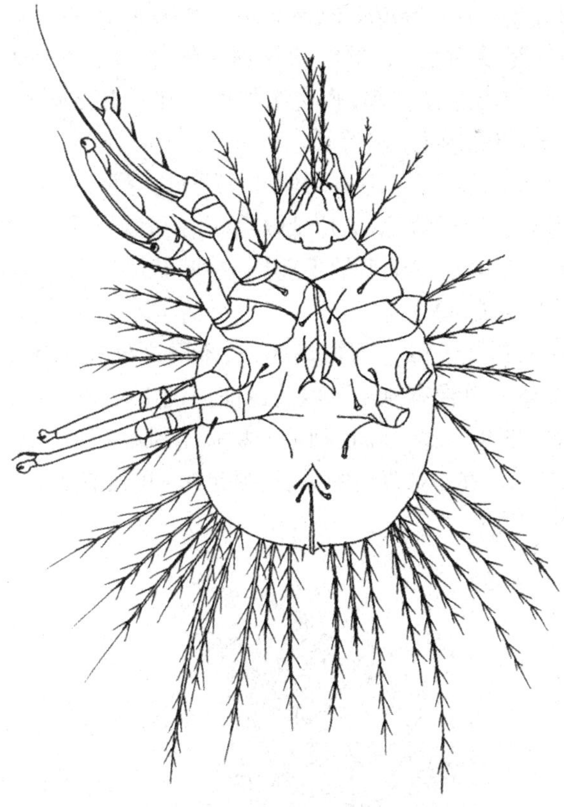

图3.270 羽栉毛螨(***Ctenoglyphus plumiger***)(♂)腹面
(仿 李朝品 沈兆鹏)

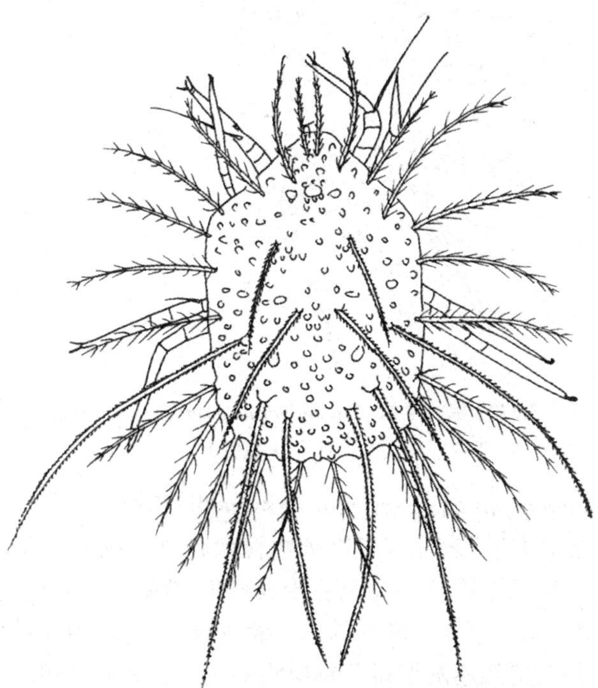

图3.271 羽栉毛螨(***Ctenoglyphus plumiger***)(♀)背面
(仿 李朝品 沈兆鹏)

58. 棕栉毛螨（*Ctenoglyphus palmifer* Fumouze et Robin，1868）

形态特征：螨体表皮呈淡黄色，有颗粒状纹理。螨体刚毛主要为周缘刚毛，多呈叶状（图3.267C），分支由透明的膜连在一起，膜边缘加厚。在足Ⅱ之后有一明显横沟。足上无脊，足Ⅰ膝节的膝外毛（σ_1）与膝内毛（σ_2）等长。

雄螨：体长180～200 μm，呈方形，左右两侧几乎平行。第三背毛（d_3）和侧毛l_3、l_4、l_5均狭长且有栉齿；d_3与躯体等长。第四背毛（d_4）、骶内毛（*sai*）和骶外毛（*sae*）均大，呈叶状，每一叶刚毛由中央粗糙的主干及着生在主干上的毛刺构成；叶状刚毛可不对称，边缘加厚，或可形成小突起。较前面的刚毛狭长，呈矛形。

雌螨：体长约260 μm，形状及颜色与雄螨相似，不同之处在于雌螨后半体表皮加厚，形成一系列不规则的低隆起。周缘有刚毛13对，最前面的1对刚毛为双栉齿状，其余均为叶状，使躯体像一个花环状（图3.272）。叶状刚毛的构造与雄螨相似，稍有细微的结构区别，包括：骶区的1对刚毛较尖窄；d_3在4对背毛中最长；另足Ⅰ、Ⅱ胫节及跗节无脊。

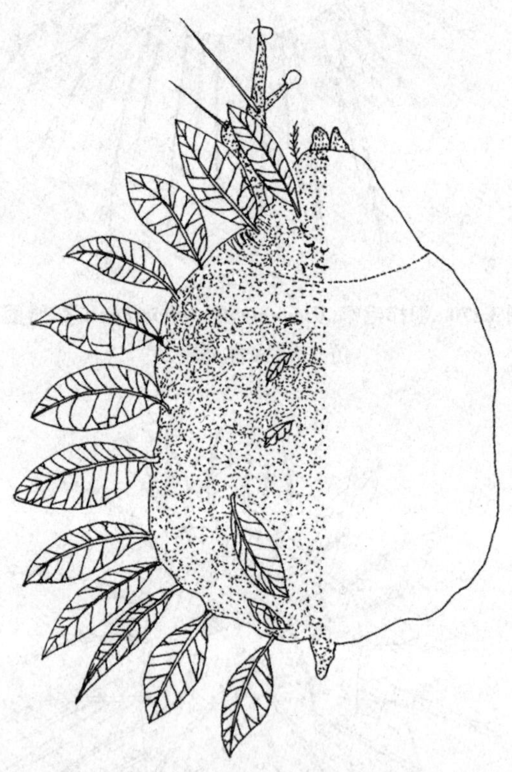

图3.272 棕栉毛螨（*Ctenoglyphus palmifer*）（♀）背面
（仿 李朝品 沈兆鹏）

59. 卡氏栉毛螨（*Ctenoglyphus canestrinii* Armanelli, 1887）

形态特征：螨体近似方形，表皮有细微的颗粒状花纹。躯体淡黄色，足和螯肢呈淡红色。雌螨躯体刚毛的分支弯曲，每个分支与主干成直角，雄螨d_1的长度为d_2的2倍。

雄螨：体长180～200 μm，躯体上刚毛除第三背毛（d_3）外，均为双栉齿状，刚毛上的刺挺直，彼此间几乎平行，并向基部逐渐缩短。每根刚毛主干的表面稍粗糙，所有刚毛的构造与羽栉毛螨（*Ctenoglyphus plumiger*）雌螨的刚毛相似。第三背毛（d_3）狭长，与躯体几乎等长且有细栉齿，第一背毛（d_1）的长度为第二背毛（d_2）的2倍。

雌螨：体长300～320 μm，几乎呈成方形（图3.273）。表皮有许多大而规则的疣状突起覆盖，这些疣状突起凸出在躯体上，使躯体有一高低不平的叶状末端（图3.267D）。一条明显的横沟把前足体和后半体分开。雌螨足较雄螨短，其构造与羽栉毛螨的足相似（图3.268C）。交配囊长，突出在躯体末端（图3.274）。雌螨躯体刚毛的分支弯曲，与主干成直角。足的构造与羽栉毛螨相似。

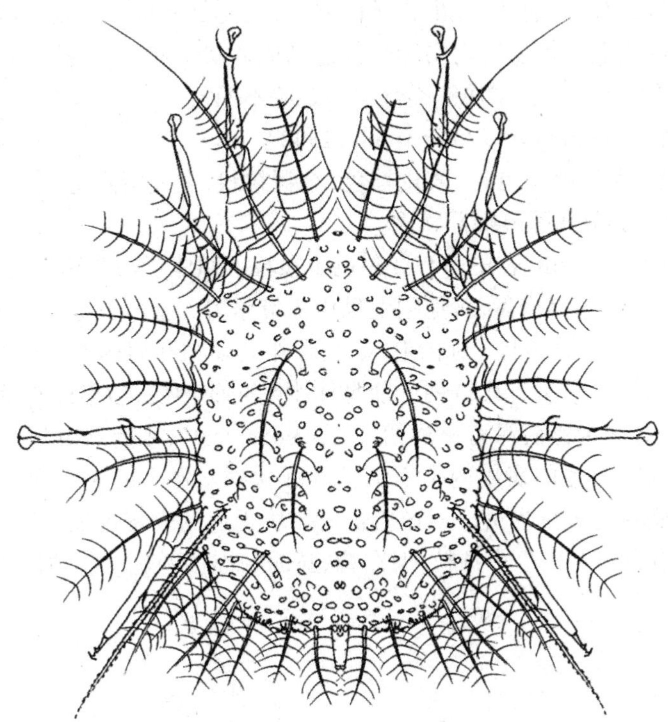

图3.273 卡氏栉毛螨（*Ctenoglyphus canestrinii*）（♀）背面
（仿 李朝品 沈兆鹏）

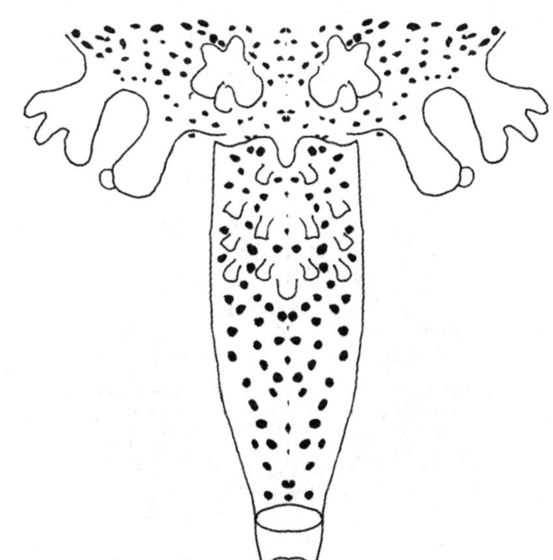

图3.274 卡氏栉毛螨（*Ctenoglyphus canestrinii*）（♀）交配囊
（仿 李朝品 沈兆鹏）

七、脊足螨属

脊足螨属(*Gohieria*)国内目前仅记录棕脊足螨(*Gohieria fuscus*)一种,该螨在我国普遍存在,在储藏物中较为常见。

脊足螨属特征:前足体前伸,突出在颚体之上,无前足体板或头脊。表皮稍骨化,棕色,饰有短小而光滑的刚毛。足表皮内突细长并连结成环状,围绕生殖孔。足股节和膝节端部膨大。雌螨有气管(trachea)。本属螨类性二态现象不明显。

60. 棕脊足螨(*Gohieria fusca* Oudemans,1902)

形态特征:螨体椭圆略呈方形,表皮棕色,小颗粒状,有光滑短毛。腹面扁平,足膝节和胫节有明显脊条,足股节和膝节端部膨大。

雄螨:体长300~320 μm,表皮饰有红棕色小颗粒。躯体背面前端向前凸出成帽形,遮盖在颚体之上。顶内毛(*vi*)具栉齿,其他刚毛也均稍带锯齿。基节上毛(*scx*)稍有栉齿,顶外毛(*ve*)与*scx*几乎位于同一水平上。胛内毛(*sci*)、胛外毛(*sce*)和肩内毛(*hi*)几乎位于同一水平上。4对背毛(d_1~d_4)几乎呈直线排列。前足体刚毛向前伸展,后半体刚毛向后或向侧面伸展。体色比雌螨深,后半体前缘有一横褶(transverse pleat),因此活螨后半体背面好似被一块独立的板所覆盖。各足的表皮内突为细长的杆状物。足Ⅰ的表皮内突相连形成短胸板(short sternum),胸板与表皮内突Ⅱ~Ⅳ愈合成一块无色的表皮区域,位于生殖孔之前。躯体腹面比背面具有更多的棕色小颗粒,但在背、腹面的连接处是无色的(图3.275)。足短粗,

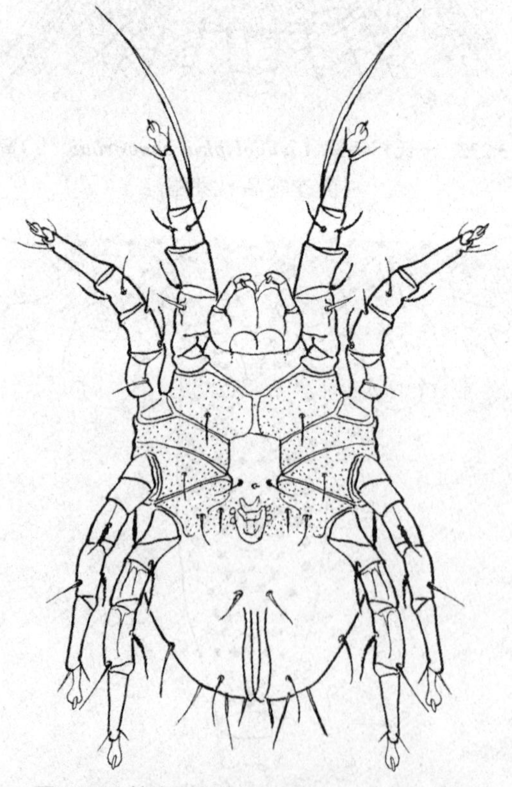

图3.275 棕脊足螨(***Gohieria fusca***)(♂)腹面

(仿 李朝品 沈兆鹏)

膝节与胫节背面有显明的脊条，故称之为脊足螨。足跗节的前跗节着生在跗节的腹端。足Ⅰ胫节有腹毛2根。足Ⅲ、Ⅳ明显弯曲，端跗节较长。由于足Ⅰ跗节前半部缩短，原来位于该节中部的前侧毛（*la*）、侧中毛（*r*）和腹中毛（*w*）移于较前位置，与端跗节基部的腹端刺（*s*）接近；但第一感棒（ω_1）、第二感棒（ω_2）、芥毛（ε）和背中毛（*Ba*）的位置正常，足Ⅰ胫节的鞭状感棒（φ）很长。足Ⅱ、Ⅲ、Ⅳ胫节的鞭状感棒（φ）渐次缩短。足Ⅰ膝节上的膝节感棒（σ_1）显著比（σ_2）长（图3.276）。生殖孔位于足Ⅳ基节之间，阳茎为一直的管状物。肛门孔伸达躯体末端，前端有刚毛1对。

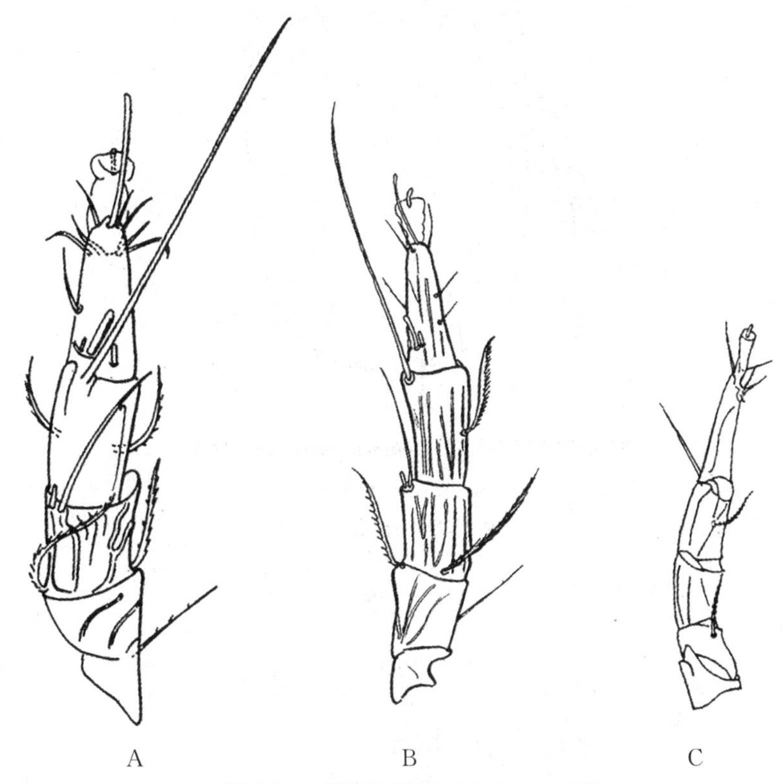

图3.276　棕脊足螨（*Gohieria fusca*）足

A. 棕脊足螨（*Gohieria fusca*）（♂）右足Ⅰ背面；B. 棕脊足螨（*Gohieria fusca*）（♀）右足Ⅰ背面；C. 棕脊足螨（*Gohieria fusca*）（♂）左足Ⅳ侧面

（仿 李朝品 沈兆鹏）

雌螨：体长380～420 μm，体型较雄螨更呈方形，足深棕色，更细长，足脊更明显。活雌螨有1对发达的充满空气的气管，分支前面部分扩大成囊状，后面部分长弯状，可相互交叉但不连接。雌螨背面刚毛的排列与雄螨相似（图3.277），足比雄螨细长，纵脊较发达。4对足向躯体前面靠近，足Ⅰ表皮内突与生殖孔前的一横生殖板愈合；足Ⅱ表皮内突接近围生殖环，足Ⅲ、Ⅳ表皮内突内面相连。由于雌螨的足跗节比雄螨的细长，因此足Ⅰ跗节的正中毛（*m*）、侧中毛（*r*）和腹中毛（*w*）排列分散，不像雄螨集中在跗节顶端。生殖孔位于基节Ⅰ～Ⅲ之间。大而显著的生殖褶位于足Ⅰ～Ⅳ基节之间，生殖褶下面有2对生殖吸盘，与足Ⅲ基节位于同一水平；很小的生殖感觉器位于生殖褶的后缘。交配囊被一小突起蔽盖，由一管子与受精囊相通（图3.278）。肛门孔两边的褶皱超出躯体后缘。肛门前缘前端有肛毛2对。

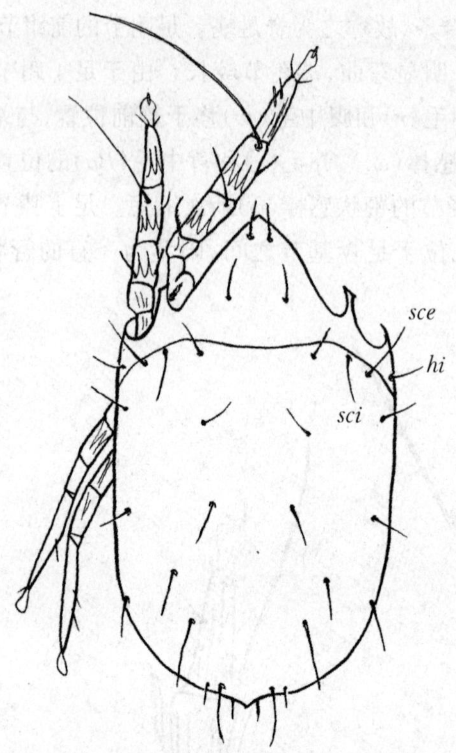

图3.277 棕脊足螨(*Gohieria fusca*)(♀)背面

sci,*sce*,*hi*:刚毛

(仿 李朝品 沈兆鹏)

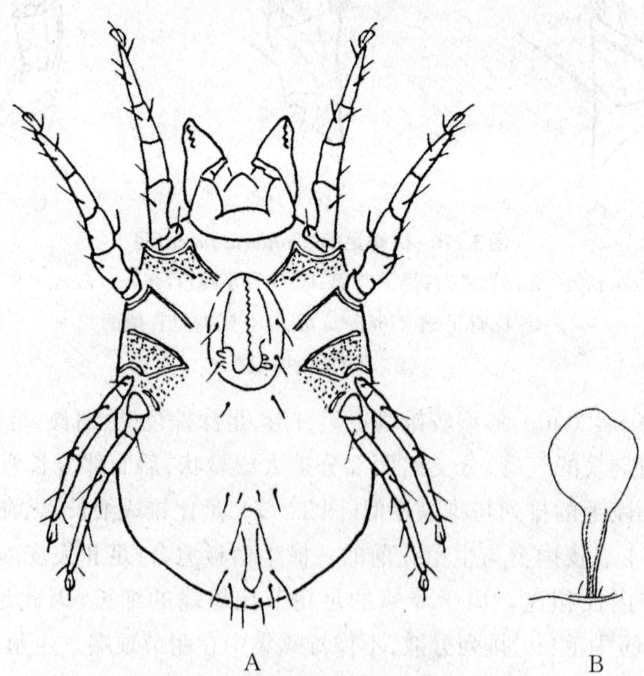

图3.278 棕脊足螨(*Gohieria fusca*)(♀)

A. 腹面;B. 外生殖器

(仿 李朝品 沈兆鹏)

八、嗜粪螨属

嗜粪螨属(*Coproglyphus*)特征：该属螨类具有嗜蝠螨亚科(Nycteriglyphinae)的特征。足Ⅰ、Ⅱ跗节上的第一背端毛(d)与第三感棒(ω_3)等长，足Ⅰ膝节背面仅有1根感棒(σ_1)，而嗜蝠螨属(*Nycteriglyphus*)螨类有2根感棒着生于相同位置。

61. 斯氏嗜粪螨(*Coproglyphus stammeri* Türk & Türk，1957)

形态特征：螨体呈长梨形，淡黄色或灰白色。足Ⅰ、Ⅱ跗节上的第一背端毛(d)与第三感棒(ω_3)等长，足Ⅰ膝节仅有1根感棒(σ_1)，各足细长，末端的前跗节扩大为球状爪垫，爪垫上为发达的小爪，前跗节基部腹面有3个粗壮的腹端刺。足Ⅳ无跗节吸盘。

雄螨：体长约230 μm(图3.279)。躯体背面的刚毛稍扁平，栉齿密布，特别在边缘更密。刚毛长度有变异，为躯体长度的20%～50%。除前足体的背板外，表皮有稠密的条纹，有许多三角形的刺嵌入背面的表皮中。顶外毛(ve)包围住颚体两侧，胛外毛(sce)位于胛内毛(sci)的前方，肩内毛(hi)与胛内毛(sci)在同一水平；骶内毛(sai)为长而光滑的刚毛，仅在基部加粗之处有少许栉齿。基节上毛(ps)弯曲且光滑，与第一感棒(ω_1)等长。后半体背面被鳞状褶纹覆盖而腹面较光滑。足Ⅰ表皮内突愈合为短胸板，其余各足的表皮内突均分开；足Ⅱ基节内突发达。几乎完全为生殖环所包围的生殖孔位于足Ⅲ基节间。阳茎细长，由一系列复杂的支架支持(图3.280)。足Ⅰ跗节的第一感棒(ω_1)呈弯杆状，与端部的第三感棒(ω_3)等长；第二感棒(ω_2)位于第三感棒(ω_3)之后。足Ⅰ、Ⅱ胫节的感棒(φ)长度超过跗节的长度，有胫节毛(gT)1根；足Ⅲ胫节的感棒(φ)与足Ⅳ胫节的感棒(φ)等长。

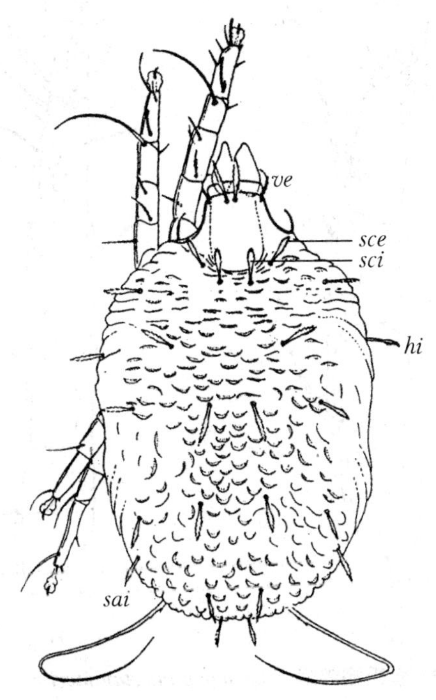

图3.279　斯氏嗜粪螨(*Coproglyphus stammeri*)(♂)背面

ve，sce，sci，hi，sai：躯体的刚毛

(仿 李朝品 沈兆鹏)

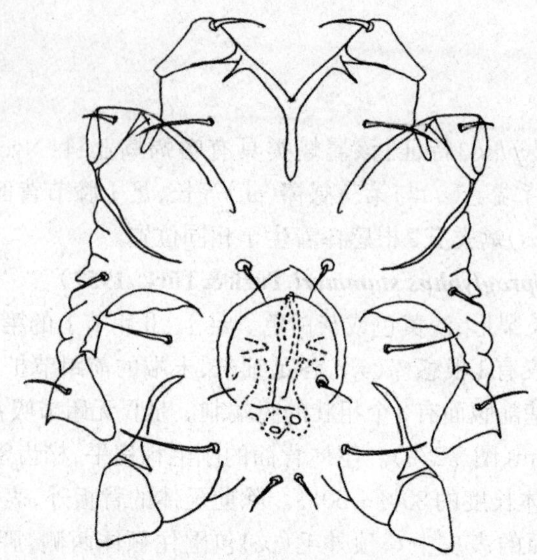

图3.280 斯氏嗜粪螨(*Coproglyphus stammeri*)(♂)生殖区

(仿 李朝品 沈兆鹏)

雌螨:体长约230 μm。形态与雄螨相似,不同点在于雌螨足Ⅰ表皮内突相连接(图3.281),但未形成胸板,其内端与横的生殖板相接(图3.282)。交配囊为管状,着生在躯体的末端(图3.283)。

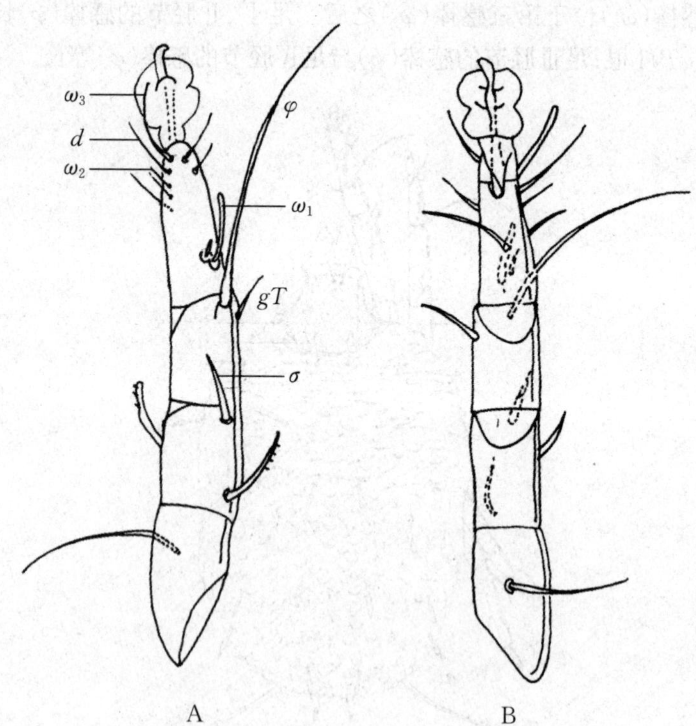

图3.281 斯氏嗜粪螨(*Coproglyphus stammeri*)(♀)左足Ⅰ

A. 背面;B. 腹面

ω_1~ω_3,φ,σ:感棒;d,gT:刚毛

(仿 李朝品 沈兆鹏)

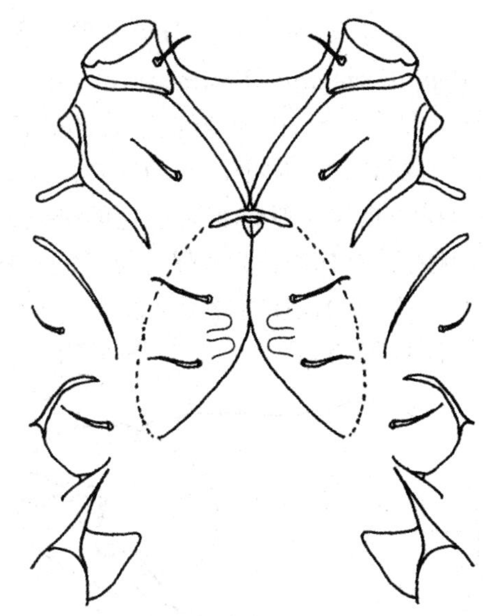

图3.282 斯氏嗜粪螨(*Coproglyphus stammeri*)(♀)生殖区
(仿 李朝品 沈兆鹏)

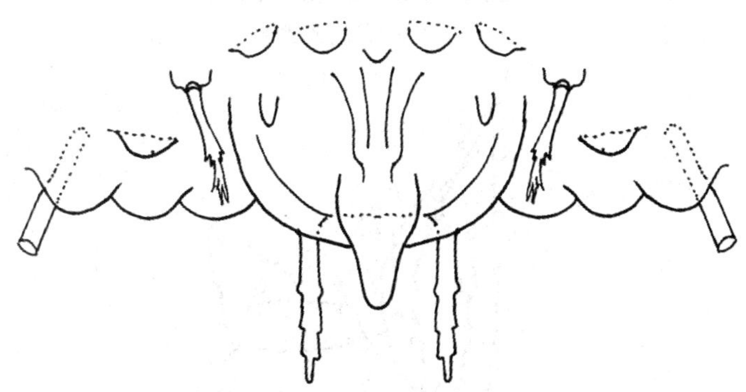

图3.283 斯氏嗜粪螨(*Coproglyphus stammeri*)(♀)交配囊
(仿 李朝品 沈兆鹏)

(蒋 峰)

第四节 嗜渣螨科

嗜渣螨科(Chortoglyphidae)特征:螨体呈卵圆形,体壁较坚硬,背部隆起,表皮光亮。刚毛多为光滑的短毛。无背沟,前足体背板缺如。各足跗节细长,具爪较小。足Ⅰ膝节仅着生有1根感棒(σ)。雌螨生殖孔着生于足Ⅲ、Ⅳ基节之间,呈弧形横裂纹状。生殖板较大,由2块角化板组成,板后缘呈弓形。雄螨阳茎较长,着生于足Ⅰ、Ⅱ基节之间,具跗节吸盘和肛吸盘。

嗜渣螨属

嗜渣螨属(*Chortoglyphus*)特征:体无前足体与后半体之分,前足体背板缺如。足Ⅰ膝节仅着生有1根感棒(σ)。雌螨生殖孔被2块骨化板覆盖,板后缘呈弓形,着生于足Ⅲ、Ⅳ基节之间。雄螨阳茎长,着生于足Ⅰ、Ⅱ基节之间,具跗节吸盘和肛吸盘。

62. 拱殖嗜渣螨(*Chortoglyphus arcuatus* Troupeau,1879)

雄螨:躯体长250~300 μm,呈卵圆形,体为淡红色,背部拱起,表皮光滑。体无前足体与后半体之分,前足体背板缺如。躯体前缘向前凸出至颚体之上,背面观仅可见螯肢的顶端(图3.284)。螯肢较大,似剪刀状,具齿。躯体布有细短的刚毛,为11~20 μm。2对顶毛位于同一水平位置,顶外毛(*ve*)略长,具栉齿。2对胛毛位于同一横线上,彼此间距等宽。具3对肩毛(*hi*、*he*、*hv*)。4对背毛(d_1~d_4)在体背略呈2条纵线排列。具2对侧毛(*la*、*lp*)。基节上毛(*scx*)较细小,呈杆状且具栉齿(图3.285)。各足均细长,末端为前跗节,具小爪

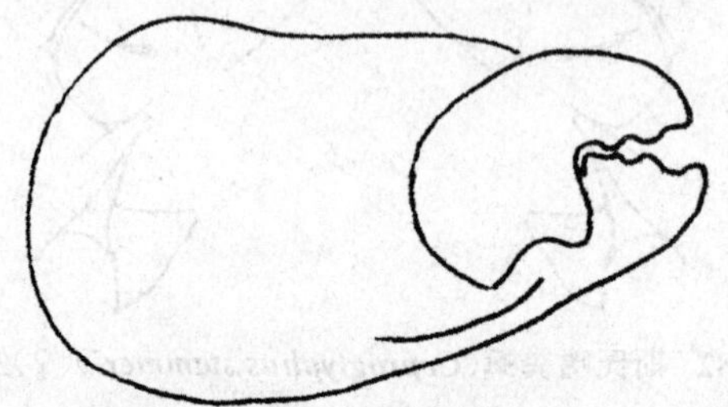

图3.284 拱殖嗜渣螨(*Chortoglyphus arcuatus*)(♂)螯肢
(仿 李朝品 沈兆鹏)

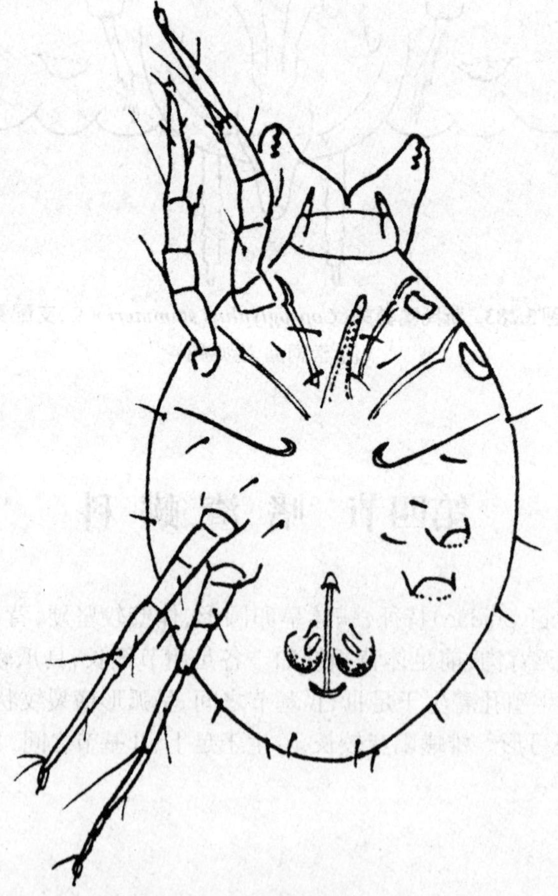

图3.285 拱殖嗜渣螨(*Chortoglyphus arcuatus*)(♂)腹面
(仿 李朝品 沈兆鹏)

(图3.286)。足Ⅰ跗节的第一感棒(ω_1)呈弯曲的杆状,与第二感棒(ω_2)距离较近。各足胫节的感棒(φ)较长,可超过跗节的末端。足Ⅰ膝节的前缘仅着生有1根感棒(σ)。着生于膝节腹面的刚毛cG、mG与着生于胫节腹面的刚毛gT、hT均具有明显的栉齿。足Ⅳ跗节基部呈膨大状,中间位置着生有2个吸盘(图3.287)。生殖孔着生于足Ⅰ、Ⅱ基节之间,阳茎较大,呈弯曲的管状,前端浅螺旋状,基部分叉。具3对生殖毛。无胸板。肛门孔离体末端较远,呈长椭圆形的肛门吸盘着生于肛门孔的两侧;具1对肛前毛(*pra*)和1对肛后毛(*pa*)。

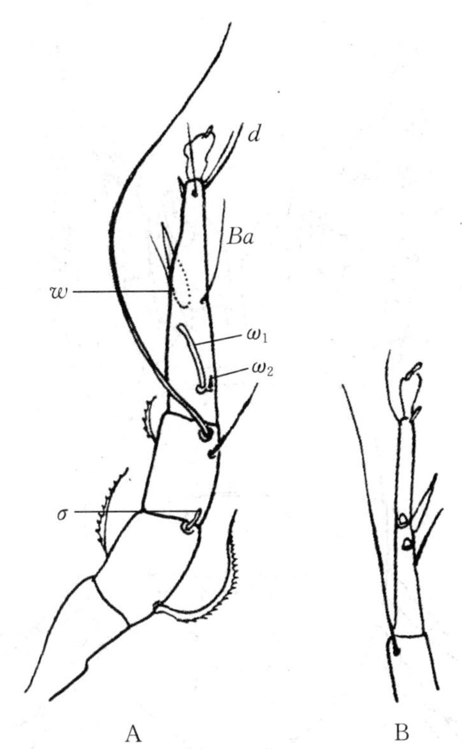

图3.286 拱殖嗜渣螨(*Chortoglyphus arcuatus*)足

A.(♀)右足Ⅰ内面;B.(♂)右足Ⅳ背侧面

ω_1、ω_2、σ:感棒;d、Ba、w:刚毛和刺

(仿 李朝品 沈兆鹏)

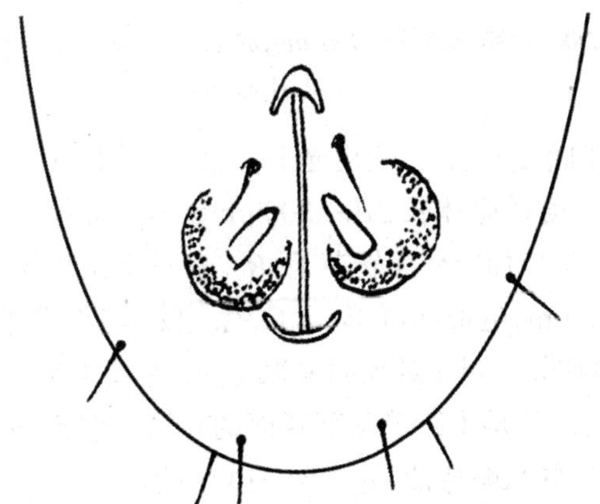

图3.287 拱殖嗜渣螨(*Chortoglyphus arcuatus*)后半体腹面(肛门吸盘)(♂)

(仿 李朝品 沈兆鹏)

雌螨：躯体长350～400 μm，略大于雄螨（图3.288）。形态特征类似于雄螨，不同的是：足Ⅰ表皮内突相互愈合，形成短胸板（图3.289）；足Ⅱ表皮内突细长，可横贯体躯，约与位于足Ⅱ、Ⅲ基节间的长骨片平行；足Ⅲ、Ⅳ表皮内突不发达。足Ⅰ、Ⅱ长度短于雄螨，但足Ⅳ长于雄螨；足Ⅳ跗节特长，可超过前两节长度之和。生殖褶为1个较宽的板，其后缘骨化明显，呈弯曲状，生殖感觉器缺如。肛门孔靠近体后缘，具5对肛毛。交配囊较小，呈圆孔状，位于体后端的背面。

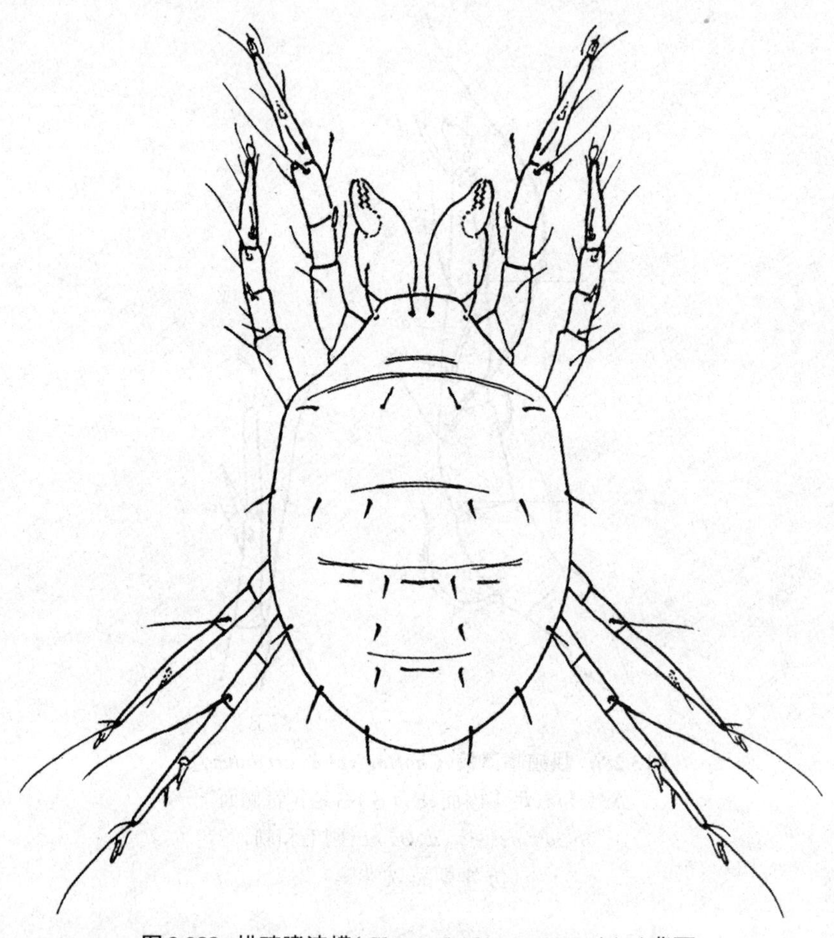

图3.288 拱殖嗜渣螨（*Chortoglyphus arcuatus*）（♀）背面

（仿 李朝品 沈兆鹏）

若螨：近似卵圆形，乳白色，半透明，表皮光滑。第一若螨躯体长210～230 μm，未见第二若螨（即休眠体）阶段，第三若螨躯体长270～300 μm。具4对背毛，有前侧毛（*la*）及后侧毛（*lp*）。4对足。具2对骶毛与2对肛毛，无转节毛*sR*。表皮下出现生殖感觉器的雏形。

幼螨：躯体长150～170 μm，近似卵圆形，乳白色。仅具3对背毛，第四背毛（d_4）缺如；具前侧毛（*la*），但后侧毛（*lp*）缺如。具2对较明显骶毛，肛毛及生殖毛均缺如。有基节毛而无基节杆，外生殖器未发育。位于足Ⅰ跗节基部背面的有第一感棒（ω_1）与第二感棒（ω_2），二者着生同一凹陷处，ω_1较长，呈杆状略弯曲，ω_1为ω_2的4～5倍。无转节毛*sR*。

卵：长103～120 μm，近似椭圆形，乳白色，半透明状，具光泽。卵壳表面光滑，未见明显刻点与纹路。

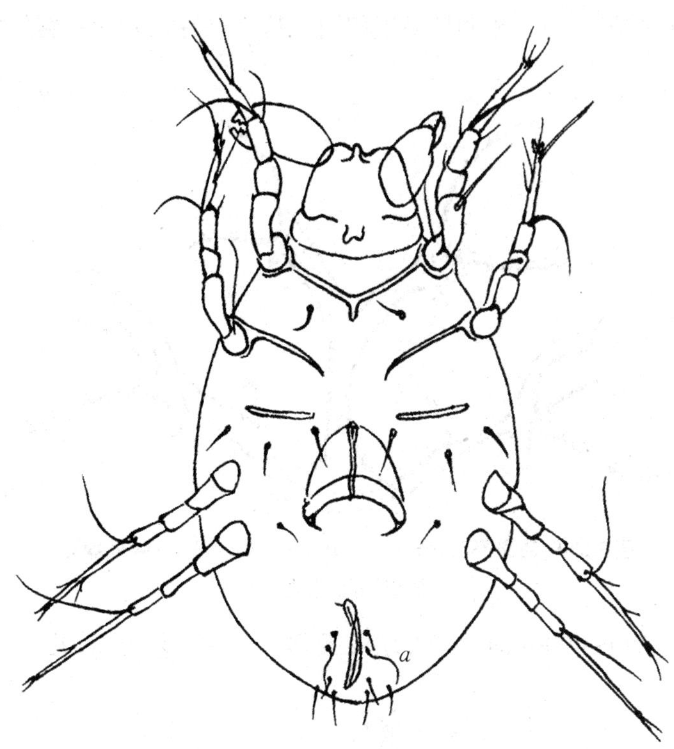

图3.289 拱殖嗜渣螨(***Chortoglyphus arcuatus***)(♀)腹面

a:肛毛

(仿 李朝品 沈兆鹏)

第五节 果 螨 科

果螨科(Carpoglyphidae)特征:躯体呈扁椭圆形,表皮光滑,雌、雄两性的Ⅰ和Ⅱ足表皮内突愈合成"X"形胸板(果螨属)。

果螨属

果螨属(*Carpoglyphus*)特征:果螨属的螨类呈圆形,表皮光滑发亮。颚体呈圆锥形,螯肢呈剪刀状。无前足体板。前足体与后半体之间无背沟。雌、雄螨Ⅰ和Ⅱ足表皮内突愈合成"X"形胸板。体表刚毛光滑,顶外毛(*ve*)位于足Ⅱ基节的同一横线上。有3对侧毛($l_1 \sim l_3$)。足Ⅰ胫节感棒(φ)着生在胫节中间。幼螨无基节杆。有时可形成休眠体。

63. 甜果螨(*Carpoglyphus lactis* Linnaeus,1758)

形态特征:甜果螨躯体呈椭圆形,背腹稍扁平,表皮半透明或略有颜色,足和螯肢呈淡红色。肩区明显,躯体末端截断状或略向内凹。无前足体背板。足Ⅰ和足Ⅱ表皮内突愈合为"X"形(图3.290)。第一至第四对背毛($d_1 \sim d_4$)在背部呈直线排列。顶内毛(*vi*)在前足体背面前部,顶外毛(*ve*)位于顶内毛(*vi*)后外侧,顶外毛(*ve*)几乎位于基节Ⅱ的同一水平上。除顶外毛(*ve*)和体躯后缘的2对长刚毛(pa_1、*sae*)外,所有的刚毛均较短(占躯体长的7%~

12%)，呈杆状且末端钝圆。雌、雄两性毛序相同。基节上毛(scx)为一粗短的杆状物。侧毛(l_1～l_3)3对。

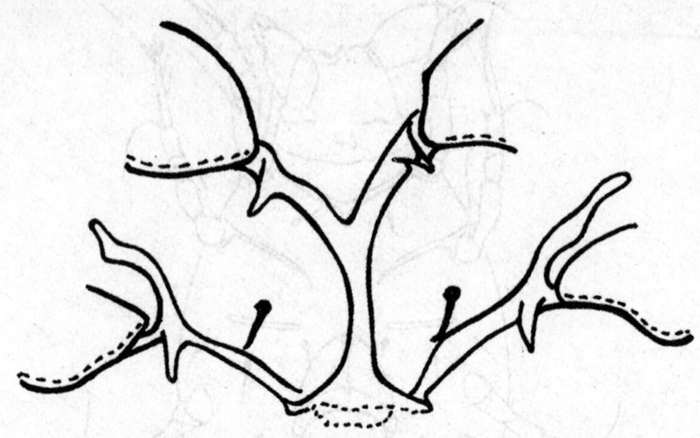

图3.290 甜果螨(*Carpoglyphus lactis*)(♂)基节-胸板骨骼
(仿 李朝品 沈兆鹏)

雄螨：体长为380～400 μm(图3.291)，颚体呈圆锥形，运动灵活，螯肢呈剪刀状

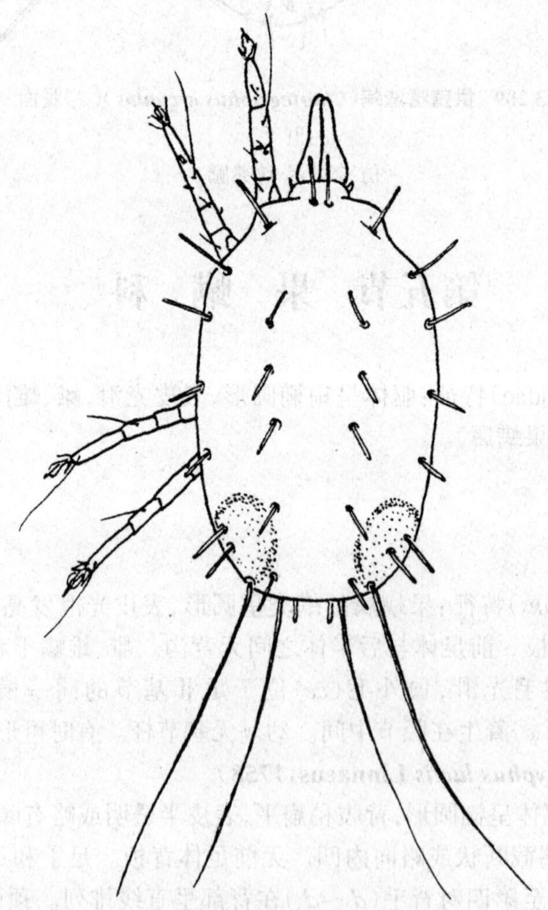

图3.291 甜果螨(*Carpoglyphus lactis*)(♂)背面
(仿 李朝品 沈兆鹏)

(图3.292)。在颚体基部两侧有角质膜1对,此角质膜是无色素的网膜。顶内毛(*vi*)位于前足体前缘中央,未伸出颚体。顶外毛(*ve*)位于较后的位置,在顶内毛(*vi*)和胛内毛(*sci*)之间,第一至第四对背毛(d_1～d_4)和胛内毛(*sci*)在躯体背面中央排列成2纵列。背毛除顶内毛(*vi*)、肛后毛(pa_1)和骶外毛(*sae*)较长外,其余毛均短,末端圆。腹面(图3.293)表皮内突骨化明显,足Ⅰ表皮内突在中线处愈合成短胸板,胸板的后端成两叉状,与足Ⅱ表皮内突相连接。侧腹腺移位到躯体的后角,里面含无色液体。每足跗节末端均具发达的梨形跗节和爪。前跗节的2条细"腱"从跗节末端伸展到镰状爪的附近。足Ⅰ跗节的一些中部群和端部群刚毛均为刺状(图3.294)。第一感棒(ω_1)杆状,常向外弯曲,覆盖在第二感棒(ω_2)的基部。足Ⅰ膝节感棒(σ_1)较(σ_2)长2倍多。足Ⅰ和足Ⅱ的胫节毛(φ)着生在胫节中部,伸出镰状爪外,为长鞭状感棒,并有2条腹毛(*gT*、*hT*)。生殖孔位于足Ⅲ和足Ⅳ基节之间。生殖毛3对。阳茎呈弯管状,顶端挺直向前,生殖感觉器长。肛门位于躯体后缘,有肛毛1对,体躯后缘有肛后毛(pa_1)和骶外毛(*sae*)2对长刚毛。

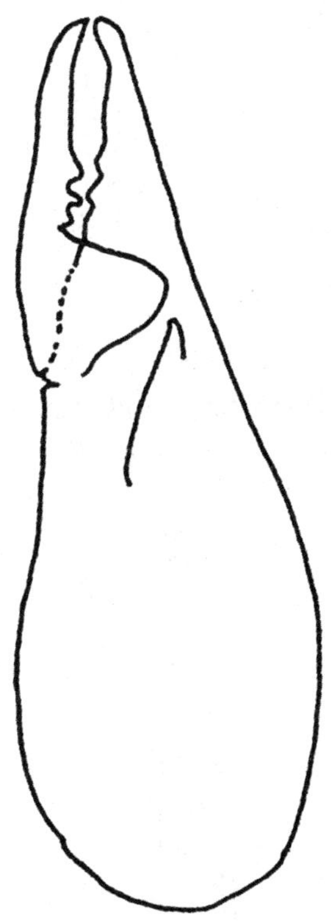

图3.292　甜果螨(*Carpoglyphus lactis*)(♂)螯肢
(仿 李朝品 沈兆鹏)

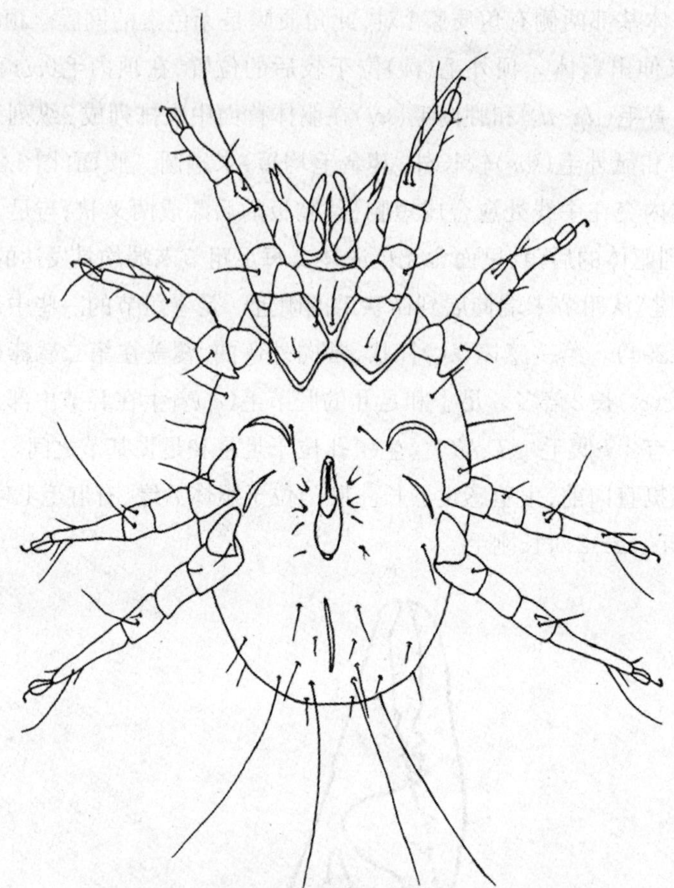

图3.293 甜果螨(*Carpoglyphus lactis*)(♂)腹面
(仿 李朝品 沈兆鹏)

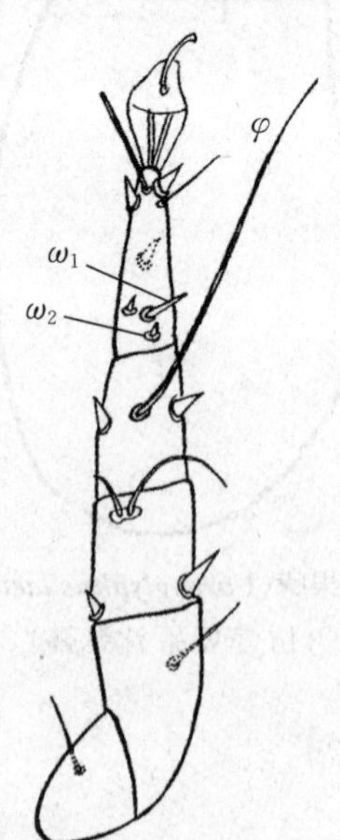

图3.294 甜果螨(*Carpoglyphus lactis*)(♂)足Ⅰ背面
ω_1,ω_2,φ:感棒
(仿 李朝品 沈兆鹏)

雌螨：体长为380～420 μm，形态与雄螨相似。颚体细长，螯肢动趾3齿，定趾2齿。顶外毛（*ve*）位于顶内毛（*vi*）之后。肩毛3对（*hi*、*he*、*hv*）。在躯体腹面，胸板和足Ⅱ表皮内突愈合成生殖板，覆盖在生殖孔的前端。生殖褶骨化不完全，位于基节Ⅱ和Ⅲ之间（图3.295）。雌螨的足比雄螨的细长，前跗节不甚发达。交配囊为一圆孔位于躯体后端背面。肛门孔几乎伸达体躯后缘，仅有肛毛1对（图3.296）。

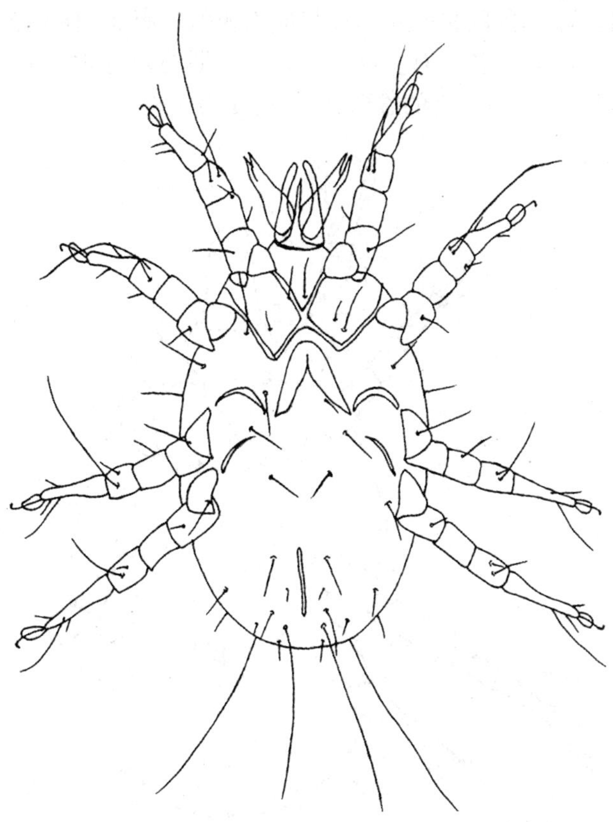

图3.295　甜果螨（*Carpoglyphus lactis*）（♀）腹面

（仿 李朝品 沈兆鹏）

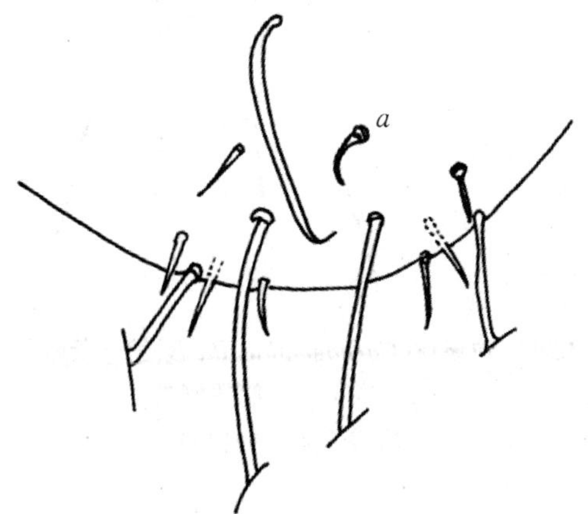

图3.296　甜果螨（*Carpoglyphus lactis*）（♀）肛门区

a：肛门刚毛

（仿 李朝品 沈兆鹏）

若螨:第一若螨(图3.297)躯体长约210 μm。足4对。骶外毛(*sae*)和肛后毛(pa_1)为躯体最长的刚毛。腹面,有生殖感觉器(*Gs*)一对;生殖毛(*g*)和肛前毛(*pra*)各一对。第一若螨静息期特征是4对足向躯体收缩,躯体背面隆起呈半球状,发亮而呈玻璃样。第一若螨静息期约24小时,后期可通过透明的皮壳看到第二对生殖感觉器(*Gs*),蜕皮后变为第三若螨。第三若螨(图3.298)躯体长约250 μm。除骶外毛(*sae*)和肛后毛(pa_1)为长刚毛外,其余躯体背面的刚毛均为短杆状,其数目和排列位置与成螨相似。腹面,有生殖感觉器(*Gs*)2对;生殖毛(g_1、g_2、g_3)和肛前毛(*pra*)各一对。第三若螨静息期约24小时,静息期前段有生殖感觉器(*Gs*)2对,到后段可看到生殖器官的雏形,脱皮后变为成螨。

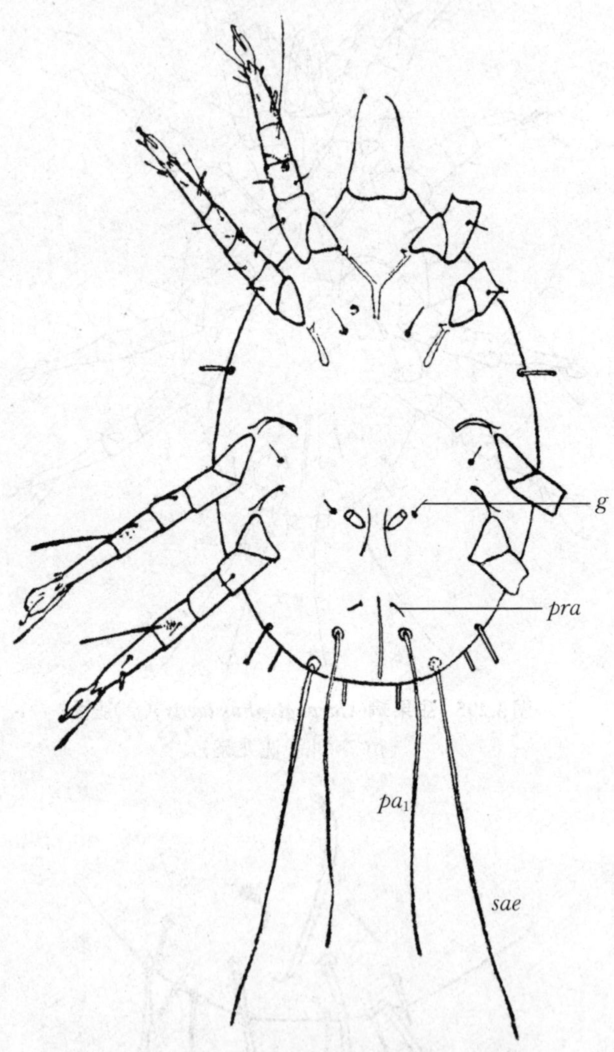

图3.297 甜果螨(***Carpoglyphus lactis***)第一若螨腹面

g,*pra*,*sae*,pa_1:躯体刚毛

(仿 李朝品 沈兆鹏)

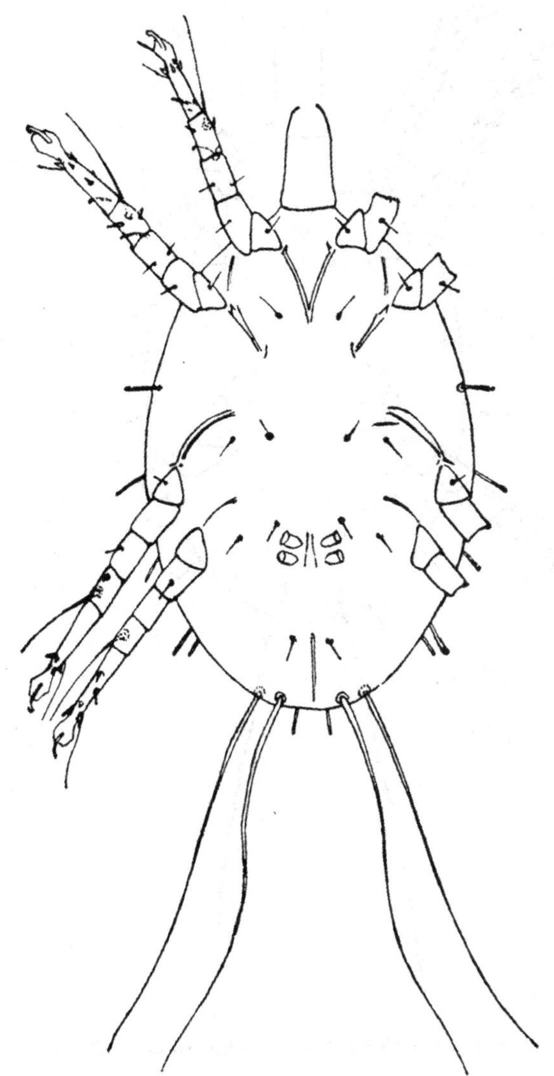

图3.298 甜果螨(***Carpoglyphus lactis***)第三若螨腹面
(仿 李朝品 沈兆鹏)

幼螨:躯体长约180 μm。足3对。肛后毛pa_1为躯体最长的刚毛。躯体背面刚毛与成螨一样均为短杆状。骶内毛(*sai*)和骶外毛(*sae*)缺如。腹面无基节杆。没有生殖器官任何痕迹。生殖毛和肛前毛缺如(图3.299)。静息期的幼螨躯体背面隆起,3对足向躯体极度收缩。幼螨静息期约24小时,后期可通过透明的皮壳看到第四对足,蜕皮后变为第一若螨。

卵:椭圆形,乳白色,卵壳半透明,在胚胎发育后期可通过卵壳看到幼螨的雏形。

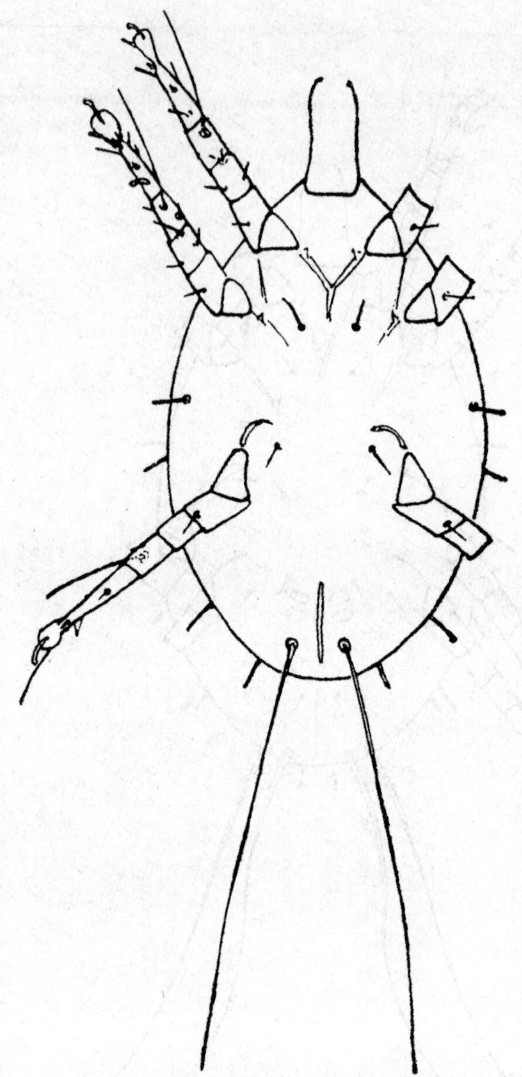

图 3.299 甜果螨（*Carpoglyphus lactis*）幼螨

（仿 李朝品 沈兆鹏）

休眠体：为活动休眠体（图 3.300），休眠体很难发现。Chmielewski（1967）曾在实验室里培养过休眠体。据文献报道其曾在古巴砂糖中发现活动休眠体。休眠体躯体长约 272 μm，椭圆形，黄色，背面有颜色较深的条纹。颚体小，部分被躯体所蔽盖。背毛呈短杆状。顶内毛（*vi*）位于较后的位置，顶外毛（*ve*）位于顶内毛（*vi*）与骶外毛（*sae*）之间。胛内毛（*sci*）与第一至第四对背毛（d_1～d_4）在躯体后半部中间成两纵行排列。第四对背毛（d_4）几乎着生在躯体末端。腹面，足Ⅳ基节之间有一明显的吸盘板。足4对，细长，足上的刚毛也很长。

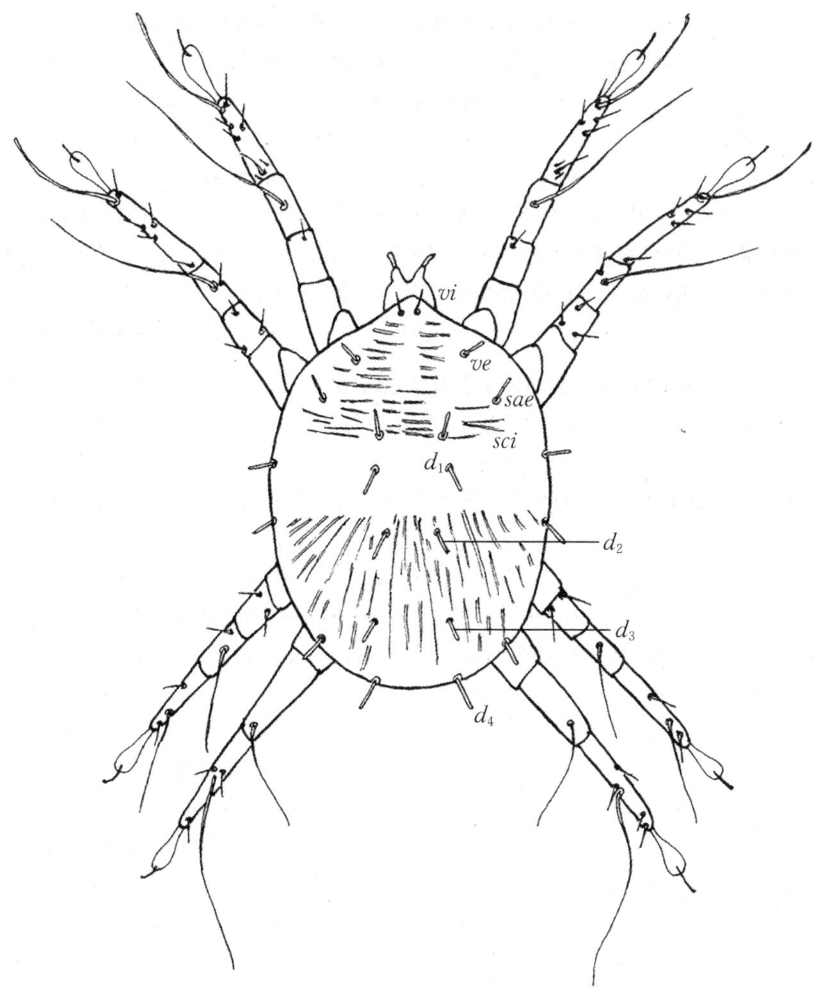

图3.300 甜果螨(***Carpoglyphus lactis***)活动休眠体

ve, vi, d_1~d_4, sae, sci:躯体刚毛

(仿 李朝品)

(赵玉敏)

第六节 麦食螨科

麦食螨科(Pyroglyphidae)特征:前足体前缘延伸覆盖或不覆盖在颚体之上,前足体背面与后半体由一横沟将其分开;有前足体背板,也可有后半体背板,无顶毛;皮纹理呈肋状较粗;各足末端为前跗节,足Ⅰ上的第一感棒(ω_1)、第三感棒(ω_3)及芥毛(ε)均着生在跗节顶端;雄螨的足Ⅲ和足Ⅳ的长宽大致相等,雌螨的足Ⅲ较足Ⅳ稍长;雄螨肛门吸盘被骨化的环所包围,跗节吸盘由一个短圆柱形的构造所替代;雌螨生殖孔呈内翻的"U"形,有侧生殖板和骨化的生殖板。麦食螨科(Pyroglyphidae)分亚科、分属检索表(成螨)见表3.21,室内分布的主要麦食螨科螨类分种检索表(成螨)见表3.22。

表3.21 麦食螨科(Pyroglyphidae)分亚科、分属检索表(成螨)

1. 前足体前缘覆盖颚体,*sce*和*sci*短,几乎等长,体躯后缘无长刚毛……………………麦食螨亚科(Pyroglyphinae)……………………2

前足体前缘不覆盖颚体,*sce*比*sci*长许多,体躯后缘有2对长刚毛……………………尘螨亚科(Dermatophagoidinae)……………………3

2. 足Ⅰ膝节背面有2根感棒,雄螨肛门两侧缺肛门吸盘……………………麦食螨属(*Pyroglyphus*)

足Ⅰ膝节背面有1根感棒,雄螨肛门两侧有明显的肛门吸盘……………………嗜霉螨属(*Euroglyphus*)

3. 体背有横条纹,雌螨后生殖板不骨化,雄螨足Ⅳ较足Ⅲ短细,足Ⅳ跗节有2个吸盘……………………尘螨属(*Dermatophagoides*)

表3.22 室内分布的主要麦食螨科螨类分种检索表(成螨)

1. 前足体前缘向前伸展覆盖在颚体之上;体表条纹粗糙不平;体躯后缘无长刚毛……………………2

前足体前缘不覆盖在颚体之上;体表条纹平滑;体躯后缘有2对长刚毛,即d_5和l_5……………………4

2. 膝节Ⅰ背面有2根感棒;雄螨肛门两侧无肛门吸盘,也没有骨化的环;头盖具有一个小凹槽……………………非洲麦食螨(*Pyroglyphus africanus*)

膝节Ⅰ背面仅有1根感棒;雄螨肛门两侧有肛门吸盘,并为骨化的环所包围……………………3

3. 雄螨后半体后缘明显分为二叶;转节Ⅰ～Ⅲ上有转节毛*sR*;头盖为二叉状……………………长嗜霉螨(*Euroglyphus longior*)

雄螨后半体稍凹;转节Ⅰ～Ⅲ上无转节毛*sR*;头盖为全缘……………………梅氏嗜霉螨(*Euroglyphus maynei*)

4. 胛毛*sce*短(马尘螨属*Malayoglyphus*)……………………5

*sce*很长,而且远比*sci*长……………………6

5. *sce*和*sci*基本等长……………………间马尘螨(*M. intermedius*)

*sce*长度大约为*sci*的2倍……………………卡美马尘螨(*M. carmelitus*)

6. 后背板明显……………………椋尘螨属(*Sturnophagoides*)(巴西椋尘螨*S. brassiliensis*)

后背板不明显……………………7

7. 体表条纹非常细,间距小于1 μm……………………赫尘螨属(*Hirstia*)(舍栖赫尘螨*H. domicola*)

体表条纹细,但间距远大于1 μm(尘螨属*Dermatophagoides*)……………………8

8. 雄螨后背板上缘距离背毛d_2很近,刚好在d_2前端;雌螨交合囊外开口形成一个小乳突,交合囊顶端细……………………新热尘螨(*D. neotropicalis*)

雄螨后背板上缘距离d_2较远;雌螨交合囊外开口不形成突……………………9

9. 雄螨后背板延伸至d_1和d_2中央;雌螨交合囊顶端为杯状……………………10

雄螨后背板上缘在d_2后,不包围d_2;雌螨交合囊顶端较小,不为杯状……………………11

10. 雄螨足Ⅲ为足Ⅳ的1.5倍长(4个端节),1.3倍宽(跗节);雌螨交合囊顶端为杯状(从背部看为花状)……………………屋尘螨(*D. pteronyssinus*)

雄螨足Ⅲ为足Ⅳ的1.6倍长(4个端节),1.8倍宽(跗节);雌螨交合囊顶端长脚杯状……………………伊氏尘螨(*D. evansi*)

11. 雄螨体较短(200～245 μm),足Ⅰ不比足Ⅱ粗大;雌螨体长260～300 μm,前背板长至少为宽的2倍,*sci*、d_1～d_3的位置近似在一条直线上……………………丝泊尘螨(*D. siboney*)

雄螨体较长(285～345 μm),足Ⅰ粗大;雌螨体长400～440 μm,前背板长仅为宽的1.4倍,*sci*、d_1～d_3的位置不在一条直线上;d_1较靠外……………………12

12. 雄螨体较长，跗节Ⅱ端部具有明显的刺状突S；雌螨跗节Ⅰ上的S大，呈指状，交合囊外生殖腔骨化强烈……………………………………………………………………………………粉尘螨(*D. farinae*)

雄螨体较短，跗节Ⅱ上的S缺如；雌螨跗节Ⅰ上的S小，交合囊外生殖腔骨化弱……………………………………………………………………………………………………小角尘螨(*D. microceras*)

一、麦食螨属

麦食螨属(*Pyroglyphus*)特征：皮纹较粗；前足体前缘覆盖颚体；体躯后缘无长刚毛；足Ⅰ膝节背面有2根感棒(σ_1、σ_2)，足Ⅰ跗节ω_1移位于该节顶端；胛毛(*sce*、*sci*)短，几乎等长；雄螨肛门吸盘缺如。

64. 非洲麦食螨(*Pyroglyphus africanus* Hughes，1954)

形态特征：螨体呈卵圆形，长250～450 μm，皮纹粗，无顶毛。前足体的前缘覆盖颚体。

雄螨：螨体呈阔卵圆形，扁平，长250～300 μm。前足体和后半体间的横沟由于螨体表皮褶纹加深而显著(图3.301)。背侧皮粗糙有皱纹，左右两侧为纵纹，前足体区则为横纹。螨体显示两块含有刻点的背板，其中前足体背板向两侧扩展到足Ⅰ、Ⅱ的基部，有2根纵脊止于中央。在腹面，足Ⅰ表皮内突末端在近中线处分离(图3.302)；阳茎为小弯管状。前足体覆盖部分颚体，前缘略有分叉；螯肢的齿发达，须肢扁平。躯体刚毛短且光滑；胛外毛(*sce*)较胛内毛(*sci*)略长；在中线两侧纵列3对背毛(d_1、d_2、d_3)和2对侧毛(l_1、l_2)；在足Ⅲ基节水平上有1对肩毛；足Ⅰ、Ⅲ基节各着生1对基节毛；在生殖孔之后有前后2对生殖毛，前方的生殖毛在生殖孔的后缘水平上，后方的生殖毛位于足Ⅳ基节水平外侧；肛区有3对肛毛，1对在肛门前缘，2对在后缘水平(图3.302)，无骶外毛(*sae*)。雄螨具有发达的足，足末端为球状的端跗节及小爪，足Ⅲ最为粗壮，足Ⅰ跗节短，与膝节等长，其上的感棒(ω_1)接近顶端，与端跗节基部的感棒(ω_2)和芥毛(ε)相近；足Ⅱ跗节较长，在该节中央着生有感棒(ω_1)；足Ⅰ胫节的φ比足Ⅱ胫节的感棒φ短，足Ⅲ、Ⅳ胫节的感棒φ等长，足Ⅰ、Ⅱ胫节腹面均有1根刚毛；足Ⅰ膝节的膝外毛(σ_1)短于膝内毛(σ_2)；足Ⅲ跗节的腹端有2个角状突起；足Ⅳ跗节的背端有2个短柱状突起，类似于退化的跗节吸盘(图3.303)。

雌螨：卵圆形，躯体长350～450 μm。仅见前足体背板，而后半体背板缺如(图3.304，图3.305)，前足体背板覆盖其宽度的1/2。与雄螨相比，雌螨表皮皱褶加厚物范围较大。躯体上刚毛短而光滑，除有1对骶外毛(*sae*)，其余似雄螨。雌螨足末端为球状的端跗节及小爪，足Ⅰ和足Ⅱ与雄螨相似，但足Ⅲ和足Ⅳ较雄螨细长(图3.306)。在足Ⅲ、Ⅳ跗节的基部有第二背端毛(*e*)，没有突起和痕迹状的吸盘。足Ⅳ胫节的感棒φ较雄螨短。生殖孔呈内翻的"U"形，其被后方的生殖板所遮盖；生殖孔侧壁由生殖板支持，生殖板上可见生殖感觉器的痕迹(图3.307)；雌螨交配囊孔位于小囊基部，小囊近肛门后端。

若螨：与成螨相似，足Ⅰ跗节的感棒(ω_1)位于顶端。

幼螨：与若螨相似，足Ⅰ跗节的顶端可见感棒(ω_1)，无基节杆(图3.308)。

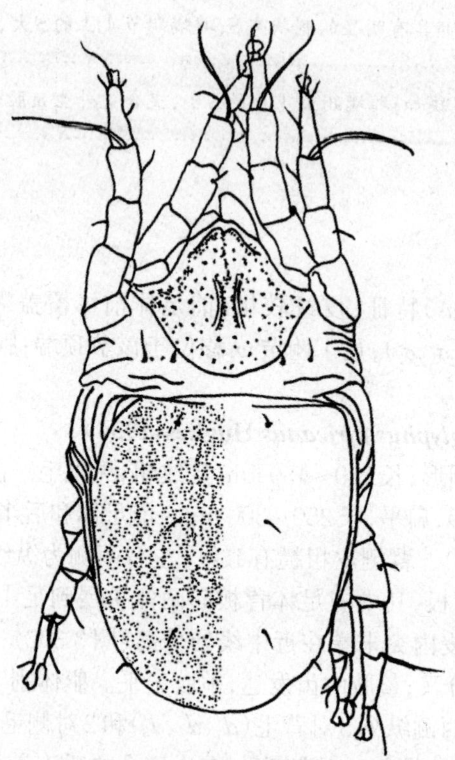

图3.301 非洲麦食螨（*Pyroglyphus africanus*）（♂）背面
（仿 李朝品 沈兆鹏）

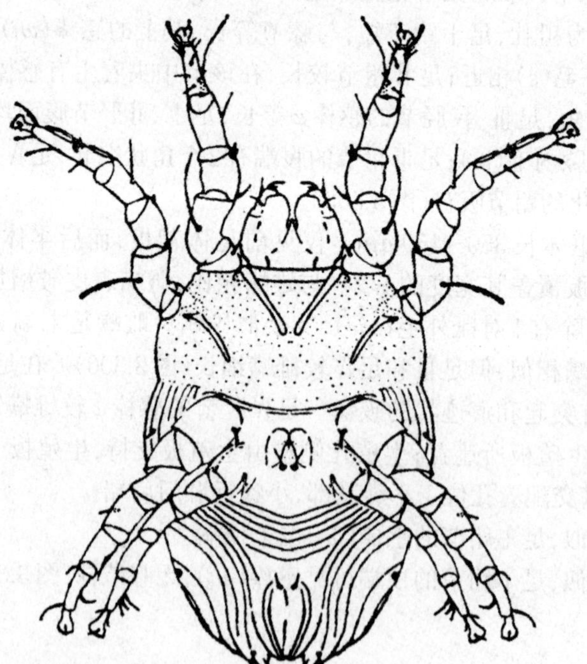

图3.302 非洲麦食螨（*Pyroglyphus africanus*）（♂）腹面
（仿 李朝品 沈兆鹏）

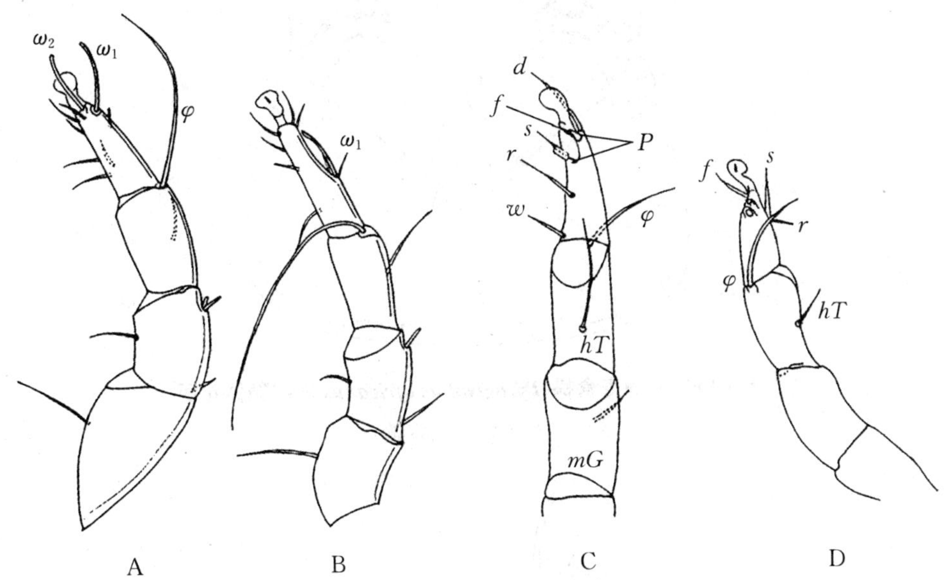

图3.303 非洲麦食螨(*Pyroglyphus africanus*)(♂)左足

A. 左足Ⅰ侧面;B. 左足Ⅱ侧面;C. 左足Ⅲ腹面;D. 左足Ⅳ背面

$\omega_1,\omega_2,\varphi$:感棒;$d,f,r,s,w,hT,mG$:刚毛;$P$:角状突起

(仿 李朝品 沈兆鹏)

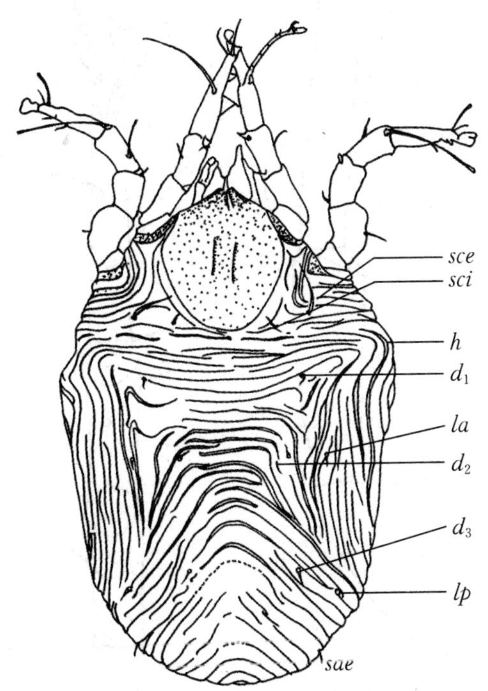

图3.304 非洲麦食螨(*Pyroglyphus africanus*)(♀)背面

$sce,sci,d_1\sim d_3,la,lp,sae,h$:躯体的刚毛

(仿 李朝品 沈兆鹏)

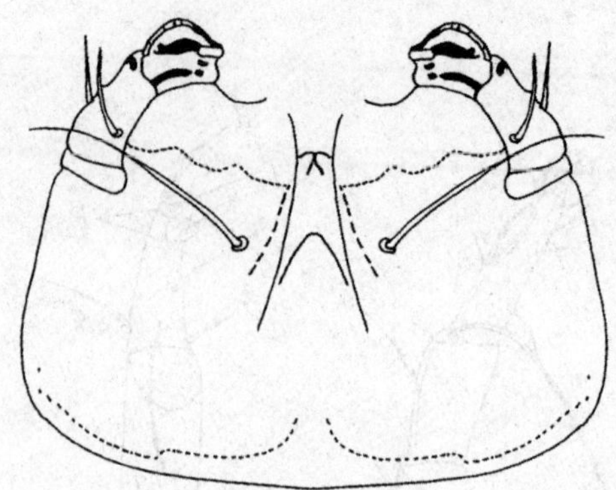

图3.305 非洲麦食螨(*Pyroglyphus africanus*)(♀)颚体腹面

(仿 李朝品 沈兆鹏)

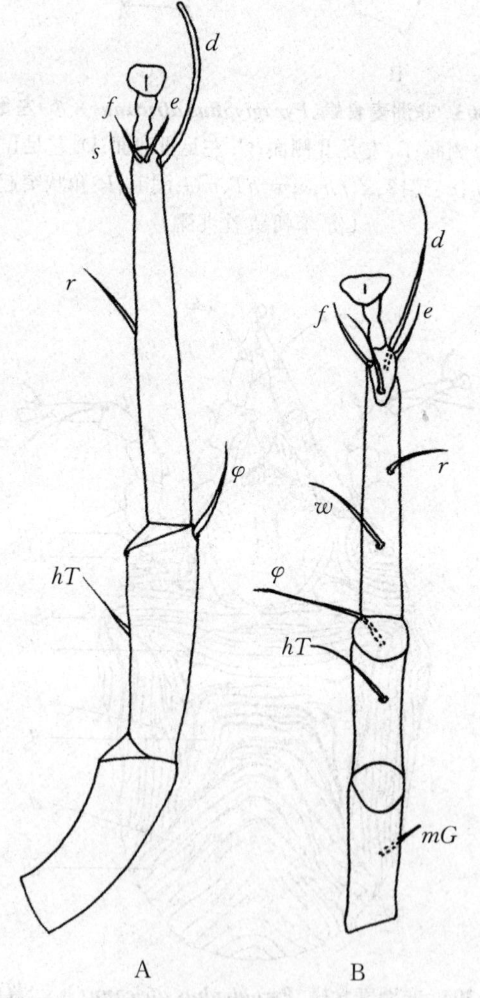

图3.306 非洲麦食螨(*Pyroglyphus africanus*)(♀)足

A. 足Ⅲ;B. 足Ⅳ

φ:感棒;d,e,f,r,s,w,hT,mG:刚毛

(仿 李朝品 沈兆鹏)

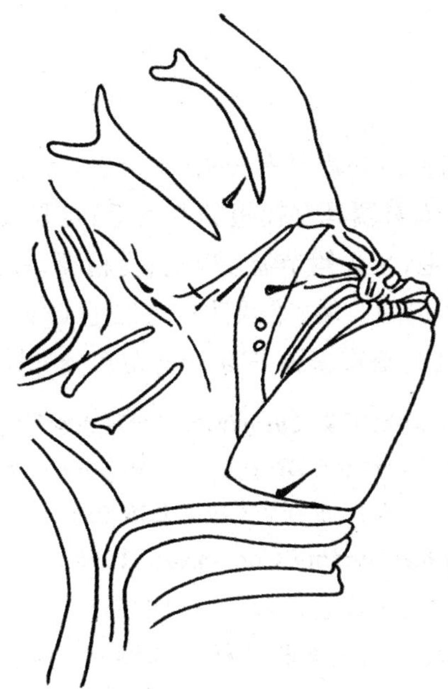

图3.307 非洲麦食螨（*Pyroglyphus africanus*）（♀）生殖区侧面
（仿 李朝品 沈兆鹏）

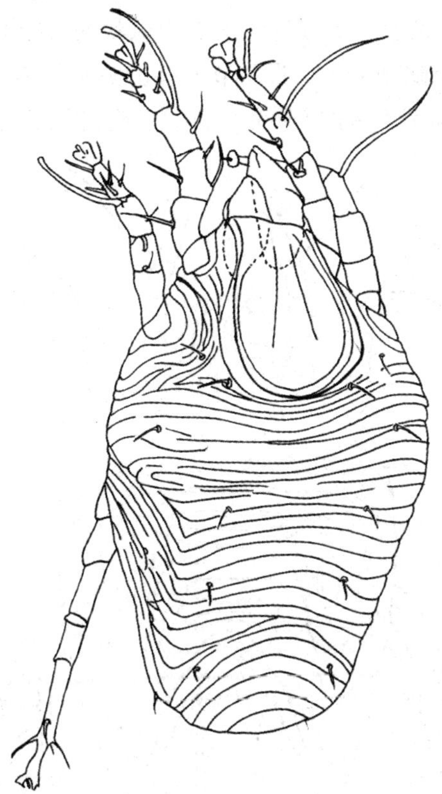

图3.308 非洲麦食螨（*Pyroglyphus africanus*）幼螨背侧面
（仿 李朝品 沈兆鹏）

二、嗜霉螨属

嗜霉螨属(*Euroglyphus*)特征:表皮具有皱褶,常有2个突起着生于前足体的前缘。足Ⅰ膝节仅有1条感棒(σ)。雌螨体末端具有较短的肛后毛;足Ⅳ长于足Ⅲ;足Ⅰ、Ⅲ跗节、足Ⅳ胫节无毛;足Ⅲ跗节只有3根毛,足Ⅳ跗节有4根毛;受精囊呈淡红色,骨化较为显著。雄螨肛门吸盘明显,为骨化的环所包围。雌、雄两性只有肛毛1对,生殖区具生殖毛1对或2对;雌螨生殖板不完全覆盖生殖孔。嗜霉螨属(*Euroglyphus*)分种检索表(成螨)见表3.23。

表3.23 嗜霉螨属(*Euroglyphus*)分种检索表(成螨)

雄螨后半体稍凹。足Ⅰ、Ⅲ转节无转节毛*sR*……………………………梅氏嗜霉螨(*Euroglyphus maynei*)

雄螨后半体后缘明显分为两叶。足Ⅰ、Ⅲ转节有转节毛*sR*……………长嗜霉螨(*Euroglyphus longior*)

65. 梅氏嗜霉螨(*Euroglyphus maynei* Cooreman,1950)

形态特征:螨体呈长椭圆形,淡黄色,表皮皱褶明显。

雄螨:躯体长约200 μm,表皮的表面和背板似非洲麦食螨。有较小的前足体背板,呈梨形;长的纵脊延伸到前缘,有时使前足体背板的外形呈二叉状。后半体背板前伸到d_2水平,且不明显(图3.309);躯体后缘有切割状凹陷。腹面足Ⅰ表皮内突在近中线处分离。阳茎为1条短的直管,生殖感觉器较小。肛门吸盘明显,为骨化的环包围(图3.310)。除外侧的1对肛后毛外,躯体刚毛均短而光滑。所有足的末端为球状的前跗节,但缺爪;足Ⅲ长于足Ⅳ。足Ⅳ胫节和足Ⅰ、Ⅱ、Ⅲ转节缺刚毛。足Ⅲ跗节上有5根刚毛,有一粗壮突起位于末端;足Ⅳ跗节有3根刚毛,其中位于跗节末端的1根为短钉状结构,相当于退化的吸盘。

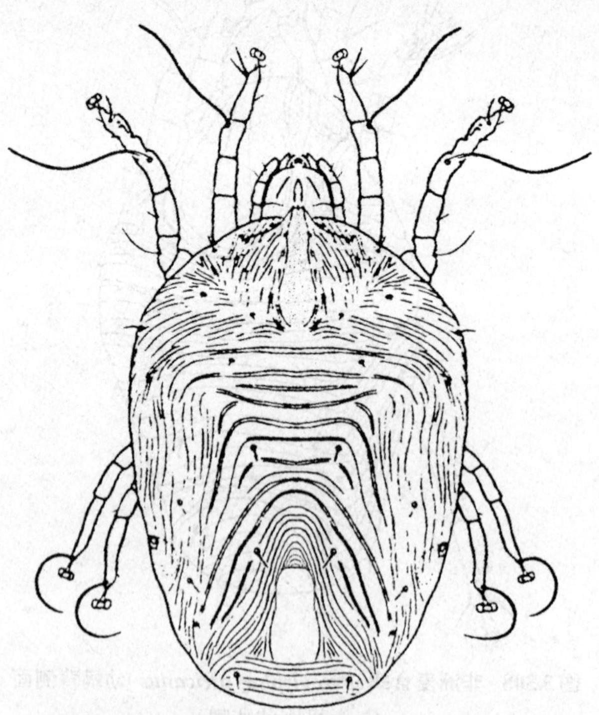

图3.309 梅氏嗜霉螨(*Euroglyphus maynei*)(♂)背面

(仿 李朝品 沈兆鹏)

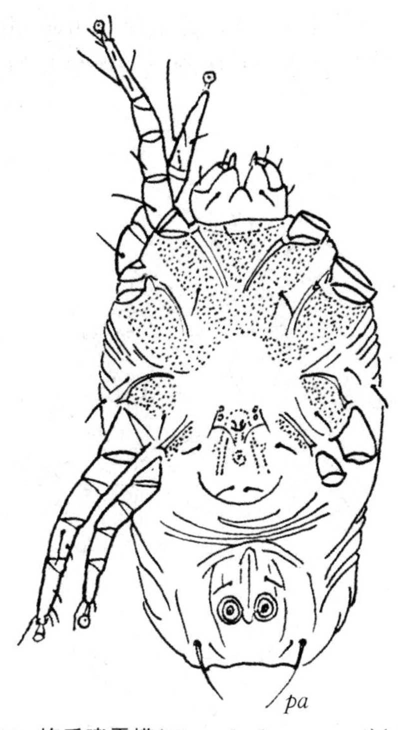

图3.310 梅氏嗜霉螨(*Euroglyphus maynei*)(♂)腹面

pa:后肛毛

(仿 李朝品 沈兆鹏)

雌螨:躯体长280～300 μm。前足体背板不如雄螨明显,前缘为光滑的弧形。后半体背板很不明显,该区域的表皮无皱褶,但表皮具有刻点(图3.311)。生殖孔部分被生殖板所掩

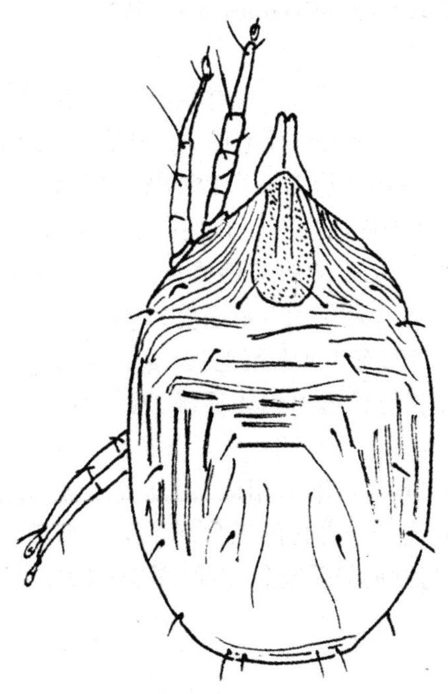

图3.311 梅氏嗜霉螨(*Euroglyphus maynei*)(♀)背面

(仿 李朝品 沈兆鹏)

盖(图3.312),生殖板前缘尖。受精囊呈球形,骨化程度明显,由1对导管与卵巢相通,1根细管与交配囊相通;交配囊靠近肛门后端。躯体刚毛与雄螨相似,2对肛后毛(*pa*)等长。足均细长,足Ⅳ较足Ⅲ长。

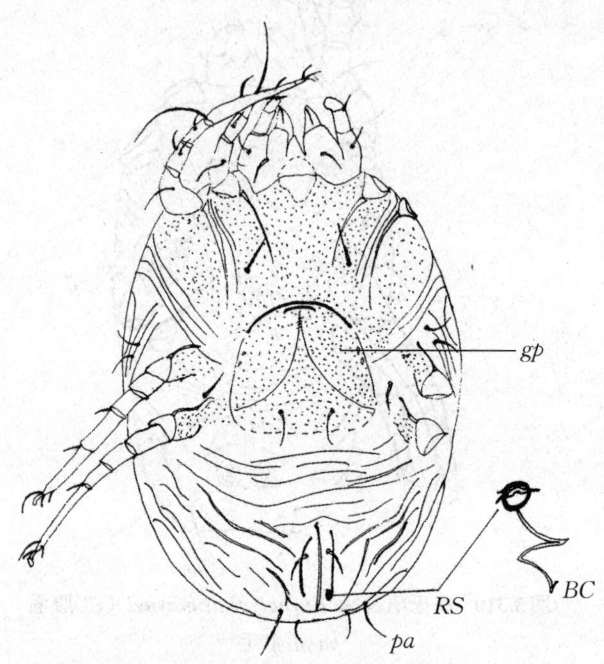

图3.312 梅氏嗜霉螨(*Euroglyphus maynei*)(♀)腹面

BC:交配囊;*RS*:受精囊;*pa*:后肛毛;*gp*:后生殖板

(仿 李朝品 沈兆鹏)

66. 长嗜霉螨(*Euroglyphus longior* Trouessart,1897)

雄螨:躯体较梅氏嗜霉螨细长(图3.313),长约265 μm,纺锤状。长嗜霉螨螯肢较梅氏嗜霉螨欠发达,须肢短小,前足体呈三角形,且有脊状凸起,并延伸至颚体,脊末端有齿,脊可不对称,前足体背板前部狭窄,向后伸展至胛毛(*sci*、*sce*)处;后半体背板覆盖大部分背区。除背板外的表皮有细致条纹,在躯体边缘形成少数不规则粗糙的褶纹。各足的表皮内突均分离,足Ⅳ表皮内突不明显,足Ⅲ表皮内突有一直接向前的突起。各足的粗细相同,末端为前跗节和小爪;足Ⅲ较足Ⅳ略长。足Ⅰ的跗节感棒ω_1和ω_2在跗节顶端;足Ⅰ膝节有1条感棒(σ);胫节的感棒(φ)均发达。足Ⅳ跗节有3条刚毛,并有2个短钉状结构。生殖区位于足Ⅳ基节下缘(图3.314),生殖孔周围有3对生殖毛(g_1、g_2、g_3);末体腹面后缘延长,超出末体少许,其上有肛后毛(*pa*)着生,肛门孔远离躯体后缘,两侧有肛门吸盘(*as*),并被一骨化的环包围。

雌螨:体长280~320 μm,形状与雄螨相似,但其表皮皱褶较雄螨更加明显(图3.315)。雌成螨躯体后缘略凹;生殖孔完全被骨化的三角形生殖板遮盖,生殖感觉器周围有3对生殖毛,交配囊孔靠近肛门后端,与卵形的受精囊相通(图3.316)。

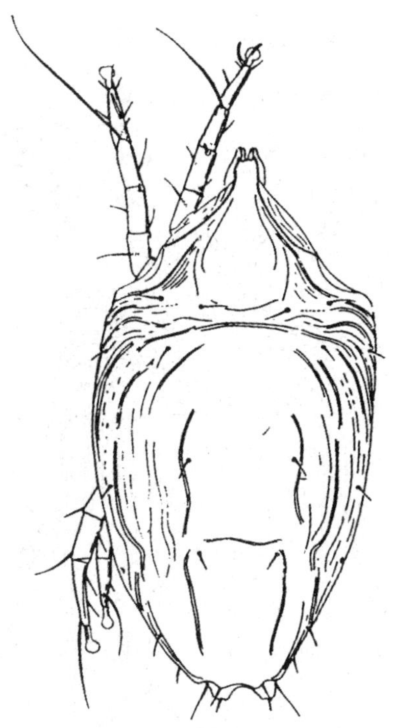

图3.313 长嗜霉螨(*Euroglyphus longior*)(♂)背面
(仿 李朝品 沈兆鹏)

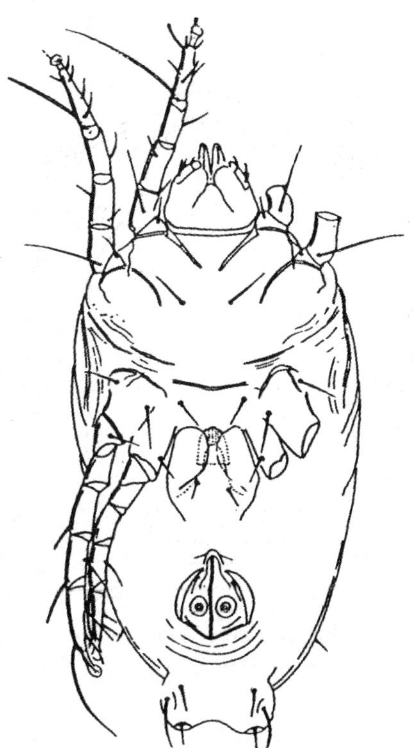

图3.314 长嗜霉螨(*Euroglyphus longior*)(♂)腹面
(仿 李朝品 沈兆鹏)

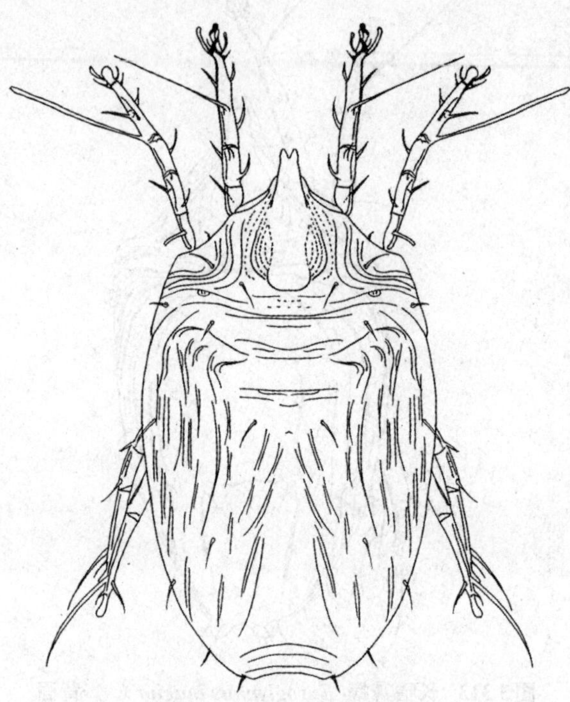

图3.315 长嗜霉螨(*Euroglyphus longior*)(♀)背面
(仿 李朝品 沈兆鹏)

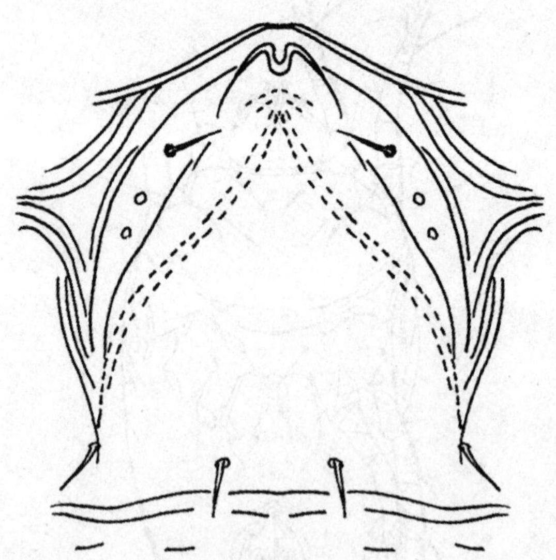

图3.316 长嗜霉螨(*Euroglyphus longior*)(♀)生殖区
(仿 李朝品 沈兆鹏)

(杨邦和)

三、尘螨属

尘螨属(*Dermatophagoides*)特征:体表骨化程度不及麦食螨亚科(Pyroglyphinae)的螨类明显,表皮有细致的花纹;前足体前缘未覆盖在颚体之上。躯体后缘有2对长刚毛。雌螨的后生殖板中等大小,不骨化,前缘不分为两叉,无后半体背板,足Ⅳ较足Ⅲ细短。雄螨的足Ⅳ跗节有2个圆盘状的跗节吸盘。雌螨的后生殖板中等大小,不骨化,前缘不分为二叉。无后半体背板。尘螨属成螨检索表(成螨)见表3.24。

表3.24 尘螨属成螨检索表(成螨)

1. 雄螨体背有横沟但不明显,后半体背板不大,前缘前伸至第二背毛(d_2)和第三背毛(d_3)之间;足Ⅰ明显粗大。雌螨第二背毛(d_2)与第三背毛(d_3)区域的表皮条纹是横纹…… 2

雄螨体背无横沟,后半体背板大,向前伸至第一背毛(d_1)与第二背毛(d_2)中央;足Ⅰ不粗大,与足Ⅱ长宽相同。雌螨第二背毛(d_2)与第三背毛(d_3)区域的表皮条纹是纵纹……………………………………………………………………屋尘螨(*Dermatophayoides pteronyssinus*)

2. 雄螨足Ⅰ跗节爪状突起的外侧有一个小而钝的突起S,足Ⅱ跗节的S为指状。雌螨足Ⅰ、Ⅱ跗节的S大而尖……………………………………………………粉尘螨(*Dermatophagoides farinae*)

雄螨足Ⅰ跗节末端爪状突起的外侧缺少突起S,足Ⅱ跗节的S亦缺如。雌螨足Ⅰ跗节上有1个小突起S,足Ⅱ跗节的S缺如……………………………………………小角尘螨(*Dermatophagoides microceras*)

67. 粉尘螨(*Dermatophagoides farinae* Hughes,1961)

形态特征:螨体呈卵圆形,长260~360 μm,前足体前缘不覆盖颚体。

雄螨:成虫体长260~360 μm,呈椭圆形,较饱满,螯肢发达,须肢扁平。雄螨有背板,前足体和后半体之间有横沟,但不明显,前足体背板的形状不定,后缘包围胛毛,并向侧面伸展;后半体背板基本不伸展到第二背毛(d_2)处。躯体上的刚毛比较光滑,胛外毛(*sce*)长度是胛内毛(*sci*)的4倍以上,生在前半体斜纹上。有肩毛2对,肩外毛(*he*)和肩腹毛(*hv*)各1对。第一背毛(d_1)、第二背毛(d_2)生在背面后半体板横纹上,第三背毛(d_3)、第四背毛(d_4)位于圆形后半体板上,且第四背毛(d_4)着生于后半体板后缘,4对背毛(d_1、d_2、d_3、d_4)等长,排成两纵列。前侧毛(*la*),后侧毛(*lp*),骶外毛(*sae*)和肛后毛(pa_2)等长。骶内毛(*sai*)长度超过体躯长的1/2,比肛后毛(pa_1)长约1/3,pa_1和*sai*都很长,行走时拖在体后,特点比较明显(图3.317)。

腹部(图3.318),短胸板由足Ⅰ表皮内突在中线愈合而成,足Ⅲ表皮内突长,形状急剧弯曲成直角。生殖孔位于足Ⅲ和足Ⅳ基节之间,生殖孔周围分布3对周毛,前2对生殖毛明显长于后1对生殖毛。阳茎细而长,肛门由肛环包围,肛环呈椭圆形并向后凸出,且生有1对前肛毛和明显的肛门吸盘。

足末端有发达的前跗节和微小爪。前跗节呈伞状,足Ⅰ粗大且Ⅰ股节腹部有个粗指状突起。足Ⅰ跗节的第一感棒(ω_1)位于前跗节基部,与第三感棒(ω_3)位于同一水平,ω_1与ω_3呈弯杆状,从基部到顶端逐渐变细。足Ⅰ跗节侧面顶端有1个粗大指状突起(S),足Ⅱ跗节的第一感棒(ω_1)位于该跗节基部,足Ⅲ跗节顶端有叉状突起(BP),足Ⅳ跗节端部有2个伞状吸盘(*su*)。足Ⅲ明显比足Ⅳ长而粗(图3.319)。

雌螨:体长360~400 μm,略大于雄螨。躯体结构、形状与雄螨相似。但雌螨没有后半体背板,躯体背面为横纹,两侧为纵纹(图3.320)。足Ⅰ与足Ⅱ等长短,等粗细,足Ⅲ较足Ⅳ短,足Ⅳ跗节吸盘退化,为2根短毛代替。生殖孔呈"人"形,后面的生殖板侧缘骨化(图3.321)。交配囊由1条细长管子与受精囊瓶状骨化区相连(图3.322)。躯体刚毛光滑,与雄螨相似(图3.320):胛外毛(*sce*)比胛内毛(*sci*)长,有基节上毛(*scx*);肩毛两对(*he*、*hv*),肩腹毛(*hv*)与*sce*等长;4对背毛(d_1、d_2、d_3、d_4)也等长,排成两纵列,并在躯体后缘相互靠近;骶内毛(*sai*)较肛后毛(pa_1)长约1/3,二者均为长刚毛,行走时与雄螨相同,都拖在体后。其余毛序也与雄螨相似。腹面:骨化不完全,足Ⅰ表皮内突分离较远,足Ⅲ表皮内突不弯曲成直角(图3.321)。

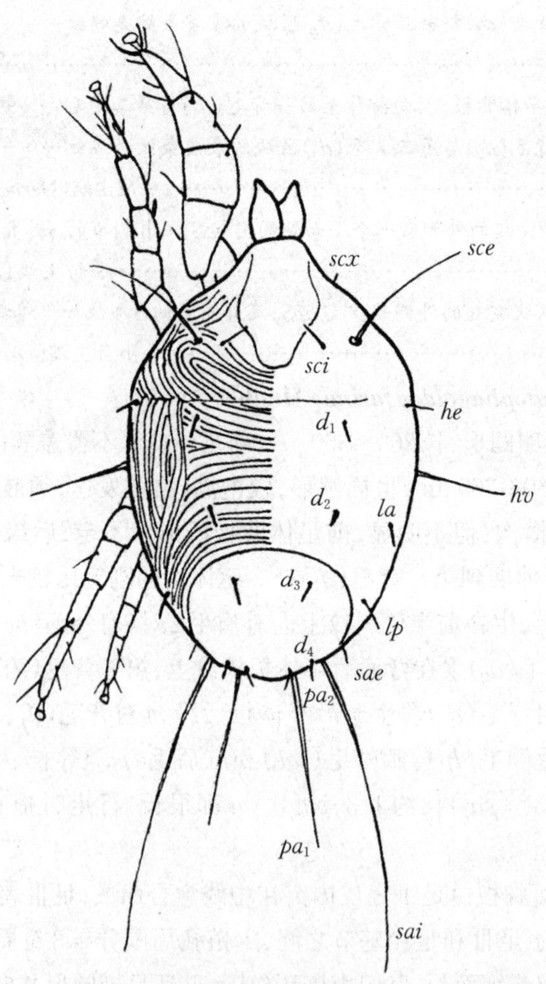

图3.317 粉尘螨(*Dermatophagoides farinae*)(♂)背面

sce,*sci*,*he*,*hv*,d_1~d_4,*la*,*lp*,*sae*,*sai*,pa_1,pa_2:躯体刚毛;*scx*:基节上毛

(仿 李朝品 沈兆鹏)

图 3.318 粉尘螨(*Dermatophagoides farinae*)(♂)腹面

A. 腹面;B. 阳茎

(仿 李朝品 沈兆鹏)

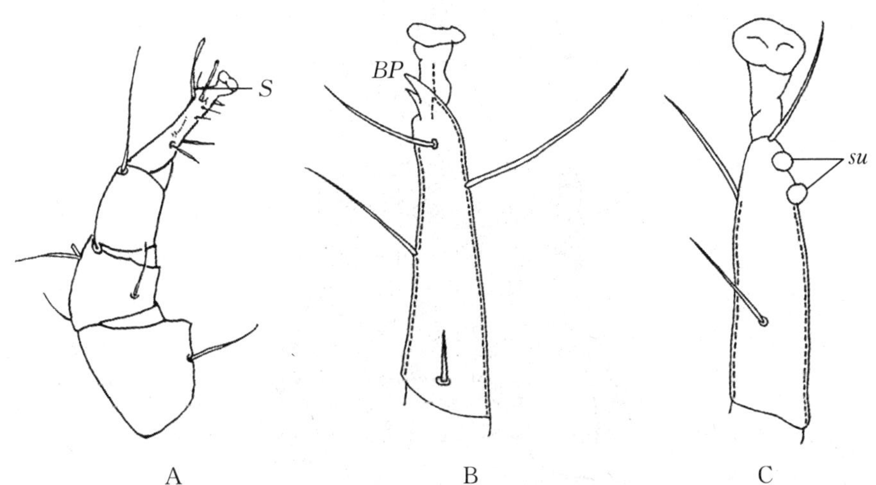

图 3.319 粉尘螨(*Dermatophagoides farinae*)(♂)足

A. 右足Ⅰ内面和跗节端部侧面;B. 足Ⅲ跗节顶端;C. 足Ⅳ跗节顶端

S:粗突起;*BP*:二叉状突起;*su*:吸盘

(仿 李朝品 沈兆鹏)

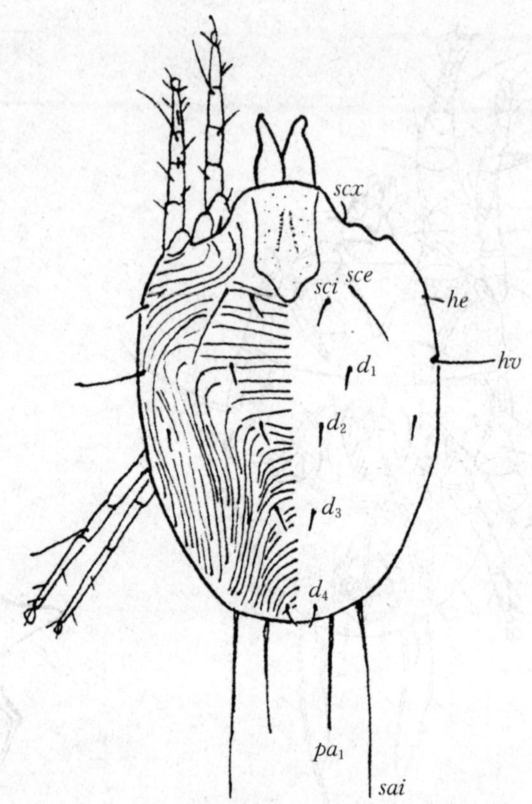

图 3.320　粉尘螨(*Dermatophagoides farinae*)(♀)背面

sce, *sci*, *he*, *hv*, d_1～d_4, *sai*, pa_1:躯体刚毛;*scx*:基节上毛

(仿 李朝品 沈兆鹏)

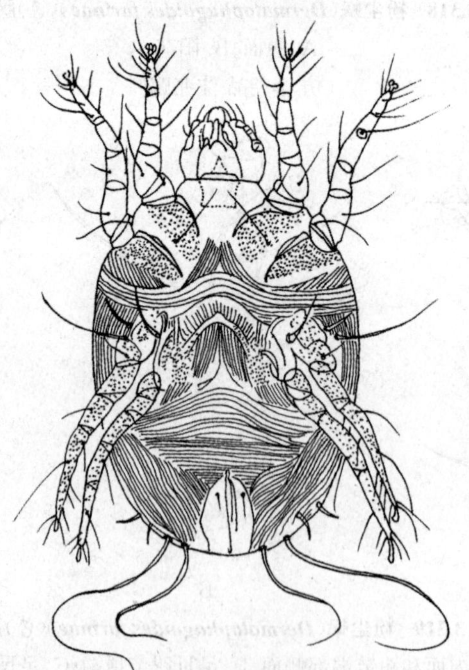

图 3.321　粉尘螨(*Dermatophagoides farinae*)(♀)腹面

(仿 李朝品 沈兆鹏)

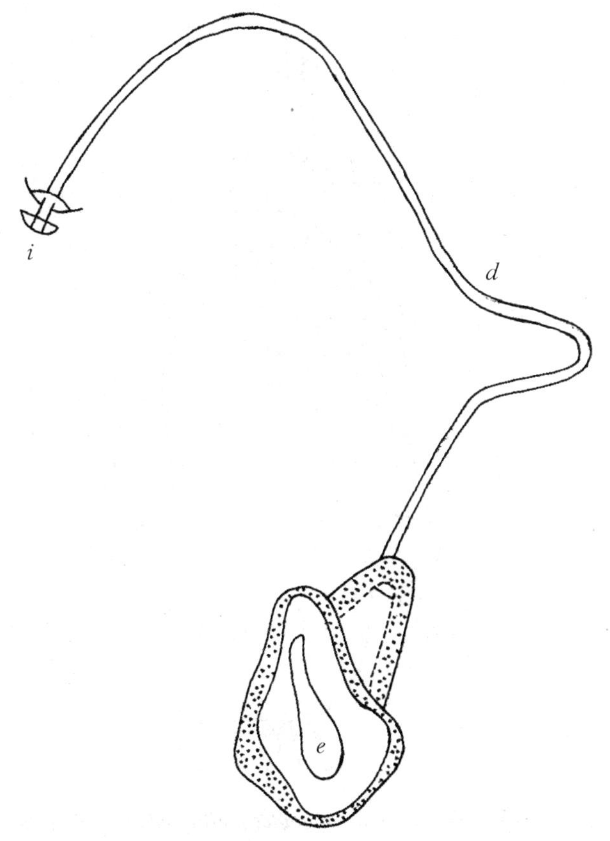

图 3.322 粉尘螨(*Dermatophagoides farinae*)交合囊和受精囊

e:交配囊孔;*d*:细管;*i*:内孔

(仿 李朝品 沈兆鹏)

68. 屋尘螨(*Dermatophagoides pteronyssinus* Trouessart,1897)

形态特征:螨体呈长梨形,淡黄色,表皮有细致的花纹,前足体前缘未覆盖颚体。雄螨体背无横沟;后半体背板大,向前伸达第一背毛(d_1)与第二背毛(d_2)中央;足Ⅰ不粗大,与足Ⅱ长宽相同。雌螨第二背毛(d_2)与第三背毛(d_3)区域的表皮条纹是纵纹。

雄螨:躯体长度280~290 μm,后半体背板较大,足Ⅰ与足Ⅱ等长等宽,足Ⅰ表皮内突不相接,无胸板。屋尘螨与粉尘螨体表条纹相似,主要区别是:屋尘螨身形呈梨形,前半体两侧深凹,前足体背板长方形,但后缘圆,后缘两侧内凹,后半体在足Ⅱ、Ⅲ之间突而宽,在足Ⅲ、Ⅳ后两侧向内凹,屋尘螨后足体板较大,呈长方形,向前伸达第一背毛(d_1)与第二背毛(d_2)之间(图3.323)。胛内毛(*sci*)及第一背毛(d_1)较短,胛外毛(*sce*)的长度为胛内毛(*sci*)的6~7倍,生于体侧横纹上,与前足体板后缘在同一水平上。腹面表皮内突分离且分离较大,不愈合为胸板(图3.324)。足Ⅲ跗节末端分叉状,足Ⅳ跗节有1对吸盘(图3.325)。

雌螨:体长约350 μm,形态特征与雄螨相似,螨体呈梨状,前足体前缘未覆盖颚体(图3.326)。足Ⅲ、Ⅳ比足Ⅰ、Ⅱ略细,并从膝关节起向内弯曲。雌螨与雄螨主要区别在于雌螨无后半体背板,第二背毛(d_2)和第三背毛(d_3)的表皮有纵条纹。交配囊孔在肛门后缘一侧(图3.327),以一条细小管与受精囊相连,并在凹陷基部开口(图3.328)。

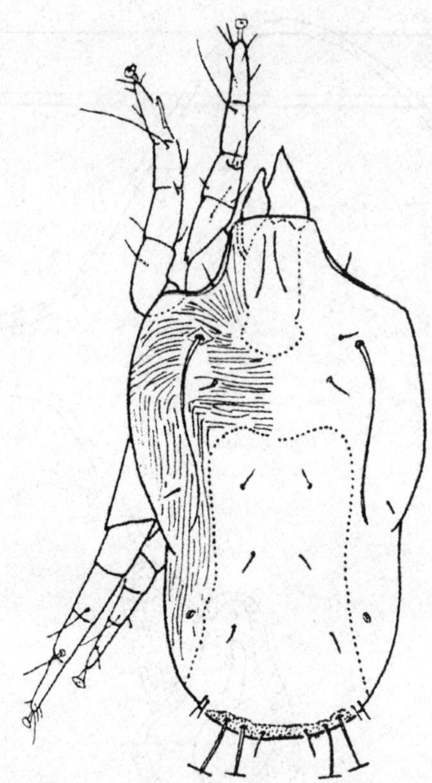

图3.323 屋尘螨(*Dermatophagoides pteronyssinus*)(♂)背面
(仿 李朝品 沈兆鹏)

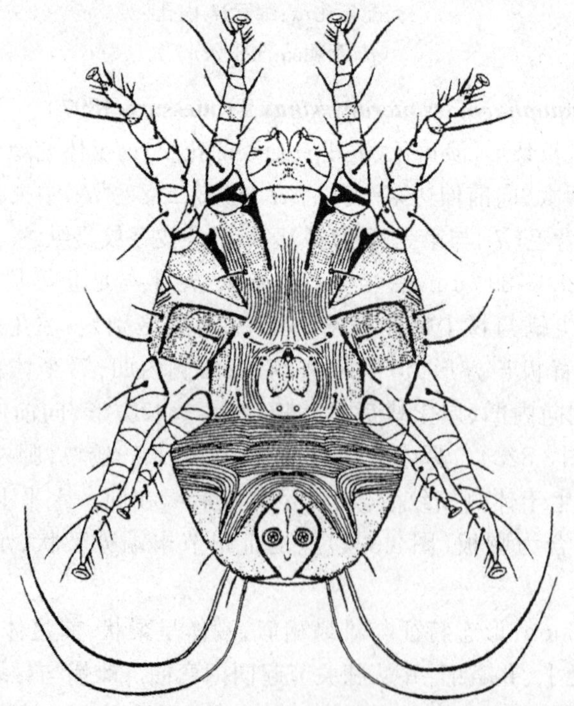

图3.324 屋尘螨(*Dermatophagoides pteronyssinus*)(♂)腹面
(仿 李朝品 沈兆鹏)

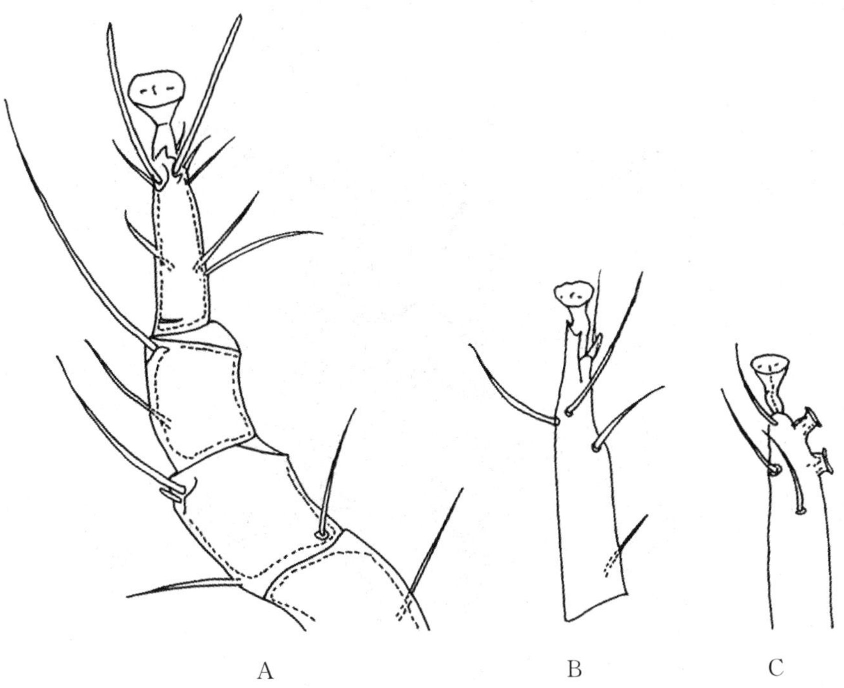

图3.325 屋尘螨(***Dermatophagoides pteronyssinus***)(♂)足

A. 右足Ⅰ背面;B. 右足Ⅲ跗节;C. 右足Ⅳ跗节

(仿 李朝品 沈兆鹏)

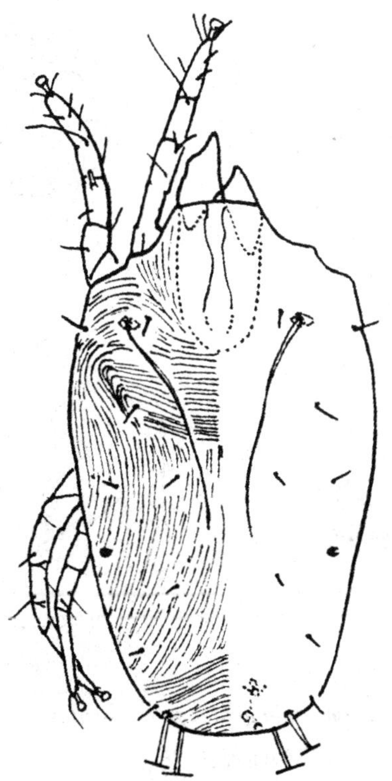

图3.326 屋尘螨(***Dermatophagoides pteronyssinus***)(♀)背面

(仿 李朝品 沈兆鹏)

图3.327　屋尘螨(***Dermatophagoides pteronyssinus***)(♀)腹面

(仿 李朝品 沈兆鹏)

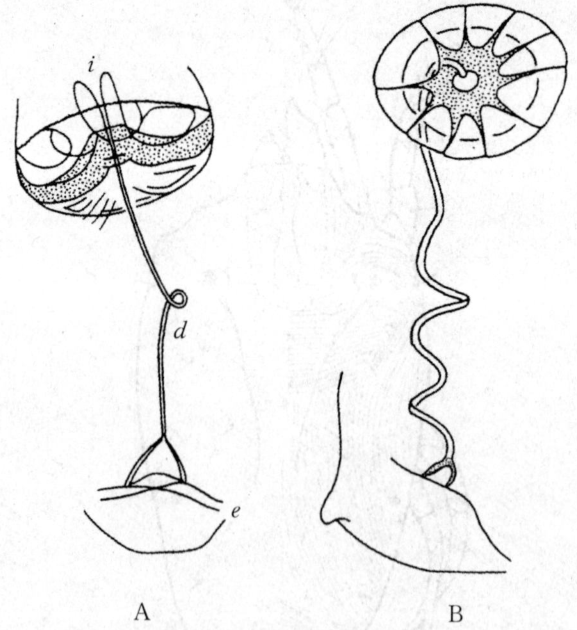

图3.328　屋尘螨(***Dermatophagoides pteronyssinus***)交合囊和受精囊

A. 屋尘螨侧面观;B. 屋尘螨正面观

e:交配囊孔;*d*:细管;*i*:内孔

(仿 李朝品 沈兆鹏)

69. 小角尘螨(*Dematophagoides microceras* Griffiths & Cunnington, 1971)

形态特征：体长260～400 μm。大小和形态特征似粉尘螨，躯体呈椭圆形，淡黄色，表皮有细致的花纹，前足体前缘未覆盖颚体。

雄螨：表皮有细致的花纹。前足体前缘未覆盖颚体；足Ⅰ跗节的末端有一个很大的爪状突起(图3.329)，但在大的爪状结构的外侧缺少1个小而钝的突起*S*；足Ⅱ跗节的*S*亦缺如。交配囊仅是狭窄的颈骨化；其余结构与粉尘螨相似。

雌螨：与雄螨形态相似，除肛区及生殖区的区别外，雌螨足Ⅰ跗节上有1个小突起*S*(图3.330)，足Ⅱ跗节的*S*缺如。

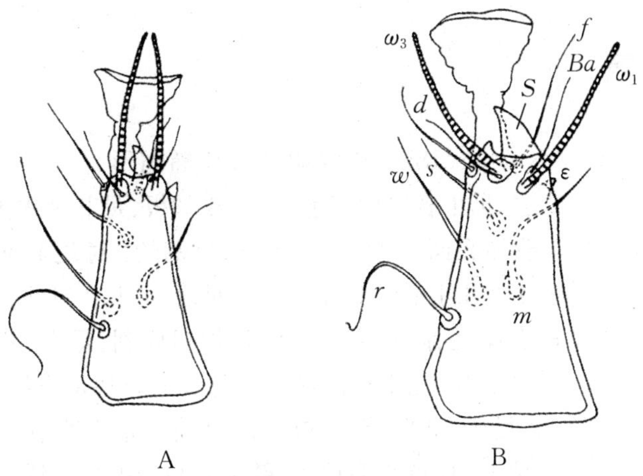

图3.329　尘螨足Ⅰ跗节(♂)

A. 小角尘螨(*Dermatophagoides microceras*)；B. 粉尘螨(*Dermatophagoides farinae*)

ω_1,ω_3：感棒；*d*,*f*,*s*,*Ba*,*m*,*r*,*w*：刚毛；ε：芥毛；*S*：几丁质突起

(仿 李朝品 沈兆鹏)

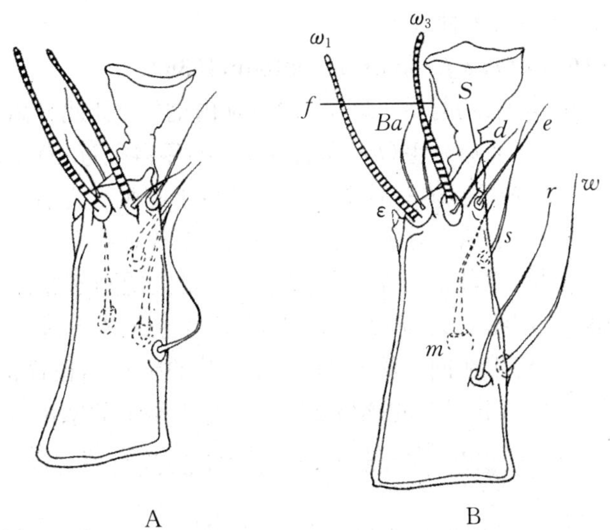

图3.330　尘螨足Ⅰ跗节(♀)

A. 小角尘螨(*Dermatophagoides microceras*)；B. 粉尘螨(*Dermatophagoides farinae*)

ω_1,ω_3：感棒；*d*,*e*,*f*,*Ba*,*m*,*s*,*r*,*w*：刚毛；ε：芥毛；*S*：几丁质突起

(仿 李朝品 沈兆鹏)

(赵亚男　李朝品)

第七节 薄口螨科

薄口螨科(*Histiostomidae* Berlese,1957)成螨形态近似长椭圆形,白色稍透明。颚体小,高度特化,螯肢锯齿状,定趾退化。须肢的端节扁平,可自由活动。躯体背面有一明显的横沟,躯体腹面有2对几丁质环,生殖孔横裂,躯体后缘略凹。足Ⅰ、Ⅱ胫节上的感棒(φ)短。该科螨类常有活动休眠体,其足Ⅲ,甚至足Ⅳ向颚体方向伸展。

一、薄口螨属

薄口螨属(*Histiostoma* Kramer,1876)成螨躯体近长椭圆形,白色较透明。颚体小而高度特化。腹面表皮内突较发达,足Ⅰ表皮内突愈合,形成胸板,足Ⅱ表皮内突,向腹面中间伸达,但未相连接,并向后弯。躯体腹面有2对几丁质环,雄螨的2对几丁质环位于足Ⅱ～Ⅳ基节之间,相距较近;雌螨的前1对几丁质环位于足Ⅱ～Ⅲ之间,后1对几丁质环相距较近,同足Ⅳ基节水平。足Ⅰ跗节所有刚毛,除背毛(d)外,均加粗成刺;足Ⅰ、Ⅱ胫节上的感棒(φ)短,不明显。体背有一明显的横沟。足Ⅰ～Ⅳ基节有基节毛。每足末端为粗爪。雌螨足较雄螨为细,足毛序雌雄相似。足Ⅰ、Ⅱ跗节Ba位于ω_1之前。足Ⅰ跗节ω_1位于该跗节末端。各足跗节末端腹刺均发达。足Ⅰ、Ⅱ胫节毛较短,膝节σ_1与σ_2等长。雌螨生殖孔为一横缝,位于前一对几丁质环之间,雄螨阳茎稍突出,生殖感觉器缺如。休眠体常有吸盘板,其上有4对吸盘;足Ⅲ、Ⅳ常向前伸展。

薄口螨属(*Histiostoma*)常见的有速生薄口螨(*Histiostoma feroniarum*)和吸腐薄口螨(*Histiostoma sapromyzarum*)2个种。

70. 速生薄口螨(*Histiostoma feroniarum* Dufour,1839)

形态特征:所有背毛均短,约与足Ⅰ胫节等长;顶内毛(vi)彼此分离,顶外毛(ve)在vi后方;胛毛(sc)远离ve且分散,而肩外毛(he)和肩内毛(hi)靠得很近;背毛d_2间的距离较d_1、d_3和d_4间的距离明显的短,d_4靠近躯体的后缘;2对侧毛位于侧腹腺之前。足Ⅰ、Ⅲ基节上具基节毛,后面的几丁质环前、后各有2对生殖毛;肛门周围具4对刚毛。足粗短,末端的爪较粗壮,并具成对的杆状物支持,柔软的前跗节将其包围。足上的刚毛加粗成刺。足Ⅰ、Ⅱ跗节的背中毛(Ba)位于第一感棒(ω_1)之前;足Ⅰ跗节的ω_1着生在基部,并向后弯曲覆盖在足Ⅰ胫节的前端,芥毛(ε)与ω_1着生在同一深凹中;足Ⅱ跗节的感棒ω_1位置正常,稍弯曲;各跗节末端的腹刺都很发达。足Ⅰ、Ⅱ胫节的感棒φ较短。足Ⅰ膝节的感棒σ_1和σ_2等长,足Ⅲ膝节无感棒σ。雄螨体长250～500 μm,雌螨体长400～700 μm,体近似长椭圆形,躯体后缘略凹,颚体小且高度特化。

雄螨:体型大小及足的粗细变化均较大(图3.331),足Ⅱ较粗大且跗节的刺较发达(图3.332)。足的表皮内突较雌螨发达,足Ⅰ表皮内突愈合成发达的胸板;足Ⅱ表皮内突几乎伸达中线,但未连接,并向后弯曲。生殖孔前着生了2对圆形几丁质环且相距较近;生殖褶位于足Ⅳ基节之间且不明显,之后有2块叶状瓣,可能具有交配吸盘的作用。背毛与雌螨相似。躯体背面刚毛的排列似雌螨。

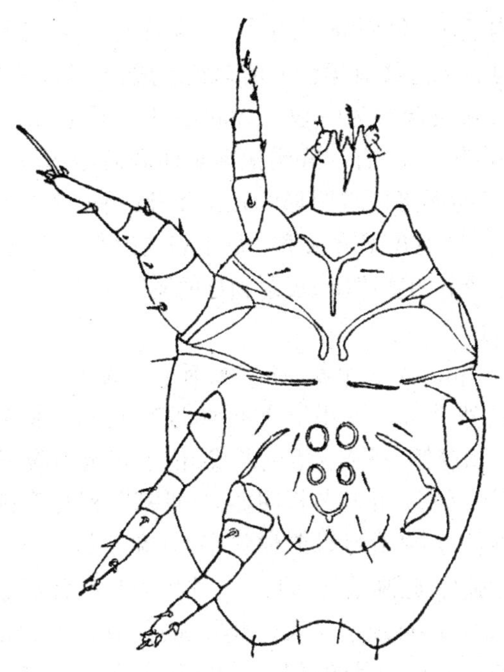

图3.331 速生薄口螨(*Histiostoma feroniarum*)(♂)腹面
(仿 李朝品 沈兆鹏)

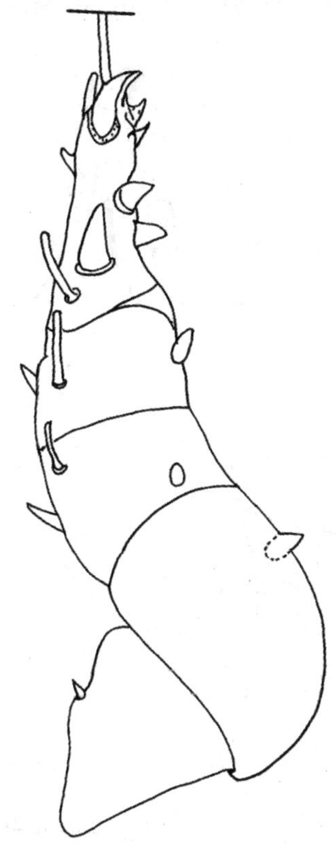

图3.332 速生薄口螨(*Histiostoma feroniarum*)(♂)右足Ⅱ背侧面
(仿 李朝品 沈兆鹏)

雌螨:背毛较短,顶内毛(vi)彼此分离,顶外毛(ve)在vi后方(图3.333)。颚体较小,螯肢长,具锯齿,每一螯肢由延长的边缘具锯齿的活动趾组成,并能在宽广的前口槽内前后活动。前口槽侧壁为须肢基节,须肢端节为一块二叶状的几丁质板,板上有1对刺,几丁质板能自由活动。躯体表面具微小凸起,有一背沟把前足体和后半体分开,躯体后缘略凹。腹面(图3.334,图3.335A):有2对圆形或近圆形的几丁质环,前1对环在足Ⅱ、Ⅲ基节间,分布于生殖孔两侧;后1对环较近,同足Ⅳ基节水平。足Ⅰ表皮内突在中线处愈合;足Ⅱ～Ⅳ表皮内突短,相距较远。足Ⅰ、Ⅱ胫节的感棒(φ)较短和足的刚毛加粗成刺(图3.336,图3.337A、B)。肛门较小,离躯体后缘较远。

休眠体:体长120～190 μm,呈扁平状,体后缘渐窄。表皮骨化。颚体特化(图3.338A),顶内毛(vi)向前延伸,顶外毛(ve)短小。前足体近三角形,体背具6对细小的刚毛(图3.339)。足Ⅲ表皮内突互相连接,形成1条拱形线,位于胸板与腹板之间(图3.340);足Ⅱ表皮内突几乎触及此拱形线。足Ⅰ、Ⅱ基节板明显,足Ⅲ基节板几乎封闭;在足Ⅰ、Ⅲ基节板上各具1对小吸盘。足均细长,后2对足呈前伸状态,有利于休眠体在寄主上的固定。具爪。足Ⅰ末端具1条膨大状的刚毛,此刚毛基部具1条透明的叶状背端毛(d);足Ⅱ末端的d也呈叶状。足Ⅰ的第一感棒(ω_1)直,且顶端膨大,较同足的胫节感棒φ略短,膝节感棒(σ)较膝节的刺状刚毛短。足Ⅱ的感棒ω_1较同足的胫节感棒φ和膝节感棒σ略长。

幼螨:足Ⅰ、Ⅱ基节水平间有1对几丁质环;躯体背面有许多叶状突起(图3.341),突起上着生刚毛。

若螨:第一、三若螨与雌螨相似,区别在于:第一若螨有1对几丁质环,第三若螨有2对丁质环。

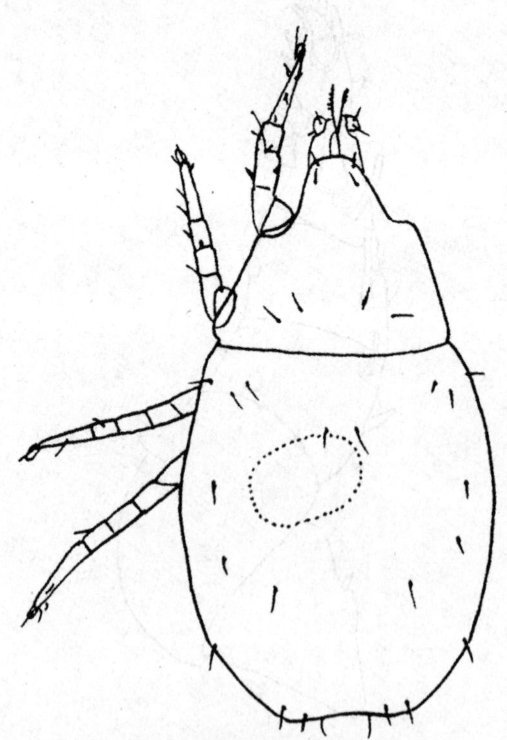

图3.333 速生薄口螨(***Histiostoma feroniarum***)(♀)背面

(仿 李朝品 沈兆鹏)

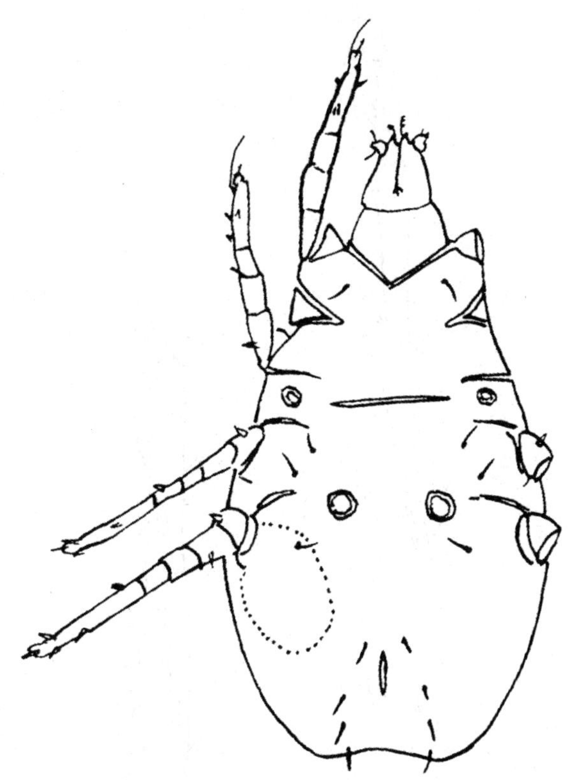

图3.334 速生薄口螨(*Histiostoma feroniarum*)(♀)腹面

(仿 李朝品 沈兆鹏)

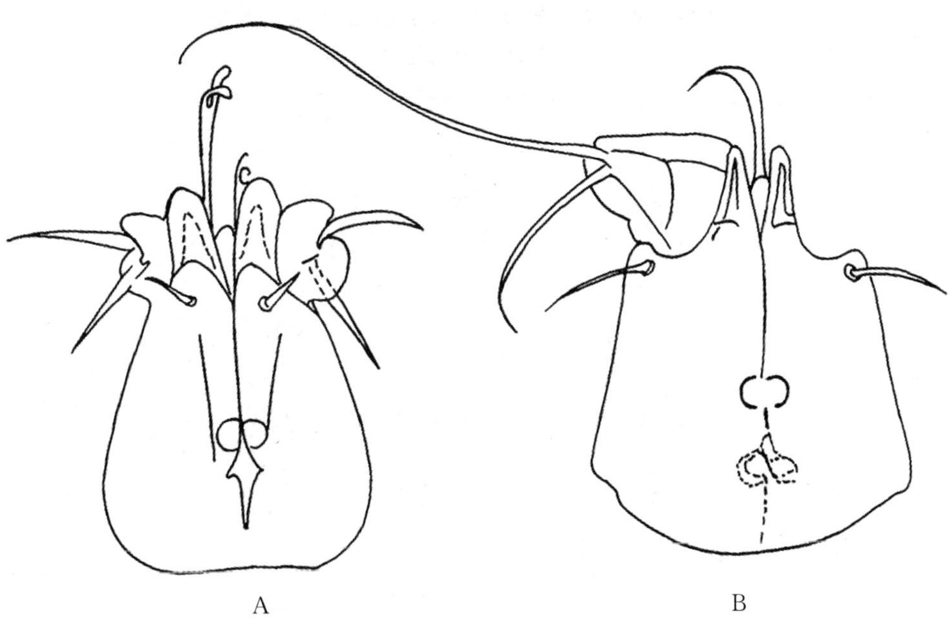

图3.335 颚体腹面

A. 速生薄口螨(*Histiostoma feroniarum*)(♀);B. 吸腐薄口螨(*Histiostoma sapromyzarum*)(♀)

(仿 李朝品 沈兆鹏)

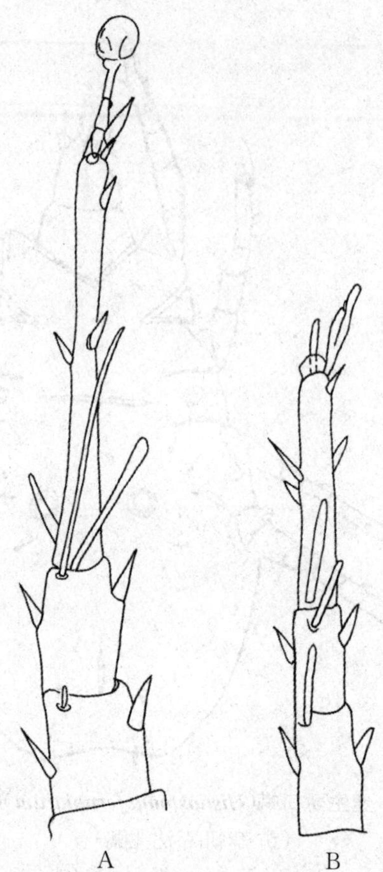

图3.336 速生薄口螨（*Histiostoma feroniarum*）足背面

A. 右足Ⅰ背面；B. 右足Ⅱ背面

（仿 李朝品 沈兆鹏）

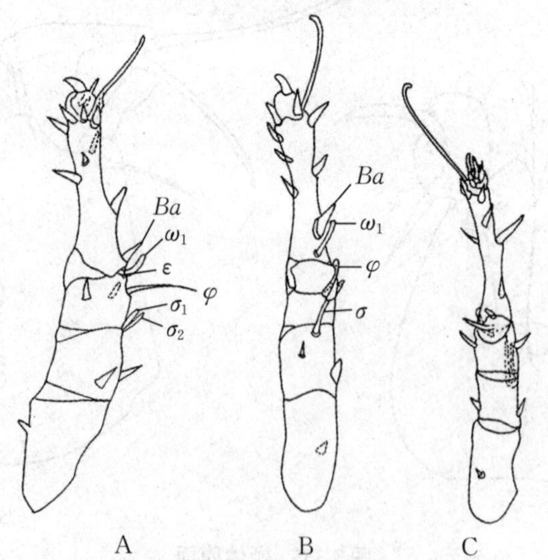

图3.337 薄口螨（*Histiostoma feroniarum*）（♀）足

A. 速生薄口螨右足Ⅰ侧面；B. 速生薄口螨右足Ⅱ侧面；C. 吸腐薄口螨（♀）右足Ⅰ腹面

ω_1,σ,σ_1,σ_2,φ:感棒；ε:芥毛；*Ba*:背中毛

（仿 李朝品 沈兆鹏）

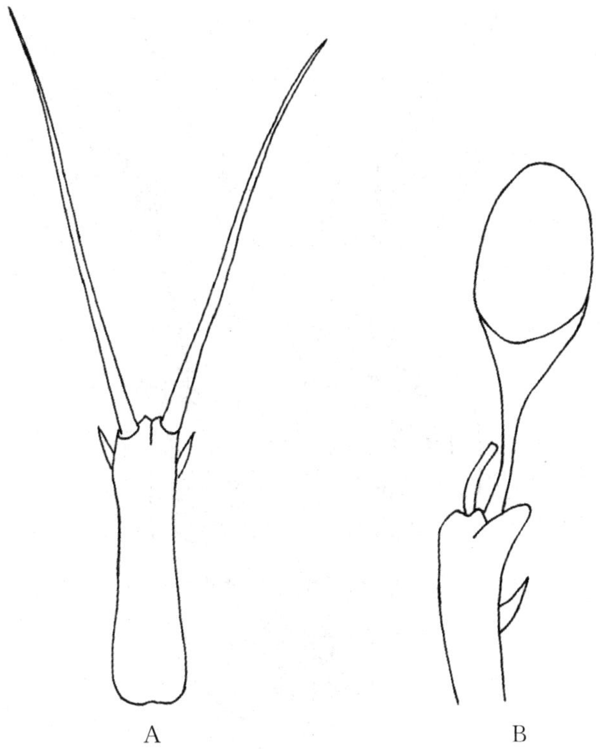

图 3.338 速生薄口螨(*Histiostoma feroniarum*)休眠体颚体与跗节

A. 颚体;B. 足Ⅰ跗节

(仿 李朝品 沈兆鹏)

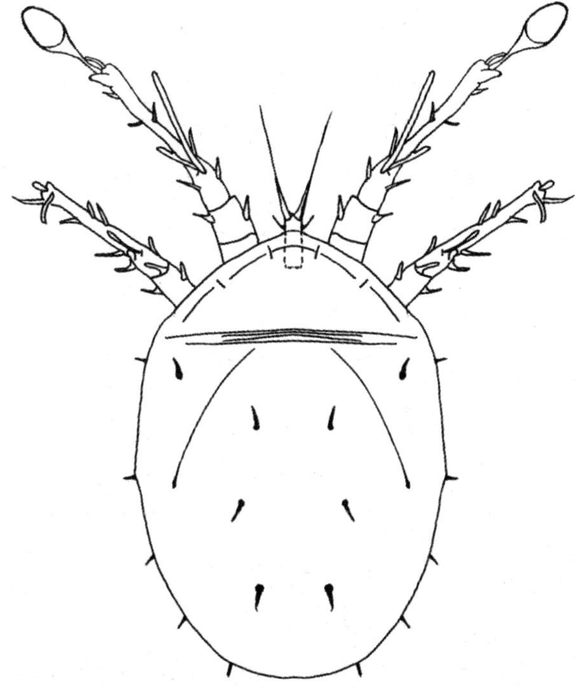

图 3.339 速生薄口螨(*Histiostoma feroniarum*)休眠体背面

(仿 李朝品 沈兆鹏)

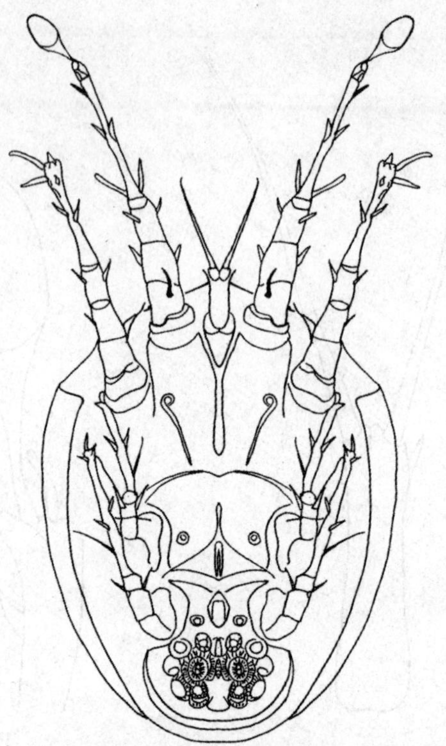

图 3.340 速生薄口螨（*Histiostoma feroniarum*）休眠体腹面
（仿 李朝品 沈兆鹏）

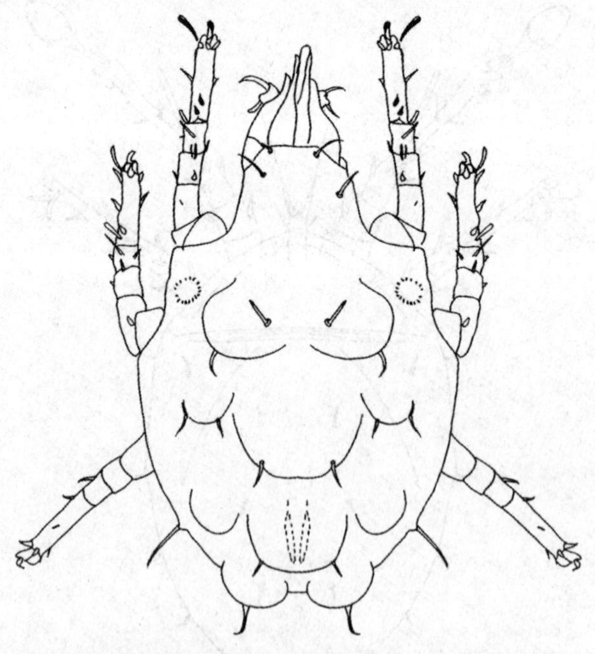

图 3.341 速生薄口螨（*Histiostoma feroniarum*）幼螨背面
（仿 李朝品 沈兆鹏）

71. 吸腐薄口螨(*Histiostoma sapromyzarum* Dufour,1839)

形态特征:螨体近似卵圆形,雄螨长400～620 μm,雌螨长300～650 μm,无色或淡白色。颚体高度特化,背缘具锯齿,螯肢从须肢基节形成的凹槽内伸出,可自由活动。

雄螨:须肢的端节扁平且完整。须肢端节叶突上着生两根刺状的长毛,其中一根的长度是另一根的两倍多(图3.335B)。背有一横缝,将躯体分为前半体和后半体,后半体后缘略凹。腹面具2对卵圆形几丁质环,环中部内凹,似鞋底状,其中第一对着生于足Ⅱ、Ⅲ之间,第二对着生于足Ⅳ同一水平线上。生殖孔横向,位于第一对几丁质环之间。足Ⅰ两基节内突在腹面中线相连。足Ⅱ和Ⅳ的基节内突短,内端相互远离。肛门孔小,距离后缘较远。生殖毛2对,分别位于第二对几丁质环的前、后方。足细短、均具爪。

雌螨:形态与雄螨相似,不同点为:腹面肾形的几丁质环内凹部分朝内(图3.342)。足Ⅰ膝节除σ外皆如刺状(图3.337C)。足Ⅰ、Ⅱ胫节感棒(φ)短而不明显。

休眠体:与速生薄口螨休眠体相似。休眠体形态扁平,后缘尖狭,表面强骨化。腹面具一吸盘板。足长具爪,四足皆向前伸展。

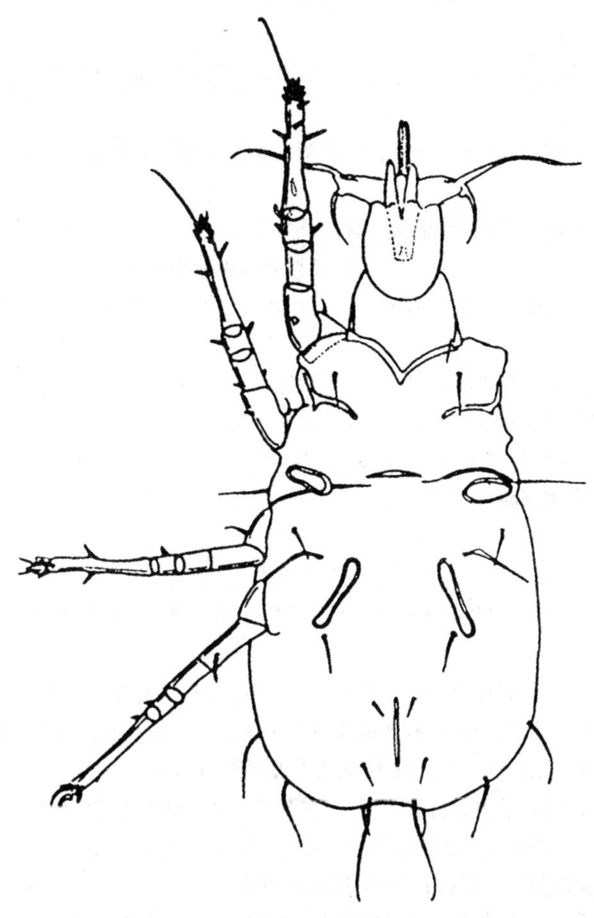

图3.342 吸腐薄口螨(*Histiostoma sapromyzarum*)(♀)腹面

(仿 李朝品 沈兆鹏)

(王少圣)

参考文献

王克霞,杨庆贵,田晔,2005. 粉螨致结肠溃疡一例[J]. 中华内科杂志,44(9):642.

王克霞,崔玉宝,杨庆贵,2003. 从十二指肠溃疡患者引流液中检出粉螨一例[J]. 中华流行病学杂志,24(9):793.

王赛寒,石泉,袁良慧,等,2019. 某民航货场粮库储藏物螨类调查及热带无爪螨形态观察[J]. 中国国境卫生检疫杂志,42(3):179-181.

王赛寒,陶宁,许佳,等,2019. 中国无爪螨属种类记述[J]. 中国病原生物学杂志,14(3):364-365.

石泉,王赛寒,吴瑕,等,2019. 某航食公司粮食仓库孳生螨类的群落结构及多样性研究[J]. 中国国境卫生检疫杂志,42(4):261-263.

叶向光,王赛寒,石泉,等,2020. 中国脂螨属种类记述[J]. 中国热带医学,20(2):182-184.

休斯A.M,1960. 贮藏农产品中的螨类[M]. 冯敩棠,译. 北京:农业出版社.

休斯A.M,1983. 贮藏食物与房舍的螨类[M]. 忻介六,沈兆鹏,译. 北京:农业出版社.

刘晓宇,吴捷,王斌,等,2010. 中国不同地理区域室内尘螨的调查研究[J]. 中国人兽共患病学报,26(4):310-314.

刘群红,李朝品,刘小燕,等,2010. 阜阳地区居室环境中粉螨的群落组成和多样性[J]. 中国微生态学杂志,22(1):40-42.

许礼发,湛孝东,李朝品,2012. 安徽淮南地区居室空调粉螨污染情况的研究[J]. 第二军医大学学报,33(10):1154-1155.

孙艳宏,刘继鑫,李朝品,2016. 储藏农产品孳生螨种及其分布特征[J]. 环境与健康杂志,33(6):497.

李生吉,赵金红,湛孝东,等,2008. 高校图书馆孳生螨类的初步调查[J]. 图书馆学刊,30(162):67-69.

李朝品,王晓春,郭冬梅,等,2008. 安徽省农村居民储藏物中孳生粉螨调查[J]. 中国媒介生物学及控制杂志,19(2):132-134.

李朝品,沈兆鹏,2016. 中国粉螨概论[M]. 北京:科学出版社.

李朝品,沈兆鹏,2018. 房舍和储藏物粉螨[M]. 2版. 北京:科学出版社.

李朝品,武前文,桂和荣,2002. 粉螨污染空气的研究[J]. 淮南工业学院学报,22(1):69-74.

李朝品,武前文,1996. 房舍和储藏物粉螨[M]. 合肥:中国科学技术大学出版社.

吴松泉,王光丽,卢俊婉,等,2013. 浙江丽水地区家庭螨类分布情况调查[J]. 环境与健康杂志,30(1):40-41.

沈兆鹏,2007. 中国储粮螨类研究50年[J]. 粮食科技与经济,3:38-40.

沈静,李朝品,朱玉霞,2010. 淮北地区粉螨物种多样性季节动态研究[J]. 中国病原生物学杂志,5(8):603-605.

沈静,李朝品,2008. 淮北地区人居环境粉螨孳生情况的调查[J]. 环境与健康杂志(7): 622-623.

张进,沈静,宋富春,等,2010. 淮北地区储藏环境粉螨孳生调查[J]. 环境与健康杂志,27(11):973.

张洁,2013. 百合刺足根螨的发生与防治措施[J]. 福建农业科技(10):47-48.

张朝云,李春成,彭洁,等,2003. 螨虫致食物中毒一例报告[J]. 中国卫生检验杂志, 6:776.

张智强,梁来荣,洪晓月,等,1997. 农业螨类图解检索[M]. 上海:同济大学出版社.

陆联高,1994. 中国仓储螨类[M]. 成都:四川科学技术出版社.

陈德西,何忠全,郭云建,等,2013. 大蒜刺足根螨的发生与防治[J]. 四川农业科技(4):36-37.

范青海,陈艳,林阳武,等,2011. 根螨检疫鉴定方法:GB/T 28069—2011[S]. 中华人民共和国国家质量监督检验检疫总局,中国国家标准化管理委员会.

周淑君,周佳,向俊,等,2005. 上海市场新床席螨类污染情况调查[J]. 中国寄生虫病防制杂志,4:254.

孟阳春,李朝品,梁国光,1995. 蜱螨与人类疾病[M]. 合肥:中国科学技术大学出版社.

赵亚男,梁德玉,李朝品,2018. 海南省文昌市地脚米孳生粉螨的初步调查[J]. 中国血吸虫病防治杂志,30(3):336-338.

赵金红,陶莉,刘小燕,等,2009. 安徽省房舍孳生粉螨种类调查[J]. 中国病原生物学杂志,4(9):679-681.

郝瑞峰,张承伯,俞黎黎,等,2015. 椭圆食粉螨主要发育期的形态学观察[J]. 中国病原生物学杂志(7):623-626.

郭娇娇,孟祥松,李朝品,2018. 农户储藏物孳生粉螨种类的初步调查[J]. 中国血吸虫病防治杂志,30(6):656-659.

陶宁,石泉,王赛寒,等,2019. 中药材灵芝孳生罗宾根螨及其休眠体的形态观察[J]. 中国病原生物学杂志,14(5):565-567.

陶宁,李远珍,王辉,等,2018. 中国台湾省新竹市市售食物孳生粉螨的初步调查[J]. 中国血吸虫病防治杂志,30(1):78-80.

崔玉宝,何珍,李朝品,2005. 居室环境中螨类的孳生与疾病[J]. 环境与健康杂志,22(6):500-502.

崔凯歌,2011. 水仙常见病虫害及防治[J]. 现代园艺(20):40,43.

蒋峰,张浩,2019. 齐齐哈尔市市售粮食粉螨孳生的初步调查[J]. 齐齐哈尔医学院学报,40(13):1654-1656.

蔡黎,温廷桓,1989. 上海市区屋尘螨区系和季节消长的观察[J]. 生态学报,9(3):225-229.

Arlian L, Gallagher J, 1979. Prevalence of mites in the house of dust-sensitive pathents[J]. The Journal of Allergy and Clinical Immunology, 63(3):214-215.

Li C P, He J, Tao L Z, et al., 2013. Acaroid mite infestations (Astigmatina) in stored traditional Chinese medicinal herbs[J]. Systematic and Applied Acarology, 18(4):401-410.

Chua K Y, Cheong N, Kuo I C, et al., 2007. The *Blomia tropicalis* allergens[J]. Protein Pept. Lett., 14(4):325-333.

Colloff M J, Spieksma F T M, 1992. Pictorial keys for the identification of domestic mites[J]. Clin. Exp. Allergy, 22:823-830.

Cookson J B, Makoni G, 1975. Seasonal asthma and the house-dust mite in tropical Africa[J]. Clinical Allergy Journal of the British Allergy Society, 5(4):373, 870.

Sun E T, Li C P, Nie N W, et al., 2014. The complete mitochondrial genome of the brown leg mite, *Aleuroglyphus ovatus* (Acari: Sarcoptiformes): evaluation of largest non-coding region and unique tRNAs[J]. Exp. Appl. Acarol., 64(2):141-157.

Sun E T, Li C P, Li S, et al., 2014. Complete mitochondrial genome of *Caloglyphus berlesei* (Acaridae: Astigmata): The first representative of the genus *Caloglyphus*[J]. Journal of Stored Products Research (59):282-284.

Erban T, Klimov P B, Smrz J, et al., 2016. Populations of storedproduct mite *Tyrophagus putrescentiae* difer in their bacterial communities[J]. Front Microbiol., 7:1046.

Ernieenor F, Ernna G, Jafson A S, et al., 2018. PCR identification and phylogenetic analysis of the medically important dust mite *Suidasia medanensis* (Acari: Suidasiidae) in Malaysia[J]. Exp. Appl. Acarol., 76(1):99-107.

Evans G O, 1992. Principles of Acarology[M]. CAB International, Wallingford, UK: 1-563.

Fernández-Caldas E, Iraola V, Carnés J, 2007. Molecular and biochemical properties of storage mites (except Blomia species)[J]. Protein Pept. Lett., 14(10):954-959.

Frankland W A, 1972. House dust mites and allergy[J]. Archives of Disease in Childhood, 47(253):327-329.

Furmizo R T, Thomas V, 1977. Mites of house dust. Southeast Asian[J]. Trop. Med. Public Health, 8(3):411-412.

Ge M K, Sun E T, Jia C N, et al., 2014. Genetic diversity and differentiation of *Lepidoglyphus destructor* (Acari: Glycyphagidae) inferred from inter-simple sequence repeat (ISSR) fingerprinting[J]. Systematic & Applied Acarology, 19(4): 491.

Godfrey S, 1974. Problems peculiar to the diagnosis and management of asthma in children[J]. B.T.T.A. review, 4(1): 1-16.

Gómez Echevarria A H, Castillo Méndez A Del C, Sánchez Rodríguez A, 1978. Parasitism and allergy [J]. Revista Cubana De Medicina Tropical, 30(2): 45-52.

Khaing T M, Shim J K, Lee K Y, 2014. Molecular identifcation and phylogenetic analysis of economically important acaroid mites (Acari: Astigmata: Acaroidea) in Korea[J]. Entomol. Res., 44(6): 331-337.

Krantzs G W, Walter D E, 2009. A Manual of Acarology[M]. Lubbock: Texas Tech University Press: 1-806.

Larry G A, Marjorie S M, 2003. Biology, ecology, and prevalence of dust mites[J]. Immunol. Allergy Clin. N. Am., 23(3): 443-468.

Lask B, 1975. Letter: Role of house-dust mites in childhood asthma[J]. Archives of Disease in Childhood, 50(7): 579-580.

Li C P, Chen Q, Jiang Y X, et al., 2015. Single nucleotide polymorphisms of cathepsin S and the risks of asthma attack induced by acaroid mites[J]. International Journal of Clinical and Experimental Medicine, 8 (1): 1178-1187.

Li C P, Cui Y B, Wang J, et al., 2003. Acaroid mite, intestinal and urinary acariasis[J]. World Journal of Gastroenterology, 9(4): 874-877.

Li C P, Guo W, Zhan X D, et al., 2014. Acaroid mite allergens from the filters of air-conditioning system in China[J]. International Journal of Clinical and Experimental Medicine, 7(6): 1500-1506.

Li C P, He J, Tao L, et al., 2013. Acaroid mite infestations (Astigmatina) in stored traditional Chinese medicinal herbs[J]. Systematic and Applied Acarology, 18(4): 401-410.

Li C P, Li Q Y, Jiang Y X, 2015. Efficacies of immunotherapy with polypeptide vaccine from ProDer f 1 in asthmatic mice[J]. International Journal of Clinical & Experimental Medicine, 8(2): 2009-2016.

Li C P, Xu L F, Liu Q H, et al., 2006. Extraction of protoporphyrin disodium and its inhibitory effects on HBV-DNA[J]. World Journal of Gastroenterology, 10(3): 433-436.

Li C P, Xu P F, Xu H F, et al., 2015. Evaluation on the immunotherapy efficacies of synthetic peptide vaccines in asthmatic mice with group I and II allergens from Dermatophagoides pteronyssinus[J]. international journal of clinical & experimental medicine, 8(11): 20402-20412.

Li C P, Yang B H, 2015. A hypothesis-effect of T cell epitope fusion peptide specific immunotherapy on signal transduction[J]. International Journal of Clinical & Experimental Medicine, 8(10): 19632-19634.

Li C P, Zhan X D, Zhao J H, et al., 2015. *Gohieria fusca* (Acari: Astigmata) found in the filter dusts of air conditioners in China[J]. Nutricion hospitalaria: organo oficial de la Sociedad Espanola de Nutricion Parenteraly Enteral, 31(n02): 808-812.

Li N, Xu H, Song H, et al., 2015. Analysis of T-cell epitopes of Der f 3 in Dermatophagoides farina[J]. International journal of clinical and experimental pathology, 8(1): 137-145.

Liu J, Sun Y, Li C, 2015. Volatile oils of Chinese crude medicines exhibit antiparasitic activity against human Demodex with no adverse effects in vivo[J]. Experimental and Therapeutic Medicine, 9(4): 1304-1308.

Liu Z, Jiang Y, Li C, 2014. Design of a ProDer f 1 vaccine delivered by the MHC class II pathway of antigen presentation and analysis of the effectiveness for specific immunotherapy[J]. International Journal of Clinical & Experimental Pathology, 7(8): 4636-4644.

Lockey R F, Bukantz S C, Ledford D K, 2008. Allergens and allergen immunotherapy [M]. Clin. Allergy Immunol..

Mcallen M K, Assem E S K, Maunsell K, 1970. House-dust Mite Asthma. Results of Challenge Tests on Five

Criteria with Dermatophagoides pteronyssinus[J]. Bmj,2(5708):501-504.

Middleton E,1978. Allergy:principles and practice[M]. Mosby.

Mitchell W F, Wharton G W, Larson D G, et al., 1969. House dust, mites and insects[J]. Ann Allergy, 27(3): 93-99.

Miyamoto T, Oshima S, Ishizaki T, et al., 1968. Allergenic identity between the common floor mite (*Dermatophagoides farinae* Hughes, 1961) and house dust as a causative antigen in bronchial asthma[J]. Allergy, 42: 14-28.

Musken H, Franz J T, Wahl R, et al., 2000. Sensitization to different mite species in German farmers: clinical aspects[J]. Investig. Allergol. Clin. Immunol., 10:346-351.

Nadchatram M, 2005. House dust mites, our intimate associates[J]. Trop. Biomed., 22(1):23-37.

Norman P S, 1978. In vivo methods of study of allergy[M]. St Louis, CV Mosby Co, 256 - 264.

Penaud A, Nourrit J, Autran P, et al., 1975. Methods of destroying house dust pyroglyphid mites[J]. Clinical Allergy: Journal of the British Allergy Society, 5(1):109-114.

Pepys J, Chan M, Hargreave F E, 1968. Mites and house-dust allergy [J]. Lancet, 291(7555):1270-1272.

Platts-Mills T A E, Thomas W R, Aalberse R C, et al., 1992. Dust mite allergens and asthma: Report of a second international workshop[J]. Allergy Clin. Immunol., 89: 1046-1060.

Que S, Zou Z, Xin T, et al., 2016. Complete mitochondrial genome of the mold mite, *Tyrophagus putrescentiae* (Acari: Acaridae)[J]. Mitochondr DNA A, 27(1) :688-689.

Ricci M, Romagnani S, Biliotti G, 1976. Mites and house dust allergy[J]. The Journal of Asthma Research, 13 (4):163.187.

Romagnani S, Biliotti G, Passaleva A, et al., 1972. Mites and house dust allergy II. Relationship between house dust and mite (*Dermatophagoides pteronyssinus* and *D. farinae*) allergens by fractionation methods[J]. Clin. Allergy, 2(2):115-123.

Spieksma F T M, 1991. Domestic mites: their role in respiratory allergy[J]. Clin. Exp. Allergy, 21(6):655-660.

Stenius B, 1973. Skin and provocation tests with D. pteronyssinus in allergic rhinitis, comparison of prick and intracutaneous skin test methods with specific IgE[J]. Allergy, 28:81.

Thomas V, Tan B H A, Rajapaksa A C, 1978. Dermatophagoides pteronyssinus and house dust allergy in west Malaysia[J]. Annals of Allergy, 40(2):114-116.

Thomas W R, Heinrich T K, Smith W A, et al., 2007. Pyroglyphid house dust mite allergens[J]. Protein Pept. Lett., 14(10):943-953.

Vamoto T, Oshima S, Ishizaki T, et al., 1968. Allergenic identity between the common floor mite (Dermatophagoides farinae Hughes, 1961) and house dust as a causative antigen in bronchial asthma[J]. Allergy, 42: 14-28.

Van Bronswijk J E, Sinha R N, 1971. Pyroglyphid mites (Acari) and house dust allergy[J]. Journal of Allergy, 47(1):31-52.

Virchow C, Roth A, Mller E, 1976. IgE antibodies to house dust, mite, animal allergens and moulds in house dust hypersensitivity[J]. Clinical Allergy: Journal of the British Allergy Society, 6(2):147-154.

Voorhorst R, Spieksma F T M, Varekamp H, et al., 1967. The house-dust mite (*Dermatophagoides pteronyssinus*) and the allergens it produces. Identity with the house-dust allergen [J]. Journal of Allergy, 39 (6): 325-339.

Voorhorst R, Spieksma-Boezeman M, Spieksma F, 1964 . Is a mite (Dermatophagoides sp.) the producer of the house-dust allergen?[J]. Allerg Asthma, 10:329-334.

Wang K X, Li C P, Cui Y B, et al., 2003. L-forms of H. pylori[J]. World Journal of Gastroenterology, 9(3): 525-528.

Wang K X, Li C P, Wang J, et al., 2002. Cyclospore cayetanensis in Anhui, China[J]. World Journal of Gastroenterology, 8(6): 1144-1148.

Wang K X, Peng J L, Wang X F, et al., 2003. Detection of Tlymphocyte subsets and mIL-2R on surface of PBMC in patients with hepatitis B[J]. World J Gastroenterol, 9(9): 2017-2020.

Wang K X, Wang X F, Peng J L, et al., 2003. Detection of serum anti-Helicobacter pylori immunoglobulin G in patients with different digestive malignant tumors[J]. World Journal of Gastroenterology, 9(11): 2501-2504.

Wang K X, Zhang R B, Cui Y B, et al., 2004. Clinical and epidemiological features of patients with clonorchiasis[J]. World Journal of Gastroenterology, 10(3): 446-448.

Yang B, Cai J, Cheng X, 2011. Identification of astigmatid mites using ITS2 and COI regions[J]. Parasitology Research, 108(2): 497-503.

Yang B H, Li C P, 2015. Characterization of the complete mitochondrial genome of the storage mite pest *Tyrophagus longior* (Gervais) (Acari: Acaridae) and comparative mitogenomic analysis of four acarid mites [J]. Gene, 576(2): 807-819.

Yang B H, Li C P, 2015. The complete mitochondrial genome of *Tyrophagus longior* (Acari: Acardidae): gene rearrangement and loss of tRNAs[J]. J. Stored Prod. Res., 64: 109-112.

Zeman G O, 1993. Allergy: Principles and Practice[J]. Jama the Journal of the American Medical Association, 270(21): 2624.

Zhan X, Li C, Guo W, et al., 2015. Prokaryotic Expression and Bioactivity Evaluation of the Chimeric Gene Derived from the Group 1 Allergens of Dust Mites[J]. Nutrición Hospitalaria, 32(6): 2773-2778.

Zhan X, Li C, Jiang Y, et al., 2015. Epitope-based vaccine for the treatment of Der f 3 allergy[J]. Nutrición hospitalaria: Organo Oficial de la Sociedad Espanola de Nutrición Parenteral y Enteral, 32(6): 2763-2770.

Zhan X, Li C, Wu H, 2017. Trematode Aspidogastrea found in the freshwater mussels in the Yangtze River basin[J]. Nutrición hospitalaria: Organo Oficial de la Sociedad Espanola de Nutrición Parenteral y Enteral, 34(2): 460-462.

Zhan X, Li C, Wu Q, 2016. Cardiac urticaria caused by eucleid allergen[J]. International Journal of Clinical and Experimental Medicine, 8(11): 21659-21663.

Zhan X, Li C, Xu H, et al., 2015. Air-conditioner filters enriching dust mites allergen[J]. International Journal of Clinical and Experimental Medicine, 8(3): 4539-4544.

Zhan X D, Li C P, Chen Q, 2017. *Carpoglyphus lactis* (Carpoglyphidae) infestation in the stored medicinal Fructus Jujubae[J]. Nutrición Hospitalaria, 34(1): 171-174.

Zhan X D, Li C P, Wu H, et al., 2017. Investigation on the endemic characteristics of Metorchis orientalisin Huainan area, China[J]. Nutrición Hospitalaria: Organo Oficial de la Sociedad Espanola de Nutrición Parenteral y Enteral, 34(3): 675-679.

Zhan X D, Li C P, Yang B H, et al., 2017. Investigation on the zoonotic trematode species and their natural infection status in Huainan areas of China[J]. Nutrición Hospitalaria, 34(1): 175-179.

Zhao B B, Diao J D, Liu Z M, et al., 2014. Generation of a chimeric dust mite hypoallergen using DNA shuffling for application in allergen-specific immunotherapy[J]. International Journal of Clinical and Experimental Pathology, 7(7): 3608-3619.

第四章　经济意义

粉螨的生境非常广泛，可孳生于房舍、粮食仓库、食品加工厂、饲料库、中草药库、畜禽饲料以及养殖场等人们生产、生活的环境，粉螨还可影响种子的发芽力。动物饲料中污染了粉螨，不但饲料质量损失，营养下降，也可引起家禽、家畜食欲下降、生长不良等螨病。粉螨对中成药的污染也是一个严重的问题，不但影响药品质量，而且直接危及人体健康，值得引起重视。

除了为害储藏物外，粉螨还孳生在我们的家居环境中，例如空调、床垫，枕头、被褥、地毯中。有些螨类的分泌物、排泄物、代谢物和蜕下的皮屑，死螨的螨体、碎片和裂解物等是强烈的变应原，可引起过敏性皮炎、鼻炎和哮喘等疾病。本章主要介绍粉螨对储藏物和家居环境的为害，而粉螨的医学重要性在第五章进行介绍。

第一节　为害储藏物

粉螨可孳生在粮食仓库、食品加工厂、蔬菜储藏室、菇房、中草药库等环境中，当在储藏食物中大量繁殖时，霉菌及储粮昆虫亦随之繁殖猖獗，造成粮食、食品、干果、蔬菜、食用菌、中药材及其他储藏物等品质下降或变质，失去营养价值。同时，粉螨还可以传播细菌、真菌和病毒等病原微生物，使得储藏物变质等。

一、为害储藏物种类

粉螨对孳生环境的选择主要依赖于环境中是否具有充足的食物及合适的温湿度。仓储环境光线隐蔽，温湿度稳定，食物充足，人为活动较少，是粉螨理想的栖居地。粉螨在仓储环境中常见的孳生物包括储藏粮食、储藏干果、动物饲料和中药材等。

1. 储藏粮食

储藏粮食尤其是储藏谷物，其含有丰富的粉螨食物，在外界环境适宜时，粉螨可大量繁殖，为害储藏粮食。粉螨孳生的储藏谷物种类繁多，包括大麦、小麦、稻谷、玉米、黄豆、黑豆、绿豆、蚕豆、高粱等，在谷物的收获、包装、运输、加工及储藏的过程中，粉螨均可侵入，导致粮食的变质，降低其营养价值和经济价值。“麻袋面上一层毡，落到地上一层毯”形容粉螨孳生数量之大。李朝品（1995）在每克地脚面粉中，检获粉螨6种，即拱殖嗜渣螨（*Chortoglyphus arcuatus*）、弗氏无爪螨（*Blomia freemani*）、家食甜螨（*Glycyphagus domesticus*）、伯氏嗜木螨（*Caloglyphus berlesei*）、食虫狭螨（*Thyreophagus entomophagus*）和腐食酪螨（*Tyrophagus putrescentiae*），孳生数量高达400.14只/克。赵亚男（2018）从海南省文昌市20份地脚米中，检获粉螨12种，隶属于4科10属，其中热带无爪螨和腐食酪螨孳生率较高。蒋峰、张浩（2019）对齐齐哈尔市的地脚粉、地脚米、玉米糁及挂面屑进行粉螨孳生情况的调查，共检获

9种，即粗脚粉螨（*Acarus siro*）、腐食酪螨、椭圆食粉螨（*Aleuroglyphus ovatus*）、伯氏嗜木螨、罗宾根螨（*Rhizoglyphus robini*）、纳氏皱皮螨（*Suidasia nesbitti*）、害嗜鳞螨（*Lepidoglyphus destructor*）、粉尘螨（*Dermatophagoides farinae*）和屋尘螨（*Dermatophagoides pteronyssinus*），孳生密度高达168.09只/克。

2. 储藏干果

由于粉螨的食性、干果的品质及储藏条件、时间的不同，储藏干果孳生粉螨种类和数量差异很大。储藏干果是粉螨适宜的孳生物，主要原因是干果中含有丰富的糖类、蛋白质及淀粉，不仅可以为粉螨直接提供大量的食物，而且有利于霉菌的生长，霉菌也是粉螨的食物；干果中水分蒸发，可导致仓库环境中的湿度增加，有利于粉螨孳生。李朝品（1995）在桂圆子中发现腐食酪螨。王慧勇（2006）对20种储藏干果进行粉螨孳生情况调查，共分离出22种粉螨，其中甜果螨为优势螨种。陶宁等（2015）从49种储藏干果中共检获12种粉螨，即粗脚粉螨、腐食酪螨、长食酪螨（*Tyrophagus longior*）、纳氏皱皮螨、伯氏嗜木螨、河野脂螨（*Lardoglyphus konoi*）、家食甜螨、拱殖嗜渣螨、甜果螨（*Carpoglyphus lactis*）、粉尘螨、屋尘螨、梅氏嗜霉螨（*Euroglyphus maynei*），其中甜果螨、腐食酪螨、粗脚粉螨及伯氏嗜木螨为优势螨种，且孳生密度高达79.78只/克。

3. 动物饲料

动物饲料的原料主要包括谷物、麦麸、米糠、豆饼、棉籽饼、玉米糠、骨粉、鱼粉等。沈兆鹏（1996）在动物饲料中发现椭圆食粉螨、粗脚粉螨、腐食酪螨、纳氏皱皮螨、家食甜螨、害嗜鳞螨及棕脊足螨（*Gohieria fuscus*）等8种粉螨。甄二英（2001）从沧州、保定、承德三个地区采集的鸡配合饲料、猪配合饲料、豆粕和鱼粉等饲料样品中，检获粉螨3种，即粗脚粉螨、腐食酪螨和椭圆食粉螨等。李朝品等（2008）在安徽省从油饼、糟渣、豆类、糠麸和谷物等饲料及其原料样本中，共检获20种粉螨，隶属于4科13属，总体孳生率为45.2%，即粗脚粉螨、小粗脚粉螨（*Acarus farris*）、腐食酪螨、长食酪螨、阔食酪螨、干向酪螨（*Tyrolichus casei*）、椭圆食粉螨、水芋根螨（*Rhizoglyphus callae*）、罗宾根螨、纳氏皱皮螨、家食甜螨、隆头食甜螨（*Glycyphagus ornatus*）、隐秘食甜螨（*Glycyphagus privatus*）、害嗜鳞螨、米氏嗜鳞螨（*Lepidoglyphus michaeli*）、弗氏无爪螨、羽栉毛螨（*Ctenoglyphus plumiger*）、棕脊足螨、拱殖嗜渣螨、粉尘螨。

粉螨不仅以动物饲料为食，而且其代谢产物、死亡螨体的裂解产物可污染动物饲料，导致其养分被破坏，水分增加，有些饲料的化学成分也有所改变，造成畜禽中毒、产卵量和产奶量减少、生长速度减慢、产仔率下降。英国Wilkin在9对小猪的喂养实验中，发现用螨污染的饲料喂猪，猪食量增加，但生长缓慢。沈兆鹏（1996）用粉螨污染的饲料喂养畜禽，发现产奶量和产卵量减少；用粗脚粉螨污染的饲料喂养小鼠，小鼠的食量增大，但体重减轻，且胎鼠的死亡率增高。

4. 中药材

植物根茎和动物性中药材，因富含大量的淀粉或蛋白质，当外界温湿度适宜时，粉螨即可大量孳生。新鲜的中药材孳生粉螨的密度较低，当储藏时间在6个月～2年内，粉螨孳生密度会逐渐增高，从而造成中药材质量和药用价值的下降。受粉螨污染的中药材主要包括葛根、人参、天冬、桔梗、银花、桑仁、山楂、罗汉果、蟋蟀、全蝎、蝉蜕、海蛆、地龙、蜂蜜、蜂房、蜈蚣、水蛭、海马、刺猬皮、地鳖虫等。沈兆鹏（1995）从1 132批次中成药和中药蜜丸中检获

51种粉螨,样本染螨率高达10%。李朝品(2000)从146种植物性中药材中分离粉螨48种,其中近一半的中药材有2种以上粉螨孳生。朱玉霞(2000)从50种动物性中药材中分离粉螨21种,隶属于5科15属。李朝品等(2005)从74种中药材中分离粉螨37种,隶属于7科21属,分别为粉螨属、食酪螨属、向酪螨属、嗜菌螨属、食粉螨属、嗜木螨属、根螨属、狭螨属、皱皮螨属、食粪螨属、脂螨属、食甜螨属、嗜鳞螨属、无爪螨属、栉毛螨属、脊足螨属、嗜渣螨属、果螨属、嗜霉螨属、尘螨属和薄口螨属,孳生密度为9.18~226.24只/克。湛孝东(2009)从安徽省10个城市医药商店共采集107种中药材样本,共检获粉螨28种,隶属于7科20属。柴强等(2015)从刺猬皮筛分出的细粒混合物中,分离出粉螨5种,隶属于2科4属,分别为伯氏嗜木螨、食菌嗜木螨、腐食酪螨、薄粉螨和害嗜鳞螨。洪勇(2016)从中药材海龙中筛分出的碎屑和尘埃混合物中,共分离粉螨4种,即河野脂螨、长食酪螨、腐食酪螨和梅氏嗜霉螨。

5. 图书

纸质书刊、字画和档案材料目前仍是图书馆、档案馆工作的物质基础。由于图书是以纸张、胶、糨糊等原料制作而成,在保存和馆藏过程中,不可避免遭受害虫、霉菌或者其他有害生物的入侵。档案图书节肢动物可通过钻蛀、污损和侵蚀等方式危害档案图书,导致图书残缺不全,污损变色,污迹斑斑,甚至可导致失去使用、保藏价值。由于螨类个体微小、种类繁多、分布广泛,时常潜伏在书籍和图书馆各个角落中,尤其是在陈放多年书籍和通风条件较差的阅览室和书库,更容易发生。据报道,我国为害档案图书的节肢动物孳生种类繁多,共检出36种,分属于7个目,其中就包括腐食酪螨、菌食嗜菌螨(*Mycetoglyphus fungivorus*)、长嗜霉螨(*Euroglyphus longior*)、屋尘螨等。李立红(2004)对苏州大学图书馆害虫调查中发现,在过刊库和书库收集的8份灰尘样本中,均检出屋尘螨、粉尘螨,旧库孳生的密度大于新库。李生吉等(2008)调查了图书馆内流通图书、过期书刊、古籍善本三类图书表面灰尘中螨类孳生情况,发现过期书刊中螨类孳生率最高,为81.43%,调查共检获螨类23种。纸质图书、字画等是我国珍贵的历史文化遗产,需制定切实可行的图书害螨防治方案。

二、"搬运"和传播微生物

储粮霉菌的生长繁殖与螨类有密切关系。储藏物螨类不仅是霉菌的取食者,也是霉菌的传播者。如储藏物粉螨的体内常有大量的曲霉与青霉菌孢子,由于螨类的活动繁殖,引起储粮发热,水分增高,从而促使一些产毒霉菌繁殖危害。如黄曲霉(*Aspergillus flavas*)生长繁殖后,产生的黄曲霉毒素可致人体肝癌;黄绿青霉(*Penicillium citreo-virde*)生长繁殖后,产生的黄绿青霉毒素可引起动物中枢神经中毒和贫血;桔青霉(*Penicillium citrinum*)生长繁殖后,产生的桔霉素可使动物肝脏中毒或死亡。因此,仓螨的繁殖,引起霉菌增殖,霉菌的增殖,又反过来促使仓螨大量繁殖,这种生物之间的互相影响,使储粮及食品遭受严重损失。有些仓螨消化道的排泄物中常带有霉菌孢子,一粒螨粪中的孢子数可达10亿多。霉菌孢子抵抗力较强,通过螨体消化器官后,仍能保持较强的发芽力,甚至有些霉菌孢子的萌发,还以通过螨体为必备条件。

粉螨可通过叮咬和寄生等方式危害动物、传播螨病,甚至传播其他病毒和细菌性疾病。粉螨的足生有爪和爪间突,具有粘毛、刺毛或吸盘等攀附构造,使它们易于附着在其他物体上,然后被携带传播。在田间从事生产的人、畜和各种农机具,也在不知不觉中成为螨类的传播者。黑龙江省疾病预防控制中心曾报道,在受害动物的皮肤脓汁中,检查出粗脚粉螨、腐食酪螨、椭圆食粉螨、伯氏嗜木螨、纳氏皱皮螨、家食甜螨等粉螨。

第二节 污染家居环境

家居环境的各个角落几乎都有粉螨孳生,这些粉螨也称为家栖螨或住家螨。这些螨类主要孳生在厨房、卧室和储藏间中,其次是居室、空调和地板积聚的灰尘颗粒、人体皮屑和霉菌孢子等尘埃中。随着社会经济的发展,人们生活水平的提高,家居装修日新月异,空调、地毯、地板、沙发、床垫等已成为百姓家庭必不可少的家居用品。城市住宅密闭性强,通风不良,温湿度相对稳定;同时居室中沙发、床垫、被褥等与人体密切接触,皮屑量丰富,为螨类提供了丰富的食物,故室内环境也是家栖螨类容易孳生的场所。螨类广泛孳生于人们生活的家居环境中,其分泌物、排泄物、代谢物、虫卵、螨壳以及死亡螨体等均具有过敏原性,可引起皮肤瘙痒等过敏性症状,严重者可引起过敏性哮喘、过敏性鼻炎,若螨类侵入体内则会引起肺螨病、肠螨病、尿螨病等。家居环境孳生粉螨的常见种类为腐食酪螨、长食酪螨、罗宾根螨、甜果螨、家食甜螨、河野脂螨、害嗜鳞螨、纳氏皱皮螨、粗脚粉螨、椭圆食粉螨、屋尘螨、粉尘螨、梅氏嗜霉螨和速生薄口螨(*Histiostoma feroniarum*)等。韩玉信等(2006)调查不同居住和工作环境内粉螨孳生情况,分离出粉螨3科5属6种,即粗脚粉螨、椭圆食粉螨、腐食酪螨、粉尘螨、屋尘螨和家食甜螨。吴子毅等(2008)对福建地区房舍螨类调查,经鉴定属于粉螨的有13种,以热带无爪螨(*Blomia tropicalis*)最为常见。螨的密度与栖息微环境及房舍大环境密切相关,地毯、地板灰尘中螨类较多,吸尘器螨量最大,草席和沙发较少。赵金红等(2009)对安徽省房舍孳生粉螨种类调查发现,粉螨总体孳生率为54.39%,孳生螨种有粗脚粉螨、小粗脚粉螨、静粉螨(*Acarus immobilis*)、食菌嗜木螨(*Caloglyphus mycophagus*)、伯氏嗜木螨、奥氏嗜木螨(*Caloglyphus oudemansi*)、腐食酪螨、长食酪螨、干向酪螨、菌食嗜菌螨、椭圆食粉螨、食虫狭螨、纳氏皱皮螨、家食甜螨、隐秘食甜螨、隆头食甜螨、害嗜鳞螨、米氏嗜鳞螨、弗氏无爪螨、粉尘螨、屋尘螨、小角尘螨(*Dermatophagoides microceras*)、梅氏嗜霉螨、扎氏脂螨、拱殖嗜渣螨和甜果螨等26种,隶属于6科16属。朱玉霞(2005)报道了空调粉螨的污染情况,许礼发等(2008)报道了学校、饭店、娱乐场所、医院病房的空调粉螨污染情况,发现均有粉螨孳生。据沈兆鹏(2009)记述,现代居室环境更适宜粉螨孳生。人们在居室空调运转时都习惯性地紧闭门窗,这就阻断了室内与外界直接通风换气;居室里的床垫是用棕、棉、麻等植物纤维填充,用织物包装而成等构成了居室粉螨孳生的生态环境。沙发、靠椅、软椅、坐垫、窗帘、枕芯、床铺、沙发、衣柜等积聚的灰尘、人体脱落的皮屑、一些霉菌孢子和食糖、干果、蜜饯、桂圆肉等储藏物为粉螨孳生提供了丰富的食物。许礼发(2012)对安徽淮南地区居室171台空调隔尘网粉螨孳生情况进行了调查,结果发现粉螨的孳生率为89.5%,孳生密度为20.1只/克。此次调查共获得粉螨23种,即粗脚粉螨、小粗脚粉螨、腐食酪螨、菌食嗜菌螨、椭圆食粉螨、纳氏皱皮螨、刺足根螨(*Rhizoglyphus echinopus*)、伯氏嗜木螨、河野脂螨、隆头食甜螨、隐秘食甜螨、家食甜螨、膝澳食甜螨(*Austroglyphagus geniculatus*)、热带无爪螨、弗氏无爪螨、害嗜鳞螨、拱殖嗜渣螨、甜果螨、速生薄口螨、粉尘螨、屋尘螨、小角尘螨和梅氏嗜霉螨,隶属于7科17属。由此可见,在家居环境中粉螨的孳生非常普遍,种类也很丰富。

一、被污染物的种类

1. 纺织品与衣物

纺织品和我们的生活息息相关，且多数可直接接触人体皮肤，对人体健康影响较大。而粉螨是纺织品的大敌，每年都造成这些物品质量的严重损失。受粉螨污染的纺织品很多，如被褥、衣服、裘皮、窗帘、地毯、沙发巾、床垫等，这些物品放置在库房或人们居住的房舍里，在特定的空间内有下水道、水龙头、饮具及盥洗设备等，为螨类的孳生维系了温湿适宜的屋宇生态环境，因此在房舍的灰尘中、物品上孳生有大量的螨类，其中主要是粉螨，而这些螨类如粉尘螨等是强烈的变应原，可引起过敏性哮喘、皮炎、鼻炎，甚至体内螨病等。

沈兆鹏(1995)比较了铺有地毯的房屋灰尘和不铺地毯的房屋灰尘的粉螨孳生情况，其中的粉螨(主要为尘螨)数目大不相同，即铺有地毯的房屋灰尘中的尘螨数要远远高于不铺地毯房屋灰尘中的尘螨数。有学者在韩国的首尔进行了为期一年的采集房屋灰尘进行螨类调查研究，结果发现，在8月份(25 ℃，相对湿度66%)检出的螨最多，铺地毯和不铺地毯的房屋灰尘中尘螨的数目相差甚大，尤其是在环境温度较高而长期使用空调的房间里铺设羊毛地毯，尘螨的数目会更多，因为地毯下面是尘螨理想的孳生场所。有学者对广州市居民家庭进行尘螨定点、定量调查，结果发现572份样品中检出尘螨的有531份，检出率高达92.8%，1份床上的灰尘(1克)有螨高达11 849只，1份枕头灰尘(1克)有螨达11 471只。随着社会的迅猛发展，汽车数量迅速增加，汽车坐垫常用内饰布进行装饰，其空隙往往成为螨类孳生繁衍的场所。Takahashi(2010)报道发现汽车等交通工具内部易孳生尘螨并造成污染，与过敏性疾病密切相关。湛孝东等(2013)调查发现汽车内饰环境中孳生粉螨科螨类最多(54.20%)，以腐食酪螨(26.21%)和粗脚粉螨(10.56%)为主；出租车内粉螨的孳生率和孳生密度均大于私家车。综上，为减少纺织品螨类的为害，有必要采取措施控制螨类的孳生。

2. 家具与家用电器

居室内家具及家用电器与人体接触密切，为尘螨提供了丰富的食物，同时空调室内自然采光低，且光照不足，也适合尘螨孳生和繁殖。当清理卫生时，可以将室内尘螨拍起悬浮于空中，被空调吸入并附着于空调机滤尘网中。当空调长期未清理时，滤尘网中就会附着许多灰尘和微生物，其中就包括屋尘螨、粉尘螨和腐食酪螨等家栖螨类。当空调开启，维持室内温度和湿度时，空调滤尘网中的螨类就会随着空调风排入室内空气中，从而成为传播和扩散污染物的媒介，导致螨过敏性疾病如螨性皮炎、哮喘和人体内螨病等。过敏性哮喘病的发病率特别是在欧洲、美洲一些发达国家较高，家庭普遍装置空调、铺有羊毛地毯是重要原因。

荷兰的医学生物学家Voorhorst和Spieksma等早在1964年就已研究证明尘螨是屋尘中的主要过敏原之一。近年来，已有学者对空调滤尘网中屋尘螨、粉尘螨的变应原进行检测，证明空调滤尘网灰尘中存在屋尘螨、粉尘螨变应原。练玉银等(2007)分别对尘螨过敏的哮喘患者家庭及健康家庭进行空调使用前后空气中和空调滤网中灰尘的尘螨主要变应原进行检测，发现空调机滤尘网灰尘中存在尘螨抗原，这是室内尘螨变应原的重要来源，可以导致过敏性哮喘。湛孝东等(2013)还用ELISA法检测了从芜湖市区不同地区中采集的空调滤尘网灰尘的粉尘螨1类过敏原、屋尘螨1类过敏原的浓度及灰尘提取液的过敏原性，结果证实芜湖地区居民空调滤尘网中含有尘螨1类过敏原，可以诱发哮喘等疾病。马忠校等

(2013)则检测了开启空气净化器前后室内空气中尘螨主要过敏原的含量变化,发现使用空气净化器就能够明显降低室内空气中的尘螨过敏原浓度。王克霞等(2014)采集了居民空调机滤尘网灰尘样品并且进行粉尘螨和屋尘螨1、2、3类变应原基因的检测,结果发现空调机滤尘网中含有尘螨1、2类变应原;同时还将空调开机前、后室内空气中粉尘螨1类过敏原和屋尘螨1类过敏原浓度进行了比较分析,发现使用空调后,空气中粉尘螨1类过敏原和屋尘螨1类过敏原浓度都明显增高。综上所述,空调滤尘网中存在粉螨变应原,应重视空调的清洁与净化、定期清洗,并且经常更换滤尘网,以减少粉螨的孳生,降低居住环境中变应原的含量,从而缓解粉螨导致的过敏性症状,降低过敏性疾病的发病率。

二、污染物的危害

粉螨在家居环境中孳生,与人体密切接触,严重危害人类健康。粉螨对人体的危害可以分为直接危害和间接危害两个方面。直接危害是指粉螨通过骚扰、叮咬、螯刺、寄生或者引起超敏反应,也可称为螨源性疾病。例如,粉螨叮咬引起的皮炎、尘螨引起的过敏性疾病等。间接危害是指螨类携带病原体,造成疾病在人和动物之间互相传播,亦可称为螨媒性疾病。

食甜螨和果螨等叮咬引起的皮炎俗称杂货痒疹(grocery itch),发疹部位先出现红色斑点,每个斑点上有3~4个咬迹,几个小斑点聚集成直径3~10 mm大小的丘疹或疱疹,皮疹可局部成堆,也可播散融成一片;患者因剧痒而常常抓破皮肤,出现脓疱、湿疹化、表皮脱落等症状,严重者可出现脓皮症(pyoderma)。而由屋尘螨、粉尘螨、长嗜霉螨、梅氏嗜霉螨等房舍中最常见的粉螨引起的皮疹则属过敏性皮疹,该类皮疹往往局限于某一部位或呈对称性分布,甚至可全身泛发。该类皮疹常出现大小不等的风团,呈鲜红色或苍白色,境界清楚,形态不一,可呈圆形、椭圆形、不规则形,彼此可融合为环状、片状、地图状;皮疹常突然发生,于数分钟或数小时内消退,不留痕迹,可反复发作,一般持续数小时到数周,也有少数可长年发作、迁延不愈;抓破后可引起糜烂、溢液、结痂、脱屑等。

粉螨对人体的危害更多的是引起过敏性疾病。螨类的分泌物、排泄物、碎屑及死亡螨体裂解产物等强烈变应原,常见的种类有粗脚粉螨、腐食酪螨、粉尘螨、跗线螨等数十种。当人体接触这些螨类并受其侵袭时,即可引起特应性皮炎、各种类型荨麻疹、过敏性紫癜、过敏性哮喘、过敏性鼻炎和过敏性咳嗽等过敏性疾病。近年来,过敏性疾病发病率逐渐上升,由于这类疾病病因复杂且不易被清除,临床上常反复发作,给患者造成生理和心理痛苦。

粉螨的足生有爪和爪间突,具有粘毛、刺毛或吸盘等攀附构造,使它们易于附着病毒、细菌、真菌等病原体,在特定的条件下会作为病媒生物,传播疾病。

第三节　污染交通工具

现代交通工具,如火车、汽车、飞机和轮船等大都有空调系统,可以提供稳定的温度和湿度,为粉螨的孳生提供了适宜的生存环境。而在长途旅行中,食物的残渣、人体的皮屑、霉菌等又为粉螨的孳生提供了充足的养分,这些条件都有利于粉螨的孳生。此外,全球经济一体化带来了国际贸易与旅游业的快速发展,客货运业务不断攀升,人口交流、货物运输的过程则极其有利于粉螨在不同地区播散。交通运输将媒介生物带到世界各地引起各种疾病的情况屡见不鲜。目前,口岸及出入境交通工具螨类的检查是出入境检验检疫的常规项目。此外,日常生活中所使用的交通工具如火车、汽车等粉螨污染状况也越来越受到学者的重视。崔世全(1997)于1989~1996年对中朝边境口岸交通工具携带病媒节肢动物的情况做了调查,发现革螨5科14种。何耀明(2005)对新塘口岸媒介生物本底进行了调查,发现鼠形动物体上染螨率为34.78%。周勇等(2008)报道,在合肥机场口岸采集到革螨19只,隶属于1目2科4属4种。王晓春等(2012)报道,在合肥等10个城市中选取私家车、出租车和公交车中共采集600份样本,检出孳生粉螨的有313份,阳性率为52.2%,共检获螨21种,隶属于6科16属,分别为粗脚粉螨、静粉螨(*Acarus immobilis*)、腐食酪螨、尘食酪螨(*Tyrophagus perniciosus*)、干向酪螨、椭圆食粉螨、伯氏嗜木螨、棉兰皱皮螨(*Suidasia medanensis*)、水芋根螨、隐秘食甜螨、隆头食甜螨、米氏嗜鳞螨、害嗜鳞螨、膝澳食甜螨、热带无爪螨、拱殖嗜渣螨、甜果螨、速生薄口螨、梅氏嗜霉螨、粉尘螨和屋尘螨。在以上螨种中腐食酪螨、害嗜鳞螨和屋尘螨为汽车生境的优势种。湛孝东等(2013)在芜湖市乘用车上采集120份样本,其中阳性标本79份,粉螨孳生率为65.83%,共检出螨类786只,隶属于5科15属23种,即粗脚粉螨、小粗脚粉螨、腐食酪螨、长食酪螨、阔食酪螨、菌食嗜菌螨、椭圆食粉螨、纳氏皱皮螨、食虫狭螨(*Thyreophagus entomophphagus*)、伯氏嗜木螨、食菌嗜木螨、隆头食甜螨、隐秘食甜螨、家食甜螨、膝澳食甜螨、热带无爪螨(*Blomia tropicalis*)、害嗜鳞螨、米氏嗜鳞螨、拱殖嗜渣螨、甜果螨、粉尘螨、屋尘螨、梅氏嗜霉螨。调查发现,乘用车内粉螨孳生率较高(65.83%),可能是因为乘用车中人类活动频繁,粉螨随人的活动播散而加重污染的机会增多,此外乘客携带的宠物和饲料亦为粉螨的传播提供可能。有研究指出,屋尘螨、粉尘螨、梅氏嗜霉螨和热带无爪螨在公共建筑和交通工具中孳生较多,是公认的呈世界性分布引发变态反应性疾病的重要螨种。

随着经济的发展,国际贸易和人口流动必然增加,交通工具的使用会更加频繁,这为粉螨的孳生和广泛播散提供了很好的机会,而因此引起的疾病可能会不断增加,因此有必要加强边境口岸的卫生检验检疫和交通工具中螨类孳生情况的调查研究,提高公民的防螨意识,从而减少这类疾病的发生,提高人民的健康水平。

第四节 其 他

1. 动物巢穴

在野外自然环境中,粉螨可孳生在蝙蝠窝或鸟巢内,也可孳生在小型哺乳动物(啮齿类)的皮毛及其巢穴中。栖息在巢穴中的类群多以动物的食物碎片或有机物碎屑为食。Wasylik(1959)在鸟窝中发现粉螨11种,其中10种为储藏物中的常见种类。粉螨可借助啮齿类、鸟类和蝙蝠等动物的活动及人类生产、生活方式(如收获谷物等农作物、货物运输等)在房舍、仓库、动物巢穴等不同场所之间相互传播。粉螨的适应性强,对低温、高温、干燥均有一定的抵抗力,库存的所有植物性或动物性储藏物几乎都是其孳生物。随着对粉螨生物学研究的深入,在植物上、树皮下、土壤中都能找到粉螨。Chiba(1975)在一年中按月定期采集1 m^2土壤样品,用电热集螨法(Tullgren)收集其中的螨,共得到20多万只螨,其中粉螨约占73%,表明粉螨不仅孳生于储藏物中,而且还能孳生于室外栖息场所及农田的农作物中。

2. 经济昆虫

粉螨还会孳生在某些昆虫的养殖环境中，尤其是具有经济价值和药用价值的昆虫，如黄粉虫、地鳖虫等。粉螨的孳生使昆虫难以养殖，造成经济损失，同时降低了其药用疗效。王敦清等(1994)报道了在实验室饲养果蝇时，在饲养管中发现有食菌螨孳生。王克霞等(2013)报道地鳖养殖环境中粉螨群落的生态调查，在地鳖虫养殖场的样本中发现有8种螨类的孳生，优势螨种为伯氏嗜木螨。地鳖虫为一种动物性药材，粉螨的孳生不但降低了其药用价值，也造成了经济损失。

3. 蔬菜

蔬菜是人们日常生活的主要食物之一，是维生素、膳食纤维的重要来源，对人体健康至关重要。但蔬菜在种植、储藏及加工过程中也会有螨类的侵入，不仅使蔬菜种植业遭受重大经济损失，也会危害着食用者的身体健康。如有些螨类以寄主植物的组织为食，可为害芋头、韭菜、葱、百合和马铃薯等的块茎和鳞茎等多种块根类植物的地下部分及其储藏物，严重危害时，可导致受害后的植株矮小、变黄以致枯萎，造成直接损失。也可孳生于腐烂的植物表层、菌物、枯枝落叶和富含有机质的土壤中。同时，还能导致传播腐烂病的尖孢镰刀菌(*Fusarium oxysporum*)侵染，给田间作物和储藏物带来间接损失，造成减产。苏秀霞(2007)曾在北京市中关村市场的市售蒜头上采集到大蒜根螨。张宗福等(1994)曾在湖北省猕猴桃肉质根上检获了猕猴桃根螨，可在其内部取食为害。

4. 食用菌

近年来我国食用菌害螨的危害逐年加重，已成为制约食用菌产业进一步发展的因素之一。由于螨类个体较小，分布广泛，繁殖能力强，易于躲藏栖息在菌褶中，不但影响鲜菇品质，而且危害人体健康。在食用菌播种初期，螨类直接取食菌丝，菌丝常不能萌发，或在菌丝萌发后引起菇蕾萎缩死亡，造成接种后不发菌或发菌后出现退菌现象，更为严重的是螨可将菌丝吃光，造成绝收，甚至还会导致培养料变黑腐烂。若在出菇阶段即子实体生长阶段发生螨害时，大量的螨类爬上子实体，取食菌槽中的担孢子，被害部位变色或出现孔洞，严重影响产量与质量。若是成熟菇体受螨害，则会失去商品价值。漯河市某食用菌生产基地2016年菌螨发生占菌棒总数的30%，其中严重发生达40%以上，造成产量损失30%～40%，严重者甚至绝收，当年菌螨为害造成产量损失超过130万千克。虽然对害螨每年都采取一定的防制措施，但随着螨类抗药性的增强，螨类也是食用菌生产中需要重点防范的生物。此外，螨自身及其分泌产物和代谢产物等是常见的致敏原，会对人体产生各种螨性疾病或过敏性疾病。

(湛孝东)

参考文献

于晓，范青海，2002. 腐食酪螨的发生与防治[J]. 福建农业科技，6: 49-50.

马忠校，刘晓宇，杨小猛，等，2013. 空气净化器降低室内尘螨过敏原含量及其免疫反应性的实验研究[J]. 中国人兽共患病学报，29(2):35-39.

王志高，徐剑琨，1979. 流行性出血热疫区黑线姬鼠鼠体、窝巢革螨调查分析[J]. 江苏医药(10):33-34.

王克霞，刘志明，姜玉新，等，2014. 空调隔尘网尘螨过敏原的检测[J]. 中国媒介生物学及控制杂志，25(2):

135-138.
王克霞,郭伟,湛孝东,等,2013. 空调隔尘网尘螨变应原基因检测[J]. 中国病原生物学杂志,8(5):429-431.
王敦清,廖灏溶,1964. 采自罗赛鼠洞窝中的一种新革螨[J]. 动物分类学报(1):177-179.
牛卫中,唐秀云,李朝品,2009. 芜湖地区储藏物粉螨名录初报[J]. 热带病与寄生虫学,7(1):35-36,34.
方宗君,蔡映云,2000. 螨过敏性哮喘患者居室一年四季尘螨密度与发病关系[J]. 中华劳动卫生职业病杂志,18(6): 350-352.
刘学文,孙杨青,梁伟超,等,2005. 深圳市储藏中药材孳生粉螨的研究[J]. 中国基层医药,12(8): 1105-1106.
刘桂林,邓望喜,1995. 湖北省中药材贮藏期昆虫名录[J]. 华东昆虫学报,4(2): 24-31.
江佳佳,李朝品,2005. 我国食用菌螨类及其防治方法[J]. 热带病与寄生虫学,3(4): 250-252.
祁国庆,刘志勇,赵金红,等,2015. 芜湖市高校食堂孳生螨类的调查[J]. 热带病与寄生虫学,13(4):229-230,239.
许礼发,王克霞,赵军,等,2008. 空调隔尘网粉螨、真菌、细菌污染状况调查[J]. 环境与职业医学,25(1): 79-81.
孙庆田,陈日曌,孟昭军,2002. 粗足粉螨的生物学特性及综合防治的研究[J]. 吉林农业大学学报,24(3): 30-32.
孙艳宏,刘继鑫,李朝品,2016. 储藏农产品孳生螨种及其分布特征[J]. 环境与健康杂志,33(6):497.
李生吉,赵金红,湛孝东,等,2008. 高校图书馆孳生螨类的初步调查[J]. 图书馆学刊(3):67-69,72.
李生吉,赵金红,湛孝东,等,2008. 高校图书馆孳生螨类的初步调查[J]. 图书馆学刊,30(162): 66-69.
李立红,2004. 大学图书馆藏书及环境害虫污染调查[J]. 贵阳医学院学报,29(1):87-89.
李朝品,吕文涛,裴莉,等,2008. 安徽省动物饲料孳生粉螨种类调查[J]. 四川动物,27(3): 403-407.
李朝品,沈兆鹏,2016. 中国粉螨概论[M]. 北京: 科学出版社: 137-143.
李朝品,贺骥,王慧勇,等,2007. 淮南地区仓储环境孳生粉螨调查[J]. 中国媒介生物学及控制杂志,18(1): 37-39.
李朝品,贺骥,王慧勇,等,2005. 储藏中药材孳生粉螨的研究[J]. 热带病与寄生虫学,3:143-146.
李朝品,唐秀云,吕文涛,等,2007. 安徽省城市居民储藏物中孳生粉螨群落组成及多样性研究[J]. 蛛形学报,16(2): 108-111.
李朝品,陶莉,王慧勇,等,2005. 淮南地区粉螨群落与生境关系研究初报[J]. 南京医科大学学报,25(12): 955-958.
李朝品,2002. 腐食酪螨、粉尘螨传播霉菌的实验研究[J]. 蛛形学报,11(1): 58-60.
杨庆贵,李朝品,2003. 64种储藏中药材孳生粉螨的初步调查[J]. 热带病与寄生虫学,1(4):222.
杨志俊,易忠权,吴海磊,等,2018. 出入境货物常见储粮螨类危害与分类鉴定方法[J]. 中华卫生杀虫药械,24(3):296-298.
吴子毅,罗佳,徐霞,等,2008. 福建地区房舍螨类调查[J]. 中国媒介生物学及控制杂志,19(5): 446-450.
吴泽文,莫少坚,2000. 出口中药材螨类研究[J]. 植物检疫,14(1): 8-10.
吴清,2015. 图书馆尘螨过敏原及危害[J]. 生物灾害科学,38(1):57-60.
余建军,范锁平,阮春来,等,2011. 陕西省定边县鼠疫疫区革螨调查研究[J]. 中国媒介生物学及控制杂志,22(2):165-167.
沈兆鹏,1996. 中国储粮螨类种类及其危害[J]. 武汉食品工业学院学报,1:44-52.
沈兆鹏,1996. 动物饲料中的螨类及其危害[J]. 饲料博览,8(2): 21-22.
沈兆鹏,2009. 房舍螨类或储粮螨类是现代居室的隐患[J]. 黑龙江粮食,2:47-49.
沈莲,孙劲旅,陈军,2010. 家庭致敏螨类概述[J]. 昆虫知识,47(6):1264-1269.
宋红玉,赵金红,湛孝东,等,2016. 医院食堂椭圆食粉螨孳生情况调查及其形态观察[J]. 中国病原生物学杂志,11(6):488-490.
宋红玉,段彬彬,李朝品,2015. 某地高校食堂调味品粉螨孳生情况调查[J]. 中国血吸虫病防治杂志,27(6): 638-640.

张荣波,马长玲,1998.40种中药材孳生粉螨的调查[J].安徽农业技术师范学院学报,12(1):36-38.
陈琪,孙恩涛,刘志明,等,2013.芜湖地区储藏中药材孳生粉螨种类[J].热带病与寄生虫学,11(2):85-88.
陈琪,赵金红,湛孝东,等,2015.粉螨污染储藏干果的调查研究[J].中国微生态学杂志,27(12):1386-1390.
练玉银,刘志刚,王红玉,等,2007.室内空调机滤尘网及空气中浮动尘螨变应原的测定[J].中国寄生虫学与寄生虫病杂志,25(4):325-327.
赵小玉,郭建军,2008.中国中药材储藏螨类名录[J].西南大学学报:自然科学版,30(9):101-107.
赵金红,王少圣,湛孝东,等,2013.安徽省烟仓孳生螨类的群落结构及多样性研究[J].中国媒介生物学及控制杂志,24(3):218-221.
赵金红,陶莉,刘小燕,等,2009.安徽省房舍孳生粉螨种类调查[J].中国病原生物学杂志,4(9):679-681.
赵金红,湛孝东,孙恩涛,等,2015.中药红花孳生谷跗线螨的调查研究[J].中国媒介生物学及控制杂志,26(6):587-589.
胡文华,2002.食用菌制种栽培中菌螨的发生与防治[J].四川农业科技,2:25.
洪勇,杜凤霞,赵丹,等,2017.齐齐哈尔市地脚粉孳生纳氏皱皮螨的初步调查[J].中国血吸虫病防治杂志,29(2):225-227.
洪勇,赵亚男,彭江龙,等,2019.海口市地脚米孳生热带无爪螨的初步调查[J].中国血吸虫病防治杂志,31(3):343-345.
洪勇,柴强,湛孝东,等,2017.储藏中药材龙眼肉孳生甜果螨的研究[J].中国血吸虫病防治杂志,29(6):773-775.
贺骥,江佳佳,王慧勇,等,2004.大学生宿舍尘螨孳生状况与过敏性哮喘的关系[J].中国学校卫生,25(4):485-486.
柴强,陶宁,段彬彬,等,2015.中药材刺猬皮孳生粉螨种类调查及薄粉螨休眠体形态观察[J].中国热带医学,15(11):1319-1321
徐朋飞,李娜,徐海丰,等,2015.淮南地区食用菌粉螨孳生研究(粉螨亚目)[J].安徽医科大学学报,50(12):1721-1725.
郭宪国,顾以铭,1990.贵州省思南县小兽体表及窝巢革螨名录[J].贵阳医学院学报(2):121-125.
郭娇娇,孟祥松,李朝品,2018.安徽临泉居家常见储藏物孳生粉螨的群落研究[J].中国血吸虫病防治杂志,30(3):325-328.
郭娇娇,孟祥松,李朝品,2018.农户储藏物孳生粉螨种类的初步调查[J].中国血吸虫病防治杂志,30(6):656-659.
郭娇娇,孟祥松,李朝品,2017.芜湖市面粉厂粉螨种类调查[J].中国病原生物学杂志,12(10):987-989,986.
陶宁,湛孝东,孙恩涛,等,2015.储藏干果粉螨污染调查[J].中国血吸虫病防治杂志,27(6):634-637.
陶宁,湛孝东,李朝品,2016.金针菇粉螨孳生调查及静粉螨休眠体形态观察[J].中国热带医学,16(1):31-33.
梁裕芬,2019.尘螨的危害及防制措施概述[J].生物学教学,44(6):4-6.
湛孝东,陈琪,郭伟,等,2013.芜湖地区居室空调粉螨污染研究[J].中国媒介生物学及控制杂志,24(4):301-303.
湛孝东,郭伟,陈琪,等,2013.芜湖市乘用车内孳生粉螨群落结构及其多样性研究[J].环境与健康杂志,30(4):332-334.
温廷桓,1965.仓鼠窝中发现的一新种足角螨[J].动物分类学报(4):353-356.
蔡志学,1982.粉螨及其对地鳖虫的危害与防治[J].湖北农业科学(1):20-21.
裴伟,林贤荣,松冈裕之,2012.防治尘螨危害方法研究概述[J].中国病原生物学杂志,7(8):632-636.
Arlian L G, Morgan M S, 2003. Biology, ecology, and prevalence of dust mites[J]. Immunology and Allergy Clinics of North America, 23(3): 443-468.
Arroyave W D, Rabito F A, Carlson J C, 2014. The Relationship Between a Specific IgE Level and Asthma Outcomes: Results from the 2005-2006 National Health and Nutrition Examination Survey.[J]. The Journal

of Allergy and Clinical Immunology in Practice, 1(5):501-508.

Balashov Y S, 2000. Evolution of the nidicole parasitism in the Insecta and Acarina[J]. Entomologicheskoe Obozrenie, 79(4): 925-940.

Binotti R S, Oliveira C H, Santos J C, et al., 2005. Survey of acarine fauna in dust samplings of curtains in the city of Campinas, Brazil[J]. Brazilian Journal of Biology, 65(1): 25-28.

Kim S H, Shin S Y, Lee K H, et al., 2014. Long-term effects of specific allergen immunotherapy against house dust mites in polysensitized patients with allergic rhinitis[J]. Allergy Asthma Immunol. Res., 6 (6): 535-540.

Konishi E, Uehara K, 1999. Contamination of public facilities with *Dermatophagoides* mites (Acari: Phyroglyphidae) in Japan[J]. Experimental and Applied Acarology, 23(1): 41-50.

Li C, Chen Q, Jiang Y, et al., 2015. Single nucleotide polymorphisms of cathepsin S and the risks of asthma attack induced by acaroid mites[J]. Int. J. Clin. Exp. Med.,8 (1): 1178-1187.

Li C, Jiang Y, Guo W, et al., 2015. Morphologic features of *Sancassania berlesei* (Acari: Astigmata: Acaridae), a common mite of stored products in China[J]. Nutr. Hosp., 31(4):1641-1646.

Li C, Zhan X, Sun E, et al., 2014. The density and species of mite breeding in stored products in China[J]. Nutr. Hosp., 31(2):798-807.

Li C, Zhan X, Zhao J, et al.,2014. *Gohieria fusca* (Acari: Astigmata) found in the filter dusts of air conditioners in China[J]. Nutr. Hosp., 31(2):808-182.

Neal J S, 2002. Dust mite allergens: ecology and distribution[J]. Current Allergy and Asthma Reports, 2(5): 401-411.

Stingeni L, Bianchi L, Tramontana M, et al.,2016. Indoor dermatitis due to Aeroglyphus robustus[J]. Br. J. Dermatol.,174 (2): 454-456.

Xu L F, Li H X, Xu P F, et al., 2015. Study of acaroid mites pollution in stored fruit derived Chinese medicinal materials[J]. Nutr. Hosp., 32(2):732-737.

Zhan X, Xi Y, Li C, et al., 2017. Composition and diversity of acaroids mites (Acari: Astigmata) community in the stored rhizomatic traditional Chinese medicinal materials[J]. Nutr. Hosp., 34(2):454-459.

Zhao J H, Li C P, Zhao B B, et al., 2015. Construction of the recombinant vaccine based on T-cell epitope encoding Der p1 and evaluation on its specific immunotherapy efficacy[J]. International Journal of Clinical and Experimental Medicine, 8(4):6436-6443.

第五章　医学重要性

粉螨广泛存在于人们的生活环境中，人们每天都与粉螨接触，由粉螨引起的健康问题也越来越受到重视。粉螨的排泄物、分泌物及皮屑（壳）和死亡后的螨体都是强烈的过敏原，人们吸入这些过敏原就有可能被致敏，从而产生特应性皮炎、过敏性哮喘、荨麻疹等。此外，粉螨严重污染环境，亦有可能引起人体肺螨病、肠螨病及尿螨病等。

第一节　粉螨性过敏

粉螨过敏是一个严重的公共卫生问题，其排泄物、分泌物、卵、蜕下的皮屑（壳）和死螨分解物等均具过敏原性，可引起人体过敏。现已证实，粉螨过敏是IgE介导的Ⅰ型超敏反应。1921年首次证实过敏原特异性致敏能通过注射血清转移到健康人身上，但1966～1967年才证实这个血清因子为IgE。目前，世界各国均有大量的粉螨过敏人群，由此引起的过敏性疾病越来越受关注。就过敏性哮喘而言，全球患病人数约有3亿。近年来，气道嗜中性粒细胞性炎症被证明是过敏性哮喘的一个亚型，尤其是在重度哮喘患者身上可见。此外，遗传易感性和环境中吸入粉螨过敏原等致敏性物质是过敏性哮喘、过敏性鼻炎等发病的危险因素，可以引起超敏反应并刺激气道和鼻腔等。在气道、鼻黏膜等炎症发展过程中，固有免疫细胞和适应性免疫细胞以及结构细胞的复杂相互作用具有重要意义。气道或腔道表皮细胞接触过敏原后，其局部炎症主要由过敏原特异性辅助型T细胞2（T helper 2 cell，Th2）细胞和其他T淋巴细胞（简称T细胞）所诱导，这些T细胞在肺内或鼻腔内招募积聚，产生一系列不同的效应细胞因子。Th2细胞产生大量的关键细胞因子（IL-4、IL-5、IL-13）已被证实是很多过敏性哮喘、过敏性鼻炎等发病的病理生理学基础。然而，随着更多辅助性T细胞及其细胞因子的发现，粉螨诱发的过敏性哮喘、过敏性鼻炎等疾病的免疫学机制也在不断丰富。传统意义上，粉螨诱发的过敏性疾病被认为是Th1/Th2平衡遭到破坏，研究表明，IL-17家族细胞因子（IL-17A、IL-17F、IL-22）在过敏性哮喘发病过程中大量表达，上皮细胞分泌的细胞因子（IL-25、IL-33、TSLP）及其效应细胞如树突状细胞（dendritic cells，DCs）也在过敏性哮喘发病过程中起到很大作用。除了T细胞及其亚群等参与的适应性免疫之外，在粉螨诱发的过敏反应中，当宿主接触过敏原时，固有免疫细胞的模式识别受体（pattern recognition receptor，PRR）识别与病原体相关的分子模式（pathogen-associated molecular pattern，PAMP），然后再分泌细胞因子和趋化因子，从而募集其他内源性炎性细胞和促炎性细胞因子，增强了粉螨诱发的炎症反应。所以，固有免疫细胞和适应性免疫细胞及其分泌的细胞因子和效应细胞等均参与了粉螨过敏原的致病过程。

一、过敏原

2019年在《欧洲老年杂志》上报道了一个“特殊”病例：一位73岁的英国老妇因慢性腹泻就诊，该患者自诉这种腹泻从她3岁就开始出现；患者之前做过无数检查，包括腹腔筛查、内窥镜检查和活组织检查等，结果均为阴性；除腹泻之外，她还时常感到疲劳、出现头晕；在过去几年中，间歇性地出现喉咙紧绷和极度腹胀（可达孕24周大小）；食入小麦制品常会引发不适；在铺地毯的房间、面包房和餐馆里，也会有喘息和呼吸困难的症状。经免疫学检查发现该患者粉尘螨（*Dermatophagoides farinae*）特异性抗体阳性，针对性治疗后所有症状尤其是长期腹泻得以显著改善。

粉尘螨是一种体外寄生虫，也是最常见的过敏原之一，可能导致结肠黏膜坏死。宿主产生的特异性抗体可能使嗜碱性粒细胞和/或肥大细胞致敏，细胞触发脱颗粒和释放活性化学介质，最终导致腹泻。众所周知食物中有螨虫污染，但由于摄入螨虫过敏原而引起过敏性症状，尤其是胃肠道症状却鲜有报道。

早在20世纪初，就有学者提出螨可能是灰尘中的重要过敏原（Willem Storm van Leeuwen，1924），同期《慕尼黑医学周刊》报道了一个因室内搬进一件旧沙发诱发儿童哮喘的病例，将该沙发从室内搬走后患儿的哮喘自然缓解。采集该沙发内外的积尘，发现积尘中有大量螨及其皮壳（Dekker，1928）。直到1964年，Voorhorst和Spieksma研究证实尘螨是室内灰尘中过敏原的主要成分，在家螨死亡后，其尸体等仍具过敏原活性。

引起人体过敏性疾病的粉螨有几十种且分布广泛，如粉尘螨、屋尘螨（*Dermatophagoides pteronyssinus*）、梅氏嗜霉螨（*Euroglyphus maynei*）、热带无爪螨（*Blomia tropicalis*）、腐食酪螨（*Tyrophagus putrescentiae*）、粗脚粉螨（*Acarus siro*）、家食甜螨（*Glycyphagus domesticus*）、害嗜鳞螨（*Lepidoglyphus destructor*）、拱殖嗜渣螨（*Chortoglyphus arcuatus*）等。这些粉螨的分泌物、排泄物（粪粒）、皮壳和死亡螨体裂解产物中的过敏原可导致人体出现过敏性鼻炎、粉螨性哮喘、皮炎等过敏性疾病。

（一）命名原则

粉螨过敏原是根据国际免疫学联合会（International Union of Immunological Societies，IUIS）于1986年制定的过敏原命名法进行命名。

1. 基本原则

命名时以有效生物种名（拉丁学名）为基础，取其属名前3个字母、种名首字母及鉴定先后顺序的阿拉伯数字序号，3部分之间空格，正体书写。如腐食酪螨（*Tyrophagus putrescentiae*）过敏原组分3为Tyr p 3，害嗜鳞螨（*Lepidoglyphus destructor*）过敏原组分2为Lep d 2，热带无爪螨（*Blomia tropicalis*）过敏原组分5写作Blo t 5等。

2. 同属不同种

如两种粉螨属名和种名缩写相同，则后记述的过敏原取种名前2个字母。例如腐食酪螨（*Tyrophagus putrescentiae*）过敏原组分4与阔食酪螨（*Tyrophagus palmarum*）过敏原组分4分别书写为Tyr p 4和Tyr pa 4。

3. 不同属、种

不同的两种粉螨如果属名和种名缩写相同,则后记述的过敏原取属名前4个字母,如长食酪螨(*Tyrophagus longior*)过敏原组分2与线嗜酪螨(*Tyroborus lini*)过敏原组分2分别写为Tyr l 2和Tyro l 2。

4. 异构过敏原

具有相同生物学功能的同物种同组分过敏原,可能存在多种形式。同种过敏原若氨基酸序列一致性(identity)达到67%以上者称为异构过敏原(iso-allergen),每种异构过敏原相同氨基酸序列的多种变异形式称为过敏原异构体。过敏原异构体的命名原则是在过敏原名称后加01~99的阿拉伯数字后缀,例如Der p 1的异构过敏原命名为Der p 1.01、Der p 1.02、Der p 1.03等。

5. 亚型

编码过敏原的核苷酸碱基可能会发生突变,出现数个氨基酸的变换,称为过敏原的多态性,可用分子变异(molecular variants)或亚型(isoforms)表示。这类过敏原命名时在异构过敏原后再加2个阿拉伯数字,例如Der f 1有10个亚型,可命名为Der f 1.0101、Der f 1.0102……Der f 1.0110。

6. 其他

过敏原有天然、重组和合成过敏原3种,天然过敏原在过敏原名称前加n(常可省略),如nDer f 1.0101或Der f 1.0101;基因重组过敏原用“r”表示,书写为rDer f 1.0101;人工合成过敏原用“s”表示,如sDer f 1.0101。

(二)过敏原性

粉螨是自由生活的小型节肢动物,整个虫体对人尤其是儿童都具有过敏原性。由于粉螨不同部位的组织结构和生化特性的不同,其作用人体后产生的刺激强度也不同,人体对其产生的反应性也不同。换言之,粉螨不同部位过敏原性的强弱存在差异。Tovey等(1981)报道,99%的粉螨过敏原来自其排泄物,其余为发育过程中的蜕皮等;Ree(1992)和刘志刚等(2005)报道屋尘螨过敏原组分1(Der p 1)存在于屋尘螨后中肠、口咽等部位以及肠内容物(粪粒)中;Thomas(1995)报道屋尘螨过敏原组分2(Der p 2)是屋尘螨雄螨生殖系统的分泌物;Park等(2000)证实屋尘螨过敏原组分2来源于消化道,并汇集在粪粒中;付仁龙等(2004)发现特异性抗原的阳性部位分布在屋尘螨的口咽部、中肠、肠内容物、体壁和生殖腺,其中口咽部、中肠及肠内容物显示强抗原性;李朝品(2005)证实HLA-DRB1*07基因可能是螨性哮喘遗传等位易感基因,HLA-DRB1*04和HLA-DRB1*14基因可能在螨性哮喘发生过程中具有保护作用;李盟等(2007)显示粉尘螨过敏原组分2存在于粉尘螨中肠组织及其肠内容物中,粉尘螨粪粒中含有粉尘螨的两种过敏原(Der f 1、Der f 2),该过敏原可悬浮于空气中,特应性人群吸入即可诱发Ⅰ型过敏反应;詹振科等(2010)利用荧光抗原定位技术对粉尘螨过敏原组分3(Der f 3)进行定位研究,结果显示此类抗原主要存在于粉尘螨的结肠和直肠。刘志刚和胡赓熙(2014)综合以往研究成果:尘螨螨体和排泄物是尘螨过敏原的主要来源,螨排泄物的过敏原来源于螨消化道的酶类。

粉螨的排泄物、分泌物及其在生长发育过程中留下的皮屑(壳)和死亡后的螨体分解成的微粒等均含有异种蛋白质,都可成为过敏原。这些物质分解成微粒后可通过人类活动悬浮于空气中，特应性人群吸入后可引起过敏反应。尤其是室内空调运行时，空气中悬浮的灰尘及微小生物(包括螨和螨的排泄物、分泌物等)可富集在隔尘网上孳生。当空调再次启动时，螨及排泄物、分泌物、生长发育过程中留下的皮屑(壳)和死亡后的螨体分解成的微粒等可随空调送风吹入室内，成为强烈的过敏原，引起过敏反应。

(三) 分布

粉螨分布于世界各地，栖息环境多种多样，广泛孳生于家居环境、工作生活场所、储物间和畜禽圈舍。Voorhorst等(1967)观察来自荷兰、德国、英国、澳大利亚、巴西和伊朗等国的屋尘样本，发现有屋尘螨；Mitchell(1969)在美国的屋尘样本中发现了粉尘螨；Miyamoto(1976)在日本屋尘中发现36种螨。

孳生在房舍和储藏物的粉螨按照食性不同，可分为植食性螨类(phytophagous mites)、菌食性螨类(mycetophagous mites)、腐食性螨类(saprophagous mites)、杂植食性螨类(panphytophagous mites)和尸食性螨类(necrophagous mites)，此外，还有碎粒食性、螨食性(同类相残)、血液或体液食性螨类等。粉螨是我国过敏性疾病的重要过敏原之一，60%～80%的过敏性疾病由粉螨引起。前文提到的英国73岁老妇即是由于粉螨过敏，导致从3岁开始慢性腹泻，但一直查不到真正病因(Chrys和Atef，2019)。方宗君(2000)调查了螨过敏性哮喘患者的居室内尘螨密度季节消长与发病关系，结果显示一年四季居室内尘螨的密度有显著性差异，其中秋季最高。崔玉宝和王克霞(2003)对空调隔尘网表面粉螨孳生情况进行调查，发现粉螨孳生率为72.78 %。孙劲旅(2010)对北京地区38个尘螨过敏患者的家庭进行螨类调查，结果显示枕头的平均螨密度最高，达281.90只/克，其次为床垫螨(119.71只/克)和沙发螨(114.67只/克)。广州曾对居民家庭进行尘螨孳生情况调查，共选择34个固定点，包括床、枕头、室内桌面、蚊帐顶面。每月对各采样点进行收集灰尘样品2次，共收集灰尘样品572份，这些样品中尘螨的检出率高达92.83%。其中一份从床上采集的灰尘，孳生螨高达11 849只/克；从枕头上采集的灰尘，孳生螨为11 471只/克。此次从广州居民家庭中检获的螨均属于粉螨亚目(Acaridida)，其优势种为屋尘螨、粉尘螨和弗氏无爪螨(*Blomia freemani*)。在中国台湾省南部地区的调查发现，72%的白糖和91%的红糖有螨类污染，孳生密度分别为700只/克和900只/克。李朝品(1997)在146种共1 460份中药材中分离出粉螨48种，隶属7科25属。陶宁等(2015)在49种储藏干果样品中检获12种粉螨，隶属6科10属，其优势种为甜果螨、腐食酪螨、粗脚粉螨和伯氏嗜木螨。其中桂圆、平榛子、话梅等样本中密度较高。江佳佳(2006)在淮南地区6种食用菌及其菌种、培养料中共分离出5种粉螨，隶属3科4属。其中平菇中粉螨孳生密度最高(11.836只/克)，白灵菇中密度最低(1.372只/克)。对60名蘑菇房的工人进行皮肤挑刺试验(skin prick test，SPT)，结果阳性为16.7%，明显高于健康者的5.0%。陶宁(2017)对台湾地区储藏食物粉螨的情况进行调查，39种市售样本中分离出13种粉螨，隶属于6科11属。湛孝东等(2013)对芜湖市出租车和私家车各60辆的坐垫、脚垫和后备箱等处的灰尘进行采样调查，在120份样本中螨阳性标本79份，孳生率为65.83%。共检出螨类786只，隶属5科15属23种。王克霞等(2014)在芜湖地区家庭空调隔尘网灰尘中检测出屋尘螨和粉尘螨过敏原组分1；朱万春和诸葛洪祥(2007)在张家港市对200份居室尘埃进行分析，发现一半以上的样本中粉尘螨、屋尘螨过敏原组分1和粉尘螨过敏原组分2浓度高于2 μg/g。

粉螨孳生需要充足的食物和适宜的温湿度，温度25～30 ℃、相对湿度75%～80%的场所有利于粉螨的孳生。Arlian等(1979)采集屋尘过敏患者住处的屋尘样本，发现螨的孳生率为100%。每克屋尘中含螨少至10只，多则8 160只，每年7～9月密度最大。Elliot Middleton(1978)观察住家和医院采集的屋尘样本，发现不同样本(屋尘、褥垫等)屋尘螨的密度差别很大。阎孝玉等(1992)对椭圆食粉螨(*Aleuroglyphus ovatus*)的研究发现：在30 ℃、相对湿度85%的环境中螨发育最快。陶莉和李朝品(2006)在淮南观察了腐食酪螨种群消长及空间分布型，证实腐食酪螨繁殖最适温度为24～25 ℃、湿度85%，因此每年6月下旬和9月中旬是其种群数量高峰期。综上，粉螨的分布受食物、温度、湿度和光照等多种生态因素共同影响。同一环境不同年份或同一年份不同环境中粉螨种群数量多少、高峰发生时间都会存在差异。

(四) 组分

WHO/IUIS到目前为止已确定无气门目(Astigmata)的10种粉螨有102种过敏原(表5.1)。这些过敏原共分成39个组分(allergen groups)，它们分别具有不同的生化特征(表5.2)。粉螨的过敏原非常复杂，目前已被命名的粉尘螨过敏原组分有35个，包括Der f 1-8，Der f 10、11，Der f 13-18，Der f 20-37，Der f 39(过敏原Der f 17虽然在文献中有报告，但在数据库中的记录不完全，其基因序列没有公布)。屋尘螨的过敏原组分有30个，包括Der p 1-11，Der p 13-15，Der p 18，Der p 20、21，Der p 23-26，Der p 28-33，Der p 36-38。梅氏嗜霉螨(*Euroglyphus maynei*)包含5个过敏原组分，分别为Eur m 1-4，Eur m 14。腐食酪螨(*Tyrophagus putrescentiae*)的过敏原组分有9个，分别是Tyr p 2、Tyr p 3、Tyr p 8、Tyr p 10、Tyr p 13、Tyr p 28、Tyr p 34、Tyr p 35、Tyr p 36。将这些粉螨过敏原分为主要过敏原(major-tier allergens)，普通过敏原(mid-tier allergens)和次要过敏原(minor-tier allergens)。粉尘螨和屋尘螨是引起过敏反应的主要螨种。其中对第1组(Der p 1和Der f 1)和第2组过敏原(Der p 2和Der f 2)研究最多。主要过敏原包括1、2、23组分。不同的螨种具体过敏原组分及化学特征见表5.2。

表5.1 10种粉螨的过敏原数量

常见粉螨种类	过敏原组分数量	过敏原组分
粗脚粉螨(*Acarus siro*)	1	Aca s 13
腐食酪螨(*Tyrophagus putrescentiae*)	9	Tyr p 2,3,8,10,13,28,34-36
拱殖嗜渣螨(*Chortoglyphus arcuatus*)	1	Cho a 10
热带无爪螨(*Blomia tropicalis*)	14	Blo t 1-8,10-13,19,21
家食甜螨(*Glycyphagus domesticus*)	1	Gly d 2
害嗜鳞螨(*Lepidoglyphus destructor*)	5	Lep d 2,5,7,10,13
粉尘螨(*Dermatophagoides farinae*)	35	Der f 1-8,10,11,13-18,20-37,39
小脚尘螨(*Dermatophagoides microceras*)	1	Der m 1
屋尘螨(*Dermatophagoides pteronyssinus*)	30	Der p 1-11,13-15,18,20,21,23-26,28-33,36-38
梅氏嗜霉螨(*Euroglyphus maynei*)	5	Eur m 1-4,14

表5.2 粉螨过敏原组分及其特征

过敏原组分	分子量kDa	生物化学特征	螨的种类	抗原定位	培养基中的抗原
1	24-39	半胱氨酸蛋白酶	DP,DF,DM,EM,BT	肠	粪便或螨体
2	14	脂结合蛋白	DP,DF,EM,BT,LD,GD,TP	肠或其他细胞	粪便或螨体
3	25	胰蛋白酶	DP,DF,EM,BT,TP	肠	粪便或螨体
4	57	淀粉酶	DP,DF,EM,BT	肠	粪便或螨体
5	15	不明	DF,DP,BT,LD	肠	
6	25	胰凝乳蛋白酶	DP,DF,BT	肠	粪便或螨体
7	25-31	似脂多糖结合蛋白，增加杀菌渗透性家族	DF,DP,BT,LD		粪便或螨体
8	26	谷胱甘肽转移酶	DF,DP,BT,TP	其他细胞	螨体
9	30	胶原溶解酶	DP	其他细胞	粪便或螨体
10	37	原肌球蛋白	DP,DF,BT,LD,CA,TP	肌肉	螨体
11	96	副肌球蛋白	DP,DF,BT	肌肉	螨体
12	14	不明	BT	其他细胞	
13	15	脂肪酸结合蛋白	DF,DP,BT,LD,TP,AS	其他细胞	螨体
14	177	卵黄蛋白,转运蛋白	DP,DF,EM	其他细胞	螨体
15	63-105	几丁质酶	DP,DF	肠	粪便或螨体
16	55	凝溶胶蛋白,绒毛素	DF	其他细胞	螨体
17	53	EF手性蛋白handprotein，钙结合蛋白	DF	其他细胞	
18	60	几丁质结合物Chitinbinding	DP,DF	肠	粪便或螨体
19	7	抗菌肽同源物	BT	肠	
20	40	精氨酸激酶	DP,DF		螨体
21	16	组分5同源物，疏水结合物?	DP,DF,BT	肠	螨体
22	17	MD-2-likeprotein，lipidbinding?	DF		粪便或螨体
23	14	围管膜蛋白Peritrophin	DP,DF	肠	粪便或螨体
24	13	泛醌细胞色素c还原酶结合蛋白	DP,DF	其他细胞	
25	34	磷酸丙糖异构酶	DP,DF	其他细胞?	粪便或螨体
26	18	肌球蛋白轻链	DP,DF	其他细胞?	螨体
27	48	丝氨酸蛋白酶抑制剂	DF	肠	粪便或螨体

续表

过敏原组分	分子量 kDa	生物化学特征	螨的种类	抗原定位	培养基中的抗原
28	70	热休克蛋白	DP,DF,TP	肠或其他细胞	粪便或螨体
29	16	亲环蛋白	DP,DF	肠或其他细胞	粪便或螨体
30	16	铁蛋白	DP,DF	其他细胞	螨体
31	15	肌动蛋白素	DP,DF	其他细胞	螨体
32	35	分泌型无机焦磷酸酶	DP,DF	其他细胞	螨体
33	52	α-微管蛋白	DP,DF	其他细胞	螨体
34	18	肌钙蛋白C,钙结合蛋白	DF,TP	肠或其他细胞	粪便或螨体
35	52	乙醛脱氢酶	DF,TP		
36	14-23	抑制蛋白	DP,DF,TP		
37	29	几丁质结合蛋白	DF,TP		
38	15	细菌溶解酶	DP		
39	18	肌钙蛋白C	DF		

注:DP屋尘螨(*Dermatophagoides pteronyssinus*),DF粉尘螨(*Dermatophagoides farinae*),DM小脚尘螨(*Dermatophagoides microceras*),EM梅氏嗜霉螨(*Euroglyphus maynei*),BT热带无爪螨(*Blomia tropicalis*),LD害嗜鳞螨(*Lepidoglyphus destructor*),GD家食甜螨(*Glycyphagus domesticus*),TP腐食酪螨(*Tyrophagus putrescentiae*),CA拱殖嗜渣螨(*Chortoglyphus arcuatus*),AS粗脚粉螨(*Acarus siro*)。

1. 主要过敏原组分

(1) 组分1:Der p 1和Der f 1是尘螨属的第1组过敏原,为主要过敏原组分,来自尘螨消化道的上皮细胞。Der p 1和Der f 1为具有半胱氨酸蛋白酶活性的糖蛋白,与肌动蛋白和木瓜蛋白酶属同一家族,分子量为25 kDa,主要存在于尘螨粪团中,其粪便颗粒的大小适合进入人呼吸道。过敏体质者吸入或长期接触便会产生较多的尘螨特异性IgE抗体而呈致敏状态。Der p 1和Der f 1氨基酸序列同源性约70%,含有222/223个氨基酸残基。Der p 1和Der f 1在第1位氨基酸残基含有谷氨酸盐,而半胱氨酸蛋白酶活性最佳裂解位点是谷氨酸盐,因此可发生自身裂解。屋尘螨变应原经常发生保守性改变,可在5个位置发生单独置换而产生不同组合,即第50位可能是组氨酸/酪氨酸,第81位可能为谷氨酸盐/赖氨酸,第124位可能为缬氨酸/丙氨酸,第136位可能为苏氨酸/丝氨酸,第215位可能为谷氨酰胺/谷氨酸盐。

(2) 组分2:Der f 2和Der p 2为第2组过敏原蛋白,该过敏原组分存于螨体中,属于附睾蛋白家族,主要由雄螨生殖系统分泌。cDNA序列均能编码129个氨基酸残基,无N端糖基化作用位点。Der f 2和Der p 2的序列同源性为88%,氨基酸序列间的12%差异分布于整个蛋白质中。与第1组变应原比较,它们之间相似性较高,且替代基更保守。通过磁共振测定Der f 2和Der p 2的4级结构,发现此蛋白一个结构域完全由片层组成,它与谷氨酰胺转移酶凝血因子Ⅷ的3和4级结构域有很近的结构同源性。Der p 2变异常出现于5个位置而导致序列中有1～4个氨基酸残基不同，且这种变异主要位于C端第111、114、127氨基酸残基，T细胞常能识别该区域。

(3) 组分23：Der p 23是一种围管膜样蛋白(Peritrophin-like protein)，分子量为14 kDa。是中肠围管膜和粪粒表面上的成分，与控制螨的消化有关。在大肠杆菌中表达的Der p 23与347位屋尘螨过敏症患者血清IgE结合率为74%(与Der p 1和Der p 2相似的高结合率)。该组分在螨提取物中的含量低，但近来认为该组分是一种有潜在强致敏作用的过敏原。

2. 普通过敏原组分

过敏原4、5、7、21组分为普通过敏原。组分4有高度保守序列，可引起交叉反应。尘螨属过敏原组分4，为一种分子量56～63 kDa的蛋白，其中Der p 4具有淀粉酶活性，存在于螨的粪粒中。粉尘螨和屋尘螨组分4有86%的同源性，和仓储螨有65%的同源性，同昆虫和哺乳动物的淀粉酶有50%的同源性。

Der p 5(分子量14～15 kDa)氨基酸序列全长由132个残基组成，为尘螨属第5组过敏原，其生物化学功能尚不清楚。过敏原4、5、7、21组分的特征见表5.2。

3. 次要过敏原

次要过敏原(minor-tier allergens)包括3、6、8、9、10、11、13、15、16、17、18、20组分(表5.2)，Der p 3(28/30 kDa)和Der f 3(30 kDa)两者cDNA序列同源性约81%，具有胰蛋白酶活性。尘螨属过敏原组分3出现多态性频率较低，但仍可出现几种非保守性置换的过敏原组合。组分6和9为胰凝乳蛋白酶和胶原溶解酶。

(五) 种间交叉

近年来，对过敏原交叉反应的研究发生了重大变化。从最初使用全螨提取物和放射过敏原吸附试验(radioallergosorbent test，RAST)抑制技术，发展到最近使用纯化的天然或重组过敏原，表位定位(epitope mapping)和T细胞增殖技术研究交叉反应。8～15个氨基酸小分子肽与特定的IgE结合的部位称为过敏原决定族。交叉反应中不同的过敏原蛋白有一定的同源性，包含相同或相似特定的IgE结合表位。交叉反应某种程度上反映了生物之间系统发生上的关系。如果两个蛋白质之间结构高度同源，则产生交叉反应的可能性就大。在不同的动物，如软体动物、甲壳动物、昆虫、蜱螨和线虫中，如果相互间有类似的蛋白质结构，就可能发生交叉反应。一些高度同源蛋白家族的抗原可以作为泛过敏原(pan-allergens)。泛过敏原具有相当保守的三维结构和相当接近的氨基酸序列。这些泛过敏原包括肌肉收缩蛋白(原肌球蛋白、肌钙蛋白C和肌浆钙结合蛋白)、酶类(如淀粉酶)和微管蛋白等，它们和IgE结合可引起交叉反应。表5.2列出了部分粉螨、软体动物、甲壳动物、昆虫和线虫共有的泛过敏原组分。

1. 不同种类粉螨过敏原之间的交叉反应

早在1968年，Pepys等发现屋尘螨和粉尘螨之间抗原性近似，过敏患者对其中一种螨皮试阳性，对另一种螨的反应也为阳性。Mumcuoglu(1977)报道了孳生在瑞士西北地区屋尘中的38种螨，用其中常见的9种粉螨制备过敏原给过敏性疾病患者做皮试，皮试阳性率分别为：梅氏嗜霉螨84.5%、粉尘螨81.0%、屋尘螨74.1%、棕脊足螨(*Gohieria fuscus*)24.1%、隐秘食甜螨17.2%、害嗜鳞螨12.1%、拱殖嗜渣螨10.3%、腐食酪螨8.6%和粗脚粉螨6.9%。Miyamoto等(1976)从36种螨中筛选出7种螨进行培养和抗原性试验，发现每种螨均具有各自特异性抗原,同时螨种之间具有交叉抗原,其中屋尘螨和粉尘螨抗原性几乎相同。近年研究证实屋尘螨与粉尘螨过敏原交叉约80%,屋尘螨过敏原Der p 1与粉尘螨抗原Der f 1存在交叉,屋尘螨过敏原Der p 2与粉尘螨Der f 2相互交叉几乎100%。有学者通过点印迹抑制(dot-blot inhibition)观察到Der p 1和Der p 2与热带无爪螨的过敏原交叉反应性不高。屋尘螨过敏原Der p 10与粉尘螨过敏原Der f 10相互交叉率98%。热带无爪螨第10组过敏原(Blo t 10)的氨基酸序列同屋尘螨、粉尘螨的第10组抗原(Der p 10、Der f 10)有96%的相同度,但在其C端有特异的IgE位点。Tyr p 2是腐食酪螨中引起过敏反应的主要过敏原。Tyr p 2与Lep d 2之间有52%的同源性,这可以解释腐食酪螨和害鳞嗜螨之间的交叉反应。而Tyr p 2与Der f 2和Der p 2分别只有43%和41%的同源性,这或可部分解释腐食酪螨和屋尘螨之间存在较低的交叉反应。比较第3过敏原组分的同源性发现,Tyr p 3与Blo t 3、Der p 3、Der f 3和Eur m 3之间分别为51%、47%、47%、45%的同源性。rTyr p 3与58%的腐食酪螨过敏病人发生IgE反应,同时抑制试验观察到在rDer p 3吸收后,rTyr p 3与过敏病人发生IgE反应有48%,经rBlo t 3吸收后有38%,表明Tyr p 3与Der p 3发生交叉反应略高于Blo t 3。此外Tyr p 8与Der p 8具有较高的过敏原交叉反应。交叉免疫电泳表明梅氏嗜霉螨的5种过敏原与尘螨相似。梅氏嗜霉螨的第1组过敏原组分Eur m 1与Der p 1有85 %的序列是同源的。Der p 4与Eur m 4有90%的氨基酸序列一致。因此,特应性人群接触不同粉螨的过敏原后可引起同样的过敏反应。

2. 粉螨与其他螨虫之间的交叉反应

粉螨与其他螨类也存在某些过敏原交叉。粉螨过敏原皮试阳性的患者对某些植物寄生螨呈交叉阳性反应,如屋尘螨皮试阳性的患者,对苹果全爪螨(*Panonychus ulmi*)的交叉阳性率为46%,对棉花红叶螨(*Tetranychus cinnabarinus*)为62%,对鸡皮刺螨(*Dermanyssus gallina*)为21%。羽螨(*Diplaegidia columbae*)是养鸽者的主要过敏原,放射过敏原吸附抑制试验(radioallergosorbent test inhibition,RAST抑制试验)结果表明羽毛螨与屋尘螨之间有交叉反应。Arlian等(1991)证明了疥螨与屋尘螨过敏原之间发生交叉反应。研究发现尘螨过敏与人疥螨(*Sarcoptes scabiei*)过敏呈正相关,既往无疥疮病史的尘螨过敏患者对疥螨点刺阳性的比例比对照组高;疥疮患者无论是否有过敏,尘螨IgE均为阳性;在澳大利亚,尘螨与现在及既往的疥螨感染之间存在高度交叉反应。与尘螨同源的不同种过敏原已经在人疥螨和绵羊疥螨体内通过分子克隆技术确定。

3. 粉螨与其他无脊椎动物之间的过敏原交叉

粉螨过敏原与摇蚊、蜚蠊、虾和蟹等的过敏原有一定的交叉反应。如过敏原组分10为原肌球蛋白(tropomyosin),是一种泛过敏原(pan allergen),广泛存在于尘螨、摇蚊、蜚蠊、虾和蟹等节肢动物体内。与Der f 10和Der p 10原肌球蛋白具有同源性的软体动物和节肢动物包括扇贝(*Chlamys nipponensis*)Chl n 1、巨牡蛎(*Crassostrea gigas*)Cra g 1、九孔螺(*Haliotis diversicolor*)Hal d 1、螺旋蜗牛(*Helix aspersa*)Hel as 1、角蝾螺(*Turbo cornutus*)Tur c 1和波士顿龙虾(*Homarus americanus*)Hom a 1、新对虾(*Metapenaeus ensis*)Met e 1、美洲大蠊(*Periplaneta americana*)Per a 7、德国小蠊(*Blattella germanica*)Bla g 7。免疫化学研究已经证明来自摇蚊、蜚蠊、蜗牛和甲壳类动物的过敏原与室内尘螨的过敏原存在交叉反应。Der f 10和Der p 10原肌球蛋白的氨基酸序列的同源性达到98%,与Blo t 10同源性达到96%,Der p 10与蜚蠊氨基酸序列的同源性高达80%。过敏原组分10不仅能引起不同尘螨之间交叉反应,还可引起食物性过敏原和吸入性过敏原之间的交叉反应。对尘螨过敏者可能会有食用软体动物、甲壳类动物后出现过敏的表现：尘螨过敏者进食蜗牛可能产生哮喘、过敏性休克、全身性荨麻疹和颜面部水肿。在褐对虾(*Penaeus aztecus*)和刀额新对虾(*Metapenaeus ensis*)中，原肌球蛋白过敏原分别为Pen a 1和Met e 1，它们之间有显著同源性。斑纹蟹(*Charybdis feriatus*)的主要过敏原Cha f 1、中国龙虾(*Panulirus stimpsoni*)的过敏原Pan s 1和美洲螯龙虾(*Homarus americanus*)的过敏原Hom a 1均与Met e 1有显著的同源性。临床研究表明，尘螨与虾蟹、蜚蠊的过敏原之间存在交叉反应，其中起作用的是原肌球蛋白。

一些蛋白家族的抗原可以作为泛过敏原，和IgE结合引起交叉反应。表5.3列出原肌球蛋白、肌钙蛋白C、肌浆钙结合蛋白、淀粉酶、精氨酸激酶、几丁质酶、谷胱苷肽S转移酶、丝氨酸蛋白酶和微管蛋白等螨与软体动物、甲壳动物、昆虫和线虫之间共有的泛过敏原组分。

表5.3　部分螨、甲壳动物、软体动物、昆虫和线虫共有的泛过敏原组分

蛋白质	过敏原来源	过敏原组分
原肌球蛋白	螨	Blo t 10, Cho a 10, Der f 10, Der p 10, Lep d 10, Tyr p 10
	甲壳动物	Cha f 1, Cra c 1, Hom a 1, Lit v 1, Met e 1, Pan b 1, Pan s 1, Pen a 1, Pen i 1, Pen m 1, Por p 1, Pro c 1
	昆虫	Aed a 10, Ano g 7, Bla g 7, Bomb m 7, Per a 7, Chi k 10, Copt f 7, Lep s 1
	软体动物	Ana br 1, Cra g 1, Hal l 1, Hel as 1, Mac r 1, Mel l 1, Sac g 1, Tod p 1
	线虫	Ani s 3, Asc l 3
肌钙蛋白C	螨	Tyr p 34
	甲壳动物	Cra c 6, Hom a 6, Pen m 6, Pon l 7
	昆虫	Bla g 6, Per a 6
肌球蛋白	螨	Der f 26
	甲壳动物	Art fr 5, Cra c 5, Hom a 3, Lit v 3, Pen m 3, Pro c 5
	昆虫	Bla g 8
肌浆钙结合蛋白	螨	Der f 17
	甲壳动物	Cra c 4, Lit v 4, Pen m 4, Pon l 4, Scy p 4
α淀粉酶	螨	Blo t 4, Der f 4, Der p 4, Eur m 4, Tyr p 4
	昆虫	Bla g 11, Per a 11, Sim vi 4
精氨酸激酶	螨	Der f 20, Der p 20
	甲壳动物	Cra c 2, Lit v 2, Pen m 2, Pro c 2, Scy p 2
	昆虫	Bla g 9, Bomb m 1, Per a 9, Plo i 1
几丁质酶	螨	Blo t 15, Blo t 18, Der f 15, Der f 18, Der p 15, Der p 18
	昆虫	Per a 12
谷胱苷肽S转移酶	螨	Blo t 8, Der f 8, Der p 8
	昆虫	Bla g 5, Per a 5
	线虫	Asc l 13, Asc s 13

续表

蛋白质	过敏原来源	过敏原组分
半胱氨酸蛋白酶	螨	Blo t 1, Der f 1, Der m 1, Der p 1, Eur m 1
	线虫	Ani s 4
丝氨酸蛋白酶	螨	Blo t 9, Der f 9, Der f 25, Der p 9
	昆虫	Api m 7, Per a 10, Pol d 4, Sim vi 2
	线虫	Ani s 1
磷酸丙糖异构酶	螨	Blo t 13, Der f 25, Der p 3, Eur m 3, Tyr p 3
	甲壳动物	Arc s 8, Cra c 8, pen m 8, Pro c 8, Scy p 8
	昆虫	Bla g TPI
胰蛋白酶	螨	Aca s 3, Blo t 3, Der f 3, Der p 3, Eur m 3, Tyr p 3
	昆虫	Bla g 10
脂肪酸结合蛋白	螨	Aca s 13, Arg r 1, Blo t 13, Der f 13, Der p 13, Lep d 13, Tyr p 13
	昆虫	Bla g 4, Per a 4, Tria t 1
热休克蛋白 HSP70	螨	Der f 28, Tyr p 28
	昆虫	Aed a 8, Vesp a HSP70
微管蛋白	螨	Der f 33, Lep d 33
	昆虫	Aed ae tub, Aed alb tub, Ano g tub, Bomb m tub, Cul quin tub

简单异尖线虫(*Anisakis simplex*)是一种常见的鱼类寄生虫,可作为隐蔽的食物过敏原诱导IgE介导的反应。这种线虫的Ani s 3过敏原组分与粗脚粉螨、害嗜鳞螨、腐食酪螨和屋尘螨的原肌球蛋白之间的交叉反应已有报道,但临床上的相关性仍需进一步研究。蛔虫的原肌球蛋白过敏原Asc l 3,也可能与其他无脊椎动物的原肌球蛋白过敏原出现交叉反应。

α-微管蛋白(α-tubulin)是组成微管的基本结构单位,具有高度保守性,α-tubulin为Der f 33、Lep d 33过敏原组分;白纹伊蚊Aed alb tub、按蚊Ano g tub、库蚊Cul quin tub均来自微管蛋白,因此粉螨与按蚊、库蚊可能存在交叉反应(表5.3)。

4. 粉螨过敏原与微生物过敏原的关系

Griffiths等(1960)研究证实粉螨消化道内有大量的曲霉与青霉孢子,粉螨一颗粪粒中平均含有霉菌孢子10亿个之多。Sinha等(1970)在分析细菌和真菌与螨的关系时认为:交互链格孢菌(*Alternaria alternata*)的孢子和假猪尾草的花粉可能存在于屋尘螨的消化道内。Bronswijk(1972)认为人的皮屑脱落后,可作为真菌的生长基质,当粉螨取食人皮屑时,真菌孢子亦随之被摄入消化道,继而通过消化道一起排出,成为尘埃微粒。粉螨以真菌孢子和花粉等为食,而这些物质本身都具过敏原性,随粉螨的排泄物(粪粒)排到体外,与粉螨的排泄物一起构成复杂的过敏原。故粉螨的过敏原在自然状态下,亦有可能掺杂着真菌和花粉过敏原在内。因此粉螨过敏原在自然状态下就有可能与霉菌过敏原共同致敏特应性人群。

(六) 重组过敏原

通过适当溶剂可从粉螨螨体提取具有过敏原活性成分的制剂,即粉螨过敏原疫苗(过敏原浸液)，这种提取物在临床上通常用作粉螨过敏的实验诊断和脱敏治疗，也可用于实验教学及研究。除直接用粉螨提取过敏原浸液外，还可利用现代生物技术制备粉螨疫苗，如T细胞表位多肽疫苗、B细胞表位多肽疫苗、重组过敏原疫苗、类变应原疫苗、佐剂偶联的分子疫苗和纳米型疫苗等。

粉螨种类繁多，过敏原成分复杂，既有种的特异性过敏原，也有种间交叉过敏原。使用传统过敏原粗提液不良反应时有发生；而重组过敏原特别是重组低过敏原保持了T细胞的表位活性，无或者仅有弱IgE结合特性，上调Th1型细胞因子的分泌而抑制Th2型应答，不仅能减少过敏反应的发生，还能增加免疫治疗的安全性，因此在临床诊断和治疗方面有着理想的效果，是替代传统过敏原浸提液的重要形式。

重组过敏原是在分析研究过敏原蛋白组分的基础上，从天然过敏原中提取mRNA，反转录构建cDNA文库，将其插入载体后导入宿主细胞中表达、分离、纯化，从而得到过敏原蛋白。过敏原基因的表达系统主要有原核、CHO细胞真核、酵母和植物4个表达系统，这些表达系统因所需表达载体的差异而有所不同，但前期的重组表达载体构建过程大同小异，其基本流程是：通过RT-PCR或化学合成的方法获得目的基因，将目的基因插入表达载体后，导入表达系统中进行诱导表达，之后收集细胞，对目的蛋白进行分离纯化鉴定并检测其蛋白浓度，此蛋白即为目的变应原。重组过敏原用基因重组方法制备的只含保护性抗原的纯化抗原，维持抗原免疫原性的同时降低变应原性，从而提高疗效。

基因重组过敏原与传统过敏原相比有明显的优势，二者的比较见表5.4。

表5.4　重组过敏原与传统过敏原的比较

区别	重组过敏原	传统过敏原
过敏原的来源	通过基因重组方法获得	来自天然的原材料过敏原
过敏原的安全性	可在肽链氨基酸水平上对之进行取代、修饰、缺失而增强其免疫活性，降低其过敏原活性，从而提高免疫治疗的有效性和安全性	成分复杂，含有大量未知成分，容易被其他物质或其他来源的过敏原污染，可能会引发新的过敏反应
过敏原的含量与比例	含量易于控制，可使用基本的通用质量单位，可精确调整过敏原比例	主要过敏原缺失或含量较低，所含过敏原的比例不确定，治疗潜力各不相同
针对患者过敏原的调配	可以针对患者实际的过敏病情调配适宜的脱敏疫苗	无法根据过敏患者的实际情况进行合理调配
过敏原的质量标准	作为疫苗使用时，符合统一的国际质量标准	作为疫苗使用时，不符合国际上的不同质量标准
过敏原的标准化	生产条件恒定、可大量生产、易于纯化，有利于过敏原的标准化	难以标准化
过敏原的品牌、批次间的比较	不同品牌和批次间的产品可以相互比较	不同批次、不同品牌的产品之间无法比较
过敏原的治疗效果及机理阐明	可以精确阐明其脱敏治疗机理，并根据不同的治疗方案设计开发不同性质的重组过敏原	无法精确评价治疗效果和研究其治疗机理

目前的研究结果显示:只要确定重组过敏原的构成组分及各组分的比例和含量,基因重组过敏原混合物的抗原性与天然提取液几乎完全相同。

由于重组过敏原所具有的各种有别于传统过敏原的特点和优势,其研究已经成为热点技术和领域。在基础研究中,杨庆贵、李朝品(2004)成功构建粉尘螨Ⅰ、Ⅱ类过敏原cDNA基因的重组表达质粒,并在大肠埃希菌中获得高效表达,为获得重组纯化Der f 1和Der f 2过敏原并用于尘螨过敏性疾病的诊治奠定了基础。蒋聪利、刘志刚等(2014)人工合成粉尘螨Der f 11过敏原基因,通过诱导表达和纯化获得高纯度的重组Der f 11蛋白,并证明Der f 11重组蛋白具有与天然蛋白相似的免疫学活性,为标准化抗原的临床特异性诊断和治疗奠定基础。于琨瑛(2007)用重组Der p 2进行免疫治疗,取得较好效果。李辉严、陶爱林等(2010)在大肠杆菌中高效表达了ProDer f 1并获得大量纯化蛋白,研究结果显示重组ProDer f 1较天然Der f 1的IgE结合活性显著降低,具低过敏原性,可作为易于标准化的粉尘螨脱敏治疗的安全制剂。姜玉新、李朝品(2013)通过多种条件的组合改组了粉尘螨主要变应原基因Der f 1和Der f 3,获得多个粉尘螨变应原基因Der f 1和Der f 3间的融合基因,对粉螨哮喘小鼠具有免疫治疗效果。杨小琼等(2016)通过基因敲除屋尘螨Der p 2变应原的部分氨基酸残基序列,成功构建了Der p 2变应原突变体的原核表达质粒,表达和纯化了Der p 2变应原突变体蛋白,并成功诱导免疫应答,产生IgG2a抗体和IgG1抗体,同时发现其明显减低了IgE的诱导产生。目前用于临床研究试验的重组过敏原疫苗主要有两类:经基因工程修饰形成的低致敏重组过敏原疫苗;未经基因工程修饰的过敏原野生型基因重组过敏原疫苗。2004年,人们使用重组低致敏性桦树过敏原Bet v 1(较天然Bet v 1过敏原的过敏性低100倍)进行了首次重组过敏原脱敏治疗的临床试验。由于其致敏性较低,患者可以接受大剂量的注射,经过短时间的治疗,某些患者体内诱发出桦树过敏原的IgG(IgG1、IgG4、IgG2)特异性抗体,甚至还检测出与Bet v 1相似的部分杨树、榛子和食物过敏原。在2006年召开的第25届欧洲过敏和临床免疫学大会上,报道了用重组野生型过敏原疫苗进行脱敏治疗的临床效果。研究中117位患者被分为4组,分别接受重组Bet v 1a过敏原、纯化的天然Bet v 1过敏原、桦树过敏原提取物和安慰剂注射,治疗周期为2年。研究发现,重组Bet v 1a过敏原治疗组在症状和病理评分方面明显优于其他组,且重组Bet v 1过敏原诱导产生了大量的抗Bet v 1过敏原的IgG(IgG1、IgG4、IgG2)特异性抗体。以上研究均证明了重组过敏原可以应用于过敏性疾病的脱敏治疗。

重组过敏原的质量对临床的特异性诊断的准确性和治疗的有效性至关重要,脱敏治疗能够成功取决于过敏原的标准化。早在2001年欧洲的科研单位和过敏原生产厂家联合启动了“CREATE”项目,项目组选择了Bet v 1、Phl p 1、Phl p 5、Ole e 1、Der p 1、Der p 2、Der f 1、Der f 2共8种重组过敏原,将它们与天然过敏原进行充分的研究,以期对它们进行标准化,开发出过敏原标准物质,从而建立起全球统一的过敏原质量标准。

重组过敏原的质量标准化主要包括:过敏原的组分分析(确保含有相关致敏蛋白),主要致敏蛋白含量测定(确保总生物效价一致)以及过敏原总生物活性测定(确保总生物效应一致)3个方面。每一批新产品的组成都须与内部参考品(in-house reference preparation, IHR)或企业参考品相比以确保组成一致。不同过敏原选择相应的标准分离技术,广泛使用聚丙烯酰胺凝胶电泳(SDS-polyacrylamide gel electrophoresis, SDS-PAGE)来完成。测定主要致敏蛋白含量主要采用免疫化学定量分析法,目前酶联免疫吸附试验(enzyme linked immunosorbent assay,ELISA)应用最广泛,其中以双抗体夹心法应用最多。在特殊情况下可以使用如物理分离(电泳法或色谱法)等方法。评估过敏原总生物活性的方法有体内和体外两种技术:体内测定的方法有定量皮肤试验(quantitative skin test,QST),如皮刺试验(skin prick test,SPT)、皮内试验(intradermal skin test,IST)等;体外测定可用ELISA。

使用标准化过敏原疫苗免疫机体,能显著减轻变态反应性疾病患者的症状,从而减少患者治疗变态反应性疾病的用药量,可明显提高患者的生活质量。重组过敏原的发展也许会使过敏原疫苗的标准化成本大大降低,更多的过敏性疾病患者将享受到特异性免疫治疗带来的实惠,解除疾患痛苦。

(贾默稚　吴　伟)

二、致敏机制

粉螨的排泄物、分泌物、卵、蜕下的皮屑(壳)和死螨分解物等均具过敏原性,可引起人体过敏,目前粉螨过敏已经成为一个严重的公共卫生问题,现已证实,粉螨过敏是IgE介导的Ⅰ型超敏反应。在1921年,首次证实过敏原特异性致敏能通过注射血清转移到健康的人身上,但1966~1967年才证实这个血清因子为IgE。目前,世界各国均有大量的粉螨过敏人群,由此引起的过敏性疾病越来越受到关注,就过敏性哮喘而言,全球患病人数约有3亿。近年来,气道嗜中性粒细胞性炎症被证明是过敏性哮喘的一个亚型,尤其是在重度哮喘患者身上可见。此外,遗传易感性和环境中吸入粉螨过敏原等致敏性物质是过敏性哮喘、过敏性鼻炎等发病的危险因素,可以引起超敏反应并刺激气道和鼻腔等。在气道、鼻黏膜等炎症发展过程中,固有免疫细胞和适应性免疫细胞以及结构细胞的复杂相互作用具有重要意义。气道或腔道表皮细胞接触过敏原后,其局部炎症主要由过敏原特异性辅助型T细胞2(Th2)细胞和其他T淋巴细胞(简称T细胞)所诱导,这些T细胞在肺内或鼻腔内招募积聚,产生一系列不同的效应细胞因子。Th2细胞产生大量的关键细胞因子(IL-4、IL-5、IL-13)已被证实是很多过敏性哮喘、过敏性鼻炎等发病的病理生理学基础。然而,随着更多辅助性T细胞及其细胞因子的发现,粉螨诱发的过敏性哮喘、过敏性鼻炎等疾病的免疫学机制也在不断丰富。传统意义上,粉螨诱发的过敏性疾病被认为是Th1/Th2平衡遭到破坏,研究表明,IL-17家族细胞因子(IL-17A、IL-17F、IL-22)在过敏性哮喘发病过程中大量表达,上皮细胞分泌的细胞因子(IL-25、IL-33、TSLP)及其效应细胞如树突状细胞(DCs)也在过敏性哮喘发病过程中起到很大作用。除了T细胞及其亚群等参与的适应性免疫之外,在粉螨诱发的过敏反应中,当宿主接触过敏原时,固有免疫细胞的模式识别受体(PRR)识别与病原体相关的分子模式(PAMP),然后再分泌细胞因子和趋化因子,从而募集其他内源性炎性细胞和促炎性细胞因子,增强了粉螨诱发的炎症反应。所以,固有免疫细胞和适应性免疫细胞及其分泌的细胞因子和效应细胞等均参与了粉螨过敏原的致病过程。

(一)致敏过程

粉螨引起的超敏反应如过敏性鼻炎、过敏性哮喘等均为IgE介导的Ⅰ型超敏反应,粉螨变应原可通过酶的直接作用、上皮细胞的吞噬、直接刺激支气管相关淋巴细胞、蛋白酶性抗原的局部黏附等而引发一系列的免疫应答。过敏原进入机体后,首先诱导炎性细胞聚集,使机体处于致敏状态，当再次接触相同过敏原后，启动活化信号，释放生物学活性介质，作用于效应组织或器官，引起相应组织或器官的过敏反应，具体如下所述：

1. 致敏阶段

绝大多数过敏原是大分子蛋白质或糖蛋白，进入机体后可诱导适应性免疫T细胞产生针对该过敏原特异性应答的IgG抗体，同时也诱导B细胞产生针对该过敏原特异性应答的IgE抗体(specific IgE，sIgE)。过敏原由特异性IgE抗体介导，通过呼吸道进入机体后，首先被抗原提呈细胞(APC)(如DC细胞等)识别、加工及处理，传达信息至T细胞，被Th2细胞和抗原提呈细胞所识别，进而释放IL-4、IL-5和IL-13等一系列细胞因子，在气道中募集炎症细胞如嗜碱性粒细胞(basophils)、嗜酸性粒细胞(eosinophils)、肥大细胞(mast cells)等；Th2细胞也同时激活免疫系统的B细胞，刺激特异性B细胞产生IgE类抗体，IgE附着在嗜碱性粒细胞、肥大细胞等细胞膜的膜受体上，特异性IgE抗体以其Fc段与嗜碱性粒细胞或肥大细胞表面的FcεRⅠ结合，而使机体处于对该过敏原的致敏状态。表面结合特异性IgE的肥大细胞或嗜碱性粒细胞称为致敏的肥大细胞或致敏的嗜碱性粒细胞。致敏阶段可持续数月甚至更长，若长期不接触该过敏原，则致敏状态逐渐消失。正常人血清中IgE抗体含量极低，而发生Ⅰ型过敏性疾病患者体内IgE抗体含量明显增高，针对粉螨过敏原的特异性IgE是引起Ⅰ型过敏性疾病的主要因素，因而说明由粉螨引起的过敏性哮喘的发作与血清免疫球蛋白水平的变化存在相关性。IgE和肥大细胞都集中在黏膜组织中，所以IgE抗体是入侵病原体最先遇到的防御分子之一。IgE抗体在过敏性疾病的发病机制中起着关键作用，不仅通过Fab区域识别过敏原，还通过Fc区域与两个不同的细胞表面受体相互作用。IgE充当蛋白质网络的一部分，包括其两个主要受体FcεRⅠ(IgE的高亲和力Fc受体)和FcεRⅡ(也称CD23)，以及IgE和FcεRⅠ结合蛋白半乳糖凝集素-3。另外，CD23的功能被几个共受体扩展，它们包括补体受体CD21(也称为CR2)，$\alpha_M\beta_2$-整联蛋白(也称为CD18/CD11b或CR3)和$\alpha_X\beta_2$-整联蛋白(也称为CD18/CD11c或CR4)，玻璃粘连蛋白受体(也称为$\alpha_V\beta_3$-整联蛋白)和$\alpha_V\beta_5$-整联蛋白。

2. 激发阶段

(1) IgE受体桥联引发细胞活化。处于致敏状态的机体，当同种过敏原再次进入机体后，过敏原与嗜碱性粒细胞或肥大细胞表面的IgE特异性结合。单个IgE结合FcεRⅠ并不能刺激细胞活化，只有单个过敏原与致敏细胞表面的2个及以上相邻IgE类分子相结合，引起多个FcεRⅠ桥联形成复合物，才能启动活化信号。活化信号由FcεRⅠ的β链和γ链胞质区的免疫受体酪氨酸活化基序(immunoreceptor tyrosine-based activation motif，ITAM)引发，经过多种信号分子传递，导致颗粒与细胞膜融合，释放生物学活性介质，称为脱颗粒(degranulation)。此外，抗特异性IgE抗体(如IgG)交联细胞膜上的IgE，或抗FcεRⅠ抗体直接连接FcεRⅠ均可刺激嗜碱性粒细胞或肥大细胞活化或脱颗粒，释放生物学活性介质，引起速发型过敏反应以及以嗜酸性粒细胞浸润为主的慢性炎症。

(2) 生物学活性介质的释放。当过敏原与膜受体上的IgE特异性结合后，嗜碱性粒细胞、肥大细胞等被激活并释放组织胺、缓激肽、嗜酸性粒细胞趋化因子和过敏性慢反应物质等生物学活性物质，这些物质引发过敏相关的一系列临床症状，如支气管平滑肌收缩、黏液增加、呼吸困难等；嗜酸性粒细胞可通过释放高电荷的颗粒蛋白，脂质介质以及一系列促炎性细胞因子和趋化因子来诱发呼吸道损伤和气道高反应性。同时，肥大细胞分泌的IL-4，刺激B细胞产生更多的特异性IgE，肥大细胞也分泌IL-5来刺激嗜碱性粒细胞和嗜酸性粒细胞释放更多的炎症介质。与FcεRⅠα结合的IgE与多价过敏原的交联导致组胺和其他作用于周围组织的化学介质的释放以及Ⅰ型超敏反应的最常见症状。Hirano T等(2018)研究发现，抗大鼠IgE抗体Fab-6HD5与IgE的Cε2结构域特异性结合，可破坏大鼠肥大细胞表面IgE-FcεRⅠα复合物的稳定性，进而抑制过敏反应。

由活化的嗜碱性粒细胞或肥大细胞释放的介导Ⅰ型超敏反应的生物学活性介质包括两类：预存在颗粒内的介质和活化后新合成的介质。

(1) 预存在颗粒内的生物学活性介质：主要包括组胺和激肽原酶(kininogenase)，它们是细胞活化后脱颗粒释放的。① 组胺通过与受体结合后，发挥其生物学效应。4种组胺受体H1、H2、H3、H4分布于不同细胞，介导不同的效应。其中的H1受体可介导肠道和支气管平滑肌收缩、杯状细胞黏液分泌增多和小静脉通透性增加等；H2受体介导血管扩张和通透性增强，刺激外分泌腺的分泌。嗜碱性粒细胞和肥大细胞上的H2受体则发挥负反馈调节作用，抑制脱颗粒。肥大细胞上的H4受体具有趋化作用。② 激肽原酶通过酶解血浆中激肽原成为有生物学活性的激肽，其中的缓激肽能够引起平滑肌收缩和支气管痉挛，引起毛细血管扩张和通透性增强；此外，还能吸引嗜酸性粒细胞、中性粒细胞等向炎症局部趋化。

(2) 新合成的生物学活性介质：主要包括前列腺素D2(prostaglandin D2，PGD2)、LTs、血小板活化因子(platelet activating factor，PAF)及细胞因子。① PGD2主要引起支气管平滑肌收缩、血管扩张和通透性增加等；② LTs通常由LTC4、LTD4和LTE4混合组成，是引起迟发相反应(4～6小时出现反应)的主要介质，除了引起支气管平滑肌强烈而持久性收缩外，也可使毛细血管扩张、通透性增强，黏膜屏障作用减弱，黏液腺体分泌增加；③ PAF主要参与迟发相反应，凝聚和活化血小板，使之释放组胺、5-羟色胺等血管活性胺类物质，增强Ⅰ型超敏反应；④ 细胞因子IL-1和TNF-α参与全身性过敏反应，增加黏附分子在血管内皮细胞的表达。IL-4和IL-13促进B细胞产生IgE。

3. 效应阶段

活化的嗜碱性粒细胞或肥大细胞释放的生物学活性介质作用于效应组织和器官，引起局部或全身性的过敏反应。由肥大细胞的IgE-FcεRⅠ复合物介导的即刻过敏反应，也就是过敏反应的早期阶段，包括脱颗粒和脂质介质的合成。在这个早期阶段释放的细胞因子和趋化因子启动了晚期阶段，后者在几个小时后达到高峰，并涉及对过敏原敏感部位炎症细胞的募集和激活。在无明显症状的情况下，过敏原激活经IgE致敏的APC，进而促进B细胞产生IgE，补充过敏反应中消耗的IgE，从而维持肥大细胞和APC的致敏。肥大细胞和APC募集的过程以及黏膜组织中IgE的产生对IgE的功能至关重要。在表达FcεRⅠ之前，肥大细胞前体在骨髓中产生并迁移至黏膜组织。该受体在组织肥大细胞中高表达，可能是由于IgE介导的FcεRⅠ表达上调的结果。另外，根据发生过敏反应持续时间的长短和快慢，可分为速发型反应(immediate reaction)和迟发型反应(late-phase reaction)两种类型。速发型反应主要由组胺和前列腺素引起，通常在接触过敏原后数秒内即可发生，可持续数小时，导致毛细血管扩张、血管通透性增强、平滑肌收缩、腺体分泌增加、气道堵塞、吸气和换气失常、支气管收缩、黏液分泌过度、黏膜水肿等。速发型反应中肥大细胞等释放嗜酸性粒细胞趋化因子(eosinophil chemotactic factor，ECF)、IL-3、IL-5和GM-CSF等多种细胞因子。迟发型反应发生在过敏原刺激后4～6小时，可持续数天以上，主要表现为局部以嗜酸性粒细胞、嗜碱性粒细胞、巨噬细胞、中性粒细胞和Th2细胞浸润为主要特征的炎症反应。Th2细胞在变应性气道炎症的发病机制中起重要作用，气道被Th2细胞和嗜酸性粒细胞浸润是晚期哮喘反应的主要特征。嗜酸性粒细胞向气道的迁移是一个多步骤的过程，是由Th2细胞因子（如IL-4、IL-5和IL-13）和特异性趋化因子（如eotaxin）与CCR3联合调控的。除了吸引大量的嗜酸性粒细胞到达反应部位外，还可促进嗜酸性粒细胞的增殖和分化。活化的嗜酸性粒细胞释放的白三烯、碱性蛋白、PAF、嗜酸性粒细胞源性神经毒素等，在迟发型反应中，特别是在持续性哮喘的支气管黏膜炎症反应及组织损伤中发挥重要作用。此外，在肥大细胞释放的中性粒细胞趋化因子作用下，中性粒细胞也在反应部位聚集，释放溶酶体酶等物质，参与迟发型超敏反应。

（二）最新研究进展

越来越多的研究者认为，粉螨引起的过敏性炎症反应一方面是偏向于Th2细胞为主的适应性免疫反应；另一方面则受到先天免疫细胞直接激活的严重影响，而这种直接激活主要是由粉螨过敏原本身介导的。粉螨中含有的过敏原颗粒可以通过接触易感者的眼睛、鼻子、呼吸道、皮肤和肠道等这些器官上皮引起过敏和特应性症状。粉螨的过敏原存在于螨类粪便颗粒中，也存在于螨类外骨骼和崩解的螨体片段中，其特性包括蛋白质水解活性、与其他无脊椎原肌凝蛋白的同源性、与Toll样受体脂多糖结合成分的同源性以及几丁质裂解和几丁质结合活性。此外，粉螨的蛋白酶类抗原还具有直接的上皮细胞裂解作用，包括破坏紧密连接和刺激蛋白酶激活受体，引起瘙痒、上皮功能障碍和细胞因子的释放，而其他成分，包括甲壳质、未甲基化的螨虫和细菌DNA、内毒素、激活的免疫系统识别受体，作为佐剂，促进对粉螨和其他过敏原的敏化。因此，粉螨过敏原本身及其蛋白酶类抗原等通过与不同的免疫细胞、受体等的相互作用诱发过敏反应。

1. Toll样受体

Toll样受体（Toll-like receptor，TLR）是一类模式识别受体（pattern recognition receptor，PRR），属于白细胞介素-1受体（IL-1R）超家族成员之一。TLR通过识别结合病原体相关分子模式（PAMP）启动激活信号转导途径，并诱导某些免疫分子（包括炎性细胞因子）的表达。过敏原和具有免疫调节作用的微生物的暴露可同时激活多个TLR或相互作用的PRR，特异性TLR配体的结构与特定的TLR信号通路均影响过敏性疾病的发生条件和机制。多个TLR包括TLR2、TLR4和TLR9等参与了过敏性炎症反应。Jacquet等（2020）研究表明，屋尘螨是导致多种过敏反应的大量过敏原来源。重要的是，两种类型的过敏原生物活性，即蛋白水解和肽脂/脂结合，可引发IgE并刺激旁观者对无关过敏原的反应。这种影响的大部分起因于Toll样受体（TLR）4或Toll样受体（TLR）2信号传导，在蛋白酶过敏原的情况下，其与具有强效疾病联系的多效性效应子的激活有关。Shalaby等（2017）通过TRIF途径激活TLR4信号传导可防止小鼠过敏性气道疾病的发展，而$CD4^+ICOS^+$细胞向肺的募集可能是TRIF（TIR domain containing adapter inducing interferon-β）依赖性机制之一。相反，Zhang等（2017）表明白细胞介素-1受体相关激酶M（interleukin-1 receptor-associated kinase M，IRAK-M）是气道上皮细胞和巨噬细胞TLR信号的负调节因子，IRAK-M信号的激活是由Toll样受体（TLR）或IL-1家族受体（IL-1Rs）触发的，通过改变气道上皮细胞、树突状细胞和巨噬细胞的功能及$CD4^+$T细胞的分化，调节过敏性气道炎症过程。在尘螨引起的过敏性疾病中,联合使用化学修饰后的TLR1、TLR2和TLR6 mRNA对小鼠尘螨诱导哮喘模型进行高效的基因转移,继而检测小鼠对屋尘螨诱导作用。Zeyer等(2016)认为,经过TLR1/2 mRNA或TLR2/6 mRNA治疗可以改善肺功能,减轻体内气道炎症,进一步证实了TLR异二聚体在此模型的哮喘病机制中具有潜在的保护作用。

2. 中性粒细胞

中性粒细胞是固有免疫中第一个迁移到炎症部位并迅速发挥多种效应的天然免疫细胞,还参与适应性免疫细胞的激活、调节和效应功能。因此,中性粒细胞在一系列疾病的发病机制中起着至关重要的作用。Polak等(2019)认为中性粒细胞能够产生过敏原并激活T细胞。在自然暴露或在过敏原特异性免疫治疗期间接种疫苗后,可作为局部过敏性T细胞介导炎症的放大剂。NADPH氧化酶是一种多酶复合物,是中性粒细胞产生活性氧的必要条件,而gp91phox是NADPH氧化酶复合物的一个亚基。Sevin等(2013)研究发现,在中性粒细胞中主要的超氧化物生成酶(gp91phox)缺失的情况下,细胞因子的表达增强了T helper (Th)型分化的条件,同时抑制了Th2极化。此外,Oyoshi等(2012)发现缺乏gp91phox的小鼠,其活性氧减少,对过敏原挑战的过敏性炎症反应减弱。募集到的中性粒细胞向皮肤生成LTB4,刺激效应$CD4^+$T细胞向皮肤积累,从而促进过敏性皮肤炎症。Park等(2006)研究还发现,中性粒细胞可能通过增加微血管的通透性、浸润气道壁和基质金属蛋白酶9(matrix metalloproteinases 9,MMP9)而导致过敏性炎症。在屋尘螨诱导过敏性气道疾病的小鼠模型中,中性粒细胞的慢性、全身性耗竭引起了Th2炎症的加重、黏液生成的增加和气道阻力的增加,而积累的G-CSF通过促进气道ILC2产生Th2细胞因子和驱动单核细胞增多而增强了过敏原的致敏性。

3. 固有淋巴细胞

固有淋巴细胞(innate lymphoid cell, ILC)可以分泌Th1、Th2和Th17细胞因子,在固有免疫应答中发挥重要作用,被分别命名为ILC1、ILC2和ILC3。而ILC2s是2型炎症的早期效应因子,在寄生虫感染的早期先天反应和包括哮喘在内的多种过敏性炎症反应的病理生理学中起重要作用,活化的ILC2s在黏膜表面引发过敏性组织炎症,部分原因是通过快速产生效应细胞因子,通过促进上皮细胞增殖,存活和屏障完整性来维持组织稳态。Halim等(2012)动物实验的研究结果表明,ILC2参与了过敏性疾病过程中的气道反应。在屋尘螨诱导的小鼠过敏性炎症中,ILC2s对IL-5和IL-13产生细胞的总数有显著的影响。在屋尘螨介导的气道炎症中,IL-33等上皮细胞来源的固有促炎细胞因子和IL-2、IL-21等T细胞来源的信号都需要诱导ILC2的激活。

4. 上皮细胞及其细胞因子

几丁质、脂质和内毒素的异常感觉可能是过敏反应发生的主要决定因素。上皮细胞在感应过敏原中的几种成分和调节过敏反应方面发挥了重要作用。腔道表层的上皮细胞在过敏反应中发挥了重要作用。上皮细胞衍生的细胞因子,包括IL-25、TSLP和IL-33,介导过敏原诱导的2型固有淋巴细胞(ILC)2活化和发展,导致IL-5和IL-13的分泌,有助于过敏性疾病的发生。肺上皮细胞是接触过敏原的第一道屏障,是过敏性哮喘中多种细胞因子和化学因子的重要来源,还可以通过模式识别受体(PRRs)识别过敏原,释放多种细胞因子,激活固有免疫细胞。除了上皮细胞本身作用外,其细胞因子在过敏性疾病中亦发挥作用。此外,鼻上皮是暴露于吸入抗原的第一个位点,可能在对过敏性鼻炎的先天免疫中起重要作用。

上皮细胞衍生的细胞因子亦是与Th2细胞因子介导的鼻腔炎症相关的先天性和适应性免疫反应的关键调节剂。屋尘螨包含多种成分,可引起过敏性哮喘和过敏性鼻炎,这些成分能够激活不同且重叠的途径,导致各种炎症引发剂的释放,包括IL-33、IL-25和TSLP,它们是倾向于Th2型反应的介质。IL-25主要由上皮细胞和先天免疫细胞产生。在上皮相关细胞因子中,IL-25通过上皮细胞增生、黏液分泌、气道高反应性和特异性Th2细胞因子的产生加剧过敏性炎症。在过敏性气道炎症中,OVA致敏和激发的小鼠肺中有IL-25 mRNA的表达,通过可溶性IL-25受体中和IL-25抑制OVA介导的嗜酸性粒细胞和$CD4^+$ T细胞募集到气道。Xu等(2017)研究发现,在过敏原诱导的哮喘模型中,嗜酸性粒细胞和$CD4^+$T细胞浸润,黏液增加和上皮增生,而IL-25的缺乏减少了气道炎症和Th2细胞因子的产生。IL-25直接作用于上皮细胞,以诱导变应性趋化因子的产生。IL-33是由上皮细胞和其他细胞类型产生的细胞因子,在介导炎症反应中发挥重要作用,通过向各种免疫细胞(例如T细胞、肥大细胞、树突状细胞和ILC2)发出信号来介导Th2促进作用。Hardman等(2016)发现在屋尘螨过敏原中的蛋白酶中有类似IL-33分裂的过程。IL-33主要诱导2型免疫反应,介导IL-4和IL-13的表达,同时增强嗜碱性粒细胞中IgE介导的降解。在过敏性哮喘中,IL-33激活的ILC2s产生2型细胞因子IL-5和IL-13,IL-5和IL-13通过引起嗜酸性粒细胞浸润、黏液分泌增多和气道超反应性而在哮喘中起致病作用。在过敏性鼻炎中,血清IL-33水平升高不仅引起炎症反应,而且其浓度与过敏性鼻炎的严重程度呈正相关。胸腺基质淋巴生成素(TSLP)是一种新型的IL-7样细胞因子,具有免疫调节作用,可以直接或间接地促进Th2和Treg反应,主要来源于呼吸道、肠道和皮肤的上皮细胞,其表达受到多种环境刺激,如过敏原等。此外,TLR3、TLR5、TLR2-TLR6等特异性参与促进了TLSP的分泌。在特应性皮炎、哮喘等多种过敏性疾病中TSLP的产生增加。气道上皮释放TSLP是由蛋白酶过敏原和促炎因子介导的。

5. 抗原提呈细胞

尘螨是诱发过敏性哮喘的重要过敏原,过敏原进入机体以后,首先被抗原提呈细胞(如DC)所识别,进而促使Th0细胞向Th2型分化,分泌IL-4、IL-5和IL-13等Th2型细胞因子,从而促进B细胞分泌大量的IgE,激活嗜酸性粒细胞与肥大细胞,并将其招募到炎症部位。T细胞免疫球蛋白粘蛋白分子(T-cell immunoglobulin and mucin-domain-containing molecule,TIM)是一种新的细胞表面分子蛋白,TIM1-TIM4的相互作用在过敏性机理中至关重要。TIM4是由活化的树突状细胞、巨噬细胞分泌的表面分子,TIM1与TIM4相互作用可调节T细胞活化增殖,调节Th1/Th2细胞平衡。Vergani等(2015)研究表明,TIM4与TIM1结合能够促使Th2型细胞极化,而TIM4与TIM3结合则使Th1细胞凋亡,这两者的最终效应是使得机体Th1/Th2失去平衡,Th2细胞占优势。而Th1/Th2失去平衡是形成哮喘的主要诱因,Th2细胞占优势,其分泌的炎症细胞介质因子最终到机体发展为过敏性疾病,这也为过敏性疾病机制的研究提供了新的思路。其中,来源于树突状细胞的TIM4能够促使$CD4^+$ T细胞向Th2转化,同时树突状细胞在受到外界刺激时TIM4表现出上调趋势,抑制TIM1能够抑制过敏性呼吸道炎症和机体的T细胞反应。

6. Th2细胞

Th2细胞的激活被认为是通过介导IgE合成和IL-4、IL-5、IL-13介导的嗜酸性炎症而在过敏反应中发挥重要作用,是抗体和过敏反应的重要调节者。IL-5与IL-4可通过协同作用促进B细胞产生IgE，特异性地作用于嗜酸性粒细胞释放主要碱性蛋白（MEP）和嗜酸性粒细胞阳离子蛋白（ECP），引起气道上皮损伤和气道高反应性。活化的Th2细胞通过刺激粉螨过敏原特异性IgE抗体的产生和炎性细胞的募集来协调粉螨诱导的过敏反应。过敏性疾病的发生主要是由于Th1/Th2型免疫失衡所致。在过敏性哮喘疾病中，Thl和Th2细胞因子的相对水平失衡可能是哮喘发生的原因之一。IL-4是一种Th2细胞因子，已被证明可以促进Th0细胞向Th2细胞的分化，IL-13介导B细胞产生IgE，从而增加了细支气管黏液的产生，以及Th2细胞因子的产生。Repa等（2004）研究发现，螨性哮喘是以肺内嗜酸性粒细胞聚集、黏液过度分泌、气道高反应性为特点的IgE介导的Ⅰ型免疫病理反应引起的过敏性疾病，主要表现为以辅助性T细胞（Th2，主要分泌IL-4和IL-5）为主的免疫应答，并产生气道高反应性。此外，活化的Th2细胞对尘螨过敏原敏感是维持气道炎症的主要原因。湛孝东等（2017）研究显示，STAT6在哮喘中可促进Th2优势免疫应答，调节炎性细胞反应，促进B细胞的分化和IgE的产生，通过抑制STAT6的表达，可实现Th1/Th2的平衡。

7. Th17/Treg细胞

Th17细胞亚群分泌IL-17A/F以及IL-22，在自身免疫性疾病和炎症性疾病中发挥着重要作用。临床研究表明外周血中Th17细胞数目的增加与儿童哮喘严重程度呈正相关。IL-22抑制炎症反应，在过敏性气道炎症部位，IL-22通过改变树突状细胞的功能和抑制IL-25的分泌来减弱过敏原引起的气道嗜酸性粒细胞性炎症。在哮喘小鼠模型中，Taube等（2011）发现抗IL-22抗体很大程度上促进了过敏原介导的嗜酸性气道炎症、Th2细胞因子产生和气道高反应性。在IL-22缺失的小鼠中过敏原介导的嗜酸性气道炎症增强。Zhao等（2013）研究发现，在机体内的IL-17具有促炎作用，可促进气道上皮细胞和平滑肌细胞分泌IL-8，从而使中性粒细胞在气道中聚集，IL-17在慢性气道重塑的过程中也发挥了重要作用。慢性Th17炎症会导致气道重塑，并随着嗜中性粒细胞增多而使过敏原敏感性持续存在。由于IL-17增加了肺组织中过敏原的转移，由过敏原驱动的Th17细胞也可能增加肺组织对感染的易感性，导致哮喘加重或组织损伤加速。调节性T细胞（Treg）在特应性炎症中发挥了重要作用。李朝品等（2016）和赵亚男等（2019）研究表明，Treg细胞对过敏原的抑制性反应是通过多种抑制因子包括IL-10和TGF-β实现的。它通过抑制Th1、Th2和Th17细胞的细胞因子分泌以及直接抑制嗜碱性粒细胞、嗜酸性粒细胞和肥大细胞等效应性细胞，抑制IgE抗体产生，促进IgG4、IgE抗体的产生，从而抑制了过敏反应的发展。此外，Foxp3是Treg细胞分化成熟过程中必需的转录因子，D' Hennezel等（2009）研究发现具有Foxp3突变的病人往往表现出严重的过敏性疾病，表明Treg细胞对过敏性疾病具有重要的抑制作用。

8. $CD4^+CD25^+$ T细胞

$CD4^+CD25^+$ T淋巴细胞属于“特定亚群的职业抑制性T淋巴细胞”，是体外多克隆T细胞活化的有效抑制剂。在共培养研究中，Shevach（2000）发现$CD4^+CD25^+$ T细胞可以抑制$CD4^+CD25^-$ T细胞的应答，从成年的TCR单链转基因小鼠中可成功分离出$CD4^+CD25^+$ T细胞。$CD4^+CD25^+$ T细胞能够减少Th2细胞分化细胞因子，还会抑制Th1细胞应答，可抑制过敏性疾病的发生和进展。在动物模型中，Jordan等（2001）发现$CD4^+CD25^+$ T细胞对于由Th2细胞所介导的气道过敏性炎症发挥强大的抑制作用。Shaoqing等（2018）研究发现过敏性鼻炎患者症状加重时$CD4^+CD25^+$Treg数量减少，调节性T淋巴细胞对Th2反应的抑制作用减弱，从而导致鼻黏膜和气道的2型过敏反应性免疫。此外，Foxp3是调控

$CD4^+CD25^+$ Treg细胞分化的关键转录因子，对$CD4^+CD25^+$ T细胞的分化、增殖潜能、代谢和功能具有极其重要的作用。Foxp3在过敏性哮喘患者中的表达水平较低，导致$CD4^+CD25^+$T细胞的分化和功能受损。粉尘螨刺激能引起淋巴细胞、巨噬细胞、嗜中性粒细胞显著增多，陈一强等(2009)研究发现粉尘螨刺激气道后，导致$CD4^+CD25^+$ T浸润到过敏性哮喘患者气道，引起Th1功能下降，Th2功能亢进，进而引起嗜酸性粒细胞、淋巴细胞浸润到气道。$CD4^+CD25^+$ T细胞的耗竭降低了小鼠气道中抗原诱导的IL-4和IL-5的产生。这些结果表明，$CD4^+CD25^+$ T细胞通过优先抑制Th1型$CD4^+CD25^-$ T细胞的活化来增强Th2细胞分化，从而上调Th2细胞介导的气道过敏性炎症。研究中还发现$CD4^+CD25^+$ T细胞在抗原特异性IgE产生中起重要作用。当Rag-$2^{-/-}$小鼠转移有$CD4^+CD25^+$ T细胞的脾细胞转移时，卵清蛋白(ovalbumin，OVA)特异性IgE显著降低。这些发现也支持$CD4^+CD25^+$ T细胞增强Th2型免疫反应的假说。

9. 抗原表位

抗原表位是过敏原中能够刺激机体产生抗体，以及致敏淋巴细胞，并可以被其识别的特定结构部位，对于抗体的特异性即是针对抗原表位而不是针对完整的抗原分子。李娜等(2014)研究发现，在粉尘螨过敏原Der f 1、Der f 2和Der f 3中均存在T细胞表位和B细胞表位。Hamilton等(2010)研究发现，通过改变B细胞表位的空间结构并保留T细胞表位可以获得高免疫原性(T细胞表位)与低过敏原性(B细胞表位)的优质过敏原。采用该过敏原进行特异性免疫治疗(specific immunotherapy，SIT)，可实现IgE抗体的下调，使机体免疫应答由Th2型向Th1型转化，从而有效地调节免疫应答以及降低过敏反应。此外，Valenta等(2016)研究表明，即使是含有过敏原肽的非IgE反应性T细胞抗原表位，也可能诱发全身性的副作用，而这种副作用是由过敏原特异性T细胞的IgE非依赖性激活引起的。在T细胞反应水平上的交叉反应可能在对不同过敏原的多敏化中起关键作用。Shamji等(2017)认为T细胞表位肽疫苗是过敏原在主要组织相容性复合物(MHC)Ⅱ的参与下，经抗原提呈细胞(APC)加工后递呈给T细胞的一种短的线性氨基酸序列，因其无IgE结合表位，可减少因嗜碱性粒细胞和肥大细胞表面过敏原特异性IgE交联而大大减低速发型超敏反应的风险。过敏原中的T细胞表位肽既是诱导过敏原特异性T细胞增殖的关键肽段，也是特异性免疫治疗的有效部分。段彬彬等(2015)和祝海滨等(2015)研究显示Der f 1 T细胞表位疫苗能够显著降低哮喘小鼠脾细胞培养和BALF中IL-13水平，同时有效地提升IFN-γ水平，使Th1/Th2恢复平衡，抑制过敏原特异性IgE合成。因此Der f 1的T细胞表位重组蛋白成功表达，为粉尘螨过敏患者提供特异性免疫治疗奠定基础。

10. E-钙黏蛋白

E-钙黏蛋白是KLRG-1的配体(ILC2细胞表达)，Salimi等(2013)研究发现，正常情况下，E-钙黏蛋白结合KLRG-1后，可以抑制ILC2细胞产生IL-5和IL-13，而在其缺失的情况下则促进ILC2细胞产生Th2型细胞因子。屋尘螨提取物是一种引起哮喘的重要致敏原，可直接诱导支气管上皮细胞间质转化，出现气道上皮细胞特征性E-钙黏蛋白(E-cadherin)表达减少。Hammad等(2015)发现过敏原还可以诱导上皮细胞紧密连接缺陷，同时E-钙黏蛋白的表达降低，而这种作用主要依赖过敏原的酶活性。Heijink等(2007)发现，E-钙黏蛋白的表达降低可以激活树突状细胞，从而使得机体更容易过敏。此外，培养E-钙黏蛋白缺损的上皮细胞，其分泌的TSLP水平显著升高。

此外，在粉螨过敏原的致病机制中，遗传因素亦发挥作用。粉螨诱发的过敏性哮喘也是一种遗传易感性疾病，具有家族倾向，目前大多数学者认为其是由不同染色体上成对致病基因共同作用引起。李朝品等(2005)采用序列特异性引物-聚合酶链反应(PCR-SSP)法进一步研究发现，螨性哮喘患者组HLA-DRB1*07等位基因频率较非螨性哮喘患者组及正常对照者组均显著增高，证实HLA-DRB1*07可能是螨性哮喘的遗传等位易感基因，而HLA-DRB1*04和HLA-DRB1*14等位基因频率较正常对照组显著降低，提示DRB1*04和DRB1*14基因可能在螨性哮喘的发生过程中具有保护作用。粉螨过敏性皮炎、皮疹也是具有遗传倾向的一种过敏性皮肤病，主要表现为湿疹样皮疹伴瘙痒，70%的患者家族中有过敏性哮喘或过敏性鼻炎等遗传过敏史，因过敏原(吸入、食入或接触)及环境因素等诱发或加重，也被称为特应性皮炎(atopic dermatitis，AD)、异位性皮炎等。

综上所述，屋尘螨和粉尘螨是引起人类过敏性疾病最重要的尘螨种类，是过敏性疾病中持续存在的最重要的危险因子。固有免疫系统中的Toll样受体、中性粒细胞、固有淋巴细胞、上皮细胞及其细胞因子；适应性免疫应答中B淋巴细胞产生的IgE抗体，T淋巴细胞中的Th1细胞、Th2细胞及其分泌的细胞因子，$CD4^+CD25^+$ T淋巴细胞、Th17/Treg细胞；以及抗原提呈细胞、E-钙黏蛋白、抗原表位等均参与了粉螨过敏原的致敏过程，但其具体致敏机制有待于进一步研究。

(刘继鑫)

三、过敏性疾病

过敏性疾病是指由过敏原通过各种途径导致机体产生过敏反应的一大类临床疾病。过敏性疾病病因复杂，目前尚不完全清楚，一般由多种内因和外因共同作用导致。粉螨是引起过敏性疾病的一种常见因素，国内外均有不少关于粉螨引起过敏性疾病的报道。国内不同学者在不同时间对不同省份、不同地区调查结果虽有一定差异，但总体来说，南方潮湿地区粉螨致病阳性率明显高于北方干燥地区，陈实等在2009年1～12月对海南省121名过敏性哮喘(allergic asthma)或鼻炎(rhinallergosis)儿童进行粉尘螨过敏原测试，阳性率高达100%，而最低的新疆乌鲁木齐地区2004年12月～2006年4月报道粉尘螨阳性率也达到12.50%。由粉螨引起的常见的过敏性疾病有：特应性皮炎、各种类型荨麻疹、过敏性哮喘、过敏性鼻炎、过敏性咳嗽、湿疹、胃肠道过敏性疾病等。

(一) 特应性皮炎

特应性皮炎(AD)是一种以皮肤瘙痒和多形性皮疹为特征的慢性复发性炎症性疾病。研究表明AD已成为一种全球性常见疾病，治疗棘手且易反复发作，其终身发病率远远超过20%。调查显示，半数以上的AD患儿可伴有哮喘(asthma)，约75%的患者则伴有过敏性鼻炎。该病的特点是皮肤不同程度瘙痒、皮肤干燥和反复皮肤感染，不同年龄段患者的临床表现不同。该病的病因尚不完全清楚，与遗传、环境和免疫等因素有关，患者常伴有皮肤屏障功能障碍。

AD自从被发现以来发病率急剧上升。国际算法与计算研讨会(International Symposium on Algorithms and Computation，ISAAC)全球调查数据显示，在一些国家，超过20%的儿童受AD的影响,AD通常在发达国家发病率高,发展中国家及欠发达国家发病率相对较低。环境因素在AD的发病机制中也占据相当重要作用。

AD的发病与遗传相关,父母双方均有特应性疾病的阳性家族史已被证明是AD发生的重要危险因素。母亲患有AD的子女也被认为有更高的患病风险,如果父母双亲均有遗传过敏性疾病史,其子女患AD的概率显著增加。AD的发病与皮肤屏障(skin barrier)的破坏相关,因皮肤屏障功能的破坏使皮肤的经皮水分丢失量增加,导致皮肤表面的含水量降低。神经酰胺(ceramide)是所有神经鞘脂类常见的基础结构单元,它在皮肤保水中起重要作用,导致神经鞘磷脂(sphingomyelin)代谢的增加,从而引起神经酰胺缺乏,这种缺乏与角质层(cuticle)屏障功能破坏及保水功能紊乱密切相关。AD的发病与机体的免疫功能相关,约70%呼吸道过敏反应与儿童和成人AD相关,最常见的过敏原是粉尘螨、花粉、动物皮屑和霉菌,各种食物也和过敏性疾病的发生有关。粉尘螨、屋尘螨、花粉、草籽、动物皮屑和真菌等是重要的气传过敏原。Lorenzini等对119例患者进行椭圆食粉螨过敏原贴片试验,其中48例为AD,50例为呼吸系统过敏疾病,21例为健康对照组。结果AD 6例(12.5%)阳性,呼吸性特应性4例(8.0%)阳性反应。对照组均无阳性反应。粉螨的分泌物、排泌物、皮壳和死亡螨体的裂解产物接触到人体后,能引起以皮肤红斑、丘疹、水疱为主要表现的过敏性皮肤病。粉螨直接侵袭人体时,其代谢产物对人体有一定的毒性作用,亦可引起皮炎。皮疹的发生与粉螨的接触方式有关,以手、前臂、面、颈、胸和背为多见,重者可遍及全身。一组双盲、对照试验显示,用标准化屋尘螨过敏原对AD患者进行支气管激发试验,患者有不同程度皮损出现,这些粉螨诱导的皮炎患者都有哮喘病史,大部分在AD发病前都有呼吸道过敏症状,且AD的严重程度与对气传过敏原致敏程度有关。由粉螨导致的AD,当人吸入粉螨的排泄物、分泌物及皮屑和死亡后的螨体等异种蛋白质后,激活了Th2淋巴细胞通路,导致IL-4、IL-5、IFN-γ等多种因子释放,从而产生一系列临床表现。多种细胞因子在AD患者皮损处高表达,也反映了本病的免疫病理过程。Hamid等用原位杂交技术显示,AD患者的急性和慢性皮损区都有大量IL-4、IL-5、IFN-γ的mRNA表达,活检显示AD患者的正常皮肤仅有显著的IL-4阳性细胞表达,而急性和慢性皮损区有显著的IL-4阳性细胞和IL-5阳性细胞表达。小鼠过度表达IL-31可诱发剧烈瘙痒和皮炎。除细胞因子外多种细胞如朗格汉斯细胞(Langerhans cell)、其他树突状抗原提呈细胞(dendritic antigen presenting cell)、单核细胞/巨噬细胞(monocyte/macrophage)、淋巴细胞(lymphocyte)、嗜酸性粒细胞(eosinophils)、肥大细胞/嗜碱性粒细胞(mast cells/basophil)及角质形成细胞(keratinocytes)等均参与到AD免疫失调中。有假说认为,AD患者临床未受累皮肤接触了能与IgE反应的空气过敏原后,表面有FcεRⅠ的树突状细胞是IgE介导迟发型超敏反应(delayed type hypersensitivity)(表现为湿疹样皮损)的一个重要桥梁。AD患者皮肤中主要的浸润细胞是T淋巴细胞。Th2细胞产生的IL-5和皮损角质形成细胞产生的粒细胞-巨噬细胞集落刺激因子(granulocyte macrophage colony stimulating factor,GM-CSF)是对AD患者嗜酸性粒细胞及嗜碱性粒细胞存活、分化及活化起关键作用的细胞因子。

近几年研究发现老年AD患者明显增多,很多学者提出将AD分成4个阶段:婴儿期、儿童期、青年成人期、老年期,每一阶段临床上均可以出现急性、亚急性和(或)慢性皮肤表现。

婴儿期AD一般发病较早,半数以上患者在婴儿期起病(常在出生2个月以后),而90%的患者5岁前起病。初发皮损为面颊部瘙痒性红斑,继而在红斑基础上出现针尖大小的丘疹、丘疱疹，皮损呈多形性，常对称分布。搔抓、摩擦后局部皮肤很快形成糜烂、渗出和结痂等。病情继续发展，皮损可迅速扩展至其他部位，严重者可累及全身。

儿童期AD是指2～12岁患者，开始出现与成人期类似的临床特点，主要表现为肘窝、腋窝及颈项部的亚急性和慢性皮损。常对称发生，瘙痒剧烈。

青年成人期AD是指12～60岁患者，皮损主要累及身体屈侧，但伸侧也可受累，有些成人患者头部、颈部、眼睑皮损严重。严重时皮肤呈苔藓样变，瘙痒剧烈，皮肤常因搔抓出现血痂、鳞屑及色素沉着等继发损害。

老年期AD是指60岁以上老年患者，是近年逐渐被重视的一个类型，可由青年成人期AD迁延发展而来，也可60岁以后初发。皮疹可发生于全身任何部位，皮疹和其他期皮疹类似，由于剧烈瘙痒搔抓局部皮肤出现抓痕、糜烂。反复发作及迁延不愈者皮疹逐渐肥厚呈现苔藓样变，皮疹表面附有粘着性鳞屑、痂，皮疹常对称。血常规检查常伴有嗜酸性粒细胞明显增加。

近80%的婴儿AD患者在儿童期会出现过敏性鼻炎或哮喘，有些患者出现这些呼吸道过敏性疾病后，AD的病情得以改善，这些患者可能仅仅是疾病临床症状的活动有所缓解(疾病暂时处于静止期)。研究显示，40% AD的患儿会在成人期出现持续性或反复发作的皮炎。AD患者各种病原微生物感染的风险增加。AD对睡眠有负面影响，包括睡眠时间缩短和睡眠质量下降。其发病机制尚不清楚，瘙痒并不是唯一的原因，昼夜节律的改变、免疫失调也被认为起了一定作用。

AD的预防，对于病因明确的患者应尽量去除病因，由粉螨引起的患者应加强除螨，由高蛋白食物引起的患者应改变饮食结构，避免辛辣食物等；加强皮肤日常基本护理，纠正皮肤干燥、保护皮肤屏障功能和止痒是治疗特应性皮炎的关键措施。

(二) 荨麻疹

荨麻疹(urticaria)俗称“风疹块”，主要表现为皮肤反复出现红斑、风团和(或)血管性水肿(angioedema)，常伴有明显的瘙痒。流行病学调查表明，一般人群一生中荨麻疹的发生概率估计从不足1%至高达24%。急性荨麻疹(acute urticaria)患者中，20%～45%的人发展为慢性荨麻疹(chronic urticaria)。荨麻疹在成人中发病比儿童中更常见，儿童荨麻疹患病率为3.4%～5.4%，英国儿童慢性荨麻疹患病率为0.1%～0.3%。

螨性荨麻疹(acarid urticaria)发生主要是吸入或接触粉螨类过敏原所致。周海林等对1 062例慢性荨麻疹过敏原检测中发现：吸入物引起的慢性荨麻疹比例高于食物，其中粉螨、尘螨阳性比例为34.56%；江连枝对186例慢性荨麻疹过敏原检测中发现：尘螨、粉螨在吸入性过敏原中比例最高。李朝品等对17例由尘螨引起的过敏性荨麻疹进行跟踪调查发现：患者临床表现为皮肤瘙痒及全身泛发风团，部分患者伴有发热、恶心、呕吐、腹痛、腹泻、胸闷、气喘、呼吸不畅、心悸、心动过速、频发性室性早搏和窦性心律不齐等，发疹时患者心电图会有相应的改变。

粉螨类过敏原刺激机体的免疫系统，导致的肥大细胞等多种炎症细胞活化和脱颗粒，释放具有炎症活性的化学介质，包括组胺、5-羟色胺、细胞因子、趋化因子、花生四烯酸的代谢产物(如前列腺素和白三烯)，引起毛细血管扩张、血管通透性增加、平滑肌收缩及腺体分泌增加，是荨麻疹发病的核心环节。肥大细胞是荨麻疹发病中的主要效应细胞。肥大细胞广泛分布于全身,但其表型和对刺激的反应各不相同,这就解释了为何在荨麻疹过敏性休克中出现系统性的症状而不伴发皮肤肥大细胞的活化。目前认为循环免疫复合物参与了荨麻疹性血管炎的发病过程(Ⅲ型超敏反应),支持该病为免疫复合物性疾病的依据是30%~75%荨麻疹性血管炎患者血中检测到循环免疫复合物,血管壁有补体和免疫复合物沉积,最后导致补体的活化和过敏毒素的产生。

螨性荨麻疹可分为急性及慢性自发性荨麻疹。疾病于短期内痊愈者称急性荨麻疹。若每周至少发作两次、连续反复发作6周以上者称慢性自发性荨麻疹。该病起病急,剧痒,皮疹为大小不等、形态各异的红斑、鲜红色风团,此起彼伏,消退后不留痕迹。严重者可有心慌、烦躁、恶心、呕吐甚至出现血压降低等过敏性休克(anaphylactic shock)症状。部分急性自发性荨麻疹在发作时伴有阵发性腹痛、腹泻,少部分患者同时伴有恶心、呕吐症状,同时伴有不同程度瘙痒。慢性自发性荨麻疹病程较长,可达数月至数年,少部分患者甚至长达数十年。诱导性荨麻疹包括:症状性皮肤划痕症(symptomatic skin scratch)、冷和热引起的荨麻疹、延迟性压迫性荨麻疹(delayed compressive urticaria)、日光性荨麻疹(solar urticaria)和振动性血管性水肿(物理性荨麻疹);非物理性慢性诱导性荨麻疹包括:胆碱能性荨麻疹(cholinergic urticaria)、接触性荨麻疹(contact urticaria)和水源性荨麻疹(watery urticaria)。

荨麻疹应与多形红斑(erythema multiforme)、荨麻疹型药疹(urticaria drug eruption)、荨麻疹型血管炎(urticaria vasculitis)、成人still病(adult still disease)等伴有红斑、风团等皮疹的疾病相鉴别。

(三)螨性过敏性哮喘

粉螨广泛孳生于人类的生活和工作环境中,如房舍、食品加工厂、粮仓、养殖场等场所,其分泌物、排泄物、代谢物、卵、螨壳以及死亡螨体等均具有过敏原性,可引起人体过敏性哮喘。能引起过敏的粉螨种类主要有腐食酪螨、屋尘螨、粉尘螨、梅氏嗜霉螨和热带无爪螨等。陶金好等(2009)对上海地区800例郊区、450例城区过敏性疾病患儿进行过敏原皮肤点刺试验,结果发现郊区和城区患儿的主要过敏原均为粉尘螨和屋尘螨。螨性过敏性疾病的发生和严重程度一般与粉螨的分布以及暴露于过敏原的级别程度有关。

哮喘是世界上最常见的慢性疾病之一,全球约有3亿哮喘患者。各国哮喘患病率从1%~30%不等,我国为0.5%~5%。一般认为发达国家哮喘患病率高于发展中国家,城市高于农村。2008年我国哮喘和/或鼻炎患者过敏原分布的多中心调查显示:我国大陆6 304例成人哮喘和/或鼻炎患者中72.1%的患者至少有1种过敏原皮肤点刺试验阳性。哮喘死亡率为1.6~36.7/10万,多与哮喘长期控制不佳、最后一次发作时治疗不及时有关,大部分哮喘是可预防的,我国已成为全球哮喘病死率最高的国家之一。国内外多项研究结果显示,粉螨是过敏性哮喘最主要的吸入性过敏原之一,对粉螨的过敏反应可发生在各个年龄段,多数过敏性哮喘的发生、发展和症状的持续与粉螨过敏密切相关。Woodcock研究发现居室粉尘中以储藏螨为主,尤其是食甜螨属(*Glycyphagidae*),屋尘螨阳性率为66%,腐食酪螨阳性率为50%、粗脚粉螨阳性率为35%、家食甜螨阳性率为40%和害嗜鳞螨45%。Puerta用放射变态反应性吸虫药(RAST)检测97例过敏性哮喘患者和50例非过敏性哮喘患者血清中对棉兰皱皮螨(*Suidasia medanensis oudemans*)和热带带菌的特异性IgE抗体水平,71例哮喘患者血清(73.2%)对棉兰皱皮螨IgE阳性。环境中的花粉、真菌、动物毛发、皮屑以及食物等也是重要的致病原因。

哮喘的发病机制目前可概括为气道免疫-炎症机制、神经调节机制及其相互作用。过敏性哮喘的发生涉及适应性(又称获得性)免疫(adaptive immune response)和固有免疫应答(innate immune response)机制。适应性免疫应答分为初期致敏及免疫记忆阶段,以及第二期效应阶段。慢性炎症反应是适应性免疫效应阶段(急性炎症反应)的延续,气道局部所释放的趋化因子促使嗜酸性粒细胞(eosinophils)、巨噬细胞(macrophage)、中性粒细胞(neutrophils)和T淋巴细胞(T lymphocyte)聚集,这些效应细胞尤其是$CD4^+$ T淋巴细胞及嗜酸性粒细胞释放Th2型细胞因子如IL-4、IL-5、IL-9、IL-13等,在介导过敏性哮喘的慢性炎症中起关键作用。气道炎症和支气管收缩可引起气道重构,气道重构的程度与哮喘病程和严重程度相关,尤其在致死性哮喘中最为显著。气道慢性炎症作为哮喘的基本特征存在于所有的哮喘患者,其表现为气道上皮下肥大细胞、嗜酸粒细胞、巨噬细胞、淋巴细胞及中性粒细胞等的浸润,以及气道黏膜下组织水肿、微血管通透性增加、支气管平滑肌痉挛、纤毛上皮细胞脱落、杯状细胞增生及气道分泌物增加等病理改变。此外,从感觉神经末梢释放的P物质、降钙素、神经激肽A等炎症介质导致血管扩张、血管通透性增加和炎症渗出,此即为神经源性炎症。神经源性炎症能通过局部轴突反射释放感觉神经肽而引起哮喘发作。

临床上过敏性哮喘症状为发作性伴有哮鸣音的呼气性呼吸困难,症状可在数分钟内发生,并持续数小时至数天,经平喘药物治疗后缓解或自行缓解。夜间及凌晨发作或加重常是过敏性哮喘的重要临床特征。过敏性哮喘发作时典型体征是双肺可闻及广泛哮鸣音,呼气音延长。而非常严重的过敏性哮喘发作时哮鸣音反而减弱,甚至完全消失,表现为“沉默肺”,是病情危重的表现。严重患者可出现心率增快、奇脉、胸腹反常运动和发绀等。

粉螨过敏性哮喘的免疫治疗通常采用粉螨提纯过敏原制成的疫苗对粉螨性哮喘患者进行特异性免疫治疗, 在国内外已广泛应用。采用螨过敏原疫苗进行特异性免疫治疗可有效纠正Th1/Th2细胞免疫应答的失衡,减轻气道炎症反应,改善哮喘症状。随着对螨性哮喘发病机制研究的进一步深入以及开发疫苗技术的完善,过敏原疫苗必然会发挥更为理想的免疫保护力,造福广大螨性过敏性哮喘患者。

(四)其他粉螨过敏性疾病

粉螨过敏性疾病,除上述过敏性皮炎、皮疹、荨麻疹、哮喘之外,临床上常见的还有过敏性鼻炎(allergic rhinitis, AR)、过敏性咳嗽(allergic cough, AC)、过敏性紫癜(Henoch-Schönlein Purpura, HSP)等。此外,目前研究表明角膜结膜炎(keratoconjunctivitis, AKC)、分泌性中耳炎(secretory otitis media, SOM)、川崎病(kawasaki disease)、婴儿猝死综合征(sudden infant death syndrome, SIDS)、胃肠道过敏反应性疾病(intestinal allergic disease)等也与尘螨过敏相关。过敏性鼻炎又称变应性鼻炎或变态反应性鼻炎。过敏性鼻炎是发生在鼻黏膜的过敏性疾病,是特应性个体接触致敏原后由IgE介导的介质(主要是组胺)释放,并有多种免疫活性细胞和细胞因子等参与的Ⅰ型过敏反应,以鼻痒、喷嚏、鼻分泌亢进、鼻黏膜肿胀等为主要特点。虽然过敏性鼻炎不是一种严重疾病,但可以影响患者的日常生活、学习以及工作效率,并且给患者家庭造成经济上的沉重负担,还可诱发鼻窦炎、鼻息肉、中耳炎等,或与变应性结膜炎同时发生,是诱发支气管哮喘的重要因素,大气污染以及人类生活方式中的花粉、螨类、动物皮屑、蟑螂过敏原、真菌过敏原、食物过敏原的暴露均容易导致过敏性鼻炎。过敏性咳嗽又称变应性咳嗽，主要指临床上某些慢性咳嗽患者具有一些特应性因素，临床无感染表现，抗生素治疗无效，抗组胺药物、糖皮质激素治疗有效，但不能诊断为哮喘、过敏性鼻炎或嗜酸性粒细胞性支气管炎等。患者往往有个人或家族过敏症。接触环境中的过敏原，如花粉、室内尘土、粉尘螨、霉菌、病毒、动物皮毛、蟑螂、羽毛、食物等常诱发过敏性咳嗽。遗传因素在过敏性咳嗽发病中也起着重要作用，患者往往有个人或家族过敏史，是由遗传因素和环境因素共同作用的结果，环境因素在过敏性咳嗽的发病中可能具有同等重要作用。目前过敏性咳嗽的发病机制尚不明确。患者的主要症状为长期顽固性咳嗽，多持续3周以上。常常在吸入刺激性气体、室内污染空气、有害气体、冷空气、接触过敏原（如花粉、室内尘土、粉螨、动物皮毛、食物等）、运动或上呼吸道感染后诱发。部分患者没有任何诱因，多在夜间或凌晨加剧。有的患者发作具有一定的季节性，以春秋季节为多。过敏性紫癜是由IgA介导的累及双下肢细小血管和毛细血管的血管炎，可累及皮肤、关节、肾脏和消化道等多个器官。本病好发于学龄期儿童，男孩多于女孩，一年四季均可发病，以冬春季发病居多。病因尚不完全明了，可能与感染、花粉、粉尘螨、屋尘螨、动物的皮毛、真菌孢子等吸入、药物、肿瘤、疫苗及鸡蛋、西红柿、牛奶、虾、海产品等食物有关。可累及皮肤、肾脏、关节、胃肠道等组织或器官，易反复发作。角膜结膜炎是一种严重的慢性结膜炎症，好发于男童，专家认为儿童过敏性结膜炎与遗传反应性有关，据我国眼科门诊的不完全统计，约有1/5的患者患有过敏性眼病，其中过敏性角膜结膜炎约占50%，一些学者认为儿童过敏性结膜炎可能是一种多基因遗传病，与来自室内的尘土、尘螨、花粉及真菌等有关。分泌性中耳炎又称胶耳症或咽鼓管堵塞（glue ear），该病患儿有20%～90%对普通吸入性过敏原敏感，与过敏性鼻炎诱发因素有共同相关性。川崎病又称黏膜皮肤淋巴结综合征（mucocutaneous lymph node syndrome，MCLS），是一种以全身性血管炎为主要病变的急性发热出疹性疾病，多见于5岁以下婴幼儿。20世纪70年代，从首例该病患儿尸检体内发现立克次氏体样的微生物，又从患儿的血液中分离到一株丙酸菌属细菌（Propionibacterium acnes），同时从患儿的房间内分离出尘螨。因此，推断尘螨可能是细菌的载体，导致疾病发生。婴儿猝死综合征，在澳大利亚的一例婴儿猝死综合征患儿，居住的室内和住院的床铺上都检测到高种群密度的尘螨，认为尘螨过敏性疾病是该病诱发因素之一。胃肠道过敏反应性疾病，1995年Scala等报道了一例5岁女童出现持续性呕吐，尘螨皮肤检测阳性，但没有呼吸系统症状，其居住的室内尘螨的暴露程度很高，采取尘螨规避措施后，症状缓解，用尘螨提取物致敏后再次出现呕吐等胃肠道症状，专家认为胃肠道对尘螨存在敏感性，胃肠道的免疫耐受特性与可吸入颗粒中的过敏原诱导有关。

我们从已报道的中文文献中整理出了我国40多个城市的过敏反应性疾病整体上尘螨过敏原的检测情况，并进一步归纳出其时空分布规律。这些研究大多是随机抽样调查，不是全国范围内一致性的流行病学调查研究，不能准确代表该地区的尘螨过敏性疾病阳性率，仅表明尘螨是主要的过敏原，其报道的过敏性疾病尘螨阳性率可为我们提供一些参考。北京市、上海市、广东省、江西省、湖北省、山东省、陕西省、江西省、安徽省、江苏省、海南省、广西壮族自治区、新疆维吾尔自治区、辽宁省、河南省等多个省（区）市，时间跨越1997～2019年，研究对象多是过敏反应性疾病成人或儿童，样本量从71例至14 652例不等，尘螨过敏原检测方法涉及酶联免疫电泳法、皮内试验、过敏原皮肤点刺试验等，报道的阳性率从12.50%至100%不等。尘螨阳性率80%以上的省、市、自治区包括海南、河北、陕西、广东等；60%～

80%的为江苏、广东、广西等;60%以下的为湖北、江西、山东、四川、内蒙古等;其中宁夏、辽宁、新疆等均在20%以下。1997年以来尘螨阳性率各地区不同,与地理环境有关,有一定波动性。过敏性疾病患病率与10年前相比,有一定的上升趋势,但总体而言,1997年至今主要呈现波动性变化,部分过敏性疾病患病率或呈现下降趋势,这可能与人们卫生意识增强、健康素养提高有关。

第二节　粉螨非特异性侵染

由粉螨侵染人体呼吸系统、消化系统、泌尿系统等可引起粉螨源性疾病,如肺螨病、肠螨病和尿螨病;由粉螨侵染人体皮肤可引起螨性皮炎、螨性皮疹等。

一、皮肤螨病

粉螨可侵染皮肤引起皮炎、皮疹,称为粉螨性皮炎(acarodermatitis)、粉螨性皮疹(acarian eruption)。皮肤螨病好发于夏秋季节,其发生的病变部位与接触粉螨的方式有关,较多见于手、前臂、面、颈、胸和背,皮疹以红斑、丘疹、丘疱疹、水疱为主要表现,颜色鲜红,皮疹常群集发生,分批出现,患者常伴有剧烈瘙痒。抗组胺药物口服、糖皮质激素类药物外用有较好疗效。周淑君(2004)对上海市大学生螨性皮炎调查发现,人体的手臂、大腿、腰部等与床席接触部位是螨性皮炎丘疹主要病变部位。洪勇(2016)报道了腐食酪螨致皮炎一例,系由该患者夏季接触凉席导致皮肤被腐食酪螨叮咬而出现皮疹。

二、人体内螨病

(一)肺螨病

肺螨病(pulmonary acariasis)是螨类非特异侵染人体呼吸系统所引起的一种疾病,研究历史至今约一个世纪。我国肺螨病的研究起步较晚,高景铭等(1956)首次报道了一例人体肺螨病;魏庆云(1983)报道了41例肺螨病,并认为肺螨病的发生与职业和季节有一定关系。继此之后,我国肺螨病的研究在各地陆续展开。肺螨病的动物实验研究揭示,螨类非特异侵染人体呼吸系统后,可对肺组织产生机械性刺激和过敏原性刺激导致急性炎症反应与免疫病理反应,引起肺组织发生一系列的病理变化。至今报道的引起肺螨病的粉螨主要包括粗脚粉螨、腐食酪螨、椭圆食粉螨、伯氏嗜木螨(*Caloglyphus berlesei*)、食菌嗜木螨(*Caloglyphus mycophagus*)、家食甜螨、害嗜鳞螨、粉尘螨、屋尘螨、梅氏嗜霉螨、甜果螨(*Carpoglyphus lactis*)、纳氏皱皮螨(*Suidasia nesbitti*)和河野脂螨(*Lardoglyphus konoi*)等。肺螨病好发于春秋两季,可能与春秋季节的温湿度条件适合粉螨的发育、繁殖有关。同时,该病的发生与患者的职业、工作环境、年龄、性别等具有一定的关系。若患者所从事的工作环境适于粉螨孳生,螨的孳生密度越高,患病率越高;若在此环境中工作的人员不注意防护,如不戴口罩,粉螨经呼吸道感染人体的概率也大大提高。

(二) 肠螨病

肠螨病(intestinal acariasis)是某些粉螨随污染食物进入人体肠腔或侵入肠壁引起腹痛、腹泻等一系列胃肠道症状为特征的消化系统疾病。Hinman和Kammeier(1934)首次报道了长食酪螨(*Tyrophagus longior*)可引起肠螨病。随后日本学者细谷英夫(1954)从小学生的粪便中分离出粉螨。我国有关肠螨病的报道较晚,沈兆鹏(1962)调查发现,人们由于食用被甜果螨污染的古巴砂糖水后发生腹泻流行。周洪福(1980)报道一起饮红糖饮料引起的肠螨病,随后许多国内学者对肠螨病均有报道。迄今为止,能引起人体肠螨病的螨种主要是粉螨和跗线螨,包括粗脚粉螨、腐食酪螨、长食酪螨、甜果螨、家食甜螨、河野脂螨、害嗜鳞螨、隐秘食甜螨、粉尘螨和屋尘螨等10余种,其中以腐食酪螨、甜果螨及家食甜螨最为常见。粉螨进入肠道后,可用其螯肢和爪对肠壁产生机械性损伤,在肠腔内侵入肠黏膜或更深的肠组织,引起炎症、溃疡等。受损的肠壁苍白,肠黏膜呈颗粒状,有少量点状瘀斑及溃疡等,严重者肠壁组织脱落。肠螨病好发于春秋两季,因其温湿度利于粉螨的生长繁殖和播散。肠螨病的发生与工种和饮食有关,但与年龄及性别无明显关系。

(三) 尿螨病

尿螨病(urinary acariasis)是由于某些螨类侵入并寄生于人体泌尿系统引起的一种疾病,尿液中检出螨类的同时,痰液中和粪便中也可检出螨类。Miyaka和Scariba(1893)从日本一名患血尿和乳糜尿患者的尿液中分离出跗线螨(*Tarsonemus*),随后Blane(1910)、Castellani(1919)、Dickson(1921)、Mackenzie(1923)等相继做了很多尿螨病研究。国内1962年就有患儿尿螨阳性的报道,随后徐秉锟和黎家灿(1985)、张恩铎(1984～1991)等从患者尿液中发现粉螨,此后陆续有学者报道发现粉螨引起尿螨病。据统计,能引起尿螨病的常见螨种主要是粉螨,其次是跗线螨,包括粗脚粉螨、腐食酪螨、长食酪螨、椭圆食粉螨、伯氏嗜木螨、食菌嗜木螨、纳氏皱皮螨、河野脂螨、家食甜螨、甜果螨、害嗜鳞螨、粉尘螨、屋尘螨和梅氏嗜霉螨等10余种。粉螨可通过外阴、皮肤、呼吸系统及消化系统侵入人体引起尿螨病。尿螨病主要表现为螨的螯肢和足爪对尿道上皮造成机械性刺激,引起局部炎症及溃疡,如受损的膀胱三角区黏膜上皮增生、肥厚,内壁轻度小梁性改变,侧壁局部充血等。尿螨病的发生同样与职业以及工作环境有一定关系,工作环境中螨密度高,受螨侵染的概率会增加。

三、其他

粉螨除侵入人体皮肤、肺、肠道、尿道而引起相应粉螨性疾病外,亦有报道粉螨还可侵入人体耳道、阴道等人体脏器而引起病变。刘安强(1985)发现一例外耳道及乳突根治腔内感染并孳生粉螨科螨类。常东平(1988)取阴道分泌物镜检见螨体,患者表现为阴道奇痒、白带增多、腰腹疼痛并有下坠感。张朝云(2003)报道了一起儿童食用被粉螨污染的沙嗲牛肉而引起急性中毒案例。尚有一种皱皮螨进入人体脊髓引起螨病及螨侵入血液循环引起血螨症的报道。此外,粉螨在迁徙过程中还可传播黄曲霉菌等有害菌种,而黄曲霉素是强烈的致癌物质,对人类健康危害极大。

综上所述,粉螨是储藏物螨类中的重要类群,多孳生于谷物、粮食、干果、中成药、中药材、动物饲料、食用菌等储藏物和床垫、地毯中，造成这些物品或用品质量下降，甚至变质，在某种程度上给农业、食品行业、医药业、装饰行业及畜牧业带来经济的重大损失，同时也会危及仓储人员、运输人员及其他相关人员，引起人体过敏性疾病和人体螨病等，影响人类的身体健康。

（慈　超，陈敬涛）

参考文献

于静森，孙劲旅，尹佳，等，2014. 北京地区尘螨过敏患者家庭螨类调查[J]. 中华临床免疫和变态反应杂志，8(3): 188-194.

马玉成，朱涛，姜玉新，等，2012. 尘螨Ⅱ类变应原Der f 2和Der p 2的DNA改组及生物信息学分析[J]. 基础医学与临床，32(6): 634-638.

马萍萍，宋文涛，马卫东，等，2019. 不同特异性免疫疗法对尘螨过敏性哮喘患儿疗效及安全性的影响[J]. 临床肺科杂志，5:853-856.

王卫平，毛萌，李廷玉，等，2013. 儿科学[M].8 版 . 北京:人民卫生出版社:190-192.

王长华，2010. 180例敏筛过敏原检测结果分析[J]. 中国临床研究，23(5): 390-391.

王文辉，陈哲，胡驰，等，2019. 粉尘螨变应原疫苗舌下含服联合布地奈德治疗儿童过敏性哮喘临床评价[J]. 中国药业，20:34-36.

王兰兰，许化溪，2012. 临床免疫学检验[M]. 北京: 人民卫生出版社: 27-30.

王克霞，刘志明，姜玉新，等，2014. 空调隔尘网尘螨过敏原的检测[J]. 中国媒介生物学及控制杂志，25(2): 135-138.

王希，姜晓峰，2020. 过敏性哮喘中Th2免疫反应的作用和相关机制[J]. 医学综述，26(16):3178-3183.

王玥，张璇，王超，等，2009. 908例哮喘儿童皮肤点刺试验分析[J]. 中国当代儿科杂志，11(7): 559-561.

王珊珊，石继春，叶强，2012. 变应原疫苗的研究进展[J]. 中国生物制品学杂志，25(8): 1056-1059.

王俊轶，肖小军，何翔，等，2019. 重组粉尘螨抗原纳米疫苗PLGA-Der f2免疫治疗小鼠过敏性哮喘的实验研究[J]. 南昌大学学报(医学版)，59(5): 1-5，11.

王晓春，李朝品，2006. 粉螨变应原制备的实验研究进展[J]. 热带病与寄生虫学(3): 182-185.

王倩，张际，梅其霞，等，2011. 哮喘儿童心理行为问题特征及应对方式研究[J]. 中国全科医学，14:1134.

王清泰，肖燕萍，2015. 小儿过敏性咳嗽患者高气道反应性分析[J]. 医学理论与实践，12:1648-1649.

中华医学会儿科学分会呼吸学组，中华医学会《中华儿科杂志》编辑委员会，2004. 儿童支气管哮喘防治常规(试行)[J]. 中华儿科杂志，42: 100-106.

中华医学会变态反应分会呼吸过敏学组(筹)，中华医学会呼吸病学分会哮喘学组，2019. 中国过敏性哮喘诊治指南(第一版 . 2019年) [J]. 中华内科杂志，58:636-655.

牛蔚露，崔伟锋，2019. 郑州地区609例皮炎、湿疹类疾病患者斑贴试验结果回顾性分析[J]. 检验医学与临床，19:2839-2842.

乌维秋，查文清，王欢，等，2004. 螨过敏性变应性鼻炎血清CD23与sIgE的相关性研究[J]. 中国中西医结合耳鼻咽喉科杂志，12(6): 298-300.

孔维佳，周梁，2015. 耳鼻咽喉头颈外科学[M]. 北京:人民卫生出版社，317-325.

石连，李朝品，2012. 烟草表达的粉尘螨Ⅰ类变应原重组蛋白的致敏效果研究[J]. 环境与健康杂志，29(2): 139-142.

卢湘云，孙伟忠，赖余胜，等，2015. 浙江嘉善儿童过敏性鼻炎患病状况、对生活学习的影响及发病因素调查分析[J]. 实用预防医学，22:949-942.

冯婷,黄世铮,鲁航,2015.变应性鼻炎相关危险因素的Logistic回归分析[J].中国医学前沿杂志(电子版),7:108-110.

朱万春,诸葛洪祥,2007.居室粉螨抗原与螨过敏性哮喘相关性研究[J].陕西医学杂志,36(9):1238-1242.

朱万春,诸葛洪祥,2007.粉螨性哮喘发病机制研究进展[J].环境与健康杂志,3:184-186.

朱晓莉,陶春妃,2016.急性支气管炎患儿血清过敏原检测分析[J].中国民康医学,28(2):18-19,21.

华丕海,陈海生,2013.116例小儿过敏性紫癜血清过敏原检测结果分析[J].吉林医学,34(23):4773-4774.

刘飞,李烁,梁俊毅,等,2021.舌下含服粉尘螨滴剂治疗螨过敏类变应性鼻炎患儿不同疗程的疗效[J].实用医学杂志,37(12):1603-1606.

刘安强,1985.粉螨科螨在外耳道及乳突根治腔内孳生1例报告[J].白求恩医科大学学报(1):97.

刘志刚,胡赓熙,2014.尘螨与过敏性疾病[M].北京:科学出版社.

刘春丽,陈如冲,罗炜,2013.变应性咳嗽的临床特征与气道炎症特点[J].广东医学,34:853-856.

刘春涛,2019.过敏性哮喘防治的重要性与特殊性[J].中华内科杂志,58:628-629.

刘晓宇,吉坤美,李荔,等,2011.抗粉尘螨主要变应原Def Ⅱ单克隆抗体的制备与鉴定[J].中国人兽共患病学报,27(11):1021-1023,1034.

刘维,江洪,蒲红,等,2019.评估粉尘螨舌下特异性免疫治疗对成人变应性哮喘伴鼻炎控制水平及肺功能的影响[J].临床耳鼻咽喉头颈外科杂志,9:850-854.

闫晶晶,2019.舌下含服粉尘螨滴剂联合氯雷他定治疗儿童过敏性哮喘伴变应性鼻炎的疗效及机制[J].临床与病理杂志,7:1441-1447.

江连枝,2013.186例慢性荨麻疹患者过敏原检测结果[J].中国保健营养,3:1163.

江载芳,申昆玲,沈颖,2015.诸福棠实用儿科学[M].8版.北京:人民卫生出版社:773-775.

汤少珊,梁少媛,陈广道,2015.广州地区过敏性疾病儿童血清特异性过敏原IgE检测分析[J].广州医药,46(4):63-65.

孙劲旅,张宏誉,陈军,等,2004.尘螨与过敏性疾病的研究进展[J].北京医学,26(3):199-201.

苏玉洁,张建华,2018.儿童上气道咳嗽综合征病因构成[J].河北医药,11:1617-1620.

李文斌,武怡,龚亮,2020.血清人屋尘螨特异性Ⅰ类抗原IgE浓度与儿童哮喘急性发作的相关性分析[J].中国综合临床,36(6):548-551.

李启松,孙金霞,杨李,等,2018.粉尘螨变应原第5组分单克隆抗体的制备与鉴定[J].现代免疫学,38(1):8-11.

李俊,吴美萍,2019.丙酸倍氯米松气雾剂治疗过敏性鼻炎的临床价值研究[J].数理医药学杂志,32:574-575.

李娜,李朝品,刁吉东,等,2014.粉尘螨3类变应原的B细胞线性表位预测及鉴定[J].中国血吸虫病防治杂志,26(3):296-299.

李娜,李朝品,刁吉东,等,2014.粉尘螨3类变应原的T细胞表位预测及鉴定[J].中国血吸虫病防治杂志,26(4):415-419.

李峰,2015.过敏性鼻炎的临床诊治探析[J].中国卫生标准管理,19:34-35.

李羚,惠郁,钱俊,等,2013.螨过敏性哮喘患儿标准化特异性免疫治疗3年的有效性观察[J].中国当代儿科杂志,15(5):368-371.

李喆,张影,杨英超,等,2018.抗屋尘螨Ⅱ组天然变应原单克隆抗体的制备及鉴定[J].中国生物制品学杂志,31(8):849-852.

李朝品,杨庆贵,2004.粉尘螨Ⅱ类抗原cDNA原核表达质粒的构建与表达[J].中国寄生虫病防治杂志,17(6):369-371.

李朝品,沈兆鹏,2018.房舍和储藏物粉螨[M].北京:科学出版社:272-275.

李朝品,赵蓓蓓,湛孝东,2016.屋尘螨1类变应原T细胞表位融合肽对过敏性哮喘小鼠的免疫治疗效果[J].中国寄生虫学与寄生虫病杂志,34(3):214-219.

李朝品,马长玲,秦志辉,等,1998.储藏中药材孳生粉螨的研究[J].新乡医学院学报,15:22-26.

李朝品,1987.肠螨病二例报道[J].皖南医学院学报,6(4):351.

李朝品,2000.肠螨病的治疗研究[J].世界华人消化杂志,8:919-920.

李朝品,2001.刺娥致变应性心脏荨麻疹(附89例报告)[J].中国寄生虫病防治杂志,14:147.

李辉严,马三梅,邹泽红,等,2010.重组低过敏原性粉尘螨过敏原的表达及鉴定[J].细胞与分子免疫学杂志,26(5):447-449.

杨庆贵,李朝品,2004.粉尘螨Ⅰ类抗原cDNA的克隆表达和初步鉴定[J].免疫学杂志,20(6):472-474.

杨庆贵,李朝品,2004.粉尘螨Ⅰ类变应原的cDNA克隆测序及亚克隆[J].中国寄生虫学与寄生虫病杂志,22(3):173-175.

杨庆贵,李朝品,2004.粉尘螨Ⅱ类抗原(Derf2)的cDNA克隆测序及亚克隆[J].中国人兽共患病杂志,20(7):630-632,648.

杨祁,吴昆昊,李泽卿,等,2020.变应性鼻炎病儿900例吸入性变应原临床分布特征[J].安徽医药,3:504-507.

杨淑红,李玲,王腾,等,2015.屋尘螨过敏性哮喘患者白介素-2和白介素-4血清水平及基因多态性[J].微循环学杂志,25(4):39-43.

肖春才,张晨阳,王娟,2019.孟鲁司特联合卤米松软膏对成人特应性皮炎患者血清IL-4、IgE及IFN-γ水平的影响[J].实用药物与临床,7:711-714.

吴奎,孙鲲,毕玉田,等,2008.屋尘螨过敏原DNA疫苗对哮喘模型小鼠Foxp3^{+}调节性T细胞功能的影响[J].第三军医大学学报,30(5):374-377.

宋红玉,段彬彬,李朝品,2015.ProDer f1多肽疫苗免疫治疗粉螨性哮喘小鼠的效果[J].中国血吸虫病防治杂志,27(5):490-496.

宋迪,陈宪海,2016.变应性咳嗽病因病机及治法探讨[J].亚太传统医药,17:79-80.

张园园,李慧文,陈志敏,2020.抗IgE单克隆抗体在学龄期过敏性哮喘儿中的应用研究进展[J].中华儿科杂志,58(3):255-258.

张秀明,王伟佳,2015.过敏性疾病过敏原特异性LgE检测分析[J].国际检验医学杂志,19:2779-2781.

张宏雨,黄娟,赵立焕,等,2018.变应性咳嗽患者214例血清变应原特异性IgE检测结果分析[J].山西医药杂志,8:942-943.

张学军,郑捷,2018.皮肤性病学[M].北京:人民卫生出版社:105-107.

张建基,时蕾,2019.《儿童过敏性鼻炎诊疗:临床实践指南》发病机制部分解读[J].中国实用儿科杂志,34:182-187.

张玲,王茜,解松刚,2010.扬州地区变态反应性疾病患者血清中体外过敏原检测与分析[J].检验医学与临床,7:197-200.

张美玲,孙卉,孙文凯,等,2020.鼻腔滴入γ干扰素对变应性鼻炎大鼠外周血Th17/Treg细胞及相关细胞因子的影响[J].山东大学学报:医学版,58:13-19.

张恩铎,1988.中国首先发现螨血症的研究[N].光明日报.

张雪,肖春才,2014.变态反应性疾病573例过敏原结果分析[J].中国现代药物应用,8:51-52.

陆维,李娜,谢家政,等,2014.害嗜鳞螨Ⅱ类变应原Lep d 2对过敏性哮喘小鼠的免疫治疗效果分析[J].中国血吸虫病防治杂志,26(6):648-651.

陈扬,陈献雄,欧阳春艳,等,2021.粉尘螨过敏原Der f 35的克隆表达及免疫学鉴定[J].深圳大学学报(理工版),38(3):301-306.

陈一强,黄红东,温红侠,等,2009.粉尘螨对过敏性支气管哮喘患者气道CD4^{+}CD25^{+}T细胞的募集作用[J].中华内科杂志,48(11):944-946.

陈少藩,刘茹,陈霞,2016.过敏性咳嗽患儿食物不耐受抗体及血清细胞因子水平分析[J].甘肃医药,12:884-886.

陈兴保,温廷恒,2011.粉螨与疾病关系的研究进展[J].中华全科医学,9:437-440.

陈如冲,赖克方,钟南山,等,2010.伴有咽喉炎样表现的慢性咳嗽的病因分布[J].中国呼吸与危重监护杂志,

5:462-464.

陈宏,张伟,苏玉明,等,2020. 补益肺肾法治疗对变应性哮喘患儿IFN-γ、IL-4和IL-13的影响[J]. 天津中医药,2:193-195.

陈实,郑轶武,2012. 热带无爪螨致敏蛋白组分及其临床研究[J]. 中华临床免疫和变态反应杂志,6(2):158-162.

易忠权,杨李,夏伟,等,2017. 腐食酪螨过敏原研究进展[J]. 中国病原生物学杂志,12(9): 923-926.

罗甜,薛英,2020. 雷公藤联合氯雷他定治疗轻度变应性鼻炎的临床疗效以及对血清Th1/Th2、Treg/Th17的影响[J]. 武汉大学学报:医学版,41:280-284.

周晓鹰,唐颖娟,魏涛,2019. 环境因素和过敏性疾病[J]. 常州大学学报:自然科学版,4:76-85.

周海林,胡白,蒋法兴,等,2012. 安徽省1062例慢性荨麻疹过敏原检测结果分析[J]. 安徽医药,16(11):1615-1617.

郑敏,涂秋凤,徐匡根,等,2015.2008~2012年江西省预防接种异常反应病例的补偿现状调查[J]. 现代预防医学,10:1803-1805.

孟建华,2019. 过敏性鼻炎的诊断与治疗新进展[J]. 中国处方药,17:37-38.

赵亚男,洪勇,李朝品,2019. Der p 1 T细胞表位融合蛋白对哮喘小鼠的特异性免疫治疗效果[J]. 中国寄生虫学与寄生虫病杂志,12(6): 1-6.

赵蓓蓓,姜玉新,刁吉东,等,2015. 经MHC Ⅱ通路的屋尘螨1类变应原T细胞表位融合肽疫苗载体的构建与表达[J]. 南方医科大学学报,35(2): 174-178.

钟少琴,张志忍,赖晓娟,等,2019.2974例慢性荨麻疹皮肤点刺试验结果分析[J]. 广州医药,50(2):104-106.

段彬彬,宋红玉,李朝品,2015. 户尘螨Ⅱ类变应原Der p 2 T细胞表位融合基因的克隆和原核表达[J]. 中国寄生虫学与寄生虫病杂志,33(4): 264-268.

姜玉新,马玉成,李朝品,2012. 尘螨Ⅱ类改组变应原对哮喘小鼠免疫治疗的效果[J]. 山东大学学报: 医学版,50(10): 50-55.

姜玉新,郭伟,马玉成,等,2013. 粉尘螨主要变应原基因Der f 1和Der f 3改组的研究[J]. 皖南医学院学报,32(2): 87-91.

洪元庚,2018. 过敏性鼻炎的病因、治疗现状与影响因素[J]. 中国医学创新,15:144-148.

祝海滨,段彬彬,徐海丰,等,2015. 粉尘螨1类变应原T细胞表位重组蛋白的构建及鉴定[J]. 中国微生态学杂志,27(7): 766-769,773.

姚家会,唐蓉,2016. 粉尘螨滴剂治疗粉尘螨阳性过敏性咳嗽的疗效观察[J]. 中国社区医师,23:56-57.

骆冬兰,2019. 吡美莫司乳膏结合氯雷他定糖浆治疗特应性皮炎效果分析[J]. 皮肤病与性病,4:533-534.

夏万敏,胡帅,艾涛,等,2015. 成都地区1586例儿童过敏性疾病常见过敏原分析[J]. 四川医学,36(4):514-517.

夏晴晴,魏任雄,2015. 1313例过敏性疾病血清过敏原检测及分析[J]. 中国卫生检验杂志,25(6): 885-888.

顾耀亮,李佳娜,陈家杰,等,2009. 抗粉尘蜡主要变应原 Der f1单克隆抗体的制备与鉴定[J]. 热带医学杂志,9(12): 1370-1373.

柴强,李朝品,2019. 重组蛋白Blo t 21 T特异性免疫治疗哮喘小鼠效果研究[J]. 中国寄生虫学与寄生虫病杂志,37(3): 286-290.

柴强,宋红玉,李朝品,2018. 白细胞介素-33在过敏性哮喘小鼠体内的变化及作用[J]. 中国寄生虫学与寄生虫病杂志,36(2): 124-128,134.

徐文颉,2018. 过敏性鼻炎的治疗进展[J]. 临床医药文献电子杂志,5:193-194.

徐海丰,徐朋飞,王克霞,等,2014. 粉尘螨1类变应原T和B细胞表位t合基因的构建与表达[J]. 中国血吸虫病防治杂志,26(4): 420-424.

高萃,李亚梅,李莉,2018. 硫酸沙丁胺醇、丙酸氟替卡松联合穴位敷贴对过敏性咳嗽患者血清CRP、IL-6、TNF-α和免疫球蛋白的影响[J]. 现代中西医结合杂志,29:3216-3227.

郭永井,宋悦,张晓锐,2019.舌下特异性免疫对儿童过敏性哮喘的治疗效果临床研究[J].临床研究,27(11):117-118.

郭娇娇,孟祥松,李朝品,2017.芜湖市面粉厂粉螨种类调查[J].中国病原生物学杂志,10:987-989.

陶宁,李远珍,王辉,等,2018.中国台湾省新竹市市售食物孳生粉螨的初步调查[J].中国血吸虫病防治杂志,30(1):78-80.

陶宁,湛孝东,孙恩涛,等,2015.储藏干果粉螨污染调查[J].中国血吸虫病防治杂志,27(6):634-637.

黄庆媛,2018.酮替芬联合沙美特罗替卡松治疗变应性咳嗽的疗效观察[J].临床合理用药杂志,22:65-66.

黄迎,钱秋芳,张志红,等,2019.1140例特应性皮炎患儿血清过敏原检测及分析[J].中国麻风皮肤病杂志,11:689-691.

黄秋菊,魏欣,林霞,等,2020.粉尘螨舌下免疫治疗对海南地区变应性鼻炎患者特异性IgG4表达水平的影响[J].临床耳鼻咽喉头颈外科杂志,34:135-139.

曹雪涛,2013.医学免疫学[M].北京:人民卫生出版社:145-149.

崔玉宝,2019.尘螨与变态反应性疾病[M].北京:科学出版社.

章燕琴,2019.耳鼻喉科疾病所致慢性咳嗽的病因及治疗分析[J].现代养生,20:83-84.

梁美玲,赵钰玲,李满祥,等,2019.酮替芬联合沙美特罗替卡松治疗变应性咳嗽有效性及安全性Meta分析[J].实用心脑肺血管病杂志,4:53-58.

董劲春,程浩,2017.粉尘螨过敏患者Der f 1和Der f 2特异性IgE的检测分析[J].厦门大学学报(自然科学版),56(1):137-141.

蒋峰,李朝品,2019.合肥市市售食物孳生粉螨情况调查[J].中国病原生物学杂志,14(6):697-699.

蒋聪利,邬玉兰,幸鹏,等,2014.粉尘螨重组过敏原Der f 11(副肌球蛋白)克隆表达、纯化及免疫学鉴定[J].中国免疫学杂志,30(6):736-740.

韩玉敏,石娜,王燕,等,2019.过敏性哮喘患儿一氧化氮、总免疫球蛋白E、调节性T细胞的表达及联合检测的意义[J].中国儿童保健杂志,12:1335-1338.

喻海琼,肖小军,陈小可,等,2019.屋尘螨提取液皮下注射治疗小鼠过敏性哮喘的机制研究[J].南昌大学学报(医学版),1:7-12.

程颖,张珍,刘晓依,等,2017.儿童特应性皮炎治疗前后生活质量的评估[J].中国当代儿科杂志,19:682-687.

傅锦芳,刘文恩,陈霞,2015.长沙地区377例过敏儿童常见过敏原分析[J].湖南师范大学学报(医学版),12(6):43-45.

曾子坤,2016.过敏性紫癜患儿血清过敏原检测应用[J].中国现代药物应用,10(12):9-10.

曾维英,蓝银苑,薛耀华,等,2015.2050例慢性荨麻疹患者过敏原检测结果分析[J].皮肤性病诊疗学杂志,22(1):43-45.

湛孝东,陈琪,郭伟,等,2013.芜湖地区居室空调粉螨污染研究[J].中国媒介生物学及控制杂志,24(4):301-303.

湛孝东,段彬彬,洪勇,等,2017.屋尘螨变应原Der p 2 T细胞表位疫苗对哮喘小鼠的特异性免疫治疗效果[J].中国血吸虫病防治杂志,29(1):59-62.

湛孝东,段彬彬,陶宁,等,2017.户尘螨Der p 2 T细胞表位融合肽对哮喘小鼠STAT6信号通路的影响[J].中国寄生虫学与寄生虫病杂志,35(1):19-22.

湛孝东,郭伟,陈琪,等,2013.芜湖市乘用车内孳生粉螨群落结构及其多样性研究[J].环境与健康杂志,30(4):332-334.

温壮飞,李晓莉,林志雄,等,2015.海口地区1496例过敏性疾病儿童过敏原皮肤点刺结果分析[J].现代预防医学,42(19):3507-3510.

寒宇阳,白丽霞,李垣君,等,2019.1028例过敏性皮肤病患儿过敏原特异性IgE测定及分析[J].中国医师杂志,9:1359-1362.

慕彰磊,张建中,2019.皮肤屏障与特应性皮炎[J].临床皮肤科杂志,11:707-709.

蔡枫,樊蔚,闫岩,2013. 上海地区342例哮喘患者过敏原检测结果分析[J]. 放射免疫学杂志,26(1): 98-99.

蔡慧,墨玉清,薛小敏,等,2019. 真实世界奥马珠单抗治疗重度过敏性哮喘的疗效及安全性[J]. 中华临床免疫和变态反应杂志,3:199-204.

廖然超,余咏梅,邱吉蔚,等,2017. 昆明地区过敏性鼻炎及哮喘患者家庭优势尘螨种类调查[J]. 昆明医科大学学报,38(6): 56-59.

黎雅婷,张萍萍,彭俊争,等,2014. 广州地区儿童过敏性紫癜血清变应原特异性IgE检测分析[J]. 中国实验诊断学,18(6): 942-944.

Akdis M, Akdis C A, 2007. Mechanisms of allergen-specific immunother-apy[J]. J. Allergy Clin. Immunol., 119(4):780-791.

Amsler E, Soria A, Vial-Dupuy A, 2014. What do we learn from a cohort of 219 French patients with chronic urticaria[J].Eur. J. Dermatol., 24:700-701.

Arlian L G, Platts-Mills T A E, 2001. The biology of dust mites and the remediation of mite allergens in allergic disease[J].Journal of Allergy and Clinical Immunology, 107(3): S406-S413.

Backman H, Räisänen P, Hedman L, et al., 2017. Increased prevalence of allergic asthma from 1996 to 2006 and further to 2016 results from three population surveys[J].Clin. Exp. Allergy, 47:1426-1435.

Ban G Y, Kim M Y, Yoo H S, et al., 2014. Clinical features of elderly chronic urticaria[J].Korean J. Intern. Med., 29:800-806.

Barre A, Simplicien M, Cassan G, et al., 2018. Food allergen families common to different arthropods (mites, insects, crustaceans), mollusks and nematods: Cross-reactivity and potentialcross-allergenicity[J]. Revue Française d'Allergologie, 58:581-593.

Berker M, Frank L J, Geβner A L, et al., 2017.Allergies-A T cells perspective in the era beyond the T1/T2 paradigm[J].Clin. Immunol. (Orlando, fla), 174:73-83.

Brunner P M, Silverberg J I, Guttman-Yassky E, et al., 2017.Increasing comorbidities suggest that atopic dermatitis is a systemic disorder[J]. J. Invest. Dermatol., 137:18-25.

Bülbül Başkan E, 2015.Etiology and Pathogenesis of Chronic Urticaria[J]. Turkiye Klinikleri J Dermatol-Special Topics, 8:13-19.

Cassano N, Colombo D, Bellia G, et al., 2016.Genderrelated differences in chronic urticaria[J].G Ital Dermatol Venereol, 151:544-552.

Chin J, Bearison C, Silverberg N, et al., 2019. Concomitant atopic dermatitis and narcolepsy type 1: psychiatric implications and challenges in management[J]. General Psychiatry, 32(5):e100094.

Chrys T, Atef M, 2019. Allergy to the house acaroid Dermatophagoides Farinae, as an unusual cause of lifelong diarrhoea in a 73-year-old female[J]. European Geriatric Medicine, suppl.1: 149.

Chua K Y, Cheong N, Kuo I C, et al., 2007. The Blomia tropicalis allergens[J]. Protein Pept. Lett., 14 (4): 325-333.

Cingi C, Muluk N B, Ipci K, et al., 2015.Antileukotrienes in upper airway inflammatory diseases[J].Curr. Allergy Asthma. Rep., 15:61-64.

Curin M, Huang H J, Garmatiuk T, et al., 2021. IgE Epitopes of the House Dust Mite Allergen Der p 7 Are Mainly Discontinuous and Conformational[J]. Frontiers in Immunology, 12: 687294.

Debarati D, Gouta S, Sanjoy P, 2019.A review of house dust mite allergy in India[J].Experimental and Applied Acarology, 78:1-14

D'Hennezel E, Benshoshan M, Ochs H D, et al., 2009. FOXP3 forkhead domain mutation and regulatory T cells in the IPEX syndrome[J]. New England Journal of Medicine, 361(17): 1710-1713.

El-Qutob D, Moreno F, Subtil-Rodriguez A, 2016. Specific immunotherapy for rhinitis and asthma with a subcutaneous hypoallergenic high-dose house dust mite extract: results of a 9-month therapy[J]. Immunotherapy, 8(8): 867-876.

Fernández-Caldas E, Iraola V, 2005. Mite Allergens[J]. Current Allergy and Asthma Reports, 5: 402-408.

Fernández-Caldas E, Iraola V, Carnés J, 2007. Molecular and biochemical properties of storage mites (except Blomia species)[J]. Protein Pept. Lett., 14(10): 954-959.

Ferrando M, Bagnasco D, Varricchi G, et al., 2017. Personalized medicine in allergy[J]. Allergy Asthma Immunol. Res., 9:15-24.

Fine L M, Bernstein J A, 2016. Guideline of chronic urticaria beyond[J]. Allergy Asthma Immunol. Res., 8: 396-403.

Fisher K, Holt D C, Harumal P, et al., 2003. Generation and characterization of cDNA clones from Sarcoptes scabiei var. homonis for an expressed sequence tag library: identification of homologues of house dust mite allergens[J]. Am. J. Trop. Med. Hyg., 68:61-64.

Ghosh A, Dutta S, Podder P, et al., 2018. Sensitivity to house dust mites allergens with atopic asthma and its relationship with CD14 C(-159T) polymorphism in patients of West Bengal, India[J]. J. Med. Entomol., 55: 14-19.

Gittler J K, Krueger J G, Guttman-Yassky E, 2013. Atopic dermatitis results in intrinsic barrier and immune abnormalities: implications for contact dermatitis[J]. J. Allergy Clin. Immunol., 131:300-313.

Gu Z W, Wang Y X, Gao Z W, 2017. Neutralizatong of interleu-kin-17 suppresses allergic rhinitissymptoms by downreg-ulating Th2 and Th17 responses and upregulating the Treg response[J]. Oncotarget, 8:22361-22369.

Halim T Y, Krauss R H, Sun A C, et al., 2012. Lung natural helper cells are a critical source of Th2 cell-type cytokines in protease allergen-induced airway inflammation[J]. Immunity, 36(3): 451-463.

Hamilton R G, MacGlashan D, Saini S S, 2010. IgE antibody-specific activity in human allergic disease[J]. Immunol. Res., 47(1/3): 273-284.

Hammad H, Lambrecht B N, 2015. Barrier epithelial cells and the control of type 2 immunity[J]. Immunity, 43: 29-40.

Heijink I H, Kies P M, Kauffman H F, et al., 2007. Down-regulation of E-cadherin in human bronchial epithelial cells leads to epidermal growth factor receptor-dependent Th2 cell-promoting activity[J]. J. Immunol., 178: 7678-7685.

Jacquet A, Robinson C, Proteolytic, 2020. lipidergic and polysaccharide molecular recognition shape innate responses to house dust mite allergens[J]. Allergy, 75(1): 33-53.

Jain S, 2014. Pathogenesis of chronic urticarial: an overview[J]. Dermatol. Res. Pract.:674-709.

Jin M, Choi J K, Kim Y Y, et al., 2016. 1, 2, 4, 5-Tetramethoxybenzene Suppresses House Dust Mite-Induced Allergic Inflammation in BALB/c Mice[J]. Int. Arch. Allergy Immunol., 170(1):35-45.

Johansson E, Aponno M, Lundberg M, et al., 2001. Allergenic cross-reactivity between the nematode Anisakis simplex and the dust mites Acarus siro, Lepidoglyphus destructor, Tyrophagus putrescentiae, and Dermatophagoides pteronyssinus[J]. Allergy, 56:660-666.

Jordan M S, Boesteanu A, Reed A J, et al., 2001. Thymic selection of $CD4^+CD25^+$ regulatory T cells induced by an agonist self-peptide[J]. Nat. Immunol., 2(4): 301-306.

Kakli H A, Riley T D, 2016. Allergic rhinitis[J]. Prim. Care, 43:465-475.

Kalinski P, Lebre M C, Kramer D, et al., 2003. Analysis of the $CD4^+$T cell responses to house dust mite allergoid[J]. Allergy, 58 (7): 648-656.

Kappen J H, Durham S R, Veen H I, et al., 2017. Applications and mechanisms of immunotherapy in allergic rhinitis and asthma[J]. Therap. Adv. Respir. Dis., 11:73-86.

Kim S H, Shin S Y, Lee K H, et al., 2014. Long-term effects of specific allergen immunotherapy against house dust mites in polysensitized patients with allergic rhinitis[J]. Allergy Asthma Immunol. Res., 6(6):

535-540.

Kurokawa N, Hirai T, Takayama M, et al., 2016. An E8 promoter HSP terminator cassette promotes the high-level accumulation of recombinant protein predominantly in transgenic tomato fruits: a case study of miraculin[J].Plant Cell Reports, 32:529-536.

Lapi F, Cassano N, Pegoraro V, et al., 2016. Epidemiology of chronic spontaneous urticaria: results from a nationwide, population-based study in Italy[J].Br. J. Dermatol., 174:996-1004.

Larry G A, Marjorie S M, 2003. Biology, ecology, and prevalence of dust mites[J]. Immunol. Allergy Clin. N. Am., 23(3) : 443-468.

Lee C, Shin H, Kimble J, 2019. Dynamics of Notch-Dependent Transcriptional Bursting in Its Native Context [J].Dev. Cell, 50(4):426-435.

Li C, Chen Q, Jiang Y, et al., 2015. Single nucleotide polymorphisms of cathepsin S and the risks of asthma attack induced by acaroid mites[J].Int. J. Clin. Exp. Med., 8 (1): 1178-1187.

Li C, Guo W, Zhan X, et al., 2014. Acaroid mite allergens from the filters of air-conditioning system in China [J].Int. J. Clin. Exp. Med., 7(6): 1500-1506.

Li C, Jiang Y, Guo W, et al., 2013. Production of a chimeric allergen derived from the major allergen group 1 of house dust mite species in nicotiana benthamiana[J].Hum. Immunol., 74 (5): 531-537.

Li C, Li Q, Jiang Y, 2015. Efficacies of immunotherapy with polypeptide vaccine from proDer f1 in asthmatic mice[J].Int. J. Clin. Exp. Med., 8 (2): 2009-2016.

Li C P, Wang J, 2000. Intestinal acariasis in Anhui province[J]. World Journal of Gastroenterology, 6 (4): 597-600.

Li J, Kang J, Wang C, et al., 2016.Omalizumab improves quality of life and asthma control in chinese patients with moderate to severe asthma: a randomized Phase Ⅲ study[J]. Allergy Asthma Immunol. Res., 8:319-328.

Li L, Lou C Y, Li M, et al., 2016.Effect of montelukast sodium intervention on airway remodeling and percentage of Th17 cells/CD4+CD25+ regulatory T cells in asthmatic mice[J].Zhongguo Dang Dai Er Ke Za Zhi, 18:1174-1180.

Li N, Xu H, Song H, et al., 2015. Analysis of T-cell epitopes of Der f 3 in dermatophagoides farina[J]. Int. J. Clin. Exp. Pathol., 8 (1): 137-145.

Licari A, Castagnoli R, Denicolò C, et al., 2017.Omalizumab in children with severe allergic asthma: the Italian real life experience[J].Curr. Respir. Med. Rev., 13:36-42.

Lin B J, Dai R, Lu L Y, et al., 2020. Breastfeeding and Atopic Dermatitis Risk: A Systematic Review and Meta-Analysis of Prospective Cohort Studies[J]. Dermatology (Basel, Switzerland), 236(4):345-360.

Lin J, Wang W, Chen P, et al., 2018. Prevalence and risk factors of asthma in mainland China: the CARE study[J].Respir. Med., 137:48-54.

Littman D R, Rudensky A Y, 2010. Th17 and regulatory T cells inmediating and restraining inflammation[J]. Cell, 140(6): 845-858.

Liu Z, Jiang Y, Li C, 2014. Design of a proDerf 1 vaccine delivered by the MHC class Ⅱ pathway of antigen presentation and analysis of the effectiveness for specific immunotherapy[J]. Int. J. Clin. Exp. Pathol., 7 (8): 4636-4644.

Lockey R F, Bukantz S C, Ledford D K, 2008. Allergens and allergen immunotherapy[M]. Clin. Allergy Immunol.

Magerl M, Altrichter S, Borzova E, et al., 2016. The definition, diagnostic testing, and management of chronic inducible urticarias - The EAACI/GA(2) LEN/EDF/UNEV consensus recommendations 2016 update and revision[J]. Allergy, 71:780-802.

Mishra V D, Mahmood T, Mishra J K, 2016. Identifcation of common allergens for united airway disease by skin prick test[J]. Indian J. Allergy, Asthma. Immunol., 30(2):76-79.

Morgan W J, Crain E F, Gruchalla R S, et al., 2004. Results of a home-based environmental intervention among urban children with asthma[J].N. Engl. J. Med., 351: 1068-1080.

Musken H, Franz J T, Wahl R, et al., 2000. Sensitization to different mite species in German farmers: clinical aspects[J].J. Investig. Allergol. Clin. Immunol., 10: 346-351.

Nadchatram M, 2005. House dust mites, our intimate associates[J].Trop. Biomed., 22(1) : 23-37.

Gill N K, Dhaliwal A K, 2017.Seasonai Variation of Allergenic Acarofauna From the Homes of Allergic Rhinitis and Asthmatic Patients[J].Journal of Medical Entomology, 21:1-7.

Ogawa H, Fujimura M, Ohkura N, et al., 2014. Atopic cough and fungal allergy[J]. J. Thorac. Dis., 6: S689-698.

Oliver E T, Sterba P M, Devine K, et al., 2016. Altered expression of chemoattractant receptor-homologous molecule expressed on TH2 cells on blood basophils and eosinophils in patients with chronic spontaneous urticaria[J].J Allergy Clin. Immunol., 137:304-306.

Oyoshi M K, He R, Li Y, et al., 2012. Leukotriene B4-driven neutrophil recruitment to the skin is essential for allergic skin inflammation[J]. Immunity, 37(4): 747-758.

Pan X F, Gu J Q, Shan Z Y, 2015. The prevalence of thyroid autoimmunity in patients with urticaria: a systematic review and meta analysis[J]. Endocrine, 48:804-810.

Park S J, Wiekowski M T, Lira S A, et al., 2006. Neutrophils regulate airway responses in a model of fungal allergic airways disease[J]. J. Immunol., 176(4): 2538-2545.

Pinto L A, Stein R T, Kabesch M, 2008. Impact of genetics in childhood asthma[J]. J. Pediatr. (Rio J), 84(4 Suppl): S68-S75.

Pitsios C, Demoly P, Bilò MB, et al., 2015.Clinical contraindications to allergen immunotherapy: an EAACI position paper[J].Allergy, 70:897-909.

Polak D, Hafner C, Briza P, et al., 2019. A novel role for neutrophils in IgE-mediated allergy: Evidence for antigen presentation in late-phase reactions[J].Allergy Clin. Immunol., 143(3): 1143-1152.e4.

Pomés A, Davies J M, Gadermaier G, et al., 2018. WHO/IUIS Allergen Nomenclature: Providing a common language[J]. Molecular Immunology, 100:3-13.

Priti M, Debarati D, Tania S, 2019. Evaluation of Sensitivity Toward Storage Mites and House Dust Mites Among Nasobronchial Allergic Patients of Kolkata, India[J].Journal of Medical Entomology, 56:347-352.

Repa A, Wild C, Hufnagl K, et al., 2004. Influence of the route of sensitization on local and systemic immune responses in a murine model of type Ⅰ allergy[J]. Clin. Exp. Immunol., 137(1): 12-18.

Rolland-Debord C, Lair D, Roussey-Bihouee T, et al., 2014. Block copolymer/DNA vaccination induces a strong Allergen-Specific local response in a mouse model of house dust mite asthma[J]. PLoS One, 9(1): e85976.

Salimi M, Barlow J L, Saunders S P, et al., 2013. A role for IL-25 and IL-33-driven type-2 innate lymphoid cells in atopic dermatitis[J]. Exp. Med., 210 (13): 2939-2950.

Sanchez-Borges M, Capriles-Hulett A, Caballero-Fonseca F, 2015. Demographic and clinical profiles in patients with acute urticaria[J]. Allergol. Immunopathol. (Madr), 43:409-415.

Sevin C M, Newcomb D C, Toki S, et al., 2013.Deficiency of gp91*phox* inhibits allergic airway inflammation [J].Am. J. Respir. Cell Mol. Biol., 49(3): 396-402.

Shalaby K H, Al Heialy S, Tsuchiya K, et al., 2017. The TLR4-TRIF pathway can protect against the development of experimental allergic asthma[J].Immunology, 152(1): 138-149.

Shamji M H, Durham S R, 2017. Mechanisms of allergen immunotherapy for inhaled allergens and predictive biomarkers[J]. J. Allergy Clin. Immunol., 140(6): 1485-1498.

Shaoqing Y, Yinjian C, Zhiqiang Y, et al., 2018. The levels of $CD4^{+}CD25^{+}$ regulatory T cells in patients with allergic rhinitis[J].Allergol. Select, 2(1): 144-150

Shaw T E, Currie G P, Koudelka C W, et al., 2011.Eczema prevalence in theUnited States: Data from the 2003 National Survey of Children's Health[J].J. Invest. Dermatol., 131:67-73.

Shevach E M, 2000.Regulatory T cells in autoimmunity[J].Annu. Rev. Immunol., 18:423-449.

Shiari R, 2012.Neurologic manifestations of childhood rheumatic diseases[J].Iran. J. Child Neurol., 6:1-7.

Sidenius K E, Hallas T E, Poulsen L K, 2001. Allergen cross-reactivity between house-dust mites and other invertebrates[J].Allergy, 56:723-733.

Siebel C, Lendahl U, 2017. Notch Signaling in Development, Tissue Homeostasis, and Disease[J]. Physiol Rev., 97(4):1235-1294.

Silverberg J I, Hanifin J, Simpson E L.Climatic factors are associated with childhood eczema prevalence in the United States[J].J. Investig. Dermatol., 133:1752-1759.

Sopelete M C, Silva D A O, Arruda L K, et al., 2000. Dermatophagoides farinae (Der f 1) and Dermatophagoides pteronyssinus (Der p 1) allergen exposure among subjects living in Uberlandia, Brazil[J].International Archives of Allergy and Immunology, 122(4):257-263.

Taube C, Tertilt C, Gyülveszi G, et al., 2011. IL-22 Is Produced by Innate Lymphoid Cells and Limits Inflammation in Allergic Airway Disease[J]. Plos One, 6(7): e21799.

Teach S J, Gill M A, Togias A, et al., 2015.Preseasonal treatment with either omalizumab or an inhaled corticosteroid boost to prevent fall asthma exacerbations[J].J. Allergy Clin. Immunol., 136:1476-1485.

Thomas W R, HeinrichT K, Smith W A, et al., 2007. Pyroglyphid house dust mite allergens[J].Protein Pept. Lett., 14(10) : 943-953.

Thomas Wayne R, 2015. Hierarchy and molecular properties of house dust mite allergens[J].Allergology International, 64: 304-311.

Thyssen J P, McFadden J P, Kimber I, 2014.The multiple factors affecting the association between atopic dermatitis and contact sensitization[J]. Allergy, 69:28-36.

Tokura Y, 2016.New etiology of cholinergic urticaria[J].Curr. Probl. Dermatol., 51:94-100.

Tudorache E, Azema C, Hogan J, et a1, 2015. Even mild cases of paediatric Henoch-Schönlein purpura nephritis show significant long. term proteinuria[J]. Acta. Paediatr., 104:843-848.

Valenta R, Campana R, Focke-Tejkl M, et al., 2016. Vaccine development for allergen-specific immunotherapy based on recombinant allergens and synthetic allergen peptides: Lessons from the past and novel mechanisms of action for the future[J]. J. Allergy Clin. Immunol., 137(2): 351-357.

Vergani A, Gatti F, Lee K M, et al., 2015. TIM4 regulates the anti-islet Th2 alloimmune response[J]. Cell Transplant., 24(8):1599-1614.

Virchow J C, Backer V, Kuna P, et al., 2016.Efficacy of a house dust mite sublingual allergen immunotherapy tablet in adults with allergic asthma: a randomized clinical trial[J].JAMA, 315:1715-1725.

Wang M, Gu Z, Yang J, et al., 2019.Changes among TGF-β1 Breg cells and helper T cell subsets in a murine model of allergic rhinitis with prolonged OVA challenge[J].Int. Immunopharmacol., 69:347-357.

Wayne R, 2012. Thomas. House dust allergy and immunotherapy[J].Human Vaccines & Immunotherapeutics, 8(10): 1469-1478.

Weghofer M, Grote M, Resch Y, et al., 2013. Identification of Der p 23, a peritrophin-like protein, as a new major Dermatophagoides pteronyssinus allergen associated with the peritrophic matrix of mite fecal pellets [J]. J. Immunol., 190: 3059-3067.

WHO/IUIS Allergen Nomenclature Sub-Committee, Allergen Nomenclature[EB/OL]. (2020-2-28) [2021-2-14]. http://www.allergen.org.

Wu M A, Perego F, Zanichelli A, et al., 2016. Angioedema phenotypes: disease expression and classification[J]. Clinic. Rev. Allerg. Immunol., 51:162.

Xu M, Dong C, 2017. IL-25 in allergic inflammation[J]. Immunol. Rev., 278(1): 185-191.

Yi M H, Kim H P, Jeong K Y, et al., 2015. House dust mite allergen Der f 1 induces IL-8 in human basophilic cells via ROS-ERK and p38 signal pathways[J]. Cytokine, 75(2): 356-364.

Zeyer F, Mothes B, Will C, et al., 2016. mRNA-mediated gene supplementation of toll-like receptors as treatment strategy for asthma in vivo[J]. PLoS One, 11(4): e0154001-0155012.

Zhang G Q, Hu H J, Liu C Y, et al., 2016. Probiotics for Prevention of Atopy and Food Hypersensitivity in Early Childhood: A PRISMA-Ce pliant Systematic Review and Meta-Analysis of Randomized Controlled Trials[J]. Medicine(Baltimore), 95: e2562.

Zhang M, Chen W, Zhou W, et al., 2017. Critical Role of IRAK-M in regulating antigen-induced airway inflammation[J]. Am. J. Respir. Cell Mol. Biol., 57(5): 547-559.

Zhang S, Huang D, Weng J, et al., 2016. Neutralization of in-terleukin-17 attenuates cholestatic liver fibrosis in mice[J]. Scand. J. immunol., 83:102-108.

Zhao B B, Diao J D, Liu Z M, et al., 2014. Generation of a chimeric dust mite hypoallergen using DNA shuffling for application in allergen-specific immunotherapy[J]. Int. J. Clin. Exp. Pathol., 7 (7): 3608-3619.

Zhao J, Lloyd C M, Noble A, 2013. Th17 responses in chronic allergic airway inflammation abrogate regulatory T-cell-mediated tolerance and contribute to airway remodeling[J]. Mucosal Immunol., 6(2):335-346.

Zock J P, Heinrich J, Jarvis D, et al., 2006. Distribution and determinants of house dust mite allergens in Europe: the European Community Respiratory Health Survey Ⅱ [J]. J. Allergy Clin. Immunol., 118: 682-690.

第六章　防　制

粉螨种类繁多，有捕食性、植食性、腐蚀性、菌食性和寄生性等多种摄食方式，不但可危害储藏物、传播黄曲霉菌，而且还可引起人体过敏等疾病。虽然随着科技的进步，人类已经通过多种综合措施很大程度上减少了螨类对储藏粮食及对人体的危害，但是，螨类的长期控制仍然是一个重要的公共卫生问题。第一，人类既不能完全消除粉螨的孳生，也不能完全消除螨类的生存、繁衍条件；第二，螨类的活动期虽然对杀螨剂比较敏感，但是粉螨的卵和休眠体对杀螨剂却有很强的耐受力，可以造成粉螨的再次大量孳生；第三，目前可用的杀螨剂多为高效高毒化合物，不能作为谷物及其储藏食物的螨类防制剂，防制的同时也进行了螨类的选择和淘汰，导致抗药性、适应性的产生和活动规律的改变等，这都增加了螨类的防制难度。因此，如何有效控制粉螨的孳生，减少粉螨对人居环境的污染已成为亟待解决的问题之一。近年来，控制粉螨孳生的方法通常采用环境防制、药物防制、生物防制和遗传防制等，现介绍如下。

第一节　环境防制

环境防制是防制粉螨的最基础、最根本的方法。是指根据粉螨的孳生、栖息、行为等生物学特性及其生态学特点，通过合理的改造人居环境，造成不利于粉螨孳生、繁殖的条件，从而达到控制粉螨孳生的目的。

一、干燥、通风

粉螨通过薄而柔软的表皮进行呼吸，其体内水分的平衡主要通过环境中水分的吸收和排除来调节，故周围环境的湿度对螨类体内含水量的影响较大，甚至可以影响螨类的体温和代谢速率。因此，粉螨对环境中的湿度变化比较敏感，同时对干燥环境的耐受力较差。根据粉螨的这一生理特点，采用干燥与通风的方法进行粉螨防制必将获得较好的效果。王慧勇等(2019)通过比较湿度、温度以及天敌数量等生态因子对螨类的影响，发现环境中的湿度对椭圆食粉螨(*Aleuroglyphus ovatus*)种群数量的影响最大；吾玛尔·阿布力孜等(2019)对土壤螨类群落特征的分析结果也证实了土壤中的湿度是限制土壤螨类繁衍的最重要的制约因子。上述研究表明，相对于其他生态因子，湿度是限制螨类生长和繁殖的重要因素。

多数家栖螨类对孳生环境的湿度均有一定的要求，最适的生长湿度为70%～80%，在此环境下，种群繁衍迅速，生长发育快。当环境湿度小于70%时，螨类的发育就会受到抑制，甚至停止生长。Zdarkova研究腐食酪螨(*Tyrophagus putrescentiae*)在相对湿度(RH)14%～89%的反应时发现，当RH低于22%时，湿度的变化对螨的影响不明显；但在RH 22%～78%的条件下，腐食酪螨偏向选择较高的湿度，且在此湿度范围内，螨可区分出1%

的湿度变化。根据粉螨这一生物学特点，可利用干燥和通风的方法控制粉螨。例如在粮食和储藏物仓库中，螨类生长繁殖需要依靠粮食的水分，粗脚粉螨（*Acarus siro*）在粮食水分为14%～18%时可发育繁殖，腐食酪螨为15%～18%，水芋根螨（*Rhizoglyphus callae*）为16%～18%。但当粮食水分为12%～12.5%时难于生活。许多仓储螨类在RH 60%以下的干燥环境中即难以进行繁殖。家食甜螨（*Glycyphagus domesticus*）在RH 70%以上时才能生存，在RH 60%以下时很快死亡。休眠体虽然比较耐干燥，但在RH 10%时，仅能生存1周。因此，将储藏粮食的含水量控制在12%以下，或大气RH控制在60%以下，大多数粉螨则不能存活。而对于粮食等储藏物仓库内，虽然仓库的温度和湿度相对恒定，且光照度较低，但是储藏物水分易挥发到仓库中，增加仓库环境中的湿度，储藏物产生的生物积温效应，可升高仓库的温度和湿度，因此，仓库等场地要适时通风，使储粮堆降温散湿，以降低储粮螨的生存机会。在人们的家居环境中，经常将衣物、床单、被褥、枕芯等进行定期晾晒，保持环境干燥；对于储物间等可使用去湿剂或去湿机来降低储物间的相对湿度，均可有效地减少房舍粉螨孳生。因此，通过干燥和通风来控制环境的温湿度是防制粉螨孳生的重要措施。

二、清洁卫生

保持环境清洁是控制粉螨最常用、最简便的有效措施。由于粉螨孳生需要丰富的食物和适宜的温湿度，因此在隐蔽潮湿的房舍里总能发现较多的螨类。Griffiths（1959）和Sinha和Mills（1968）均做过相关报道，螨类喜食某些真菌孢子，这些真菌孢子随粉螨粪便排出，真菌得以随粉螨进行传播。李朝品（2002）进行了腐食酪螨、粉尘螨传播霉菌的实验研究，结果证实腐食酪螨、粉尘螨具有很强的传播霉菌能力。Arlian 和 Morgan（2003）报道了居室尘螨等常见于变应原暴露场所，易引起哮喘等过敏性疾病。吴子毅（2006）对房屋粉螨孳生情况的调查表明：各房间检出率分别为客厅27.83%、卧室36.78%、厨房27.42%。在广州市对居民家庭进行尘螨定点、定量调查的调查结果中，在572份样品中检出尘螨的有531份，检出率高达92.8%；1 g床上的灰尘有螨高达11 849只；1g枕头灰尘含螨达11 471只。李生吉等（2008）调查了图书馆内流通图书、过期书刊、古籍善本三类图书表面灰尘中螨类孳生情况，发现过期书刊中螨类孳生率最高，为81.43%。调查共检获螨类23种，隶属于7科19属。赵金红等（2009）调查发现安徽省房舍粉螨总孳生率为54.39%，孳生螨种26种，隶属于6科16属。湛孝东等（2013）调查居室空调粉螨污染情况，在202份空调隔尘网积尘中检出螨类3 265只，共18种，隶属于6科14属。陶宁（2015）报道了在49种储藏干果中发现粉螨12种，隶属于6科10属。洪勇（2016）亦从500克中药材海龙中分离出254只粉螨。

三、改善居住环境

随着人们生活水平的不断提高，越来越多的家庭安装了空调、地毯、沙发、床垫等软家居，但是由于多数家庭白天经常关窗，导致通风不良，加之房间内温度、湿度相对稳定，家中的沙发、床垫中积累了较多的人体皮屑，为粉螨提供了丰富的食物，导致了粉螨的大量孳生。沈兆鹏（1995）曾报道铺有地毯的房屋孳生尘螨的数量远远高于不铺地毯的房屋。赵金红（2009）对安徽省房舍孳生粉螨进行调查时就检获了粉螨26种。许礼发（2012）对安徽淮南地区居室空调隔尘网的调查中检获了23种粉螨。因此,注意家居环境卫生,养成良好的个人生活、饮食卫生习惯,改善生活、生产、工作环境,以减少或避免人-媒介-病原体三者的接触机会,防止虫媒病的传播。例如,在人们的日常生活中,要经常洗澡,勤换洗内衣,尽量减少居室中人体脱落皮屑等来自人体的污染物。对于家庭居所,应及时清除室内垃圾,勤换洗床上用品,清除床垫及床下积尘,也可采用吸尘器,吸除墙角、地毯、床上用品、沙发等处的灰尘保持室内卫生;及时清洗空调隔尘网,在居室装修时选用对粉螨吸附能力较高的磷灰石抗菌除臭过滤网。在空气粉尘含量较高的工作场所,应注意以下几点:① 安装除尘设备,个人应戴防尘口罩或采取其他相应的保护措施;② 仓库门、窗应装纱门、纱窗,设挡鼠板、布防虫线,以阻止鼠、昆虫及其他小型动物入侵时将螨带入;③ 入仓储存的粮食等谷物应过筛,或用风车、电动净粮机除尘;④ 保持仓库内外环境的清洁卫生,保持储物器具、运输工具的清洁。

第二节 药物防制

药物防制是病媒综合防制中的重要手段,是指使用天然或合成的毒物,以不同的剂型和途径毒杀、驱避或引诱粉螨。药物防制具备施行方便、见效快、效果佳等优点,但也存在粉螨抗药性和环境污染问题。因此,在使用前必须了解有关粉螨的食性、栖性、活动、种类及对杀螨剂的敏感性,选择最佳杀螨剂,有的放矢,才能达到有效防制粉螨的目的。

一、杀螨剂类型及其作用机制

1. 杀螨剂的类型

有关杀螨剂类型的划分有以下3种方法:① 按杀螨剂的化学类型不同,分为无机杀螨剂及有机杀螨剂;② 按杀螨剂的剂型不同,分为粉剂、液剂、乳剂、雾剂、烟剂等;③ 按进入虫体的途径和作用不同,分为触杀剂、熏蒸剂、胃毒剂、驱避剂等。

2. 杀螨剂的作用机制

主要包括:胃毒、触杀、熏蒸、内吸及特异作用,而实际上一种杀螨剂往往具有多种作用方式,如多数具有触杀作用的杀螨剂兼有胃毒或内吸作用。

(1) 胃毒作用:胃毒作用是指药剂通过害虫(粉螨)的口器和消化系统进入虫体而使害虫中毒死亡,具有这种作用的药剂称之为胃毒剂。该类药物常与食物混配而发挥作用,如灭蝇、灭蟑螂毒饵等。

(2) 触杀作用:触杀作用是害虫(粉螨)接触到药剂时,药物通过虫体的表皮进入虫体内使害虫中毒死亡,将这种具有触杀作用的药物称之为触杀剂。这类药物多具有脂溶性,目前大多数杀螨剂属于此类。触杀药物经昆虫(粉螨)表皮进入体内的速度和量因表皮的透过性而异,这是影响杀螨剂作用速度和效果的重要因素。在昆虫毛和刚毛的基部、体节之间,表皮较薄,药物透入快。昆虫的种类、发育期、虫龄、营养状况不同,其类脂层厚度亦不同,在卵和蛹期,其外壳与虫体之间有一层空隙,药物难以进入,因而一般的触杀剂对其不起作用。另外,触杀剂的作用效果取决于药物毒性的大小、剂型以及与昆虫的接触时间等。所以,选用触杀剂时应将这些因素综合考虑后才能做出抉择,以达到最佳杀螨效果。

(3) 熏蒸作用:熏蒸作用是指杀螨剂呈气态或气溶胶的形式经昆虫的气门进入虫体内而引起昆虫中毒死亡。熏蒸剂使用方便,作用迅速,效力强,但一般毒性较大,使用时应注意安全。熏蒸剂有两类,一类是速效熏蒸剂,如氯化苦、氧化铝等;另一类是滞效性熏蒸剂,如敌敌畏蜡块等。熏蒸杀螨主要与以下因素有关:① 昆虫的特性;② 杀螨剂性能;③ 昆虫所处的环境,如空间、物体表面或缝隙深部等;④ 昆虫的状态,如呼吸频率、气孔大小等。一般在熏杀昆虫时应注意使昆虫暴露于空间,同时升温,促进昆虫呼吸,使之气孔张大。

(4) 内吸作用:内吸作用是药物被宿主吸收后,分布在其体液内,害虫(粉螨)通过吸食宿主的体液而中毒死亡。如将药物施布于家畜,当昆虫刺吸家畜血液引起中毒死亡,此方式可防制家畜体外寄生虫。另外也可将药物喷于土壤或植物体表,药物被植物根、茎、叶吸收并分布于整个植物,昆虫一旦吸食含药物的植物汁液后即中毒死亡。具有内吸作用的药物有倍硫磷、皮蝇磷等。

(5) 特异作用:杀螨剂进入害虫(粉螨)体内后不是直接杀死害虫,而是通过干扰或者破坏害虫正常的生理机理和行为而实现防制目的,比如对害虫产生拒食、弦音器干扰、脱皮干扰等。

二、杀螨剂的毒效测定

杀螨剂的毒力是指杀螨剂对昆虫(粉螨)毒杀效力而言,进行毒力测定的目的是为了知道它对某种昆虫(粉螨)的毒性程度,或比较几种杀螨剂对某种昆虫(粉螨)的毒力程度差别,用以评价一种杀螨剂对昆虫的毒力大小。在进行杀螨剂毒力测定时,通常先做预试验,了解杀螨剂大致的剂量(或浓度)。然后开展正式试验,即精确的毒力测定。对于杀螨剂的毒效测定采用的方法与一般杀螨剂一样,主要有以下几个方面:

(一) 毒力测定常用的表示指标

毒力即是毒性程度,用一个数量表示才能说明或比较。毒力测定一般以半数致死量、半数致死浓度、半数击倒量、半数击倒时间、半数致死时间等来表示。

1. 半数致死量(median lethal dose, LD_{50})

表示在试验中使一半被试验昆虫或动物致死所需的药剂量,一般以mg/kg表示。其值越大,表示该药效的毒性越低,即越安全。急性经口毒性及急性经皮毒性一般均以LD_{50}来表示。

2. 半数致死浓度(median lethal concentration, LC_{50})

表示在试验中使一半被试验昆虫或动物致死所需的药剂浓度,一般以g/L表示。其值越大,表示该药剂毒性越低,即越安全。急性吸入毒性以LC_{50}表示。对熏蒸剂一般均采用LC_{50}表示。

3. 半数击倒量(median knockdown dose, KD_{50})

指在一定试验条件下,受试昆虫50%个体被击倒所需的药物剂量,与半数致死量不同,昆虫的反应是击倒(麻痹)而不是死亡,是群体接受的药量,而不是个体接受的药量,计量单位为g/m^2或g/m^3。其值越小,说明该药剂的效力越高。

4. 半数击倒时间(median knockdown time, KT_{50})

指在一定剂量的试验条件下,半数被测试昆虫被击倒的时间,一般以分钟(min)表示。其值越小,表示该药剂效力越高。

5. 半数致死时间(median lethal time, LT_{50})

指某药剂在一定剂量下使半数被测试昆虫致死的时间,单位可为秒(sec)、分钟(min)、小时(h)、天(d)。

6. 校正死亡率

由于昆虫存在自然死亡,所以毒力测定必须要设立对照组,测得的死亡率要用Abbott公式校正求校正死亡率。在不施药的对照组中,如果自然死亡率在5%以下,一般仅用处理组的死亡率减去自然死亡率得到校正死亡率;当自然死亡率达到5%~20%时,就不能用直接相减的方法,要使用下列公式求校正死亡率:

校正死亡率=(对照组存活率-处理组存活率)/对照组存活率×100%

(二) 毒力测定的方法

杀螨剂毒力测定的方法很多,对于熏蒸、击倒和驱避等不同作用方式的杀螨剂和不同试验对象可分别采用不同的方法。这些方法主要有注射法、饲喂法、点滴法、药膜法、浸液法、喷雾法和喷粉法等,其中以点滴法、药膜法、浸液法和喷雾法最为常用。

1. 点滴法(topical application)

是室内测定触杀毒力最常用的方法,主要用于个体相对较大的昆虫,如蟑螂、蝇、蜱等节肢动物的成虫。很少应用于螨虫毒力的测定。

2. 药膜法(residual films)

可应用于一切爬行和飞行昆虫的测定方法。其原理是将杀螨剂浸液、点滴或喷洒在滤纸、玻璃板、蜡纸等介质的表面上,形成一层均匀的薄膜(也可将药液加入广口瓶,将瓶转动,使药液均匀沾在瓶内壁形成药膜),受试昆虫(粉螨)可直接放在药膜上,或将药膜衬垫于筒或笼等装置的内壁,然后将受试昆虫放入。任由昆虫与药膜接触一定时间(15分钟~2小时)后移入正常饲养的环境,24小时后观察昆虫死亡情况,计算LC_{50}。也可让试虫与药膜长时间接触而观察试虫的击倒时间,直至全部试虫被击倒,从而求出半数击倒时间,以比较毒力。还可将形成的药膜放置不同时间,或经过光照、雨淋等处理,然后再让试虫接触,以检测杀螨剂的残效。药膜法的优点是:操作方便,应用范围广,结果准确,接近现场实际情况;药膜放置一段时间后还可进行残效测定。缺点是:昆虫以足部表皮接触药膜,测得的毒力往往偏高;该法测得的结果只能以单位面积药剂量表示,不如点滴法以昆虫(粉螨)每克体重药剂量表示那样准确;此外,药膜法需要考虑受试昆虫活动性与舔食习性对结果的影响。

3. 浸液法(immersion method)

浸液法是一种测定杀螨剂触杀毒力的室内测定技术。因方法简便快捷,不需要特殊仪器设备,故可用于进行大量化合物的初筛,或用来进行杀螨剂残留量的生物分析。该法主要用来测定水生昆虫和昆虫幼虫。其原理是将供试杀螨剂均匀分散在水中,供试昆虫在不同浓度的稀释药液中浸渍一定时间后取出正常饲养,观察计算死亡情况。对于水生昆虫,如蚊虫幼虫,可将其在含杀螨剂的水中养24小时,记录死亡率。浸液法因为杀螨剂剂量准确,并能在水中均匀分布,各受试个体的获得药量相同,所以结果比较准确。但该法不能排除胃毒的影响，方法本身比较粗放，重复的误差较大，不能精确求得每只试虫或每克虫体所获药量，所以测得的结果不是单纯的触杀毒力。另外，测试结果易受温度、水质等因素影响。

4. 喷雾(粉)法

是将药液直接通过喷雾方式黏附到虫体上的方法。其基本原理是使杀螨剂直接附着于昆虫(粉螨)体表，通过表皮侵入虫体内致死。具体方法是将盛有试虫的喷射盒、喷射笼或垫有湿滤纸的培养皿底置于喷射器底部或喷粉罩底盘上，将定量的药液或粉剂均匀直接喷洒到目标昆虫体，待药液稍干或虫体沾粉较稳定后，将受试昆虫移入干净的容器内，用通气盖盖好，置于适合昆虫生长发育的温湿度及通风良好的环境中恢复，1～2小时后放入无药的新鲜饲料，于规定时间内(24小时、48小时)观察记录受试昆虫(粉螨)中毒及死亡情况。为了减少试验误差，使每个受试昆虫尽量接受到相同的药量。要求喷雾时要有一定的压力，喷雾均匀，雾点或粉粒大小一致。喷雾(粉)法的优点是简便易行，并接近现场实际情况，因此是目前常用的触杀毒力测定技术。

三、粉螨的抗药性及其检测方法

粉螨的抗药性是指对某种杀螨剂原本敏感的粉螨种群，经过一个时期接触这种杀螨剂之后，该种群对此杀螨剂产生的耐性或抵抗力。粉螨的抗性不是种的特征，而是种群的表现。粉螨可对一种杀螨剂产生抗性，也有同时对多种杀螨剂产生抗性，称作多重抗性(multiple resistance)或交叉抗性；还有对一种杀螨剂具抗性的粉螨，同时对另一尚未接触过的杀螨剂也具有抗性，称作交互抗性(cross resistance)。粉螨抗性的产生，对治疗螨性疾病极为不利，而且新杀螨剂的研制及更新速度相对缓慢，长此以往，抗药产生速度将超过替代杀螨剂的问世速度，应引起足够的重视。

1. 抗性的标准

长期以来，群体抗性水平的标准均采用半数致死量(LD_{50})和半数致死浓度(LC_{50})。WHO于1976年提出一种以区分剂量衡量群体抗性水平的标准方法，该方法以敏感品系$LC_{99.9}\times 2$剂量作为区分剂量，确定死亡率98%～100%为敏感级(S级)，80%～98%为初级抗性(M级)，80%以下为抗性(R级)。此标准因能比较准确地反映群体抗性水平，且能预报群体中高抗个体的频率，因而在世界范围内被广泛采用。我国亦将此标准稍加修改后用于现场抗性调查和抗性划分。

2. 抗性的影响因素

粉螨对不同杀螨剂的抗性效果不同，即使对同一种杀螨剂，粉螨产生的抗性及其水平也受到诸多因素影响，主要包括外界环境因素和螨体自身因素两个方面。

(1) 外界环境因素：杀螨剂的使用剂量、使用时机及有效期内的温湿度和营养等外界因素可以影响抗性的形成和发展，其中最为重要的是杀螨剂的剂量和温度。一般认为，对杀螨剂的抗性基因与敏感基因是同一位点上的一对等位基因，使用高剂量杀螨剂去除抗性杂合子可以延缓抗性的发展。杀螨剂处理时与处理后的温度对抗性水平的影响较大。温度影响杀螨剂的穿透速率，也影响虫体的解毒过程。一般来说，在适宜温度下，粉螨对杀螨剂的抗性形成较慢。

(2) 螨体自身因素：粉螨不同种或同种不同生理状态下，对杀螨剂产生的反应不同。在相同条件下,不同螨种对同一杀螨剂的抗性差异较大。Bowley和Bell用溴甲烷和磷化氢进行连续2次低剂量熏蒸试验,来防制长食酪螨(*Tyrophagus longior*)、害嗜鳞螨(*Lepidoglyphus destructor*)和粗脚粉螨,结果在10 ℃条件下完全防制害嗜鳞螨和粗脚粉螨所需间隔为5~9周,而防制长食酪螨所需间隔以7周为宜。再如熏蒸剂可迅速杀死粉螨成螨,但对螨卵的毒效较差或无效,可能是因为缺少靶标作用部位。幼螨或若螨的抗性水平则随着虫龄增加而增加,不同幼期的抗性差别可能与螨体含水量有关,还可能与表皮增厚有关。无论螨体处于哪一龄期,蜕皮时尤易受杀螨剂的毒杀作用而死亡。

3. 抗性的机制

研究表明粉螨的抗药性是由基因决定的,也是杀螨剂选择的结果。关于抗性形成的机制学说,其中被广泛接受的是先期适应(preadaptation)学说。该学说认为,粉螨抗药性是一个先期适应现象,由选择形成的。在粉螨自然种群中本身存在着广泛的多态性(polymorphism),个体间对杀螨剂的敏感性不同,杀螨剂在抗性形成过程中并没有改变粉螨,只是起了筛选作用,即将耐药性低的个体淘汰,而耐药性较高的个体存活下来。这样一代代地选择,最终出现了抗性的群体。抗性的形成过程实际上是抗性基因积累和加强的过程,如果没有抗性基因,无论如何选择,也不会形成抗性,即并非所有粉螨对所有杀螨剂都能产生抗药性。

4. 抗药性检测目的

(1) 控制计划实施前检测,为选择杀螨剂和防制计划提供基本的资料。

(2) 抗性的早期检测可及时执行某一有效措施,晚期检测可阐明疾病控制失败的原因,以便及时更换杀螨剂。

(3) 定期检测可了解抗性治理的效果。

总之,通过粉螨抗药性检测,可以及时准确地测出抗性水平及其分布,明确重点保护的药剂类别及品种,对整个治理方案的治理效果提供评估,为抗性治理方案的修订提供依据。

5. 抗药性检测方法

包括生物检测法、细胞电生理检测法、生物化学检测法、免疫学检测法和分子生物学检测法等方法。

(1) 生物检测法:① 经典生物检测法:经典生物检测法(bioassay)是从未使用或较少使用药剂防制的地区采集自然种群,在室内选育出相对敏感品系,根据药剂特性、作用特点及抗药性虫种种类建立标准抗性检测方法。再从测试地区采集同种种群,采用与测定敏感品系相同的生物检测方法和控制条件,测出待测种群的敏感毒力(LD-p)基线、半数致死量(LD_{50})和半数致死浓度(LC_{50}),以待测种群与敏感种品系的LD_{50}或LC_{50}值之间的比值(即抗性系数)来表示抗性水平。由于生物测定法能够直观地得到抗性图谱,因而长期以来得到广泛的应用。根据不同虫种的生物学特点和杀螨剂进入虫体部位及途径的不同,生物测定最常用的方式是胃毒毒力测定和触杀毒力测定,主要包括点滴法、药膜法、浸液法、人工饲料混药法、浸叶法、喷雾法及喷粉法、IRAC No.5法。② 区分剂量法:利用抗性遗传特性为完全显性或不完全显性的高水平抗性品系与敏感品系杂交,其正、反交F1群体对药剂反应的LD-p线与抗性亲本的LD-p线相靠近,而与敏感亲本的LD-p线往往不易重叠,可用敏感毒力基线的$LD_{99.9}$或$LC_{99.9}$作为区分敏感个体与表现型抗性个体的区分剂量,用该区分剂量连续处理田间种群来监测田间抗性个体的频率变化。区分剂量(discriminating dose)的含义就是用该剂量处理待测昆虫种群，可以将敏感个体全部杀死，而在此剂量下的存活率即为抗性个体频率。区分剂量的适当与否直接关系到抗性检测的准确性，如区分剂量偏低，则会夸大抗性的程度；如区分剂量偏高，则会掩盖抗性的真实情况，这些都会对抗性治理造成被动局面。该检测方法中，敏感品系的纯合性和抗性基因显隐性程度是两个重要的影响因子，用该方法确定区分剂量时首先要得到纯合的敏感品系，而且所确定的区分剂量还要根据田间实际应用的效果来检验其合理性和准确性。

(2) 细胞电生理检测法：细胞电生理技术是研究杀螨剂对医学节肢动物致毒机制的重要手段，近年来，该技术已愈来愈多地应用于研究抗性与敏感医学节肢动物的神经靶标敏感性差异，其中应用较多的是电压钳(voltage clamp)和膜片钳(patch clamp)等细胞电生理技术。

(3) 生物化学检测法：医学节肢动物抗药性的生化机制表明，抗药性通常与解毒酶对杀螨剂的解毒能力增强或靶标酶对杀螨剂的敏感性下降有关，这是抗药性生物化学检测的理论基础。目前，抗药性生物化学检测主要包括酯酶(ESTs)、谷胱甘肽S-转移酶(GSTs)、细胞色素P450三种解毒酶的测定以及乙酰胆碱酯酶(AchE)敏感性下降相关的检测。基本原理是利用模式底物检测医学节肢动物匀浆中酶的活性或抑制剂的抑制能力，用于检测医学节肢动物个体抗药性状况与群体频率。根据酶活性分析所用的载体，生物化学检测法可分为滤纸法、硝酸纤维膜法和微量孔板法等。与经典的生物检测方法相比，生物化学检测法具有快速、准确，可重复性强，避免生物检测中主客观的干扰因素，所需样品少，可对单头医学节肢动物进行多种分析等优点。但生物化学检测方法也存在一定的局限性，某些已知的抗性机制(表皮穿透性降低及神经敏感度下降等)还不能应用于现场抗性检测。

(4) 免疫学检测法：医学节肢动物抗药性的产生并不总是伴随着酶活性的增高，有时解毒酶的性质发生变化，杀螨剂的解毒代谢得到增强，但其酶活性的底物代谢能力并未增强，在这种情况下用酶活力生物化学检测法无法进行抗药性检测，为此研究开发了免疫学检测法。免疫学检测法在诊断抗性水平方面优于生物检测法和生物化学检测法，在诊断频率方面优于生物化学检测法。但所需费用高，并对设备和操作人员有较高的要求，因此在应用方面受到了很大的限制。

(5) 分子生物学检测法：医学节肢动物抗药性分子检测技术是基于对节肢动物抗药性机制了解的基础上建立起来的，即利用分子生物学技术检测杀螨剂作用靶标的抗性位点或解毒代谢酶基因的增强表达。基于可操作性、实用性和经济性等方面的原因，目前大多数的抗性检测研究都集中于靶标抗性方面，即检测靶标基因的突变，对代谢抗性机制中解毒代谢酶基因扩增的分子检测较少涉及。常用的分子生物学检测技术主要包括PCR限制性内切酶法(polymerase chain reaction-restriction endonuclease，PCR-REN)、等位基因特异性PCR技术(PCR amplification of specific allele，PASA)、PCR-限制性片段长度多态性技术(PCR-restriction fragment length polymorphism，PCR-RFLP)、单链构象多态性分析(single strand conformation polymorphisms，SSCP)、固相微测序反应(solid-phase minisequencing)、微阵列(microarray)、基因测序等。

四、粉螨抗药性的治理

1. 高杀死或低剂量处理

高杀死是指采用有效剂量将粉螨种群中99%的个体杀死。高杀死可使抗药性基因频率降至最低，在自然选择下使抗药性基因逐渐消失。该措施得到提倡，并于防制实践中广泛应用。当粉螨种群抗药性频率很低时，提倡采用低剂量杀螨剂处理。该处理一方面不会杀死大量的敏感粉螨，从而保持种群对杀螨剂的敏感性；另一方面还可影响粉螨的行为、发育速度、生殖能力和寿命等，从而降低种群密度。

2. 选用新的杀螨剂

新选用的杀螨剂要注意有无交互抗性。因为这有利于挑选杀螨剂和及时发现粉螨抗性的产生。如林丹和马拉硫磷1:3混合物能有效防制粉螨，但由于有些粉螨已对其产生抗药性，故许多国家包括我国已禁用林丹。应尽可能选用新的高效低毒杀螨剂，以达到更好的防制效果。如Oshima等(1972)用硅胶涂于席上，5月及7月各涂一次，以降低湿度，阻止粉螨(主要是尘螨)的生长。

3. 有计划地轮用或联用杀螨剂

轮换使用或联合使用两种或两种以上不同毒杀机理的杀螨剂，包括使用增效剂，不但能增强防螨效果，还能有效预防害螨出现抗药性。从理论上讲，杀螨剂混用是有效的抗性治理方法，但两种杀螨剂混合使用成本高且可增加对哺乳动物的毒性，因而在混合使用时必须慎加选择。在防制实践中，应用较多的是杀螨剂与增效剂的混合使用。为了防止粉螨抗性产生，必须避免一处连续多次使用一种杀螨剂，可用不同作用和机理的杀螨剂轮替使用。

4. 加强对抗性的研究

利用先进技术对一些虫种遗传基因进行分析，并对标志基因进行鉴定，从而探测抗性基因在染色体图谱上的情况；以及应用同位素标记杀螨剂、色谱及分光光度分析技术等，研究杀螨剂解毒或酶抑制的微量技术。

5. 尽量采用综合防制措施

根据具体情况，采用多种防制措施，不单靠杀螨剂。同时，同一杀螨剂尽可能防制多种有害节肢动物，例如杀螟硫磷室内滞留喷洒不但可以毒杀侵入室内的粉螨，也兼有防制室内蚊、蝇、鼠、蚤、蟑螂等效果。

五、合理安全使用杀螨剂

杀螨剂的效果除制剂的性质和本身的毒杀作用外，各种杀螨剂只有合理使用，才能提高防制效果。使用不当，甚至滥用，不仅造成浪费，也增加了杀螨剂的环境污染，还可加速抗药性的产生，降低防制效果。正确鉴定粉螨的种类。各种杀螨剂及其剂型，都具有不同性能，各自适用于特定的场合和目的。例如我国在利用谷物保护剂来防制储粮害螨时，谷物的含水量在安全标准下，虫螨磷、毒死蜱和防虫磷的剂量分别为5 ppm、5 ppm、15 ppm，采用稻壳载体和喷洒与谷物混合的方法，能完全控制储粮在一年时间内不发生螨类。因而在实际防制工作中，应尽可能使用杀螨剂最适当的剂量，应用于最适宜的时机和场所。

六、杀螨剂使用注意事项

由于杀螨剂对人和动物大多有毒性，在住宅内或粮仓内作滞留喷洒等均可能引起人的中毒和粮食的损害。在施用杀螨剂时要注意安全操作：

(1) 减少用药次数，保护利用好天敌。为充分发挥好天敌作用，就要使天敌达到一定的虫口密度，才能使天敌自然控制力与害虫繁殖力之间保持一定幅度的动态平衡。

(2) 正确选用农药品种，做到对症下药。

(3) 轮用、混用农药，延缓病虫抗药性的出现。

(4) 操作时须戴口罩，穿工作服，尽量避免皮肤与药物接触。

(5) 室内喷洒时，须先将食物、食具等搬出室外或遮盖防护，以防止药物污染。

(6) 室外喷洒时，要站在上风。

(7) 在喷洒过程中，如发生腹痛、呕吐、大量出汗、流泪等症状，应服用解毒片，并去医院治疗。

(8) 喷洒后如有药液剩余，应妥为保存，不要随便放置，更不能倒入江河，避免发生意外事件。

(9) 工作结束后应用肥皂洗手、沐浴、更换衣服。

七、常用杀螨剂

1. 有机磷类

是目前应用最广泛的杀螨剂。有机磷类杀螨剂可作用于粉螨的中枢神经系统，具有广谱、高效、速杀性能，常兼有触杀、胃毒与熏蒸作用，对粉螨的杀灭作用强大且很少引起粉螨产生抗药性。有机磷类杀螨剂在自然界中易分解或生物降解，故可减少残留和污染，但有些具内吸作用，可通过植物根茎进入茎叶内毒杀粉螨，也可通过动物体表进入体内，导致植物死亡和人畜中毒。以下主要介绍具有杀螨活性的有机磷农药。

(1) 毒虫畏(chlorfenvinphos)：化学名称为2-氯-1-(2,4-二氯苯基)乙烯基二乙基磷酸酯。又称杀螟威。为琥珀色油状液体，具轻微气味。熔点−23～−19 ℃，沸点167～170 ℃(66.7 Pa)。微溶于水，但可与丙酮、乙醇、煤油、丙二醇和二甲苯混溶。毒性：高，大鼠急性经口LD_{50} 10 mg/kg，大鼠急性经皮LD_{50} 31～108 mg/kg。是一种新的有机磷类杀螨剂。对温血动物的毒性很小，国外曾报道其可用于杀灭家畜的体外寄生虫。用途：用于水稻、玉米、甘蔗、蔬菜、柑橘、茶树等及家畜的杀螨。

(2) 甲基毒虫畏(dimethylvinphos)：化学名称为(顺)-2-氯-1-(2,4,5-三氯苯基)乙烯基二甲基磷酸酯。又称甲基杀螟威、杀虫畏和虫畏磷。白色结晶，熔点95～97 ℃。微溶于水，溶于丙酮、氯仿、二氯甲烷、二甲苯。毒性：大鼠经口LD_{50} 4 000～5 000 mg/kg，小鼠经口LD_{50} 2 500～5 000 mg/kg。是一种有强触杀性的低毒有机磷类杀螨剂，可使胆碱酯酶活性下降，无内吸作用，但有一定的内渗效果。用途：可用于防制家畜的蜱螨。

(3) 巴毒磷(crotoxyphos)：化学名称为(E)-O,O-二甲基-O-(1-甲基-2-羰基-a-苯乙基)乙烯基磷酸酯。又称丁烯磷和赛吸磷。淡黄色液体，有轻微酯味，熔点为135 ℃。微溶于水，溶于部分有机溶剂。毒性:急性毒性口服大鼠LD_{50} 38.4 mg/kg,小鼠口服LD_{50} 39.8 mg/kg。具有触杀和胃毒作用,无内吸作用,速效,对各种螨类均有较好的防效。用途:巴毒磷作为畜用、农用杀螨剂,可防制家畜体外寄生虫。

(4) 敌敌畏(O, O-dimethyl-O-2, 2-dichlorovinylphosphate):化学名称为O,O-二甲基-O-2,2-二氯乙烯磷酸酯。又称DDVP、喷勃、卢克、铁卫、棚虫克和熏蚜一号等。纯品是无色有芳香气味的液体,有挥发性。熔点为−60 ℃。室温下水中的溶解度约为10 g/L,在煤油中溶解2%~3%,能与大多数有机溶剂和气溶胶推进剂混溶。毒性:急性毒性小鼠经口LD_{50} 50~92 mg/kg,大鼠经口LD_{50} 50~110 mg/kg。敌敌畏为广谱性杀螨剂,具有触杀、胃毒和熏蒸作用。触杀作用比敌百虫效果好,对害虫击倒力强而快。用途:对咀嚼口器和刺吸口器的害虫均有效,可用于蔬菜、果树和多种农田作物。

(5) 氯吡硫磷(chlorpyrifos):化学名称为O,O-二乙基-O-(3,5,6-三氯-2-吡啶基)硫代磷酸酯。又称毒死蜱、乐斯本、久敌、神农宝、落螟、农斯特、雷丹和思虫净等。原药为白色颗粒状结晶,熔点为42.5~43 ℃,相对密度1.398。水中溶解度为1.2 mg/L,溶于大多数有机溶剂。室温下稳定。属中等毒性杀螨剂。原药大鼠急性经口LD_{50} 163 mg/kg,急性经皮LD_{50}>2 g/kg。对试验动物眼睛有轻度刺激,对皮肤有明显刺激,长时间多次接触会产生灼伤。在试验剂量下未见致畸、致突变、致癌作用。作用特点:毒死蜱具有触杀、胃毒和熏蒸作用。在叶片上残留期不长,但在土壤中残留期较长,因此对地下害虫防制效果较好。在推荐剂量下,对多数作物无药害,但对烟草敏感。对粮仓害虫、害螨和家畜体外的寄生虫亦有很好的防效。用途:适用于水稻、小麦、棉花、果树、蔬菜、茶树上多种咀嚼式和刺吸式口器害虫,也可用于防制城市卫生害虫。

(6) 嘧啶磷(pirimiphos ehtyl):化学名称为O-2-二乙胺基-6-甲基嘧啶-4-基-O,O-二乙基硫逐磷酸酯。又称灭顶磷、安定磷、派灭赛和乙基虫螨磷。原药为棕黄色液体,相对密度1.157。30 ℃水中溶解度为5 mg/L,易溶于大多数有机溶剂。可被强酸和碱水解,对光不稳定,对黄铜、不锈钢、尼龙、聚乙烯和铝无腐蚀性。毒性:低毒,大白鼠雌性急性经口LD_{50} 2 050 mg/kg,对鸟类、鸡毒性较大,对鱼中毒。为高效、广谱的有机磷类杀螨剂。用途:对水稻、果树、棉花、花卉、蔬菜等有良好的防螨效果。

(7) 氧乐果(omethoate):化学名称为O,O-二甲基-S-(N-甲基氨基甲酰甲基)硫代磷酸酯。又称欧灭松、华果、克蚧灵和氧化乐果。纯品为无色透明油状液体,沸点约135 ℃,相对密度1.32。可与水、乙醇和烃类等多种溶剂混溶,微溶于乙醚,在中性及偏酸性介质中较稳定,遇碱易分解。应贮存在遮光、阴凉的地方。毒性:属高毒杀螨剂,无慢性毒性。原药大鼠经口LD_{50} 500 mg/kg,急性经皮LD_{50} 700 mg/kg。具有强烈的触杀作用和内渗作用,击倒力快,高效广谱,是较理想的根、茎内吸传导性杀螨剂,特别适于防制刺吸性螨类,不易产生抗性,并可降低易产生抗性的拟除虫菊酯的抗性。用途:对抗性蚜虫有很强的毒效,对飞虱、叶蝉、介壳虫及其他刺式口器害虫亦具有较好防效。在低温下仍能保持较强的毒性,特别适于防制越冬的螨类。

(8) 敌杀磷(dioxathion):化学名称为1,4-二噁烷-2,3-二基-S,S′-双(O,O-二乙基二硫代磷酸酯)。又称敌恶磷、二恶硫磷、敌杀磷、环氧硫磷和虫满敌。不挥发的稳定固体,工业品为棕色液体。沸点60~68 ℃(0.067 kPa),相对密度1.257。不溶于水,溶于己烷和煤油,可溶于大多数有机溶剂。毒性:急性经口雄大白鼠LD_{50} 43 mg/kg,雌大白鼠23 mg/kg,小白鼠

50～176 mg/kg。急性经皮雄大白鼠LD_{50} 235 mg/kg,雌大白鼠63 mg/kg。吸入大白鼠LC_{50} 1 398 mg/(kg·h),小白鼠340 mg/(kg·h)。该物质可能对神经系统有影响,导致惊厥、呼吸衰竭。接触高浓度的该物质,可能导致死亡。用途:对螨的成螨、若螨和卵均有效,残效期长,可控制螨的发生。亦可在棉花、柑橘、葡萄、苹果、梨以及观赏植物上防制红蜘蛛,也适用于草地、庭院、文娱场所和工地等防制蜱螨。

(9) 乙硫磷(phosphorodithioic acid):化学名称为S,S′-亚甲基-O,O,O′,O′-四乙基双(二硫代磷酸酯)。又称蚜螨、乙硫磷、益赛昂、易赛昂、乙赛昂、昂杀拉、灭蟑灵、爱杀松和一二四零。纯品为白色至琥珀色油状液体,工业品为油状液体,有恶臭。熔点－15～－12 ℃,相对密度1.22,沸点125 ℃(0.001 3 kPa)。微溶于水,溶于氯仿、苯、二甲苯,易溶于丙酮、甲醇、乙醇。毒性:急性毒性LD_{50}大鼠经口13～34 mg/kg,大鼠经皮1 600 mg/kg。为非内吸性杀螨剂,具有较强的触杀作用,一定的杀螨卵作用。用途:用于防制棉花、水稻、果树作物上的害螨,但不能在蔬菜和茶树上使用。

(10) 马拉硫磷(malathion):化学名称为O,O-二甲基-S-[1,2-二(乙氧基羰基)乙基]二硫代磷酸酯。又称马拉松、四零四九和马拉赛昂。纯品为无色或淡黄色油状液体,有蒜臭味,工业品带深褐色,有强烈气味。熔点2.9～3.7 ℃,沸点156～159 ℃(0.093 kPa),相对密度1.23,微溶于水,可与大多数有机溶剂混溶。毒性:属低毒杀螨剂。原药雌鼠急性经口LD_{50} 1 751.5 mg/kg,雄大鼠经口LD_{50} 1 634.5 mg/kg,大鼠经皮LD_{50} 4 000～6 150 mg/kg,对蜜蜂高毒,对眼睛、皮肤有刺激性。毒性低,残效期短,具良好的触杀、胃毒和一定的熏蒸作用,无内吸作用,对刺吸式口器和咀嚼式口器的害虫都有效。进入虫体后氧化成马拉氧磷,从而更能发挥毒杀作用。而进入温血动物时,则被在昆虫体内所没有的羧酸酯酶水解,因而失去毒性。用途:适用于防制烟草、茶和桑树等作物上的害虫。用于卫生方面可杀灭蚊蝇幼虫和臭虫,也可用于防制粮仓害虫。

(11) 伏杀硫磷(phosalone):化学名称为O,O二乙基-S-(6-氯-2-氧苯噁唑啉-3-基甲基)二硫代磷酸酯。又称伏杀磷和佐罗纳。原药为无色晶体,略有蒜味。熔点42～48 ℃,难溶于水,溶于醇、丙酮、苯等有机溶剂。毒性:属中毒杀螨剂。急性经口雄性大白鼠LD_{50} 120～170 mg/kg,雌性大白鼠LD_{50} 135～170 mg/kg,急性经皮大白鼠LD_{50} 1 500 mg/kg,兔＞1 000 mg/kg。对人的ADI为0.006 mg/kg。作用特点:伏杀硫磷是触杀性杀螨剂,无内吸作用,杀螨谱广,持效期长,代谢产物仍具杀螨活性。在常用剂量下,对作物安全。用途:适用于果树、大田作物和经济作物上防制多种害虫和害螨。

(12) 辛硫磷(phoxim):化学名称为O,O-二乙基-O-(苯乙腈酮肟)硫代磷酸酯。又称肟硫磷、倍腈松和腈肟磷。理化性质:纯品为浅黄色油状液体,熔点5～6 ℃,相对密度1.178。20 ℃时水中的溶解度为7 mg/L,在甲苯、正己烷、二氯甲烷、异丙醇中均大于200 g/L,微溶于脂肪烃类。在植物油和矿物油中缓慢水解,在紫外光下逐渐分解。毒性:急性毒性雄大鼠经口LD_{50} 2 170 mg/kg,大鼠经皮LD_{50} 1 000 mg/kg。辛硫磷对人、畜低毒,对蜜蜂有触杀和熏蒸毒性。作用特点:杀螨谱广,击倒力强,以触杀和胃毒作用为主,无内吸作用,杀磷翅目幼虫效果较好。在田间因对光不稳定,很快分解,所以残留期短,残留危险小,但该药施入土中,残留期很长,适合于防制地下害虫。用途:适合于防制地下害虫。对危害花生、小麦、水稻、棉花、玉米、果树、蔬菜、桑、茶等作物的多种鳞翅目害虫的幼虫有良好的效果,对虫卵也有一定的杀伤作用。也适于防制仓库和卫生害虫。

(13) 治螟磷(sulfotep):化学名称为O,O,O′,O′-四乙基二硫代焦磷酸酯。又称苏化二零三、硫特普和双一六零五。黄色液体,沸点136~139 ℃(0.267 kPa)、110~113 ℃(27 Pa),相对密度1.196。室温下水中的溶解度为25 mg/L,能与多数有机溶剂混溶。不易水解,对铁有腐蚀性。毒性:急性毒性大鼠经口LD_{50} 5 mg/kg,小鼠经口LD_{50} 22 mg/kg。该品为触杀型、非内吸性杀螨剂,对棉红蜘蛛和蚜螨有很好的杀灭效果,亦可用于温室熏蒸杀螨。用途:主要用于防制水稻、棉花害虫等。

(14) 三唑磷(triazophos):化学名称为O,O-二乙基-O-(1-苯基-1,2,4-三唑-3-基)硫代磷酸酯。又称螟克清、扑虫特和关螟等。纯品为浅棕黄色液体,熔点0~5 ℃,相对密度1.247,水中的溶解度为35 mg/L,可溶于大多数有机溶剂。对光稳定,在酸、碱介质中水解,140 ℃分解。毒性:大鼠急性经口LD_{50} 82 mg/kg,大鼠急性经皮LD_{50} 1 100 mg/kg。属中毒、广谱有机磷类杀螨剂,具有强烈的触杀和胃毒作用,杀螨效果好,杀卵作用明显,渗透性较强,无内吸作用。用途:主要用于防制果树、棉花和粮食类作物上的鳞翅目害虫、害螨、蝇类幼虫及地下害虫等。

2. 拟除虫菊酯类

拟除虫菊酯类杀螨剂是一类根据天然除虫菊素化学结构而仿生合成的杀螨剂,它具有杀螨活性高、击倒作用强、对高等动物低毒及在环境中易生物降解等特点。此类杀螨剂包括天然除虫菊素和合成拟除虫菊酯类杀螨剂,天然除虫菊素是除虫菊花中所含的除虫菊素,它对害虫有强烈的触杀和胃毒作用,其蒸气亦有熏蒸和驱赶作用,这类药剂杀螨毒性强,杀螨谱广,对人畜十分安全,但由于有不稳定性的缺点,因而仅能作为一类室内杀螨剂。拟除虫菊酯杀螨剂的化学结构和前者类似,但它克服了天然除虫菊素的缺点,具有化学性质稳定、残效较长的优点,目前该螨剂已得到广泛应用。

(1) 联苯菊酯(bifenthrin):化学名称为(1R,S)-顺式-(Z)-2,2-二甲基-3-(2-氯-3,3,3-三氟-1-丙烯基)环丙烷羧酸-2-甲基-3-苯基苄酯。又称天王星、虫螨灵和毕芬宁。纯品为白色固体,熔点68~71 ℃。在水中溶解度为0.1 mg/L,溶于丙酮、氯仿、二氯甲烷、乙醚、甲苯、庚烷,微溶于戊烷、甲醇。对光稳定,在酸性介质中亦稳定,但在碱性介质中会分解。毒性:急性毒性大鼠经口LD_{50} 54.5 mg/kg,兔经皮LD_{50}>2 000 mg/kg。对皮肤和眼睛无刺激作用,无致畸、致癌、致突变作用。对人畜毒性中等,对鱼毒性很高。作用特点:是一种高效合成拟除虫菊酯类杀螨剂,具有触杀、胃毒作用,无内吸、熏蒸作用。杀螨谱广,对螨也有较好防效。作用迅速,残效期长,对环境较为安全。用途:可用于防制棉花、果树、蔬菜、茶叶等作物的鳞翅目幼虫、蚜虫、叶螨等害螨。

(2) 氯氟氰菊酯(cyhalothrin):化学名称为2,2-二甲基-3-(2-氯-3,3,3-三氟-1-丙烯基)环丙烷羧酸-α-氰基-3-苯氧基苄酯。又称三氟氯氰菊酯、功夫和功夫菊酯等。为黄色或棕色黏稠油状物(工业品),沸点187~190 ℃(26.7 Pa),相对密度1.2。水溶解度<1 mg/L,能以任意比例与醇类、脂肪烃、芳香烃、卤代烃、酯类、醚类和酮类混溶。毒性:急性经口雄性大鼠LD_{50} 166 mg/kg,雌性大鼠LD_{50} 144 mg/kg。作用特点:是一种高效、广谱、速效、持效期长的拟除虫菊酯类杀螨剂,以触杀和胃毒作用为主,无内吸作用。喷洒后耐雨水冲刷,但长期使用该药,作物易产生抗性。用途:能有效地防制棉花、果树、蔬菜、大豆等作物上的多种害虫,也能防制动物体上的寄生虫。对螨的使用剂量要比常规用量增加1~2倍。

(3) 溴氟菊酯(brofluthrinate):化学名称为(R,S)-A-氰基-3-(4′-溴代苯氧苄基)-(R,

S)-2-(4-二氟甲氧基苯基)-3-甲基丁酸酯。又称中西溴氟菊酯。淡黄色至深棕色液体。不溶于水,易溶于醇、醚、苯、丙酮等多种有机溶剂。在中性、微酸性介质中稳定,碱性介质易水解。对光比较稳定。毒性:对人畜低毒,原药对大鼠急性经口LD_{50}>10 000 mg/kg,大鼠急性经皮>2 000 mg/kg。对皮肤和眼睛无刺激,无致癌、致畸、致突变性。对鱼类高毒,对蜂低毒。作用特点:具有触杀和胃毒作用,是一种高效、广谱、残效期长的拟除虫菊酯类杀螨剂,对蜂螨也有效。用途:适用范围广,可用于防制蔬菜、果树、大豆、茶树上的害虫和害螨。高效、广谱的杀螨剂,对多种害螨有良好的效果。

3. 氨基甲酸酯类

氨基甲酸酯类杀螨剂是指化合物结构中含有氨基甲酸基本模板的一类具有杀螨活性的药物,该类杀螨剂具有作用迅速、持效期短、选择性强和对天敌安全等特点,多数兼有胃毒和空间触杀作用,对哺乳动物毒性一般较有机磷类高,且价格较贵。

(1) 苯硫威(fenothiocard KCO-3001 Panocon):化学名称为S-4-(苯氧基丁基)-N,N-二甲基硫代氨基甲酸酯。又称苯丁硫威、芬硫克、克螨威和排螨净。白色结晶,熔点40~41 ℃。不溶于水,溶于大多数有机溶剂。毒性:雄性大鼠急性经口LD_{50} 1 150 mg/kg,雌性1 200 mg/kg,雄性小鼠急性经口LD_{50} 7 000 mg/kg,雌性为4 875 mg/kg;小鼠急性经皮LD_{50}>8 000 mg/kg;大鼠皮下注射LD_{50} 763~803 mg/kg,小鼠为3 400~3 510 mg/kg;大鼠急性吸入LC_{50}为1.79 mg/L。作用特点:氨基甲酸酯类杀螨剂,对卵、幼螨、若螨均有强烈活性,杀卵活性较佳。对雌螨活性不高,但在低浓度下有明显降低雌螨繁殖、降低卵孵化的功能,以230~500 mg/L浓度施于柑橘果实上,可防制全爪螨的卵和幼螨。用途:适用于防制各发育阶段的螨,尤其是螨卵。

(2) 涕灭威(aldicarb):化学名称为2-甲基-2-甲硫基丙醛-O-(N-甲基氨基甲酰)肟。又称铁灭克、丁醛肪威和神农丹。原药为具有硫黄气味的白色结晶,熔点98~100 ℃,相对密度1.195。20 ℃时水中溶解度为4.93 g/L,可溶于丙酮、苯、四氯化碳等大多数有机溶剂。毒性:属高毒农药品种,原药大鼠经口LD_{50} 0.9 mg/kg。对人畜高毒,对鸟类、蜜蜂和鱼类高毒。涕灭威具有触杀、胃毒和内吸作用,能被植物根系吸收,传导到植物地上部各组织器官。速效性好,持效期长。撒药量过多或集中撒布在种子及根部附近时,易出现药害。涕灭威在土壤中易被代谢和水解,在碱性条件下易被分解。用途:适用于防制蚜虫、螨类、蓟马等刺吸式口器害虫和食叶性害虫,对作物各个生长期的线虫有良好防制效果。

(3) 克百威(carbofuran):化学名称为2,3-二氢-2,2-二甲基-7-苯并呋喃基甲氨基甲酸酯。又称呋喃丹、虫螨威、大扶农和卡巴呋喃。无色结晶,无气味。熔点153~154 ℃,相对密度1.180。水中的溶解度低,为0.7 g/L,可溶于多种有机溶剂,但溶解度不高,难溶于二甲苯、石油醚、煤油。在中性、酸性介质中较稳定,在碱性介质中不稳定。无腐蚀性,不易燃。毒性:属高毒杀螨剂,原药大鼠急性经口LD_{50} 8~14 mg/kg,家兔急性经皮LD_{50}>10 200 mg/kg,对眼睛和皮肤无刺激作用。在试验剂量内对动物无致畸、致突变、致癌作用。对鱼类、鸟类高毒,对蜜蜂无毒。克百威是广谱性杀螨剂,具有触杀和胃毒作用。它与胆碱酯酶结合不可逆,因此毒性甚高。能被植物根部吸收,并输送到植物各器官,以叶缘最多。用途:适用于水稻、棉花、烟草、大豆等作物上多种害虫的防制,也可专门用作种子处理剂使用。

(4) 伐虫脒(formetanate):化学名称为3-二甲氨基亚甲基亚氨基苯基-N-甲氨基甲酸酯。又称威螨脒、敌克螨、敌螨脒和伐虫螨。纯品为黄色结晶固体,熔点101~103 ℃,不挥发。

20 ℃水中的溶解度为0.1 mg/L,易溶于苯、二氯甲烷。毒性:大鼠经口LD_{50} 20 mg/kg,小鼠经口LD_{50} 18 mg/kg。对皮肤刺激中等,对眼睛刺激强烈。作用特点:为杀螨剂,它起抑制乙酰胆碱酯酶的作用,对螨卵及成螨均有效。用途:适用于园艺、农作物以及森林植物中的蜘蛛螨、锈螨等的防制。

4. 杂环类

杂环类杀螨剂是指化合物分子中包含有杂环结构的并具有杀螨活性的有机化合物。杂环类杀螨剂种类众多,根据其作用机理可分为螨类生长调节活性剂(噻螨酮、四螨嗪、氟螨嗪、乙螨唑、螺螨酯和螺甲螨酯)、螨类神经毒剂(氟虫腈、克杀螨、灭螨猛)、螨类呼吸代谢控制剂(嘧螨醚、嘧螨酯、唑螨酯、吡螨胺、哒螨酮、喹螨醚)等。生长调节剂主要是抑制螨的生长发育,影响几丁质合成,抑制其蜕皮,杀螨卵和若螨作用较强,对成螨效果差,甚至无效,该类药剂一般表现为触杀作用,内吸作用不明显;螨类神经毒剂种类不多,对人畜具有潜在危害性;螨类呼吸代谢控制剂大多作用时间长,一般具有触杀活性,无内吸性或内吸性较弱,害螨以触杀为主,对若螨、幼螨和成螨的杀伤力均较强,但对卵的杀伤力不大。

(1) 四螨嗪(clofentezine):化学名称为3,6-双(2-氯苯基)-1,2,4,5-四嗪。又称阿波罗、螨死净和克芬螨。纯品为红色晶体,熔点182.3 ℃。对光、热、空气稳定,可燃性较低。毒性:大鼠急性经口LD_{50}>1 000 mg/kg,大鼠急性经皮LD_{50}为5 000 mg/kg,大鼠急性吸入LC_{50}为9 mg/L(4小时)。对兔皮肤有轻微刺激作用。该药为有机氯特效杀螨剂,有触杀作用,药效持久。对卵和若螨效果较好,对成螨无效,可使雌螨产生的卵不健全,从而导致螨灭迹,对天敌及环境安全。用途:适用于防制果树、棉花、观赏植物上的植食性害虫和害螨。

(2) 乙螨唑(etoxazole):化学名称为(RS)-5-叔丁基-2-[2-(2,6-二氟苯基)-4,5-二氢-1.3-噁唑-4-基]乙氧基苯。又称依杀螨。纯品外观为白色晶体粉末,熔点101.5~102.5 ℃。20 ℃时的溶解度:水75.4 μg/L,丙酮309.4 g/L,甲醇104.0 g/L,二甲苯251.7 g/L。毒性:属低毒,对益虫安全,对哺乳动物低毒(LD_{50} 5 000 mg/kg),残留期短(DT_{50} 19天)。作用特点:其作用方式是抑制螨卵的胚胎形成以及从幼螨到成螨的蜕皮过程,对卵及幼螨有效,对成螨无效,因此最佳的防制时间是害螨危害初期。本药耐雨性强,持效期长达50天。使用剂量低,对环境安全,对有益昆虫及益螨无危害或危害极小。用途:对棉花、苹果、花卉、蔬菜等作物的叶螨、始叶螨、全爪螨、朱砂叶螨等螨类有卓越防效。

(3) 螺螨酯:化学名称为3-(2,4-二氯苯基)-2-氧代-1-氧杂螺[4,5]-癸-3-烯4-基-2,2-二甲基丁酸酯。又称螨威多和螨危。有效成分为季酮螨酯(Spirodiclofen)。外观白色粉状,无特殊气味,熔点94.8 ℃,相对密度1.29。20 ℃时的溶解度:正已烷20 g/L,二氯甲烷>250 g/L,异丙醇47 g/L,二甲苯>250 g/L,水0.05 g/L。毒性:属低毒,大鼠急性经口LD_{50}>2 500 mg/kg,急性经皮LD_{50}>4 000 mg/kg。作用特点:有触杀作用,无内吸性。主要抑制螨的脂肪合成,阻断螨的能量代谢,对螨的各个发育阶段都有效。具有杀螨谱广、适应性强、卵幼兼杀、持效期长、低毒、低残留、安全性好、无互抗性等优点。用途:可用于柑橘、葡萄等果树和茄子、辣椒、番茄等茄科作物的螨害治理。

(4) 吡螨胺(tebufenpyrad):化学名称为N-(4-特丁基苄基)-4-氯-3-乙基-1-甲基-5-吡唑甲酰胺。又称心螨立克。纯品为白色结晶,熔点61~62 ℃,相对密度1.021 4。25 ℃时在水中的溶解度为2.8 mg/L,溶于丙酮、甲醇、氯仿、乙腈、正已烷和苯等大部分有机溶剂。毒性:急性毒性大鼠经口LD_{50} 595 mg/kg,大鼠经皮LD_{50}>2 000 mg/kg,大鼠吸入LC_{50}为2 660 mg/m^3。

属低毒剂，对鸟类、蜜蜂等无毒。作用特点：是一种高效、快速的酰胺类杀螨剂，具有独特的化学性质和作用方式，无交互抗性，对各种螨类和螨的发育全过程均有速效、高效作用，持效期长，毒性低，无内吸性，有渗透性。用途：主要用于棉花、果树、蔬菜等作物防制害螨。

在进行粉螨防制时，首先要正确分类，才能“对螨下药”，达到有效防制粉螨的目的。其次，杀螨剂应具有高效低毒、使用方便、经济、安全、有效、保护期长、对种子发芽力无影响等特点，经一系列急、慢性毒性试验，达到国家制定的允许残留标准后方能使用。据报道的19种杀螨剂对粗脚粉螨、腐食酪螨和害嗜鳞螨的防制效果见表6.1。

表6.1 部分杀螨剂水稀释液对谷物中三种粉螨的防制效果

杀螨剂	剂量(ppm)	粗脚粉螨		腐食酪螨		害嗜鳞螨	
		死亡率等级(7天)	死亡率等级(14天)	死亡率等级(7天)	死亡率等级(14天)	死亡率等级(7天)	死亡率等级(14天)
毒死蜱	2.00	4.00	4.00	4.00	4.00	4.00	4.00
辛硫磷	2.00	4.00	4.00	4.00	4.00	4.00	4.00
稻丰散	10.00	3.00	4.00	3.00	4.00	4.00	4.00
虫螨磷	4.00	3.00	4.00	3.00	4.00	3.00	4.00
右旋反灭虫菊酯	2.00	2.00	4.00	1.00	3.00	3.00	4.00
右旋反灭虫菊酯/增效醚	2.00/20.00	3.00	4.00	1.00	3.00	3.00	3.00
除虫菊酯/增效醚	2.00/20.00	3.00	4.00	2.00	2.00	1.00	3.00
C_{23763}	10.00	1.00	3.00	4.00	4.00	4.00	4.00
马拉硫磷	10.00	0	2.00	3.00	4.00	3.00	4.00
杀螟硫磷	9.00	0	0	3.00	4.00	3.00	4.00
碘硫磷	10.00	0	1.00	3.00	4.00	3.00	4.00
杀虫畏	20.00	0	1.00	3.00	4.00	4.00	4.00
溴硫磷	12.00	0	2.00	3.00	3.00	3.00	4.00
敌敌畏	2.00	1.00	1.00	2.00	3.00	4.00	4.00
灭螨猛	10.00	2.00	2.00	1.00	1.00	2.00	3.00
除虫菊素	9.00	1.00	2.00	2.00	1.00	0	0
异丙烯除虫菊/增效醚	2.00/20.00	2.00	2.00	1.00	2.00	1.00	2.00
异丙烯除虫菊	9.00	1.00	0	0	0	1.00	1.00
增效醚	20.00	0	0	0	0	0	1.00

注：死亡率<10%为0级；死亡率25%为1级；死亡率50%为2级；死亡率75%为3级；死亡率100%为4级。

5. 其他杀螨剂

(1) 熏蒸剂：熏蒸剂是防制粉螨的一种速效剂，常用的熏蒸剂有磷化氢、溴甲烷、四氯化碳、溴乙烷、环氧乙烷、二氯化碳等。研究表明，熏蒸剂虽然可迅速杀死粉螨成螨，但对螨卵和休眠体的杀伤力则很弱。国外有学者报道了在10 ℃条件下，应用12种熏蒸剂对长食酪螨、害嗜鳞螨和粗脚粉螨的毒力作用，熏蒸剂包括了丙烯腈、四氯化碳、溴乙烷、甲酸乙酯、二溴化乙烯、二氯化乙烯、环氧乙烷、甲代烯丙基氯、溴甲烷、三氯甲烷、甲酸甲酯和磷化氢。结果显示，经过每种熏蒸剂熏蒸后立即进行检查，均未发现活螨。但在以后的不同时期中可见到幼螨，说明有螨卵存活。

对于储粮螨使用熏蒸剂的研究，近年来国内外出台了很多新规定。过去50多年中应用于储粮中防制螨类的熏蒸剂主要为磷化氢、溴甲烷和氯化苦等。氯化苦具有催泪作用，对操作人员的身体健康影响较大，现已经很少使用。溴甲烷则因为其能破坏地球大气臭氧层，国际社会先后在1985年的《保护臭氧层维也纳公约》、1987年的《关于消耗臭氧层物质的蒙特利尔议定书》以及1992年的《哥本哈根修正案》中，把溴甲烷列入受控物质的清单中，并要求发达国家2005年完全淘汰溴甲烷，发展中国家2015年实现全部淘汰。我国粮食系统也于2007年元旦之后，不再使用溴甲烷。至此，能应用于防制储粮害虫(包括粉螨)的熏蒸剂只有磷化氢一种。且它不对被熏蒸物的品质产生影响；散毒时，在空气中很快被氧化为磷酸，环境相容性好；对非靶标生物无积累毒性；其剂型多样化，便于在各种场合下使用；且使用成本低，利于在诸多发展中国家推广应用。

到目前为止，单独使用一种熏蒸剂进行一次熏蒸很难根除储藏物中的粉螨。因此，近年来多位学者报道了采用磷化氢进行连续二次低剂量熏蒸、磷化氢环流熏蒸及磷化氢和CO_2混合熏蒸的方法，均取得了较好的杀螨效果。二次熏蒸的间隔时间需根据气温、螨种及仓库的密闭性等因素决定。Bowley和Bell用磷化氢和溴甲烷进行连续二次低剂量熏蒸试验，在20 ℃条件下可完全防制长食酪螨、害嗜鳞螨和粗脚粉螨，二次熏蒸之间的间隔为10～14天；10 ℃条件下完全防制害嗜鳞螨和粗脚粉螨所需间隔为5～9周，防制长食酪螨所需间隔以7周为宜。沈兆鹏(1993)研究以纳氏皱皮螨(*Suidasia nesbitti*)的生活史，发现其最少发育周期为9.16天，即在适宜温湿度条件下，完成其生活周仅9～10天。因而提示，为了正确掌握二次低剂量熏蒸之间的间隔，其时间可以缩短到9天左右，即在第一次低剂量熏蒸之后，隔8～9天再进行第二次低剂量熏蒸，达到了彻底消灭储粮中的纳氏皱皮螨的目的。因此，掌握好连续二次低剂量熏蒸的间隔，是取得良好的粉螨防制效果的关键。

(2) 谷物保护剂：谷物保护剂是专门防制储粮害虫的高效低毒的化学农药。因谷物保护剂与粮食直接接触，而粮食是供人们食用的，因此，谷物保护剂(主要是化学杀螨剂，其次是微生物农药、昆虫生长调节剂、植物性杀螨剂等)一定是对人和哺乳动物低毒(不但谷物保护剂本身低毒，且分解产物也必须低毒或无毒)，且要具有使用方便、经济、安全、有效、保护期长、对种子发芽力无影响等特点，经一系列急、慢性毒性试验。达到国家制定的允许残留标准后才能使用。目前常用的谷物保护剂有保粮磷(杀螟松和溴氰菊酯复配而成)、马拉硫磷、虫螨磷、杀螟硫磷、毒死蜱、除虫菊酯、灭螨猛等数十种。其中前四种为我国常用的谷物保护剂，对储藏谷物防螨均有较强作用。

使用时将具有残效的触杀(或同时具有空间触杀)制剂，喷洒于室内或厩舍的板壁、墙面及室内的大型家具背面、底面等，当侵入室内的粉螨栖息时因接触杀螨剂而中毒死亡。也可将杀螨剂喷洒在粉螨喜食植物的茎、叶、果实、食饵的表面，也可混合在食饵内，当粉螨取食时，将药物一同食入消化道，药物在其消化道内分解吸收，从而使粉螨中毒死亡。作滞留喷洒时，药剂的浓度可根据喷洒的对象及吸湿程度适当调整。例如，优质杀螟硫磷(fenitrothion，含1%)和溴氰菊酯(deltamethrin，含0.01%)的复配制剂保粮磷，其杀螨效果好，作用持续时间长，用药量少，对人畜安全，不影响种子发芽力等，不仅能防制多种储粮甲虫，对谷蠹也有杀灭作用，同时能有效地防制腐食酪螨和害嗜鳞螨等储粮螨类，其毒性低，对大鼠急性口服LD_{50}为2 710 mg/kg，急性经皮LD_{50}为4 640 mg/kg；对大鼠皮肤、眼无刺激，对人畜低毒。常用的保粮磷剂量为4 ppm，而国家规定的允许残留量为杀螟硫磷5 ppm、溴氰菊酯0.5 ppm。其使用剂量明显低于国家允许残留量，因而使用是安全的。

虫螨磷(pirimiphos-methyl)：化学名称为甲基嘧啶硫磷，简称甲基嘧啶磷或甲嘧硫磷。甲基嘧啶硫磷对人和哺乳动物的毒性均很低，经毒力测试大鼠急性口服LD_{50}为2 050 mg/kg，对兔子经皮急性毒性LD_{50}>2 000 mg/kg，对鸟类的毒性要大一些。慢性毒性研究表明，除了影响胆碱酯酶的活性外，无其他明显的影响。虫螨磷兼有触杀和胃毒作用，并且有一定的熏蒸作用。作为谷物保护剂常用于防制储粮昆虫和螨类，国外常用剂量为4 ppm；我国常用剂量为5～10 ppm。英国学者用甲基嘧啶硫磷对防制储粮螨类进行实仓试验，用2%甲基嘧啶硫磷粉剂，对200 t已有螨类危害的小麦进行处理，剂量为4 ppm。实仓试验的结果表明，当小麦中甲基嘧啶硫磷的剂量为4 ppm能有效防制粉螨属(代表种是粗脚粉螨)、食酪螨属(代表种是腐食酪螨)和食甜螨属(代表种是家食甜螨)的各种粉螨。

(3) 生长调节剂：粉螨生长调节剂可阻碍或干扰粉螨正常发育生长而致其死亡，不污染环境，对人畜无害。因而是最有希望的"第三代杀螨剂"。有人试用人工合成保幼激素类似物蒙五一五(altosid)和蒙五一二(altozar)杀螨，以0.032 2 ppm和0.032 6 ppm混入粉尘螨食料中，就可发挥很强的抑螨作用。

(4) 驱避剂(repellent)：驱避剂又叫避虫剂，本身无杀螨作用，但挥发产生的蒸气具有特殊的使粉螨厌恶的气味，能刺激粉螨的嗅觉神经，使粉螨避开，从而防止粉螨的叮咬或侵袭。主要是将其制成液体、膏剂或冷霜直接涂于皮肤上，也可制成浸染剂，浸染衣服、纺织品或防护网等。但使用最多的驱避剂为驱蚊剂，有邻苯二甲酸二甲酯(dimethyl phthalate，DMP)、避蚊胺(deet)、驱蚊灵(dimethylcarbate)等。

(5) 芳香油(天然植物提取物)：是一种天然的、高效、低毒、环境友好型的防螨剂。植物精油在环境中易降解，对非靶标生物无害，在杀螨的同时亦可杀死真菌、细菌和其他微生物。在经济昆虫的饲养中，用来防制螨类，既可以提高收益，又能避免化学药物对产品的污染。鄢建等(1989)用9种天然植物芳香油进行防制腐食酪螨的实验发现，柠檬油、香茅油和香樟油在10 ppm的剂量下即可杀死全部腐食酪螨，且天然植物性芳香油无污染、无残留、来源广、作用螨不产生抗药性或抗药性产生延迟，在经济昆虫的饲养中用来防制螨类，既可以提高收益，又能避免化学药物对产品的污染。孙为伟(2019)在81种植物精油中筛选出了肉桂精油和丁香精油，并通过生物测定研究了它们对腐食酪螨和伯氏嗜木螨(*Caloglyphus berlesei*)的毒力。结果显示，肉桂精油和丁香精油毒性最强，杀灭率均为100%。采用熏蒸和触杀同时作用的方法，测定了肉桂精油对腐食酪螨的毒力分别是苯甲酸苄酯和邻苯二甲酸二丁酯的9.08倍和33.76倍；对伯氏嗜木螨的毒力是上述两种农药的8.63倍和31.63倍。进一步的研究还确定了肉桂精油杀螨活性成分是肉桂醛，同时发现密闭熏蒸的杀螨效果明显优于半开放触杀的效果，因此认为肉桂醛是通过蒸汽相对两种害螨起作用，且肉桂醛对腐食酪螨和伯氏嗜木螨的24小时驱避作用均呈现为浓度依赖性。采用同样的研究方法测试了丁香精油和丁香酚对腐食酪螨和伯氏嗜木螨的毒力，二者同样显示出了明显优于苯甲酸苄酯和邻苯二甲酸二丁酯杀螨作用。研究发现丁香酚是丁香精油杀螨活性成分，通过蒸汽相杀螨、24小时驱避效果也呈现为浓度依赖性。显示了肉桂精油及其活性成分肉桂醛和丁香精油及其活性成分丁香酚对腐食酪螨和伯氏嗜木螨成螨及卵的毒性、熏蒸杀灭作用和驱避作用。

(6) 脱氧剂:最近,国外有学者发现某些脱氧剂可以有效杀灭尘螨的成虫和虫卵,可以作为控制尘螨的新措施;这些脱氧剂主要包括铁离子型和抗坏血酸型。铁离子型脱氧剂对粉尘螨、屋尘螨的杀灭作用极佳,而对腐食酪螨的杀灭作用较差。抗坏血酸型脱氧剂对粉尘螨、屋尘螨以及腐食酪螨的杀灭作用未达到100%,分析原因可能是生成的二氧化碳对3种主要尘螨的影响有限,螨的耐缺氧能力增强的缘故。此外,Colloff等介绍了运用液氮杀灭床垫与地毯中尘螨的方法,有效率可达90%~100%。

八、杀螨剂研究开发的新进展

化学防制具有高效、迅速、使用方便、性价比高等优点。但使用不当可对储藏物产生药害,杀伤储藏微环境中的有益生物,引起人畜中毒、环境污染和导致储藏物的农药残留等。因此,随着人们对环境保护重视程度的增强及粉螨抗药性的发展,一直需求不断更新杀螨剂品种,同时人们也越来越崇尚天然产品、无污染食品。世界各国杀螨剂研究工作者都在致力于开发高效、低毒、低残留的新型杀螨剂。

第三节 物 理 防 制

一、温度控制

粉螨是小型的变温节肢动物,自身体温调节能力较差,会随着外界环境温度的变化而改变体温。一般情况下,温度升高到37~40 ℃时,螨类出现热麻痹,不活动;温度达到40 ℃时,24小时死亡;温度达到45~50 ℃时,12小时死亡;当温度为52 ℃时,8小时即可死亡;而当温度为55 ℃时,10分钟便可死亡。刘婷等(2007)对腐食酪螨的研究发现,随着温度的升高腐食酪螨的平均寿命也会变短,12.5 ℃时寿命最长(126.35天),30 ℃时寿命最短(22.0天)。张伟等(2009)报道了南北方冬季室内螨类孳生情况,在冬季寒冷干燥的环境下,南方城市的室内仍有螨类活动,而同时期的北方城市室内没有螨类活动。由此可见,环境温度超过粉螨耐受程度可致其死亡,通过调节环境温度(不活动高温、致死高温、不活动低温和致死低温)可控制螨类孳生。具体方法有:① 高温杀螨:不同的螨类对温度的耐受高温的临界值也不同,超过临界值,均可以造成螨类的发育迟缓或死亡。卢芙萍等(2011)通过研究发现42 ℃是木薯单爪螨(*Mononychellus tanajoa*)生长发育的极端高温,在此温度下,木薯单爪螨的卵不能孵化,而螨的各种龄期也最多仅存活66小时,不能进一步发育;张洁等(2014)对带有根螨的百合种球进行热处理的结果表明,40 ℃是百合种球热处理除螨高温致死的临界点,40 ℃处理≥2.0小时,根螨致死率可达100%;Abbar(2016)在研究温度对不同发育阶段腐食酪螨的影响时发现,在高温40~45 ℃的条件下,1~4天内可以杀死所有的腐食酪螨。因此,生产生活中可以利用烘干设备高温杀螨，烘干机的热风温度达到85～100 ℃后，保持63分钟或温度达到95～100 ℃后，保持33分钟；利用红外线加热设备高温杀螨，将温度升至60～70 ℃，保持12小时左右，均可将螨杀死。室内物品如被褥、枕头、地毯和沙发靠垫等置于阳光下曝晒即可将螨杀死或驱离。② 低温杀螨：螨类对低温的耐受临界值也因螨而异，降低温度能够很好地抑制螨的生长和繁殖。Eaton(2011)的研究结果显示，在某些不适合使用杀螨剂和熏蒸剂的场合下，使用低温冷冻的方法可以有效杀死食物中孳生的螨类。一般温度降到0 ℃左右时，粉螨处于冷麻痹状态，在－5 ℃时，腐食酪螨可以存活12天，粗脚粉螨、家食甜螨可存活18天；在－10 ℃时，粗脚粉螨可以存活7～8天，家食甜螨可存活3天；在－15 ℃时，粗脚粉螨仅可存活3天，而在－18 ℃、5小时的条件下可以杀死90％的腐食酪螨。因此，采用低温冷冻是控制螨类种群数量的有效途径。在家居环境中，也可以将日常的储藏物、生活用品等放置在冰箱冷冻过夜，从而达到杀螨的目的。

二、光照调节

光照是影响螨类存活和生殖的重要因素之一。不同种类的螨对光照的反应亦不同，影响程度也存在一定差异，主要表现为对其生长发育、繁殖以及是否滞育几方面。张燕南等(2016)研究报道了双尾新小绥螨(*Neoseiulus bicaudus*)生长发育的适宜光照时间为12～16小时，若小于12小时时，从卵发育至成螨的各个发育阶段所需时间均有所缩短，大于16小时则均有所延长。粉螨为负趋光性，多孳生于隐蔽的环境中，例如储藏物仓库中很少有光照，若同时满足一定的温度和湿度，粉螨即可大量孳生。在日常生活中，尽量避免室内长时间处于阴暗状态，可用灯光驱离螨类；对棉被、毛毯、衣服和储藏物也可采用日光下晾晒的方式驱螨；对禽类、家畜以及宠物等也可用晒太阳的方式驱螨。

三、气调与缺氧

研究表明，通过降低密封空间中氧气浓度可以杀死粉螨。况大方等(1982)曾从中药材川红花中采集活螨40只，其中有粉螨、肉食螨两个种类。在温度27～28 ℃、相对湿度85％的室内，用聚酰胺(0.05 mm)塑料薄膜制袋密闭后，以制氮机充氮气使氧气浓度降至0.8％时，3天后未见死亡。当氧浓度下降至0.4％时，3天后全部死亡。李隆术等(1992)用三元一次正交组合设计的方法研究了温度、CO_2浓度和O_2浓度3个因子不同水平的组合对腐食酪螨的极性致死作用，结果表明CO_2浓度是导致该螨死亡的重要因子。因此，若人为地营造一个低O_2高CO_2的环境，即可以达到控制螨虫孳生的目的。有学者曾采用磷化氢与CO_2混合熏蒸防制面粉中的螨类，研究发现当CO_2浓度为4％，磷化氢的杀螨效果可增加20％；当CO_2浓度为12％，磷化氢的杀螨效果可增加40％～60％。目前缺氧法已广泛应用于螨类控制，例如自然缺氧法、微生物辅助缺氧法、抽氧补充CO_2法等。

第四节 生物防制

近年来,由于滥用杀螨剂,导致杀螨剂的污染越来越严重,同时随着螨类抗药性的逐渐增强,使得生物防制(biological control)的研究越来越受到世界卫生组织相关机构的重视。

生物防制是指利用有益生物及其产物防制有害生物,即利用某种有益生物(天敌、寄生物或微生物等)或其代谢物(信息素等)来控制某种有害生物的防制措施。其特点是防制特异性强、对非目标生物(人、畜等)和有益生物无害,不污染环境,已成为目前医学节肢动物防制的方向之一。生物防制方法主要包括以下几种:① 天敌螨类和昆虫的利用,即寄生性、捕食性螨类和昆虫,如"以螨治螨";② 寄生物的利用,即原生动物、线形动物等,如微孢子虫(*Microsporidia*)和罗索线虫(*Romanomermis*)等;③ 微生物的利用,即细菌、真菌、病毒和类菌原体等,如苏云金杆菌、白僵菌、核型多角体病毒、阿维菌素等,此外还有捕食性鸟类的利用等。

在采用生物防制措施时,既要充分考虑到粉螨生态学和种群动态的变化情况,还应考虑所要释放或放养天敌的生物学特性及天敌对目标生物与非目标生物产生的影响和自身数量变化、存活情况等。在自然界中,粉螨和它的天敌或捕食者、寄生物与宿主之间是相互制约的,并保持一定的动态平衡。若没有其他干扰因素,天敌减少,粉螨则相应增多;反之,天敌增多,粉螨则相应减少,但最终粉螨和它的天敌之间将要达到一个相对平衡的稳定状态。而生物防制就是要打破这种相对平衡,通过增加天敌的种类和(或)数量,遏制粉螨的数量,以达到降低粉螨危害的目的。但对于病原体而言,则相当于是一种生物杀螨剂(biocide)。

一、以螨治螨

捕食性螨类是一类以捕食为生的螨类,它们以害螨、蚜虫、粉虱、蚧、跳虫等微小动物及其卵为食,也可以捕食线虫。主要包括植绥螨科(Phytoseiidae)、厉螨科(Laelapidae)、绒螨科(Trombidiidae)、肉食螨科(Cheyletidae)、大赤螨科(Anystidae)、长须螨科(Stigmaeidae)和巨须螨科(Cunaxidae)等。有关于捕食螨类的关注最早开始于农业害螨的研究。从19世纪初开始,国外学者就注意到植绥螨是叶螨和瘿螨的重要捕食者;1990年,Gerson和Smiley报道巨须螨奔跑敏捷,能不加挑剔地捕食各种作物和其他生境中的小型节肢动物;单纯鞘硬瘤螨(*Coleoscirus simple*)可以捕食根结线虫(*Meloidgyne* sp.)等蠕形线虫及土壤中的小型节肢动物;普劳螨属的种类(*Pulaeus* sp.)也可以取食节肢动物和线虫。而后,有学者又发现捕食螨在储藏害螨的防制中也具有巨大的潜力。例如,马六甲肉食螨(*Cheyletus malaccensis*)对腐食酪螨有很好的控制作用,每只成螨一昼夜可捕食10只左右的腐食酪螨;而普通肉食螨是粗脚粉螨的天敌,1只普通肉食螨平均可捕食粗脚粉螨12~15只/天。在捷克和奥地利都进行过普通肉食螨防制粉螨的研究,有人将该螨释放到空仓和粮食水分高于14%的粮仓内,发现可明显抑制粉螨的种群增长。在释放有普通肉食螨的空仓内,粉螨的数量只有20只/平方米;而用甲基嘧啶硫磷处理的空仓中,粉螨的数量为140只/平方米;而无普通肉食螨的对照空仓中粉螨的数量为170只/平方米。捕食螨和粉螨的推荐比例为1:10至1:100,

这取决于粮食水分，如果是粮食水分高，粉螨的发育就会很快，应以较高的比例释放 。

关于储藏物害螨的生物防制，我国学者做了大量的工作，如张艳璇和林坚贞(1996)报道了马六甲肉食螨对害嗜鳞螨捕食效应研究，林雨婷(2009)报道了利用马六甲肉食螨防制腐食酪螨的研究。有学者较为详细的比较了普通肉食螨原若螨、后若螨、雌成螨三种螨态对粗脚粉螨卵、幼螨、若螨和成螨的捕食功能。结果表明，普通肉食螨三种螨态对粗脚粉螨各螨态的功能反应均属于Holling Ⅱ型，普通肉食螨三种螨态中，雌成螨对粗脚粉螨卵、幼螨、若螨和成螨的攻击能力最强；普通肉食螨喜食粗脚粉螨幼螨，最大捕食效能为42.436只/天；在捕食能力方面，除粗脚粉螨卵以外，普通肉食螨对粗脚粉螨的捕食能力大小均为：雌成螨＞后若螨＞原若螨，进一步证实了普通肉食螨对粗脚粉螨具有很好的防制潜能。郭蕾等(2014)通过实验研究发现，等钳蠊螨对腐食酪螨的各螨态的喜好程度依次为：幼螨、卵、若螨、成螨。但也有学者(郑亚强，2017)报道了斯氏钝绥螨(*Amblyseius swirskii*)对马铃薯腐食酪螨具有良好的捕食作用。在相同温湿度条件下，斯氏钝绥螨对马铃薯腐食螨若螨的捕食作用强于雌成螨。

国内学者更为详细的研究发现了不同温度下马六甲肉食螨对粗脚粉螨的日捕食率随着年龄的增长，均呈现升高后缓慢降低的趋势。32 ℃时马六甲肉食螨对粗脚粉螨的日捕食率最高，为20只。22 ℃、30 ℃和32 ℃下马六甲肉食螨对粗脚粉螨的特定年龄-龄期捕食率分别在日龄27天、18天和6天达到最高值17只、15.67只和20只。不同温度下马六甲肉食螨对粗脚粉螨的特定年龄捕食率从高到低依次为32 ℃、30 ℃、22 ℃，净捕食率从高到低依次为22 ℃、30 ℃、32 ℃，转化率从高到低依次为30 ℃、22 ℃、32 ℃。因此，适当提高温度有助于马六甲肉食螨对害螨的捕食，32 ℃的捕食率最高，但累积净捕食率最低，22 ℃的捕食率最低，但累积净捕食率最高。在不同生态区投放应用时，高温季节害虫害螨极易爆发危害，但马六甲肉食螨最具捕食能力的成螨期短且累积净捕食率低，适时补充投放马六甲肉食螨是较优的生防策略。李明新等(2008)报道了巴氏钝绥螨(*Amblyseius barkeri*)对椭圆食粉螨的捕食功能反应均属于Holling Ⅱ型。温度相同时，捕食能力由强到弱依次为：雌成螨＞若螨＞雄成螨，幼螨不捕食椭圆食粉螨。温度对各螨态的捕食能力有一定的影响。从16 ℃、20 ℃、24 ℃、28 ℃到32 ℃，各螨态对椭圆食粉螨的捕食能力随温度升高而增大，28 ℃时捕食能力最大。在椭圆食粉螨密度固定时，巴氏钝绥螨的平均捕食量随着其自身密度的提高而逐渐减少。鳞翅触足螨(*Ceratina laeviuscula*)是储粮中常见的肉食螨。夏斌等(2008)在研究鳞翅触足螨雌雄成螨对腐食酪螨的功能反应时，同样也发现了鳞翅触足螨雌、雄成螨对椭圆食粉螨的功能反应均属于Holling Ⅱ型，且雌成螨的捕食能力强于雄成螨。雌成螨捕食效能表现为28 ℃时最高，12 ℃时较低；在腐食酪螨密度不变的情况下，鳞翅触足螨的捕食能力亦表现为随着其自身密度的增加而下降。

生物防制具有有效控制害虫，不污染环境，改善生态系统，降低防制费用等多种优点，作为害虫综合治理的重要组成部分，对其进行研究具有重要的意义。世界上许多国家，已经允许在储藏环境中使用捕食性和寄生性天敌防制害虫，如美国从1992年起，在商品中引入寄生虫和捕食者已被环境保护组织认可。生物防制符合现阶段人们控制储藏物粉螨的要求，具有广阔的发展前景。

二、以菌治螨

微生物杀螨剂是一类利用微生物活体或其代谢产物来防制医学节肢动物的微生物制剂，它具有特异性强，防制效果好，对人畜安全，不破坏生态平衡，不易产生抗药性等优点。近年来，微生物杀螨剂的品种在不断增加，应用范围亦不断扩大，其中苏云金芽孢杆菌（*Bacillus thuringiensis*）是一类发展时间最早的微生物杀螨剂，它属好气性蜡状芽孢杆菌群，可产生内毒素（伴胞晶体，即cry蛋白）和外毒素（α外毒素、β外毒素和γ外毒素）两大类毒素。当苏云金芽孢杆菌被敏感昆虫吞噬后，在昆虫中肠碱性环境条件下溶解释放出内毒素，再与中肠上皮细胞刷状缘膜的受体结合，迅速不可逆地插入到细胞膜中，形成孔洞或离子通道，引起离子渗透，导致细胞膨胀解体；扰乱中肠内正常的跨膜电势及酸碱平衡，上皮细胞退化，内脏机能麻痹，进食停止，最后昆虫因饥饿和败血症而死亡；外毒素作用缓慢，在蜕皮和变态时作用明显，这两个时期正是RNA合成的高峰期，外毒素能抑制依赖于DNA的RNA聚合酶。苏云金芽孢杆菌对鳞翅目、双翅目、鞘翅目等害虫具有较强的毒杀作用和专一性，但对高等动物无毒害，与化学杀螨剂交替使用，可克服害虫的抗药性。吴刚等（2001）发现用苏云金芽孢杆菌预处理抗性小菜蛾幼虫后，虫体对甲胺磷、水胺硫磷和克百威的敏感性分别为未处理组的6.74、8.83和8.5倍。刘波等（2003）将苏云金芽孢杆菌的杀螨毒素进行酶切改造，形成带末端氨基的原毒素，并将阿维菌素的羟基进行激活、衍生化，形成带羧基的杀螨毒素衍生物，再利用氨基-羧基偶联剂进行耦合，实现两种生物毒素的结构改造和生化结合，形成多位点杀螨毒素——BtA，成功解决了生物农药杀螨谱窄和杀螨速率慢的弱点，这对于延缓昆虫的抗药性具有重要意义。闫正跃等（2008）报道润州黄色杆菌GXW1524菌株（一种在江苏镇江发现的从自然死亡的斜纹夜蛾幼虫尸体中分离、筛选而获得的新菌株）对甜菜夜蛾不同龄期的幼虫表现出了较强的致病力，是一种具有较大潜在应用价值的昆虫病原菌。

另外，微生物杀螨剂中真菌杀螨剂应用也较多，如：白僵菌、绿僵菌、拟青霉菌、轮枝菌等。其中应用最多的是白僵菌，在我国应用白僵菌防制大豆食心虫、松毛及玉米螟等害虫，已取得了良好效果。袁胜勇等（2007）将球孢白僵菌MZ041016菌株孢子液与低剂量的杀螨剂混配，对甘蓝蚜有较强的致病性，表明使用低剂量的杀螨剂与白僵菌防制蚜虫，在保证有很好防效的同时既能保护环境、天敌，又能减少杀螨剂的大量使用，有效防制了蚜虫抗药性的产生。

微生物杀螨剂中的昆虫病毒作为生物杀螨剂，除了具有对天敌安全、不污染环境和不易产生抗药性等优点外，更因其能在害虫种群中形成流行病而长期控制虫口明显优于其他杀螨剂，在昆虫抗药性防制方面有着广阔的应用前景。昆虫病毒主要包括核型多角体病毒（NPV）、颗粒体病毒（GV）等。NPV和GV以鳞翅目害虫为特异性寄主，安全性高、可长期保存、易于生产，作为优良的生物防制因子得到世界各国的广泛重视与研究。目前，20多种病毒制剂已试用于大田防制，如应用于蔬菜上的有棉铃虫核型多角体病毒、甜菜夜蛾颗粒体病毒、斜纹夜蛾多角体病毒等。

第五节 遗传防制

遗传防制是通过各种方法处理以改变或移换粉螨的遗传物质，以降低其繁殖势能或生存竞争力，从而达到控制或消灭种群的目的。

一、辐射不育

即辐射绝育，是经射线照射来破坏染色体而使其绝育，但不影响它的存活，例如使用50 Gy的电离辐射照射害螨24小时，可降低螨类的产卵能力及卵的生活力；若用超过250 Gy的电离辐射照射螨类，则可使之绝育。

二、化学不育剂

即化学绝育，采用的是化学不育剂，属于影响能育性的化合物。可以用其处理幼虫、蛹和成虫；例如保幼激素可明显减少腐食酪螨的产卵量。

三、杂种不育

即杂交绝育：通过强迫两种近缘种团和复合种杂交，因其染色体配对异常，可导致后代中雌虫正常而雄虫绝育。

四、胞质不亲和性

即胞质不育：是指精子进入卵细胞的原生质内受到不亲和细胞质的破坏，精子核不能实际与卵核结合，使之成为不育卵。例如，桑全爪螨（*Panonychus mori*）感染了沃尔巴克菌（*Wolbachia*）后能够产生生殖不亲和性，降低卵的孵化率和雌性后代数。

五、易位

染色体易位：是通过两个非同源染色体的断裂，断片相互交换配偶，使正常的基因排列发生改变。

目前的遗传防制主要集中在昆虫，螨类的遗传防制相对匮乏，储藏物粉螨的遗传防制更是少之又少。遗传防制是新发展起来的害虫防制方法，在实际应用中还存在许多要解决的问题，包括自然种群的动态变化问题，绝育的处理和杂交技术的防制等，其规模应用尚需做进一步深入研究。

第六节 法规防制

法规防制是利用法律、法规或条例,保证各种预防性措施能够及时、顺利地得到贯彻和实施,来避免粉螨的侵入或传出到其他地区。如我国已有通告,要求加强对农林医学节肢动物的检验检疫,防止地中海实蝇(*Ceratitis capitata*)从国外输入,执行后效果显著。随着国际贸易、旅游等国际交往的发展,储藏物粉螨可以通过人员、交通运输工具和进出口货物及包装等传入或输出。因此要有效的做到法规防制就必须加强对海港及进口口岸的检疫、卫生监督和强制防制三个方面的工作,必要时采取消毒、杀螨等具体措施。

由于螨类的危害在国际上受到越来越多的重视,对于螨类的检疫壁垒越来越高,我国也加强了螨类的法规防制,建立了部分相关螨类检疫条款及制度,制订了一些螨类检疫技术标准与规范,但螨类检疫的标准还有待完善,有关螨类检疫条款、螨类抽检制度、螨类检疫技术标准与规范仍需进一步细化,以及螨类检疫专家库的设立及运行机制的规范也应该受到重视,从而达到在全国系统内共享资源,进一步完善我国检疫机制,同时也可以提高我国产品的国际竞争力。

目前,国内对于螨虫的防制出台的法规,包括《纺织品 防螨性能的评价》GB/T 24253—2009、《防螨床上用品》FZ/T 62012—2009、《农药检(生测)函[2003]45号附件8:灭螨、驱螨试验方法和评价标准》《家用和类似用途电器的抗菌、除菌、净化功能通则》GB 21551.1—2008等,法规对日常生活、生产中涉及的螨类的检查、评价作出了行业规范,检测内容包含了纺织品、日化用品、除螨仪、化妆品、化妆品原料、杀螨剂、乳胶枕和乳胶床垫以及羽绒服等,特别是对除螨仪、吸尘器的除螨率作出了明确要求,并且在产品进入市场之前必须有具备检测资质的第三方出具的检测报告,这一系列法规及防制措施对于螨类的防制起到了非常重要的推进作用。

我国目前口岸防制的螨类检疫法规主要有两个,一个是《国境口岸螨类监测规程》SN/T 1339—2003,另一个是《出入境口岸灭螨规程》SN/T 1714—2006。《国境口岸螨类监测规程》主要是监测、防制境外螨类的入侵。法规明确规定了监测的螨类种类、监测方法等内容;检测内容包含了螨类的种群组成、季节消长、螨虫密度以及环境条件监测;监测样地包括了口岸货物、集装箱存放处、口岸生活区、垃圾处理场地、丛林草地、沿河塘、沿海区等,并定期形成监测报告。《出入境口岸灭螨规程》规定中的灭螨对象包括:① 出现螨类传播的传染病发生或流行;② 螨类对入境口岸辖区内人员产生侵害;③ 出入境口岸螨密度指数超过SN/T 1415规定的;④ 发现输入性螨类;⑤ 其他需要实施螨处理的场所、交通工具及物品。规定中对灭螨的药物选择(表6.2)、灭螨方式、施药程序、注意事项以及对周围环境的治理都有明确的规定。

表6.2 适用于灭螨的常用药物

灭螨药物	化学品类别[a)]	灭螨药物浓度(g/kg或g/L)	毒性[b)]大鼠经口LD_{50}(mg/kg)
甲基毒死马螨	OP	5	>3 000
毒死马螨	OP	5	135
地亚农	OP	5	300
马拉硫磷	OP	20	2 100
甲基嘧啶磷	OP	10	2 018
噁虫威	C	2.40~9.60	55
残杀威	C	10	95
西维因	C	50	300
氯氰菊酯	PY	0.30~0.60	79
联苯菊酯	PY	0.48~0.96	55
氯氰菊酯	PY	0.50~2.00	250
溴氰菊酯	PY	0.25	135
三氟氯氰菊酯	PY	0.25	56
氯菊酯	PY	2.50	500
Z-氯氰菊酯	PY	0.48~0.8	106

注:a)C=氨基甲酸酯类;OP=有机磷类;PY=拟除虫菊酯类。

b)毒性与危险性并不一致。

第七节 其 他

一、硅藻土

硅藻土等惰性粉被誉为储粮害虫的天然杀螨剂。硅藻土具有很强的吸收酯及蜡的能力,能够破坏粉螨表皮的“水屏障”,使其体内失水,重量减轻,最终死亡。英国的科学家认为,硅藻土能有效地防制储粮螨类。在他们采用无定形沉淀硅、保护粉、无定形硅粉(dryacid)和杀虫粉(insecto)进行防制粗脚粉螨、腐食酪螨和害嗜鳞螨的试验中,每种硅藻土分别使用了4个剂量:每千克小麦用硅藻土0.5 g、1.0 g、3.0 g和5.0 g。试验结果表明,在温度15 ℃、相对湿度75%条件下,4种硅藻土粉的剂量为1~3 g/kg时,几乎可以杀死全部粗脚粉螨,有效防制腐食酪螨和害嗜鳞螨需要3~59 g/kg的剂量;但害嗜鳞螨对硅藻土并不敏感。并且其对人及哺乳动物等的毒性低,对小鼠急性口服LD_{50}为3 160 mg/kg,因此,可在粮食输送过程中将硅藻土与粮食搅拌混匀,或用喷粉机将硅藻土覆盖在建筑物表面,以此来防制粉螨。但长期高剂量使用硅藻土会使螨产生抗性及如何将其均匀地搅拌到大堆粮食中、粮食中粉尘的增加是否会给工作人员带来健康问题等仍需要研究、解决。

二、防螨产品的使用

除以上粉螨防制措施之外,目前有一些防螨产品的使用也显示出了较好的防制效果。如防螨纤维制品的使用,即通过喷淋、涂层等方法将防螨整理剂加入织物中,或者在成纤聚合物中添加防螨整理剂,再纺丝成防螨纤维,或者对纤维进行化学改性,使其具备防螨效果。对于床上用品、床垫上的粉螨的清除,市场上涌现出多种品牌的除螨仪,既可以杀死螨虫,也能够清除床上纺织品中的灰尘、人体皮屑,从而消除粉尘螨的孳生环境,可以间接起到除螨的效果。

粉螨的防制是降低或消除螨害的重要环节。由于粉螨繁殖力和适应力强、生态习性复杂、种群数量大,仅凭某单一措施常很难奏效,必须采取综合防制的办法才能达到有效控制的目的。粉螨的综合防制是从粉螨与生态环境和社会条件的整体观点出发,采取综合防制的方法,降低粉螨的种群数量或缩短其寿命,将其种群数量控制在不足以危害人类健康的密度。

(郭俊杰 赵金红)

参考文献

丁伟,2011. 螨类控制剂[M]. 北京:化学工业出版社:50-259.

于晓,范青海,2002. 腐食酪螨的发生与防制[J]. 福建农业科技,6: 49-50.

王慧勇,李朝品,2005. 粉螨危害及防制措施[J]. 中国媒介生物学及控制杂志,16(5): 403-405.

王宁,薛振祥,2005. 杀螨剂的进展与展望[J]. 现代农药,4(2): 1-8.

王伯明,王梓清,吴子毅,等,2008. 甜果螨的发生与防治概述[J]. 华东昆虫学报,17(2): 156-160.

北京农业大学,1999. 昆虫学通论(上册)[M]. 2版. 北京: 中国农业出版社: 1-108.

刘学文,孙杨青,梁伟超,等,2005. 深圳市储藏中药材孳生粉螨的研究[J]. 中国基层医药,12(8): 1105-1106.

刘婷,2018. 植物精油对腐食酪螨和伯氏生卡螨的作用研究[D]. 贵阳:贵州大学.

孙为伟,贺培欢,曹阳,等,2019. 普通肉食螨对粗脚粉螨的捕食功能研究[J]. 粮油食品科技,27(4):73-77.

孙为伟,2019. 不同温度下马六甲肉食螨的生长发育与捕食研究[D]. 南京:南京财经大学.

孙庆田,陈日曌,孟昭军,2002. 粗足粉螨的生物学特性及综合防制的研究[J]. 吉林农业大学 学报,24(3): 30-32.

孙善才,李朝品,张荣波,2001. 粉螨在仓贮环境中传播霉菌的逻辑质的研究[J]. 中国职业医学,28(6): 31.

李朝品,江佳佳,贺骥,等,2005. 淮南地区储藏中药材孳生粉螨的群落组成及多样性[J]. 蛛形学报,14(2): 100-103.

李朝品,王慧勇 贺骥,等,2005. 储藏干果中腐食酪螨孳生情况调查[J]. 中国寄生虫病防制杂志,18(5): 382-383.

李朝品,武前文,1996. 房舍和储藏物:粉螨[M]. 合肥: 中国科学技术大学出版社:275-285.

李朝品,1989. 引起肺螨病的两种螨的季节动态[J]. 昆虫知识,26(2): 94.

李朝品,2007. 医学昆虫学[M]. 北京: 人民军医出版社: 1-417.

李朝品,2006. 医学蜱螨学[M]. 北京: 人民军医出版社: 1-182.

杨庆贵,李朝品,2006. 室内粉螨污染及控制对策[J]. 环境与健康杂志,23(1): 81-82.

杨培志,张红,2001. 饲料的螨害及防制[J]. 饲料博览,8: 35-36.

吴观陵,2004. 人体寄生虫学[M]. 3版. 北京: 人民卫生出版社: 797-803.

况大方,孔文彦,马盛义,等,1982. 气调小实验[J]. 中国中药杂志,7(3):16.

汪诚信,2002. 有害生物防制(PCO)手册[M]. 武汉: 武汉出版社: 122-142.

沈兆鹏,1993. 自然条件下纳氏皱皮螨的生活史[J]. 吉林粮专学报 (1): 1-7.

沈兆鹏,2005. 谷物保护剂:现状和前景[J]. 黑龙江粮食,1: 20-22.

沈兆鹏,2005. 绿色储粮:用硅藻土和其他惰性粉防制储粮害虫[J]. 粮食科技与经济,3: 7-10.

陆云华,2002. 食用菌大害螨:腐食酪螨的生物学特性及防制对策[J]. 安徽农业科学,30(1): 100.

周淑君,周佳,向俊,等,2005. 上海市场床席螨类污染情况调查[J]. 中国寄生虫病防制杂志,18: 254.

孟阳春,李朝品,梁国光,1995. 蜱螨与人类疾病[M]. 合肥: 中国科学技术大学出版社.

姚永政,许先典,1982. 实用医学节肢动物学[M]. 北京: 人民卫生出版社: 1-18.

夏斌,龚珍奇,邹志文,等,2003. 普通肉食螨对腐食酪螨捕食效能[J]. 南昌大学学报(理科版),27(4): 334.

黄国诚,郑强,1994. 药物杀灭腐食酪螨的实验研究[J]. 中国预防医学杂志,28(3): 177.

张智强,梁来荣,1997. 农业螨类图解检索[M]. 上海: 同济大学出版社: 212-216.

裴伟,林贤荣,松冈裕之,2012. 防治尘螨危害方法研究概述[J]. 中国病原生物学杂志,7(8): 632-636.

裴莉,武前文,2007. 粉螨的危害及其防治[J]. 医学动物防制,23(2): 109-111.

Arlian L G, Platts-Mills T A, 2001. The biology of dust mites and the remediation of mite allergens in allergic disease[J]. J. Allergy Clin. Immunol., 107(Suppl): S406.

Burst G E, House G J, 1988. A study of Tyrophagus putrescentiae (Acari: Acaridae) as a facultative predator of southern corn rootworm eggs[J]. Exp. Appl. Acarol., 4: 355.

Cloosterman S G, Hofland I D, Lukassen H G, et al., 1997. House dust mite avoidance measures improve peak flow but without asthma: A possible delay in the manifestation of clinical asthma [J]. J. Allergy Clin. Immunol., 100(3): 313.

Dorn S, 1998. Integrated stored product protection as a puzzle of mutually compatible elements[J]. IOBC wprs Bulletin, 21: 9-12.

Hayden M L, Perzanowski M, Matheson L, et al., 1997. Dust mite allergen avoidance in the treatment of hospitalized children with asthma[J]. Ann. Allergy Asthma. Immunol., 79(5): 437.

Jia S L, 1999 .The use of phosphine fumigation in combination with carbondioxide for control of mites in stored wheat[J]. Proceedings of the 7th intentntion Working Conference on stored-Product Protection, 1 (1): 496-498.

Kramer K J, 1999. Development of transgenic biopesticides for stored product insect pest control[C]//Proc. 27th Annual Meeting US-Japan Coop. Program in Natural Resources: 21-29.

Krantz G W, 1961. The biology and ecology of granary mites of the Pacific northwest Ⅰ. Ecological Considerations[J]. Ann. Ent. Soc. Am., 54(2): 169-174.

Li C P, Cui Y B, Wang J, et al., 2003. Acaroid mite, intestinal and urinary acariasis[J]. World J. Gastroenterol., 9(4): 874.

Li C P, Cui Y B, Wang J, et al., 2003. Diarrhea and acaroid mites: A clinical study[J]. World J. Gastroenterol., 9(7): 1621.

Li C P, Wang J, 2000. Intestinal acariasis in Anhui Province[J]. World J. Gasteroenterol., 6(4):597.

Subramanyam B, Hagstrum D W, 2000. Alternatives to pesticides in stored-product IPM[M]. Kluwer Academic Publishers.

van Bronswijk J E, Schober G, Kniest F M, 1990. The management of house dust mite allergies[J]. Clin. Ther., 12(3): 221.

Wang H Y, Li C P, 2005. Composition and diversity of acaroid mites(Acari: Astigmata)corn -munity in stored food[J]. Journal of Tropical Disease and Parasitology, 3(3): 139-142.

第七章 标本采集与制作

粉螨种类繁多，数量庞大，生活史复杂，孳生场所广泛，常见的孳生场所有仓储环境、畜禽圈舍、动物巢穴、人居环境和工作环境，有些甚至孳生在交通工具里。粉螨危害储藏物并污染环境，与人们的生活和健康息息相关。人们想要了解粉螨、控制粉螨，就要对粉螨开展研究工作。研究粉螨常常需要用到大量粉螨标本，而要想获得这些标本就要求我们熟练掌握有关粉螨的采集、饲养、分离、保存和标本制作技术。粉螨标本的采集与制作是粉螨分类鉴定和生态调查研究的必备技能。

第一节 标本采集

粉螨是孳生于房舍和储藏物中的小型节肢动物，在动物分类系统中的地位属于粉螨亚目(Acaridida)，我国目前已记录的种类有150余种，主要分布在7科，即粉螨科(Acaridae)、脂螨科(Lardoglyphidae)、食甜螨科(Glycyphagidae)、嗜渣螨科(Chortoglyphidae)、果螨科(Carpoglyphidae)、麦食螨科(Pyroglyphidae)和薄口螨科(Histiostomidae)。由于粉螨个体微小，用肉眼一般难以发现，必须借助放大镜或显微镜才能观察清楚。因此，对粉螨的研究技术，如采集、保存、制片及显微镜观察等，均应熟练掌握才能在实际工作中发挥作用。

一、采集方法

要采集所需要的标本，首先需要了解螨类的栖息场所和生活习性。根据孳生场所和孳生物的不同，选择不同的采集方法。采集粉螨时首先要选取合适的采集工具，常用的采集工具有铲子、毛刷、温度计、湿度计、生态仪、一次性采样盒(袋)、吸尘器和空气粉尘采样器等。采集粉螨应选择温度在10～30 ℃、荫蔽潮湿和有机质(营养)丰富的环境。若为干果和蔬菜应选择腐烂的部位；若为有机质颗粒状(碎屑)应选择霉变处；若为谷物(或饲料)应选择紧靠谷堆表层下2～3 cm处。

1. 人居环境的样本采集

采集屋尘或床尘时，可以使用带有过滤装置的吸尘器采集。屋尘的采集按吸尘器抽吸1 m^2的地面灰尘2分钟为标准；床尘的采集按每张床铺用吸尘器抽吸0.25 m^2的床单2分钟为标准，如果是纤维织物可以先拍打再用吸尘器吸取灰尘。将所采集的灰尘用60目的分样筛过筛，留取分样筛的上面部分。

2. 工作环境的样本采集

对于纺织厂或制药厂工作车间中的地尘，可以用一次性洁净塑料袋收集，用60目的分样筛过筛，留取尘渣；对于工作环境中悬浮螨的采集，可以利用空气粉尘采样器，仪器参数为高度150 cm，流量20 L/min，采集2分钟，然后收集采样盒中的样本。

3. 仓储环境的样本采集

对于粮仓、仓库或储藏室等较大的场所，一般采取平行跳跃法选取采样点，每个采样点分为上、中、下三层，即取样时将储藏物分上、中、下三层，间距相等，在均匀分布的层数中，每隔若干层取样一次；对于像谷物、面粉、饲料等堆积体积较小的样本，一般在其表层下2～3 cm处采样；对于面粉厂、米厂地脚粉（米）的样本，一般选取背光和避风的地方采集。采集粉螨样品时，用一次性洁净塑料袋从仓库、粮库和储藏室采集储藏物，然后用60目的分样筛过筛，将标本分为实物和灰尘两部分；对于储藏物包装袋（箱）等粉螨样品的采集，可将其置于搪瓷盘上拍打后，用毛笔或吸尘器收集。

4. 采集样本时注意事项

为了采集到较为理想的标本，采集标本时应注意下列事项：① 无论用什么方法采集粉螨标本，都需要做好编号，并记录采集地点、日期、环境温度、湿度、样本名称以及采集人姓名等信息；② 还要记录粉螨的孳生密度、栖息活动部位，孳生的其他螨种，仓库害虫，螨的发生期、盛期、衰退期以及螨的传播途径，螨造成危害的损失状况，以及有效防制方法等基本资料，并提供整理材料的基本根据；③ 如已鉴定的粉螨，应标注其属、种、雌、雄及鉴定人；④ 当用吸尘器采集卧室内床尘、地尘或沙发尘时，要注意避免样本间的交叉污染，最好在吸尘器集尘袋内装上一次性采样袋，一次一换；⑤ 冬季采集粉螨时，应把筛下物带回实验室，放入广口瓶中，然后在瓶口涂一层胶水，用带微孔滤纸或宣纸做盖密封，置25 ℃、相对湿度75%的保温箱中2～3天后，再行检查。这样不仅能收集到成螨，还可获得幼螨。

二、分离方法

由于粉螨的生活环境不同，因此采集到的样本也多种多样，如灰尘、床尘、地尘、各种储藏物中的粉尘和人体的痰液、尿液、粪便等。对所采集的样本，根据形状、性质及研究目的等可采用下列方法进行分离，以便获得所需要的粉螨。

1. 灰尘、床尘、地尘及各种储藏物中粉螨的分离

(1) 颗粒物样本：在粮食、药材仓库和米、面、食品加工厂等场所采集的样品多为颗粒物。将有粉螨污染的样品放入孔径为60目的单层圆筛过筛（分样筛的孔径视螨种而定），将筛下来的样品装入一次性采样袋，带回实验室检查。或就地直接在筛子下铺一张大于筛面积的蓝色或黑色纸，筛在纸上的螨用湿的零号毛笔笔尖或用发针尖黏附，然后放入盛有奥氏保存液（Oudeman's fluid）的指形管中或小瓶内。也可以把采集到的样本称重，取适量放在玻璃平皿内，然后把平皿放在连续变倍显微镜下直接检查。这是一种最常用的简便方法，在采样地就可以直接镜检粉螨。

饱和盐水漂浮法分离颗粒物样本孳生的粉螨。先将培养料用70目/吋铜筛过筛以除去粗大的面粉颗粒或麸皮，再用120目/吋铜筛过筛，以除去细小的面粉颗粒，收集样品，将适量的样品缓慢加入盛有饱和盐水的烧杯内，面粉颗粒即刻下沉，此时可轻轻震荡烧杯，以加快其下沉速度，待无颗粒下沉时，静置10～15分钟，此时螨体均漂浮在水面上。经过漂浮后收集到的螨仍混有少量面粉颗粒，需进一步用饱和盐水离心分离，2 500～3 000 r/min，10～15分钟。

(2) 粉末状样本:粉状粮食或食品用筛子一般不易分离,或采回的筛下物较多,为采集更多的粉螨,应及时使粉螨与灰屑分离。根据粉螨喜湿,畏热、怕干的习性,可采用电热集螨法(tullgren)。电热集螨器的构造由器盖、器身和脚三部分组成(图7.1)。器盖是截锥体形,上底直径21 mm,内安置一个电灯泡,用电线连结电源,下底直径45 mm,盖高1.9 mm;器身呈漏斗形,漏斗上口直径45 mm,与器盖底衔接。漏斗下口直径2 mm,在下口处接一个广口玻瓶,漏斗中部直径25 mm处放小孔筛格。分离粉螨时,将采回的筛下物先放在纸上,再将纸放在筛格上,打开电灯,缓缓升温(温度不宜升得太快),温度不得超过40 ℃,以免螨体死亡,当分离器上部的电灯产生辐射热时,放在筛格纸上筛下物中的粉螨即往漏斗下湿凉处爬行,最后收集于漏斗下口处盛水的广口瓶中。每隔12～24小时分离一次。

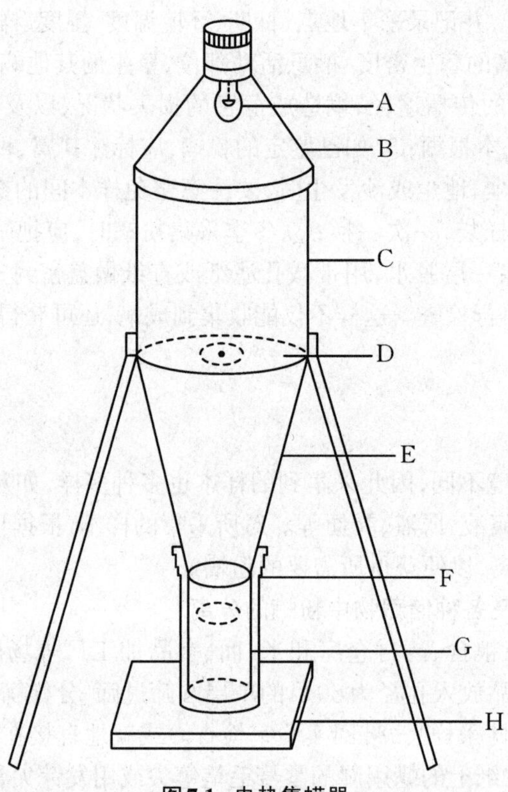

图7.1 电热集螨器

A. 电灯泡;B. 顶盖;C. 箱室;D. 铁丝网;E. 漏斗;F. 黑布袋;G. 集螨瓶;H. 木板

(仿 李朝品)

粉末状样本螨类收集也可采用Krantz和Walter(2009)的螨类采集和集中器(图7.2)。比较细的灰尘中粉螨分离可采用水膜镜检法(waternacopy)。取容量相当的烧杯,在烧杯内加入一定量的0.65%氯化钠溶液,然后把采集到的样本放入水中,并用玻璃棒搅匀,待样本沉淀,水面平静后,将铂金环取水膜置载玻片上,在连续变倍显微镜下检查螨,发现螨后用解剖针或零号毛笔分离螨。

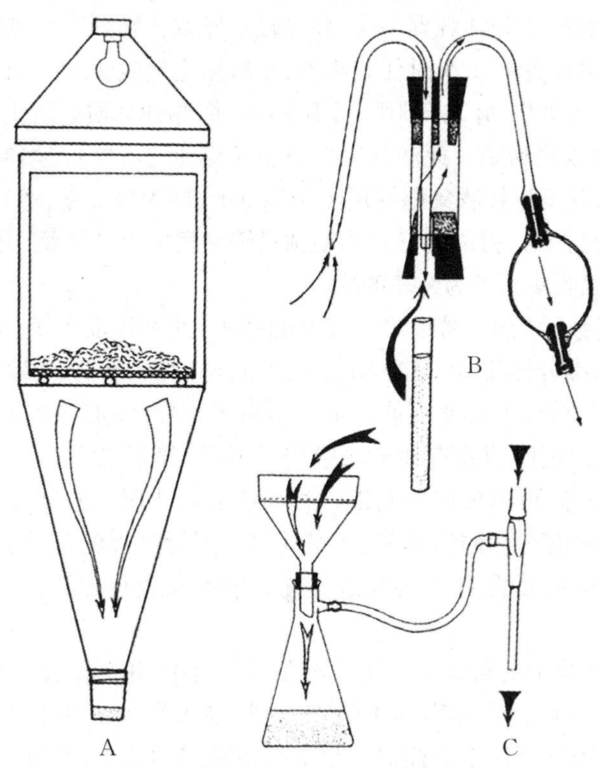

图7.2　螨类采集和集中器结构简图

A. 改进的图氏漏斗;B. 辛格吸气器;C. 布氏漏斗

(仿 Krantz 和 Walter)

(3) 粒状和粉状混合物样本:首先根据所要分离样本的形状和性质以及要分离粉螨的大小选择分样筛,一般用孔径40～160目不等的筛网作为分样筛即阻螨筛,然后将选好的分样筛按照从上到下孔径逐渐变小的顺序安装在电振动筛机上,把需要检测的样本放入最上面的分样筛内,盖好筛盖并旋紧螺栓启动筛机,20分钟后取各层阻留物镜检,或者根据需要取某一孔径分样筛上的阻留物镜检。如果没有电振动筛机,可用人工手执标准分样筛分离螨。

(4) 水溶性样本:红糖、白砂糖等水溶性溶液中的粉螨可用水浮法收集粉螨。把所采集的样品放入盛有清水的烧杯中搅拌,食糖溶于水,而螨浮于水面,随即挑取进行显微镜下检查,或黏入盛有保存液的指形管中,再进行分类鉴定。如需要饲育,则把所采集的样品放入瓶内携回实验室内进行分离饲育。

(5) 形状和大小不规则的样本:此类样本可采用光照驱螨法(light flooding)分离粉螨。利用粉螨对光敏感、见光逃逸的习性而达到分离螨的目的。取一厚度不超过1 cm的玻璃板,将待检样本均匀平铺在玻璃板上,然后取一张黑纸(大小视样本平铺面积而定),将黑纸对折,折线与待检样本一侧对齐,使一半黑纸平展在玻璃板上,在距样本1 cm处平行架一玻璃棒,把另一半黑纸架于其上,保持高度5 cm左右。与样本平行放一日光灯,打开电源开关,数小时后即可在黑纸及玻璃板上发现螨,再用毛笔收集到瓶中;此类样本也可采用避光爬附法收集粉螨。由于粉螨对光敏感且其足跗节端部多有爪垫,爬行时多能附着在物体表面。对于小样本一般多采用平皿收集,在平皿内垫一黑纸,将样本均匀平铺其上,留出爬附区，在光照射下每隔15～20分钟观察一次，并轻轻把样本拍转到下一爬附区，如果只是收集粉螨并不需要计数，可放置4～6小时任其爬附，然后用毛笔收集螨。如果样本量较多时，可以选择平底搪瓷盘垫黑纸板，并在爬附区周围涂抹一圈黏性物质以防止粉螨逃脱；此类样本还可采用背光钻孔法收集粉螨。此法利用粉螨避光移动的习性，在加料室下连接带有褶皱的黑纸，黑纸上打孔，其下连接收集瓶并用黑布袋罩上，即为集螨室，然后把待检样本放入料室，打开其上的日光灯照射，粉螨就背光移动钻过筛网爬向有孔黑纸，并钻过小孔落入避光的集螨室中，此法可以收集到较为纯净的螨。

(6) 样本中粉螨数量较少，粉螨难于分离的样本：此类样品可采用食料诱捕法收集粉螨。将待检样本用标准分样筛(40目和80目)连续过筛除尘、除渣后，取一玻璃板，将过筛后的样本平铺在玻璃板上，样本长宽视玻璃板大小而定，厚度一般在2 cm。取适宜大小的滤纸条将其浸上药物，常用的药物有邻苯二甲酸二甲酯、邻苯二甲酸二丁酯、二乙基间甲苯甲酰胺和苯甲酸苄酯等，可单独使用或2～3种药物混合使用。滤纸与堆放的样品平行，样品一侧外露，一侧用浸有药物的滤纸覆盖，在外露侧附近放置经过反复折皱的浸有红糖水的滤纸条，滤纸条上覆盖黑纸，按上述方法放置2小时，就可用毛笔在含糖滤纸条和黑纸上收集活螨。

(7) 其他：棉花纤维中的粉螨则可将样本置培养皿中，用玻璃棒或竹签挑动纤维，使附在纤维上的螨落下，然后进行显微镜下检查；在粉螨孳生场所的空气中也可能悬浮着粉螨，其分离方法是采用空气粉尘采样器采集空气中悬浮的粉尘，开机一定时间后直接取出采样盒中的滤膜放到镜下检查，分离出粉螨。且可根据空气流量，计算出空气中浮悬螨的密度。或者在载玻片中央滴加70%甘油数滴，玻片周围涂抹一圈凡士林，将玻片放置在桌面、窗台、柜子、地板等处，螨落在玻片上的甘油中即无法逃逸，然后在解剖显微镜下用解剖针分离螨；对各种纤维织物、砂糖包装袋、糕点箱等，采集粉螨时，先拍打几下，再置搪瓷盘上敲打，也可拍打后用吸尘器吸取。总之，分离粉螨首先要了解样本的形态、性质，选取适合的分离方法，力求做到简单、高效，当然在某些情况下几种方法联合使用会达到更好的效果。

2. 人体排泄物中粉螨的分离

患者的痰液、粪便、尿液等排泄物，可用下列方法进行分离粉螨，以明确人体是否被粉螨侵染。

(1) 呼吸系统：肺螨病(pulmonary acariasis)是由螨类经呼吸道侵入人体呼吸系统引起的一种疾病。引起人体肺螨病的螨种主要为粉螨和跗线螨类，其中粉螨主要包括粗脚粉螨(*Acarus siro*)、腐食酪螨(*Tyrophagus putrescentiae*)、椭圆食粉螨(*Aleuroglyphus ovatus*)、伯氏嗜木螨(*Caloglyphus berlesei*)、食菌嗜木螨(*Caloglyphus mycophagus*)、刺足根螨(*Rhizoglyphus echinopus*)、家食甜螨(*Glycyphagus domesticus*)、粉尘螨(*Dermatophagoides farinae*)、屋尘螨(*Dermatophagoides pteronyssinus*)、梅氏嗜霉螨(*Euroglyphus maynei*)、甜果螨(*Carpoglyphus lactis*)和纳氏皱皮螨(*Suidasia nesbitti*)等10余种。从患者痰内检出的螨均是自由生活，大多属于人们生活环境中常见到的种类，它们寄生在粮食、食品、面粉、中药材、室内尘埃中。关于螨类入侵肺部的途径，国内外多数学者认为螨由呼吸道侵入肺部，因为调查结果表明多数患者均在粉尘含量大的环境中工作，由于无良好的除尘设备，卫生状况又差，环境中孳生大量螨类，螨类随粉尘一起悬浮于空气中，人们通过呼吸而感染。

对肺螨病的诊断及其研究，标本是非常重要的材料，但因螨体微小，采集、制备和保存都很困难，必须用一定的方法才能取得满意效果。①痰液消化：将收集24小时痰液或清晨第一口痰液，置一洁净容器中，加入同等量的5%氢氧化钾溶液，待痰液充分消化，并用玻璃棒充分搅匀，静置3～4小时；加入吕弗勒亚甲基蓝(Loeffler's methylene blue)，每100 mL痰液加入一滴，痰液不足100 mL加1滴；搅匀后加入40%甲醛溶液，每100 mL痰液加入10 mL，痰液不足100 mL加10 mL，搅匀后放置12～24小时。无论何时收集痰液，容器必须预先处理洁净，以免环境中螨类混入。② 痰螨分离：将消化后的痰液加适量蒸馏水混匀，静置后放入离心机离心，按1 500 r/min 10分钟，取出后弃上清，吸取沉渣涂片，镜检。在一项研究中，分别收集不同职业人群中的每个受试者24小时痰和早晨第一口痰，痰液消化后进行粉螨的检查，并对其二者的检出率进行了比较，结果表明，24小时痰液的粉螨检出率优于早晨第一口痰粉螨检出率($P<0.01$)。

(2) 消化系统：肠螨病(intestinal acariasis)是因某些粉螨随污染的食物被人吞食后，寄生在肠腔或肠壁所引起的一系列胃肠道症状为特征的消化系统疾病。引起人体肠螨症的螨类主要是粉螨，常见螨种有粗脚粉螨、腐食酪螨、长食酪螨(*Tyrophagus longior*)、甜果螨(*Carpoglyphus lactis*)、家食甜螨、河野脂螨(*Lardoglyphus konoi*)、害嗜鳞螨(*Lepidoglyphus destructor*)、隐秘食甜螨(*Glycyphagus privatus*)等。在我国，粉螨引起的肠螨症散在流行。其主要原因为食物放在空气不流通、潮湿的地方易被粉螨污染，并且粉螨在其中孳生。人类感染的主要方式是随螨污染的食物经口进入胃肠道，也可随尘埃飞扬经吸入而被吞入。分离样品时，用洁净的便盒收集新鲜粪便带回实验室，放置时间一般不超过24小时。用竹签挑取黄豆粒大小粪便，用生理盐水直接涂片、镜检；或挑取半个蚕豆大小的粪便置于漂浮瓶中，加入半瓶饱和盐水将粪便混合均匀，然后继续加入饱和盐水至距离瓶口1 cm处，改用滴管加至液面略高于瓶口而不溢出为止，取一载玻片覆盖在瓶口之上，静置一段时间后将载玻片迅速提起并翻转，置于显微镜下检螨；此外，可采用沉淀浓集法检获粪便中的活螨及卵；如果经直肠镜检查发现肠壁溃疡，可在溃疡边缘取肠壁组织活检，压片镜检；对于十二指肠液中活螨及卵的分离，可采用直接涂片法、离心沉淀法以及浮聚法。

(3) 泌尿系统：泌尿系螨病(urinary acariasis)又称尿螨病，是由某些螨类侵入并寄生在人体泌尿系统而引起的一种疾病，引起人体尿螨症的螨类主要为粉螨和跗线螨类。据报道，造成尿螨症的常见粉螨种有无气门亚目的粗脚粉螨、长食酪螨、家甜食螨等。关于螨类侵入泌尿道的途径，一般认为是从污染的导尿管将螨带入尿道，螨逆行而进入肾脏和周围的其他组织；有学者认为是从皮肤侵入的；也有学者认为螨类从呼吸和消化系统进入血液后，继而达到肾脏和泌尿道的；也有学者认为螨类在泌尿系统有长期寄生的可能性。尿螨症的诊断主要依据是尿液沉淀物中检出活螨、若螨、螨卵或螨的体毛、碎片等。未经离心沉淀的尿液标本直接镜检常不易检到螨。因此收取清晨第一次尿液或24小时尿液，放入洁净的试管中，然后离心沉淀，弃去上清液，取沉渣镜检，常能获得阳性结果，也可将尿液用80目/吋筛网过滤，然后把筛网置于镜下直接检螨，此外，尿液的常规检查或膀胱镜观察到组织的损害，并检出螨等可作为尿螨症的辅助诊断手段。

三、粉螨保存

标本观察是教学和科研的一个重要手段,因此标本的保存是一项很重要的工作。若分离获得大量粉螨标本,可直接制成玻片标本。如果不能马上制作成标本,则需放入保存液中暂时或永久保存,留待以后制作标本之用,也可以用于其他研究。最常用的保存方法是将粉螨浸泡在奥氏保存液中保存,也可临时放入70%~80%的乙醇溶液中保存。保存时应根据用途的不同,选用相应的保存液,而且要注意定期添加或更换相同的保存液。

(一)常用的保存液

1. 乙醇(ethanol)

采用70%~80%乙醇保存粉螨。其方法比较简便,但在乙醇中保存的标本组织容易变硬,不适用于长期保存。

2. 奥氏保存液

配方为70%乙醇87 mL、冰醋酸8 mL、甘油5 mL。配制方法为先配制70%的乙醇,加入冰醋酸和甘油,摇匀备用。其特点是在奥氏保存液中的螨体组织不易产生硬化,螨体柔软不皱缩。

3. 凯氏保存液

配方为冰醋酸10 mL、甘油50 mL、蒸馏水40 mL。为良好的永久或半永久保存液,可保持螨体组织和肢体柔软或可弯曲的状态,不会在制作标本或解剖时有破裂的情况出现。

4. MA80液

配方为醋酸40 mL、甲醇40 mL、蒸馏水20 mL。适合标本的短期保存。

(二)保存方法

一般用双重溶液浸渍法保存。在保存之前,用零号毛笔或自制毛发针(毛发针是由解剖针的针尖上粘1~2根毛发制作而成)"挑取"粉螨,放入50%~70%热乙醇(70~80 ℃)中固定,使其肢体伸展,姿态良好,然后将固定好的粉螨放入盛有奥氏保存液的指形管(指形管直径6 mm、长25 mm)中,并把标签放入指形管中,标签注明种名、寄主、日期、地点和采集人,然后用脱脂棉塞紧管口(切勿用软木塞)。最后将指形管放入盛有同样标本液的广口瓶内,并用软木塞塞紧瓶口,广口瓶外亦用标签注明(图7.3)。其优点是指形管不易破碎,保存液不易干涸,也便于携带。

对于少量粉螨标本,可采用青霉素玻璃小瓶盛放,在小瓶中加入奥氏保存液,用棉球塞紧瓶口,同时记录好采集时间、地点、环境条件、采集人姓名和孳生物名称等信息,再放入广口瓶中保存。也可采用医用安瓿瓶盛放粉螨标本,将螨放入盛有奥氏保存液的锥形玻璃安瓿瓶内,火焰封管口,捆成一捆,平放入盛有标本液的广口瓶内,这样可长期保存。此法保存液不易干涸,安瓿瓶不易破碎,方便携带。

保存标本时应根据用途选取不同的保存液,而且要注意定期加液或换液。对已经制成的玻片标本,应该放入标本盒中保存,标本的保存应注意避光、防潮和防震。

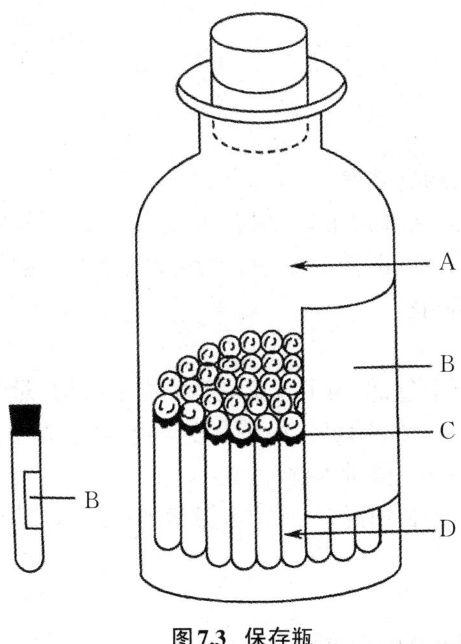

图7.3　保存瓶

A. 保存液；B. 标签；C. 脱脂棉塞；D. 指形管

（仿 李朝品）

第二节　标本制作

粉螨是体型微小的节肢动物门中的动物，在螨种鉴定之前，需将粉螨制成玻片标本，用显微镜观察。粉螨的分类鉴定，主要是根据螨体外部形态特征与内部结构，如螯肢、须肢、毛、足、背、腹及生殖、呼吸器官等为鉴定的依据。制作的标本应形态特征清晰、易于观察、便于保存和造型美观。随着生物学研究的技术发展，现在把粉螨形态学的特征和粉螨的基因序列相结合，作为螨种鉴定的依据，但是，粉螨的标本制作仍然是研究粉螨的一项重要工作。玻片标本不但可以避免标本相关信息的流失，而且能确保标本的保存品质和使用寿命，已广泛应用于科研和教学中。

一、封固剂

封固剂有临时封固剂和永久封固剂。理想的封固剂要微透明，制作的粉螨玻片标本能在显微镜下区分粉螨的背面和腹面，便于观察粉螨的背面和腹面的结构，如刚毛、背沟、足表皮内突、生殖孔、吸盘等。封固剂一般具有两种作用：① 可以将标本封固在载玻片和盖玻片之间，防止标本与空气接触，避免标本被氧化脱色，同时还可防止标本受潮或干裂；② 在有封固剂的环境下标本的折光率和玻片折光率相近，从而在显微镜下可以清晰地观察标本。

（一）临时封固剂

有50％～100％乳酸（lactic acid）、乳酸苯酚（lactophenol）和乳酸木桃红（lactic acid and lignin pink)。

1. 乳酸

50%～100%乳酸。

2. 乳酸苯酚

乳酸苯酚容易使体软的螨类皱缩。

配方:苯酚20克、乳酸20克(16.5 mL)、甘油40克(32 mL)、蒸馏水20 mL。

配法:将20克苯酚加入20 mL蒸馏水中,加热使其溶解,然后加入乳酸16.5 mL、甘油32 mL,用玻璃棒搅拌均匀即可。

3. 乳酸木桃红

螨类的标本一般不需要染色,但为了观察螨类的微细结构,对于骨化不明显的粉螨常用乳酸木桃红封片,木桃红(lignin pink)可将粉螨表皮染色,便于观察。

配方:乳酸60份、甘油40份、微量木桃红。

配法:将60份乳酸与40份甘油混合,再加入微量木桃红搅拌均匀。

(二) 永久封固剂

1. 水合氯醛封固剂(chloral hydrate arabic gum)

(1) 第一种配方配制的封固剂,亦称为福氏(Faure)封固剂:配方为水合氯醛50克、阿拉伯树胶粉30克、甘油20 mL、蒸馏水50 mL。

配法:将30克阿拉伯树胶粉放入50 mL蒸馏水中,加热并搅拌使之充分溶解,然后加入水合氯醛50克、甘油20 mL混匀,配好的封固剂经绢筛过筛或负压抽滤去除杂质,装入棕色瓶中备用。改良的福氏封固剂除以上成分外,需再加入碘化钠1克、碘2克。

(2) 第二种配方配制的封固剂,亦称为贝氏(Berlese)封固剂:配方为水合氯醛16克、冰醋酸5克、葡萄糖10克、阿拉伯树胶粉15克、蒸馏水20 mL。

配法:将15克阿拉伯树胶粉放入20 mL蒸馏水中,加热并搅拌使之充分溶解,然后加入水合氯醛16克、冰醋酸5克和葡萄糖10克,搅拌使之充分混匀,配好的封固剂经绢筛过筛或负压抽滤去除杂质,装入棕色瓶中备用。

(3) 第三种配方配制的封固剂,亦称为普里斯氏(Puris)封固剂:配方为水合氯醛70克、阿拉伯树胶粉8克、冰醋酸3克、甘油5 mL、蒸馏水8 mL。

配法:将8克阿拉伯树胶粉放入8 mL蒸馏水中,加热并搅拌使之充分溶解,然后加入水合氯醛70克、冰醋酸3克、甘油5 mL,搅拌使之充分混匀,装入棕色瓶备用。

(4) 第四种配方配制的封固剂,亦称为霍氏(Hoyer)封固剂:配方为水合氯醛100克、甘油10 mL、阿拉伯树胶粉15克、蒸馏水25 mL。

配法:将15克阿拉伯树胶粉放入25 mL蒸馏水中,加热并搅拌使之充分溶解,然后加入水合氯醛100克、甘油10 mL,搅拌使之充分混匀,配好的封固剂经绢筛过滤或负压抽滤去除杂质,装入棕色瓶中备用。

水合氯醛胶封固液经过一段较长时间之后,往往易产生结晶现象,这种晶体常会遮盖螨体上的一些微细结构,导致螨体结构在镜检时不易分辨,因此,采用多乙烯乳酸酚封固液可避免这种现象发生。

2. 多乙烯乳酸酚(polyethylene lactic acid phenol)封固剂

配方为多乙烯醇母液占比为56%、乳酸占比为22%、酚占比为22%。先配制多乙烯醇母液,再配制成多乙烯乳酸酚封固剂。

多乙烯醇母液配方:多乙烯醇粉7.5克、无水乙醇15 mL、蒸馏水100 mL。

多乙烯醇母液配法:将7.5克多乙烯醇粉加入无水乙醇15 mL,摇匀,再加入100 mL蒸馏水,水浴加热,充分溶解后再摇匀,即成多乙烯醇母液。

多乙烯乳酸酚封固剂配法:取多乙烯醇母液56份,加入苯酚22份,加热使苯酚溶解,再加入乳酸22份,充分摇匀装入棕色瓶备用。

3. 聚乙醇氯醛乳酸酚(polyethanol chloral lactic acid phenol)封固剂(又名埃氏Heize封固剂)

配方为多聚乙醇10克、1.5%酚溶液25 mL、水合氯醛20克、95%乳酸35 mL、甘油10 mL、蒸馏水40~60 mL。

配法:先将多聚乙醇放入烧杯中,加入部分蒸馏水,加热至沸腾,加乳酸搅匀,再加入甘油,冷却至微温。然后将水合氯醛和酚加入余下的蒸馏水中,成为水合氯醛酚混合液,将此次混合液加入上述微温的混合液中,搅拌均匀,用抽气漏斗缓缓过滤,将滤下的封固液保存在棕色瓶内备用。

4. C-M(Clark and Morishita)封固剂

配方为甲基纤维素(methylcellulose)5克、多乙烯二醇[碳蜡(carbowax)]2克、一缩二乙二醇(diethylene glycol)1 mL、95%乙醇25 mL、乳酸100 mL、蒸馏水75 mL。

配法:将甲基纤维素5克加入25 mL 95%乙醇中,溶解后依次加入2克多乙烯二醇、1 mL一缩二乙二醇、100 mL乳酸和75 mL蒸馏水,混合后经玻璃丝过滤,然后放入温箱(40~45 ℃),3~5天后达到所希望的稠度时即取出,如果发现过于黏稠,可加入95%乙醇稀释,以降低黏稠度。

二、标本制作方法

在标本制作的各个环节一定要注意保持粉螨的完整性,尤其是粉螨的背毛、腹毛及足上刚毛等都是鉴定的重要依据。一个不完整的标本不仅给螨种的鉴定带来一定的困难,甚至失去原有的价值。

(一)活螨标本的制作

把收集到的样本(如灰尘、面粉等)放在平皿中铺一薄层后置于解剖显微镜下观察,然后检获粉螨。用零号毛笔,较小的粉螨可用毛发针取粉螨,在载玻片中央滴一滴50%的甘油,把挑取的粉螨放入甘油中,然后盖上盖玻片。将制成的玻片标本放在显微镜下放大100~400倍,可清楚地观察到粉螨颚体、足体、末体及其上的相关结构。

(二)临时标本的制作

在载玻片的中央滴2~3滴临时封固剂,用解剖针挑取粉螨放入封固剂中,取盖玻片从封固剂的一端成45°角缓缓放下,以免产生气泡,然后将载玻片放在酒精灯上适当加热使标本透明，冷却后置于显微镜下观察。临时标本适合在实验研究的现场制作，为了观察粉螨各部位的细微结构，可以轻轻推动盖玻片，使标本在封固剂中滚动，使螨的背面、侧面和腹面处于有利于观察的位置。临时标本主要用于粉螨的分类鉴定，鉴定后还可将螨体标本重新放回原标本液中保存。另外也可将螨体标本放到盛有50%～100%的乳酸液指形管中，加温使之透明，再将其透明且肢体伸展后的标本放在滴有奥氏保存液的载玻片上，盖上盖玻片进行镜检；或直接将螨标本放到滴有50%～60%的乳酸液载玻片上，盖上盖玻片，再微加热，使之透明后进行镜检。乳酸的浓度随螨体骨化程度而异，骨化程度强的粉螨用高浓度乳酸，骨化程度低的粉螨用低浓度乳酸。

一般情况下，镜检时不需要对粉螨标本进行染色。但对那些骨化程度很低的粉螨，如果要观察薄几丁质上的微小结构，有时是需要染色的。染色的方法是将螨标本放入乳酸、木桃红，或酸性复红(acid fuchsin)溶液中，微微加热使之透明染色。

(三) 永久标本的制作

永久是相对保存时间而言，永久标本的保存时间一般为1～2年，如保存时间过长，标本会模糊不清。制作永久标本的粉螨来源可以是刚分离出的活螨，也可以是保存液中保存的粉螨。如果是保存的粉螨，用吸管吸出后放置到滤纸上，吸干保存液后再制作标本。在显微镜下调整好粉螨的姿态，即按背、腹、侧面理想的姿态摆好，如粉螨科螨类的格氏器只有从侧面才能看清楚，然后取盖玻片使其一端与封固剂的一侧成45°角缓缓放下，封固剂的量以铺满盖玻片而不外溢为准。如果粉螨的背面隆起，为了防止粉螨被压碎或变形，可在封固剂中放入3～4块碎盖玻片作为“脚”，而后再加盖玻片覆盖(图7.4)。

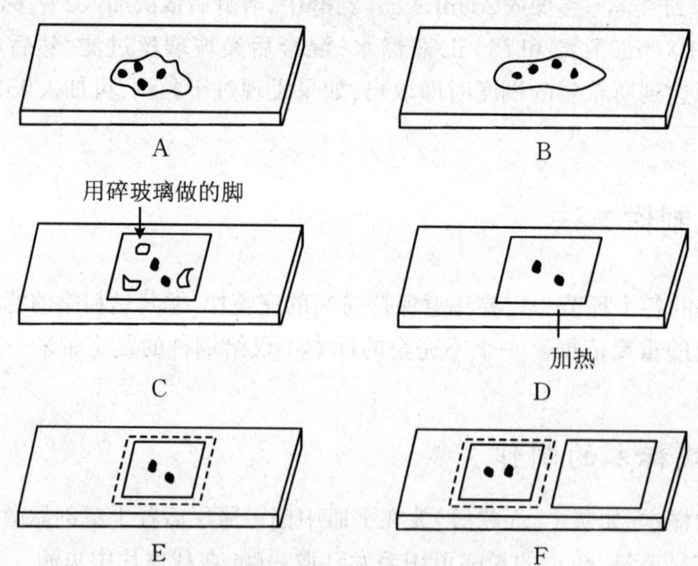

图7.4 螨类玻片标本制作步骤

A. 标本在封固剂中浴洗；B. 用毛发针把标本移到封固剂中；C. 加盖盖玻片；D. 加热干燥；E. 干燥后涂指甲油；F. 贴标签

(仿 李朝品)

玻片标本制作具体操作步骤如下：

1. 标本制作

在载玻片中央滴一滴固封液，挑取2只粉螨放在滴有封固液的载玻片上，在显微镜下调整姿势，使螨标本腹、背均有朝上的，盖上盖玻片，置保温箱内，在45 ℃下加温4～5天后取出，再在盖玻片四周用中性加拿大树胶或白色指甲油、金漆涂以薄而均匀的一层。

2. 清洗螨体杂质

如果螨体上有杂质，先用玻璃棒蘸取封固液，滴1～2滴于载玻片中央，然后挑取2只螨标本，置于封固液中，用发针搅动，使螨在封固液中浴洗，清除螨体上的杂质，也可在盛有清水的平皿内进行洗涤，但要注意取出后要用滤纸吸干水分，然后再把清洁的螨移于另一载玻片中央的封固液中，小心盖上盖玻片，加热透明伸肢，标记、分类鉴定，然后保存。

3. 标本套的制作

粉螨玻片标本只能在标本中观察背面或腹面，不能在同一个标本中既观察背面又观察腹面。然而采用一种特制的标本套，在同一个标本中可随意观察一个标本的腹、背面。

上述标本套的制作方法：用32号的薄铝片（薄铝片可用白卡片纸代替）剪成75 mm×32 mm的长方形，用空心铳子在薄铝片中央冲一个直径为15 mm的圆孔，再将薄铝片按图7.5所示的虚线的长边两侧卷成方边或圆边，卷边高2 mm、宽1.5 mm，制成长方形的标本套，大小为75 mm×25 mm，规格与载玻片相同，然后将经过透明处理和封固在24 mm×24 mm或22 mm×22 mm的两块盖玻片中央的粉螨标本由标本套一端推入中央圆孔处，再用旧纸盒板切割成适当大小的纸板，从标本套两端推入，将封固的盖玻片标本挤紧，左侧纸板上标签注明种类、寄主、采集地点、日期、采集人；右侧纸板上标签注明粉螨的学名、性别和发育期及鉴定人等，放入标本盒内保存。

螨体标本封固在两块盖玻片中央时，颚体向后，末体向前。封固液要适量，两块盖玻片四周涂一层无色透明指甲油。这种改良制片方法一般在粉螨标本稀有时使用。

4. 加热透明标本的方法

为使制作的粉螨玻片标本能达到良好的观察效果，要对标本进行加热处理使之透明，常用的加热方法有电吹风法、酒精灯法和烘箱法。电吹风法是用电吹风的热风对玻片标本加热，当观察到封固剂开始沸腾或有气泡出现时，即停止加热，冷却后显微镜下观察；酒精灯法是把玻片标本放在酒精灯外焰上加热，当封固剂开始沸腾或出现气泡时即撤离火焰；烘箱法即把玻片标本平放在烘箱中60～80 ℃加热，每日多次观察，直至标本完全透明为止。透明好的标本应该足伸展，螨体透明，用显微镜能清晰观察其背、腹面的细微结构。

制作好的玻片标本平放在标本盒中，室温条件下30天左右可完全干燥，置于50 ℃烘箱中可加快干燥。在相对湿度较大的地区，为了防止封固剂发霉和回潮，可用无色指甲油涂抹在盖玻片四周，也可采用加拿大树胶双重封片法解决此类问题。最后，在玻片标本上粘贴标签，标签上写明粉螨的拉丁学名和中文名、采集时间、采集地点、采集人姓名等信息（图7.6）。

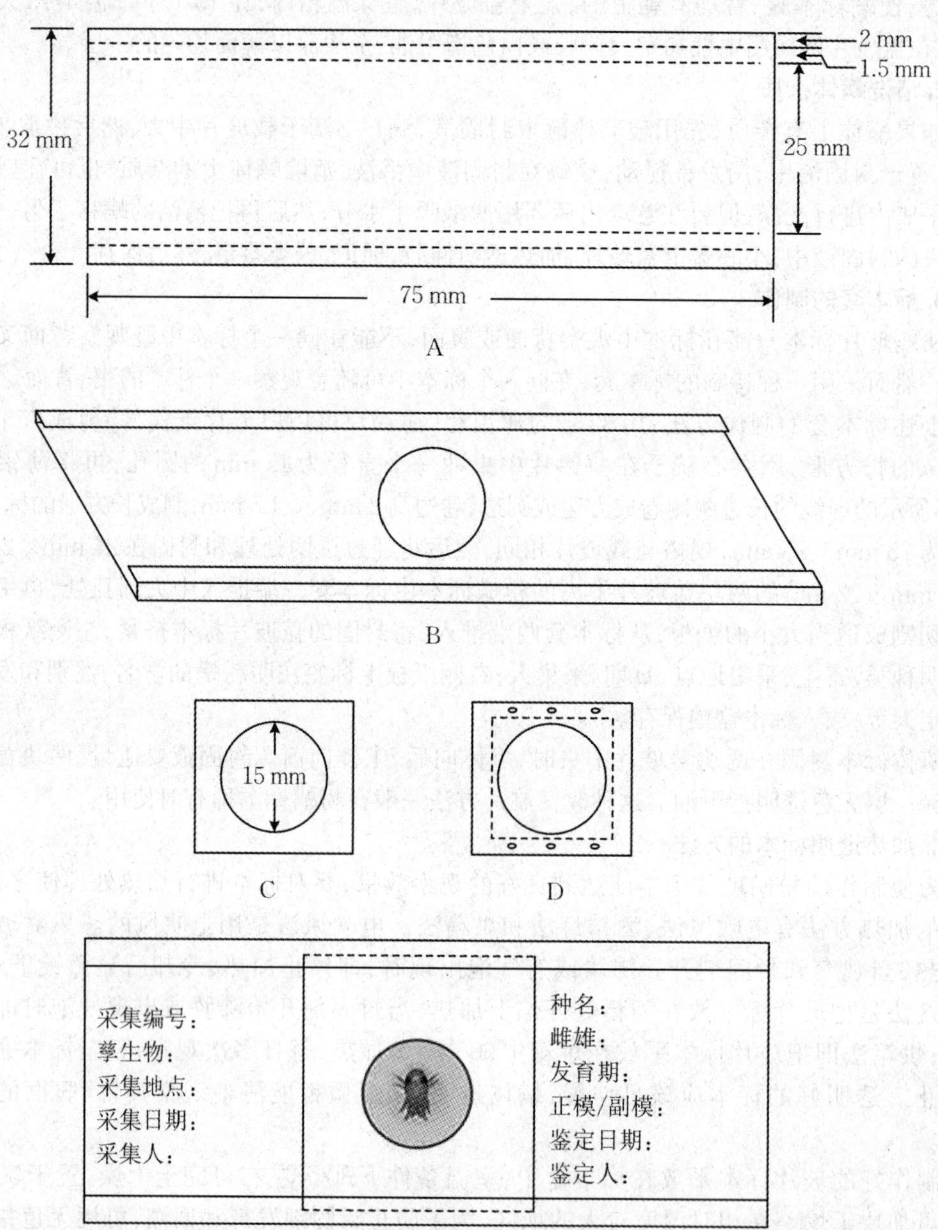

图7.5 含标本套的标本制作方法

A. 长方形薄铝片；B. 制成标本套；C. 盖玻片；D. 双盖片封固标本；E. 盖玻片制成标本

（仿 李朝品 沈兆鹏）

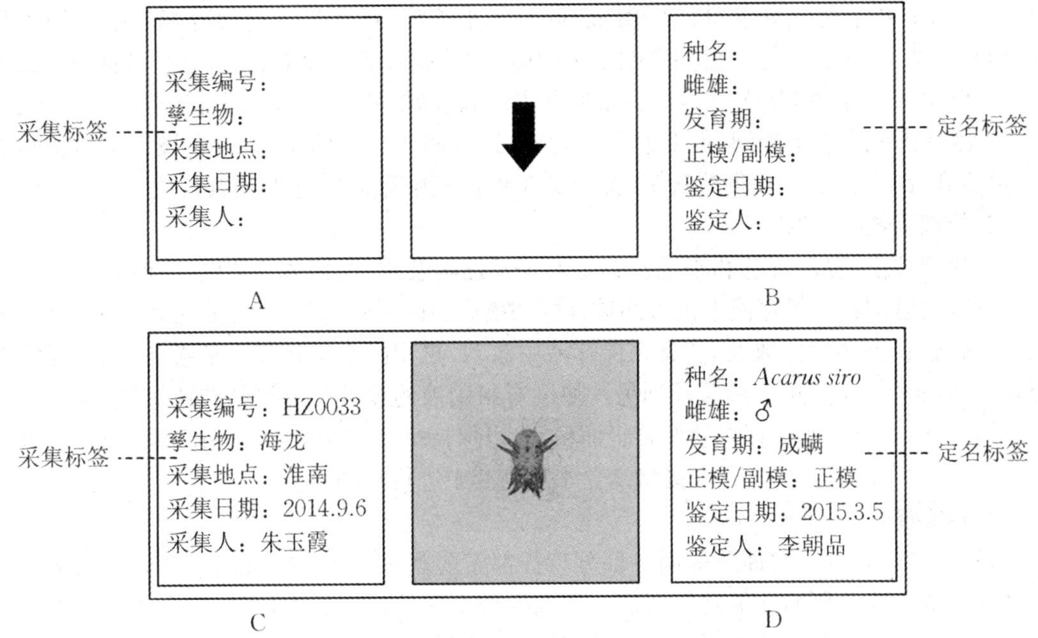

图7.6　螨类玻片标本标签贴法示例

A. 采集标签；B. 定名标签；C. 采集标签；D. 定名标签

（仿 李朝品）

如初制粉螨玻片标本不理想、粉螨数量又很少、封固液又变干时，则把玻片标本浸泡于温水中(40～50 ℃)，使盖玻片与标本自然脱离载玻片落入水中。此时，为避免螨体收缩，立即把螨标本置于奥氏保存液中，经20～30分钟后，再重新制片。

（四）玻片标本的重新制作

玻片标本保存一段时间后，特别是保存10年以上的博物馆标本，往往会出现气泡或析出结晶，使一些分类特征看不清楚，需要重新制作。还有些粉螨标本十分珍贵，损坏后很难再获得，为了保护这些宝贵的教学、科研资源，也要及时对陈旧标本进行适时修复。玻片标本重新制作最简单的方法是：在一个表面皿中加满清水，将玻片标本有盖玻片的一侧向下平放在表面皿上，使标本全部浸在水中，而载玻片两侧的标签不会沾水而损坏，几天后封固剂软化并溶于水中，盖玻片和标本脱落入表面皿中，将标本反复清洗，再按一般永久制片方法重新制作。

三、注意事项

粉螨个体微小，若要对粉螨进行鉴定，需将粉螨制作成玻片标本，借助显微镜观察其外部形态特征与内部结构，才能进行螨种的鉴定工作。因此，粉螨标本制作技术是研究粉螨的重要环节，若要制作成质量较高的标本必须注意以下事项：

1. 粉螨漂白与透明

有些螨种体色很深，透明度较差，如阔食酪螨(*Tyrophagus palmarum*)和吸腐薄口螨(*Histiostomas apromyzarum*)。制片前需要漂白与透明，较好的方法是将螨移入凹玻片或小皿中，加入1～2滴过氧化氢(H_2O_2)溶液，即双氧水溶液，用零号毛笔轻轻翻转螨体即可脱色，但双氧水不宜过多，过多会导致刚毛等细微结构脱落，或使标本裂解；也可以将粉螨放入盛有90%乙醇与乳酸(V/V=1:1)的指形管中(用脱脂棉塞口)一周，即可透明；或将粉螨放于5%氢氧化钾溶液中浸泡，但要经常地观察，达到透明后立即挑出；颜色极深不易透明的螨，可将其放于5%氢氧化钾溶液中，置于50 ℃的温箱中保持24小时使其透明。

2. 粉螨清洗与去杂

粉螨躯体上刻痕、突起和刚毛及其足毛等易黏附杂质，使螨体不清晰。标本制作时，可先把粉螨用解剖针从保存液中挑入凹玻片的凹槽中，在螨体上滴加适量保存液，用零号毛笔或毛发针轻轻翻转螨体数次，使其在保存液中泳动，再用吸水纸将保存液吸除，如此反复直至将杂质清洗干净为止。然后移到另一块滴有封固液的载玻片上调整肢体位置，盖上盖玻片，再行封固。在操作过程中动作要轻而精细，以保持螨体的完整性。活螨也可放在清水中清洗杂质，固定的螨类标本可直接将螨置于封固液中进行清洗。

3. 粉螨整姿与“垫脚”

粉螨标本的背面、腹面及侧面各部分特征都需要观察，如粉螨科螨类的颚足沟、格氏器和基节上毛等要从侧面才能观察清楚。因此制作永久性粉螨标本片时，各个体位标本都应该制作。将螨体用解剖针或零号毛笔挑起置于封固液中央，用解剖针把螨体翻转至理想的位置，在解剖显微镜下观察螨体的姿势。整姿时常用酒精灯加热使其四肢伸展，该方法操作虽然很简便，但不易掌握，螨的标本太少时不宜采用。对于一些个体较大或背拱的粉螨，或躯体比较脆弱的粉螨，在制作永久性标本片时，应在封固液中放3块(成三角形)或4块(成正方形)碎小的盖玻片或棉线做成“垫脚”，也可以用螨虫代替盖玻片或棉线做成“垫脚”，以免螨类因盖玻片的重力而压碎或变形。

4. 粉螨玻片标本贴标签

制成的粉螨玻片标本应及时贴上标准标签，贴标签时要使用防虫胶水，谨防虫蛀。标签要贴载玻片左侧，在标签上用墨汁标明详细信息，然后再涂一层透明无色指甲油，干后既美观又防潮，还可避免标签脱落。

5. 粉螨玻片标本防霉

制成的标本玻片在室温下放置一个月左右便可干燥；也可放在60～80 ℃的温箱内，经5～7天即可干燥透明；也可用电吹风(40～50 ℃)吹干。然后在盖玻片四周涂上透明指甲油。制成的粉螨玻片标本应放置在标本盒内，置于阴凉干燥处，同一空间内放适量的干燥剂，防止潮湿发霉。

6. 粉螨玻片标本时限

制成的粉螨标本片应尽快进行形态研究，如镜下观察、测量、拍照片或摄像，因为粉螨制片过程中没有脱去躯体内的水分，有些螨体内甚至含有食物，这些水分或食物会从粉螨躯体内析出，从而使整个螨的结构变模糊，影响形态观察。因此所谓永久性标本也不宜放置太长时间，通常一年内不影响形态观察，若标本制作精良，可延长保存时间。

(杨凤坤　王少圣)

参考文献

王凤葵,张衡昌,1995. 改进的螨类玻片标本制作方法[J]. 植物检疫,5:271-272.

王克霞,杨庆贵,田晔,2005. 粉螨致结肠溃疡一例[J]. 中华内科杂志,44(9):7.

王克霞,崔玉宝,杨庆贵,等,2003. 从十二指肠溃疡患者引流液中检出粉螨一例[J]. 中华流行病学杂志,24(9):44.

王治明,2010. 螨类标本的采集、鉴定、制作和保存[J]. 植物医生,3:49-51.

许薇,朱志伟,孙恩涛,等,2019. 速生薄口螨休眠体的形态和分子特征鉴定[J]. 右江民族医学院学报,41(3):246-449.

许薇,朱志伟,罗欣,等,2020. 腐食酪螨的形态和分子特征鉴定[J]. 中国寄生虫学与寄生虫病杂志,38(1):95-101.

李立,李朝品,1987. 肺螨标本的采集保存和制作[J]. 生物学杂志,2:30-31.

李隆术,李云瑞,1988. 蜱螨学[M]. 重庆:重庆出版社.

李朝品,叶向光,2020. 粉螨与过敏性疾病[M]. 合肥:中国科学技术大学出版社.

李朝品,沈兆鹏,2018. 房舍和储藏物粉螨[M]. 2版. 北京:科学出版社.

李朝品,2006. 医学蜱螨学[M]. 北京:人民军医出版社.

李朝品,2008. 人体寄生虫学实验研究技术[M]. 北京:人民卫生出版社.

李朝品,2009. 医学节肢动物学[M]. 北京:人民卫生出版社.

杨庆爽,1980. 螨类标本的采集、保存和制作[J]. 植物保护,5:37-40.

沈兆鹏,1979. 甜果螨生活史的研究(无气门目:果螨科)[J]. 昆虫学报,22(4):443-447.

沈兆鹏,1985. 储藏物螨类的采集、保存和标本制作[J]. 粮油仓储科技通讯,4:42-44.

沈兆鹏,1996. 我国粉螨分科及其代表种[J]. 植物检疫,6:7-13.

宋乃国,徐井高,庞金华,等,1987. 粉螨引起肠螨症1例[J]. 河北医药(1):10.

陈兴保,温廷恒,2011. 粉螨与疾病关系的研究进展[J]. 中华全科医学,9(3):437-440.

范青海,苏秀霞,陈艳,2007. 台湾根螨属种类、寄主、分布与检验技术[J]. 昆虫知识,44(4):596-602.

周洪福,孟阳春,王正兴,等. 1986. 甜果螨及肠螨症[J]. 江苏医药,8:444-464.

秦剑,郭永和,1993. 粉螨分离纯化的简便法[J]. 济宁医学院学报,3:17.

殷凯,王慧勇,2013. 关于储藏物螨类两种标本制作方法比较的研究[J]. 淮北职业技术学院学报,1:135-136.

Hart B J,Fain A,1987. A new technique for isolation of mites exploiting the difference in density between ethanol and saturated NaCl: Qualitative and quantitative studies[J]. Folia Clínica Internacional,24(4):283-301.

Li C P,Zhan X D,Sun E T,et al.,2013. Investigation on species and community ecology of cheyletoid mites breeding in the stored traditional Chinese medicinal materials[J]. Zhong Yao Cai,36(9):1412-1416.

Platts-Mills T A,Thomas W R,Aalberse R C,et al.,1992. Dust mite allergens and asthma: report of a second international workshop[J]. J. Allergy Clin. Immunol.,89(5):1046-1060.

参考文献

彩　图

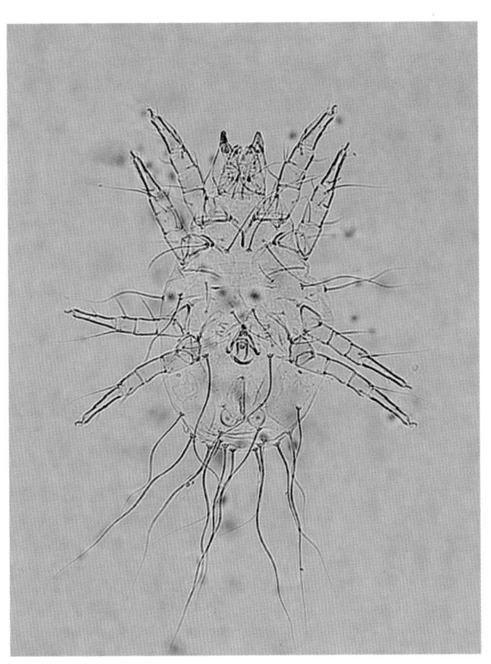

彩图 **1**　腐食酪螨（雄）
Tyrophagus putrescentiae（♂）

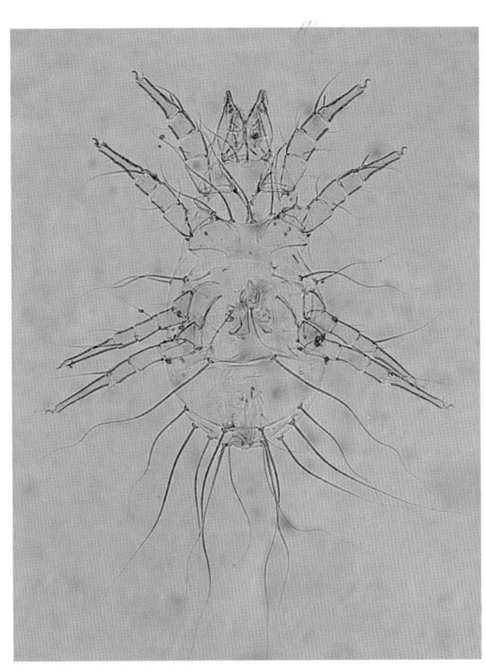

彩图 **2**　腐食酪螨（雌）
Tyrophagus putrescentiae（♀）

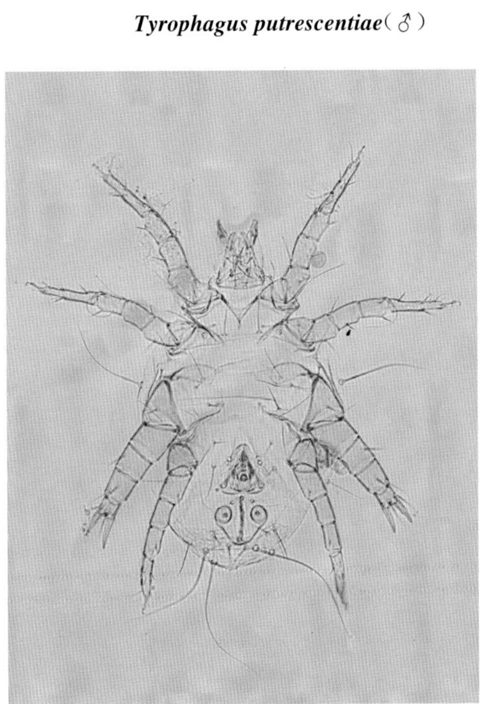

彩图 **3**　河野脂螨（雄）
Lardoglyphus konoi（♂）

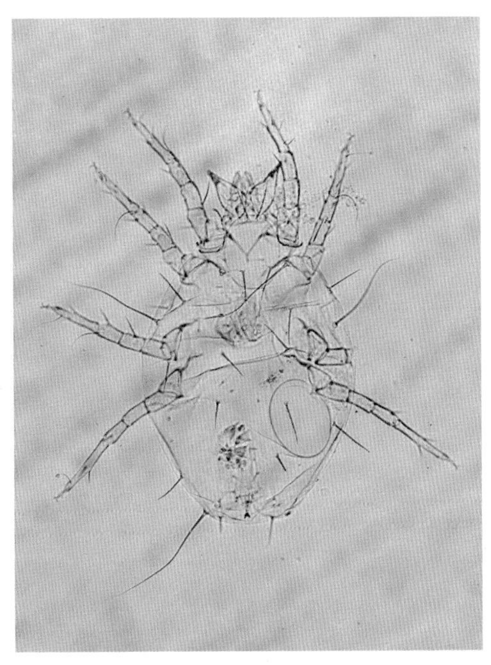

彩图 **4**　河野脂螨（雌）
Lardoglyphus konoi（♀）

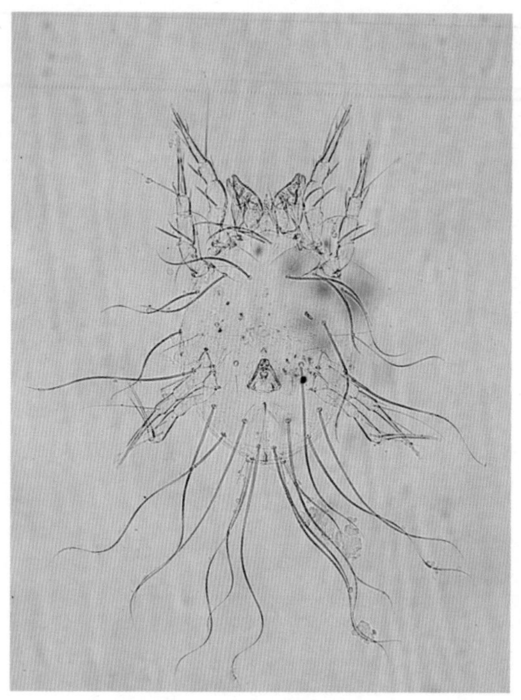

彩图5 热带无爪螨(雄)
Blomia tropicalis(♂)

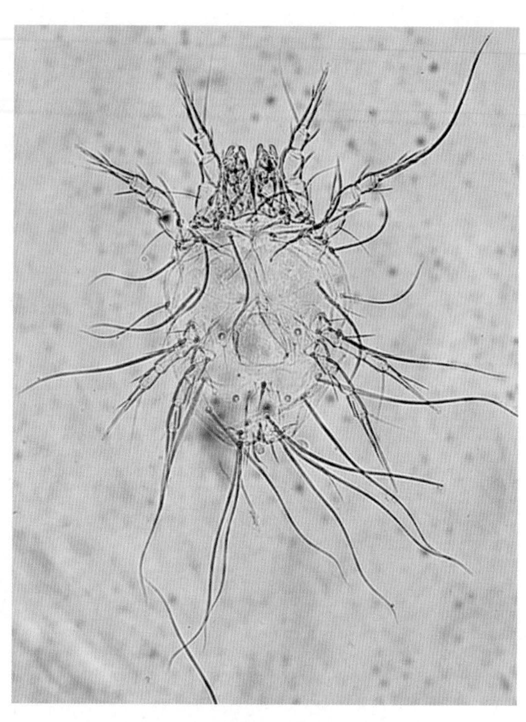

彩图6 热带无爪螨(雌)
Blomia tropicalis(♀)

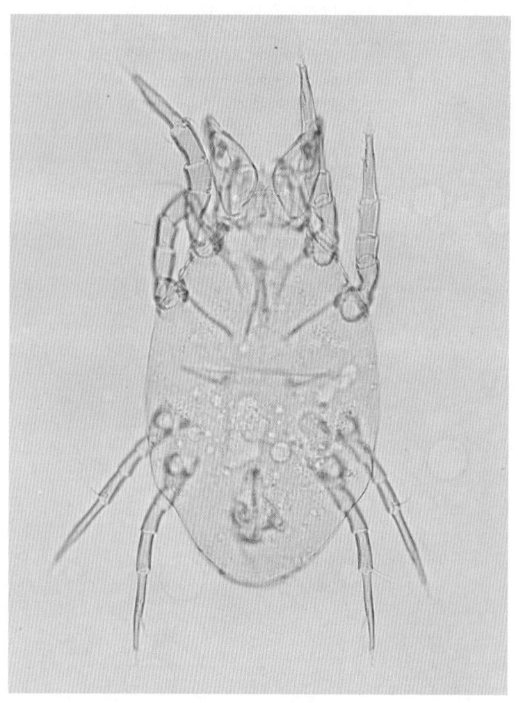

彩图7 拱殖嗜渣螨(雄)
Chortoglyphus arcuatus(♂)

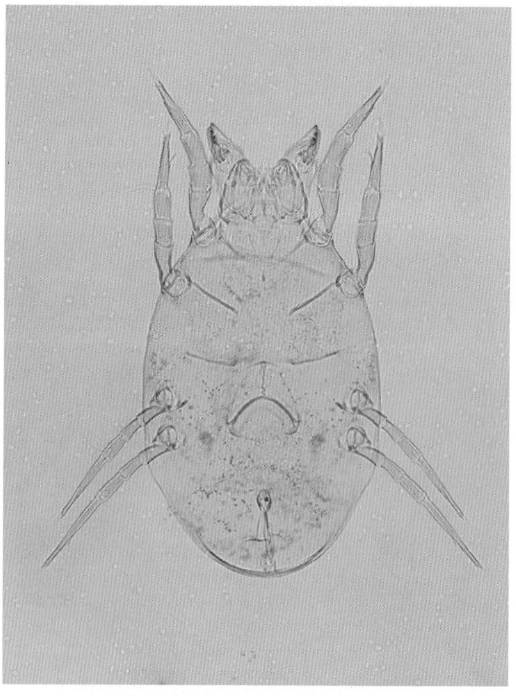

彩图8 拱殖嗜渣螨(雌)
Chortoglyphus arcuatus(♀)

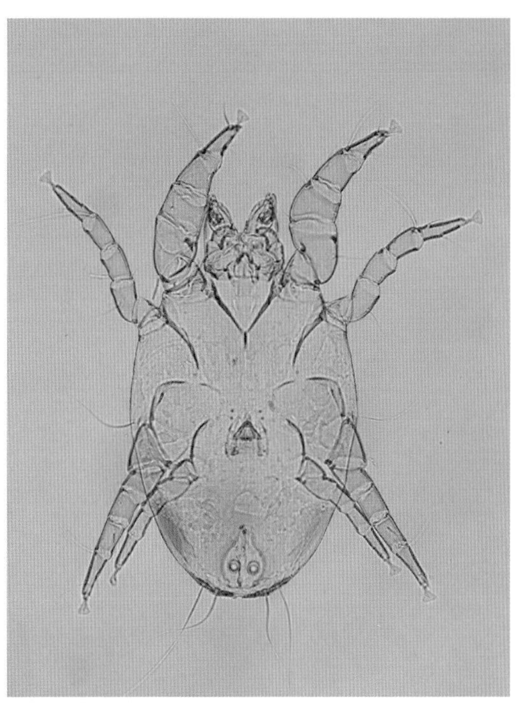

彩图9　粉尘螨(雄)
Dermatophagoides farinae(♂)

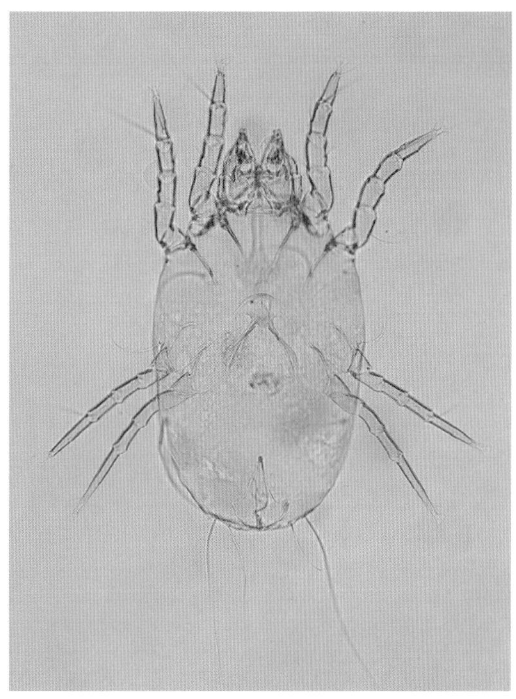

彩图10　粉尘螨(雌)
Dermatophagoides farinae(♀)

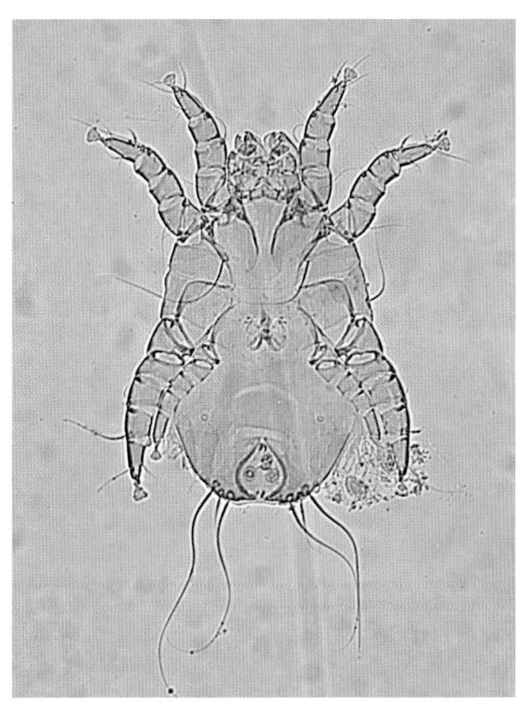

彩图11　屋尘螨(雄)
Dermatophagoides pteronyssinus(♂)

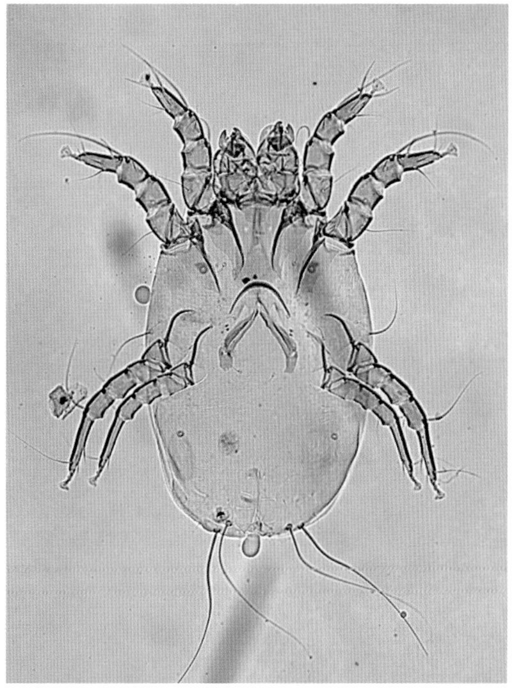

彩图12　屋尘螨(雌)
Dermatophagoides pteronyssinus(♀)

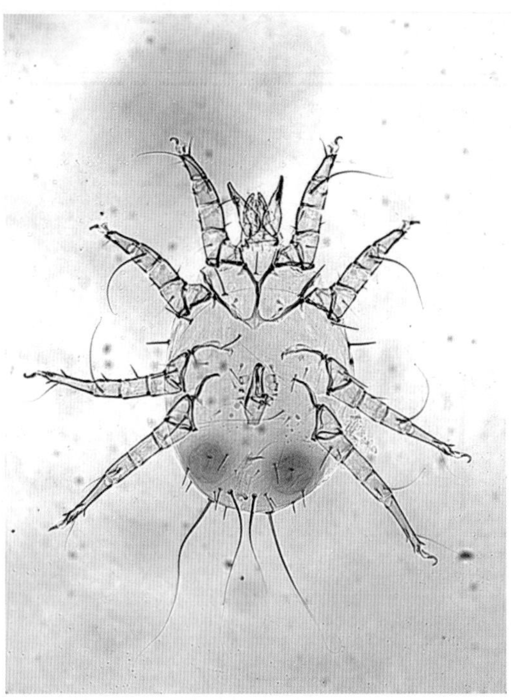

彩图13 甜果螨(雄)
Carpoglyphus lactis(♂)

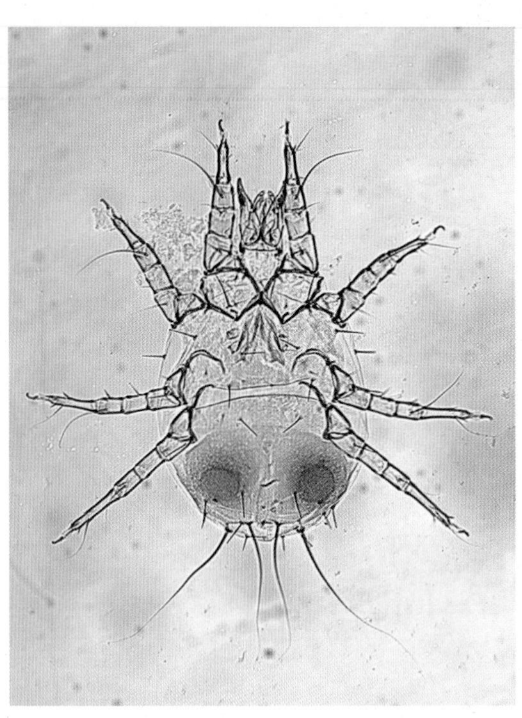

彩图14 甜果螨(雌)
Carpoglyphus lactis(♀)

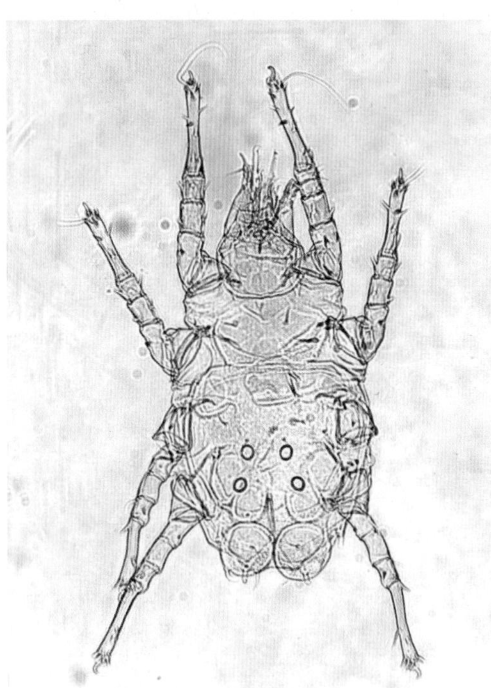

彩图15 速生薄口螨(雄)
Histiostoma feroniarum(♂)

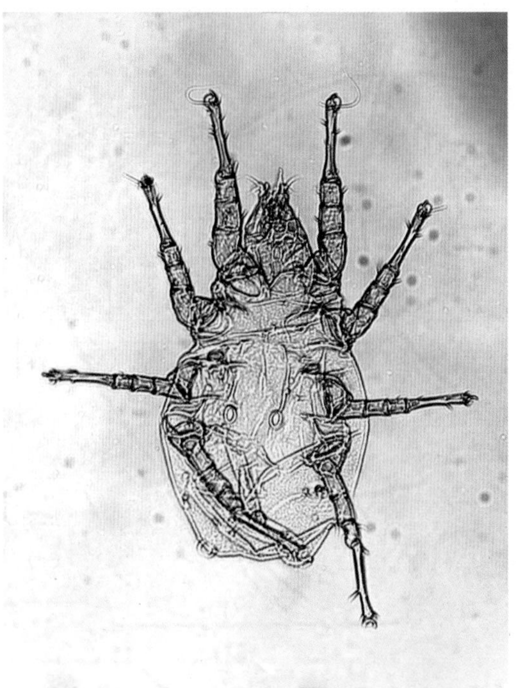

彩图16 速生薄口螨(雌)
Histiostoma feroniarum(♀)